U0197952

Elatostema (Urticaceae) in China

Wen–Tsai Wang

中国楼梯草属植物

王文采 著

青岛出版社
QINGDAO
PUBLISHING HOUSE

图书在版编目(CIP)数据

中国楼梯草属植物/王文采著. —青岛:青岛出版社,2014.6
ISBN 978 - 7 - 5552 - 0186 - 1

Ⅰ.①中… Ⅱ.①王… Ⅲ.①荨麻科—草本植物—观赏
园艺 Ⅳ.①S68

中国版本图书馆 CIP 数据核字(2014)第 051820 号

书 名	中国楼梯草属植物
著 者	王文采
书名题写	王文采
出版发行	青岛出版社(青岛市海尔路 182 号,266061)
本社网址	http://www.qdpub.com
邮购电话	13335059110 (0532)85814750(兼传真) (0532)68068026
策划编辑	高继民
责任编辑	刘 坤
装帧设计	祝玉华
照 排	青岛新华出版照排有限公司
印 刷	青岛星球印刷有限公司
出版日期	2014 年 5 月第 1 版 2014 年 5 月第 1 次印刷
开 本	16 开(889mm×1194mm)
印 张	25.75
书 号	ISBN 978 - 7 - 5552 - 0186 - 1
定 价	298.00 元

编校质量、盗版监督服务电话 **4006532017 (0532)68068670**
青岛版图书售后如发现质量问题,请寄回青岛出版社出版印务部调换。
电话 (0532)68068629

中国科学院植物研究所

系统与进化植物学国家重点实验室

学术著作出版基金资助出版

谨以此书敬献恩师

胡先骕教授、林镕教授

前　言

从 20 世纪 90 年代初起,中科院昆明植物研究所李恒教授和美国加利福尼亚学院 Bruce Bartholomew 博士联合开展了对云南贡山和高黎贡山植物区系的考察,十数年间采集到包括楼梯草属在内的大量植物标本。以后,昆明植物研究所税玉民博士和广西植物所韦毅刚先生分别对云南东南部和广西的岩溶地区植物区系进行了广泛、深入的考察,采集到大量植物标本。从上述诸先生采集的标本中发现了不少楼梯草属新种。到 2010 年,我国楼梯草属的种的数目超过了 200 种。这年,我发现了楼梯草属瘦果表面纹饰的 8 个类型,以及一些种的雄茎的叶发生或小或大的退化现象。在这年 9 月,我写出了我国的楼梯草属第三次分类学修订,并于 2012 年春发表。2010 年 9 月之后,在云南、广西、贵州南部和湖南西南部又发现了不少楼梯草属新种,在西藏南部发现丛序楼梯草 *Elatostema punctatum* 在我国的新分布;广西植物所符龙飞先生在广西环江采到环江楼梯草 *E. huanjiangense* 具雄聚伞花序的标本,说明此种乃是隶属楼梯草属原始群,疏伞楼梯草组 Sect. *Pellionioides* 的植物,与此同时,我在此种的一雌株标本上发现了简单和复杂的头状花序和具翅的瘦果;发现细尾楼梯草 *E. tenuicaudatum* 的雄花序通常是头状花序,但有时是聚伞花序的独特现象,以及马边楼梯草 *E. mabienense* 的雌花序乃是由生于一个条形花序托的 2 个小头状花序组成的复杂头状花序;在新种中,在黑果楼梯草 *E. melano-carpum* 发现楼梯草属瘦果的一个新类型,在齿翅楼梯草 *E. odontopterum* 发现这是我国楼梯草属中第四个雄苞片具翅的种,在五被楼梯草 *E. quinquetepalum* 和长被楼梯草 *E. longitepalum*,我首次看到楼梯草属中雌花被片在长度上远超过雌蕊子房的现象。另一方面,发现了我上述第三次修订中鉴定错误的问题,*E. leucocarpum*、*E. daqingshanicum*、*E. submembranaceum* 均为错误定名,还将无苞腺托楼梯草 *E. adenophorum var. gymnocepalum* 的瘦果错误地鉴定为盘托楼梯草 *E. dissectum* 的瘦果;还发现过去我对不少种的形态描述中发生的错误,例如将渐尖楼梯草 *E. acuminatum* 及其近缘种、拟细尾楼梯草 *E. tenuicaudatoides*、小叶楼梯草 *E. parvum*、对叶楼梯草 *E. sinense*、西畴楼梯草 *E. xichouense*、小果楼梯草 *E. microcarpum*、荔波楼梯草 *E. li-boense*、疏晶楼梯草 *E. hookeranum*、厚叶楼梯草 *E. crassiusculum*、宜昌楼梯草 *E. ichangense*、显苞楼梯草 *E. bracteosum*、马关楼梯草 *E. mabienense*、细角楼梯草 *E. tenuicornutum*、四被楼梯草 *E. tetratepalum* 等种的瘦果均描述为"具纵肋",在最近的观察中才了解到乃是"具纵肋和瘤状突起"。此外,过去也曾将滇黔楼梯草 *E. backeri* 的瘦果描述为"具纵肋",2011 年,昆明植物所吴增源博士观察到此种的瘦果实为"具瘤状突起";还发现过去在长梗楼梯草 *E. longipes* 和独龙楼梯草 *E. dulongense* 的形态描述中对雄总苞苞片描述的错误。鉴于种数目的激增,不少新形态特征的出现,以及对鉴定错误和描述错误必须进行改正的认识,我遂决定编写中国楼梯草属的第四次修订或第三版的中国楼梯草属植物志,并于最近完成全稿。这次修订共收载 280 种,52 变种,划分为 4 组、64 系。正如我在第三次修订中曾经说过的,这个新分类系统会在一定程度上显示出楼梯草属的系统发育情况,同时也显示出我国楼梯草属的高度分类学多样性。

据统计,在我国楼梯草属的280种中,有60种只有雄花序标本,其雌花序和瘦果的情况不明;另82种只有雌花序标本,其雄花序和雄花的情况不明;只有156种有瘦果标本,也就是说,其他无瘦果标本的124种的瘦果形态不明。而对有关标本的补充采集,需投入人力、物力,并需较长时间,因此,在短时间内难以完成。这就使缺乏有关器官标本的种,在其系统位置的确定、演化水平和亲缘关系的判断等方面的问题难以解决,同时也对分组、分系、分种检索表的制定造成困难。因此,有关标本的补充采集,是今后进行楼梯草属研究中一个必须解决的问题。

现在这个第四次修订作为一专辑出版,在目录、各级分类群的文献引证、形态描述、中名索引等方面均依照《中国植物志》的规格。在植物种名以及属下分组、分系检索表和各系分种检索表等方面则均依照我第三次修订中的格式。至于检索表中的拉丁学名、拉丁学名索引中的拉丁学名则依照 Flora of China 中的有关格式,不写出作者名。

1975年,我开始《中国植物志》楼梯草属的编写工作,在将此属植物的全部标本鉴定完毕之后,一面进行描述工作,一面选择标本托艺术家刘春荣先生进行图版的绘制。当时,我对楼梯草属的分类系统还没有什么考虑,到1979年,我对中国楼梯草属的第一次修订《中国荨麻科楼梯草属分类》一文完稿,将当时已知的90种划分为5组、17系,当时,楼梯草属志的图版已大部完成,其中不少种的排列顺序与我的新系统中的顺序不同,这就使读者在查阅植物图时遇到麻烦。此外,我忽略了雄、雌花序,苞片、小苞片、花、瘦果等重要器官的绘制,图版中有关这些器官的图很少,这不利于植物的鉴定和对植物演化水平的了解。为弥补上述缺点,在本次修订中增加了图版的数量(增加到161幅,使我国本属280种的274种都拥有图版),同时注意补充花序、雌花和瘦果的图。在绘图方面,得到了艺术家孙英宝先生的大力支持,为绘制百余幅图版,他付出了十分艰巨的劳动,在此我向他表示衷心的感谢!

在近年楼梯草属的研究过程中,我曾向华南植物园标本馆(IBSC)、广西植物研究所标本馆(IBK)和台湾植物研究所标本馆(HAST)借用过一些标本,对上述标本馆的大力支持,谨表示深切的感谢。在标本提供方面,我先后得到李恒教授、Bruce Bartholomew博士、彭镜毅教授、税玉民博士和吴增源博士的大力支持,韦毅刚先生近年赠予PE大量标本,并指出我的楼梯草属第三次修订中的错误定名,在此,我向上述诸先生表示深切的感谢,并对他们在标本采集方面付出的巨大努力和做出的重要贡献,表示崇高的敬意。在借阅标本等方面,多年来得到植物所标本馆(PE)同事班勤和王忠涛二先生,以及杨志荣博士的热心协助,谢磊博士、杨文静博士提供一些文献,在此,我向他们表示深切的感谢。

傅德志教授编写出了楼梯草属全属植物名录并载入本书,为本书内容增加光彩,对本书的出版他热心协助,经他的推荐,青岛出版社欣然接受本书稿,对此,我谨表示诚挚感谢。

自20世纪70年代中期,我开始楼梯草属的分类学研究,发表了一些论文,由于研究工作缺乏严谨,在鉴定工作和描述工作中不断发生错误。在本书的第四次修订中,可能还存在错误,衷心欢迎读者给予批评指正。

王文采
2012年10月5日

目 录

组 3. 骤尖楼梯草组 Sect. Elatostema

系 1. 骤尖楼梯草系 Ser. Cuspidata *W. T. Wang*

1. 分类学简史

德国植物学家 Forster 父子于 1776 年发表了荨麻科的楼梯草属 *Elatostema* J. R. & G. Forster，其命名模式为 *E. sessile* J. R. & G. Forster.（Robinson，1910；Hutchinson，1967）.

瑞士植物学家 H. A. Weddell 在其迄今为止的唯一世界荨麻科专著（1869）中的冷水花族 Trib. *Procrideae* 包括 *Pilea*，*Lecanthus*，*Pellionia*，*Elatostema*，*Procris* 等属，在 *Elatostema* 属收载约 48 种，并建立 2 组：ξ1. *Androsyce*——雄花序无总苞，花序托无花果状，只有 *E. ficoides* Wedd. 1 种；ξ2. *Elatostema*——雄花序具明显的总苞，花序托通常盘状，包含约 47 种。对这 47 种，先用有无退化叶的特征来区分，具退化叶的有 5 种，对无退化叶的 42 种再用叶顶端有无骤尖头来进行区分。此后，Baillon（1872），Bentham & Hooker（1880），Engler（1893），Hutchinson（1967）等学者先后接受了 Weddell 的 Trib. *Procrideae* 的内容和对 *Elatostema* 的分类方法。J. D. Hooker（1888）在其编写的印度楼梯草属志中也采用了 Weddell 的分类方法，承认 Sect. *Androsyce* 的建立，并对 Sect *Elatostema* 的 28 种先后采用雄花序梗长度，叶顶端尖头的形状，以及雄总苞苞片是否具角状突起等特征来进行分类。但是，在 19 世纪末，对 Weddell 的 Trib. *Procrideae* 的内容，德国植物学家 H. Hallier（1896）提出了不同意见，他不承认 *Pellionia* 和 *Procris* 二属的属级地位，将这二分类群降级作为 *Elatostema* 属的二亚属处理。

英国植物学家 F. B. Forbes & W. B. Hemsley 编著了最早并比较全面的中国植物名录（1886 – 1905），此名录中荨麻科的编著由英国植物学家 C. H. Wright（1899）承担，他接受 Weddell 的荨麻科分类系统，承认 *Pellionia* 和 *Procris* 均为独立属。在 *Elatostema*，主要根据 A. Henry, E. Faber, W. Hancock 等人采自云南、四川、湖北、台湾等地的标本鉴定出 9 种，其中，认为采自湖北建始的 A. Henry5984 号标本为一新种，但未给出学名和形态描述（据此标本 Handel-Mazzetti 于 1929 年描述新种 *Elatostema trichocarpum* Hand. – Mazz.），此外，认为采自江西九江和广东北部的 2 号标本可能代表 2 新种。

在 20 世纪一二十年代，法国学者 A. H. Levéille 根据一些采自贵州和云南的标本发表了楼梯草属 7 新种，以后经 Handel – Mazzetti 整理，只有 2 种成立：*Elatostema mytillus*（Lévl.）Hand. -Mazz.（*Pellionia mytillus* Lévl.），*E. bodinieri*（Lévl.）Hand. – Mazz., non *E. bodinieri* Lévl, 1913（*Pellionia bodinieri* Lévl.，*E. oblongifolium* Fu ex W. T. Wang）.（Lauener，1983）

日本植物学家早田文藏（B. Hayata）描述了台湾楼梯草属 3 新种：*Pellionia trilobulata* Hayata（1911）[*Elatostema obtusum* Wedd. var. *trilobulatum*（Hayata）W. T. Wang]，*E. herbaceifolium* Hayata（1916）[*E. cyrtandrifolium*（Zoll. & Mor.）Miq.]，和 *E. microcephalanthum* Hayata（1916）.

英国植物学家 S. T. Dunn 根据采自广东北部的一号标本描述了新种 *Elatostema retrohirtum* Dunn（Dunn & Tutcher,1912），又根据采自喜马拉雅山区东部的标本描述了 *E. macintyrei* Dunn, *E. imbricans* Dunn 等新种。（Dunn & Hughes,1920）

哈佛大学植物学家 E. D. Merrill（1925）根据金陵大学教授 A. N. Steward 采自江西庐山的一号标本描述了新种 *Elatostema stewardii* Merr.

奥地利著名中国植物区系专家 H. Handel-Mazzetti（1929）研究了他自己在云南、湖南等地采集的标本，以及收藏于英国邱和爱丁堡植物园标本馆的由 A. Henry, G. Forrest, E. H. Wilson, F. Kingdon Ward 和法国传教士在云南、贵州、四川等地采集的标本，以及我国钱崇澍教授在湖北西部采集的标本，共鉴定出楼梯草属 25 种植物。他接受了上述 Hallier 的观点，将 *Pellionia* 和 *Procris* 二属归并于 *Elatostema*，所以在这 25 种中包括 *Procris* 属 1 种，*Pellionia* 属 6 种，在属于 *Elatostema* 的 18 种中，包含 2 新种，*E. trichocarpum* Hand. -Mazz., 和 *E. stipulosum* Hand. -Mazz.（= *E. nasutum* Hook . f.），和 1 新变种，*E. ficoides* Wedd. var. *brachyodontum* Hand. -Mazz. 如上所述，他将 *Pellionia myrtillus* Lévl. [*E. myrtillus*（Lévl）Hand. -Mazz..] 和 *P. bodinieri* Lévl. 转移到 *Elatostema* 属中，但是，*Elatostema bodinier*（Lévl.）Hand. -Mazz., non *E. bodinieri* Lévl（1913），是一晚出异物同名，因此是一不合法的名字。

从 1935 年起，德国植物学家 H. Schröter 和 H.

Winkler 开始发表关于 *Elatostema* 属的分类学专著，他们接受 Hallier(1896)不承认 *Pellionia* 为独立属的观点，同时也不承认另一新属 *Elatostematoides* C. B. Robinson，将此二属降级，放到 *Elatostema* 中作为二亚属处理。他们还根据 Weddell 的 ξ. *Elatostema* 中具退化叶的 *Elatostema parvum* 等数种建立一新亚属 Subgen. *Weddellia*. 至于 Weddell 的 ξ. *Elatostema* 的其他种和 ξ. *Androsyce* 则被放在最后的亚属 Subgen. *Euelatostema* 之中。他们对 *Elatostema* 的分类方法如下：

Subgen. *Pellionia* (Gaudich.) Hall. f. 退化叶常存在。雄、雌花序均无花序托。雄花序多有长梗，为稀疏的聚伞花序，稀为团伞花序。雌花序无梗或有梗，为团伞花序，稀为疏散的聚伞花序。苞片小，不包围花序。雄花和雌花均为(四)五基数。雌花被片与子房近等长，常具长角状突起。瘦果宽卵形，有瘤状突起。

Subgen. *Elatostematoides* (C. B. Robinson) H. Schröter 退化叶，雄、雌花序的特征同前亚属。雄花和雌花均五基数。雌花被片与子房等长，具肋或角状突起，但不具长角状突起。瘦果宽卵形，多光滑。

Subgen. *Weddellia* H. Schröter 退化叶存在。雄、雌花序均具花序托，雄花序多无梗，雌花序无梗。苞片宽，将花序多少包围。雄花五基数，雌花三(四)基数。雌花被片强烈退化，极小。瘦果狭椭圆形，多具纵肋。

Subgen. *Euelatostema* Baillon 退化叶不存在(在 E. surculosum 等少数种例外)。雄、雌花序均具花序托，最发育的呈盘状。苞片宽，多少包围花序。雄花四(五)基数。雌花多为三基数。雌花被片极退化，或完全不存在。瘦果狭椭圆形，通常具纵肋。

在他们于 1935 和 1936 两年发表的专著的两篇文章中包含了前三个亚属，十分可惜的是，最重要的第四亚属 Subgen. *Euelatostema* 由于第二次世界大战爆发而未能完成。H. Schröter 在其楼梯草属专著中于 Sect. *Weddellia* 之下描述了中国的 3 新种：根据 Handel - Mazzetti 采自湖南武冈的一号标本描述 *E. sinense* H. Schröter，根据 E. E. Maire 和 J. M. Delavay 采自云南东北部和 E. Faber 采自四川峨眉山的 3 号标本描述 *E. longecornutum* H. Schröter，根据 G. Forrest 和 F. Duoloux 采自云南和 C. A. Backer 采自印度尼西亚爪哇岛的 3 号标本描述 *E. backeri* H.

Schröter . (Schröter & Winkler, 1935)还根据 A. Henry 采自湖北宜昌的 2 号标本和 A. v. Rosthorn 采自重庆南川的 1 号标本描述新种 *E. ichangense* H. Schröter. (Schröter, 1939).

日本植物学家山崎敬（T. Yamazaki）(1972)将根据 *Pellionia trilobulata* Hayata 建立的 *Pellionia* sect. *Laevispermae* Hatusima 转到楼梯草属中：*Elatostema* sect *Laevispermae*(Hatusima) Yamazaki.

1958 年，中国科学院华南植物研究所侯宽昭教授编著《中国种子植物科属辞典》一书，书中称楼梯草属 *Elatostema* 在"我国约有 40 种，产西南部至东部"。

我于 20 世纪 70 年代承担《西藏植物志》荨麻科 *Elatostema* 等属的编写任务，发现特产西藏的 3 新种：根据具雄聚伞花序的新种疏伞楼梯草 *Elatostema laxicymosum* W. T. Wang 建立楼梯草属的原始群疏伞楼梯草组 Sect. *Pellionioides* W. T. Wang；将 Subgen. *Weddellia* H. Schröter，降到组级成为小叶楼梯草组 Sect. *Weddellia*(H Schröter) W. T. Wang，将雄头状花序具不明显花序托的第二新种粗齿楼梯草 *E. grandidentatum* W. T. Wang 放在此组中；将雄头状花序具盘状花序托的第三新种楔苞楼梯草 *E. cuneiforme* W. T. Wang 放在骤尖楼梯草组 Sect. *Elatostema* 中(王文采，陈家瑞，1979)，这是中国植物学家首次发表楼梯草属的新组、新种。接着，在 1980 年，我发表了我的第一篇中国楼梯草属分类学修订，根据雄花序构造和瘦果形态将鉴定出的我国楼梯草属 90 种划分为 5 组，再根据叶的脉序、花序梗长度、苞片是否具翅等特征，将第 1、2、4 组的种划分为 17 系。5 组的排列次序如下：

组 1. 疏伞楼梯草组 Sect. *Pellionioides* 雄花序为 2-5 回分枝的聚伞花序，无花序托和总苞；瘦果具纵肋。包含 3 系，9 种。

组 2. 小叶楼梯草组 Sect. *Weddellia* 雄花序为具不明显花序托的头状花序，具总苞；瘦果具纵肋，包含 9 系，45 种。

组 3. 钝叶楼梯草组 Sect. *Laevisperma* 雄花序为具不明显花序托的头状花序，具总苞；瘦果大，光滑。包含 1 种。

组 4. 骤尖楼梯组 Sect. *Elatostema* 雄花序为具盘状明显花序托的头状花序，具总苞；瘦果具纵肋。包含 5 系，33 种。

组 5. 梨序楼梯草组 Sect. *Androsyce* 雄花序为具坛状梨形花序托的隐头花序，具不明显总苞，瘦果具纵肋。包含 2 种。

关于 5 组的亲缘关系，修订文给出一图，认为 Sect. Pellionioides 是楼梯草属的原始群，由其演化出 Sect. Weddellia，而 Sect. Laevisperma 和 Sect. Elatostema 则均由 Sect. Weddellia 演化而出，最后由 Sect. Elatostema 演化出具隐头花序的此属进化群 Sect. Androsyce（王文采，1980）。关于楼梯草属的系统发育，我现在仍持此观点。此后，我制定的上述楼梯草属分类系统在日本植物学家 T. Yahara（1984）编著的泰国楼梯草属志，和另一位日本植物学家 Y. Tateishi（2006）编著的日本楼梯草属志中得到采用。包括荨麻科的《中国植物志》23 卷，2 分册的楼梯草属部分是我的第二篇中国此属的分类学修订（王文采，1995），在分类系统方面仍沿袭第一篇，无大变化，只是在系的数目方面增加到 20 系，在种的数目方面增加到 137 种。

台湾植物学家施炳霖和杨远波对台湾楼梯草属植物进行了广泛、仔细的采集，对此属进行了深入研究，发表了台湾楼梯草属的分类学修订，发现 9 新种。（Shih et al.，1995，Yang et al，1995）

Flora of China 中的 *Elatostema* 属由 Lin et al. （2003）承担编写，种的数目增加到 146 种，包括自云南贡山发现的 1 新种。以后，他们又根据采自贵州和云南的标本发表了 5 新种。（Lin & Duan，2008；Duan & Lin，2010；Lin，Shui & Duan，2011；Yang，Duan & Lin，2011）。此外，他们观察到红果楼梯草 E. *atropurpureum* 的雄花序乃是雄隐头花序，遂将过去误置于骤尖楼梯草组 Sect. Elatostema 的此种正确地转置于梨序楼梯草组 Sect. Androsyce 中。（Lin，Duan，Yang & Shui，2011）

我于 2010 年发表《楼梯草属苞片形态和演化趋势》一文（王文采，2010），观察到楼梯草属总苞苞片和小苞片的演化趋势。在这年，我还研究了楼梯草属果实的形态，根据瘦果表面的纹饰，将此属的瘦果划分为 8 个类型，在查阅了有关荨麻科重要著作（Weddell，1869；Schröter & Winkler，1936；Hutchinson，1967；Friis，1993）之后，发现其中的具纵肋型、具纵肋和瘤状突起型、具瘤状突起和网纹型等 3 个类型是楼梯草属特有的，不存在于荨麻科其他属中，这为区分 Elatostema 和 Pellionia 二属提供了新的依据。同时，还发现瘦果光滑的形态特征和退化叶的存在、叶的脉序类型、花序梗长度等一样，可在不同的演化路线中出现，因此，不可作为划分组级分类群的特征。近十数年来，自云南、广西、贵州发现了楼梯草属数十新种，在一些新种中出现雄茎叶退化、雌花序托具小枝的新特征，为反映这些新情况，我在 2010 年 9 月写出了我的第三篇中国楼梯草属分类学修订，在这次的修订中，种的数目增加到 234 种，被划分为 4 组［根据上述理由，将具光滑瘦果的 Sect. Laevispermae（Hatusima）Yamazaki 降级，作为 Sect. Weddellia 的一个系处理］，在划分系级分类群方面，增加了上述的瘦果类型、雄茎叶退化、雌花序托具小枝等新的依据特征，这样，此属的系的数目大为增加：疏伞楼梯草组 Sect. Pellionioides 的种被划分为 5 系，小叶楼梯草组 Sect. Weddellia 的种被划分为 24 系，骤尖楼梯草组 Sect. Elatostema 的种被划分为 19 系，梨序楼梯草组 Sect. Androsyce 的种被划分为 2 系，全属共计拥有 51 系。从如此众多的系，以及众多瘦果类型等新特征的出现，可以想见在过去某地质时期中，分布于我国云贵高原一带的楼梯草属可能发生过强烈的分化。（Wang，2012）

2. 重要形态学特征

2.1 叶的二退化现象

2.1.1 楼梯草属植物的叶通常互生,但在我国此属隶属2组的10种(小叶楼梯草组 Sect. Weddellia 的稀齿楼梯草 Elatostema cuneatum,异叶楼梯草 E. monandrum,小叶楼梯草 E. parvum,对叶楼梯草 E. sinense,武冈楼梯草 E. wugangense,迭叶楼梯草 E. salvinioides,密晶楼梯草 E. densistriolatum,和骤尖楼梯草组 Sect. Elatostema 的四被楼梯草 E. tetratepalum,那坡楼梯草 E. napoense,微晶楼梯草 E. papillosum)的叶对生,每一对叶中的一枚强烈退化,很小,无叶柄,长2-12mm。(王文采,1995)在楼梯草族 Trib. Elatostemeae 的原始群冷水花属 Pilea,叶均对生,同一对叶多少等大,只在少数种如纤细冷水花 Pilea gracilis Hand. -Mazz.,鹰嘴冷水花 P. unciformis C. J. Chen 和异叶冷水花 P. anisophylla Wedd. 同一对叶极不等大,其中一枚退化,叶柄变短,叶片变小,在盾基冷水花 P. insolens Wedd,有时甚至一对叶中的一枚完全消失,遂使茎上的叶变成互生。(陈家瑞,1982,1995)由此可见,上述楼梯草属植物的对生叶情况是说明楼梯草属起源于冷水花属的重要证据之一,同时也说明退化叶的出现是一原始现象。

如上节所述,Weddell(1869)用上述退化叶特征对 ξ. Elatostema 的种进行分类,Schröter(1935)用退化叶作为建立 Subgen. Weddellia 的主要特征。我看到有的具退化叶的种的近缘种却不具退化叶,如小叶楼梯草的近缘种拟小叶楼梯草 E. parvioides 和滇黔楼梯草 E. backeri,因此未将此特征用于属下组级和系级分类群的划分,但用其作为一些系的分种检索表中的重要区别特征。(王文采,1995)

2.1.2 在我国楼梯草属具互生叶的种中,有4组的8种(疏伞楼梯草组 Sect. Pellionioides 的2种,长圆楼梯草 E. oblongifolium,花葶楼梯草 E. scaposum;小叶楼梯草组 Sect. Weddellia 的1种,雄穗楼梯草 E. androstachyum;骤尖楼梯草组 Sect. Elatostema 的4种,异茎楼梯草 E. heterocladum,对序楼梯草 E. binatum,靖西楼梯草 E. jingxiense,对生楼梯草 E. oppositum;和梨序楼梯草组 Sect. Androsyce 的1种,红

果楼梯草 E. atropurpureum 的雄茎的叶发生或小或大的退化,其中,在 E. oblongifolium,E. binatum,E. oppositum(分别见图版8,145;E-H,153),雄茎的叶比雌茎的叶稍小,并尚具钟乳体;在 E. androstachyum 和 E. heterocladum(分别见图版44,129),雄茎的叶强烈变小,钟乳体消失;在 E. jingxiense 和 E. atropurpureum(分别见图版146,158),雄茎顶部簇生数枚密集的很小退化叶,叶的钟乳体消失,在簇生叶之下的少数茎节上均有对生的雄头状花序,支持花序的叶完全消失;在 E. scaposum(图版9),雄茎所有的叶的叶片完全消失。上述雄茎叶退化现象多被用来作为划分系级分类群的特征之一。(Wang,2012)

2.2 叶的脉序

在冷水花属,叶通常具掌状三出脉,只在少数种具羽状脉(陈家瑞,1982,1995;Friis,1993),因此,在楼梯草属,叶具三出脉的脉序是原始的特征。具三出脉的叶的狭侧的基生脉的基部一小段如果与中脉愈合,这时,叶就变成具半离基三出脉的脉序(semi-triplinerved leaf)。如果叶狭侧的基生脉和宽侧的基生脉的基部以相同的长度与中脉的基部愈合,这时,叶就变成具离基三出脉的脉序(triplinerved leaf)。如果,叶宽侧的基生脉基部与中脉愈合的长度与狭侧基生脉基部与中脉愈合的长度不同,同时侧脉的数目增加,这时,叶就变成具羽状脉的脉序(penninerved leaf)。(图1)

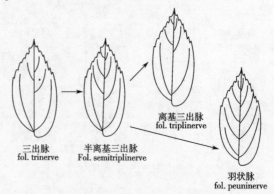

三出脉
fol. trinerve

半离基三出脉
Fol. semitriplinerve

离基三出脉
fol. triplinerve

羽状脉
fol. peuninerve

图1 楼梯草属叶脉序的演化(自王文采,1980)

在疏伞楼梯草组 Sect. Pellionioides,有1系、1种

的叶具三出脉或半离基三出脉，3 系、4 种的叶具半离基三出脉，另外 3 系、7 种的叶具羽状脉。在小叶楼梯草组 Sect. *Weddellia*，有 22 系、92 种的叶具三出脉、半离基三出脉或离基三出脉，另有 8 系、27 种的叶具羽状脉（但在隐脉楼梯草 E. *obscurinerve*，叶的脉序有甚大变异，叶具羽状脉，有时具半离基三出脉或三出脉）。在骤尖楼梯草组 Sect. *Elatostema*，有 13 系、106 种的叶具三出脉、半离基三出脉或离基三出脉（深绿楼梯草系 Ser. *Atroviridia* 的绿水河楼梯草 E. *lushuiheense* 的叶具半离基三出脉，但有时近羽状脉。单种系腺托楼梯草系 Ser. *Adenophora* 的腺托楼梯草 E. *adenophorum* 的叶具半离基三出脉，但其变种无苞腺托楼梯草 var. *gymnocephalum* 的雄茎的叶有时具羽状脉），另有 14 系、43 种的叶具羽状脉（但在软毛楼梯草 E. *malacotrichum*，雄茎的叶较大，具羽状脉，而雌茎的叶较小，具半离基三出脉）。在进化群梨序楼梯草组 Sect. *Androsyce*，2 系、3 种的叶均具羽状脉。

在侧脉（从中脉生出的二级脉）方面，多数种的叶在叶片狭侧和宽侧各有 2-3 条到 7-8 条侧脉，通常叶宽侧的侧脉比狭侧的侧脉多 1-3 条。在少数种，侧脉很少或不存在，如钝叶楼梯草 E. *obtusum* 的叶除了 3 条基生脉以外只有 1 对侧脉；少脉楼梯草 E. *oligophlebium* 的叶具半离基三出脉，在叶狭侧有 1 条侧脉或无侧脉，在宽侧有 1-2 条侧脉；瘤茎楼梯草 E. *myrtillus* 的叶只有 3 条基生脉，无侧脉；送叶楼梯草 E. *salvinioides* 的叶只有 1 条不明显的中脉，无其他基生脉和侧脉。这几种的少脉脉序可能是由于退化所致。此外，在叶具羽状脉的种中，多脉楼梯草 E. *pseudoficoides*，丰脉楼梯草 E. *pleiophleium* 和南川楼梯草 E. *nanchuanense* 的叶的侧脉多达 12 对，五肋楼梯草 E. *quinquecostatum* 的叶的侧脉多达 13 对，这几种的叶侧脉增多的情况可能是进化的现象。

在我制定的楼梯草属分类系统中，采用叶的脉序作为划分组下系级分类群的重要特征之一，同时，脉序也是判断组下系级分类群演化水平的重要依据。（王文采，1980，1995，2012）

2.3 花序

楼梯草属的花序单性，雌雄同株或异株。

2.3.1 雄花序 楼梯草属的原始群疏伞楼梯草组 Sect. *Pellionioides* 的雄花序和冷水花属 *Pilea* 及赤

车属 *Pellionia* 的雄花序相同，均为聚伞花序，通常 2-5 回分枝，苞片小，在花序上互生，无任何突起。在此组，花葶楼梯草 E. *scaposum* 的雄茎的叶强烈退化，叶片消失，是此组的进化种，其雄聚伞花序的末回分枝具不规则扁块状构造（图版 9：B），这种扁块当是花序末回分枝发生愈合所致，这也是雄花序分枝初期发生愈合的现象。以后，雄花序的全部分枝发生愈合就导致雄花序托的形成。小叶楼梯草组 Sect. *Weddellia* 和骤尖楼梯草组 Sect. *Elatostema* 的雄花序均为有限头状花序（王文采，2009），其平的花序托，在花序托边缘具由轮生苞片形成的总苞。在 Sect. *Weddellia*，雄花序托小，不呈盘状，不明显，在此组的送叶楼梯草 E. *salvinioides*，钝叶楼梯草 E. *obtusum* 等种近不存在，这可能是由于发生退化所致。最近我发现此组的细尾楼梯草 E. *tenuicaudatum* 的雄花序有很大变异，或是具小花序托和总苞，近似团伞花序的头状花序，或是无花序托、无总苞的聚伞花序，但这种聚伞花序不同于典型的聚伞花序，没有二歧或三歧分枝，而是约 7-8 枚螺旋状排列的苞片和约 10 朵具短或长花梗的雄花簇生在花序梗顶端之上的短花序轴上。（图版 10：D）这种形态构造当是由典型的聚伞花序的分枝发生缩短和愈合而形成。由此可以推想，如果这种花序的轴再进一步缩小，并变成扁平，同时 7-8 枚苞片变成轮生，那时，花序遂变成头状花序。此外，由于雌花序同时为头状花序和聚伞花序，细尾楼梯草的系统位置遂发生同题，应将此种置于 Sect. *Pellionioides* 中，抑或置于 Sect. *Weddellia* 中，一时难于确定，在本书中暂时仍将其放在 Sect. *Weddellia* 的渐尖楼梯草系 Ser. *Acuminata* 中，但由此看到细尾楼梯草可能是接近楼梯草属已灭绝的原始种的一种植物。在 Sect. *Elatostema*，头状花序的花序托呈盘状、明显，这种情况说明其演化水平要比 Sect. *Weddellia* 高。楼梯草属的进化群梨序楼梯草组 Sect. *Androsyce* 的雄花序为隐头花序，具坛状梨形或碗形花序托，这可能是由 Sect. *Elatostema* 的头状花序的盘状花序托发生向上方内卷而形成。（Strasburger et al.，1903；王文采，2009）楼梯草属的雄花序包括了上述的聚伞花序、有限头状花序和隐头花序等三个类型的花序，这种现象在被子植物中罕见，这三个类型花序的演化如图 2 所示。

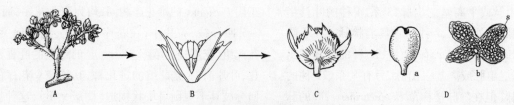

图2 楼梯草属雄花序的演化

A. 疏伞楼梯草组的具苞片、2～5回分枝的雄聚伞花序;B. 小叶楼梯草组的雄有限头状花序,具小而不明显的花序托;C. 骤尖楼梯草组的雄有限头状花序,具盘状、明显的花序托;D. 梨序楼梯草组的雄隐头花序:a. 坛状花序托未分裂;b. 花序托分裂成一蝴蝶状盘,在其上生有多数雄花蕾(s)。(自王文采,2009)

在小叶楼梯草组 Sect. *Weddellia* 中的托叶楼梯草 E. *nasutum* 其雄头状花序的花序托小,不明显,但是有2变种(var. *discophorum*, var. *ecorniculatum*)的雄头状花序却具盘状明显的花序托(王文采,2006,2010),因此,以雄花序托的大小区分 Sect. *Weddellia* 和 Sect. *Elatostema* 有相当大的人为成分,这说明 Hadiah & Conn(2009)的楼梯草属分支系统学研究不支持上述二组的建立有一定道理。但是,如图2所显示的楼梯草属雄花序托由小演变到大,由扁平演变到向上内卷的情况确实反映了楼梯草属演化的一个重要方面。此外,Sect. *Weddellia* 和 Sect. *Elatostema* 二群的划分虽有一定人为的成分,但却如实反映了在演化水平上较低和较高的二群,在分类方面仍有利用价值,因此,在本书中暂时仍予保持。

2.3.2 雌花序 楼梯草属的雌花序在此属的4个组的所有种都是有限头状花序,和雄头状花序一样具或小或大的花序托和总苞,在花序托表面生小苞片和雌花。因此,雌头状花序为区分楼梯草属和赤车属提供了一个重要特征,英国植物学家 Hutchinson(1967)就是用雌花序特征来区分这二属的。

在我国楼梯草属植物中,下列5种的雌头花序的构造出现了变异:(1)骤尖楼梯草组 Sect. *Elatostema* 的裂托楼梯草 E. *schizodiscum* 的雌头状花序的花序托深裂,雌花不是生在花序托的表面上,而是密集地生在花序托裂片的顶端边缘上(图版149:E-K);(2)小叶楼梯草组 Sect. *Weddellia* 的黑苞楼梯草 E. *nigribracteatum* 和 Sect. *Elatostema* 的桤叶楼梯草 E. *alnifolium* 的雌花不是生在雌花序托的表面,而是单生于雌花序托的一些小枝顶端,在雌花之下的小枝上生有数枚雌小苞片(分别见图版68:E-H,132:E-M);(3)在 Sect. *Weddellia* 的上述黑苞楼梯草(图版见上)和马边楼梯草 E. *mabienense*(图版73:D),雌头状花序分裂为2个二回小头状花序,其中在马边楼梯草,2个二回小头状花序前后生在一

个条形狭长的花序托上尤为独特;(4)疏伞楼梯草组 Sect. *Pellionioides* 的环江楼梯草 E. *huanjiangense* 的雌头状花序(图版3)发生了颇大的变异,形成了3种头状花序:第一种与上述桤叶楼梯草 E. *alnifolium* 的雌头状花序相似,花序托呈盘状,在边缘周围有由多数苞片形成的总苞,在花序托上生有小枝,小枝顶端生1朵雌花,在花下的小枝上生有2枚雌小苞片;第二种是通常的、简单的雌头状花序,小,有不明显的小花序托,花序托边缘周围有由约5枚苞片形成的总苞,在花序托表面生有少数小苞片和少数雌花;第三种是复杂的雌头状花序,即头状花序分裂成数个至十数个以上的二回小头状花序(似上述第二种简单头状花序,花序托小,边缘周围有由5-10枚苞片形成的总苞,在花序托表面生有少数小苞片和少数雌花),这种复杂头状花序又分为二类,一类是无分枝,大约4个二回小头状花序密集生在一个花序托上,另一类是头状花序1-2回二叉状分枝,数个至十数个小头状花序密集生于各末回短分枝的顶端。

2.3.3 花序梗 小叶楼梯草组 Sect. *Weddellia* 的渐尖楼梯草系 Ser. *Acuminata*,小叶楼梯草系 Ser. *Parva*,浅齿楼梯草系 Ser. *Crenata*,和骤尖楼梯草组 Sect. *Elatostema* 的骤尖楼梯草系 Ser. *Cuspidata*,南川楼梯草系 Ser. *Nanchuanensia* 等系植物的雄、雌头状花序都无梗或具短梗。另一方面,Sect. *Weddellia* 的托叶楼梯草系 Ser. *Stipulosa*,楼梯草系 Ser. *Involucrata* 等系植物的雄头状花序,疣果楼梯草系 Ser. *Trichocarpa* 的雄、雌头状花序,和 Sect. *Elatostema* 的盘托楼梯草系 Ser. *Dissecta*,疏毛楼梯草系 Ser. *Albopilosa* 等系植物的雄头状花序,以及樟叶楼梯草系 Ser. *Petelotiana* 和拟疏毛楼梯草系 Ser. *Albopilosoida* 的雄、雌头状花序均具长梗。如前所述,Hooker(1888)研究印度 *Elatostema* 属时,看到花序梗长度的变异情况,并用此特征进行分类,我在研究我国此属时效法 Hooker,也用花序梗长度作为划分系级分

类群的特征之一。（王文采，1980，1995，2012）

2.3.4 总苞苞片（苞片） 如前所述，疏伞楼梯草组 Sect. *Pellionioides* 的雄花序为聚伞花序，其苞片在花序上互生（螺旋状着生）。在小叶楼梯草组 Sect. *Weddellia* 和骤尖楼梯草组 Sect. *Elatostema* 二组的雄有限头状花序，在梨序楼梯草 Sect. *Androsyce* 的雄隐头花序，以及在本属4组的雌有限头状花序，花序的苞片分化成两部分，一部分苞片在花序托边缘轮生，形成总苞，另一部分苞片与雄花或雌花一同生在花序托上。Weddell（1869）将上述第一部分苞片称为 bracteae involucrantes（总苞苞片）或 bracteae（苞片），将上述第二部分生于花序托上的苞片称为 bracteolae（小苞片）。以后至今，上述术语得到 Hooker（1888），Robinson（1910），Gagnepain（1930），Schröter & Winkler（1935 – 1936），王文采（1980，1995），Yang et al.（1995），Lin et al.（2003），Tateishi（2006）等植物学家的采用。

Sect. *Pellionioides* 的雄聚伞花序，和冷水花属 *Pilea* 和赤车属 *Pellionia* 的雄、雌聚伞花序一样，在花序梗顶端或花序本身的基部生有1枚苞片，由此向上，苞片在花序分枝上螺旋状生长，花序梗在顶端之下无苞片。在 Sect. *Pellionioides* 的雌头状花序和 Sect. *Weddellia* 及 Sect. *Elatostema* 的雄、雌头状花序，在大多数种，花序梗自基部到顶端无任何苞片，但在4种，白托叶楼梯草 E. *albistipulum*，绿白脉楼梯草 E. *pallidinerve*（图版63），大黑山楼梯草 E. *laxisericeum*（图版115: C）和长缘毛楼梯草 E. *longiciliatum*（图版136: E–H），雌头状花序的花序梗在顶端有1枚苞片，在融安楼梯草 E. *ronganense*（图版45: B），雄头状花序的花序梗在中部有1枚苞片，上述的苞片可能都源自总苞苞片。

楼梯草属原始群 Sect. *Pellionioides* 的发现（王文采，陈家瑞，1979；王文采，1980）为探讨楼梯草属花序苞片的演化提供了条件，如前所述，此组的雄聚伞花序苞片与冷水花属和赤车属的聚伞花序苞片相同，小、扁平，呈三角形、狭三角形、狭卵形或条形，长0.5 – 4mm，无任何突起。这些特征无疑是楼梯草属花序苞片的原始形态特征。根据这些原始特征可以看到小叶楼梯草组 Sect. *Weddellia* 和骤尖楼梯草组 Sect. *Elatostema* 两组雄、雌头状花序总苞苞片形态的以下演化趋势（王文采，2010a）：

（1）三角形、狭三角形、狭卵形或条形→宽三角形、宽卵形、扁宽卵形或横条形（如粗角楼梯草 E. *pachyceras*，骤尖楼梯草 E. *cuspidatum*，漾濞楼梯草 E. *yangbiense* 和木姜楼梯草 E. *litseifolium* 的雄总苞苞片；深绿楼梯草 E. *atroviride*，粗角楼梯草和宽角楼梯草 E. *platyceras* 的雌总苞苞片）→由于苞片的长度强烈减小和宽度强烈增大，最后，苞片完全消失（如宽叶楼梯草 E. *platyphyllum*，深绿楼梯草，对序楼梯草 E. *binatum* 和薄叶楼梯草 E. *tenuifolium* 的雄头状花序；绒序楼梯草 E. *eriocephalum* 的雌头状花序；无苞楼梯草 E. *ebracteatum* 和耳状楼梯草 E. *auriculatum* 的雄、雌头状花序；在腺托楼梯草 E. *adenophorum*，模式变种 var *adenophorum* 的雄总苞苞片强烈退化，呈横条形，另一变种，无苞腺托楼梯草 var. *gymnocephalum* 的雄总苞苞片则完全消失）。

（2）扁平→顶端兜形→整个苞片呈船形，同时顶端常呈兜形。

（3）无任何突起 ↗ 背面出现纵肋、龙骨状突起或翅。

↘ 顶端具角状突起 → 背面顶端之下具角状突起。

在我国楼梯草属中，头状花序总苞苞片具翅的现象只在小叶楼梯草组 Sect. *Weddellia* 的5种中见到，在这5种，齿翅楼梯草 E. *odontopterum*，毛翅楼梯草 E. *celingense*，瀑布楼梯草 E. *cataractum*，翅苞楼梯草 E. *aliferum* 和黑翅楼梯草 E. *lui*，雄总苞苞片背面具翅。这个进化特征被用作划分系级分类群的特征之一。

（4）分生→基部合生→从基部到顶端合生（如隆林楼梯草 E. *pseudobrachyodontum* 和多脉楼梯草 E. *pseudoficoides* 的雄头状花序）。

（5）数目 疏伞楼梯草组 Sect. *Pellionioides* 的雄聚伞花序2 – 5回分枝，有15 – 90枚苞片，据此可看到小叶楼梯草组 Sect. *Weddellia* 和骤尖楼梯草组 Sect. *Elatostema* 的雄、雌头状花序的每一总苞的苞片数目由7 – 45枚出现减少的现象：在雄头状花序方面，在背崩楼梯草 E. *beibengense*，翅苞楼梯草 E. *aliferum*，减少到4枚；在李恒楼梯草 E. *lihengianum*，异叶楼梯草 E. *monandrum*，少脉楼梯草 E. *oligophlebium*，厚叶楼梯草 E. *crassiusculum*，七花楼梯草 E. *septemflorum*，迭叶楼梯草 E. *salvinioides*，瑶山楼梯草 E. *yaoshanense*，刀状楼梯草 E. *cultratum*，钝叶楼梯草 E. *obtusum*，马边楼梯草 E. *mabienense* 等种，都减少到2枚；在拟长圆楼梯草 E. *pseudooblongifolium*，竟减少到1枚；在雌头状花序方面，在翅苞楼梯草，隆脉楼梯草 E. *phanerophlebium*，疏毛楼梯草 E. *albopilosum*，文县楼梯草 E. *wenxianense* 等种，减少到5枚；在李恒楼梯草，异叶楼梯草，瑶山楼梯草，马山楼梯草 E. *mashanense* 等种减少到4枚；在钝叶楼梯草和那坡楼梯草 E. napoense 减少到 2 枚。另一方面，一些种的雌头状花序总苞的苞片数目出现增加的现象：每一雌头状花序的总苞苞片，在光序楼梯草 E. leiocephalum，绿水河楼梯草 E. lushuiheense 等种增加到 50 枚，在绒序楼梯草 E. eriocephalum，深绿楼梯草 E. atroviride，腺托楼梯草 E. adenophorum 和拟长圆楼梯草增加到 60 枚，在拟反曲毛楼梯草 E. retrostrigulosoides，褐纹楼梯草 E. brunneostriolatum，麻栗坡楼梯草 E. malipoense 和短齿楼梯草 E. brachyodontum 增加到 70－75 枚，在条叶楼梯草 E. sublineare 增加到 85 枚，在滇南楼梯草 E. austroyunnanense 增加到 110 枚，在文采楼梯草 E. wangii 增加到 270 枚。（王文采，2010a）

上述有关苞片的各种特征，尤其是关于各种突起的特征，对区别各个系的种，以及对诸种演化水平的判断均有重要意义。在各系的分种检索表中，苞片突起的存在与否可用作种间的重要区别特征，在各个系的种的排列次序方面也可用此类特征作为依据，即将苞片无任何突起的种放在前面原始位置，将苞片具突起的种放在后面进化的位置。（Wang，2012）

2.3.5 小苞片 如上节所述，生在头状花序花序托上的苞片被称为"bracteolae 小苞片"。小苞片与总苞苞片通常有明显区别，通常比苞片小，质地较薄，膜质或薄膜质，通常无叶绿素，半透明，呈白色。在颜色方面有一些变异情况：一些种的小苞片含叶绿素，呈绿色（如直尾楼梯草 E. recticaudatum，贡山楼梯草 E. gungshanense，滇桂楼梯草 E. pseudodissectum 和细角楼梯草 E. tenuicornutum 等种的雄小苞片，绿苞楼梯草 E. viridibracteolatum，那坡楼梯草 E. napoense，光序楼梯草，毛叶楼梯草 E. mollifolium，河口楼梯草 E. hekouense 等种的雌小苞片）；另一些种的小苞片呈黑色如拟疏毛楼梯草 E. albopilosoides 的雄小苞片，以及黑苞楼梯草 E. nigribracteatum，黑苞南川楼梯草 E. nanchuanense var. nigribracteolatum，短角南川楼梯草 E. nanchuanense var. brachyceras 和黑序楼梯草 E. melanocephalum 的雌小苞片，此外，辐毛楼梯草 E. actinotrichum 的雌小苞片呈黑绿色；少数种的小苞片呈褐色，如南川楼梯草 E. nanchuanense var. nanchuanense 的雄、雌小苞片，双头楼梯草 E. didymocephalum 和尖山楼梯草 E. jianshanicum 的雄小苞片，和褐苞楼梯草 E. brunneobracteolatum 的雌小苞片；1 种，黄褐楼梯草 E. fulvobracteolatum 的雌小苞片呈倒卵形，黄褐色，并在顶端边缘呈黑色（图版 133：C）。具上述各种颜色的小苞片就失去了半

透明的特征。在形状方面，小苞片通常狭长，呈倒披针形、匙形或条形，并在上部或顶端密或疏被缘毛。在较大的头状花序，在花序托上有呈小聚伞（cymule）状排列的密集花丛，在花丛外面起保护作用的小苞片较大，呈船状方形、船状长方形或倒梯形，并且顶端常呈兜形。小苞片通常无突起，有时在顶端或背面顶端之下具一角状突起。这样，在形状和突起这二方面，小苞片有与上述总苞苞片相似的演化趋势。

在数目方面，小苞片数目的变化也与总苞苞片相似，一方面减少，一方面增多。减少的情况：在每一雄头状花序，在长叶墨脱楼梯草 E. medogense var. oblongum 小苞片减少到 5 枚，在七花楼梯草 E. septemflorum 减少到 4 枚，在钝叶楼梯草 E. obtusum 减少到 3－1 枚，在瑶山楼梯草 E. yaoshanense 减少到 1 枚，在迭叶楼梯草 E. salvinioides 减少到 0 枚；在每一雌头状花序，在迭叶楼梯草，小苞片减少到 4 枚。增加的情况：在每一雄头状花序，在狭叶楼梯草 E. lineolatum var. majus，浅齿楼梯草 E. crenatum 和庐山楼梯草 E. stewardii，小苞片增加到 50－80 枚，在渐尖楼梯草 E. acuminatum 和拟骤尖楼梯草 E. subcuspidatum 增加到 100 枚，在漾濞楼梯草 E. yangbiense 增加到 150 枚，在全缘楼梯草 E. integrifolium 增加到 200 枚，在都匀楼梯草 E. duyunense 增加到 250 枚，在深绿楼梯草 E. atroviride 增加到 300 枚，在显脉楼梯草 E. longistipulum 增加到 450 枚，在多脉楼梯草 E. pseudoficoides 增加到 600 枚，在宽叶楼梯草 E. platyphyllum 增加到 1000 枚；在每一雌头状花序，在小叶楼梯草组 Sect. Weddelli 中，雌小苞片通常是 100－200 枚，但在庐山楼梯草 E. stewardii 增加到 280 枚，在条叶楼梯草 E. sublineare 增加到 450 枚，在骤尖楼梯草组 Sect. Elatostema 中，雌小苞片通常是 100－500 枚，但在龙州楼梯草 E. lungzhouense 增加到 850 枚，在变黄楼梯草 E. xanthophyllum 增加到 900 枚，在绒序楼梯草 E. eriocephalum 和隆林楼梯草 E. pseudobrachyodontum 增加到 1000 枚，在华南楼梯草 E. balansae 增加到 1300 枚，在狭被楼梯草 E. angustitepalum 可达 1500 枚，在巨序楼梯草 E. megacephalum 可达 5000 枚以上。（王文采，2010a）

2.4 花
楼梯草属的花为单性，雌雄同株或异株。

2.4.1 雄花 五基数或四基数，花被片和雄蕊的大小和形态均与冷水花属和赤车属的雄花极为相似，无大变异，因此，雄花对楼梯草属的分类无重要意义。

2.4.2 **雌花** 与雄花不同,楼梯草属的雌花由于花被片在数目和大小等方面发生较强的退化而与冷水花属和赤车属的雌花明显不同,雌花花被片通常很小,比雌蕊的子房短,稀与子房等长,长度在0.5mm以下,只有2种例外,在 Sect. *Weddellia* 的五被楼梯草 E. *quinquetepalum*,雌花的子房长0.4mm,其5枚花被片长0.7 – 1mm,在 Sect. *Elatostema* 的长被楼梯草 E. *longitepalum*,雌花的子房也长0.4mm,其3枚苞片长1.5 – 2.4 mm,这两种的花被片均呈狭条形或钻形(图版57:H;147:H)。在我国楼梯草属281种中,只有约160种的雌花的构造得到了解,这些种的雌花被片的数目有以下6类情况:

(1)雌花具5枚花被片:有2种,Sect. *Weddellia* 的五被楼梯草和 Sect. *Elatostema* 的近革叶楼梯草 E. *subcoriaceum*.

(2)雌花具4枚花被片:有8种,其中,Sect. *Weddellia* 有3种,瘤茎楼梯草 E. *myrtillus*、糙毛楼梯草 E. *strigillosum* 和台湾楼梯草 E. *acuteserratum*;Sect. *Elatostema* 有5种,长渐尖楼梯草 E. *caudatoacuminatum*、食用楼梯草 E. *edule*、四被楼梯草 E. *tetratepalum*、微晶楼梯草 E. *papillosum* 和尖被楼梯草 E. *acutitepalum*.

(3)雌花具3 – 4枚花被片:有3种,Sect. *Weddellia* 的微序楼梯草 E. *microcephalanthum* 和柔毛楼梯草 E. *villosum*,Sect. *Elatostema* 的多沟楼梯草 E. *multicanaliculatum*.

(4)雌花具3枚花被片:有27种,1变种。Sect. *Weddellia* 有12种和1变种,细尾楼梯草 E. *tenuicaudatum*、光叶楼梯草 E. *laevissimum*、渐尖楼梯草 E. *acuminatum*、狭叶楼梯草 E. *lineolatum* var. *majus*、直尾楼梯草 E. *recticaudatum*、天峨楼梯草 E. *tianeense*、粗齿楼梯草 E. *grandidentatum*、小叶楼梯草 E. *parvum*、荔波楼梯草 E. *liboense*、疏晶楼梯草 E. *hookerianum*、鸟喙楼梯草 E. *ornithorrhynchum*、疣果楼梯草 E. *trichocarpum*、白托叶楼梯草 E. *albistipulum*;Sect. *Elatostema* 有14种,河池楼梯草 E. *hechiense*、永田楼梯草 E. *yongtianianum*、似宽叶楼梯草 E. *platyphylloides*、狭被楼梯草 E. *angustitepalum*、三被楼梯草 E. *tritepalum*、锐齿楼梯草 E. *cyrtandrifolium*、溪涧楼梯草 E. *rivulare*、黄连山楼梯草 E. *huanglianshanicum*、华南楼梯草 E. *balansae*、白背楼梯草 E. *hypoglaucum*、桤叶楼梯草 E. *alnifolium*、毅刚楼梯草 E. *weii*、拟长圆楼梯草 E. *pseudooblongifolium*、长被楼梯草 E. *longitepalum*、黑果楼梯草 E. *melanocarpum*.

(5)雌花具2枚花被片:有10种,Sect. *Pel-*

lionioides 的花葶楼梯草 E. *scaposum*;Sect. *weddellia* 的全缘楼梯草 E. *integrifolium*,滇黔楼梯草 E. *backeri* 和绿白脉楼梯草 E. *pallidinerve*;Sect. *Elatostema* 的绿脉楼梯草 E. *viridinerve*,巨序楼梯草 E. *megacephalum*,绿水河楼梯草 E. *lushuiheense*,大黑山楼梯草 E. *laxisericeum*,黑角楼梯草 E. *melanoceras* 和裂托楼梯草 E. *schizodiscrm*.

(6)雌花的花被片由于强烈退化而消失:有110种,其中,Sect. *Pellionioides* 有6种,Sect. *Weddellia* 有50种,Sect. *Elatostema* 有52种,Sect. *Androsyce* 有2种。

上述情况可以说明,楼梯草属的雌花花被片在形态、大小、数目等方面与冷水花属和赤车属的雌花花被片明显不同。在后二属,雌花花被片呈长卵形或长圆形,比子房长,在背面顶端之下常生有角状突起,在数目方面,冷水花属雌花的花被片有较大变异,通常是3枚,也有5枚、4枚、2枚的情况,赤车属雌花的花被片为4 – 5枚,这二属完全没有雌花花被片不存在的情况。(Weddell,1869;陈家瑞,1982,1995;王文采,1995)根据上述情况可以将楼梯草属雌花花被片作为此属与赤车属的区别特征之一。此外,楼梯草属的原始群 Sect. *Pellionioides* 有12种,只在7种了解雌花的构造,其中6种,疏伞楼梯草 E. *laxicymosum*,环江楼梯草 E. *huanjiangense*,多歧楼梯草 E. *polystachyoides*,歧序楼梯草 E. *subtrichotomum*,翅棱楼梯草 E. *angulosum* 和长圆楼梯草 E. *oblongifolium* 的雌花均无花被片,只有花葶楼梯草的雌花具2枚花被片,这个情况似乎说明此组的雌花具3(–4–5)枚花被片的原始种早已灭绝;在 Sect. *Weddellia* ser. *Acuminata* 中有4种,1变种:细尾楼梯草,光叶楼梯草,渐尖楼梯草,狭叶楼梯草,直尾楼梯草。其雌花像冷水花属的雌花一样均具3枚花被片,这似乎说明 Ser. *Acuminata* 是 Sect. *Weddellia* 的原始群。

在我国上述采集到雌花标本的约160种中,多数种的雌蕊柱头构造与冷水花属和赤车属的雌蕊柱头相同,呈画笔头状(penicillate),通常有一簇密集的柔毛,偶尔毛稀疏并较短(如在环江楼梯草 E. *huanjiangense*)。在疏毛楼梯草 E. *albopilosum*,柱头的一簇毛有时下部合生、上部分生(图版150:F),在峨眉楼梯草 E. *omeiense*,柱头的一簇毛大部合生,只顶端分生(图版118:E)。在少数种(如融安楼梯草 E. *ronganense*,五被楼梯草 E. *quinquetepalum*,曲梗楼梯草 E. *arcuatipes*,河池楼梯草 E. *hechiense*,富宁楼梯草 E. *funingense*),雌蕊的柱头很小,没有毛,不呈画笔头状,而是近球形,这种情况可能是由柱头的毛发生愈合而形成。

在研究我国楼梯草属植物时,我还看到一种情况,即在一些种或只有具雌花的标本,或有大量雌花标本,而雄花标本极少。如曲毛楼梯草 E. retrohirtum,如前所述,此种是由英国植物学家 S. T. Dunn 于1912年根据采自广东北部山地的一号雌株标本描述发表的,以后,此种在广西、云南、贵州和四川南部发现(王文采,1980,1995;Lin et al.,2003),在这些省区采集到的此种标本和模式标本一样也都是雌株,也就是说到现在为止,此种的雄花序和雄花尚未发现,这些器官的形态特征尚不了解。此外,在我国秦岭以南多数省区广布的锐齿楼梯草 E. cyrtandrifolium 和在华南和西南部广布的华南楼梯草 E. balansae,在 PE 收藏有这两种近百年来采集的大量标本,其中绝大多数是雌株标本,在前者,只有采自云南金平的1号标本为雄株标本,在后者,只有采自贵州南部的2号标本为雄株标本。上述情况似乎说明上述几个种营无融合生殖(apomixis),是否如此,有待进行研究。

2.5 果实

楼梯草属的果实与冷水花属和赤车属的果实相同,也是瘦果,通常呈卵球形、狭卵球形或椭圆体形,稀长椭圆体形(如异叶楼梯草 E. monandrum 的瘦果);通常长0.5-0.9mm,稀较长,如墨脱楼梯草 E. medogense 的瘦果长1.2mm,钝叶楼梯草 E. obtusum 的瘦果长2-2.2mm,也稀较短,如迭叶楼梯草 E. salvinioides 的瘦果长0.3mm;通常呈褐色或淡褐色,有时呈淡黄色(算盘楼梯草 E. glochidioides,对叶楼梯草 E. sinense,宜昌楼梯草 E. ichangense,滇桂楼梯草 E. pseudodissectum,三被楼梯草 E. tritepalum,罗氏楼梯草 E. luoi),呈白色(长圆楼梯草 E. oblongifolium,花葶楼梯草 E. scapsum,钝叶楼梯草 E. obtusum,长尖楼梯草 E. caudatoacuminatum),呈绿白色(麻栗坡楼梯草 E. malipoense),呈紫色(圆序楼梯草 E. gyrocephalum,辐脉楼梯草 E. actinodromum,渐生楼梯草 E. procridioides,黑果楼梯草 E. melanocarpum),呈紫红色(红果楼梯草 E. atroprpureum),或呈黑色(黑果楼梯草 E. melanocarpum)。

在我国楼梯草属植物中,只在156种采集到果实标本。在2010年,我研究了我国此属瘦果的形态,根据瘦果表面的纹饰将本属瘦果划分为7种类型(Wang,2012;其中具有翅、表面光滑瘦果的 Elatostema pterocarpum 系错误定名,实为假楼梯草属 Lecanthus 的植物,见附录3),最近,又发现3个类型,

下面介绍这10个类型的瘦果(图3):

(1)具肋(ribbed):瘦果表面具4-10(-12)条细或粗的纵肋。在我国楼梯草属中有隶属所有4组,18系(疏伞楼梯草组 Sect. pellionioides 的 Series Laxicymosa, Oblongifolia & Scaposa;小叶楼梯组 Sect. Weddellia 的 Series Monandra, Androstachya, Stipulosa, Arcuatipedes, Crenata & Sublinearia;骤尖楼梯草组 Sect. Elatostema 的 Series Cuspidata, Auriculata, Dissecta, Petelotiana, Nanchuanensia, Schizodisca & Albopilosa;梨序楼梯草组 Sect. Androsyce 的 Series Ficoida & Atropurpurea)的74种具此种类型的瘦果。

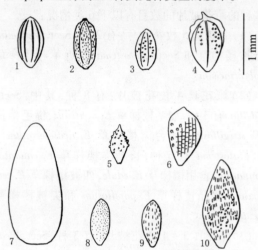

图3 楼梯草属的10类型瘦果

1. 具肋(ribbed;长圆楼梯草 Elatostema oblongifolium,据刘正宇 12563),2. 具肋和小点(ribbed and puncticulate;近革叶楼梯草 E. subcoriaceum,仿 Shih & Yang,1995),3. 具肋和瘤状突起(ribbed and tuberculate;宜昌楼梯草 E. ichangense,据李朝利 4632),4. 具肋、瘤状突起和翅(ribbed, tuberculate and winged,环江楼梯草 E. huanjiangense,据韦毅刚 g124),5. 具瘤状突起(tuberculate;深绿楼梯草 E. atroviride,据王善龄、张宗享 4097),6. 具瘤状突起和网纹(tuberculate and reticulate-striate;巴马楼梯草 E. bamaense,据韦毅刚 08015),7. 光滑(smooth;钝叶楼梯草 E. obtusum var. obtusrm,据秦仁昌 24265),8. 具小点(puncticulate;白背楼梯草 E. hypoglaucum,据林佳桦 835),9. 具短线纹(lineolate;竹桃楼梯草 E. neriifolium,据 GBOWS 1266),10. 具短线纹和瘤状突起(lineolate and tuberculate;黑果楼梯草 E. melanocarpum,据税玉民等 30769)。

(2)具肋和小点(ribbed and puncticulate):瘦果表面具数条纵肋和多数褐色小点。只有隶属小叶楼梯草组 Sect. Weddellia 的单种系 Ser. Subcoriacea(近革叶楼梯草 E. subcoriaceum,特产台湾)具此种

类型的瘦果。

（3）**具肋和瘤状突起（ribbed and tuberculate）**：瘦果表面具数条纵肋，并在纵肋之间，或有时也在纵肋上具瘤状突起。在我国楼梯草属中有隶属3组、13系（疏伞楼梯草组 Sect. *Pellionioides* 的 Series *Microdonta*；小叶楼梯草组 Sect. *Weddellia* 的 Series *Acuminata*, *Tenuicaudatoida*, *Parva*, *Attenuata*, *Pseudodissecta*, *Trichocarpa* & *Involucrata*；骤尖楼梯草组 Sect. *Elatostema* 的 Series *Lungzhouensia*, *Tenuifolia*, *Papillosa*, *Sinopurpurea* & *Albopilosoida*）的47种的瘦果属于此类型。

（4）**具肋、瘤状突起和翅（ribbed, tuberculate and winged）**：瘦果表面具数条纵肋，在纵肋之间具瘤状突起，并在2条对生的纵肋上部具狭翅。只有隶属疏伞楼梯草组 Sect. *Pellionioides* 的单种系 Ser. *Huanjiangensia*（环江楼梯草 *E. huanjiangense*）具此类型的瘦果。

（5）**具瘤状突起（tuberculate）**：瘦果表面具多数，稀少数瘤状突起。在我国楼梯草属中有隶属2组、5系（小叶楼梯草组 Sect. *Weddellia* 的 Series *Backeriana* & *Quinquetepala*；骤尖楼梯草组 Sect. *Elatostema* 的 Series *Atroviridia*, *Adenophora*, *Malipoensia*）的14种具此类型的瘦果。

（6）**具瘤状突起和网纹（tuberculate and reticulate-striate）**：瘦果表面具少数瘤状突起和网状纹饰。只有隶属小叶楼梯草组 Sect. *Weddellia* 的单种系 Ser. *Bamaensia*（巴马楼梯草 *E. bamaense*）具此类型的瘦果。

（7）**光滑（smooth）**：瘦果表面光滑，无任何突起和纹饰。在我国楼梯草属中有隶属2组、3单种系的3种[小叶楼梯草组 Sect. *Weddellia* 的 Series *Medogensia*（墨脱楼梯草 *E. medogense*）& *Laevisperma*（钝叶楼梯草 *E. obtusum*）；骤尖楼梯草组 Sect. *Elatostema* 的 Series *Hirtellipedunculata*（糙梗楼梯草 *E. hirtellipedunculatum*，特产台湾）具此类型的瘦果。

（8）**具小点（puncticulate）**：瘦果表面光滑，具多数密集的小点。只有隶属骤尖楼梯草组 Sect. *Elatostema* 的单种系 Series *Hypoglauca*（白背楼梯草 *E. hypoglaucum*，特产台湾）具此类型的瘦果。

（9）**具短线纹（lineolate）**：瘦果表面具多数纵列的短线纹。在我国楼梯草属中有隶属2组的2单种系和2寡种系[小叶楼梯草组 Sect. *Weddellia* 的 Series *Neriifolia*（竹桃楼梯草 *E. neriifolium*），*Salvinioida*（送叶楼梯草 *E. salvinioides*，密晶楼梯草 *E. densistriolatum*）；骤尖楼梯草组 Sect. *Elatostema* 的 Series

Longistipula（显脉楼梯草 *E. longistipulum*，曲枝楼梯草 *E. recurviramum*，绒序楼梯草 *E. eriocephalum*）& *Acutitepala*（尖被楼梯草 *E. acutitepalum*）]的7种具此类型的瘦果。

（10）**具短线纹和瘤状突起（lineolate and tuberculate）**：瘦果表面具多数密集纵列的短线纹和少数瘤状突起。只有隶属小叶楼梯草组 Sect. *Weddellia* 的单种系 Series *Stewardiana*（庐山楼梯草 *E. stewardii*）的瘦果和骤尖楼梯草组 Sect. *Elatostema* 的单种系 Series *Melanocarpa*（黑果楼梯草 *E. melanocarpum*）的紫色瘦果是此类型的瘦果。

根据有关荨麻科和楼梯草属的一些重要著作（Weddell, 1869；Schröter & Winkler, 1935–1936；Hutchinson, 1967；Friis, 1993）可见楼梯草属的瘦果的形态在荨麻科中最为复杂，在上述楼梯草属瘦果的10个类型中，具肋、具肋和小点、具肋和瘤状突起、具肋和瘤状突起和翅、具瘤状突起和网状纹饰以及具短线纹和瘤状突起等6个类型是楼梯草属特有的，均不存在于荨麻科的其他属中。（Wang, 2012）

对楼梯草属如此众多类型的瘦果的演化，现在我还未能了解，但根据上述情况可得到两点推测：第一，根据在楼梯草属中具第1类型瘦果（具纵肋）的种最多，遍布此属的4个组，具第3类型瘦果（具纵肋和瘤状突起）的种居第二位，此外，根据此属原始群疏伞楼梯草组 Sect *Pellionioides* 的3系（Series *Laxicymosa*, *Oblongifolia* & *Scaposa*），5种的瘦果属于第1类型，其他2单种系（Series *Microdonta* & *Huanjiangensia*）的瘦果分别属于第3类型（具纵肋和瘤状突起）和第4类型（具纵肋和瘤状突起和翅）。可以推测，在楼梯草属 *Elatostema* 从冷水花属 *Pilea* 演化而出之后，楼梯草属具纵肋的瘦果以及具纵肋和瘤状突起的瘦果就很快先后出现了，其他4个特有类型的瘦果在以后相继出现；第二，根据赤车属 *Pellionia* 的瘦果与冷水花属 *Pilea* 以及荨麻科其他多数属的瘦果相同，或光滑，或具瘤状突起，在纹饰多样性方面远逊于楼梯草属的瘦果，可以推测，赤车属 *Pellionia* 虽然也起源自冷水花属 *Pilea*，但起源时间定早于楼梯草属，并走上一条与楼梯草属不同的演化道路。持此观点，我赞同 Weddell（1869），Baillon（1872），Bentham & Hooker（1880），Hooker（1888），Engler（1893），Hutchinson（1967）等植物学家承认 *Pellionia* 为独立属的观点，而不赞同 Hallier（1896），Handel-Mazzetti（1929），Schröter & Winkler（1935–1936），Friis（1993）等植物学家主张将 *Pellionia* 归于 *Elatostema* 的观点。

3. 地理分布

3.1 楼梯草属地理分布概况

本属有约 500 种,分布于亚洲、大洋洲和非洲的热带和亚热带地区,多数种分布于亚洲,尤其是在我国秦岭以南的亚热带和热带地区分布有约 280 种。云南东南部、广西西部和北部、贵州南部的岩溶地区分布有 4 组、52 系、184 种,是楼梯草属的分布中心。在此中心以南的中南半岛有 3 组、约 50 种,在喜马拉雅山南麓以南的尼泊尔、印度等国有 3 组、约 50 种,在日本有 2 组、10 种。在亚洲东南部群岛有 2 组、约 220 种,是此属在发生时间晚于上一分布中心的另一个分布中心,其中菲律宾有约 90 种,伊里安岛(新几内亚岛,包括属于大洋洲的岛的东部)有约 67 种,加里曼丹岛有约 42 种,爪哇岛有约 15 种,苏拉威西岛有约 8 种。大洋洲有约 40 余种,其中萨摩亚岛有 18 种,斐济有 16 种。非洲大陆热带地区有约 10 种,马达加斯加岛有约 4 种。(Hooker,1888;Jackson,1893 - 1895;Gagnepain,1930;Backer,1965;Yahara,1984;Tateishi,2006;Fu,2012)

3.2 中国楼梯草属地理分布概况

我国楼梯草属约有 280 种、52 变种(其中 249 种、47 变种特产我国),广布于秦岭以南 19 省级行政区的亚热带和热带的常绿阔叶林和雨林地带,表 1 显示大多数种分布于西南部和华南西部的云南、广西和贵州三省、区,在我国大陆从这三省、区向北及向东,种的数目逐步变少,到河南南部(朱长山、杨好伟,1994)和安徽南部(薛兆文,1986)只有 2 种(庐山楼梯草 *Elatostema stewardii* 和楼梯草 *E. involucratum*)(图 8、9),到江苏南部只有 1 种(*E. stewardii*,江苏省植物研究所,1982)。在特有种和特有变种中,绝大多数都属于狭域分布类型,分布于一个或少数山头、一个或少数县,只有少数分布较广,如长圆楼梯草 *E. oblongifolium*、对叶楼梯草 *E. sinense*、庐山楼梯草 *E. stewardii*、宜昌楼梯草 *E. ichangense*、瘤茎楼梯草 *E. myrtillus*、曲毛楼梯草 *E. retrohirtum*、光茎钝叶楼梯草 *E. obtusum var. trilobulatum*、短毛楼梯草 *E. nasutum var. purberulum* 等。

表 1. 楼梯草属在中国 19 省级行政区的种和变种数目

省级行政区	云南	广西	贵州	西藏	四川	湖南	重庆	台湾	湖北	广东	海南	甘肃	福建	陕西	江西	浙江	安徽	河南	江苏
种和变种	151;27	99;13	44;2	27;4	19;1	17;3	15;0	13;2	11;0	9;3	5;3	6;0	4;1	4;0	3;1	2;1	2;0	2;0	1;0
特有种和变种	106;21	65;7	18;0	17;4	7;1	2;1	3;0	9;0	0;0	8;0	0;2	1;0	0;0	0;0	0;0	0;0	0;0	0;0	0;0

云南东南部、广西西部和北部,以及贵州南部一带的岩溶地区(可能还包括与我国毗邻的越南北部)是楼梯草属的分布中心,在这一中心集中分布此属从原始到进化的全部 4 组、52 系的 184 种、29 变种(其中,154 种、23 变种特产此中心,见后本节附录)(图 4)。在此中心的云南东南部分布有 94 种、20 变种(其中 60 种、15 变种特产云南东南部),值得注意的是这里的一些县拥有较多特有种,如马关县有 13 特有种、2 特有变种:微鳞楼梯草 *E. minutifurfuraceum*,光苞楼梯草 *E. glabribacteum*,白托叶楼梯草 *E. albistipulum*,三被楼梯草 *E. tritepalum*,绿脉楼梯草 *E. viridinerve*,毛梗楼梯草 *E. pubipes*,腺托楼梯草 *E. adenophorum*(包括变种 var. *gymnocephalum*),马关楼梯草 *E. maguanense*,二脉楼梯草 *E. binerve*,托叶长圆楼梯草 *E. oblongifolium var magnistipulum*,粗壮迭叶楼梯草 *E. salvinioides var. robustum*,以及 2 个特有单种系:五被楼梯草系 Ser. *Quinquetepala*(*E. quinquetepalum*),黑果楼梯草系 Ser. *Melanocarpa*(*E. melanocarpum*)。此外,还与河口县共有 3 种:黑叶楼梯草 *E. melanophyllum*,竹桃楼梯草 *E. neriifolium* 和渐狭楼梯草 *E. attenuatum*;与麻栗坡县共有多歧楼梯草 *E. polystachyoides*;河口县有 11 特有种:三歧楼梯草 *E. trichotomum*,绿茎楼梯草 *E. viridicaule*,叉序楼梯草 *E. biglomeratum*,拟渐狭楼梯

草 E. attenuatoides，浅齿楼梯草 E. crenatum，玉民楼梯草 E. shuii，拟锐齿楼梯草 E. cyrtandrifolioides，河口楼梯草 E. hekouense，尖山楼梯草 E. jianshanicum，桤叶楼梯草 E. alnifolium，丰脉楼梯草 E. pleiophlebium；麻栗坡县有 10 特有种和 3 特有变种：微齿楼梯草 E. microdontum，长苞楼梯草 E. longibracteatum，密晶楼梯草 E. densistriolatum，水蓑衣楼梯草 E. hygrophilifolium，绿白脉楼梯草 E. pallidinerve，长尖楼梯草 E. caudatoacuminatum，褐纹楼梯草 E. brunneostriolatum，黄褐楼梯草 E. fulvobracteolatum，麻栗坡楼梯草 E. malipoense，硬毛华南楼梯草 E. balansae var hispidum，黑苞南川楼梯草 E. nanchuanense var. nigribracteolatum，和金厂楼梯草 E. pseudooblongifolium var. jinchangense，以及特有单种系，对生楼梯草系 Ser Opposita（E. oppositum）. 此外，与金平共有厚叶楼梯草 E. crassiusculum；绿春县有 6 特有种：素功楼梯草 E. sukungianum，绿春楼梯草 E. luchunense，黄连山楼梯草 E. huanglianshanicum，三肋楼梯草 E. tricostatum，大黑山楼梯草 E. laxisericeum，长被楼梯草 E. longitepalum. 另，巨序楼梯草 E. megacephalum，和粗角楼梯草 E. pachyceras 二种首先在绿春和元阳发现，以后才了解到也分别分布于云南南部和云南中部至西部。个旧市有以下特有分类群：拟小叶楼梯草 E. parvioides，曼耗楼梯草 E. manhaoense，狭苞楼梯草 E. angustibracteum，单种系齿翅楼梯草系 Ser. Odontoptera（E. odontopterum）. 在绿水河楼梯草 E. lushuiheense 有 3 变种，其模式变种 var. lushuiheense 分布于个旧东南部和马关西南部，另 2 变种条苞绿水河楼梯草 var. flexuosum 和宽苞绿水河楼梯草 var. latibracteum 均特产个旧东南部。在此中心的广西西部（柳州 - 南宁以西地区）和北部拥有楼梯草属植物 101 种、8 变种（其中 65 种、5 变种特产广西西部和北部）。在广西出现 8 特有单种系：特产河池的毛翅楼梯草系 Ser. Ciliatialata（E. celingense），特产马山的雄穗楼梯草系 Ser. Androstachya（E. androstachyum），特产靖西的黑翅楼梯草系 Ser. Nigrialata（E. lui）和靖西楼梯草系 Ser. Jingxiensia（E. jingxiense），特产田林的黑苞楼梯草系 Ser. Nigribracteata（E. nigribracteatum），特产隆林的异枝楼梯草系 Ser. Heteroclada（E. heterocladum），特产巴马的巴马楼梯草系 Ser. Bamaensia（E. bamaense），和特产凤山的对序楼梯草系 Ser. Binata（E. binatum）. 此外，还有与邻省共有的 2 特有单种系：特产环江和贵州黄平的环江楼梯草系 Ser. Huanjiangensia（E. huanjiangense），和特产那坡和云南麻栗坡的褐脉楼

梯草系 Ser. Brunneinervia（E. brunneinerve）. 广西的一些县有较多特有种。龙州县有 8 特有种：星序楼梯草 E. asterocephalum，龙州楼梯草 E. lungzhouense，坚纸楼梯草 E. pergameneum，拟长梗楼梯草 E. pseudolongipes，变黄楼梯草 E. xanthophyllum，软毛楼梯草 E. malacotrichum，毅刚楼梯草 E. weii 和拟长圆楼梯草 E. pseudooblongifolium；那坡县有 5 特有种：拟南川楼梯草 E. pseudonanchuanense，光茎楼梯草 E. laevicaule，反糙毛楼梯草 E. retrostrigulosum，那坡楼梯草 E. napoense 和辐毛楼梯草 E. actinotrichum；靖西县有 5 特有种：毛脉楼梯草 E. nianbaense，黑翅楼梯草 E. lui，绿苞楼梯草 E. viridibracteolatum，六肋楼梯草 E. sexcostatum 和靖西楼梯草 E. jingxiense. 在此中心的贵州南部（黔西 - 施秉以南地区）有楼梯草属植物 35 种、3 变种（其种 10 种、1 变种特产贵州南部）。这里出现 6 特有单种系：特产安龙的裂托楼梯草系 Ser. Schizodisca（E. schizodiscum），特产兴义的曲梗楼梯草系 Ser. Arcuatipedes（E. arcuatipes），特产荔波的花葶楼梯草系 Ser. Scaposa（E. scaposum），瀑布楼梯草系 Ser. Cataracta（E. cataractum），紫花楼梯草系 Ser. Sinopurpurea（E. sinopurpureum）和拟疏毛楼梯草系 Ser. Albopilosoida（E. albopilosoides）. 如上所述，还与广西的环江共有 Ser. Huanjiangensia. 贵州东南部的荔波县有较多特有种，除了上述的花葶楼梯草等 4 种以外，还有算盘楼梯草 E. glochidioides，荔波楼梯草 E. liboense 和革叶楼梯草 E. coriaceifolium. 在云南东南部、广西西部和北部，以及贵州南部出现了上述此属全部 4 组的多数系和多数种，这个情况说明楼梯草属在过去地质时期中曾在这个地区发生过强烈分化，同时也说明拥有如此丰富、复杂楼梯草属植物区系的这一岩溶地区是此属的分布中心。

在云南西北部的贡山县和西藏东南部的墨脱县也拥有丰富、复杂的楼梯草属植物，二县此属植物有 38 种、9 变种（包括 27 特有种、8 特有变种），其中，疏晶楼梯草 E. hookerianum，异叶楼梯草 E. monandrum，钝叶楼梯草 E. obtusum 和宽叶楼梯草 E. platyphyllum 在二县均有分布，二县还共有 2 特有种：耳状楼梯草 E. auriculatum（模式变种 var. auriculatum 茎无毛，分布于云南贡山、福贡和西藏墨脱；毛茎耳状楼梯草 var. strigosum 茎被毛，特产墨脱）和拟细尾楼梯草 E. tenuicaudatoides（模式变种 var. tenuicaudatoides 特产墨脱；钦郎当楼梯草 var. orientale 特产贡山钦郎当）。这二县除了这共有的 2 种

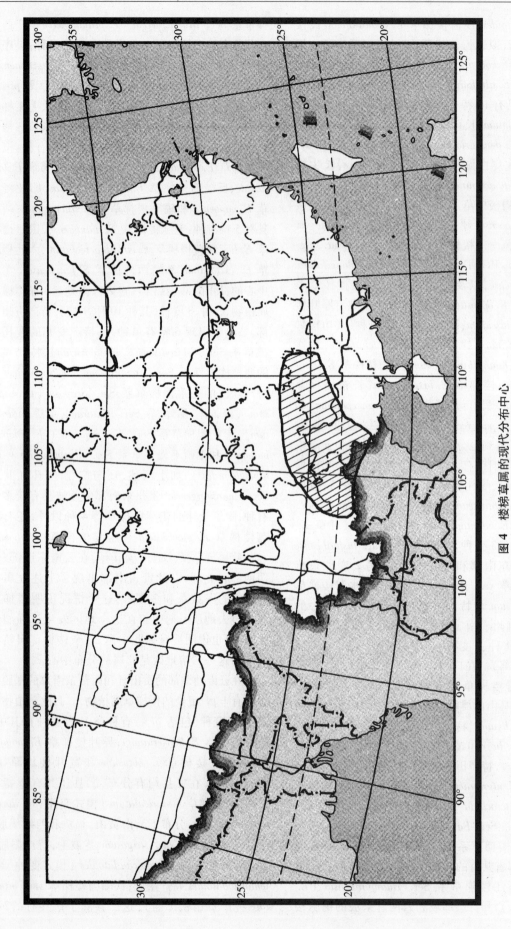

图 4 楼梯草属的现代分布中心

云南东南部、广西西部和北部及贵州南部的岩溶地区分布有楼梯草属的从原始到进化的全部4组、52系的184种、29变种（其中特产此岩溶地区的有154种、23变种），是楼梯草属的现代分布中心。

以外,还有不少特有种和变种。贡山有14特有种,3特有变种:拟渐尖楼梯草 E. paracuminatum,多齿渐尖楼梯草 E. acuminatum var. striolatum,李恒楼梯草 E. lihengianum,厚苞楼梯草 E. apicicrassum,贡山楼梯草 E. gungshanense,拟宽叶楼梯草 E. pseudoplatyphyllum,文采楼梯草 E. wangii,兜船楼梯草 E. cucullatonaviculare,拟托叶楼梯草 E. pseudonasutum,尖牙楼梯草 E. oxyodontum,无角骤尖楼梯草 E. cuspidatum var. ecorniculatum,茨开楼梯草 E. cikaiense,拟盘托楼梯草 E. dissectoides,独龙楼梯草 E. dulongense,锈茎楼梯草 E. ferrugineum,毛茎多脉楼梯草 E. pseudoficoides var. pubicaule,尖被楼梯草 E. acutitepalum.墨脱有13特有种,3特有变种:疏伞楼梯草 E. laxicymosum,背崩楼梯草 E. beibengense,直尾楼梯草 E. recticaudatum,苎麻楼梯草 E. boehmerioides,骤尖小叶楼梯草 E. parvum var. brevicuspe,叉苞楼梯草 E. furcatibracteum,墨脱楼梯草 E. medogense 以及变种长叶墨脱楼梯草 var. oblongum,无苞楼梯草 E. ebracteulum,绒序楼梯草 E. eriocephalum,狭被楼梯草 E. angustitepalum,双头楼梯草 E. didymocephalum,木姜楼梯草 E. litseifolium,四被楼梯草 E. tetratepalum,和楔苞楼梯草 E. cuneiforme 以及变种细梗楔苞楼梯草 var. gracilipes.

在岛屿方面,我国台湾的楼梯草属植物与其西邻的福建(楼梯草属植物4种、1变种)大不相同,相当丰富,有13种、2变种(Yang et al.,1995),其特有现象较强,有9特有种,包括3个根据瘦果形态建立的特有单系:糙梗楼梯草系 Ser. Hirtellipedunculata(E. hirtellipedunculatum),白背楼梯草系 Ser. Hypoglauca(E. hypoglaucum)和近革叶楼梯草系 Ser. Subcoriacea(E. subcoriaceum).这里是狭叶楼梯草 E. lineolatum var. majus,小叶楼梯草 E. parvum 和钝叶楼梯草 E. obtusum 的分布区的东界(图6)。本岛特有种微序楼梯草 E. microcephalanthum 的近缘种是特产我国西南部一带的疣果楼梯草 E. trichocarpum(图10),本岛的似宽叶楼梯草 E. platyphylloides 和食用楼梯草 E. edule var. edule 的近缘种是分布于我国西南部的拟宽叶楼梯草 E. pseudoplatyphyllum 和宽叶楼梯草 E. platyphyllum(图10).由上述情况可见,台湾楼梯草属植物区系与我国西南部楼梯草属植物区系有密切的亲缘关系。海南岛的楼梯草属不丰富,有5种、3变种,其特有现象较弱,只有2变种特产该岛:海南托叶楼梯草 E. nasutum var. hainanense 的特征是其雄总苞苞片在背面顶端之下具角状突起,因此,比模式变种 var. nasutum(雄总苞苞片在顶端具角状突起)进化,可能是

海南岛与大陆分离后在这里形成的新地理变种(王文采,2010a)。另一特有变种南海楼梯草 E. edule var. ecostatum 的特征是其雄总苞苞片无纵肋和角状突起,因此比食用楼梯草 E. edule var. edule(雄总苞苞片背面有1-2条纵肋,有时顶端有角状突起,分布于台湾南部兰屿岛和绿岛,以及菲律宾 Batan Island)原始。

3.3 4组的地理分布

3.3.1 疏伞楼梯草组 Sect. Pellionioides 本组为楼梯草属的原始群,特产我国,有7系、12种、2变种。单种系短梗楼梯草系 Ser. Brevipedunculata(E. brevipedunculatum)特产云南西南部(腾冲、镇康)。第2单种系疏伞楼梯草系 Ser. Laxicymosa(E. laxicymosum)特产西藏墨脱。硬毛楼梯草系 Ser. Hirtella 有2种:硬毛楼梯草 E. hirtellum 特产广西东兰;三歧楼梯草 E. trichotomum 特产云南河口。第3单种系环江楼梯草系 Ser. Huanjiangensia(E. huanjiangense)特产广西环江和贵州黄平。以上4系植物的叶均具半离基三出脉或三出脉,以下3系植物的叶则均具羽状脉:长圆楼梯草系 Ser. Oblongifolia 有5种、2变种:多歧楼梯草 E. polystachyoides 特产云南马关和麻栗坡;钝齿楼梯草 E. obtusidentatum 特产广西融水;歧序楼梯草 E. subtrichotomum var. subtrichotomum 特产广东乐昌和湖南衡阳,另一变种角萼楼梯草 var. corniculatum 特产云南屏边;翅棱楼梯草 E. angulosum 特产四川峨眉山;长圆楼梯草 E. oblongifolium var. oblongifolium 是疏伞楼梯草组中分布最广的分类群,自云南东南部、广西、湖南向北分布达四川都江堰、重庆奉节和湖北神农架,向东间断分布到福建南平,另一变种托叶长圆楼梯草 var. magnistipulum 特产云南东南部马关。第4单种系花葶楼梯草系 Ser. Scaposa(E. scaposum)特产贵州荔波。第5单种系微齿楼梯草系 Ser. Microdonta(E. microdontum)特产云南麻栗坡。(图5)

3.3.2 小叶楼梯草组 Sect. Weddellia 本组在我国有30系、约119种、26变种(包括104特有种、22特有变种),广布于秦岭以南的亚热带和热带地区,分布于云南(56种,包括31特有种)、广西(53种,包括31特有种)和贵州(25种,包括7特有种),向北、向东种数则逐渐减少。本组分布最广的种是楼梯草 E. involucratum,从云南、广西、广东北部、福建向北分布达秦岭南麓,向东分布达日本,但未分布到台湾地区。(图9)另一分布较广的种是我国特有种庐山楼梯草 E. stewardii,分布于长江中、下游各省,向北和楼梯草一同分布达河南南部。(图8)另2个分布较广的我国特有种是对叶楼梯草 E. sinense 和

宜昌楼梯草 E. ichangense，前者广布于长江中、下游各省（图 7），后者分布于中南部。在东西方向分布方面：有 3 种从我国西南部向东分布达我国台湾岛：在南部是狭叶楼梯草 E. lineolatum var. majus，由云贵高原南部向东沿南岭山脉经过广西、广东、福建南部到达台湾，由云贵高原向西分布达喜马拉雅；另一种小叶楼梯草 E. parvum 与狭叶楼梯草的分布相似，但在福建北部没有分布；在北部的钝叶楼梯草 E. obtusum var. obtusum 从西藏东部、云南向东分布达四川以及甘肃和陕西秦岭南麓，向西达喜马拉雅山区，另一茎无毛的变种光茎钝叶楼梯草 var. trilobulatum 从四川盆地和贵州高原向东南北沿大巴山，南沿南岭分布达台湾岛。（图 6）此外，我国特有种疣果楼梯草 E. trichocarpum 分布于云南东南和东北部、贵州、四川、重庆、湖北西南部和湖南西北部，如前所述，其近缘种不产我国大陆，而是特产台湾岛的微序楼梯草 E. microcephalanthum.（图 10）下面 2 种的分布也大致是东西方向，但其分布向东未达福建和台湾：托叶楼梯草 E. nasutum 是一多型变种，其模式变种 var. nasutum 从西藏东南部和横断山中段向东经云南、四川、重庆南部、湖北西南、贵州、广西、湖南，到达江西西部山地，由西藏东南向西达喜马拉雅山区东部；海南托叶楼梯草 var. hainanense 特产海南岛；盘托托叶楼梯草 var. discophorum 星散分布于云南东南、广西北部和湖南西北部；毛梗托叶楼梯草 var. puberulum 分布于云南、贵州、重庆南部、湖南南部、江西西部、广东西部和广西北部；无角托叶楼梯草 var. ecorniculatum 分布于西藏墨脱和不丹。（图 8）另一种，疏晶楼梯草 E. hookerianum 从西藏东南部和云南西部向东间断分布达广西西南部山地，向西达喜马拉雅山区中部。光叶楼梯草 E. laevissimum 的分布区主要在我国境内，分布于海南、广西西部、云南东南和西南部、西藏东南部，以及越南北部。从疏晶楼梯草和光叶楼梯草的分布可以看到，从海南、广西西部经过云南高原的南缘和西缘到西藏东南部存在一条植物区系的迁移路线。此外，根据瘤茎楼梯草 E. myrtillus（分布于云南东南部、广西西部、贵州东部、湖南西北、湖北西南和重庆南部）和条叶楼梯草 E. sublineare（分布于广西西部、贵州、湖南、湖北西南、重庆南部，以及越南北部）的地理分布可以看到，沿云贵高原东缘存在一条南北方向的植物区系迁移路线。

3.3.3 骤尖楼梯草组 Sect. Elatostema 本组在我国有 25 系、144 种（包括 135 特有种）、20 变种（全部特产我国），广布于西南、华南和中南各省区，多数特有种分布于西藏东南部、云南、广西和贵州南部（西藏东南部 10 种，云南西北部 32 种，其西南部和南部各 5 种，其东南部 39 种，广西西部和北部 32 种，贵州南部 9 种），较少分布于台湾（5 种）、四川（4 种）、重庆（2 种）、湖南（1 种）和甘肃南部（1 种），绝大多数特有种为狭域分布种，产于一个或少数山头。本组分布最广的种是锐齿楼梯草 E. cgrtandrifolium，在秦岭以南除了西藏、陕西、河南、安徽和浙江以外的其他省、区广泛分布。骤尖楼梯草 E. cuspidatum var. cuspidatum 分布也较广，其分布区与前组的托叶楼梯草 E. nasutum var. nasutum 的分布区相似，自西藏东南部向东，经过云南、广西北部、贵州、四川、重庆南部、湖北西南、湖南也到达江西西部山地，自西藏东南部向西也分布到喜马拉雅山区（图 9）；在云南西北部出现 2 变种：无角骤尖楼梯草 var. ecorniculatum（雌总苞苞片无角状突起）特产贡山，长角骤尖楼梯草 var. dolichoceras（雄总苞苞片有长角状突起）特产兰坪。多序楼梯草 E. macintyrei 的分布区与骤尖楼梯草的相似，但更向东及向南扩展，自西藏东南部向东经云南、贵州、重庆南部、湖南、广西、广东到达福建，向西达喜马拉雅山区。盘托楼梯草 E. dissectum 的分布区与上述二种的稍相似，但较小，自云南西部向东经过云南南部、广西到达广东西部，向西经印度东北部到达喜马拉雅山区中部。宽叶楼梯草群（E. platyphyllum group）（叶的尾状尖头边缘有小齿，基部宽侧耳形，雄花序托盘形）约有 10 种，其分布中心位于云贵高原南部：永田楼梯草 E. yongtianianum 特产贵州西南部安龙，大新楼梯草 E. daxinense 特产广西西南部大新，富宁楼梯草 E. funingense 和七肋楼梯草 E. septemcostatum 特产云南东南部和南部，拟宽叶楼梯草 E. pseudoplatyphyllum 特产云南西北部贡山；此外，与拟宽叶楼梯草亲缘关系相近的 2 种间断地分布于我国东南部和南部岛屿上：似宽叶楼梯草 E. platyphylloides 产我国台湾岛，并向北分布达冲绳岛；食用楼梯草 E. edule var. edule 产台湾南部的兰屿和绿岛，以及菲律宾，其第二变种南海楼梯草 E. edule var. ecostatum 特产海南岛；本群的宽叶楼梯草 E. platyphyllum 的雄总苞发生强烈退化而消失，自西藏东南部向东分布达云南西部和南部，以及四川南部，向西达喜马拉雅山区；宽叶楼梯草的近缘种，无苞楼梯草 E. ebractearum（雄总苞和雌总苞均消失）特产西藏墨脱。（图 10）以下 2 种在华南和西南广布：曲毛楼梯草 E. retrohirtum 是我国特有种，分布于广东北部、广西、贵州南部、云南东部和四川南部；华南楼梯草

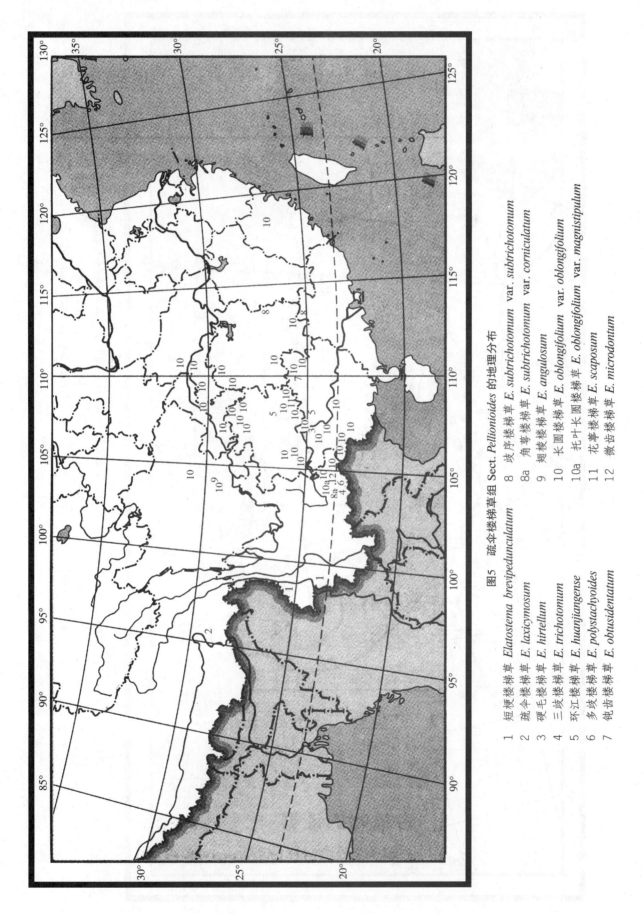

图5 疏伞楼梯草组 Sect. *Pellionioides* 的地理分布

1 短梗楼梯草 *Elatostema brevipedunculatum*
2 疏伞楼梯草 *E. laxicymosum*
3 硬毛楼梯草 *E. hirtellum*
4 三歧楼梯草 *E. trichotomum*
5 环江楼梯草 *E. huanjiangense*
6 多歧楼梯草 *E. polystachyoides*
7 钝齿楼梯草 *E. obtusidentatum*

8 歧序楼梯草 *E. subtrichotomum* var. *subtrichotomum*
8a 角萼楼梯草 *E. subtrichotomum* var. *corniculatum*
9 翅萼楼梯草 *E. angulosum*
10 长圆楼梯草 *E. oblongifolium* var. *oblongifolium*
10a 托叶长圆楼梯草 *E. oblongifolium* var. *magnistipulum*
11 花葶楼梯草 *E. scaposum*
12 微齿楼梯草 *E. microdontum*

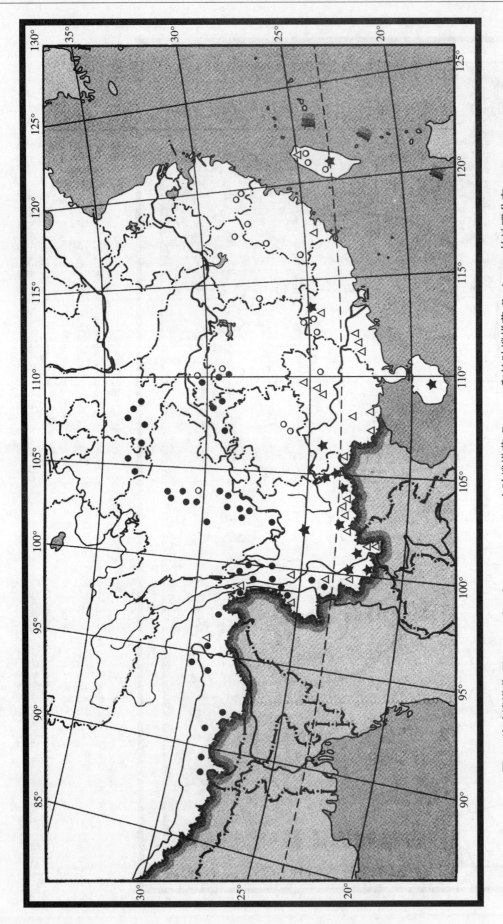

图 6 狭叶楼梯草 *Elatostema lineolatum* var. *majus*，小叶楼梯草 *E. parum* 和钝叶楼梯草 *E. obtusum* 的地理分布

△ *E. lineolatum* var. *majus*　　● *E. obtusum* var. *obtusum*

★ *E. parvum*　　○ *E. obtusum* var. *trilobulatum*

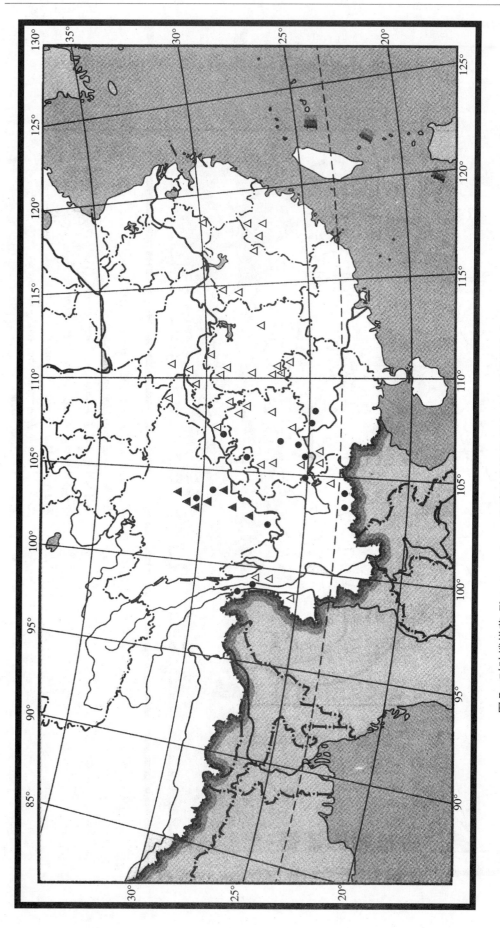

图 7 对叶楼梯草 *Elatostema sinense* 和滇黔楼梯草 *E. backeri* 的地理分布

△ 对叶楼梯草 *E. sinense* var. *sinense*

⬠ 新宁楼梯草 *E. sinense* var. *xinningense*

⬠ 角苞楼梯草 *E. sinense* var. *longecornutum*

▲ 角苞楼梯草 *E. sinense* var. *longecornutum*

● 滇黔楼梯草 *E. backeri* (此种从我国西南部间断分布到印度尼西亚爪哇岛)

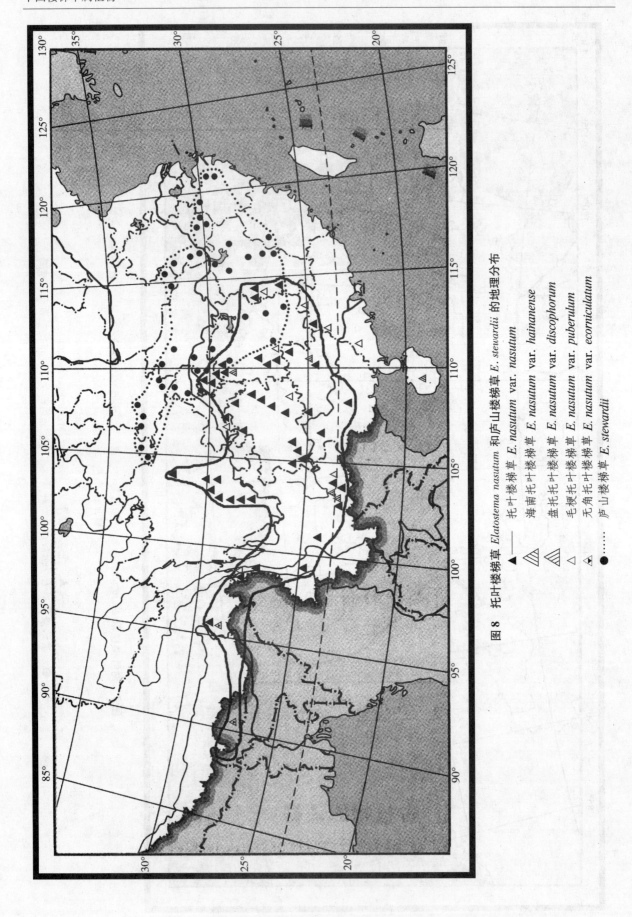

图 8 托叶楼梯草 *Elatostema nasutum* 和庐山楼梯草 *E. stewardii* 的地理分布

— 托叶楼梯草 *E. nasutum* var. *nasutum*
▲ 海南托叶楼梯草 *E. nasutum* var. *hainanense*
△ 盘托托叶楼梯草 *E. nasutum* var. *discophorum*
△ 毛梗托叶楼梯草 *E. nasutum* var. *puberulum*
▽ 无角托叶楼梯草 *E. nasutum* var. *ecorniculatum*
● 庐山楼梯草 *E. stewardii*

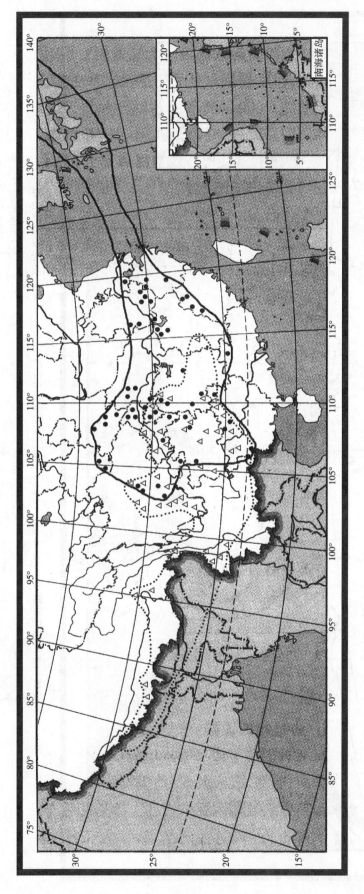

图 9 楼梯草 *Elatostema involucratum* 和 骤尖楼梯草 *E. cuspidatum* var. *cuspidatum* 的地理分布

● —— *E. involucratum*

—— *E. cuspidatum* var. *cuspidatum*

△ ⋯⋯ *E. cuspidatum* var. *cuspidatum*

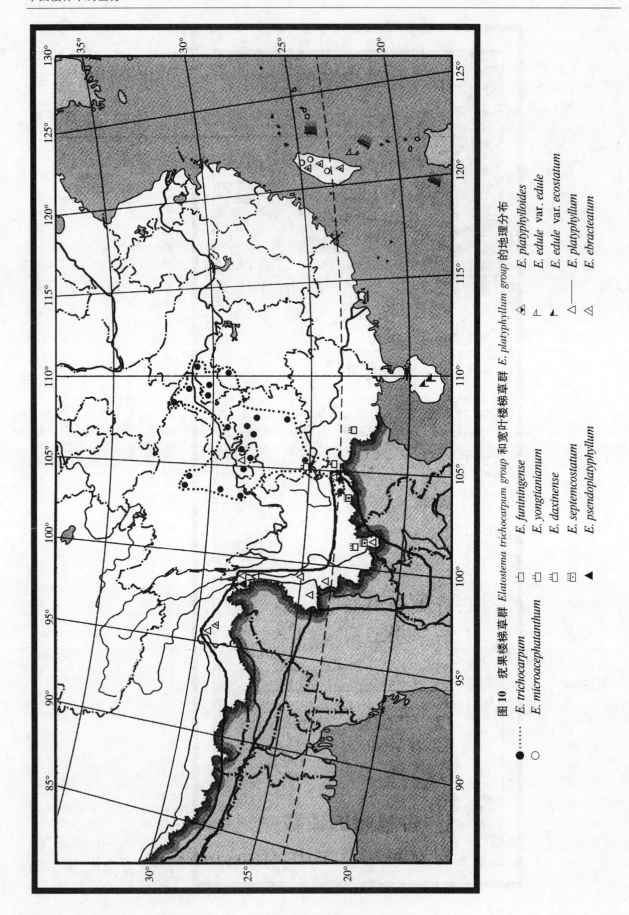

图 10 疣果楼梯草群 *Elatostema trichocarpum group* 和宽叶楼梯草群 *E. platyphyllum group* 的地理分布

····· *E. trichocarpum*	□ *E. funiningense*	▲ *E. platyphylloides*	
○ *E. microacephalanthum*	凸 *E. yongtianianum*	⊢ *E. edule* var. *edule*	
	凹 *E. daxinense*	▲ *E. edule* var. *ecostatum*	
	⊟ *E. septemcostatum*	△ *E. platyphyllum*	
	▲ *E. psendoplatyphyllum*	△ *E. ebracteatum*	

E. balansae 分布于广东、广西、湖南西北、贵州、重庆南部、四川南部、云南、西藏东南部，以及越南北部、泰国北部（*Yahara*，1984）。南川楼梯草 *E. nanchuanense* 与小叶楼梯草组的瘤茎楼梯草 *E. myrtillus* 相似，沿云贵高原的东缘分布，是一多型种，有 5 变种、2 原始变种（雄总苞苞片无任何突起），无角南川楼梯草 var. *calciferum* 特产湖南西北部永顺，黑苞南川楼梯草 var. *nigribracteolatum* 特产云南东南部麻栗坡，另一变种短角南川楼梯草 var. *brachyceras*（雄总苞苞片具短角状突起）特产广西西南部靖西。以下 2 进化变种（雄总苞苞片具长角状突起），模式变种 var. *nanchuanense* 分布于贵州、湖南西北、湖北西南和重庆南部，硬角南川楼梯草 var. *scleroceras* 特产广西北部南丹和贵州东南部荔波。

3.3.4 梨序楼梯草组

Sect. *Androsyce* 本组是楼梯草属的进化群，有 2 系、3 种。梨序楼梯草 *E. ficoides* var. *ficoides* 分布于我国西藏南部、云南、四川、重庆南部、湖南西南部、广西西部、海南，以及尼泊尔、不丹、印度东北部和越南北部；毛茎梨序楼梯草 *E. ficoides* var. *puberulum* 特产湖南西北部桑植。短齿楼梯草 *E. brachyodontum* 分布于云南东北部、贵州、重庆（北达大巴山）、湖北西部、湖南西部、广西西部，以及越南北部。红果楼梯草 *E. atropurpureum* 的分布区很小，分布于我国云南东南部（麻栗坡、西畴）和越南北部与我国云南河口交界的沙坝（Cha-pa）。（图 11）

3.4 三点推断

（1）楼梯草属在我国云贵高原一带的分布，有从原始到进化的全部 4 组、64 系、230 余种，其原始群疏伞楼梯草组 Sect. *Pellionioides* 7 系的绝大多数种都分布在这里，据此推测楼梯草属 *Elatostema* 可能于过去某地质时期在云贵高原由冷水花属 *Pilea* 演化而来，并于此后在云贵高原东南部发生强烈分化（现在分布有 4 组、52 系、184 种），显现出此地区

楼梯草属的高度分类学多样性，形成了此属的现代分布中心。（Wang，2012）

（2）根据钝叶楼梯草 *E. obtusum*，狭叶楼梯草 *E. lineolatum* var. *majus*，小叶楼梯草 *E. parvum*，以及宽叶楼梯草群 *E. platyphulium group* 等种的地理分布，可以看到在北部自横断山区向东沿秦岭南麓、大巴山向东南最后到达台湾存在一条植物区系迁移路线；自云贵高原南部向东经过南岭，最后向南到达海南，以及继续向东到达台湾存在另一条迁移路线；此外，自云贵高原西缘向西则存在通往喜马拉雅区的一条迁移路线。（王文采，1992）由此可见前述的托叶楼梯草 *E. nasutum*、宽叶楼梯草 *E. platyphyllum* 和骤尖楼梯草 *E. cuspidatum* 等种均是起源于云贵高原，以后，从这里向西分布到喜马拉雅山区。根据钝叶楼梯草、狭叶楼梯草等植物的地理分布，以及特产西南部的疣果楼梯草 *E. trichocarpum* 与特产台湾的微序楼梯草 *E. microcephalanthu* 有密切的亲缘关系，可以看到台湾植物区系与我国西南部植物区系具有密切的亲缘关系，这种情况说明台湾植物区系与我国西南部植物区系一样，应属于泛北极植物区（Takhtajan，1986；王文采，1989；应俊生、陈梦玲，2011），而不应属于古热带植物区（吴征镒、王荷生，1983；吴征镒等，2011）。

（3）根据渐尖楼梯草 *E. acuminatum*，全缘楼梯草 *E. integrifolium*，稀齿楼梯草 *E. cuneatum* 和小叶楼梯草 *E. parvum* 四种均分布于喜马拉雅山区、印度、缅甸、我国西南部或南部以及印度尼西亚爪哇岛等地，尤其是滇黔楼梯草 *E. backeri* 自我国西南部间断地分布到印度尼西亚爪哇岛的独特地理分布情况（Hooker，1888；Backer，1965；王文采，1980，1995；Yahara，1984），可以看到自云贵高原向南经过马来半岛到爪哇岛以及相邻岛屿一线存在一条植物区系迁移路线。（王文采，1989，1992）

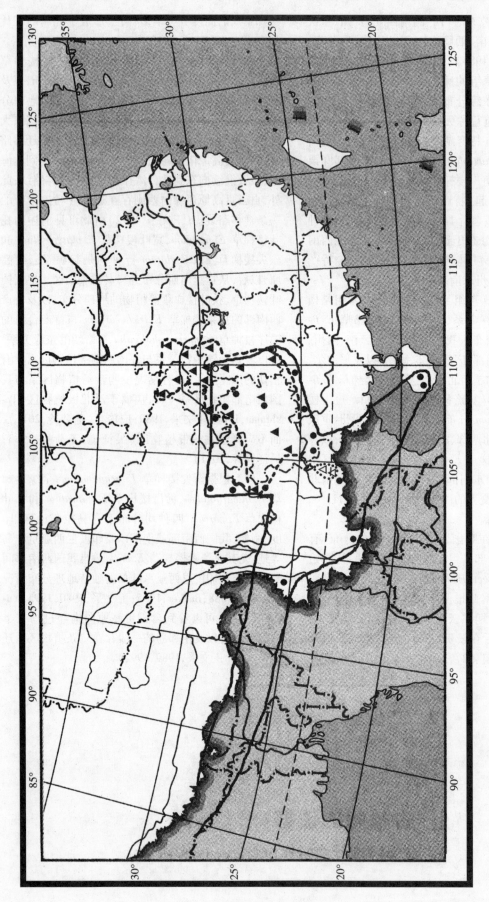

图 11　梨序楼梯草组 Sect. *Androsyce* 在中国的地理分布

● —— 梨序楼梯草 *Elatostema ficoides* var. *ficoides*

○ —— 毛茎梨序楼梯草 *E. ficoides* var. *puberulum*

▲ ---- 短齿楼梯草 *E. brachyodontum*

△ …… 红果楼梯草 *E. atropurpureum*

附录:楼梯草属在其分布中心的植物名录

Elatostema *J. R. & G. Forster*

Sect. 1. **Pellionioides** *W. T. Wang*

Ser 1. Hirtella *W. T. Wang*

1. E. hirtellum(*W. T. Wang*) *W. T. Wang*

2. E. trichotomum *W. T. Wang*

Ser. 2. Huanjiangensia *W. T. Wang & Y. G. Wei*

3. E. huanjiangense *W. T. Wang &Y. G. Wei*

Ser. 3. Oblongifolia *W. T. Wang*

4. E. polystachyoides *W. T. Wang*

5. E. obtusidentatum *W. T. Wang*

6. E. subtrichotomum *W. T. Wang* var. corniculatum *W. T. Wang*

7. E. oblongifolium *Fu* ex *W. T. Wang* var. magnistipulum *W. T. Wang*

Ser. 4. Scaposa *W. T. Wang*

8. E. scaposum *Q. Lin & L. L. Duan*

Ser. 5. Microdonta *W. T. Wang*

9. E. microdontum *W. T. Wang*

Sect. 2. **Weddellia** (*H. Schröter*) *W. T. Wang*

Ser. 1. Acuminata *W. T. Wang*

10. E. tenuicaudatum *W. T. Wang* var. lasiocladum *W. T. Wang*

11. E. laevissimum *W. T. Wang*

12. E. acuminatum (*Poir.*) *Brongn.*

13. E. lineolatum *Wight* var. majus *Wedd.*

14. E. ramosum *W. T. Wang* var. villosum *W. T. Wang*

15. E. integrifolium(*D. Don*) *Wedd.* var. tomentosum (*Hook. f.*) *W. T. Wang*

16. E. viridicaule *W. T. Wang*

17. E. biglomeratum *W. T. Wang*

Ser. 2. Monandra *W. T. Wang*

18. E. monandra(*D. Don*) *Hara* var. pinnatifidum(*Hook. f.*) *Murti*

19. E. myrtillus(*Lévl.*) *Hand. -Mazz.*

20. E. oligophlebium *Wang , Wei & Monro*

21. E. mashanense *W. T. Wang & Y. G. Wei*

22. E. septemflorum *W. T. Wang*

23. E. tianeense *W. T. Wang & Y. G. Wei*

24. E. yachaense *Wang , Wei & Monro*

25. E. pellionioides *W. T. Wang*

26. E. glochidioides *W. T. Wang*

27. E. albovillosum *W. T. Wang*

28. E. crassimucronatum *W. T. Wang*

29. E. multicaule *Wang , Wei & Monro*

30. E. duyunense *W. T. Wang &Y. G. Wei*

31. E. longibracteatum *W. T. Wang*

32. E. conduplicatum *W. T. Wang*

33. E. hezhouense *Wang , Wei & Monro*

34. E. pseudonanchuanense *W. T. Wang*

Ser. 3. Parva *W. T. Wang*

35. E. parvum (*Bl.*) *Miq.*

36. E. sinense *H. Schröter*

37. E. parvioides *W. T. Wang*

38. E. xichouense *W. T. Wang*

39. E. microcarpum *W. T. Wang & Y. G. Wei*

40. E. liboense *W. T. Wang*

41. E. pycnodontum *W. T. Wang*

42. E. hookerianum *Weed*

43. E. asterocephalum *W. T. Wang*

44. E. coriaceifolium *W. T. Wang* var. acuminatissimum *W. T. Wang*

45. E. crassiusculum *W. T. Wang*

46. E. fengshanense *W. T. Wang & Y. G. Wei* var. brachyceras *W. T. Wang*

47. E. attenuatoides *W. T. Wang*

48. E. ornithorrhynchcm *W. T. Wang*

Ser. 4. Backeriana *W. T. Wang & Zeng Y. Wu*

49. E. backeri *H. Schröter*

Ser. 5. Odontoptera *W. T. Wang*

50. E. odontopterum *W. T. Wang*

Ser. 6. Attenuata *W. T. Wang*

51. E. attenuatum *W. T. Wang*

Ser. 7. Ciliatialata *Wang & Monro*

52. E. ceilingense *Wang , Wei & Monro*

Ser. 8. Neriifolia *W. T. Wang & Zeng Y. Wu*

53. E. neriifolium *W. T. Wang & Zeng Y. Wu*

Ser. 9. Shanglinensia *W. T. Wang & Y. G. Wei*

54. E. shanglinense *W. T. Wang*

Ser. 10. Salvinioida *W. T. Wang*

55. E. salvinioides *W. T. Wang* var. *robustum W. T. Wang*

56. E. densistriolatum *W. T. Wang & Zeng Y. Wu*

Ser. 11. Androstachya *W. T. Wang & Y. G. Wei*

57. E. androstachyum *Wang , Monro & Wei*

Ser. 12. Stipulosa *W. T. Wang*

58. E. ronganense *W. T. Wang & Y. G. Wei*

59. E. nianbaense *Wang , Wei & Monro*

60. E. lasiocephalum *W. T. Wang*

61. E. gueilinense *W. T. Wang*

62. E. baiseense *W. T. Wang*

63. E. laevicaule *Wang, Monro & Wei*

64. E. yaoshanense *W. T. Wang*

65. E. filipes *W. T. Wang*

66. E. hygrophilifolium *W. T. Wang*

67. E. rhombiforme *W. T. Wang*

68. E. minutifurfuraceum *W. T. Wang*

69. E. sukungianum *W. T. Wang*

70. E. cultratum *W. T. Wang*

71. E. nasutum *Hook. f.*

    var. discophorum *W. T. Wang*

    var. puberulum (*W. T. Wang*) *W. T. Wang*

Ser. 13. Cataracta *W. T. Wang*

72. E. cataractum *Q. Lin* & *L. L. Duan*

Ser. 14. Pseudodissecta *W. T. Wang*

73. E. pseudodissectum *W. T. Wang*

Ser. 15. Brunneinervia *W. T. Wang*

74. E. brunneinerve *W. T. Wang*

    var. papillosum *W. T. Wang*

Ser. 16. Quinquetepala *W. T. Wang*

75. E. quinguetepalum *W. T. Wang*

Ser. 17. Laevisperma (*Hatus.*) *W. T. Wang*

76. E. obtusum *Wedd.* var. trilobulatum (*Hayata*)
    W. T. Wang

Ser. 18. Arcuatipedes *W. T. Wang & Y. G. Wei*

77. E. arcuatipes *W. T. Wang & Y. G. Wei*

Ser. 19. Trichocarpa *W. T. Wang*

78. E. trichocarpum *Hand. -Mazz.*

Ser. 20. Crenata *W. T. Wang*

79. E. gyrocephalum *W. T. Wang & Y. G. Wei*

    var. pubicaule *W. T. Wang & Y. G. Wei*

80. E. biformibracteolatum *W. T. Wang*

81. E. planinerve *W. T. Wang & Y. G. Wei*

82. E. atrostriatum *W. T. Wang & Y. G. Wei*

83. E. albistipulum *W. T. Wang*

84. E. pallidinerve *W. T. Wang*

85. E. quadribracteum *W. T. Wang*

86. E. tenuibracteatum *W. T. Wang*

87. E. glabribracteum *W. T. Wang*

88. E. crenatum *W. T. Wang*

Ser. 21. Melanocarpa *W. T. Wang*

89. E. melanocarpum *W. T. Wang*

Ser. 22. Nigrialata *W. T. Wang et al*

90. E. lui *Wang, Wer & Monro*

Ser. 23. Nigribracteata *W. T. Wang & Y. G. Wei*

91. E. nigribracteatum *W. T. Wang & Y. G. Wei*

Ser. 24. Bamaensia *W. T. Wang & Y. G. Wei*

92. E. bamaense *W. T. Wang & Y. G. Wei*

Ser. 25. Sublinearia *W. T. Wang*

93. E. sublineare *W. T. Wang*

94. E. obscurinerve *W. T. Wang*

    var. pubifolium *W. T. Wang*

95. E. longicuspe *Wang, Wei & Monro*

Ser. 26. Involucrata *W. T. Wang*

96. E. involucratum *Franch. & Sav*

97. E. mabianense *W. T. Wang*

    var. sexbracteatum *W. T. Wang*

Sect. 3. **Elatostema**

Ser. 1. Cuspidata *W. T. Wang*

98. E. tenuireceptaculum *W. T. Wang*

99. E. luchunense *W. T. Wang*

100. E. retrohirtum *Dunn*

101. E. pingbianense *W. T. Wang*

    var. triangulare *W. T. Wang*

102. E. macintyrei *Dunn*

103. E. hechiense *W. T. Wang*

104. E. phanerophlebium *W. T. Wang & Y. G. Wei*

105. E. viridibracteolatum *W. T. Wang*

106. E. xanthotrichum *W. T. Wang & Y. G. Wei*

107. E. shuii *W. T. Wang*

108. E. caudatoacuminatum *W. T. Wang*

109. E. funingense *W. T. Wang*

110. E. yongtianianum *W. T. Wang*

111. E. daxinense *W. T. Wang & Zeng Y. Wu*

112. E. septemcostatum *W. T. Wang & Zeng Y. Wu*

113. E. brunneobracteolatum *W. T. Wang*

114. E. platyphyllum *Wedd.*

115. E. tritepalum *W. T. Wang*

116. E. linearicorniculatum *W. T. Wang*

117. E. cyrtandrifolioides *W. T. Wang*

118. E. cyrtandrifolium (*Zoll. & Mor.*) *Miq.*

    var. daweishanicum *W. T. Wang*

119. E. brevicaudatum (*W. T. Wang*) *W. T. Wang*

120. E. breviacuminatum *W. T. Wang*

121. E. huanglianshanicum *W. T. Wang*

122. E. balansae *Gagnep.*

    var. hispidum *W. T. Wang*

123. E. viridinerve *W. T. Wang*

124. E. retrostrigulosum *Wang, Wei & Monro*

125. E. tricostatum *W. T. Wang*

126. E. robustipes *Wang, Wei & Monro*

127. E. sexcostatum *Wang, Wei & Monro*

128. E. megacephalum *W. T. Wang*

129. E. cuspidatum *Wight*

130. E. pachyceras *W. T. Wang*

Ser. 2. Lungzhouensia *W. T. Wang*

    131. E. lungzhouense *W. T. Wang*

    132. E. angustibracteum *W. T. Wang*

    133. E. pergameneum *W. T. Wang*

Ser. 3. Atroviridia *W. T. Wang*

    134. E. furcatiramosum *W. T. Wang*

    135. E. brunneostriolatum *W. T. Wang*

    136. E. setulosum *W. T. Wang*

    137. E. lushuiheense *W. T. Wang*

        var. flexuosum(*W. T. Wang*) *W. T. Wang*

        var. latibracteum *W. T. Wang*

    138. E. leiocephalum *W. T. Wang*

    139. E. atroviride *W. T. Wang*

        var. laxituberculatum *W. T. Wang*

Ser. 4. Longistipula *W. T. Wang*

    140. E. longistipulum *Hand. -Mazz.*

    141. E. recurviramum *W. T. Wang & Y. G. Wei*

Ser. 5. Dissecta *W. T. Wang*

    142. E. napoense *W. T. Wang*

    143. E. laxisericeum *W. T. Wang*

    144. E. dissctum *Wedd.*

    145. E. jinpingense *W. T. Wang*

    146. E. pseudolongipes *W. T. Wang & Y. G. Wei*

    147. E. hekouense *W. T. Wang*

    148. E. manhaoense *W. T. Wang*

    149. E. actinodromum *W. T. Wang*

    150. E. tianlinense *W. T. Wang*

    151. E. pubipes *W. T. Wang*

Ser. 6. Adenophora *W. T. Wang*

    152. E. adenophorum *W. T. Wang*

        var. gymnocephalum *W. T. Wang*

Ser. 7. Heteroclada *W. T. Wang & Y. G. Wei*

    153. E. heterocladum *Wang , Monro & Wei*

Ser. 8. Petelotiana *W. T. Wang*

    154. E. petelotii *Gagnep.*

    155. E. jianshanicum *W. T. Wang*

Ser. 9. Alnifolla *W. T. Wang & Zeng Y. Wu*

    156. E. alnifolium *W. T. Wang*

Ser. 10. Nanchuanensia *W. T. Wang*

    157. E. xanthophyllum *W. T. Wang*

    158. E. fulvobracteolatum *W. T. Wang*

    159. E. actinotrichum *W. T. Wang*

    160. E. petiolare *W. T. Wang*

    161. E. malacotrichum *W. T. Wang & Y. G. Wei*

    162. E. angulaticaule *W. T. Wang & Y. G. Wei*

        var. lasiocladum *W. T. Wang & Y. G. Wei*

    163. E. tenuinerve *W. T. Wang & Y. G. Wei*

    164. E. longiciliatum *W. T. Wang*

    165. E. pleiophlebium *W. T. Wang & Zeng Y. Wu*

    166. E. quinquecostatum *W. T. Wang*

    167. E. maguanense *W. T. Wang*

    168. E. binerve *W. T. Wang*

    169. E. melanoceras *W. T. Wang*

    170. E. pseudobrachyodontum *W. T. Wang*

    171. E. melanophyllum *W. T. Wang*

    172. E. nanchuanense *W. T. Wang*

        var. nigribracteolatum *W. T. Wang*

        var. brachyceras *W. T. Wang*

        var. scleroceras *W. T. Wang*

Ser. 11. Tenuifolia *W. T. Wang*

    173. E. weii *W. T. Wang*

    174. E. pseudooblongifolium *W. T. Wang*

        var. jinchangense *W. T. Wang*

    175. E. tenuifolium *W. T. Wang*

Ser. 12. Binata *W. T. Wang & Y. G. Wei*

    176. E. binatum *W. T. Wang & Y. G. Wei*

Ser. 13. Jingxiensia *W. T. Wang & Y. G. Wei*

    177. E. jingxiense *W. T. Wang & Y. G. Wei*

Ser. 14. Malipoensia *W. T. Wang & Zeng Y. Wu*

    178. E. lognitepalum *W. T. Wang*

    179. E. malipoense *W. T. Wang & Zeng Y. Wu*

Ser. 15. Schizodisca *W. T. Wang & Y. G. Wei*

    180. E. schizodiscum *W. T. Wang & Y. G. Wei*

Ser. 16. Albopilosa *W. T. Wang*

    181. E. albopilosum *W. T. Wang*

    182. E. crassicostatum *W. T. Wang*

    183. E. melanocephalum *W. T. Wang*

Ser. 17. Opposita *W. T. Wang*

    184. E. oppositum *Q. Lin & Y. M. Shui*

Ser. 18. Sinopurpurea *W. T. Wang*

    185. E. sinopurpureum *W. T. Wang*

Ser. 19. Albopilosoida *Q. Lin & L. D. Duan*

    186. E. albopilosoides *Q. Lin & L. D. Duan*

Sect. 4. **Androsyce** *Wedd.*

Ser. 1. Ficoida *W. T. Wang*

    187. E. ficoides *Wedd.*

    188. E. brachyodontum(*Hand. -Mazz.*) *W. T. Wang*

Ser. 2. Atropurpurea *W. T. Wang*

    189. E. atropurprueum *Gagnep.*

4. 经济用途

据《中国经济植物志》，我国荨麻科植物有包括苎麻 *Boehmeria nivea* 在内的 9 属、20 余种植物，均富含坚韧茎皮纤维，可用于纺纱、制绳索等。但是，楼梯草属植物却不具强韧茎皮纤维，据有关经济植物文献，我国此属一些植物有药用、食用、饲料等三种用途。

4.1 药用

据《全国中草药汇编》(1975、1978)、《广西药用植物名录》(1980)、《全国中药资源志要》(1994)、《甘肃中草药资源志》(2004,2007)、《云南天然药物图鉴》(2007) 等著作，我国楼梯草属有 15 种和 1 变种可供药用：

(1) 短齿楼梯草 *Elatostema brachyodontum* 全草有祛风除湿、清热解毒之效。骤尖楼梯草 *E. cuspidatum* 也有相同效用。

(2) 褐脉楼梯草 *E. brunneinerve* 全草治慢性肝炎。

(3) 锐齿楼梯草 *E. cyrtandrifolium* 全草可消炎、拔毒、接骨。宜昌楼梯草 *E. ichangense* 也有相同效用。

(4) 楼梯草 *E. involucratum* 全草治痢疾、黄疸，外用治风湿、关节痛、骨折。狭叶楼梯草 *E. lineolatum* var. *majus* 也有相同效用。

(5) 多序楼梯草 *E. macintyrei* 全草有清热凉肝、润肺止咳之效。

(6) 异叶楼梯草 *E. monandrum* 根状茎用于治痢疾、风湿痛、跌打损伤等症。

(7) 瘤茎楼梯草 *E. myrtillus* 全草治眼热红肿、风湿痛、跌打损伤。

(8) 托叶楼梯草 *E. nasutum* 全草有清热解毒之效，可用于接骨、骨髓炎等症。

(9) 长圆楼梯草 *E. obtusrm* 全草有清热解毒、化痰止咳之效，可治伤风感冒等症。

(10) 钝叶楼梯草 *E. obtusum* 全草有清热解毒、祛瘀止痛之效。

(11) 庐山楼梯草 *E. stewardii* 全草有活血祛瘀、消肿解毒之效，可治挫伤、骨折、痄腮、肺痨、咳嗽等症。根可用于治疗骨折。

(12) 条叶楼梯草 *E. sublineare* 全草有清热解毒之效，可治跌打、骨折。

(13) 瘤果楼梯草 *E. trichocarpum* 全草有清热解毒、祛瘀止痛之效。

4.2 食用

据 C. B. Robinson (1910)，食用楼梯草 *E. edule* 的叶在菲律宾巴丹岛 *Batan Island* 可作蔬菜用。在我国，据最近出版的《浙江野菜 100 种精选图谱》(2011)，在我国广布的庐山楼梯草 *E. stewardii* 和楼梯草 *E. involucratum* 二种的茎均可作蔬菜用，加工方法为将其嫩茎撕去茎皮，洗净，用沸水焯 5 分钟左右，然后切段，即可与肉丝、香干丝、红椒片一同爆炒，在熟后加蒜泥、精盐、味精等，进行翻炒，即做成"龙骨三丝"。也可伴五花肉做炖肉等。

4.3 作饲料用

在我国亚热带分布较广的 4 种：对叶楼梯草 *E. sinense*、短齿楼梯草 *E. brachyodontum*、骤尖楼梯草 *E. cuspidatum* 和托叶楼梯草 *E. nasutum* 的全草可作猪饲料用。(王文采, 1995; 李丙贵, 2000)

5. 参考文献

方鼎等.1986.广西药用植物名录.南宁:广西人民出版社。

中华人民共和国商业部土产废品局,中国科学院植物研究所.2012.中国经济植物志.北京:科学出版社。

中国药材公司.1994.全国中药资源志要.北京:科学出版社。

云南省药物研究所.2007.云南天然药物图鉴.昆明:云南科技出版社。

王文采.1980.中国荨麻科楼梯草属分类.东北林学院植物研究室汇刊7:1-96。

王文采.1989.中国植物区系中的一些间断分布现象.植物研究9(1):1-16。

王文采.1992.东亚植物区系的一些分布式样和迁移路线.植物分类学报30(1):1-24,(2):97-117。

王文采.1995.*Pellionia*,*Elatostema*,于中国植物志.北京:科学出版社.23(2):160-317。

王文采.2009.关于一些植物学术语的中译等问题,广西植物29(1):1-6。

王文采.2010.楼梯草属苞片形态和演化趋势,广西植物30(5):571-583。

王文采、陈家瑞.1979.西藏荨麻科新植物,植物分类学报17(1):105-109。

全国中草药汇编编写组,1975、1978.全国中草药汇编.北京:人民卫生出版社.上册:104-405.1975;下册:782.1978。

朱长山、杨好伟.1994.河南种子植物检索表.兰州:兰州大学出版社。

江苏省植物研究所.1982.*Elatostema*.江苏植物志.南京:江苏科学技术出版社.下册:87-88。

陈家瑞.1982.中国荨麻科冷水花属的研究.植物研究2(3):1-132。

陈家瑞.1995.*Pilea*,于中国植物志.北京:科学出版社.23(2):57-156。

李丙贵.2000.*Elatostema*,于湖南植物志.长沙:湖南科学技术出版社.2:291-302.

李根有、陈征海、杨淑真.2011.浙江野菜100种精选图谱.北京:科学出版社。

吴征镒、王荷生.1983.中国自然地理–植物地理,上册.北京:科学出版社。

吴征镒,孙航,周浙昆,李德铢,彭华.2011.中国种子植物区系地理.北京:科学出版社。

应俊生、陈梦玲.2011.中国植物地理.上海:上海科学技术出版社。

赵汝能.2001,2007.甘肃中草药资源志.兰州:甘肃科学技术出版社.上册:797,1213.2004;下册:789.2007。

薛兆文.1986.*Elatostema*,于安徽植物志.2:123-125。

Backer CA. 1965. *Elatostema*. In: C. A. Backer & R. C. Bakhuizen van den Brink Jr (eds.), Flora of Java. N v P. Noordhoff. 2:42-44.

Baillon H. 1872. Trib. *Procrideae*. Histoire des plantes. Paris. 3:522-526.

Bentham G, JD Hooker. 1880. Trib. *Urticeae*. Genera plantarum. London. 3(1):381-395.

Duan L D, Q. Lin. 2010. *Elatostema cataractum* (Urticaceae), a new species from Guizhou Province, China. Ann. Bot. Fennici 47:229-232.

Dunn S T, WJ Tutcher. 1912. Flora of Kwangtung and Hongkong (China). Kew Bull. Misc. Inf., Add. ser. 10:1-370.

Dunn ST, DK Hughes, 1920. Decades Kewensis (Decas XCVIII). Kew Bull. Miss. Inf. 1920:205-212.

Engler A. 1893. *Urticaceae*. In: A. Engler & K. Prantl (eds.), Die natürlichen Pflanzenfamilien. Leipzig: Verlag von Wilhelm Engelmann. 3(1):98-119.

Friis I. 1993. *Urticaceae*. In: K. Kubizki, J. G. Rohwer & V. Bitrich(eds.), The families and genera of vascular plants. Berlin :Springer-Verlag. 2:612-630.

Fu DZ. 2012. *Elatostema*. Vascular plants of the world. Qingdau: Qingdao Publishing House. 19:278-304.

Gagnepain F. 1930. *Elatostema*. Flore générale L'Indo-Chine. Paris. 5:912-919.

Hadiah JT, BJ Conn. 2009. Usefulness of morphological characters for infrageneric classification of *Elatostema* (Urticaceae). Blumea 54: 181 – 191.

Hallier H. 1896. Neue u. bemerkenswerte Pflanzen aus d. Malayisch-Papuan Inschneer. Ann. Jard. Bot. Buitenzorg 13: 300 – 316.

Handel-Mazzetti H. 1929. *Elatostema*. Symbolae Sinicae. Wien: J. Springer. 7: 143 – 149.

Hayata B. 1906. Icones plantarum Formosanarum. Vol. 6.

Hooker JD. 1888. *Elatostema*. The flora of British India. London: L. Reeve. 5: 562 – 574.

Hutchinson J. 1967. Order *Urticales*. The genera of flowering plants. London: Oxford University Press. 2: 144 – 196.

Jackson BD. 1893 – 1895. Index Kewensis. Vols. 1 – 2; Index Kewensis Supplementa 1 – 21. 1902 – 2002. London: Kew. Royal Botanic Gardens.

Lauener LA. 1983. Catalogue of the name published by Hector Léveille. XVI. Not. R. Bot. Gard. Edinb. 40 (3): 475 – 505.

Lin Q, LD Duan. 2008. Two new species and a new series of *Elatostema* (Urticaceae) from China. Bot. J. Linn. Soc. 158: 674 – 680.

Lln Q, I Friis, CM Wilmot-Dear. 2003. *Elatostema*. In: CYWu, PH Raven (eds.), Flora of China. Beijing: Science Press; St. Louis: MIssouri Botanical Garden Press. 5: 127 – 163.

Lin Q, LD Duan, ZR Yang, YM Shui. 2011. Notes on *Elatostema* sect. *Androsyce* Wedd. (Urticaceae). J. Syst. Evol. 49(2): 163.

Lin Q, YM Shui, LD Duan. 2011. *Elatostema oppositum* (Urticaceae), a new species from Yunnan, China. Novon 21: 212 – 215.

Merrill ED. 1925. Five new species of Chinese plants. Philipp. J. Sci. 27: 161 – 166.

Robinson CB. 1910. Philippine Urticaceae. Philipp. J. Sci. Bot. 5(6): 465 – 573.

Schröter H. 1939. Nonnullae descriptiones specierum novarum generis *Elatostema* subgen. *Euelatostema*. Repert. Sp. Nov. Regn. Veg. 47: 217 – 223.

Schröter H, H. Winkler. 1935 – 1936. Monographie der Gattung *Elatostema* s. l. Repert. Sp. Nov. Regn. Veg. Beih. 83(1): 1 – 56. 1935; (2): 1 – 174. 1936.

Shih BL, YP Yang, HY Liu, SY Lu. 1995. Notes on Urticaceae of Taiwan. Bot. Bull. Acad. Sin. 36: 155 – 168.

Strasburger E, F Noll, H. Schenk, AFW Schimper. 1903. The inflorescences. A text-book of botany. Transl. from the German by HC Porter. London: Macmillan and Co, limited. pp. 434 – 438.

Takhtajan A. 1986. Floristic regiongs of the world. Transl. from the Russian by T. J. Crovello. University of California Press.

Tateishi Y. 2006. *Elatostema*. In: K. Iwatsuki et al. (eds.), Flora of Japan. Tokyo: Kodansha Ltd. 2a: 91 – 97.

Wang WT. 2012. Nova classificatio specierum Sinicarum *Elatostematis* (Urticaceae). In: DZ Fu et al. (eds.). Paper Collection of W. T. Wang. Beijing: Higher Education Press. 2: 1061 – 1078.

Weddell HA. 1869. *Urticaceae*. In: A. P. de Candolle (ed.), Prodrumus systematis naturslis regni vegetabilis. Paris. 16(1): 32 – 235.

Wright CH. 1899. Urticaceae. In: FB Forbes & WB Hemsley (eds.), All the plants known from China Proper, Formosa, Hainan, Corea, the Luchu Archipelago and the Island of Hongkong. J. Linn. Soc. Bot. 26: 471 – 492.

Yahara T. 1984. *Pellionia* and *Elatostema* in Thailand. J. Fac. Sci. Univ. Tokyo, Sect. III, 13: 483 – 499.

Yamazaki T. 1972. Supplement of the flora of Ryukyu and Taiwan. J. Jap. Bot. 47(6): 179 – 180.

Yang YP. BL Shih, HY Liu. 1995. A revision of *Elatostema* (Urticaceae) of Taiwan. Bot. Bull. Acad. Sin. 36: 259 – 279.

Yang ZR. LD Duan, Q Lin. 2011. *Elatostema scaposum* sp. nov. (Urticaeae) from Guizhou, China. Nordic J. Bot. 29: 420 – 423.

6.分类学处理

楼梯草属 Elatostema J. R. & G. Forster, Char. Gen. 105, t. 53. 1776; Wedd. in Arch. Mus. Hist. Nat. Paris 9: 209. 1856; et in DC. Prodr. 16(1): 171. 1869; Baill. Hist. Pl. 3: 524. 1872; Benth. & Hook. f. Gen. Pl. 3(1): 386. 1880; Engler in Engler & Prantl, Nat. Pflanzenfam. 3(1): 109. 1893; H. Schröter & H. Winkler in Report. Sp. Nov. Beih. 83(1): 1. 1935 et (2): 1. 1936, p. p. excl. Subgen. *Pellionia*; Hutch. Gen. Flow. Pl. 2: 184. 1967; Friis in Kubitzki, Fam. Gen. Vasc. Pl. 2: 621. 1993, p. p. excl. syn. *Pellionia* Gaudich. Type: *E. sessile* J. R. & G. Forster.

多年生草本,稀为一年生草本或亚灌木。叶在茎上排成二列,通常互生,有时对生,这时同一对叶的一枚退化,很小;叶片两侧不等大,基部斜,狭侧的边缘指向上方,边缘具齿,稀全缘,具三出脉、半离基三出脉、离基三出脉或羽状脉,钟乳体通常密集,杆状,稀不存在;叶柄短或不存在;托叶2。花序单性,雌雄同株或异株,无梗或具短或长梗,单独或成对,稀数个腋生或腋外生;雄花序通常为头状花序,具由轮生苞片形成的总苞和小或大的盘状花序托,在花序托上生小苞片和雄花,稀为聚伞花序,1–5回分枝,具互生苞片,也稀为隐头花序,具坛状梨形或碗形花序托;雌花序均为头状花序,与雄头状花序相同具总苞和小或大的扁平花序托,在花序托上生小苞片和雌花,偶尔雌花密集生于花序托裂片顶端,或整个花序分裂成2–4个以上的二回头状花序。花单性。雄花:花被片4或5,基部常合生;雄蕊4或5;退化雌蕊小或不存在。雌花:花被片小,比子房短,偶尔比子房长,2–3(–4–5)mm,通常不存在;子房具1枚直立胚珠,柱头画笔头状,稀近球形;退化雄蕊鳞片状。瘦果卵球形或椭圆体形,通常具纵肋或具纵肋和瘤状突起,有时只具瘤状突起、纵列短线纹、细点或光滑,偶尔具翅。种子小,胚椭圆体形,子叶椭圆形,与胚根等长。

约500种,分布于亚洲、大洋洲和非洲热带地区。我国约有280种、52变种,广布于秦岭以南19省级行政区的亚热带和热带地区,通常生于常绿阔叶林或雨林地带的阴湿处。

在撰写本修订的过程中所研究的植物标本主要是收藏于中国科学院植物研究所标本馆(PE)的楼梯草属植物标本。用于观察花序、花和瘦果形态的高倍放大镜是日本 Nikon 公司制造的 Stereoscopic zoom microscope.

分组、分系检索表

1. 雄花序为聚伞花序,1–5回分枝,无花序托,苞片互生,不形成总苞,无任何突起 ……………………………… 组1.疏伞楼梯草组 Sect. **Pellionioides**(种1–12)

  2. 叶具三出脉或半离基三出脉。

    3. 叶具半离基三出脉;雌头状花序一型;瘦果无翅。

      4. 叶片无钟乳体;雄聚伞花序具短梗 ……… 系1.短梗楼梯草系 Ser. **Brevipedunculata**(种1)

      4. 叶片具密集钟乳体。

        5. 雄聚伞花序具长梗 ……………………… 系2.疏伞楼梯草系 Ser. **Laxicymosa**(种2)

        5. 雄聚伞花序无梗或具短梗 ……………… 系3.硬毛楼梯草系 Ser. **Hirtella**(种3–4)

    3. 叶具三出脉,有时也具半离基三出脉;雌头状花序三型;瘦果通常有2狭翅 ………………

    ……………………………………………… 系4.环江楼梯草系 Ser. **Huanjiangensia**(种5)

  2. 叶具羽状脉。

    6. 瘦果只具纵肋,无瘤状突起。

      7. 雄茎叶正常发育,稀稍变小 …………… 系5.长圆楼梯草系 Ser. **Oblongifolia**(种6–10)

      7. 雄茎叶强烈退化,全部消失 …………… 系6.花葶楼梯草系 Ser. **Scaposa**(种11)

    6. 瘦果具纵肋和瘤状突起 ……………………… 系7.微齿楼梯草系 Ser. **Microdonta**(种12)

1. 雄花序为头状花序或隐头花序,具花序托和总苞(稀总苞强烈退化并消失),苞片无任何突起,或具纵肋或角状突起(在渐尖楼梯草系 Ser. Acuminata 的细尾楼梯草 Elatostema tenuicaudatum,雄花序为头状花序或聚伞花序)。

8. 雄花序为头状花序。

9. 雄头状花序的花序托小,不明显(在渐尖楼梯草系的渐尖楼梯草 E. acuminatum、异叶楼梯草系 Ser. Monandra 的叉苞楼梯草 E. furcatibracteum. 迭叶楼梯草系 Ser. Salvinioida、钝叶楼梯草系 Ser. Laevisperma 等植物,雄花序托近不存在;托叶楼梯草系的托叶楼梯草 E. nasutum 有 2 变种具盘状明显花序托) ·················· 组 2. 小叶楼梯草组 Sect. **Weddellia**（种 13 – 131）

10. 叶具三出脉或半离基三出脉 。

11. 瘦果只具纵肋。

12. 雄、雌头状花序无梗或具短梗。

13. 所有叶均正常发育,通常具密集钟乳体。

14. 雄总苞苞片无翅 ·················· 系 3. **异叶楼梯草系** Ser. **Monandra**（种 28 – 49）

14. 雄总苞苞片背面有纵翅。

15. 植株干后不变黑色;雄总苞的苞片 4 枚,排成 2 层,不具角状突起,外层 2 枚对生苞片在背面有 4 条具圆齿、无毛的狭纵翅 ·················· 系 6. **齿翅楼梯草系** Ser. **Odontoptera**（种 71）

15. 植株干后变黑色;雄总苞的苞片 6 枚,排成 1 层,顶端具角状突起,所有苞片在背面有 3 或 1 条无齿并被缘毛的纵翅 ·················· 系 8. **毛翅楼梯草** Ser. **Ciliatialata**（种 73）

13. 雄茎的叶变小,长约 6 mm,无钟乳体 ·················· 系 12. **雄穗楼梯草系** Ser. **Androstachya**（种 78）

12. 雄头状花序或雌头状花序具长梗。

16. 雌头状花序无梗或具短梗;雄头状花序具长梗。

17. 雄总苞苞片无翅,也无纵肋 ·················· 系 13. **托叶楼梯草系** Ser. **Stipulosa**（种 79 – 94）

17. 雄总苞苞片或具翅,或具 5 条纵肋。

18. 雄总苞苞片具翅,无纵肋。

19. 雄总苞苞片 6,排成 2 层,外层 2 对生苞片背面有 1 条纵翅,内层 4 枚苞片无翅,顶端多有短角状突起 ·················· 系 14. **瀑布楼梯草系** Ser. **Cataracta**（种 95）

19. 雄总苞的 4 枚苞片排成 1 层,所有苞片在背面有 2 – 5 条纵翅,顶端无角状突起 ·················· 系 16. **翅苞楼梯草系** Ser. **Alifera**（种 97）

18. 雄总苞外层 2 苞片长方状盾形,无翅,在背面有 5 条纵肋,并在顶端之下有 1 – 4 条角状突起 ·················· 系 17. **褐脉楼梯草系** Ser. **Brunneinervia**（种 98）

16. 雌头状花序具长梗 ·················· 系 21. 曲梗楼梯草系 Ser. **Arcuatipedes**（种 102）

11. 瘦果无纵肋,如具纵肋,则还具瘤状突起。

20. 瘦果不光滑。

21. 瘦果具多数纵列短线纹,无瘤状突起。

22. 低出叶和退化叶均不存在;雄总苞具 6 枚苞片;雌花序托明显,盘状。

23. 叶狭长圆形或狭倒披形,全缘;雄、雌苞片均无任何突起 ·················· 系 9. **竹桃楼梯草系** Ser. **Neriifolia**（种 74）

23. 叶长卵形或椭圆形,边缘有小牙齿;雄、雌苞片均在顶端具角状突起 ·················· 系 10. **上林楼梯草系** Ser. **Shanglinensia**（种 75）

22. 低出叶和退化叶存在;雄总苞具 2 枚苞片;雌花序托小,不明显 ·················· 系 11. **迭叶楼梯草系** Ser. **Salvinioida**（种 76 – 77）

21. 瘦果具瘤状突起,无短线纹,稀还具少数短线纹。

24. 瘦果无纵肋,只具瘤状突起,有时还具少数短线纹。

25. 瘦果具瘤状突起,有时还具少数短线纹;雄头状花序具短梗或无梗,具 5 枚苞片;雌头状花序有 12 – 25 枚苞片;雌花的花被片 2 枚,比子房短 ·················· 系 5. **滇黔楼梯草系** Ser. **Backeriana**（种 70）

25. 瘦果只有瘤状突起,无短线纹;雄头状花序具长梗,具 8 枚苞片;雌头状花序有 12 – 14 枚苞片;雌花的花被片 5 枚,比子房长 ·················· 系 18. **五被楼梯草系** Ser. **Quinquetepala**（种 99）

24. 瘦果具纵肋和瘤状突起。

26. 亚灌木,稀多年生草本(多枝楼梯草 E. ramosum),茎多分枝 ·················· 系 1. **渐尖楼梯草系** Ser. **Acuminata**（种 13 – 26）

26. 多年生草本,茎不分枝或具 1 或少数分枝。

 27. 雌头状花序无梗或具短梗。

  28. 雄头状花序无梗或具短梗。

   29. 叶边缘具齿,基部斜楔形或宽侧圆形或耳形;雌总苞苞片无任何突起 …………
   …………………………………… 系 4. **小叶楼梯草系** Ser. **Parva**（种 50 – 69）

   29. 叶全缘,基部长渐狭;雌总苞苞片顶端具角状突起 …………
   …………………………… 系 7. **渐狭楼梯草系** Ser. **Attenuata**（种 72）

  28. 雄头状花序具长梗 …………… 系 15. **滇桂楼梯草系** Ser. **Pseudodissecta**（种 96）

 27. 雌、雄头状花序常具长梗 ………… 系 22. **疣果楼梯草系** Ser. **Trichocarpa**（种 103 – 104）

20. 瘦果光滑,无任何纹饰。

 30. 雄总苞具 6 或 9 枚苞片;雌总苞具 10 – 15 枚苞片;雄、雌花序托均明显,呈盘状 …………
 ……………………………… 系 19. **墨脱楼梯草系** Ser. **Medogensia**（种 100）

 30. 雄、雌总苞均具 2 枚苞片;雄、雌花序托不明显,近不存在 …………
 ……………………………… 系 20. **钝叶楼梯草系** Ser. **Laevisperma**（种 101）

10. 叶具羽状脉(条叶楼梯草系的隐脉楼梯草 E. obscurinerve 的叶有时具半离基三出脉或三出脉)。

31. 亚灌木、茎多分枝;雄总苞苞片小,比雄花被片短,无任何突起;瘦果具纵肋和小瘤状突起 …………
 ……………………………… 系 3. **拟细尾楼梯草系** Ser. **Tenuicaudatoida**（种 27）

31. 多年生草本,茎不分枝或具 1 或少数分枝;雄总苞苞片通常比雄花被片长,无任何突起或有角状突起。

 32. 瘦果只具纵肋,无瘤状突起。

  33. 雄头状花序无梗或具短梗。

   34. 雌头状花序不分裂;雌小苞片不呈黑色;雌花生于花序托表面,花序托无小枝。

    35. 雄总苞苞片无翅 …………… 系 23. **浅齿楼梯草系** Ser. **Crenata**（种 105 – 117）

    35. 雄总苞苞片在背面具 1 条纵狭翅 …………… 系 25. **黑苞楼梯草系** Ser. **Nigrialata**（种 120）

   34. 雌头状花序分裂成 2 小头状花序;雌总苞苞片和雌小苞片均呈黑色;雌花单生于花序托的小枝顶端 …………………………… 系 27. **黑苞楼梯草系** Ser. **Nigribracteata**（种 121）

  33. 雄头状花序具长梗 …………… 系 29. **条叶楼梯草系** Ser. **Sublinearia**（种 123 – 126）

 32. 瘦果无纵肋,如具纵肋,则还具瘤状突起。

  36. 瘦果黑色,具多数瘤状突起,或紫色,具多数纵列短线纹和瘤状突起;雌苞片无任何突起 ………
  ……………………………… 系 24. **黑果楼梯草系** Ser. **Melanocarpa**（种 118）

  36. 瘦果褐色,稀淡黄色。

   37. 瘦果淡褐色,具多数纵列短线纹和瘤状突起;雌苞片顶端具角状突起或粗短尖头 …………
   …………………………… 系 25. **庐山楼梯草系** Ser. **Stewardiana**（种 119）

   37. 瘦果不具短线纹。

    38. 瘦果褐色,具少数瘤状突起和网状纹饰 …… 系 28. **巴马楼梯草系** Ser. **Bamaensia**（种 122）

    38. 瘦果褐色,稀淡黄色,具纵肋和小瘤状突起 …… 系 30. **楼梯草系** Ser. **Involucrata**（种 127 – 131）

9. 雄头状花序的花序托盘状,明显 ………… 组 2. **骤尖楼梯草组** Sect. **Elatostema**（种 132 – 275）

39. 叶具三出脉、半离基三出脉或离基三出脉。

40. 瘦果只具纵肋。

 41. 所有叶正常发育,具基出脉和侧脉。

  42. 雄、雌头状花序无梗或具短梗 …………… 系 1. **骤尖楼梯草系** Ser. **Cuspidata**（种 132 – 187）

  42. 雄头状花序具长梗,或雌头状花序具长梗,或二者均具长梗。

   43. 雄头状花序具长梗,雌头状花序具短梗 …… 系 6. **盘托楼梯草系** Ser. **Dissecta**（种 203 – 225）

   43. 雄、雌头状花序均具长梗 …………… 系 12. **樟叶楼梯草系** Ser. **Petelotiana**（种 232 – 235）

 41. 雄茎的叶退化,比营养茎的叶小,只具 1 条中脉 ,营养茎的叶三出脉和侧脉;雄头状花序具长梗 …………… 系 10. **异茎楼梯草系** Ser. **Heteroclada**（种 230）

40. 瘦果不具纵肋,如具纵肋,则还具瘤状突起。

44. 瘦果不光滑,具纵肋、瘤状突起、短线纹或小点。

 45. 瘦果具瘤状突起。

  46. 瘦果具纵肋和瘤状突起。

47. 雄头状花序无梗或具短梗。

  48. 雌头状花序近无梗或具短梗 …… 系 2. **龙州楼梯草系** Ser. **Lungzhouensia**（种 188 – 192）

  48. 雌头状花序具长梗 ……………………………… 系 5. **耳状楼梯草系** Ser. **Auriculata**（种 202）

47. 雄头状花序具长梗 ………………………… 系 8. **微晶楼梯草系** Ser. **Papillosa**（种 227 – 228）

46. 瘦果只具瘤状突起，无纵肋。

  49. 雄头状花序具短梗 ……………………… 系 3. **深绿楼梯草系** Ser. **Atroviridia**（种 193 – 198）

  49. 雄头状花序具长梗 ……………………… 系 7. **腺托楼梯草系** Ser. **Adenophora**（种 226）

45. 瘤果无瘤状突起。

  50. 瘦果具多数纵列短线纹；雄头状花序无梗或具短梗 ……………………………………………………

    ………………………………… 系 4. **显脉楼梯草系** Ser. **Longistipula**（种 119 – 201）

  50. 瘦果具多数小点；雌头状花序无梗或具长梗 ……………………………………………………

    ………………………………… 系 11. **白背楼梯草系** Ser. **Hypoglauca**（种 231）

44. 瘦果光滑，无任何纹饰 ……………… 系 9. **糙梗楼梯草系** Ser. **Hirtellipedunculata**（种 229）

39. 叶具羽状脉（南川楼梯草系的软毛楼梯草 E. malacotrichum 的雌茎的叶具半离基三出脉 ）。

51. 瘦果只具纵肋。

  52. 雄、雌头状花序均具短梗。

    53. 雌花序托不分裂；雌花生于花序托表面上，稀生于花序的小枝上。

      54. 所有叶正常发育；雄、雌苞片无或具角状突起。

        55. 雌花单生于花序托的小枝顶端 …………… 系 13. **桤叶楼梯草** Ser. **Alnifolia**（种 236）

        55. 雌花生于花序托表面上………… 系 14. **南川楼梯草** Ser. **Nanchuanensia**（种 237 – 254）

      54. 雄茎的叶退化，变小或消失；雄头状花序成对，一个生于叶腋，另一个腋外生；雄、雌苞片均无角状突起。

        56. 雄茎的叶均存在，比正常叶稍变小，具钟乳体…… 系 17. **对序楼梯草系** Ser. **Binata**（种 261）

        56. 雄茎顶部 3 – 4 叶密集，长 3 – 4 cm，无钟乳体（雌茎的叶长 5 – 16 cm，有钟乳体），其下的茎节上的叶消失，每个节上生一对雄头状花序 … 系 19. **靖西楼梯草系** Ser. **Jingxiensia**（种 262）

    53. 雌花序托 2 深裂，雌花密集生于花序托裂片顶端 ……………………………………………

      ………………………………… 系 22. **裂托楼梯草系** Ser. **Schizodisca**（种 266）

  52. 雄头状花序具长梗。

    57. 所有叶正常发育 …………………… 系 23. **疏毛楼梯草系** Ser. **Albopilosa**（种 267 – 272）

    57. 雄茎的叶比雌茎的稍小 …………… 系 24. **对生楼梯草系** Ser. **Opposita**（种 273）

51. 瘦果无纵肋，如有纵肋，则还具瘤状突起或小点。

  58. 瘦果具多数纵列短线纹………… 系 20. **尖被楼梯草系** Ser. **Acutitepala**（种 265）

  58. 瘦果无短线纹。

    59. 瘦果只具瘤状突起，无纵肋 ………… 系 19. **麻栗坡楼梯草系** Ser. **Malipoensia**（种 263 – 264）

    59. 瘦果具纵肋，还具瘤状突起或小点。

      60. 瘦果具纵肋和小点 ………… 系 15. **近革叶楼梯草系** Ser. **Subcoriacea**（种 255）

      60. 瘦果具纵肋和瘤状突起。

        61. 雄、雌头状花序无梗或具短梗；雄、雌苞片无任何突起，稀有角状突起 ……………

        ………………………………… 系 16. **薄叶楼梯草系** Ser. **Tenuifolia**（种 256 – 260）

        61. 雄头状花序或雄、雌头状花序均具长梗；雄苞片无任何突起。

          62. 雄头状花序具长梗，雌头状花序无梗或具短梗；雌苞片无任何突起 ……………

          ………………………………… 系 25. **紫花楼梯草系** Ser. **Sinopurpurea**（种 274）

          62. 雄、雌头状花序均具长梗；雌总苞外层 2 苞片常具角状突起 ……………

          ………………………………… 系 26. **拟疏毛楼梯草系** Ser. **Albopilosoida**（种 275）

8. 雄花序为隐头花序，具梨形或碗形花序托 ；叶具羽状脉；瘦果具纵肋 ……………………………

  ………………………………… 组 4. **梨序楼梯草组** Sect. **Androsyce**（种 276 – 278）

63. 所有叶正常发育,具密集钟乳体;雄隐头花序单生叶腋,具长梗或稍长梗,花序托梨形;雌花序托不分裂;瘦果褐色 ·· 系 1. **梨序楼梯草系** Ser. **Ficoida**（种 276 – 277）

63. 雄茎顶部数叶密集,变小,无钟乳体,其下支持雄隐头花序的叶的叶片消失,托叶尚存在;雄隐头花序在茎顶聚生叶之下的约 5 个节上成对着生,具短梗,花序托碗形;雌花序托 6 裂;瘦果紫红色 ···················· ··· 系 2. **红果楼梯草系** Ser. **Atropurpurea**（种 278）

Key to sections and series

1. Staminate inflorescences cymose, 1 – 5 times branched, lacking receptacles; staminate bracts spirally arranged, not forming involucre, lacking any projections; pistillate inflorescences capitate ················· Sect. 1. **Pellionioides** (spp. 1 – 12)
  2. Leaves trinerved or semi – triplinerved.
    3. Leaves semi – triplinerved; pistillate capitula monomorphic; achenes not winged.
      4. Leaf blades lacking cystoliths; staminate cymes shortly pedunculate ············ Ser. 1. **Brevipedunculata** (sp. 1)
      4. Leaf blades with dense cystoliths.
        5. Staminate cymes long pedunculate ·· Ser. 2. **Laxicymosa** (sp. 2)
        5. Staminate cymes sessile or shortly pedunculate ······························ Ser. 3. **Hirtella** (spp. 3 – 4)
    3. Leaves trinerved or semi – triplinerved; pistillate capitula trimorphic; achenes longitudinally 2 – winged ············· ·· Ser. 4. **Huanjiangensia** (sp. 5)
  2. Leaves penninerved.
    6. Achenes longitudinally ribbed.
      7. Leaves of staminate stems normally developed, rarely slightly diminished ··· Ser. 5. **Oblongifolia** (spp. 6 – 10)
      7. Leaves of staminate stems strongly reduced and disappearing ························· Ser. 6. **Scaposa** (sp. 11)
    6. Achenes both longitudinally ribbed and tuberculate ································· Ser. 7. **Microdonta** (sp. 12)
1. Staminate inflorescences of capitula or hypanthodia, with receptacles and involucres formed by verticillate or opposite bracts (rarely involucres strongly reduced and disappearing at length; in *E. tenuicaudatum*, staminate inflorescences both cymose and capitate); staminate bracts lacking any projections, or either ribbed or corniculate; pistillate inflorescences capitate.
  8. Staminate inflorescences capitate.
    9. Staminate receptacles minute, inconspicuous (In two varieties or *E. nasutum*, the staminate receptacles are conspicuous, discoid) ·· Sect. 2. **Weddellia** (spp. 13 – 131)
      10. Leaves trinerved, semi – triplinerved or triplinerved.
        11. Achenes only longitudinally ribbed.
          12. Staminate and pistillate capitula sessile or shortly pedunculate.
            13. Leaves all normally developed, usually with dense cystoliths.
              14. Staminate bracts not winged ··· Ser. 2. **Monandra** (spp. 28 – 49)
              14. Staminate bracts abaxially longitudinally winged.
                15. Plants not turning black when drying; bracts of staminate involucre 4, 2 – seriate, not corniculate, 2 outer ones opposite, each abaxially with 4 crenate, glabrous, longitudinal wings ·························· ·· Ser. 6. **Odontoptera** (sp. 71)
                15. Plants turning black when drying; bracts of staminate involucre 6, 1 – seriate, at apex corniculate, each abaxially with 3 or 1 entire, ciliate, longitudinal wings ··············· Ser. 8. **Ciliatialata** (sp. 73)
            13. Leaves of staminate stems diminished, ca. 6 mm long, lacking cystoliths ······························ ··· Ser. 12. **Androstachya** (sp. 78)
          12. Staminate or pistillate capitula long pedunculate.
            16. Pistillate capitula sessile or shortly pedunculate; staminate capitula long pedunculate.
              17. Bracts of staminate involucres neither winged nor ribbed ··········· Ser. 13. **Stipulosa** (spp. 79 – 94)
              17. Bracts of staminate involucres either winged or ribbed.
                18. Bracts of staminate involucres winged.

19. Bracts of staminate involucre 6, 2 – seriate, 2 outer ones larger, abaxially lonitudinglly 1 – winged, 4 inner ones smaller, not winged, at apex often shortly corniculate ································· Ser. 14. **Cataracta**（sp. 95）

19. Bracts of staminate involucre 4, 1 – seriate, abaxially longitudinally 2 – 5 – winged, at apex not corniculate ················· Ser. 16. **Alifera**（sp. 97）

18. Two outer larger bracts of staminate involucre abaxially longitudinally 5 – ribbed and below apex 1 – 4 – corniculate ················· Ser. 17. **Bunneinervia**（sp. 98）

16. Pistillate capitula long pedunculate ················· Ser. 21. **Arcuatipedes**（sp. 102）

11. Achenes not ribbed, if ribbed, then tuberculate as well.

20. Achenes not smooth.

21. Achenes longitudinally multi – lineolate, not tuberculate.

22. Both cataphylls and reduced leaves wanting; staminate involucres 6 – bracteate; pistiilate receptacles conspicuous, discoid.

23. Leaves narrowly oblong or oblanceolate, margins entire; both staminate and pistillate bracts lacking any projections ················· Ser. 9. **Neriifolia**（sp. 74）

23. Leaves long ovate or elliptic, margins denticulate; both staminate and pistillate bracts at apex cornitculate ················· Ser. 10. **Shanglinensia**（sp. 75）

22. Both cataphylls and reduced leaves present; staminate involucres 2 – bracteate; pistillate receptacles very minute, inconspicuous ················· Ser. 11. **Salvinioida**（spp. 76 – 77）

21. Achenes tuberculate, not lineolate or rarely sparsely lineolate as well.

24. Achenes not ribbed, only tuberculate, or rarely sparsely lineolate as well.

25. Achenes tuberculate, sometimes sparsely lineolate as well; staminate capitula shortly pedunculate or sessile; staminate involucres 5 – bracteate; pistillate involucres 12 – 25 – bracteate; pistilate flower with 2 tepals shorter than ovary ················· Ser. 5. **Backeriana**（sp. 70）

25. Achenes only tuberculate, not lineolate; staminate capitula long pedunculate; staminate involucres 8 – bracteate; pistillate involucres 12 – 24 – bracteate; pistillate flower with 5 tepals longer than ovary ················· Ser. 18. **Quinquetepala**（sp. 99）

24. Achenes both longitudinally ribbed and tuberculate.

26. Subshrubs, rarely perennial herbs（*E. ramosum*）, with ramous stems ················· Ser. 1. **Acuminatea**（spp. 13 – 26）

26. Perennial herbs, with simple or sparsely branched stems.

27. Pistillate capitula sessile or shortly pedunculate.

28. Staminate capitula sessile or shortly pedunculate.

29. Leaf margins dentate, leaf base obliquely cuneate or rounded or auriculate at leaf broad side; pistillate bracts lacking any projections ················· Ser. 4. **Parva**（spp. 50 – 69）

29. Leaf margins entire, leaf base long attenuate; pistillate bracts at apex corniculate ················· Ser. **Attenuata**（sp. 72）

28. Staminate capitula long pedunculate ················· Ser. 15. **Pseudodissecta**（sp. 96）

27. Both pistillate and staminate capitula usually long pedunculate ················· Ser. **Trichocarpa**（spp. 103 – 104）

20. Achenes smooth, lacking any sculptures.

30. Staminate involucres 6- or 9 – bracteate; pistillate involucres 10 – 15 – bracteate; both staminate and pistillate receptacles conspicuous, discoid ················· Ser. 19. **Medogensia**（sp. 100）

30. Both staminate and pistillate involucres all 2 – bracteate; both staminate and pistillate recptacles very minute or nearly wanting ················· Ser. 20. **Laevisperma**（sp. 101）

10. Leaves penninerved（In *E. obscurinerve*, the leaves sometimes are semi – triplinerved or trinerved.）.

31. Subshrubs, with ramous stems; staminate bracts shorter than staminate tepals, lacking any projections; achenes both longitudinally ribbed and minutely tuberculate ················· Ser. 2. **Tenuicaudatoida**（sp. 27）

31. Perennial herbs with simple or sparsely branched stems; staminate bracts usually longer than staminate tepals, lacking any projections or corniculate.
    32. Achenes only longitudinally ribbed.
        33. Staminate capitula sessile or shortly pedunculate.
            34. Pistillate capitulum undivided; pistillate bracteoles not black; pistillate flowers growing on receptacle surfaces, and receptacles lacing branchlets.
                35. Staminate bracts not winged ·· Ser. 23. **Crenata** (spp. 105 – 117)
                35. Staminate bracts abaxially longitudinally 1 – winged ····················· Ser. 26. **Nigrialata** (sp. 120)
            34. Pistillate capitulum divided into 2 secondary capitula; pistillate bracts and bracteoles black; pistillate receptacles with branchlets, and on apexes of them the pistillate flowers singly growing ·····················
                ·· Ser. 27. **Nigribracteata** (sp. 121)
        33. Staminate capitula long pedunculate ···························· Ser. 29. **Sublinearia** (spp. 123 – 126)
    32. Achenes not ribbed, if ribbed, then tuberculate as well.
        36. Achenes either black, densely tuberculate, or purple, longitudinally multi-lineolate and tuberculate; pistillate bracts lacking any projections ······································· Ser. 24. **Melanocarpa** (sp. 118)
        36. Achenes brown, rarely yellowish.
            37. Achenes brownish, longitudinally multi-lineolate and tuberculate; pistillate bracts at epex corniculate or thickly mucronate ······································· Ser. 25. **Stewardiana** (sp. 119)
            37. Achines not lineolate.
                38. Achenes brown, sparsely tuberculate and reticulate ·············· Ser. 28. **Bamaensia** (sp. 122)
                38. Achenes brown, rarely yellowish, longitudinally ribbed and tuberculate ·····························
                ·· Ser. 30. **Involucrata** (spp. 127 – 131)
9. Staminate receptacles conspicuous, discoid ······························· Sect. 3. **Elatostema** (spp. 132 – 275)
    39. Leaves trinerved, semi – triplinerved or triplinerved.
        40. Achenes only longitudinally ribbed.
            41. Leaves all normally developed, with basal and secondary nerves.
                42. Both staminate and pistillate capitula sessile or shortly pedunculate ·····························
                ·· Ser. 1. **Cuspidata** (spp. 132 – 187)
                42. Staminate capitula or both staminate and pistilate capitula long pedunculate.
                    43. Staminate capitula long, and pistillate capitula shortly pedunculate ································
                    ··· Ser. 6. **Dissecta** (spp. 203 – 225)
                    43. Both staminate and pistillate capitula long pedunculate ········ Ser. 12. **Petelotiana** (spp. 232 – 235)
            41. Leaves of staminate stems reduced, each of them with only one midrib and smaller than the leaves of vegetative stems (each of them with 3 basal nerves and several secondary nerves); staminate capitula long pedunculate
            ··· Ser. 10. **Heteroclada** (sp. 230)
        40. Achenes not ribbed, if ribbed, then tuberculate as well.
            44. Achenes not smooth.
                45. Achenes tuberculate.
                    46. Achenes both longitudinally ribbed and tuberculate.
                        47. Staminate capitula sessile or shortly pedunculate.
                            48. Pistillate capitula nearly sessile or shortly pedunculate ·····························
                            ··································· Ser. 2. **Lungzhouensia** (spp. 188 – 192)
                            48. Pistillate capitula long pedunculate ··················· Ser. 5. **Auriculata** (sp. 202)
                        47. Staminate capitula long pedunculate ··················· Ser. 8. **Papillosa** (spp. 227 – 228)
                    46. Achenes only tuberculate.
                        49. Staminate capitula shortly pedunculate ··············· Ser. 3. **Atroviridia** (spp. 193 – 198)
                        49. Staminate capitula long pedunculate ··············· Ser. 7. **Adenophora** (sp. 226)
                45. Achenes not tuberculate.
                    50. Achenes longitudinally multi – lineolate; staminate capitula sessile or shortly pedunculate ···············
                    ··································· Ser. 4. **Longistipula** (spp. 199 – 201)
                    50. Achenes multi – puncticulate; staminate capitula sessile or long pedunculate ·····················
                    ································· Ser. 11. **Hypoglauca** (sp. 231)

44. Achenes smooth, without any sculptures ······························· Ser. 9. **Hirtellipedunculata** (sp. 229)

39. Leaves penninerved (In *E. malacotrichum*, the leaves of pistillate stem are semi – triplinerved).

    51. Achenes only longitudinally ribbed.

      52. Both staminate and pistillate capitula shortly pedunculate.

        53. Pistillate receptacle undivided; pistillate flowers growing on receptacle surface, rerely singly on apexes of branchlets of receptacle.

          54. Leaves all normally developed; both staminate and pistillate bracts without or with horn – like projections.

            55. Pistillate flowers singly growing on apexes of branchlets of receptacle ··· ··· Ser. 13. **Alnifolia** (sp. 236)

            55. Pistillate flowers growing on receptacle surface ········· Ser. 14. **Nanchuanensia** (spp. 237 – 254)

          54. Leaves of staminate stems more or less diminished, or even disappearing; staminate capitula in pairs, one arising from leaf axil, the other one extra – axillary; both staminate and pistillate bracts not corniculate.

            56. Leaves of staminate stems present, slightly smaller than normal leaves, with dense cystoliths ········· ··· Ser. 17. **Binata** (sp. 261)

            56. Apical leaves of staminate stem 3 – 4, conferted, strongly reduced, 3 – 4 cm long, lacking cystoliths, the other leaves below them disappearing, and on each stem node below them a pair of staminate capitula growing (leaves of pistillate stems 5 – 16 cm long, with dense cystoliths) ··························· ··· Ser. **Jingxiensia** (sp. 262)

        53. Pistillate receptacles 2 – parted, and pistillate flowers densely growing on apexes of receptacle lobes ······ ·· Ser. 21. **Schizodisca** (sp. 266)

      52. Staminate capitula long pedunculate.

        57. Leaves all normally developed ······································· Ser. 22. **Albopilosa** (spp. 267 – 272)

        57. Leaves of staminate stems slightly reduced, and slightly smaller than those of pistillate stems ··············· ·· Ser. 23. **Opposita** (sp. 273)

    51. Achenes not ribbed, if ribbed, then tuberculate or puncticulate as well.

      58. Achenes longitudinally multi – lineolate ······························· Ser. 20. **Acutitepala** (sp. 265)

      58. Achenes not lineolate.

        59. Achenes only tuberculate, not ribbed ····························· Ser. 19. **Malipoensia** (spp. 263 – 264)

        59. Achenes longitudinally ribbed, and tuberculate or puncticulate as well.

          60. Achenes longitudinally ribbed and puncticulate ····················· Ser. 15. **Subcoriacea** (sp. 255)

          60. Achenes longitudinally ribbed and tuberculate. .

            61. Both staminate and pistillate capitula sessile or shortly pedunculate; both staminate and pistillate bracts lacking any projections, rarely corniculate ························ Ser. 16. **Tenuifolia** (spp. 256 – 260)

            61. Staminate capitula or both staminate and pistillate capitula long pedunculate; staminate bracts lacking any projections.

              62. Staminate capitula long pedunculate, and pistillate capitula shortly pedunculate; pistillate bracts lacking any projections ··· Ser. 24. **Sinopurpurea** (sp. 274)

              62. Both staminate and pistillate capitula long pedunculate; two outer bracts of pistillate involucre often corniculate ··· Ser. 25. **Albopilosoida** (sp. 275)

8. Staminate inflorescences of hypanthodia, with pyriform or bowl – shaped receptacles; leaves penninerved; achenes longitudinally ribbed ·· Sect. 4. **Androsyce** (spp. 276 – 278)

    63. Leaves all normally deveboped, with dense cystoliths; staminate hypanthodia singly axillary, usually long pedunculate, with pyriform receptacles; pistillate receptacles undivided; achenes brown ···························· ··· Ser. 1. **Ficoida** (spp. 276 – 277)

    63. Several apical leaves of staminate stem conferted, diminished, lacking cystoliths, the blades of leaves below the apical leaves all disappearing, but their stipules still present; staminate hypanthodia in pairs on ca. 5 stem nodes below the apical leaves, shortly pedunculate, with bowl – shaped receptacles; pistillate receptacles 6 – lobed; achenes purple – red ··· Ser. 2. **Atropurpurea** (sp. 278)

组 1. 疏伞楼梯草组

Sect. **Pellionioides** W. T. Wang in Acta Phytotax. Sin. 17(1):106. 1979;于东北林学院植物研究室汇刊 7:22. 1980;并于中国植物志 23(2):210. 1995;李锡文于云南植物志 7:260. 1997;W. T. Wang in Fu et al. Paper Collection of W. T. Wang 2:1070. 2012. Type:*E. laxicymosum* W. T. Wang.

叶具半离基三出脉或羽状脉。雄花序聚伞状,1 –5 回分枝;苞片螺旋状排列。雌花序头状,小,有平花序托;苞片形成总苞;小苞片和雌花生于花序托上。瘦果具纵肋,稀还具瘤状突起或翅。

12 种,隶属 7 系,特产我国西南部和中南部。

系 1. 短梗楼梯草系

Ser. **Brevipedunculata** W. T. Wang in Bull. Bot. Lab. N. -E. Forest. Inst. 7:22. 1980;于中国植物志 23 (2):211. 1995;et in Fu et al. Paper Collection of W. T. Wang 2:1070. 2012. Type:*E. brevipedunculatum* W. T. Wang.

叶具半离基三出脉,无钟乳体。雄聚伞花序有短梗。

1 种,特产云南西南部。

1. 短梗楼梯草 图版 1:A – B

Elatostema brevipedunculatum W. T. Wang in Bull. Bot. Lab. N. -E. Forest. Inst. 7:22. 1980;并于中国植物志 23(2):211. 1980;李锡文于云南植物志 7:261, 图版 65:1. 1997;Q. Lin et al. in Fl. China 5:133. 2003;W. T. Wang in Fu et al. Paper Collection of W. T. Wang 2:1070. 2012. Type:云南:腾冲,猴桥,黑泥塘,alt. 2000m, 1964 – 05 – 21,武素功 6783 (holotype,KUN);镇康 alt. 2500m,1936 –03,王启无 72164(paratype,PE).

多年生草本。茎高约 25 cm,无毛,分枝。叶无柄或近无柄,无毛;叶片薄纸质,长圆状倒披针形,长 7 –13 cm,宽 1 –3.2 cm,顶端长渐尖或骤尖(尖头全缘),基部狭侧楔形,宽侧钝或圆形,边缘基部之上有尖牙齿,半离基三出脉,侧脉在叶狭侧 4 条,在宽侧 5 条,钟乳体不存在;托叶狭条形,长 3 – 5 mm。雄聚伞花序 5 个在叶腋簇生,直径 2.5 – 5 mm,二叉状分枝,无毛,有短梗,花多数在分枝顶部密集;花序梗粗,长 1 –1.5 mm;苞片狭长圆形或三角形,长 0.8 – 1 mm,无毛。雄花有短梗,无毛:花被片 5,稍不等大,宽椭圆形或椭圆形,长约 1 mm,背面无突起;雄

蕊 5。雌花序未见。花期 5 月。

特产云南西南部(腾冲、镇康)。生于山谷常绿阔叶林中,海拔 2000 – 2600m。

系 2. 疏伞楼梯草系

Ser. **Laxicymosa** W. T. Wang in Bull. Bot. Lab. N.- E. Forest. Inst. 7:23. 1980;于中国植物志 23(2):211. 1995;et in Fu et al. Paper Collection of W. T. Wang 2:1070. 2012. Type:*E. laxicymosum* W. T. Wang.

叶具半离基三出脉,具密集钟乳体。雄聚伞花序具长梗。

1 种,特产西藏东南部。

2. 疏伞楼梯草 图版 1:C – G

Elatostema laxicymosum W. T. Wang in Acta Phytotax. Sin. 17(1):106. 1979;于东北林学院植物研究室汇刊 7:23, 图版 1:2. 1980;于西藏植物志 1:549. fig. 176:5 – 10. 1983;并于中国植物志 23(2):211,图版 49:11 – 15. 1995;Q. Lin et al. in Fl. China 5:133. 2003;W. T. Wang in Fu et al. Paper Collection of W. T. Wang 2:1071. 2012. Type:西藏:墨脱,西工湖,1974 –09 –08,青藏队植被组 3159(holotype, PE);同地,德兴桥,alt. 800m, 1974 – 04 – 07,青藏队植被组 305(paratype,PE);同地,墨脱区附近,1974 –08,青藏队 1628(paratype,PE)。

多年生草本,雌雄异株。茎高 40 – 50 cm,下部着地生根,无毛,不分枝。叶具短柄或无柄,无毛;叶片薄纸质,斜椭圆形或斜狭倒卵状椭圆形,长 5.8 – 13 cm,宽 2.6 –5 cm,顶端渐尖,基部狭侧楔形,宽侧宽楔形或圆形,边缘有锯齿或牙齿,半离基三出脉,侧脉在叶狭侧 3 条,在宽侧 5 条,钟乳体明显,密集,长 0.4 – 0.5 mm;叶柄长达 3 mm;托叶钻形,长 4 – 7 mm。雄聚伞花序单生叶腋,直径 1 – 2.2 mm,2 –3 回分枝,有长梗,无毛;花序梗长 3 – 5 cm;苞片狭条形,长 2.5 – 4 mm。雄花无毛:花被片 4,船状椭圆形,长约 2 mm,基部合生,背面顶端之下有长 0.4 mm 的角状突起;雄蕊 4。雌头状花序单生叶腋;花序梗长约 1.2 mm,无毛;花序托近长方形,长约 8 mm,宽 6 mm,2 裂,裂口常又 2 浅裂,无毛;总苞苞片约 30 枚,条形,长约 2 mm,有短缘毛;小苞片多数,密集,半透明,匙状狭条形,长约 2 mm,疏被短缘毛。雌花:花被片不存在;雌蕊长约 1.2 mm,子房椭圆体形,长约 0.5 mm,柱头画笔头状,长 0.7 mm。瘦果褐色,狭卵球形,长约 1.2 mm,基部突缩成短柄,有 10 条细纵肋。花期 8 –9 月。

特产西藏墨脱。生于山谷常绿阔叶林中,海拔

800 – 2000m。

标本登录：

西藏：墨脱，生态室高原组11405，李渤生，程树志1518,2302,2361(PE)。

系3. 硬毛楼梯草系

Ser. **Hirtella** W. T. Wang in Acta Phytotax. Sin. 28

1. 亚灌木；茎、叶、雄花序梗均有毛；托叶长 1.5 – 2 mm ·············· 3. 硬毛楼梯草 E. hirtellum
1. 多年生草本；茎、叶、雄花序梗均无毛；托叶较大，长 8 – 14 mm ·············· 4. 三歧楼梯草 E. trichotomum

3. 硬毛楼梯草 图版2：A

Elatostema hirtellum (W. T. Wang) W. T. Wang in Acta Phytotax. Sin. 28(3):307.1990；并于中国植物志 23(2):212.1995；Q. Lin et al. in Fl. China 5:134.2003；W. T. Wang in Fu et al. Paper Collection of W. T. Wang 2:1071.2012——*E. subtrichotomum* W. T. Wang var. *hirtellum* W. T. Wang in Bull. Bot. Res. Harbin 2(1):4.1982；W. T. Wang in Fl. Guangxi 2:851. 2005. Holotype 东兰，龙平，alt. 800m,1958 – 01 – 24,张肇骞11436(IBSC)。

小灌木。茎高约1 m，多分枝；老枝粗约2 mm，无毛；当年生枝粗1 mm，密被短硬毛。叶具短柄；叶片纸质，斜长椭圆形或斜椭圆形，长 1.8 – 10 cm，宽 1 – 3.5 cm，顶端渐尖或尾状渐尖，基部狭侧楔形，宽侧圆形，边缘下部 1/4 – 1/3 全缘，其他部分有小牙齿，上面疏被贴伏短硬毛或近无毛，下面脉上疏被短糙毛，半离基三出脉，侧脉在叶狭侧5条，在宽侧6条，下面隆起，脉网明显，钟乳体稍明显，密，杆状，长 0.15 – 0.25 mm；叶柄长 0.6 – 1.8 mm；托叶钻形，长 1.5 – 2 mm，无毛。雄聚伞花序生于一年生枝叶腋，有短梗，稀近无梗，直径 1.2 – 1.4 cm，3 – 4 回分枝；花序梗长 0.5 – 1 mm，与花序分枝被短柔毛；苞片三角形，长 0.4 – 0.6 mm，背面被短状毛。雄花：花梗长 1.2 – 2 mm，无毛；花被片5，不等大，较大者 2 – 3 枚，宽倒卵形，长及宽均1 mm，顶端近兜状，背面顶端之下有短角状突起，较小者宽卵形，无突起，有短缘毛；雄蕊5；退化雌蕊长约 0.2 mm。雌花序未见。花期1月。

特产广西东兰。生于山谷阴湿处，海拔800m。

4. 三歧楼梯草 图版2：B – C

Elatostema trichotomum W. T. Wang in Bull. Bot. Res. Harbin 23(3):257,fig 1:1 – 2. 2003；et in Fu et al. Paper Collection of W. T. Wang 2:1071. 2012. Holotype 云南：河口，瑶山区、营盘山,1999 – 09 – 18,税玉民等11167(KUN)。

(4):307.1990；于中国植物志 23(2):312.1995；et in Fu et al. Paper collection of W. T. Wang 2:1071. 2012. Type：*E. hirtellum* (W. T. Wang) W. T. Wang.

叶具半离基三出脉，有密集钟乳体。雄聚伞花序具短梗或无梗。

2种，特产我国南部。

多年生草本，附生，雌雄异株。茎高约50 cm，顶端之字形弯曲，无毛，有明显，密集，长 0.1 – 0.2 (–0.4) mm 的钟乳体。叶具极短柄或无柄，无毛；叶片纸质，斜长圆形或斜倒卵状长圆形，长 5 – 13.8 cm，宽 2 – 4 cm，顶端骤尖(骤尖头三角状条形，长 1.2 – 2.2 cm，全缘)，基部斜宽楔形，边缘具浅钝齿或小牙齿，半离基三出脉，侧脉在叶狭侧3条，在宽侧4条，钟乳体明显，密集，杆状，长 0.1 – 0.2 mm；叶柄不存在或长 1 – 2 mm；托叶淡黄绿色，条形，长 8 – 14 mm，宽 1.2 – 1.8 mm，顶端渐狭，有1 (–2)条脉。雄聚伞花序单生叶腋，三歧，约有 20 花，无毛；花序梗粗状，长约 1.2 mm，粗 0.8 mm；苞片正三角形，长约 0.5 mm，宽 0.8 mm；小苞片船状长圆形，长约1 mm。雄花尚未发育。雌花序未见。花期 9 – 10 月。

特产云南河口。生于山谷林中乔木树干上，海拔1840m。

系4. 环江楼梯草系

Ser. **Huanjiangensia** W. T. Wang & Y. G. Wei, ser. nov. Type：*E. huanjiangense* W. T. Wang & Y. G. Wei.

Ser. *Tetracephala* W. T. Wang et al. in Fu et al. Paper Collection of W. T. Wang 2:1100. 2012, nom. nud.

Series nova haec Ser. *Laxicymosis* W. T. Wang affinis est, a qua foliis saepe trinervibus, capitulis pistillatis trimorphicis, acheniis longitudinaliter costatis et tuberculatis et ad costas duas angste alatis praeclare distinguitur.

本系与疏伞楼梯草系 Ser. *Laxicymosa* 相近缘，但本系的叶通常具三出脉，雌头状花序有3种类型，瘦果具纵肋，瘤状突起和2狭翅而与疏伞楼梯草系明显不同。

1种，分布于广西北部和贵州中南部。

5. 环江楼梯草 图版3,4：E – G

Elatostema huanjiangense W. T. Wang & Y. G.

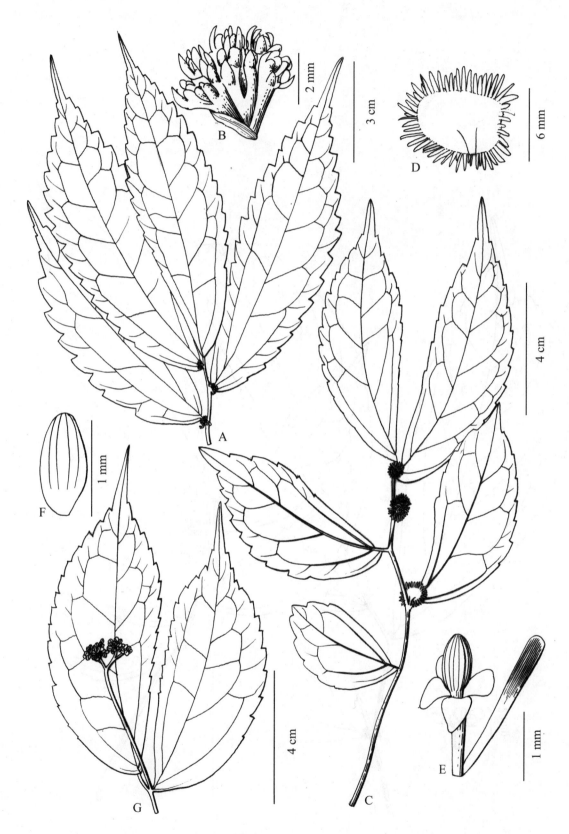

图版1 A–B. 短梗楼梯草 *Elatostema brevipedunculatum* A. 开花茎顶部,B. 雄聚伞花序。(自王启无72164) C–G. 疏伞楼梯草 *E. laxicymosum* C. 开花雌茎上部,D. 果期雌头状花序(下面观),E. 瘦果和退化雄蕊,F. 瘦果,(自李渤生,程树志2361) G. 开花雄茎顶部,示2叶和雄聚伞花序。(自陈伟烈14299)

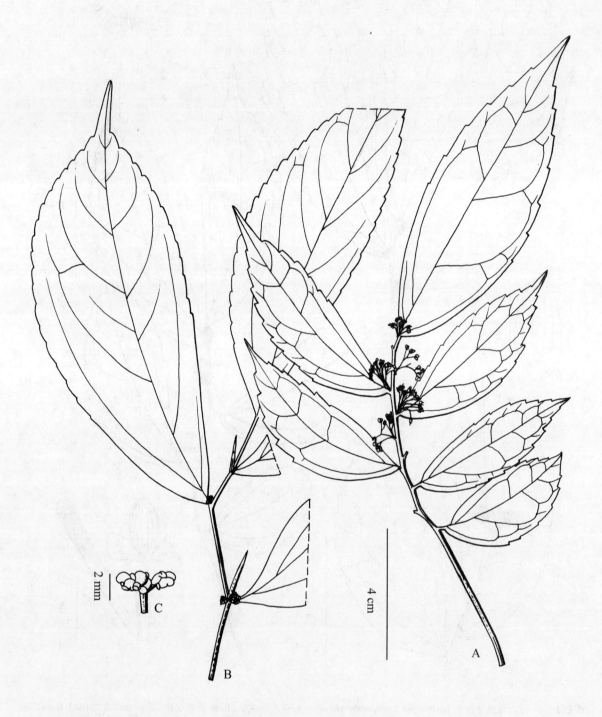

图版 2 A. 硬毛楼梯草 *Elatostema hirtellum* 开花雄茎上部,示 5 个腋生雄聚伞花序。(据 holotype)B – C. 三歧楼梯草 *E. trichotomum* B. 开花雄茎顶部,C. 雄聚伞花序。(自 Wang, 2003)

Wei in Guihaia 27(6):816,fig. 3. 2007；W. T. Wang in Fu et al. Paper Collection of W. T. Wang 2:1089. 2012. Holotype：广西：环江、木伦、红峒，2006 - 04 - 19，韦毅刚 06128(♀,PE)。

E. tetracephalum W. T. Wang et al. in Fu et al. Paper Collection of W. T. Wang 2：1100,fig. 9'. 2012,nom. nud.

Ad descr. orig. add：Cymae staminatae binatim axillares,ca . 10 mm in diam. ,bis ad quater ramosae, dense 30-florae；pedunculi ca. 1. 6 mm longi, subglabri；bracteae membranaceae, albidae, lineari-lanceolatae vel lanceolato-lineares,1.2 - 2.5 mm longe,0.3 - 1 mm latae, sparse ciliolatae . Alabastra staminata ovoidea, ca. 1.6 mm longa, apice tenuiter corniculata. Capitula pistillata trimorphica：（1）capitula pistillata simplicia, minuta,ca. 1.5 mm diam. , receptaculis parvis inconspicuis, involucris ca. 10-bracteatis, bracteis lanceolato-linearibus 0.7 - 1 mm longis,florbus pistillatis paucis ad receptaculum crescentibus ；（2）capitula pistillata composita, breviter vel longe pedunculata,3 - 6 mm lata, vel indivisa,capitulis pistillatis secundariis ca . 4 minutis ad receptaculum parvum confertis, vel bifurcato-ramosa,capitulis pistillatis secundariis aliquot ad apices ramorum confertis,floribus paucis ad receptaculum parvum crescentibus；et（3）capitula pistillata simplicia, receptaculis discoideis conspicuis et ramulis ad receptacula crescentibus flore pistillato terminatis et infra florem pistillatum 2-bracteolatis praeditis, involucris multi-bracteatis. Achenia luteola, late ellipsoidea, ca. 1 mm longa, longitudinaliter 4-costata et minute tuberculata ad costas duas oppositas supra medium anguste alata, alis albis semi-hyalinis margine repandulis.

多年生草本，茎高 5 - 25 cm，基部粗 2 - 3 mm，无毛，不分枝或分枝。叶具短柄或无柄；叶片纸质，斜椭圆形或长圆状椭圆形，长 3 - 15 cm，宽 1.4 - 6 cm，顶端短渐尖或急尖，基部狭侧楔形，宽侧圆形或近耳形，边缘近顶端有 2 - 4 浅钝齿或近全缘，上面无毛或疏被糙伏毛，下面无毛，三出脉，有时半离基三出脉，侧脉在叶狭侧 2 条，在宽侧 3 条，钟乳体不明显，密集，杆状，长 0.1 - 0.4 mm；叶柄长达 3 mm，无毛；托叶绿色，钻形，长 2 - 2.2 mm，宽约 0.2 mm，无毛。雄聚伞花序成对腋生，直径约 10 mm，2 - 4 回分枝，约具密集的 30 朵花，分枝无毛；花序梗长约 1.6 mm，近无毛；苞片膜质，白色，条状披针形或披针状条形，长 1.2

- 2.5 mm，宽 0.3 - 1 mm，被短缘毛。雄花蕾卵球形，长约 1.6 mm，无毛，顶端有 5 条长约 1 mm 的细角状突起。雌头状花序腋生或腋外生，有 3 种类型：（1）头状花序简单，小，直径约 1.5 mm，具短梗；花序托小，不明显，其上生有约 8 朵雌花：总苞苞片约 10 枚，披针状条形，稀卵形，长 0.7 - 1 mm，顶部有少数短缘毛；小苞片少数，半透明，狭条形，长约 0.8 mm，顶端疏被缘毛。（2）复头状花序，具短或长梗，或不分枝，约 4 个二回头状花序（构造与上述简单头状花序相似）密集生于不明显的小花序托上，或 2 回二叉状分枝，宽达 6 mm，枝顶端生有数个密集的无梗二回头状花序，后者直径 1 - 1.5 mm，有 3 - 5 朵雌花，总苞苞片 4 - 6 枚，披针状条形，长约 1 mm，顶端有稀疏短缘毛。（3）头状花序简单，成对腋生，具长 0.5 mm 的粗壮花序梗；花序托盘状长圆形，长 2 - 3 mm，宽 0.8 - 2 mm，无毛，较大的在中部 2 浅裂，较小的不分裂，在花序托上生有多数小苞片和长约 0.3 mm 的小枝，小枝顶端生 1 朵雌花，在花下有 2 小苞片；总苞苞片多数，三角形，长约 0.5 mm，宽 0.2 - 0.3 mm，无毛；小苞片条形，半透明，条形，长 0.5 - 1 mm，顶端有少数缘毛。雌花：花被片不存在；子房长卵球形，长约 0.6 mm，柱头有少数辐状开展，长 0.15 mm 的短毛。瘦果淡黄色，宽椭圆体形，长约 1 mm，约有 4 条纵肋和小瘤状突起，在 2 对生纵肋的中部以上有狭翅，翅白色，半透明，边缘浅波状。

特产广西环江和贵州黄平。生于石灰岩山或土山林下。

标本登录：

广西：环江，韦毅刚 g 124(♀,IBK,PE)，符龙飞 004(♂,IBK,PE)。**贵州**：黄平，韦毅刚，温放 1067(♀,IBK,PE)。

系 5. 长圆楼梯草系

Ser. **Oblongifolia** W. T. Wang in Bull. Bot. Lab. N.-E. Forest. Inst. 7：23. 1980；于中国植物志 23(2)：212. 1995；et in Fu et al. Paper Collection of W. T. Wang 2：1071. 2012.　Type：E. *oblongifolium* Fu ex W. T. Wang.

Ser. *Leucocarpa* W. T. Wang in Fu et al. Paper Collection of W. T. Wang 2：1075. 2012,nom. nud.

多年生草本，稀亚灌木。叶正常发育，稀雄茎的叶稍变小，具羽状脉和密集钟乳体。雄聚伞花序有短梗或无梗。瘦果淡褐色，稀白色，具纵肋。5 种，分布于西南、华南和中南部。

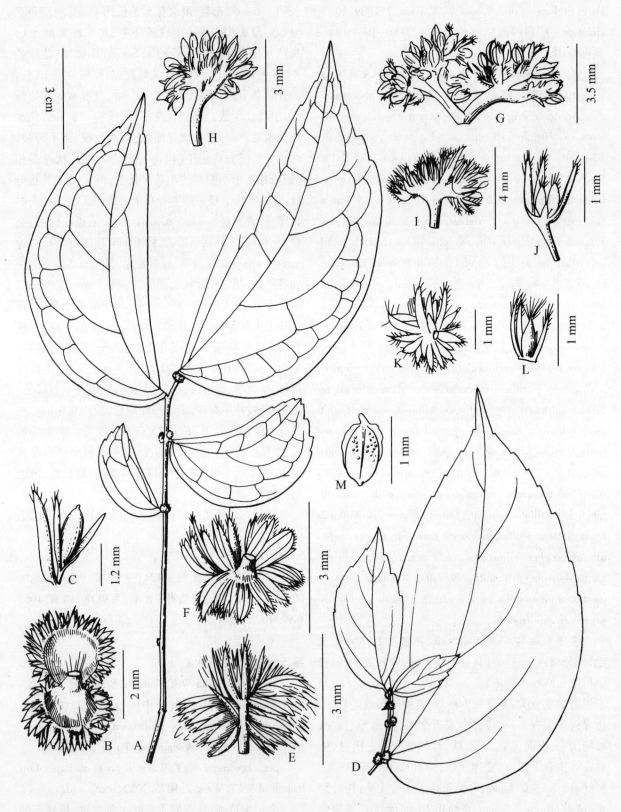

图版 3 环江楼梯草 *Elatostema huanjiangense* A. 开花雌茎,B. 雌花状花序(下面观),C. 生于雌花托上的小枝,(据 holotype) D. 开花雌茎顶部,E. 包含 4 个二回头状花序的复雌头状花序(侧面观),F. 同 E,下面观,(据韦毅刚,温放 1067) G,H. 复雌头状花序,I. 复雌头状花序分枝顶端密集的二回头状花序,J. I 图中的一个二回头状花序,前面的 3 枚总苞苞片被切除,K. 简单雌头状花序,L. 同 K,花序的前部被切除,M. 瘦果。(据韦毅刚 g124)

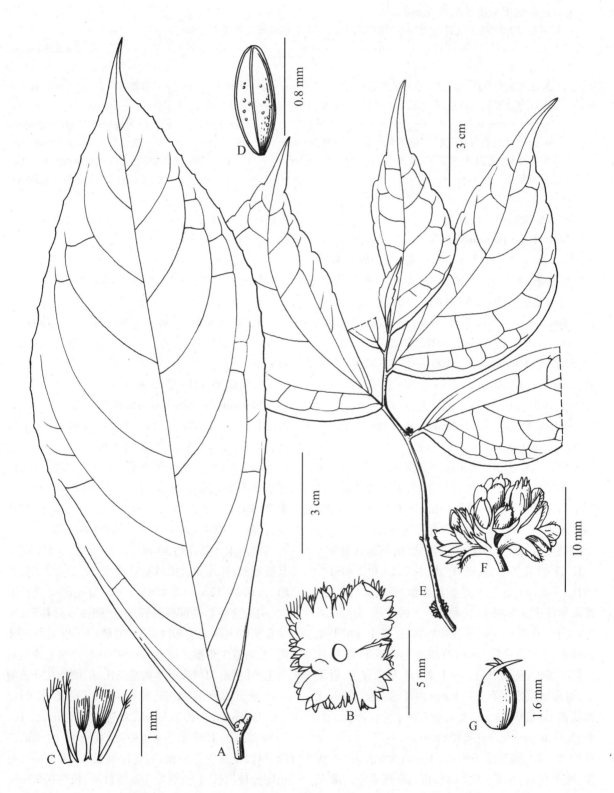

图版4 A – D. 微齿楼梯草 *Elatostema microdontum* A. 叶, B. 雌头状花序(下面观), C. 雌小苞片和雌花, D. 瘦果。(据holo-
type) E – G. 环江楼梯草 *E. huanjiangense* E. 开花雄茎上部, F. 雄聚伞花序, G. 雄花蕾。(据符龙飞004)

6. 多歧楼梯草 图版 5

Elatostema polystachyoides W. T. Wang in Bull. Bot. Lab. N.-E. Forest. Inst. 7:23,照片 1. 1980;并于中国植物志 23(2):213,图版 43:1－4. 1995;李锡文于云南植物志 7:261,图版 65:2. 1997;Q. Lin et al. Fl. China 5:134. 2003;W. T. Wang in Fu et al. Paper Collection of W. T. Wang 2:1072. 2012. Type:云南:麻栗坡,Kwankao,alt. 1100m,1940－02－14,王启无 86813(holotype,PE);同地,黄金印,alt. 1200m,1940－01－14,王启无 83156(paratype,PE);同地,黄金印,alt. 1350m,1965－11－28,武全安 9909(paratype,KUN)。

多年生草本,雌雄异株。茎高 50 cm 以上,无毛。叶具短柄或无柄;叶片薄纸质,斜长圆状倒披针形或斜长圆形,长 16－24.5 cm,宽 3.8－5.5 cm,顶端长渐尖,基部斜楔形,边缘有浅钝齿,上面散生极少短硬毛或无毛,下面无毛,羽状脉,侧脉在每侧 6－12 条,钟乳体明显,密,杆状,长 0.1－0.2 mm;叶柄长 1－4 mm 无毛;托叶狭披针形,长 5 mm,无毛。雄聚伞花序成对腋生,无梗,4－5 回分枝,直径 1.2－2 cm 长 0.7－1 cm,分枝被短柔毛;苞片三角形至披针形,长 0.5－1.2 mm,有疏缘毛。雄花:花被片 5,稍不等大,椭圆形,长 1－1.2 mm,基部合生,近无毛,背面顶端之下有长 0.1 mm 的突起;雄蕊 5;退化雌蕊钻形,长 0.2 mm。雌头状花序单生叶腋,无梗,直径 5－6 mm;花序托直径约 5 mm,不等 5 深裂;苞片约 20,狭三角形或条形,长 1 mm;小苞片多数,密集,狭条形,长 0.8－1.2 mm,顶端有疏柔毛。雌花具短梗:花被片不存在;子房长椭圆体形,长 0.25－0.3 mm,柱头画笔头形,与子房等长。瘦果淡褐色,

近椭圆体形,长 0.6－0.8 mm,有 6 条不明显细纵肋。花期冬季至春季。

特产云南东南部(麻栗坡,马关)。生于石灰岩山常绿阔叶林中,海拔 1000－1700m。

标本登录:

云南:麻栗坡,王启无 83923,冯国楣 12891,税玉民等 20275(PE);马关,税玉民等 30498,31659(PE)。

7. 钝齿楼梯草 图版 6:A－B

Elatostema obtusidentatum W. T. Wang in Bull. Bot. Lab. N.-E. Forest. Inst. 7:28. 1980;并于中国植物志 23(2):215,图版 44:5. 1995;Q. Lin et al. in Fl. China 5:134. 2003;王文采于广西植物志 2:851,图版 345:10. 2005;et in Fu et al. Paper Collection of W. T. Wang 2:1072. 2012. Holotype:广西:融水,公和乡,古都山,1937－10－30,钟济新 83889(IBK)。

亚灌木。茎高约 30 cm,无毛,分枝。叶无柄或具极短柄;叶片薄纸质,斜狭长圆形或长圆状倒披针形,长 6.2－12 cm,宽 1.8－3 cm,顶端骤尖或长渐尖(尖头全缘),基部狭侧楔形,宽侧钝或近耳形,边缘在狭侧上部或中部以上,在宽侧中部以上有钝牙齿,上面散生少数短硬毛,下面中脉和侧脉上疏被短糙毛,叶脉近羽状或近半离基三出脉,侧脉在叶狭侧 4－5 条,在宽侧 4－6 条,钟乳体明显,密集,长 0.15－0.35 mm;叶柄长达 1 mm,无毛;托叶钻形,长 1－2 mm,无毛。雄聚伞序单生叶腋,直径 8－10 mm,二回分枝,花密生分枝顶端;花序梗长 2－4.5 mm,与花序分枝均被短毛;苞片条状披针形,长约 0.8 mm。雄花蕾直径约 0.6 mm,四基数,花被片背面有短突起。雌花序未见。花期 11 月。

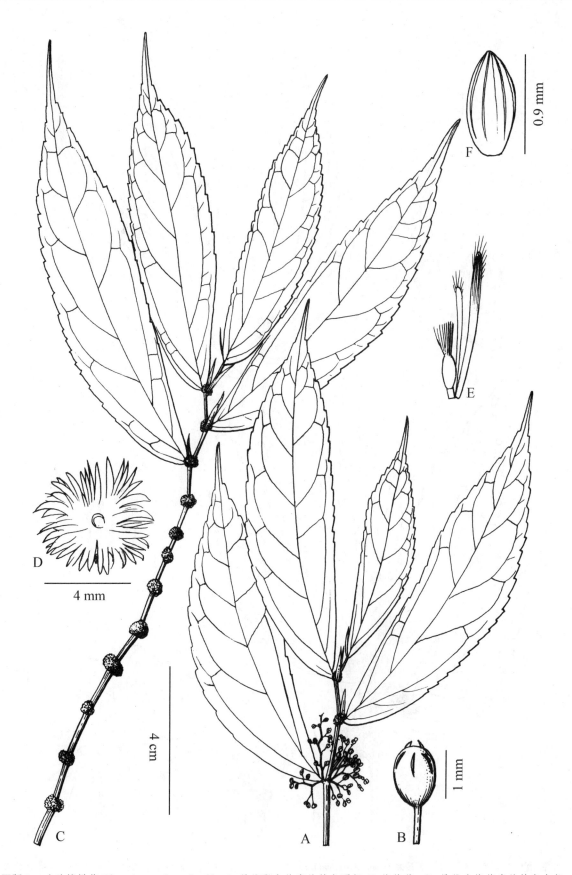

图版 5 多歧楼梯草 *Elatostema polystachyoides* A. 具雄聚伞花序的枝条顶部，B. 雄花蕾，C. 具雌头状花序的枝条上部，D. 雌头状花序（下面观），E. 雌小苞片和雌花，F. 瘦果。（据税玉民，陈文红等 20275）

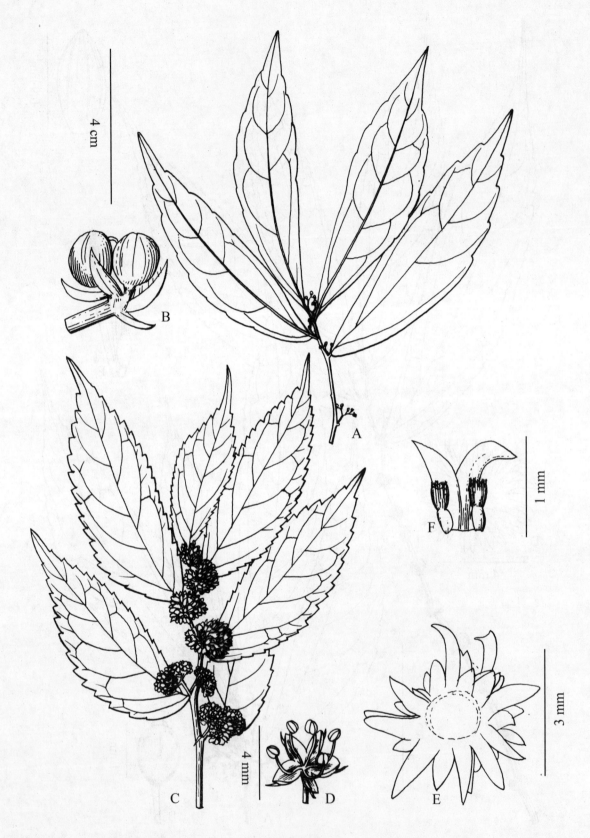

图版6　A–B. 钝齿楼梯草 *Elatostema obtusidentatum* A. 开花茎顶部, 示茎顶部腋生雄聚伞花序, B. 雄聚伞花序的苞片和2雄花蕾。(据 holotype) C–F. 翅稜楼梯草 *E. angulosum* C. 开花雄茎上部, D. 雄花, (自王文采, 1995) E. 雌头状花序(下面观), F. 2雌小苞片和2雌花。(据肖永贤48182)

特产广西融水。生于山地林中。

8. 歧序楼梯草

Elatostema subtrichotomum W. T. Wang in Bull. Bot. Lab. N. -E. Forest. Inst. 7:25. 1980;并于中国植物志 23(2):213,图版 60:1. 1995;李丙贵于湖南植物志 2:298. 2000;Q. Lin et al . in Fl. China 5:134. 2003, p. p. excl. syn. *E. subrichotmum* var . *corniculatum* W. T. Wang ;阮云珍于广东植物志 6:74. 2005;W. T. Wang in Fu et al. Paper Collection of W. T. Wang 2:1072. 2012. Type:广东:乐昌,北乡,荡光山,1943 - 04 - 11,陈少卿 3049(holotype,IBSC);同地,1931 - 11 - 21,陈念劬 42994(paratypes,IBK,IBSC)。湖南:衡阳,衡山,1944 - 05 - 16,张宏达 3039(paratypes,IBK)。

7a. var. subtrichotomum 图版 7:A - B

多年生草本。茎高约 50 cm,无毛,不分枝。叶具短柄,无毛;叶片薄纸质,斜长圆形,长 12 - 17 cm,宽 3.5 - 4.7 cm,顶端渐尖或长渐尖,基部狭侧楔形,宽侧楔形或圆形,边缘在中部以上有小牙齿,近羽状脉,侧脉在叶狭侧 5 条,在宽侧 6 - 8 条,钟乳体明显,密集,杆状,长 0.1 - 0.25 mm;叶柄长 2 - 14 mm;托叶条形;长 3 - 4 mm。花序雌雄同株或异株。雄聚伞花序成对腋生,直径约 1 mm,3 回分枝,有极短毛,在分枝上有密集的雄花;花序梗长 2 - 3 mm;苞片密集,狭卵形至狭三角形,长 0.8 - 1.2 mm,无毛。雄花:花梗长 1.2 - 1.5 mm;花被片 5,长圆形,长约 1.2 mm,基部合生,无毛,背面无突起;雄蕊 5。雌头状花序成对生茎顶叶腋,直径约 2 mm,无梗;花序托直径约 1.2 mm;苞片狭三角形,长约 0.8 mm,无毛;小苞片多数,密集,披针形狭条形,长 0.5 - 0.8 mm,无毛。雌花:花被片不存在;雌蕊长约 0.4 mm,子房椭圆体形,长 0.3 mm,柱头极小。花期 4 月。

分布于广东北部、湖南东南部。生于山谷溪边林中或石上。

8b. 角萼楼梯草(变种) 图版 7:C

var. **corniculatum** W. T. Wang in Bull. Bot. Lab. N. -E. Forest. Inst. 7:26. 1980;于中国植物志 23(2):215. 1995;税玉民等,滇东南红河地区种子植物 234. 2003;W. T. Wang in Fu et al . Paper Collection of W. T. Wang 2:1072. 2012.——*E. corniculatum* (W. T. Wang) H. W. Li in Fl. Yunnan. 7:263,pl. 65:3 - 4. 1997. Holotype 云南:屏边,一区,石头大寨,1954 - 03 - 26,毛品 - 3598(IBSC)。

与歧序楼梯草的区别:茎扁平,有纵狭翅,分枝;

雄花被片背面顶端之下有长 0.4 - 0.7 mm 的角状突起。

特产云南东南部(屏边,金平,绿春)。生于山谷溪边,海拔 1400 - 1700m。

9. 翅棱楼梯草 图版 6:C - F

Elatostema angulosum W. T. Wang in Bull. Bot. Lab. N. -E. Forest. Inst. 7:27. 1980;并于中国植物志 23(2):216,图版 41:6 - 7. 1995;Q. Lin et al . in Fl. China 5:135. 2003;W. T. Wang in Fu et al. Paper Collection of W. T. Wang 2:1072. 2012. Type:四川:峨眉山,约 1951 年,四川大学生物系 53674(holotype,HIB),53505(paratype,HIB)。

多年生草本。茎高约 18 cm,下部着地生根,无毛,不分枝,有数条纵棱,在茎上部沿棱有狭翅。叶具短柄或无柄;叶片纸质,斜狭椭圆形或斜长圆形,长 4 - 7.8 cm,宽 1.8 - 2.5 cm,顶端渐尖,基部狭侧钝,宽侧近心形,边缘在基部之上有多数小牙齿,上面散生短糙伏毛,下面无毛,羽状脉,侧脉在叶每侧约 5 条,钟乳体稍明显,密集,长约 0.1 mm;叶柄长约 1 mm,无毛;托叶狭条形,长约 3.5 mm,无毛。花序雌雄异株。雄聚伞花序通常成对腋生,直径 5 - 18 mm,约 3 回分枝,无毛,有短梗;花序梗长 2 - 5 mm;苞片披针状条形,长 4 - 5 mm。雄花无毛:花被片 5,椭圆形或宽椭圆形,长约 2.5 mm,基部合生,背面顶端之下有长 0.5 - 1 mm 的角状突起;雄蕊 5;退化雌蕊不存在。雌头状花序单生叶腋,直径约 4 mm,无梗;花序托近圆形,直径约 1.5 mm;苞片约 18,辐状开展,披针形或船形,长 0.8 - 1 mm,无毛;小苞片多数,半透明,长圆形、披针形或船形,长 0.3 - 0.8 mm,无毛。雌花多数:花被片不存在;雌蕊长约 0.35 mm,子房椭圆体形,长约 0.15 mm,柱头长 0.2 mm,毛多数,大部合生,只顶端分生。花期 3 - 4 月。

特产四川峨眉山。生于山谷中;海拔 900 - 1450m。

标本登录:

四川:峨眉山,1940 - 11 - 08,方文培 15224(PE);同地,九龙坪,alt. 1450m,肖永贤 48182(SZ)。

10. 长圆楼梯草

Elatostema oblongifolium Fu ex W. T. Wang in Bull. Bot. Lab. N. -E. Foret. Inst. 7:26. 1980;Lauener in Not. R. Bot. Gard. Edinb. 40(3):488. 1983;张秀实等于贵州植物志 4:46,图版 16:4 - 5. 1989;王文采于中国植物志 23(2):216,图版 49:4 - 6. 1995;并于武陵山地区维管植物检索表 132. 1995;李丙贵于湖南植物志 2:293. 2000;Q. Lin et al. in Fl. China 5:

135.2003;税玉民等,滇东南红河地区种子植物234.2003;段林东等于植物分类学报44(4):475.2006;杨昌煦等,重庆维管植物检索表150.2009;W. T. Wang in Fu et al. Paper Collection of W. T. Wang 2:1075.2012.——*Pellionia bodinieri* Lévl in Repert. Sp. Nov. Regni Veg. 11:551.1913.——*Elatostema bodinieri* (Lévl) Hand. -Mazz. Symb. Sin. 7:144.1929, non Lévl. 1913. Syntypes:贵州:Gan-pin, 1897 - 04 - 29, Bodinier 1547(E, non vidi);Ou-la-gay, 1898 - 04 - 09, Seguin s. n. (E, non vidi).

E. schizocephalum W. T. Wang in 1. c. 82. 1980;于中国植物志23(2):308.1995;并于广西植物志2:862.2005;李丙贵于湖南植物志2:293.2000. Type:湖南:宜章,1942 - 01 - 22,陈少卿73(holotype, PE)。广西:梧州,1959 - 03,冯荣德66781(paratype, GXMI)。

E. leucocarpum W. T. Wang et al in Fu et al . Paper Collection of W. T. Wang 2:1075, fig. 4′. 2012, nom. nud.

E. sessile auct. non Forst. :湖北植物志1:177,图232.1976。

10a. var. oblongifolium 图版8

多年生草本。茎高 20 - 50 cm,无毛,不分枝或分枝。叶具短柄或无柄,雄茎的叶有时稍变小;叶片纸质,斜狭长圆形或椭圆形,长 6 - 20 cm,宽 1.4 - 5 (-7) cm,顶端长渐尖或渐尖,基部狭侧钝或楔形,宽侧圆形,浅心形或宽楔形,边缘下部全缘,其上有小钝齿,无毛或上面散生糙伏毛,羽状脉,侧脉在叶每侧均有6条,钟乳体不明显,密集,长 0.1 - 0.2 mm;叶柄长 0.5 - 2 mm,无毛;托叶狭三角形至钻形,长 2.5 - 5 mm,宽 0.2 - 0.5 mm,无毛。花序雌雄异株或同株。雄聚伞花序单生叶腋,具极短梗,直径 6 - 15 cm,无毛或近无毛,分枝下部合生;花序梗长 0.5 - 3 mm;苞片卵形,披针形或条形,长 2 - 3 mm。雄花无毛:花梗长达 3 mm;花被片 5,狭椭圆形,长约 2 mm,基部合生,无突起;雄蕊5;退化雌蕊不存在。雌头状花序成对腋生,近方形,长 2 - 8 mm,具短梗;花序托近方形,通常 2 深裂,裂片再 2 裂,无毛;苞片约25,狭三角形或条形,长 0.5 - 1 mm,宽约 0.2 mm,近无毛;小苞片半透明,条形、狭倒披针形或船形,长 0.6 - 1.5 mm,上部疏被缘毛或无毛。雌花:花被片不存在;子房卵球形,长约 0.3 mm,柱头小,画笔头状。瘦果淡褐色,宽椭圆体形,长 0.8 - 0.9 mm,具6条白色纵肋。花期 4 - 5 月。

分布于四川、重庆南部和东部、湖北西部、湖南、贵州、云南东南部、广西、福建中北部。生于山谷林中阴湿处,海拔 300 - 1000m。

标本登录(所有标本均存 PE):

四川:峨眉山,关克俭等 2484;都江堰,王文采 s. n. ;无准确地址,俞德浚 321。

重庆:南川,李国凤 60326,刘正宇 4821、13955、15503;奉节,周洪富,粟和毅 107663。

湖北:建始,王双英 152;巴东,周鹤昌 191,214;神农架,神农架队 30163。

湖南:永顺,北京队 450,1180,段林东 4912,4917,4926;新宁,段林东 2002052;宜章,段林东,林祁 4896,4900,4903,4907,4909。

贵州:桐梓,蒋英 5157;紫云,贵州中药所 822;荔波,段林东、林祁 2002093;黎平,温放 070503;黄平,温放 070503C,李克光 1303;德江,安明态 3165;正安,刘正宇 12563;道真,刘正宇 16041,20525。

云南:广南,税玉民 1441;富宁,税玉民,陈文红 B2004 - 227。

广西:隆林,韦毅刚 06121;天娥,韦毅刚 6480;东兰,税玉民,陈文红 B2004 - 169;永福,税玉民,陈文红 B2003 - 104;凤山,税玉民,陈文红 B2004 - 134;柳江,韦毅刚 2009 - 24;马山,韦毅刚 2009 - 118。

福建:南平,何国生 0288。

10b. 托叶长圆楼梯草(变种)

var. **magnistipulum** W. T. Wang, var. nov. Holotype:云南(Yunnan):马关(Maguan),古林箐(Gulinqing),青龙山(Qinglong Shan),石灰岩山山谷林中(under forest in valley of a limestone hill),2002 - 10 - 05,税玉民,陈文红,盛家舒(Y. M. Shui, W. H. Chen & J. S. Sheng)31411(PE)。

A var. *oblongifolio* differt stipulis magnis membranaceis albidis lanceolatis 18 mm longis 2.5 - 5 mm latis.

本变种与长圆楼梯草的区别在于本变种的托叶很大,膜质,白色,披针形,长 18 mm,宽 2.5 - 5 mm。

特产云南马关。生于石灰岩山山谷林中。

系 6. 花葶楼梯草系

Ser. **Scaposa** W. T. Wang. ser. nov. Type:*E. scaposum* Q. Lin & L. D. Duan.

Series nova haec est affinis Ser. *Oblongifoliis* W. T. Wang, a qua caulis staminati foliis omnibus valde redactis, eorum laminis evanescentibus et eorum stipulis tantum remanentibus differt.

本系与长圆楼梯草系 Ser. *Oblongifolia* 近缘,与

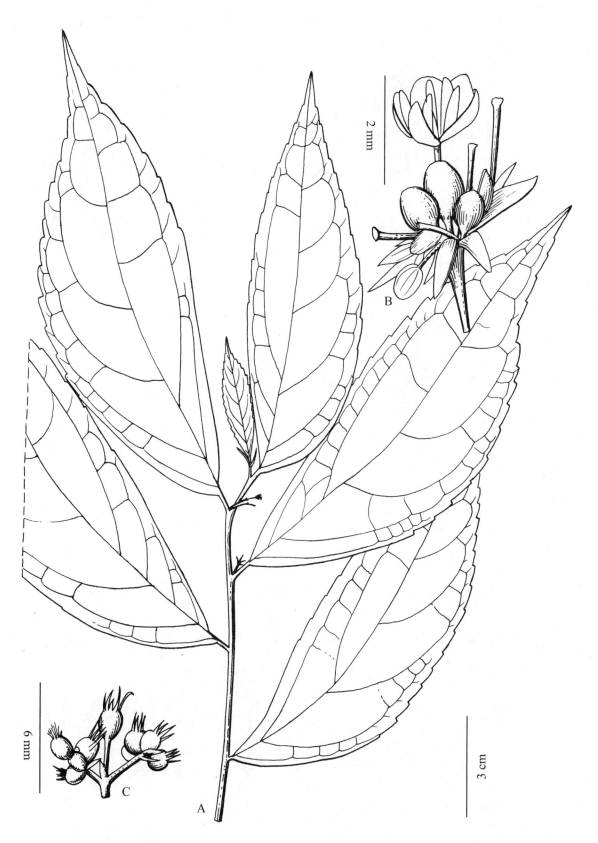

图版 7　A–B. 歧序楼梯草 *Elatostema subtrichotomum* var. *subtrichotomum* A. 开花茎上部，B. 雄聚伞花序。（据 holotype）
　　　C. 角萼楼梯草 *E. subtrichotomum* var. *corniculatum* 雄聚伞花序。（据 holotype）

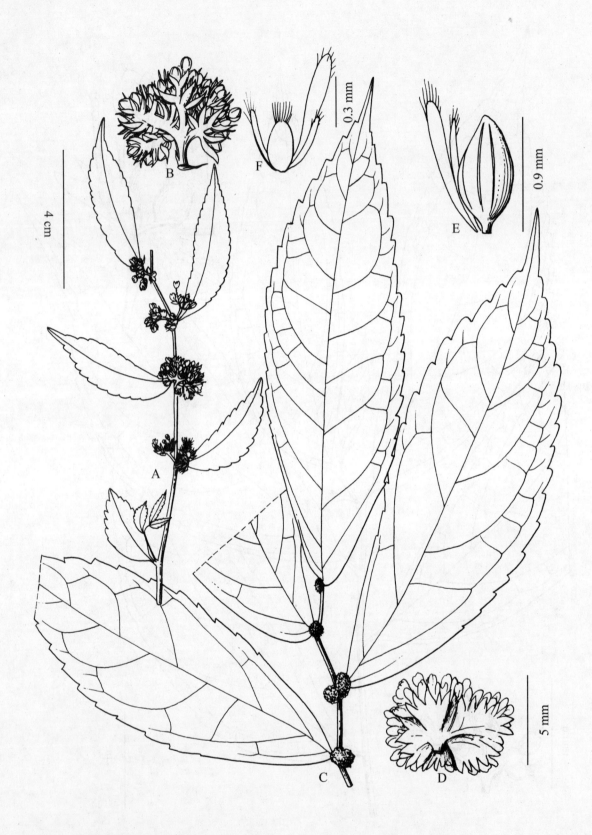

图版 8 长圆楼梯草 *Elatostema oblongifolium* A. 雄茎上部, B. 雄聚伞花序,(据李国凤 60326) C. 雌茎上部, D. 果序(下面观), E. 雌小苞片和瘦果,(据温放 070503C) F. 雌小苞片和雌花。(据俞德浚 321)

后者的区别在于本系的雄茎的全部叶强烈退化,叶片消失,只托叶尚存在。

1 种,特产贵州东南部。

11. 花葶楼梯草 图版 9

Elatostema scaposum Q. Lin & L. D. Duan in Nordic J. Bot. 29:420, figs. 1 & 2. 2011. Type:贵州:荔波,甲良乡,石灰山,天坑, alt. 800m, 2003 – 10 – 26, 林祁,段林东 1023(holotype, PE);同地, 2003 – 11 – 26,段林东,林祁 2003001(paratypes, PE);同地, 2009 – 11 – 28, 林祁,段林东 1040(paratypes, PE)。

多年生草本,雄、雌花序生于不同的茎上。雄茎高 15 – 60 cm,近基部粗约 5 mm,有稀短糙毛,不分枝。雄茎的叶强列退化、叶片消失,托叶存在,条状披针形,长 6 – 9 mm 宽约 1.5 mm,无毛。雌茎高 50 – 90 cm,近基部粗 3 – 8 mm,无毛,有纵棱,不分枝或分枝,具密集钟乳体。雌茎叶具短柄,无毛;叶片纸质,斜长圆形或椭圆形,长 7.5 – 19.5 cm,宽 2.5 – 8 cm,顶端渐尖或长渐尖(尖头边缘下部有 1 – 3 小齿),基部斜楔形,边缘具小牙齿,羽状脉,侧脉约 5 对,钟乳体明显,密集,杆状,长 0.15 – 0.3 mm;叶柄长 0.5 – 5 mm;托叶狭披针形,长 5 – 12 mm,宽 0.7 – 1.5 mm,有钟乳体。雄聚伞花序 7 – 11 个在雄茎上部 3 – 5 个节上对生并顶生,直径 1.8 – 2.8 cm,分枝,末回分枝有不规则扁块状膨大部分;花序梗长 0.5 – 1.5 cm,无毛;苞片披针形或条形,长 5 – 12 mm,无毛。雄花:花被片 5,白色,狭椭圆形,长约 2 mm,基部合生,背面顶端之下有短角状突起;雄蕊 5;退化雌蕊极小。雌头状花序在雌茎上成对腋生,直径 4 – 6 mm,无梗或具短梗;花序梗长达 1 mm;花序托长方形,长约 2.5 mm,宽 1.5 mm,无毛;苞片排成 2 层,外层苞片约 6,三角形,稀正三角形,长 0.6 – 1 mm,宽 0.4 – 0.8 mm,无毛,内层约 25,披针状条形或披针形,长 0.8 – 1 mm,宽 0.25 – 0.5 mm,疏被短缘毛;小苞片密集,半透明,条形,长 0.5 – 0.8 mm,顶端疏被短缘毛。雌花:花被片约 2,条形,长约 0.25 mm,无毛;子房卵球形,长约 0.25 mm,柱头画笔头状,长 0.1 mm。瘦果白色,宽椭圆体形或卵球形,长 0.6 – 0.9 mm,宽 0.3 – 0.5 mm,具约 8 条纵肋。花期 10 – 11 月。

特产贵州荔波。生于石灰岩山石洞中,海拔 750 – 800m。

系 7. 微齿楼梯草系

Ser. **Microdonta** W. T. Wang, ser. nov. Type: *E. microdontum* W. T. Wang.

Series nova haec est arcte affinis Ser. *Oblongifoliis* W. T. Wang, a qua acheniis longitudinaliter costatis et tuberculatis differt.

本系与长圆楼梯草系 Ser. *Oblongifolia* 极为相近,与后者的区别在于本系的瘦果具纵肋和瘤状突起。

1 种,特产云南东南部。

12. 微齿楼梯草 图版 4:A – D

Elatostema microdontum W. T. Wang in Bull. Bot. Lab. N.-E. Forest. Inst. 7:24. 1980;并于中国植物志 23(2):213,图版 44:1. 1995;李锡文于云南植物志 7:261. 1997;Q. Lin et al. in Fl China 5:134. 2003;W. T. Wang in Fu et al. Paper Collection of W. T. Wang 2:1072. 2012. Holotype:云南:麻栗坡,天保农场,曼昆, alt. 300 – 400m, 1964 – 06 – 09,王守正 829(KUN)。

多年生草本。茎高约 48 cm,无毛,有纵沟,不分枝。叶具短柄,无毛;叶片纸质,斜长圆形,长 15 – 21 cm,宽 5.8 – 7 cm,顶端渐尖,基部斜楔形,边缘在上部或中部之上有不明显小齿(齿长约 0.5 mm),羽状脉,侧脉在叶片每侧 6 – 8 条,钟乳体明显,密集,杆状,长 0.2 – 0.8 mm;叶柄粗壮,长 2 – 5 mm。雄花序未见。雌头状花序单生叶腋,直径 4 – 6 mm,无梗;花序托直径 2 – 4 mm;苞片三角形或正三角形,长 0.8 – 1 mm,有疏缘毛;小苞片多数,密集,半透明,条形,长 0.6 – 1 mm,上部有稀疏短柔毛。瘦果近椭圆体形,长约 0.6 mm,有 8 条细纵肋和瘤状突起。花期 5 – 6 月。

特产云南麻栗坡。生于山谷热带雨林中;海拔 300 – 400m。

组 2. 小叶楼梯草组

Sect. **Weddellia** (H. Schröter) W. T. Wang in Acta Phytotax. Sin. 17(1):107. 1979;并于东北林学院植物研究室汇刊 7:29. 1980;Yahara in J. Fac. Sci. Univ. Tokyo, Sect. 3, 13:489. 1984;王文采于中国植物志 23(2):218. 1995;Tateishi in Zwatsuki et al. Fl. Japan 2a:92. 2006;W. T. Wang in Fu et al. Paper Collection of W. T. Wang 2:1075. 2012.——*Elatostema* subgen. *Weddellia* H. Schröter in Repert. Sp. Nov. Regni Veg, Beih. 83(1):2, 17. 1935;83(2):2:1936. Lectotype:*E. parvum* (Bl.) Miq.

叶具三出脉、半离基三出脉或羽状脉。雄头状花序具不明显的花序托,具总苞;在细尾楼梯草 *E. tenuicaudatum*,雄花序有时为无花序托的聚伞花序,其苞片螺旋状着生。雌头状花序具不明显或明显的

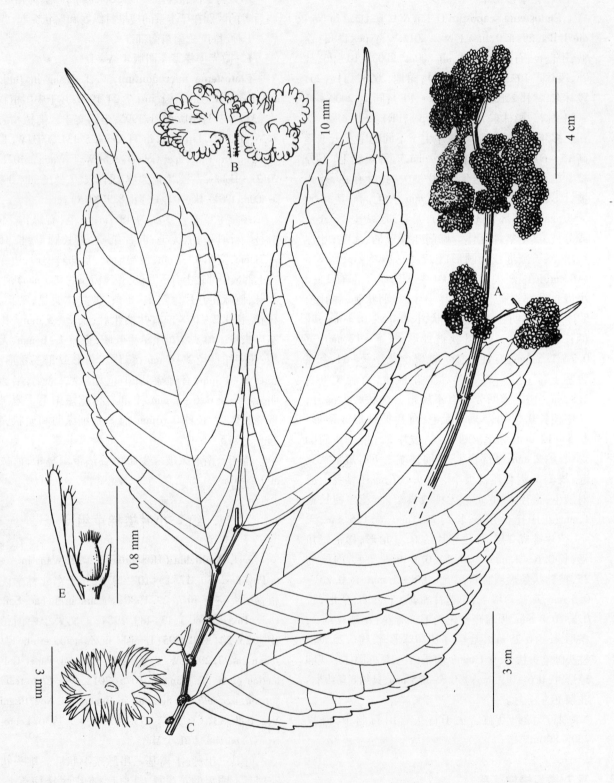

图版9 花葶楼梯草 *Elatostema scaposum* A. 开花雄茎上部，B. 雄聚伞花序一部分，示末回分枝的不规则扁块状膨大部分和在扁块上密生的雄花蕾，C. 开花雌茎顶部，D. 雌头状花序（下面观），E. 雌小苞片和雌花。（据 isotype）

花序托,具总苞。瘦果具纵肋,稀具纵肋和瘤状突起,具短线纹、或光滑。

在我国有 119 种,26 变种(其中有 104 特有种,21 特有变种),被划分为 30 系,在我国热带和亚热带地区广布,多数分布于云南和广西。

系 1. 渐尖楼梯草系

Ser. **Acuminata** W. T. Wang in Bull. Bot. Lab. N. -E. Forest. Inst. 7:29. 1980; Yahara in J. Fac. Sci. Univ. Tokyo, Sect. 3, 13:490. 1984; 王文采于中国植物志 23(2):218. 1995; Tateishi in Zwatsuki et al . Fl. Japan 2a:72.

2006; W. T. Wang in Fu et al. Paper Collection of W. T. Wang 2:1075. 2012. Type:*E. acuminatum* (Poir.) Brongn.

亚灌木,稀草本。茎多分枝。叶具三出脉或半离基三出脉。雄、雌头状花序均无梗或具短梗;苞片小,三角形,正三角形或卵形,稀宽卵形或扁圆形,无任何突起,稀背面有龙骨状突起或有 1 纵肋。瘦果具纵肋和瘤状突起(achenia longitudinaliter costata et tuberculata)。

本系在我国有 13 种,5 变种(其中有 9 特有种,2 特有变种),分布于西藏东南部、云南西部和南部、广西、海南、广东、福建和台湾。

1. 叶片无钟乳体,或沿中脉有点状小钟乳体。
  2. 叶片宽达 5.6 cm;雄花四基数。
    3. 植株干时常变黑色;叶顶端聚尖,尖头长约 1.5 cm,宽 2 mm,侧脉在叶狭侧 2 - 3 条,在宽侧 3 - 4 条;雄花序梗长 1.5 - 2 mm ·················· 14. 光楼梯草 **E. laevissimum**
    3. 植株干后不变黑色;叶顶端尾状,尖头长 2.5 - 3.5 cm,宽 2 - 3 mm,侧脉在叶狭侧 4 条,在宽侧 4 - 6 条;雄花序梗长 3 mm ·················· 15. 拟渐尖楼梯草 **E. paracuminatum**
  2. 叶片较小,宽 3 - 4.5(- 5) cm;雄花五基数。
    4. 叶具半离基三出脉。
      5. 雄花序托极小,不明显;雌花被片 3 ·················· 16. 渐尖楼梯草 **E. acuminatum**
      5. 雄花序托明显,盘状,长 3.5 mm;雌花被片不存在 ·················· 17. 李恒楼梯草 **E. lihengianum**
    4. 叶具三出脉;雌花被片不存在 ·················· 23. 背崩楼梯草 **E. beibengense**
1. 叶片具密集的杆状钟乳体。
  6. 叶片全缘,稀具 1 - 2 浅钝齿 ·················· 21. 全缘楼梯草 **E. integrifolium**
    7. 茎和叶无毛 ·················· 21a. 模式变种 var. **integrifolium**
    7. 茎和叶片下面被糙伏毛 ·················· 21b. 朴叶楼梯草 var. **tomentosum**
  6. 叶片边缘具牙齿或小牙齿。
    8. 草本;叶片长 2 - 3.3 cm,宽 5 - 9 mm ·················· 20. 多枝楼梯草 **E. ramosum**
      9. 分枝之字形弯曲;叶片上面无毛,下面脉上疏被短柔毛或无毛,钟乳体长 0.2 - 0.5 mm ·················· 20a. 模式变种 var. **ramosum**
      9. 分枝直;叶片上面被糙伏毛,下面疏被长柔毛,钟乳体较大,长 0.3 - 0.8 mm ·················· 20b. 密毛多枝楼梯草 var. **villosum**
    8. 亚灌木;叶片较大,长 3 - 10 cm,宽 1 - 4.4 cm。
      10. 茎无毛。
        11. 叶片无毛。
          12. 叶片革质,顶端渐尖,边缘在叶狭侧有 2 - 3 齿,在宽侧有 4 - 5 齿;雄苞片长 1.5 - 2 mm ·················· 18 紫麻楼梯草 **E. oreocnidioides**
          12. 叶片纸质,顶端尾状,骤尖或长渐尖,边缘具较多齿;雄苞片长 1.2 - 1.5 mm。
            13. 叶片斜长圆形,顶端骤尖或长渐尖 ·················· 16. 渐尖楼梯草 **E. acuminatum**
              14. 叶片宽达 3.4 mm,叶宽侧边缘具 3 - 7 齿,叶柄长达 2 mm ·················· 16a. 模式变种 var. **acuminatum**
              14. 叶片宽达 5 cm,叶宽侧边缘有 10 齿,叶柄长达 7 mm ·················· 16b. 密晶渐尖楼梯草 var. **striolatum**
            13. 叶片披针状长圆形,顶端长尾状。
              15. 叶片长 3 - 9.4 cm,边缘在狭侧有 4 - 7 齿,在宽侧有 5 - 9 齿,钟乳体长 0.1 mm;雌小苞片无毛 ·················· 13a. 细尾楼梯草 **E. tenuicaudatum** var. **tenuicaudatum**
              15. 叶片较大,长 7 - 15 cm,边缘在叶狭侧有 3 齿,在宽侧有约 6 齿,钟乳体长 0.2 - 0.5 mm;雌小苞片有密缘毛 ·················· 24. 直尾楼梯草 **E. recticaudatum**

11. 叶片有毛。

    16. 叶片倒披针状长圆形,宽 1.3 - 2.5 cm,边缘上部在叶狭侧有 1 小齿,在宽侧有 2 - 3 小齿,上面中脉上有短柔毛,下面无毛,钟乳体长 0.3 - 0.7 mm ·················· 22. 绿茎楼梯草 **E. viridicaule**

    16. 叶片斜椭圆形,宽 2.5 - 5.4 cm,边缘上部有较多小齿,上面无毛,下面有短柔毛,钟乳体长 0.05 - 0.15 mm ·················· 25. 苎麻楼梯草 **E. boehmerioides**

10. 茎有毛。

    17. 叶片长圆形或长圆状披针形;雄头状花序无梗或近无梗,不分裂

        18. 叶片边缘在叶宽侧基部之上有 7 - 11 齿 ········ 13b. 毛枝细尾楼梯草 **E. tenuicaudatum** var. **lasiocladum**

        18. 叶片边缘在叶宽侧中部之上有 4 - 5 齿 ·················· 19. 狭叶楼梯草 **E. lineolatum** var. **majus**

    17. 叶片斜椭圆形;雄头状花序有明显花序梗,并在花序梗顶端二叉状分裂,具 2 个小头状花序 ·················· ·················· 26. 叉序楼梯草 **E. biglomeratum**

13. 细尾楼梯草

Elatostema tenuicaudatum W. T. Wang in Bull. Bot. Lab. N. -E. Forest. Inst. 7: 31, pl. 1: 5 - 6.1980; 张秀实等于贵州植物志 4: 47, 图版 16: 1 - 3.1989; 王文采于植物研究 12(3): 205.1992; 并于中国植物志 23(2): 221, 图版 45: 3 - 4.1995; 李锡文于云南植物志 7: 267, 图版 67: 1 - 2.1997, p. p. excl. syn. *E. tenuicaudatoide* W. T. Wang var. *orientali* W. T. Wang; Q. Lin et al. in Fl. China 5: 136.1997; 王文采于广西植物志 2: 853, 图版 345: 3 - 4.2005; 税玉民,陈文红,中国喀斯特地区种子植物 1: 101, 图 249.2006; W. T. Wang in Fu et al. Paper Collection of W. T. Wang 2: 1078. 2012. Holotype: 贵州:罗甸,八茂, alt. 300m, 1960 - 03 - 22, 贵州队 460(PE)。Papatypes: 广西:凌乐,李中提 603033 (PE); 田阳,张肇骞 11016(IBSC); 云南:西畴, alt, 1600m, 武全安 7307 (KUN); 文山、alt. 2000m, 蔡希陶 51508(PE); 广南, 王启无 87297(PE); 金平, 黄全 77(PE); 屏边, 毛品 -3410(PE); 元阳, 绿春队 1825(KUN); 景东, 无量山, alt. 1900m, 许溯桂 4428(PE)。

13a. var. tenuicaudatum 图版 10,159: A - D

亚灌木。茎高 20 - 50(-100) cm, 无毛, 常自木质下部多分枝。叶无柄或近无柄, 无毛; 叶片薄纸质, 斜长圆形或斜倒披针状长圆形, 有时稍镰状, 长 3 - 9.4 cm, 宽 1 - 2.4 cm, 顶端骤尖或尾状骤尖(尖头全缘), 基部狭侧楔形, 宽侧钝或圆形, 边缘下部全缘, 其上有牙齿, 三出脉或离基三出脉, 侧脉在叶狭侧 2 - 4 条, 在宽侧 3 - 5 条, 钟乳体极小, 明显, 密集, 长约 0.1 mm; 托叶钻形, 长约 1 mm。花序雌雄同株, 稀异株。雄头状花序腋生, 直径 3 - 5 mm, 有 7 至 10 数花, 无梗, 稀有短梗; 花序托小或近不存在; 总苞苞片数个, 宽披针形, 长 1.2 - 1.5 mm 上部有疏缘毛; 小苞片披针状条形, 长约 1.2 mm, 有短缘毛。雄花序有时为分枝的聚伞花序, 无花序托, 苞片

互生,不形成总苞。雄花:花梗长达 2 mm, 无毛; 花被片 4, 椭圆形, 长约 1.2 mm, 下部合生, 背面疏被短毛或近无毛, 顶端之下有短突起; 雄蕊 4; 退化雌蕊长 0.3 mm。雌头状花序无梗, 长 1 - 4 mm, 有密集的花; 花序托长方形, 长约 3 mm, 边缘有多数密集近条形的苞片, 有时很小, 有数个宽卵形或三角形苞片; 小苞片密集, 条形, 长 0.5 - 1 mm, 无毛。雌花:花被片约 3, 条形, 长约 0.3 mm, 无毛; 子房长约 0.25 mm, 柱头与子房等长。瘦果椭圆球形, 长 0.6 - 0.8 mm, 有 6 条细纵肋和小瘤状突起。花期 3 - 4 月。

分布于云南东南部、广西北部、贵州南部;越南北部。生于山谷溪边或林下阴湿处, 海拔 300 - 2000m。

标本登录:

云南:绿春, 税玉民、陈文红 70061, 70443(PE); 屏边, 蔡希陶 55180, 55231, 55313 (PE); 蒙自, A. Henry 10501(PE); 建水, 蔡希陶 53095(PE)。

广西:田林, 韦毅刚 0733(PE)。贵州:龙头大山, 毛福高 489(PE)。

Vietnam : Tonkin, Mt. Bavi, 1887 - 02, Balansa 2572(P); Vinh Yen, Eberhardt 4982(P).

13b. 毛枝细尾楼梯草(变种)

var. **lasiocladum** W. T. Wang in Bull . Bot. Res. Harbin 9(2): 67.1989; 李锡文于云南植物志 7: 268. 1997; Q. Lin et al . in Fl. China 5: 136.2003; W. T. Wang in Paper Collection of W. T. Wang 2: 1078. 2012. Holotype: 云南:绿春, alt. 1800m, 1974 - 05 - 13, 绿春队 780(PE)。与细尾楼梯草的区别:茎上部、枝条和叶片下面均被短柔毛。

特产云南绿春。生于山谷常绿阔叶林中, 海拔 1700 - 1800m。

细尾楼梯草的雄花序或为头状花序, 或为聚伞花序(见图版 10: D)。一个种有两种类型的花序, 这在荨麻科以及被子植物中都是非常罕见的, 这种现象说明楼梯草属的有限头状花序是由聚伞花序的

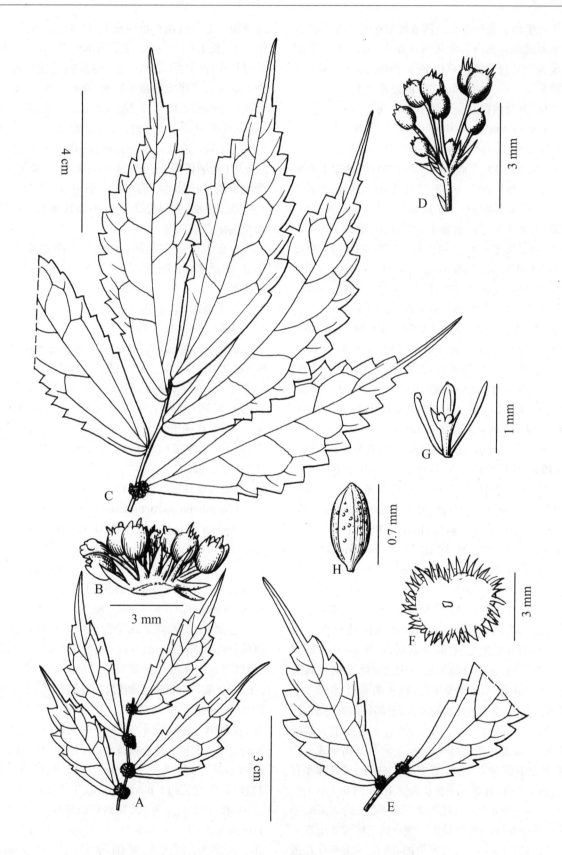

图版 10　细尾楼梯草 *Elatostema tenuicaudatum* A. 开花雄茎顶部，B. 雄头状花序，（据 holotype）C. 具雄聚伞花序的茎的顶部，D. 雄聚伞花序，（据税玉民，陈文红 7002）E. 开花雌茎顶部，F. 雌头状花序（下面观），G. 雌小苞片和雌花，H. 瘦果。（据蔡希陶 55180）

分枝合生形成花序托和全部或部分苞片由互生转为轮生形成总苞的巨大变化演化而来,同时也说明细尾楼梯草是疏伞楼梯草组 Sect. *Pellionioides* 和小叶楼梯草组 Sect. *Weddellia* 之间的过渡类型。

14. 光叶楼梯草 图版 11: A - E

Elatostema laevissimum W. T. Wang in Bull. Bot. Lab. N. -E. Forest. Inst. 7: 29. 1980;并于中国植物志 23(2):218,图版 45:1 - 2. 1995;李锡文于云南植物志 7: 263. 1997;林祁,段林东于云南植物研究 25 (6): 635. 2003;Q. Lin et al in Fl. China 5: 135. 2003;王文采于广西植物志 2:851,图版 345:1 - 2. 2005;阮云珍于广东植物志 6:74. 2005;W. T. Wang in Fu et al Paper Collection of W. T. Wang 2: 1077. 2012. Holotype:广西:百色,八角山,alt. 1300m, 1928 - 09 - 17,秦仁昌 7501(PE)。Paratypes:云南:绿春,黄连山,alt. 2200m, 1973 - 10,陶德定 863. 1096(KUN);西畴,alt. 1300 - 1500m, 1947 - 10 - 05,冯国楣 12220(IBSC)。海南:安定、毛样山,1934 - 11 - 10,梁向日 64408(IBSC);保亭,alt. 360m, 1935 - 04 - 25,侯宽昭 72134(IBSC);陵水,alt. 800m, 1956 - 11 - 1,邓良 2922(IBSC)。

E. laevissimum var. *puberulum* W. T. Wang in 1. c. 31. 1980;于植物研究 3(3):62. 1983;并于中国植物志 23(2):219. 1995;李锡文于云南植物志 7:264. 1997。 Type:云南:屏边,马鹿塘,alt. 1280m, 1954 - 03 - 11,毛品 - 3344(holotype, IBSC);绿春,alt. 2100m, 1973 - 09 - 24,陶德定 312(paratype, KUN)。

E. lineolatum Wight var. *majus* auct. non Thw.:海南植物志 2:412. 1965。

亚灌木,高 1 - 2m,多分枝;小枝长约 25 cm,有时稍波状弯曲,与茎在近顶端密或疏被长 0.1 或 0.2 mm 的开展短毛,有时毛贴伏,长 0.2 - 0.4 mm,有时近无毛,也常具暗褐色小斑点。叶无柄或具短柄;叶片草质,干后常变黑色,斜狭椭圆形,长 5.5 - 12 cm,宽 3 - 5.5 cm,顶端渐尖,基部狭侧钝、宽侧圆形,边缘下部全缘,其上有浅钝齿,上面散生少数短糙毛,下面无毛或沿脉被短毛,半离基三出脉或三出脉,侧脉在狭侧 2 - 3 条,在宽侧 3 - 4 条;钟乳体不存在,偶尔少数,分布于中脉及侧脉上,长约 0.2 mm;叶柄长 2 - 4 mm,无毛;托叶狭三角形,长约 2 mm,早落。花序雌雄同株或异株。雄头状花序常 4 个簇生叶腋,直径 3 - 4 mm,有密集的花;花序托不存在或很小;花序梗长 1.5 - 2 mm,无毛;苞片约 8,圆卵形或正三角形,长约 0.8 mm,顶端有短绿毛;小苞片密集,倒卵形,长 1 - 1.5 mm,有褐色小斑纹,背面上部

疏被短柔毛。雄花有短梗或无梗;花被片 4,椭圆状倒卵形,长 1 - 1.2 mm,背面顶部疏被短柔毛,有的花被片在顶端之下有短突起;雄蕊 4;退化雌蕊不存在。雌头状花序无梗或具短梗,直径 1.5 - 3 mm;花序托极小;苞片 10 - 18,圆卵形或三角形,长 0.5 - 1 mm;小苞片多数,密集,长圆形或条形,长 0.4 - 1 mm,顶部被缘毛。雌花具短梗;花被片 3,比子房短;子房椭圆体形,长约 0.4 mm;柱头小,画笔头状。瘦果褐色,卵球形或椭圆体形,长 0.5 - 0.7 mm,有 5 - 6 条细纵肋,在纵肋之间有小瘤状突起。花期秋季至翌年春季。

分布于西藏东南部(墨脱)、云南西南和东南部、广西西部、海南;越南北部。生于山谷林中或石上阴湿处,海拔 360 - 2200m。

标本登录(均存 PE):

西藏:墨脱,陈伟烈 14212。

云南:龙陵,alt. 2010m, Gaoligong Shan Biod. Survey 23681, 23682, 23702;绿春,陶德定 707;蒙自,逢春岭,刘慎谔 18694;屏边,蔡希陶 52524, 52540,王启无 82380, 82491,毛吕 - 3231,税玉民 001128;金平,周浙昆等 498;河口,税玉民等 10711;马关,蔡希陶 51905,冯国楣 13671,税玉民 31394;西畴,法斗,王启无 85107。

15. 拟渐尖楼梯草 图版 11: G - I

Elatostema paracuminatum W. T. Wang in Acta Bot. Yunnan. Suppl. 5: 3. 1992;Q. Lin et al. in Fl. China 5: 136. 2003;W. T. Wang in Fu et al. Paper Collection of W. T. Wang 2: 1077. 2012. Type:云南:贡山,独龙江,石灰窑,alt. 1450m, 1991 - 03 - 14,独龙江队 5035(holotype, PE;isotype, KUN)。

亚灌木。茎高约 1 m,无毛,分枝。叶具短柄;叶片纸质,斜长椭圆形,长 11 - 17 cm,宽 3.5 - 5.6 cm,顶端尾状(尾状尖头披针状条形,长 2.5 - 3.5 cm,宽 2 - 3 mm,全缘),基部斜宽楔形,边缘具牙齿,上面疏被短硬毛,下面疏被短糙毛,三出脉,侧脉在叶狭侧 4 条,在宽侧 4 - 6 条,钟乳体不存在;叶柄长 1.6 - 5 mm,无毛;托叶狭条状披针形,长约 10 mm,上部疏被短柔毛。雄头状花序单生叶腋,直径约 6 mm,具梗;花序梗长约 3 mm,无毛;花序托直径约 2 mm,无毛;苞片约 5,不等大,扁圆形或扁卵形,长 0.6 - 1 mm,宽 2 - 3 mm,基部合生,无毛;小苞片多数,密集,不等大,较大的宽倒梯形,长约 2 mm,宽 1.6 mm。背面密被短柔毛,有 1 条纵肋,较小的条形 1.2 - 2 mm,宽 0.2 - 0.5 mm,顶端疏被短毛或无毛。雄花具长梗;花梗长 2 mm,无毛;花被片 4,粉红色,

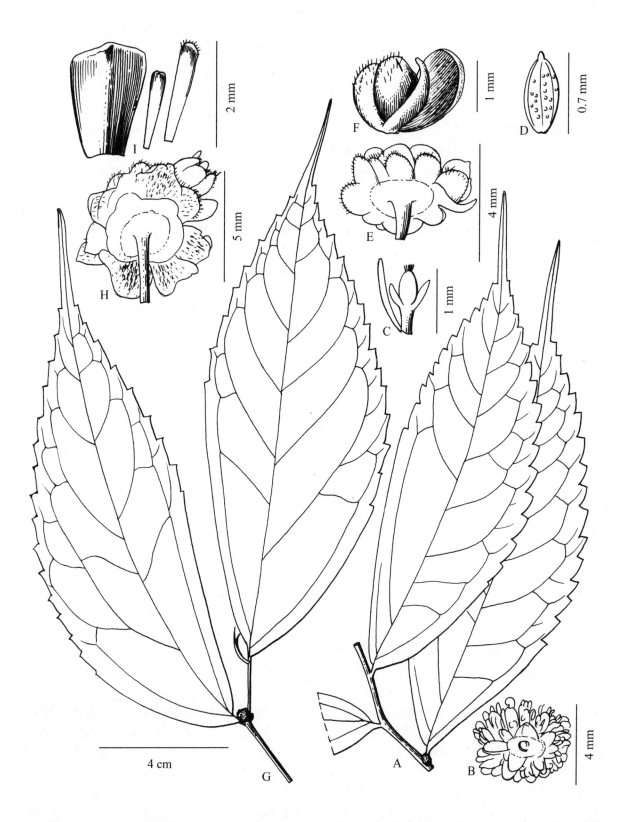

图版 11　A–F. 光叶楼梯草 *Elatostema laevissimum* A. 开花茎顶部, B. 雌头状花序(下面观), C. 雌小苞片和雌花, D. 瘦果,
(据 Gaoligong Shan Biod. Survey 23702) E. 雄头状花序(侧下面观), F. 雄小苞片和雄花蕾。(据税玉民 001128) G –
I. 拟渐尖楼梯草 *E. paracuminatum* G. 开花茎顶部, H. 雄头状花序(下面观), I. 雄小苞片。(据 holotype)

椭圆形,长约 1 mm,顶端具短角状突起和短柔毛。雌头状花序未见。花期 3 月。

特产云南贡山。生于山谷林中,海拔 1300 - 1450m。

标本登录:

云南:贡山,独龙江,独龙江队 620(CAS),3748(CAS,PE)。

16. 渐尖楼梯草

Elatostema acuminatum(Poir.)Brong. in Duperr. Bot. Voy. Coq. 211. 1834;Wedd. in DC. Prodr. 16(1):181. 1869;Hook. f. Fl. Brit. Ind. 5:566. 1888;Backer & Bakh. f. Fl. Java 2:43. 1965;王文采于东北林学院植物研究室汇刊 7:31. 1980;Grierson & Long,Fl. Bhutan 2:119. 1983;Yahara in J. Fac. Sci. Univ. Tokyo,Sect. 3,13:492. 1984;王文采于中国植物志 23(2):219. 1995;李锡文于云南植物志 7:264. 1997,p. p. excl. syn. *E. acuminato* var. *striolato* W. T. Wang,*E. lihengiano* W. T. Wang et *E. paracuminato* W. T. Wang;阮云珍于广东植物志 6:76. 2005;税玉民,陈文红,中国喀斯特地区种子植物 1:93,图 224. 2006;W. T. Wang in Fu et al. Paper Collection of W. T. Wang 2:1077. 2012.——*Procris acuminata* Poir. Encycl. 4:629. 1804.

15a. var. acuminatum 图版 12:A - F

亚灌木。茎高约 40 cm,无毛,多分枝。叶具短柄或无柄,无毛;叶片薄纸质,干后不变黑,斜狭椭圆形或长圆形,长 2 - 10 cm,宽 0.9 - 3.4 cm,顶端骤尖或渐尖(骤尖头全缘),基部斜楔形,边缘在叶狭侧上有(1 -)3 - 5 小齿,在宽侧中部以上有 3 - 7 钝齿,半离基三出脉或三出脉,侧脉在叶狭侧约 3 条,在宽侧约 4 条,钟乳体不存在,有时存在,极小,长约 0.1mm;叶柄长达 2 mm;托叶狭条形或钻形,长 1 - 2.2 mm。花序雌雄同株或异株。雄头状花序近无梗或具短梗,约 4 个簇生叶腋,直径约 5 mm;花序托小;苞片宽卵形,长 1 - 1.5 mm,基部合生;小苞片条形,长约 2 mm,无毛。雄花:花被片 5,椭圆形,长约 1 mm,下部合生,无毛;雄蕊 5;退化雌蕊不存在。雌头状花序成对腋生,直径 2 - 5 mm,无梗;花序托极小;苞片数个,正三角形或三角形,长约 0.8 mm;小苞片多数,密集,条形,长 0.7 - 1.2 mm,无毛。雌花具短梗:花被片 3,狭披针形,长 0.4 mm。瘦果椭圆球形,长 0.5 - 0.7 mm,有 7 - 9 条细纵肋和小瘤状突起。花期 12 月至翌年 5 月。

分布于云南南部、广西西部、广东西部、海南;尼泊尔、不丹、印度、缅甸、泰国、马来半岛、印度尼西亚。生于山谷密林中,海拔 500 - 1500m。

标本登录:

云南:耿马,王启无 72906(PE);金平,中苏云南考察队 1256、3021(PE)。

广西:龙州,税玉民等 B2005 - 044(PE);田林,韦毅刚 0733(PE)。

广东:信宜,黄志 37829(PE),湛江队 3482(IBSC)。**海南**:保亭,吊罗山队 2987(PE)。

16b. 密晶渐尖楼梯草(变种)

var. striolatum W. T. Wang in Acta Bot. Yunnan. Suppl. 5:1. 1992;Q. Lin et al in Fl. China 5:136. 2003;W. T. Wang in Fu et al. Paper Collection of W. T. Wang 2:1078. 2012. Type:云南:贡山,独龙江,马库,alt. 1850m,1991 - 03 - 07,独龙江队 4250(holotype,PE;isotype,KUN)。

与渐尖楼梯草的区别:叶片较宽,宽达 5 cm,宽侧边缘有 10 齿,钟乳体密集,较大,长 0.05 - 0.2 mm,叶柄长达 7 mm。

特产云南贡山。生于山谷石崖阴湿处,海拔 1850m。

17. 李恒楼梯草 图版 12:G - I

Elatostema lihengianum W. T. Wang in Acta Bot. Yunnan. Suppl. 5:2. 1992;Q. Lin et al. in Fl. China 5:136. 2003;W. T. Wang in Fu et al. Paper Collection of W. T. Wang 2:1078. 2012. Type:云南:贡山,独龙江,担当王河,alt. 1400m,1991 - 01 - 16,独龙江队 3178(holotype,PE;isotypes,KUN);同地,嘎莫赖河,1991 - 01 - 25,独龙江队 3396(paratypes,KUN,PE);同地,钦朗当,1991 - 03 - 09,独龙江队 4377(paratypes,KUN,PE)。

亚灌木。茎高约 1m,上部和枝条被短柔毛,多分枝。叶具短柄;叶片纸质,斜狭椭圆形,长 7 - 15.5 cm,宽 2 - 4.5 cm,顶端骤尖或尾状(尖头长 1.5 - 2.3 cm,宽 3 mm,全缘或下部每侧边缘有 1 小齿),基部斜楔形,边缘具牙齿,上面有极疏短糙伏毛,下面脉上被短糙毛,半离基三出脉,侧脉在叶狭侧 3 条,在宽侧 4 条,钟乳体不存在,或存在时只沿基出脉和侧脉分布,长约 0.1 mm;叶柄长 1.5 - 3 mm,密被短柔毛;托叶狭被针形,长约 4.5 mm,宽 1 mm,上部被短柔毛。雄头状花序 3 - 4 个簇生叶腋;花序梗长 1.5 - 4 mm,被短柔毛或无毛;花序托长圆形,长约 3.5 mm;苞片约 7,圆卵形,长 1.1 mm,基部合生,背面被短柔毛;小苞片密集,船状倒卵形或正三角形,较小者条形,长 1 - 2 mm,背面上部被短柔毛。雄花蕾倒卵球形,长约 1.7 mm,顶端有 4 短角状突起和少数短柔毛。雌头状花序单生叶腋;花序梗粗壮,长约0.5 mm,无毛;花序托椭圆形,长约1.8 mm,无毛;苞片约4,上部褐紫色,宽卵形,长约0.8 mm,宽1 mm,无毛;小苞片褐紫色,船状条形或倒卵形,长0.3 - 0.5 mm,背面被短柔毛。雌花多数:花被片不存在;雌蕊长约 0.5 mm,子房狭椭圆球形,长0.2 mm,柱头画笔头状,长0.3 mm。花期1 - 3月。

特产云南贡山。生于山谷常绿阔叶林中,海拔1400 - 1500m。

标本登录:

云南:贡山,独龙江,独龙江队 1302, 4053（CAS）。

18. 紫麻楼梯草　图版 13: A - C

Elatostema oreocnidioides W. T. Wang in Bull. Bot. Res. Harbin 2（1）:5, pl.1:3. 1982;并于中国植物志23（2）:222,图版51:3. 1995;李锡文于云南植物志,7:270. 1997;Q. Lin et al. in Fl. China 5:137. 2003;W. T. Wang in Paper Collection of W. T. Wang 2:1078. 2012. Type:云南:潞西,alt. 1550m,1933 - 02 - 27,蔡希陶 56322（holotype,IBSC;isotype,NAS）。

亚灌木。茎高约1m,无毛,分枝。叶具短柄,无毛;叶片革质,斜狭卵形,狭菱形或宽披针形,长4 - 8 cm,宽1.5 - 2.4 cm,顶端渐尖或长渐尖,基部斜楔形,边缘有小钝齿,半离基三出脉,侧脉在叶狭侧2 - 3 条,在宽侧2 - 4 条,钟乳体不明显,密集,杆状,长0.1 - 0.35 mm;托叶钻形,长约0.6 mm。雄头状花序 2 - 3 个簇生叶腋,无梗,直径4 - 5 mm;花序托不明显;苞片约10,狭三角形,长1.5 - 2 mm,顶端急尖,无毛;小苞片船状卵形或狭卵形,长约1.2 mm,无毛。雄花蕾密集,直径约1 mm,无毛。雌头状花序未见。花期2月。

特产云南潞西。生于山地林中,海拔1550m。

19. 狭叶楼梯草（变种）　图版 13: D - I

Elatostema lineolatum Wight var. **majus** Wedd. in Arch. Mus. Hist. Nat. Paris 9:312. 1856;Hara in Ohashi, Fl. East. Himal. 3rd Rep. 20. 1975;Yahara in J. Fac. Sci. Uuniv. Tokyo, Sect. 3,13:491. 1984;王文采于中国植物志23（2）:224,图版45:5 - 6. 1995;Y. P. Yang et al. in Bot. Bull. Acad. Sci. 36（4）:265. 1995;et in Fl. Taiwan,2nd ed,2:211. 1996;阮云珍于广东植物志6:73,图25. 2005;王文采于广西植物志2:853,图版345:3 - 4. 2005;et in Fu et al. Paper Collection of W. T. Wang 2:1078. 2012;Tateishi in Iwatsuki et al. Fl. Japan 2a:92. 2006.

E. lineolatum Wight var. *majus* Thwait. Enum. Pl.

Zeyl. 260. 1864. sphalm. major;Wedd. in DC. Prodr. 16（1）:182. 1869;Hook. f. Fl. Brit. Ind. 5:565. 1888;C. H. Wright in J. Linn. Soc. Bot. 26:482. 1899;Hand. - Mazz. Symb. Sin. 7:14 - 7. 1929;Merr. in Sunyatsenia 1:193. 1934;海南植物志 2:412. 1965;中国高等植物图鉴 1:515,图 1030. 1972;S. T. Liu & W. D. Huang in Fl. Taiwan 2:181,pl.258. 1976;王文采于东北林学院植物研究汇刊7:32. 1980;曾沧江于福建植物志1:469,图426.1982;李锡文于云南植物志7:265,图版66:2. 1997。

亚灌木。茎高50 - 200 cm,多分枝,小枝密被贴伏或开展的短糙毛。叶无柄或具短柄;叶片纸质,斜倒卵状长圆形或斜长圆形,长3 - 8（ - 13）cm,宽1.2 - 3（ - 3.8）cm,顶端骤尖（尖头全缘）,基部斜楔形,边缘在叶狭侧上部有2 - 3（ - 4）小齿,在宽侧有2 - 5 齿,两面中脉和侧脉上有短伏毛,叶脉近羽状,侧脉在每侧4 - 8 条,钟乳体稍明显或不明显,密集,杆状,长0.2 - 0.3 mm;叶柄长约1 mm;托叶小。花序雌雄同株,无梗。雄头状花序直径5 - 10 mm,有密集的花;花序托直径1.5 - 3.5 mm;苞片约8,正三角形、卵形或扁卵形,长0.8 - 1.5 mm,背面有短柔毛;小苞片条形或匙状长圆形,长约1 mm,有1 褐色纵条纹,上部有缘毛。雄花:花梗长达 2 mm;花被片4,狭椭圆形,长 1.2 mm,基部合生,背面顶端之下有短突起和疏毛;雄蕊4;退化雌蕊长 0.2 mm。雌头状花序直径2 - 4 mm;花序托长 1 - （6）mm;苞片约40,狭三角形,长0.5 - 1 mm,被缘毛;小苞片多数,密集,狭倒披针形,长0.8 mm,上部有缘毛。雌花:花被片3,钻形,长 0.3 - 0.5 mm;子房狭椭圆体形,长0.4 mm;柱头画笔状,长约0.2 mm。瘦果椭圆球形,直约0.6 mm,约有7 条细纵肋和稀疏小瘤状突起。花期1 - 5月。

分布于西藏东南（海拔700 - 850m）、云南南部（500 - 1800m）、广西、广东（海拔160 - 600m）、福建、台湾;尼泊尔、不丹、印度、斯里兰卡、缅甸、泰国、日本南部。生于山地沟边、林边或灌丛中。

标本登录（所有标本均存 PE）:

西藏:墨脱,李渤生、程树志 2317,3269,3857,4028。

云南:贡山,独龙江队 1685,5305,6987;耿马,中苏考察队 5599;澜沧,王启无 76495;勐海,中苏考察队 5537;景洪,高天刚 610;勐仑,热带植物园,周仕顺 775;绿春,税玉民等 70177,70359;元阳,绿春队 1640;金平,中苏考察队 465,1724;屏边、蔡希陶 62015。

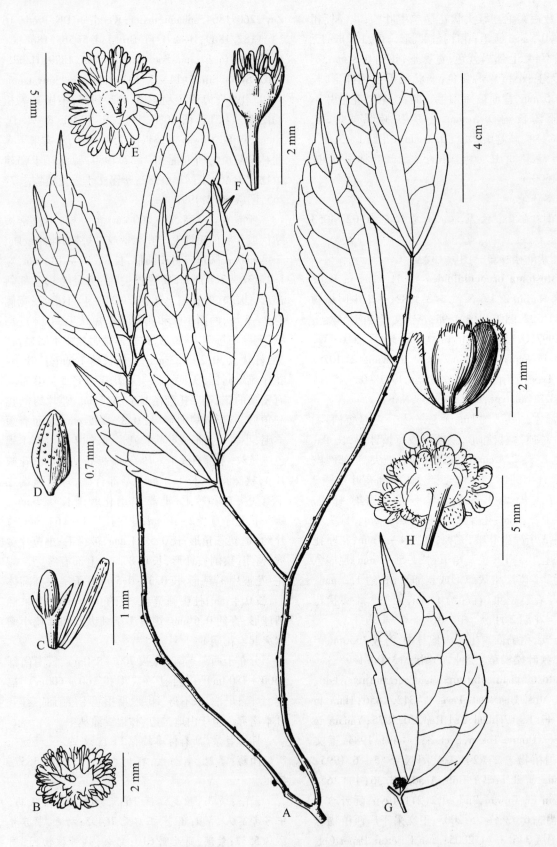

图版 12 A–F. 渐尖楼梯草 *Elatostema acuminatum* A. 开花茎上部, B. 雌头状花序(下面观), C. 雌小苞片和雌花, D. 瘦果, (据吊罗山队 2987) E. 雄头状花序(下面观), F. 雄小苞片和雄花。(据黄志 37829) G–I. 李恒楼梯草 *E. lihengianum* G. 叶和腋生雌头状花序, H. 雄头状花序(下面观), I. 雄小苞片和雄花蕾。(据独龙江队 4053)

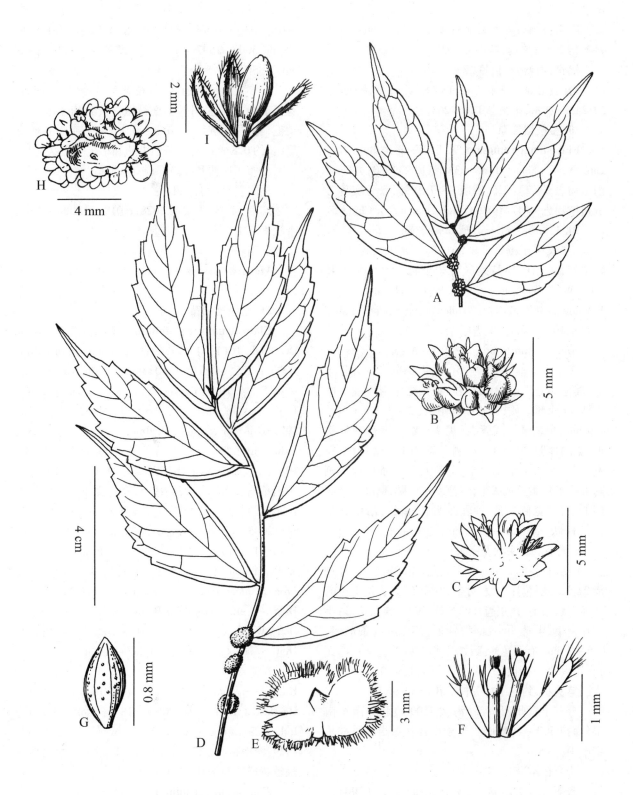

图版 13　A‒C. 紫麻楼梯草 *Elatostema oreocnidioides* A. 开花茎顶部, B. 雄头状花序(侧上面观), C. 同 B, 侧下面观。(据 holotype) D‒I. 狭叶楼梯草 *E. lineolatum* var. *majus* D. 雌茎开花枝顶部, E. 雌头状花序(下面观), F. 雌小苞片和 2 雌花, G. 瘦果,(据绿春队 1640) H. 雄头状花序(下面观), I. 雄小苞片和雄花蕾。(据中苏云南考察队 5599)

广西：融水，陈少卿 14107；罗城，秦仁昌 5812；宜州，税玉民，陈文红 2004 - 185；那坡，华南队 183；南宁，广西队。

广东：信宜，黄志 31763；肇庆，曾飞燕 68；新兴，刘英光 2057；英德，两广队 162。

福建：南靖，陈国栋 2296。

台湾：台北，杨宗愈等 13568，吴增源，刘杰等 2012482；屏东，张挺等 12CS4263。

20. 多枝楼梯草

Elatostema ramosum W. T. Wang in Bull. Bot. Lab. N.-E. Forest. Inst. 7: 33, 照片 2. 1980；并于中国植物志 23(2): 225, 图版 45: 7. 1995；张秀实等于贵州植物志 4: 47. 1989；Q. Lin et al in. Fl. China 5: 137. 2003, p. p. excl. syn. *E. ramoso* var. *villoso* W. T. Wang；王文采于植物研究 26(1): 15. 2006；税玉民，陈文红，中国喀斯特地区种子植物 1: 99, 图 244. 2006；W. T. Wang in Fu et al. Paper Collection of W. T. Wang 2: 1079. 2012.   Holotype: 贵州：册享，alt. 1500m, 1958 - 09 - 03, 曹子余 507(PE)。

20a. var. ramosum　　图版 14: A - C

多年生草本。茎高约 25 cm，上部散生少数长柔毛，其他部分无毛，3 回分枝，枝条之字形弯曲。叶无柄；叶片薄纸质，斜长椭圆形，长 2 - 3.3 cm，宽 5 - 9 mm，顶端渐尖或骤尖（尖头全缘），基部狭侧楔形，宽侧耳形，边缘在叶狭侧上部有（1 -）2 锯齿，在宽侧有 2 - 3 锯齿，有缘毛，上面无毛，下面中脉和侧脉上疏被短柔毛或无毛，半离基三出脉，侧脉在叶狭侧 1 条，在宽侧 2 条，钟乳体明显，密集（沿中脉最密），杆状，长 0.2 - 0.5 mm；托叶钻形，长 1.2 - 2 mm，无毛。雄头状花序未见。雌头状花序单生叶腋，无梗，直径约 3 mm，有多数花；花序托小；苞片排成 2 层，外层苞片 2 枚，对生，宽三角形，长约 1 mm，背面有疏柔毛，内层苞片约 8 枚，较小，狭三角形；小苞片密集，半透明，狭倒披针形，条形或宽条形，长 0.6 - 1 mm，有褐色短条纹，上部有缘毛。雌花近无梗；花被片不存在；子房椭圆体形，长约 0.3 mm，柱头画笔头状，约与子房等长。花期 8 - 9 月。

分布于贵州西南部（海拔 1500m）和云南东南部（海拔 300 - 1100m）。生于山谷常绿阔叶林或热带雨中。

研究标本登录：

云南：广南，八达乡，税玉民，陈文红 B2004 - 2099(PE)。

20b. 密毛多枝楼梯草（变种）

var. **villosum** W. T. Wang in Bull. Bot. Lab. N.-

E. Forest. Inst. 7: 34. 1980；in Fl. Reip. Pop. Sin. 23(2): 225. 1995；et in Fu et al. Paper Collection of W. T. Wang 2: 1079. 2012.   Type: 广西：龙州，板闭，1956 - 05 - 03, 苏甲蕉，李治基 258(holotype, IBK)；同地，alt. 500m, 1597 - 12 - 11, 谭沛祥 57421(paratype, IBSC)。

与多枝楼梯草的区别：枝条直，不之字形弯曲，有稍密的长柔毛；叶片上面被短糙伏毛，下面散生长柔毛，钟乳体较大，长 0.3 - 0.8 mm。瘦果狭卵球形，长约 0.8 mm，有 8 条细纵肋和稀疏小瘤状突起。

分布于广西和云南部；越南北部。

标本登录（均存 PE）：

广西：龙州，韦毅刚 0628，g 018，AM2800；罗城，韦毅刚 07122。

云南：马关，税玉民等 44289。

Vietnam: Tonkin: Bong, Sino-Vietnam Exped. 2409.

21. 全缘楼梯草

Elatostema integrifolium(D. Don)Wedd. in DC. Prodr. 16(1): 179. 1869；C. B. Robinson in Philip. J. Sci. Bot. 5(6): 542. 1910；Merr. & Chun in Sunyatsenia 5: 44. 1940；Backer & Bakh. f. Fl. Java 2: 43. 1965；Hara in Ohashi, Fl. East. Himal. 3rd Rep.; 20. 1975；Grierson & Long, Fl. Bhutan 1(1): 119. 1983；Yahara in J. Fac. Sci. Univ. Tokyo, Sect. 3, 13: 490. 1984；王文采于横断山区维管植物 1: 326. 1993；于中国植物志 23(2): 226. 1995；李锡文于云南植物志 7: 265, 图版 66: 1. 1997；Q. Lin et al. in Fl. China 5: 138. 2003, p. p. excl. syn. *E. viridicauli* W. T. Wang；阮云珍于广东植物志 6: 71. 2005；W. T. Wang in Fu et al. Paper Collection of W. T. Wang 2: 1079. 2012.   —— *Procris integrifolia* D. Don, Prodr. Fl. Nepal. 61. 1825. —— *E. sesquifolium* Reinw. var. *integrifolium*(D. Don)Wedd. in Arch. Mus. Hist. Nat. Paris 9: 308. 1856.   Holotype: Nepal: Wallich s. n. (non vidi).

Procris sesquifolia Reinw. ex Bl. Bijdr. 511. 1826. —— *Elatostema sesquifolium*(Reinw. ex Bl.)Hassk. Cat. Hort. Bogor. Alt. 79. 1844；Hook. f. Fl. Brit. Ind. 5: 564. 1888；Hand.-Mazz. Symb. Sin. 7: 147. 1929；海南植物志 2: 410. 1965；王文采于东北林学院植物研究室汇刊 7: 34. 1980.

21a. var. integrifolium　　图版 14: D - I

多年生草本或亚灌木。茎高 60 - 200 cm，无毛，常分枝。叶具短柄或无柄，无毛；叶片纸质，斜长椭圆形，斜披针形或椭圆形，长 5 - 19 cm，宽 2 - 6 cm，顶端

长渐尖或尾状,基部斜楔形,边缘全缘或在顶部有 1
-2 钝齿,半离基三出脉,侧脉在叶狭侧 3 条,在宽侧
约 4 条,钟乳体明显,密集,杆状,长 0.2－0.4(－0.6)
mm;托叶狭披针形或狭三角形,长约 10mm。花序雌
雄同株或异株。雄头状花序无梗,直径约 6mm;花序
托直径约 4 mm;苞片约 10,宽三角形,长约 1 mm,有
疏缘毛;小苞片多数,船形,长约 1.2 mm,有疏缘毛,
背面顶端之下常有短突起。雄花有梗:花被片 4,长约
1 mm,有疏缘毛,背面顶端之下有或无短突起;雄蕊
4。雌头状花序有短梗或无梗,直径 5－8 mm;花序托
长圆形,长约 3 mm,无毛;苞片排成 2 层,外层苞片 6,
正三角形,稀狭卵形,长约 1 mm,宽 0.6－1 mm,无毛,
内层苞片约 20,较小,狭三角形或条形,长约 1 mm,宽
0.2－0.4 mm,被短缘毛;小苞片密集,狭倒披针形或
条形,长 0.8－1.5 mm,上部有缘毛。雌花具短梗:花
被片 2,狭条形,长 0.25－0.3 mm,顶端常有 1－2 根
毛;子房椭圆体形,长 0.3－0.4 mm,柱头小,画笔头
状,长约 0.15 mm。瘦果褐色,椭圆体形,长 0.7－
1 mm,约有 8 条细纵肋和小瘤状突起。花期 3－6 月。

分布于云南南部、海南;尼泊尔、不丹、印度、缅
甸、泰国、印度尼西亚、菲律宾。生于山谷林中或沟
边,海拔 900－1500m。

标本登录(所有标本均存 PE):

云南:临沧,辛景三 427;勐海,王启无 74168,
77153;勐连,钱义咏 936;小勐养,中苏考察队 9529;
绿春,绿春队 401;金平,绿春队 1016;河口,中苏考
察队 2337,2752;马关,税玉民等 32114。

21b. **朴叶楼梯草**(变种)

var. **tomentosum** (Hook. f.) W. T. Wang in Fl.
Reip. Pop. Sin. 23(2):227. 1995;李锡文于云南植物
志 7:265. 1997;Q. Lin et al . in Fl. China 5:138.
2003;W. T. Wang in Fu et al. Paper Collection of W.
T. Wang 2:1079. 2012.——*E. sesquifolium* (Reinw. ex
Bl.) Hassk. var. *tomentosum* Hook. f. Fl. Brit. Ind. 5:
565. 1888;王文采于东北林学院植物研究室汇刊 7:
34. 1980;Yahara in J. Fac. Sci. Univ. Tokyo, Sect. 3,
13:491. 1984,pro syn.

与全缘楼梯草的区别:茎及小枝,有时叶下面,
被糙毛。

分布于云南南部;印度东北部,泰国。

标本登录(均存 PE):

云南:景洪,中苏考察队 9731;金平,绿春队
1062;河口,? 2158。

22. **绿茎楼梯草** 图版 15:A－C

Elatostema viridicaule W. T. Wang in Bull. Bot.

Res. Harbin 3(3):62,fig. 7. 1983;并于中国植物志
23(2):226,图版 52:6. 1995;李锡文于云南植物志
7:268,图版 67:3－4. 1997;W. T. Wang in Fu et al.
Paper Collection of W. T. Wang 2:1080. 2012. Type:
云南:河口,马多衣沟,附生,1953－05－03,蔡克华
335(holotype,PE);同地,1955－07,孙必兴 2673(pa-
ratype,YUNU)。

E. integrifolium auct. non(D. Don) Wedd. :Q. Lin
et al. in Fl. China 5:138. 2003, p. p. quoad syn. *E.
viridicaule* W. T. Wang.

小亚灌木,附生。茎近圆柱形,长约 30 cm,粗
2.5 mm,无毛,分枝,有极密的小钟乳体。叶无柄;叶
片纸质,倒披针状长圆形或狭长圆形,长 6－9.5 cm,
宽 1.3－2.5 cm,顶端渐尖或尾状渐尖(尖头全缘),
基部斜楔形,边缘在叶狭侧近顶部有 1 齿,在宽侧上
部有 2－3 小牙齿,上面中脉被伏毛,下面无毛,半离
基三出脉,中脉上面隆起,下面平,其他脉两面均平,
侧脉在叶狭侧 1－2 条,在宽侧 3－4 条,钟乳体极明
显,密集,纺锤形或杆状,长 0.3－0.7 mm;托叶条形,
长约 5 mm,宽 1 mm。雄头状花序成对腋生,无梗或
具极短梗,直径约 4 mm;花序托不明显,无毛;苞片约
5,船状宽卵形,长 1 mm,背面有小钟乳体,被短缘毛;
小苞片条形或匙形,长 0.9－2 mm,有少数钟乳体,顶
端有 2－3 根短毛。雄花:花被片 4,椭圆形,长
1.1 mm,下部合生,背面上部有短伏毛,近顶端有短突
起;雄蕊 4;退化雌蕊不存在。雌头状花序单生叶腋,
直径约 2 mm,近无梗;花序托小;苞片约 7,长圆形,长
0.8 mm,有缘毛;小苞片多数,密集,船形或船状匙
形,背面被短柔毛。雌花:花被片不存在;子房卵球
形,长约 0.3 mm,柱头极小。花期 5－6 月。

特产云南河口和麻栗坡(据李锡文,1997)。生
于山谷雨林中,海拔 240－400m。

23. **背崩楼梯草** 图版 15:D－E

Elatostema beibengense W. T. Wang in Acta
Phytotax. Sin. 28(4):308,fig. 1:3. 1990;并于中国植
物志 23(2):221,图版 46:3. 1995;Q. Lin et al. in Fl.
China 5:136. 2003;W. T. Wang in Fu et al. Paper Col-
lection of W. T. Wang 2:1080. 2012. Type:西藏:墨
脱,背崩,格林,alt. 1700m,1983－05－24,李渤生、
程树志、倪志诚 3703(holotype,PE);同地,2100m,
1983－05－20,李渤生、程树志、倪志诚 3661(para-
type,PE)。

亚灌木,茎高 40－80 cm,自基部分枝,无毛。叶
多无柄,稀具短柄,无毛;叶片纸质,斜狭椭圆形、椭圆
形或斜长圆状菱形,长 3.5－8.2 cm,宽 1.6－3 cm,顶

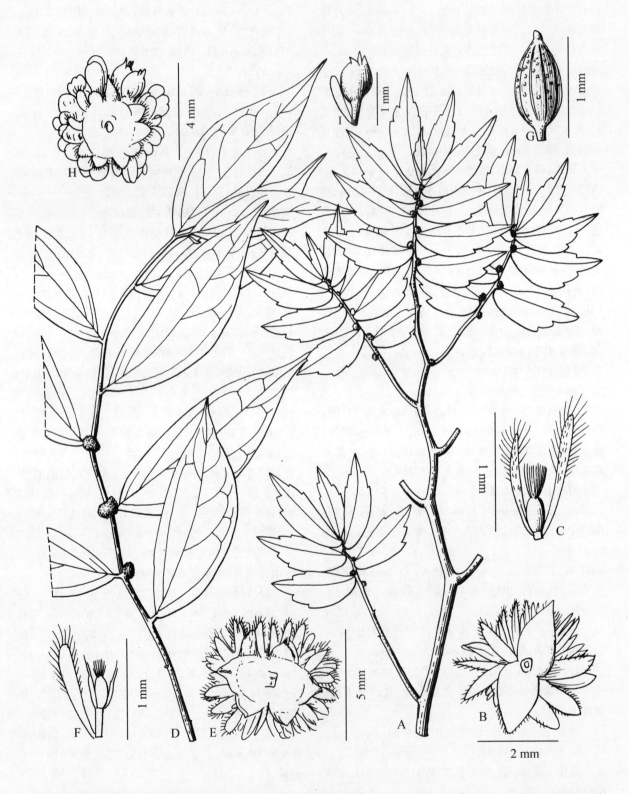

图版14 多枝楼梯草 *Elatostema ramosum* A. 茎上部，B. 雌头状花序(下面观)，C. 雌小苞片和雌花。(据 holotype) D－I. 全缘楼梯草 *E. integrifolium* D. 开花雌茎上部，E. 雌头状花序(下面观)，F. 雌小苞片和雌花，G. 瘦果，(据中苏云南 考察队 2337) H. 雄头状花序(下面观)，I. 雄小苞片和雄花蕾。(据绿春队 401)

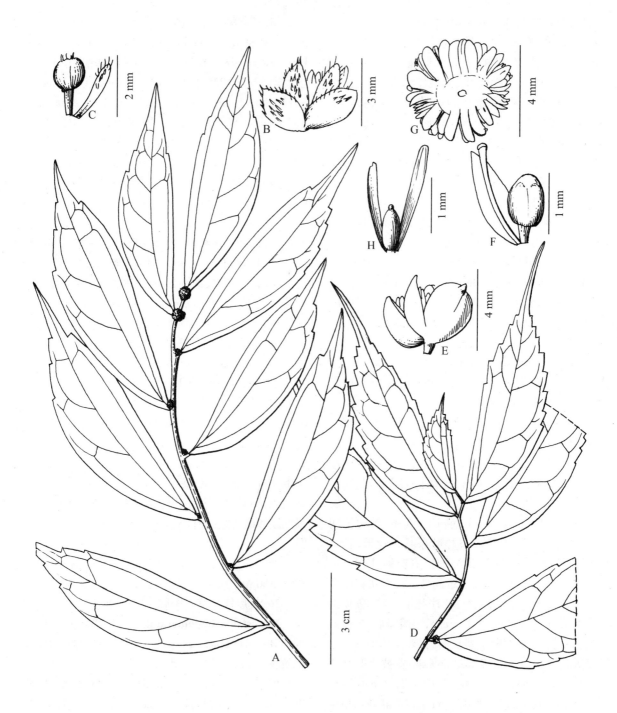

图版 15 A－C. 绿茎楼梯草 *Elatostema viridicaule* A. 开花茎上部，B. 雄头状花序，C. 雄小苞片和雄花蕾。（据 holotype）
D－H. 背崩楼梯草 *Elatostema beigengense* D. 开花枝条上部，E. 雄头状花序，F. 雄小苞片和雄花蕾，（据 paratype）
G. 雌头状花序（下面观），H. 雌小苞片和雌花。（据 holotype）

端尾状或尾状渐尖,基部斜楔形或宽侧钝,边缘在叶狭侧中部之上有 4 - 6 牙齿,宽侧中部以或上部 3/5 部分有 5 - 8 齿,三出脉,基出脉上面平,下面稍隆起,侧脉在叶狭侧 3 条,在宽侧 4 条,钟乳体不存在;托叶披针状条形或狭三角形,长 1.5 - 2.5 mm,宽 0.3 mm。花序雌雄异株。雄头状花序单生叶腋,直径约 4 mm,约有 7 花;花序梗长 0.5 mm,无毛;花序托不明显;苞片约 4,无毛,2 枚较大,近圆形,长 2 mm,宽 3 mm,背面有短纵肋,另 2 枚较小,船形,长及宽均 2 mm;小苞片密集,半透明,船形、椭圆形或条形,长约 2 mm,无毛。雄花无毛:花被片 5,椭圆形,长约 1.5 mm;雄蕊 5;退化雌蕊长约 0.15 mm。雌头状花序单生叶腋,直径约 4 mm,无梗;花序托直径约 2 mm,无毛;苞片约 10,近条形,长 1 - 1.5 mm,无毛;小苞片密集,条形,长 1 - 1.8 mm,无毛。雌花:花被片不存在;子房椭圆体形,长约 0.4 mm,柱头小,近球形。花期 5 月。

特产西藏墨脱背崩。生于山谷常绿阔叶林中或乔松林中,海拔 1700 - 2100m。

24. 直尾楼梯草　图版 16: A - F

Elatostema recticaudatum W. T. Wang in Acta Phytotax. Sin. 28(4): 309, fig. 1: 1 - 2. 1990;并于中国植物志 23(2): 222,图版 46: 1 - 2. 1995;Q. Lin et al. in Fl. China 5: 137. 2003;W. T. Wang in Fu et al. Paper Collection of W. T. Wang 2: 1080. 2012.　Holotype:西藏;墨脱,背崩,地东,迥江,alt. 650m,1983 - 03 - 28,李渤生,程树志 3880(PE)。

亚灌木。茎高约 35 cm,自基部分枝,无毛,钟乳体极密,明显,长 0.15 - 0.3 mm。叶无柄或近无柄;叶片纸质,斜狭长圆形、长圆状倒披针形或狭椭圆形,长 7 - 15 cm,宽 2 - 4 cm,顶端长尾状或尾状,基部斜楔形,边缘在中部之上有 4 - 9 小牙齿,三出脉,侧脉在叶狭侧 2 - 3 条,在宽侧 4 - 5 条,钟乳体明显,密集,长 0.2 - 0.5 mm;托叶条状披针形,长约 10 mm,宽 1.2 mm,除膜质边缘外,有密集,长 0.1 - 0.15 mm 的钟乳体。花序雌雄同株。雄头状花序单生叶腋,直径约 7 mm,无梗;花序托不明显;苞片 6,圆卵形,长约 1 mm,宽 1.5 mm,顶端圆形,疏被短缘毛;小苞片多数,褐色,船状长圆形,少数条形并顶端膨大,长约 2 mm,无毛。雄花无毛:花被片 4,长圆形,长约 1.2 mm,基部合生,背面顶端之下有短突起;雄蕊 4;退化雌蕊长约 0.2 mm。雌头状花序单生叶腋,长 4 - 6 mm,无梗;花序托宽菱形或长方形,长 4 - 5 mm,宽 3.5 mm;苞片 10 - 15,宽三角形,长约 1 mm,有短缘毛;小苞片多数,条形,长 0.6 - 1 mm,

顶端密被长缘毛。雌花具短粗梗:花被片 3,不等大,狭披针形,长 0.1 - 0.15 mm;子房椭圆体形,长约 0.3 mm,柱头画笔头形。瘦果椭圆体形,长约 0.5 mm,约有 5 条细纵肋,并在纵肋之间和纵肋上有少数小瘤状突起。花期 3 月。

特产西藏墨脱背崩。生于山谷常绿榕树林中,海拔 650m。

25. 苎麻楼梯草　图版 16: G - L

Elatostema boehmerioides W. T. Wang in Acta Phytotax. Sin. 28(4): 311, fig. 1: 4 - 5. 1990;并于中国植物志 23(2): 225,图版 46: 4 - 5. 1995;Q. Lin et al. in Fl. China 5: 137. 2003;W. T. Wang in Fu et al. Paper Collection of W. T. Wang 2: 1080. 2012.　Type:西藏:墨脱,背崩,稀让,南甘巴拉山,alt. 800m,1983 - 05 - 10,李渤生,程树志 4576(holotype,PE);墨脱,德兴,alt. 850m,1983 - 02 - 08,李渤生,程树志 2804(paratype,PE)。

亚灌木。茎高 25 - 40 cm,自基部分枝,无毛。叶具短柄;叶片薄纸质,斜椭圆形,长 5 - 11.7 cm,宽 2.5 - 5.4 cm,顶端尾状,基部斜宽楔形,边缘下部 1/4 全缘,其上有尖或钝牙齿,上面无毛,下面脉上被稀疏极短毛,半离基三出脉,侧脉在叶狭侧 3 - 4 条,在宽侧 4 - 5 条,钟乳体明显,密集,杆状,长 0.05 - 0.15 mm;托叶钻形,长 3 - 6 mm,宽约 0.3 mm,无毛。雄头状花序单生叶腋,直径约 3 mm,无梗;花序托小,近圆形;苞片约 15,狭三角形或近条形,长约 1.2 mm;小苞片多数,密集,披针形或船状长圆形,长 0.8 - 1.5 mm,被稀疏短缘毛。雄花蕾尚幼。雌头状花序成对腋生,直径 3 - 6 mm,无梗;花序托直径 2 - 2.5 mm,无毛;苞片约 20,狭三角形,长 0.8 - 1.2 mm,无毛;小苞片淡褐色,条形,长 0.9 - 1.5 mm,无毛。瘦果褐色,狭椭圆体形,长约 0.6 mm,有 6 条纵肋,并在纵肋上和纵肋之间有小瘤状突起。花期 2 月,果期 5 月。

特产西藏墨脱。生于山谷常绿阔叶林中,海拔 800 - 850m。

26. 叉序楼梯草　图版 17: A - B

Elatostema biglomeratum W. T. Wang in Bull. Bot. Res. Harbin 9(2): 67, pl. 1: 1 - 2. 1989;并于中国植物志 23(2): 227. 1995;李锡文于云南植物志 7: 267. 1997;Q. Lin et al. in Fl. China 5: 138. 2003;W. T. Wang in Fu et al. Paper Collection of W. T. Wang 2: 1080. 2012.　Holotype:云南:河口,四条半,alt. 1200m,1960 - 01 - 15,闫保青,周云化 603056(PE)。

亚灌木。茎分枝,上部被贴伏短柔毛。叶互生,

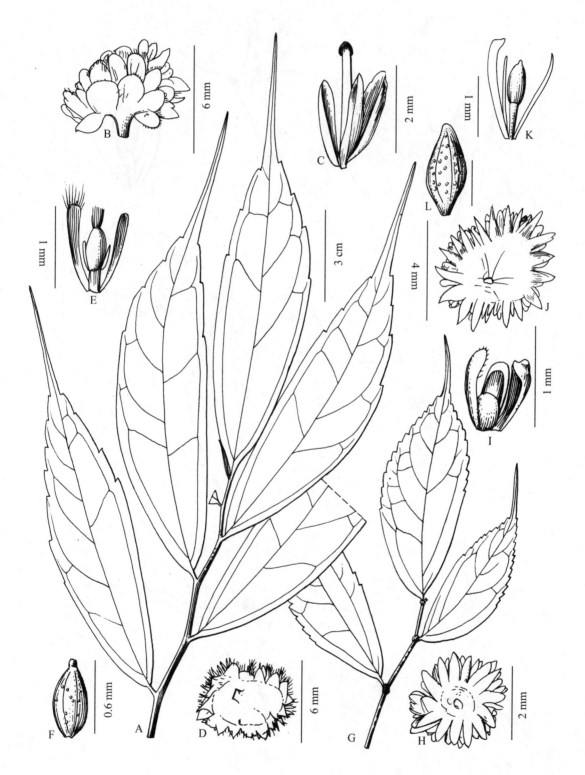

图版 16　直尾楼梯草 *Elatostema recticaudatum* A. 枝条上部，B. 雄头状花序，C. 雄小苞片，D. 雌头状花序（下面观），E. 雌小苞片和雌花，F. 瘦果。（据 isotype）G－L. 苎麻楼梯草 *E. boehmerioides* G. 具雄花序的枝条，H. 雄头状花序（下面观），I. 雄小苞片和雄花蕾，（据 paratype）J. 果序（下面观），K. 雌小苞片和幼果，L. 瘦果。（据 isotype）

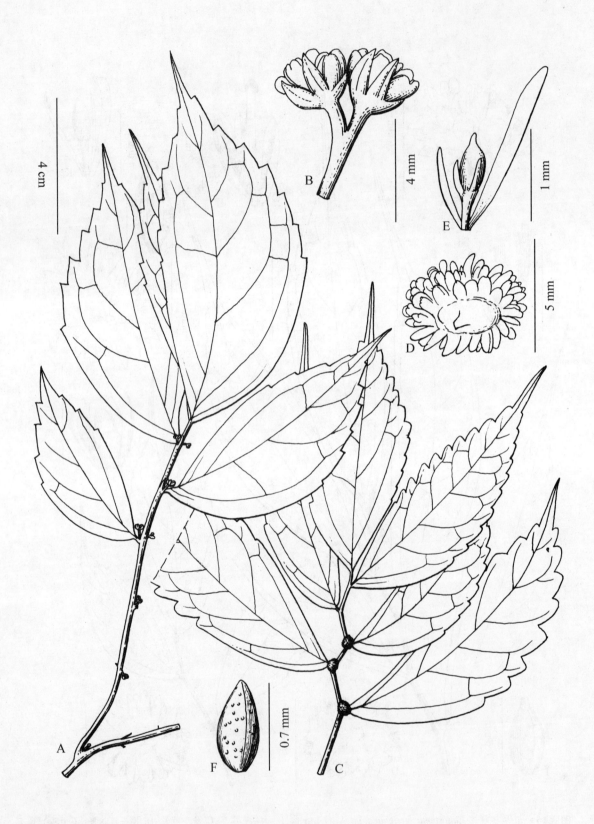

图版 17 A－B. 叉序楼梯草 *Elatostema biglomeratum* A. 开花枝，B. 雄头状花序。（据 holotype）C－F. 拟细尾楼梯草 *E. tenuicaudatoides* C. 开花枝条上部，D. 果序(下面观)，E. 雌小苞片和幼果，F. 瘦果。（据 holotype）

具极短柄;叶片坚纸质,斜椭圆形,长 5.5 – 11 cm,宽 2.3 – 4.4 cm,顶端尾状渐尖或渐尖,基部狭侧楔形,宽侧宽楔形,边缘在中部之上有牙齿,上面脉上疏被短伏毛,下面脉上稍密被短伏毛,半离基三出脉,侧脉在狭侧 2 – 3 条,在宽侧 3 – 4 条,钟乳体稍明显,密,长 0.2 – 0.5 mm;叶柄长 0.2 – 2 mm,被贴伏短柔毛;托叶条状披针形,长 3 – 5 mm,宽 0.5 – 0.8 mm,被贴伏短柔毛。雄序腋生,具梗,直径 2 – 3 mm,二叉状分枝,每分枝具一团伞花序;花序梗粗,长 1.2 – 2.5 mm,疏被贴伏短柔毛;团伞花序直径 2.2 – 2.5 mm,有 3 – 4 枚苞片和 10 – 15 朵密集的花;苞片狭三角形,长 1 – 1.2 mm,宽约 0.8 mm,顶端稍兜状,背面上部稍具绿色龙骨状突起,疏被短柔毛;小苞片船状条形,长约 0.8 mm,顶端疏被短毛。雄花具梗,四基数;花蕾直径约 0.8 mm,被短柔毛,顶端有 4 个短角状突起。雌头状花序未见。花期 1 月。

特产云南河口。生于山谷灌丛中,海拔 1200m。

系 2. 拟细尾楼梯草系

Ser. **Tenuicaudatoida** W. T. Wang in Acta Phytotax. Sin. 28(4):311.1990;et in Fu et al. Paper Collection of W. T. Wang 2:1080.2012. Type:*E. tenuicaudatoides* W. T. Wang.

亚灌木,多分枝。叶具羽状脉。雄苞片比雄花被片短,与雌苞片均无任何突起。瘦果具纵肋和瘤状突起(*achenia longitudinter costata et tuberculata*)。

1 种,特产西藏东南部和云南西北部。

27. 拟细尾楼梯草

Elatostema tenuicaudatoides W. T. Wang in Acta Phytotax. Sin. 28(4):311,fig. 1:6.1990;并于中国植物志23(2):228,图版46:6.1995;Q. Lin et al. in Fl. China 5:138.2003;W. T. Wang in Fu et al. Paper Collection of W. T. Wang 2:1080.2012. Type:西藏:墨脱,多雄曲,alt. 2150m,1983 – 06 – 14,李渤生,程树志 5086(holotype,PE);同地,1983 – 01 – 11,李渤生,程树志 1312(paratype,PE)。

27a. var. tenuicaudatoides 图版 17:C – F

亚灌木。茎高 25 – 40 cm,自基部分枝,无毛。叶无柄或具短柄,无毛;叶片薄纸质,斜长圆形或倒披针状长圆形,长 5 – 18 cm,宽 1.5 – 4.5 cm,顶端尾状或尾状渐尖,基部斜楔形,边缘下部 1/3 全缘,其余部分有牙齿,叶脉羽状,侧脉每侧 6 – 9 条,叶狭侧下部侧脉长 2.4 – 4 cm;钟乳体点状,明显或不明显,密或只沿脉分布,直径 0.05 mm;叶柄长达 2.5 mm;托叶钻形,长约 3 mm,宽约 0.2 mm。花序

雌雄异株。雄头状花序单生叶腋,有短梗,直径约 6 mm,约有 16 花;花序梗长约 1 mm;花序托小,不明显;苞片 6,下部合生,卵形,长 1 – 1.8 mm,顶端微尖或骤尖;小苞片船状披针形,长约 1.2 mm,无毛。雄花具短梗,无毛;花被片 5,船状宽椭圆形,长约 2 mm,基部合生,背面密被短柔毛,中部之上有 1 条纵肋;雄蕊 5;退化雌蕊长约 0.2 mm。雌头状花序单生叶腋,直径 2.5 – 5 mm,无梗或具极短梗;花序托小,直径 1.2 – 2.5 mm,常 2 裂,无毛;苞片约 10,宽条形,长 0.7 – 1.2 mm;小苞片密集,条形,长 0.5 – 1.8 mm,上部边缘有稀疏短缘毛。瘦果椭圆体形,长 0.5 – 0.7 mm,有 4 条细纵肋,并在纵肋之间有小瘤状突起;宿存花被片 3,狭条形,长约 0.2 mm。花期 10 月至翌年 1 月,果期 6 月。

特产西藏墨脱。生于山谷常绿阔叶林中,海拔 2100 – 2400m。

27b. 钦郎当楼梯草

var. **orientale** W. T. Wang in Acta Bot. Yunnan. Suppl. 5:5. 1992;Q. Lin et al. in Fl. China 5:138. 2003;W. T. Wang in Fu et al. Paper Collection of W. T. Wang 2:1081. 2012. Type:云南,贡山,独龙江,钦郎当,alt. 1280m,1991 – 03 – 10,独龙江队 4470(holotype,PE;isotype,KUN);同地,马库,atl. 1500m,1991 – 03 – 07,独龙江队 4226(paratypes,KUN,PE)。

与拟细尾楼梯草的区别:叶狭侧下部的一条侧脉长 5 – 11 cm;雄花被片背面无毛。

特产云南贡山。生于山谷林中或石崖上,海拔 1280 – 1500m。

系 3. 异叶楼梯草系

Ser. **Monandra** W. T. Wang,ser. nov. Type:*E. monandrum*(D. Don)Hara.

Herbae perennes. Caules simplices vel pauce ramosi. Folia omnia normaliter evoluta, basi oblique cuneata vel latere latiore rotundata vel auriculata,margine denticulata vel dentata,trinervia vel semi-triplinervia. Folia reducta minuta nulla,raro praesentia. Capitula staminata et pistillata sessilia vel breviter pedunculata;bracteae projecturis ullis carentes vel cornibus apicalibus praeditae. Achenia vulgo brunnea,longitudinaliter costata.

多年生草本。茎不分枝或具少数分枝。叶全部正常发育,基部斜楔形,或在宽侧圆形或耳形,边缘具小牙齿或牙齿,具三出脉或半离三出脉。雄和雌头状花序无梗或具短梗;苞片无任何突起或具顶生角状突起。瘦果通常褐色,具纵肋。

1. 退化叶存在;叶具三出脉。

  2. 茎上部密被短硬毛;叶具密集钟乳体 ·············· 28. 稀齿楼梯草 **E. cuneatum**

  2. 茎无短硬毛;茎下部叶或所有叶只在边缘具钟乳体 ·············· 29. 异叶楼梯草 **E. monandrum**

    3. 叶不分裂。

      4. 茎上部无毛,下部疏被短柔毛;茎上部叶远比下部叶大 ·············· 29a. 模式变种 var. **monandrum**

      4. 茎无毛,有锈色软鳞片;茎上部叶与下部叶近等大 ·············· 29c. 锈毛楼梯草 var. **ciliatum**

    3. 叶羽状分裂;茎常有锈色软鳞片;茎上部叶远比下部大 ·············· 29b. 羽裂楼梯草 var. **pinnatifidum**

1. 退化叶不存在。

  5. 雄、雌苞片无任何突起(在 *E. tianeense*,雄苞片顶端有角状突起)。

    6. 茎有毛。

      7. 叶具三出脉 ·············· 33. 马山楼梯草 **E. mashanense**

      7. 叶具半离基三出脉。

        8. 茎全部或下部平卧地上,全部密被糙伏毛。

          9. 叶的钟乳体长 0.1 – 0.15 mm;托叶白色,长 3.5 – 6 mm,无毛 ········ 32. 叉苞楼梯草 **E. furcatibracteum**

          9. 叶的钟乳体长达 0.43 mm;托叶绿色,较小,长在 1.8 mm 以下,有缘毛 ··············

          ·············· 38. 微粗毛楼梯草 **E. strigillosum**

        8. 茎直立,下部无毛,上部疏被短柔毛 ·············· 39. 赤车楼梯草 **E. pellionioides**

    6. 茎无毛。

      10. 根状茎细长;叶片上面无毛,下面被糙伏毛,变无毛,叶狭侧有 1 条侧脉或无侧脉 ··············

      ·············· 31. 少脉楼梯草 **E. oligophlebium**

      10. 根状茎不细长;叶片两面无毛。

        11. 茎通常有数条长分枝,下部有锈色软鳞片;叶片狭侧无侧脉 ·············· 30. 瘤茎楼梯草 **E. myrtillus**

        11. 茎不分枝,稀具 1 – 2 条短分枝,无软鳞片;叶狭侧有 2 – 3 条侧脉。

          12. 植株干后变黑色 ·············· 36. 桠杈楼梯草 **E. yachaense**

          12. 植株干后不变黑色。

            13. 雌苞片和雌小苞片均呈条形,中部以上深绿色,并稍增厚 ······· 37. 指序楼梯草 **E. dactylocephalum**

            13. 雌苞片和雌小苞片不增厚,雌小苞片半透明,白色。

              14. 叶基部宽侧耳形 ·············· 34. 七花楼梯草 **E. septemflorum**

              14. 叶基部斜楔形 ·············· 35. 天峨楼梯草 **E. tianeense**

  5. 雄、雌苞片顶端均具角状突起。

    15. 叶具三出脉。

      16. 叶无毛 ·············· 47. 贺州楼梯草 **E. hezhouense**

      16. 叶有毛。

        17. 叶片全缘 ·············· 40. 算盘楼梯草 **E. glochidioides**

        17. 叶片边缘具齿 ·············· 44. 都匀楼梯草 **E. duyunense**

    15. 叶具半离基三出脉。

      18. 叶无毛。

        19. 雄苞片平、不对折 ·············· 42. 粗尖楼梯草 **E. crassimucronatum**

        19. 雄苞片对折 ·············· 46. 折苞楼梯草 **E. conduplicatum**

      18. 叶有毛。

        20. 茎无毛 ·············· 43. 多茎楼梯草 **E. multicaule**

        20. 茎有毛。

          21. 托叶无毛。

            22. 植株干后不变黑色。

本系在我国有 22 种（其中 19 种特产我国），2 变种，分布于西南部，中南部和台湾。

28. 稀齿楼梯草　图版 18：A – D

Elatostema cuneatum Wight, Ic. Pl. Ind. Or. 6：t. 2091：3. 1853；Hook. f. Fl. Brit. Ind. 5：568. 1888；Gagnep. in Lecomte, Fl. Gén. Indo-Chine 5：913. 1929；Backer & Bakh. f. Fl. Java 2：44. 1965；王文采于东北林学院植物研究室汇刊 7：35. 1980；并于中国植物志 23（2）：229. 1995；Grierson & Long, Fl. Bhutan 1（1）：123. 1983；李锡文于云南植物志 7：271. 1997；Q. Lin et al. in Fl. China 5；139. 2003，p. p. excl. syn. *E. densifloro* Franch. & Sav. et *E. nipponico* Makino；W. T. Wang in Fu et al. Paper Colletion of W. T. Wang 2：1085. 2012.

E. approximatum Wedd. in DC. Prodr. 16（1）：190. 1869.

小草本。茎高 2.5 – 5 cm，不分枝，下部无毛，上部有向上弯曲的短毛。叶无柄或具短柄；叶片薄草质，斜菱状倒卵形，长 1 – 3.5 cm，宽 0.5 – 1.5 cm，顶端微尖或微钝，基部在狭侧楔形，在宽侧圆形，边缘在狭侧上部有 2 – 3 个、在宽侧中部以上有 4 – 5 个浅钝齿，茎下部较小叶常全缘，上面散生少数白色糙毛，下面沿脉有少数短毛，基出脉 3 条，侧脉在狭侧 1 – 2 条，在宽侧 2 – 3 条，钟乳体明显或不明显，稀疏，长 0.3 – 0.5 mm；叶柄不存在或长达 1 mm。茎中部之下有退化叶（长 3 – 5 mm）。花序雌雄异株。雌头状花序无梗，有多数花；花序托圆形，直径 2.5 – 4 mm；苞片约 12，狭三角形或三角形，长 1 – 1.5 mm，中肋隆起，背面有疏毛；小苞片多数，密集，匙状条形，长约 1 mm，顶部有少数缘毛。雌花具短梗：花被片不存在；子房卵球形，长 0.35 mm；柱头小，画笔尖状，长 0.1 mm。瘦果褐色，卵球形，长约 0.5 mm，约有 8 条细纵肋。花期 6 月。

分布于云南南部；不丹、印度、老挝、印度尼西亚。生于山谷林中或悬崖上，海拔 1200 – 1370m。

标本登录：

云南：勐海，王启无 76071，76197a（PE）。

29. 异叶楼梯草

Elatostema monandrum （D. Don） Hara in Ohashi, Fl. East Himal. 3rd Rep. 21. 1975；王文采于东北林学院植物研究室汇刊 7：37. 1980；Lauener in Not. R. Bot. Gard. Edinb. 40（3）：488. 1983；Grierson & Long, Fl. Bhutan 1（1）：122. 1983；Yahara in J. Fac. Sci. Univ. Tokyo, Sect. 3, 13：490. 1984, p. p. excl. syn. *E. surculosum* Wight var. *ciliatum* Hook. f. et var. *pinnatifidum* Hook. f.；张秀实等于贵州植物志 4：49. 1989；王文采于横断山区维管植物 1：326. 1993；并于中国植物志 23（2）：233，图版 47：4 – 5. 1995；李锡文于云南植物志 7：271，图版 68：1 – 3. 1997；Q. Lin et al in Fl. China 5：140. 2003, p. p. excl. syn. *E. monandro* var. *ciliato*（Hook. f.）Murti et var. *pinnatifido*（Hook. f.）Murti；彭泽祥等于甘肃植物志 2：239，图版 51：12. 2005；税玉民，陈文红，中国喀斯特地区种子植物 1：98，图 241. 2006；W. T. Wang in Fu et al. Paper Colletion of W. T. Wang 2：1086. 2012. —— *Procris monandra* D. Don, Prodr. Fl. Nepal. 61. 1825. Syntypes：Nepal：F. Buchanan s. n. & N. Wallich s. n. （？K, non vidi）.

Procris diversifolia Wall . Cat. n. 4631. 1831, nom. nud. —— *Elatostema diversifolium* Wedd. in DC. Prodr. 16（1）：189. 1869.

Elatostema surculosum Wight, Ic. Pl. Ind. Or. 6：t. 2091：4. 1853；Wedd. Monogr. Urtic. 329. 1856；Hook. f. Fl. Brit. Ind. 5：573. 1888；Gagnep. in Lecomte, Fl. Gén. Indo-Chine 5：914. 1929.

Procris elegans Wall. Cat. n. 4632. 1831, nom. nud. —— *Elatostema surculosum* var. *elegans* Hook. f. l. c. 572. 1888；Hand. -Mazz. Symb. Sin. 7：149. 1929.

Pellionia mairei Lévl. in Le Monde des Pl. 18：28. 1916. Holotype：云南：东川，1912 – 06，Maire s. n. （non vidi）.

29a. var. monandrum　图版 18：E – K

小草本。茎高 5 – 20 cm，通常不分枝，下部有白色疏柔毛，上部无毛，有极稀疏的小软鳞片。叶多对生，具短柄；叶片草质或膜质，上部叶较大，正常叶斜楔形、斜椭圆形或斜披针形，长 0.8 – 4（– 6.5）cm，宽 0.4 – 1.2（–2）cm，顶端微尖至渐尖，基部斜

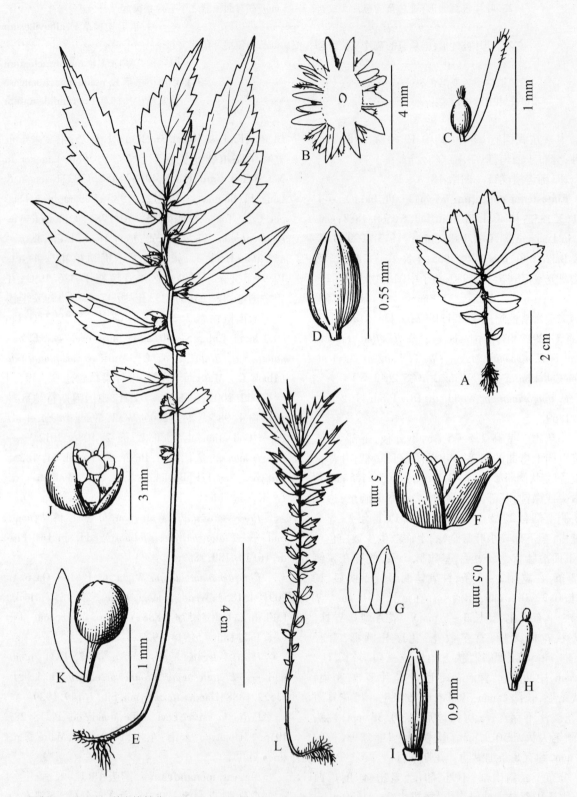

图版 18 A–D. 稀齿楼梯草 *Elatostema cuneatum* A. 植株全形，B. 雌头状花序（下面观），C. 雌小苞片和雌花，D. 瘦果。（据王启无 76197a）E–K. 异叶楼梯草 *E. monandrum* var. *monandrum* E. 雌株全形，F. 雌头状花序，G. 雌总苞 2 内层苞片，H. 雌小苞片和雌花，I. 瘦果，（据金效华，刘冰等 153）J. 雄头状花序，K. 雌小苞片和雄花蕾。（据中美考察队 284）L. 羽裂楼梯草 *E. monandrum* var. *pinnatifidum* 植株全形。（据俞德浚 20023）

楔形,边缘在上部或中部以上有稀疏尖或钝牙齿,无毛或近无毛,脉不明显,三出脉,侧脉每侧1-2条,钟乳体明显,稀疏,长0.3-0.7mm;退化叶小,椭圆形至披针形,长2-6mm,通常全缘;茎下部叶小,正常叶近圆形或宽椭圆形,长3-10mm,全缘,有疏睫毛或近无毛,只在边缘有钟乳体,退化叶更小,长2-4mm。花序雌雄异株。雄花序近无梗,直径1.5-3mm,有(1-)3-17花;花序托不明显;苞片2-4,膜质,卵形,长2-2.5mm,上部有缘毛;小苞片约18,半透明,披针形至条形,长1-2mm,无毛。雄花无毛:花梗长达2mm;花被片4,淡紫色,狭长圆形,长约1.2mm,外面顶端之下有不明显的小突起;雄蕊4,比花被片稍长,花药长约0.5mm。雌头状花序具极短梗,直径2-5mm,有多数密集的花;花序托小或明显呈盘状;苞片约4,宽卵形,长约1.8mm,较大苞片在背面顶端之下有短突起;小苞片约80枚,半透明,匙状条形,长1-1.8mm,无毛或顶部有疏缘毛。雌花具短梗:花被片不存在;子房狭椭圆体形,长0.5mm;柱头近球形,长0.05mm。瘦果有梗,狭长椭圆体形或纺锤形,长约0.9mm,约有6条细纵肋。花期6-8月。

分布于西藏南部、云南、贵州、四川西部、甘肃南部、陕西西南部(峟坝);尼泊尔、不丹、印度、缅甸北部、泰国北部、越南。生于山地林中、沟边、阴湿石山,有时附生树干上;海拔1900-2800m。

标本登录(所有标本均存PE):

西藏:樟木,张永田、郎楷永4389,中草约队1173,1318,青藏队6062,6643,吉隆,青藏队6820,倪志诚等2325;错那,青藏队1722;林芝,中草约队3397;通麦,青藏队3563;墨脱,陈伟烈14502,李渤生、程树志1063;察隅,张经炜,郑度1513,倪志诚等356。

云南:贡山,青藏队8099;中甸,冯国楣2381;丽江,王启无70494,71213;鹤庆,秦仁昌23375;邓川,秦仁昌24812;大理,中美队234;腾冲,Gaoligong Shan Biod. Survey 18653;泸水,韩玉丰795;瑞丽,G. Forrest 12028;镇康,俞德浚16888;澜沧,王启无76849;龙陵,Gaoligong Shan Biod Survey 17985;临沧,辛景三476;勐海,王启无77339;景洪,王启无78390;景东,邱炳云52740,53536;石林,税玉民等66292;鸡足山,钟观光2451;寻甸,张英伯775;嵩明,邱炳云54899;昆明,张宪春 s.n.;马关,税玉民等30392;文山,冯国楣11130;屏边,蔡希陶62616;绿春,金效华、刘冰等52,153,1256;金平,中苏考察队3051;河口,税玉民等10697。

贵州:盘县,安顺队1248;兴仁,党成忠394。

四川:木里,青藏队14119;九龙,俞德浚6765;宝兴,关克俭、王文采等2880。

29b 羽裂楼梯草(变种) 图版 18:L

var. **pinnatifidum** (Hook. f.) Murti in Kew Bull. 52(1):194. 1997. ——*E. surculosum* var. *pinnatifidum* Hook. f. Fl. Brit. Ind. 5:573. 1888;Hand. -Mazz. Symb. Sin. 7:149. 1929. ——*E. monandrum* f. *pinnatifidum* (Hook. f.) Hara in Ohashi, Fl. East. Himal,3rd. Rep. 21. 1975;王文采于东北林学院植物研究室汇刊7:38. 1980;于横断山区维管植物1:327.1993;并于中国植物志23(2):234.1995;李锡文于云南植物志7:272.1997;W. T. Wang in Fu et al. Paper Collection of W. T. Wang 2:1086. 2012. Type:在原始文献中未引证任何植物标本。

与异叶楼梯草的区别:茎常被短锈色毛;叶羽状分裂。

产云南西部及南部;印度北部也有分布。生于山谷林中,海拔2000-2800m。

标本登录(均存PE):

云南:贡山,王启无67167,Gaoligong Shan Biod. Survey 32679;福贡,Gaoligong shan Biod Survey 26912;腾冲,Gaoligong Shan Biod Surcey 17458;镇康,俞德浚17034;屏边,大围山,中苏考察队3964。

29c. 锈毛楼梯草(变种)

var. **ciliatum** (Hook. f.) Murti in Kew Bull. 52(1). 193. 1997. ——*E. surculosum* var. *ciliatum* Hook. f. Fl. Brit. Ind. 5:573. 1888;Hand. -Mazz. Symb. Sin. 7:149. 1929. ——*E. monandrum* f. *ciliatum* (Hook. f.) Hara in l. c. 1975;王文采于上引1980、1993、1995三文献;李锡文于上引1997文献;W. T. Wang in l. c. Type:在原始文献中未引证任何植物标本。

E. muscicola W. T. Wang in Bull. Bot. Lab. N. -E. Forest. Inst. 7:38. 1980. Holotype:云南:保山,alt. 800m,1955-05-19,吴征镒、简焯坡8656(PE)。

与异叶楼梯草的区别:茎密被锈色小软鳞片;茎上部叶与下部叶近等大或稍长,较小,长达1-1.5cm,全部只在叶边缘有钟乳体。

产云南西部;也分布于印度北部、尼泊尔。生山谷石崖阴湿处,海拔800-3000m。

标本登录(均存PE):

云南:泸水,植物所横断山队82,210;腾冲,Gaoligong Shan Biol. Survey 30182;澜沧,王启无76849。

30.瘤茎楼梯草 图版 19:A-G

Elatostema myrtillus (Lévl.) Hand. -Mazz.

Symb. Sin. 7：146. 1929，cum descr. ampl.；王文采于
东北林学院植物研究室汇刊7：43. 1980；Lauener in
Not. R. Bot. Gard. Edinb. 40（3）：488. 1983；王文采于
中国植物志23（2）：234. 1995；并于武陵山地区维管
植物检索表133. 1995；李锡文于云南植物志7：273，
图版68：6 - 9. 1997；李丙贵于湖南植物志2：299.
2000；Q. Lin et al. in Fl. China 5：140. 2003；王文采于
广西植物志2：855. 2005；杨昌煦等，重庆维管植物
检索表152. 2009；W. T. Wang in Fu et al. Paper Col-
lection of W. T. Wang 2：1086. 2012. ——*Pellionia
myrtiilus* Lévl. in Repert. Sp. Nov. Regni Veg. 11：553.
1913. Syntypes：贵州：Gan-pin，1897 - 04 - 29，Bodini-
er（E，non vidi）；Pin-fa，1920 - 09 - 29，Cavalerie 559
（E，non vidi）；Kan-yen-tong，Esquirol 698（E，non vi-
di）.

多年生草本。茎高达40 cm，通常分枝，稀不分
枝，下部有密的锈色小软鳞片，后鳞片呈小瘤状突起
状，无毛。叶无柄，无毛；叶片草质，斜狭卵形，长
1.3 - 2.8 cm，宽6 - 10 mm，顶端渐尖，基部狭侧楔
形，宽侧耳形，边缘下部全缘，其上有锯齿，基出脉3
条，侧脉不明显，钟乳体极明显，密，长0.4 -
0.7 mm；托叶钻形，长1 - 1.5 mm。花序雌雄异株
或同株，无梗，单生叶腋。雄头状花序直径2 -
5 mm，有1 - 6花；花序托不明显；苞片6 - 8，船状倒
卵形或椭圆形，长约2 mm，边缘上部有短疏毛，背面
上部有1条绿色细纵肋；小苞片约2，披针状条形，
长约1 mm，无毛。雄花有短梗：花被片4 - 5，倒卵
形，长1.2 - 1.5 mm，下部合生；雄蕊4 - 5；退化雌
蕊不存在。雌头状花序直径约2 mm，无梗；花序托
不明显；苞片约6个，近长圆形，长约1 mm；小苞片
条形，长约1 mm，顶端截形，无毛。雌花有梗：花被
片4，极小，长约0.1 mm；子房狭椭圆体形，长0.35
mm；柱头极小。瘦果狭卵球形，长0.5 - 0.8 mm，有
5 - 7条细纵肋。花期5 - 10月。

分布于云南东南部（麻栗坡、西畴）、广西西部、
贵州南部、湖南西北部（永顺）、湖北西南部及重庆
南部。生于石灰岩山山谷林中或沟边石上，海拔
300 - 1000 m。

标本登录：

云南：麻栗坡，冯国楣13175（PE）；西畴，王启无
86072（PE）；冯国楣12495（PE），武全安7914
（KUN）。

广西：龙州，陈秀香64（GXMI）；那坡，方鼎等
1372（GXMI）；都安，韦毅刚g 112（PE）。

贵州：安龙，贵州队2369（PE）；罗甸，贵州生物

所499（PE）；镇宁，镇宁普查队284（PE）。

湖南：永顺，北京队1696（PE）。

湖北：来凤，宁瑞龙431（PE）。

31. 少脉楼梯草　图版20：A - E

Elatostema oligophlebium W. T. Wang，Y. G.
Wei & L. F. Fu in Ann. Bot. Fennici 49：399，fig. 2.
2012；W. T. Wang in Fu et al. Paper Collection of W.
T. Wang 2：1086，fig. 5. 2012，nom. nud.　Type：广西：
百色，龙和，2009 - 03 - 23，韦毅刚075（holotype，
PE；isotype，IBK）。

多年生小草本。根状茎水平生长，伸长，约长
25 cm，粗1.2 - 2 mm，无毛，节间长1.2 - 3 cm。茎
高5 - 11 cm，下部粗0.5 - 0.8 mm，无毛，不分枝，约
有8叶。叶无柄或有极短柄；叶片纸质，斜长椭圆
形，长1.5 - 3.4 cm，宽0.4 - 1.2 cm，顶端渐尖或急
尖，基部斜楔形或在宽侧耳形，边缘近全缘或中部之
上有1 - 3小牙齿，上面无毛，下面被糙伏毛或变无
毛，半离基三出脉，侧脉在狭侧1条或不存在，在宽
侧1 - 2条，不明显，钟乳体明显，密集，杆状，长0.1
- 0.5 mm；叶柄长达0.6 mm；托叶膜质，褐色，宽披
针形，长2.8 - 5 mm，宽0.6 - 1.2 mm，疏被短柔毛，
有1条绿色脉。雄头状花序未见。雌头状花序单生
叶腋，宽约2.4 mm，约有7花；花序梗长约0.3 mm；
花序托不明显；苞片2，对生，宽三角形，长约
1.2 mm，宽1 mm，基部合生，背面被硬毛；小苞片约
10，条形，长约1 mm，宽0.2 - 0.6 mm，平，或顶端兜
状，或呈船形，顶部被糙毛。雌花近无梗：花被片不
存在；雌蕊长0.3 - 0.85 mm，子房狭椭圆体形，长
0.25 - 0.6 mm，柱头画笔头状，长0.05 - 0.25 mm。
花期3月。

特产广西百色。生于土山林下。

32. 叉苞楼梯草　图版20：F - H

Elatostema furcatibracteum W. T. Wang，sp.
nov.　Type：西藏（xizang）：墨脱（Motuo），加拉萨
（Jialasa），甘代康波拉山北侧（N side of Gandaikang-
bola Shan），alt . 2100m，常绿阔叶林中沟边（by
stream in evergreen broad-leaved forest），1982 - 12 -
20，李渤生，程树志（B. S. Li & S. Z. Cheng）2287
（holotype and isotypes，PE）.

Species nova haec capitulo staminato receptaculo
carente，ejus involucro ex bracteis 5 fasciculatis cum
una trilobata constante valdle insignis est，et his charac-
teribus a speciebus Ser. *Parvarum* W. T. Wang facile
distat. Ob structuram capituli staminati ea est similis *E.
obtuso* Wedd.【Ser. *Laevisperma*（Hatusima）W. T. Wang】，

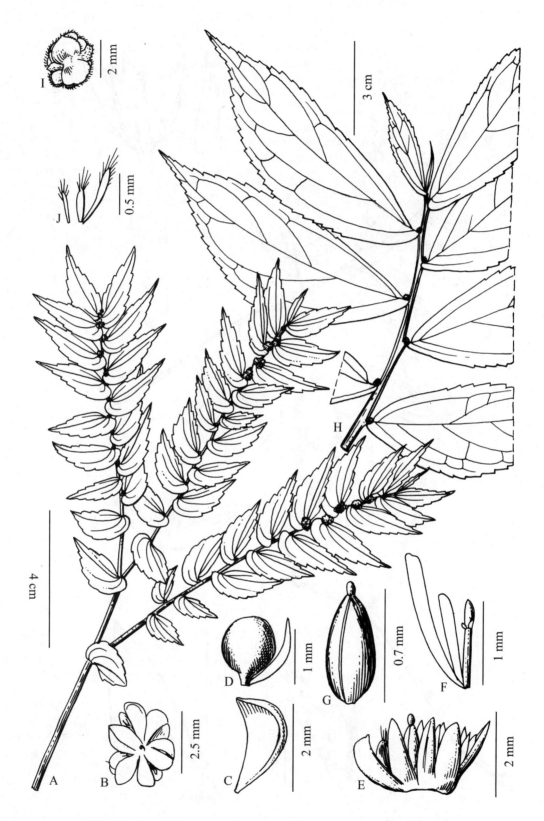

图版 19   A - G. 瘤茎楼梯草 *Elatostema myrtillus* A. 植株上部，B. 雄头状花序（下面观），C. 雄苞片，D. 雄小苞片和雄花蕾，
（据冯国楣 12459）E. 果序，F. 雌小苞片和幼果，G. 瘦果。（据武全安 7914）H - J. 马山楼梯草 *E. mashanense* H. 开
花茎上部，I. 雌头状花序（下面观），J. 雌小苞片和雌花。（自 Wang & Wei, 2009）

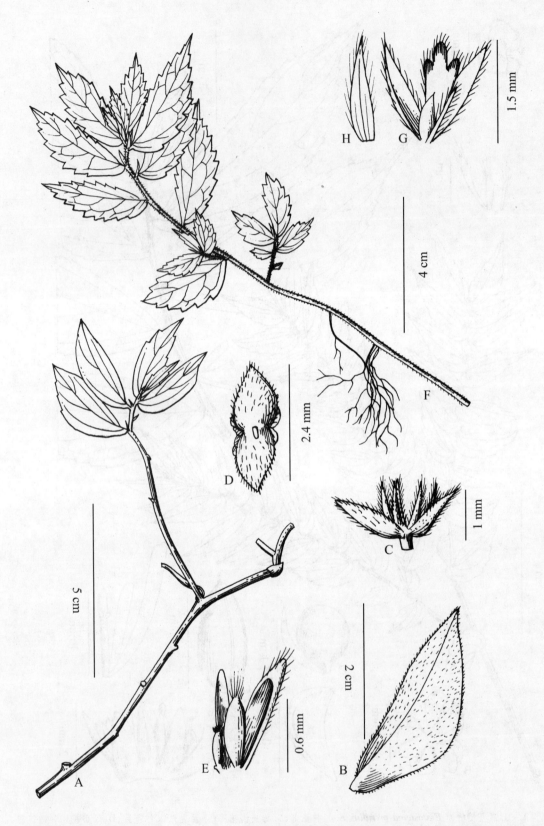

图版 20 A－E. 少脉楼梯草 *Elatostema oligophlebium* A. 开花植株, B. 叶, C. 雌头状花序, 侧面观, D. 同 C, 下面观, E. 2 雌
小苞片和 2 雌花。(据 holotype) F－H. 叉苞楼梯草 *E. furcatibtracteum* F. 开花茎, G. 雄头状花序, H. 外方雄苞片。
(据 holotype)

quod foliis trinervibus, involucro staminao ex bracteis 2 constante statim differt.

Small perennial herbs. Stems 15 – 25 cm long, below prostrate and rooting from nodes, above ascending, densely retrorse-hirtellous, shortly 1 – 3-branched, with branches 1 – 3.2 cm long, sometimes simple. Leaves sessile or subsessile; blades papery, obliquely oblong or long elliptic, rarely elliptic or obovate, (0.3 –)0.8 – 3.5 cm long, (0.1 –)0.5 – 1.4 cm broad, apex acute, base obtuse at narrow side and auriculate at broad side, margin dentate; surfaces adaxially sparsely strigillose or glabrous, abaxially on nerves hirtellous; venation semi-triplinerved, with lateral nerves 1 – 2 at leaf narrow side and 2 – 3 at broad side; cystoliths slightly conspicuous, dense, bacilliform, 0.1 – 0.15 mm long; stipules white, membranous, narrow-ovate, 3.5 – 6 mm long, 1.2 – 2 mm broad, glabrous, with inconspicuous midribs. Staminate capitulum singly axillary, sessile; receptacle absent; bracts ca. 5, fascicled, membranous, abaxially villose, sometimes pubescent, 2 outer ones larger, white, lanceolate, ca. 1.5 mm long, 0.4 mm broad, inner larger one above green, narrow-obovate, ca. 1 mm long, 0.5 mm broad, 3-lobed, the fourth one green, linear, ca. 0.9 mm long, 0.15 mm broad, and the fifth innermost one white, ovate, ca. 0.6 mm long, 0.3 mm broad. Staminate flowers still not developed.

多年生小草本。茎长 15 – 25 cm, 下部平卧, 在节上生根, 上部渐升, 密被反曲短硬毛, 有 1 – 3 条短分枝(枝长 1 – 3.2 cm), 有时不分枝。叶无柄或近无柄; 叶片纸质, 斜长圆形或长椭圆形, 稀椭圆形或倒卵形, 长(0.3 –)0.8 – 3.5 cm, 宽(0.1 –)0.5 – 1.4 cm, 顶端急尖, 基部狭侧钝, 宽侧耳形或近耳形, 边缘具牙齿, 上面疏被短糙伏毛或无毛, 下面脉上被短硬毛, 半离基三出脉, 侧脉在叶狭侧 1 – 2 条, 在宽侧 2 – 3 条, 钟乳体稍明显, 密集, 杆状, 长 0.1 – 0.15 mm; 托叶膜质, 白色, 狭卵形, 长 3.5 – 6 mm, 宽 1.2 – 2 mm, 无毛, 中脉不明显。雄头状花序单生叶腋, 无梗; 花序托不存在; 苞片 5 枚, 丛生, 膜质, 背面被长柔毛, 或有时被柔毛, 外方 2 枚较大, 白色, 披针形, 长约 1.5 mm, 宽 0.4 mm, 内方较大 1 枚上部绿色, 狭倒卵形, 长约 1 mm, 宽 0.6 mm, 3 浅裂, 第 4 枚绿色, 条形, 长约 0.9 mm, 宽 0.15 mm, 最内方的 1 枚白色, 卵形, 长约 0.6 mm, 宽 0.3 mm。雄花尚未发育。

特产西藏墨脱。生于山谷常绿阔叶林中沟边阴湿处, 海拔 2 100m。

本种的雄头状花序无花序托, 雄总苞的 5 枚苞片丛生, 其中第三枚苞片 3 浅裂(我国楼梯草属其他种的雄总苞苞片均不分裂), 这些特征在小叶楼梯草系 Ser. Parva 中甚为独特, 根据这些特征可与该系的其他种区别开。在雄花序的构造方面, 本种与钝叶楼梯草 E. obtusum (钝叶楼梯草系 Ser. Laevisperma)有些相似, 但本种的叶具半离基三出脉, 雄总苞具较多苞片可与后者区别。本种的雄花、雌花序、雌花和瘦果尚未发现, 了解这些器官的形态特征后, 本种的系统位置才有可能得到明确。

33. 马山楼梯草　图版 19: H – J

Elatostema mashanense W. T. Wang & Y. G. Wei in Guihaia 29(2): 144, fig. 1: E-G. 2009; W. T. Wang in Fu et al. Paper Collectinon of W. T. Wang 2: 1087. 2012.　Type: 广西: 马山, 古零, 2006 – 05 – 05, 韦毅刚 0648(holotype, PE; isotype, IBK)。

多年生小草本。茎高 10 – 20 cm, 基部粗 1.5 mm, 密被前展的短糙伏毛(毛长 0.2 – 0.5 mm), 约有 10 叶。叶无柄或具短柄; 叶片纸质, 斜长椭圆形或狭倒卵形, 长 1.5 – 9.5 cm, 宽 1.2 – 3.2 cm, 顶端尾状渐尖或长渐尖, 基部狭侧楔形, 宽侧耳形, 边缘在基部之上至顶端具小牙齿或浅钝齿, 上面无毛, 下面脉上被淡褐色糙伏毛, 三出脉, 侧脉在叶狭侧 3 条, 在宽侧 4 – 5 条, 下面稍隆起, 钟乳体极密, 杆状, 长 0.1 – 0.6 mm; 叶柄不存在或长达 1.5 mm, 被糙伏毛; 托叶早落。雄头状花序未见。雌头状花序单生叶腋, 直径 3 mm, 无梗; 花序托近方形, 长和宽均约 1.6 mm, 在中部 2 浅裂, 无毛, 钟乳体密, 长 0.1 – 0.25 mm; 苞片 6, 排成 2 层, 外层 2 枚对生, 较大, 横向条形, 长 0.8 mm, 宽 4 mm, 内层 4 枚较小, 宽卵形, 长和宽均约 1 mm, 顶端钝, 无毛; 小苞片多数, 密集, 膜质, 半透明, 白色, 匙状条形或条形, 长 0.7 – 1 mm, 上部被长缘毛。雌花有短梗: 花被片不存在; 雌蕊长 0.8 mm, 子房长椭圆球形, 长 0.4 mm, 柱头画笔头状, 长 0.4 mm。果期 5 月。

特产广西马山。生于石灰岩山中阴湿处。

34. 七花楼梯草　图版 21: A – D

Elatostema septemflorum W. T. Wang in Bull. Bot. Res. Harbin 26(1): 16, fig. 1: 1 – 4. 2006; et in Fu et al. Paper Collection of W. T. Wang 2: 1088. 2012; 税玉民, 陈文红, 中国喀斯特地区种子植物 1: 101, fig. 248. 2006.　Holotype: 云南: 富宁, 板伦, alt. 1450 m, 2004 – 02 – 04, 税玉民、陈文红 B2004 – 54(KUN)。

多年生小草本。茎约 10 条丛生, 高 11 – 22

cm,基部粗约 1 mm,无毛,不分枝,上部有 5 - 9 叶。叶无柄,无毛;叶片纸质,斜椭圆状长圆形,最下部叶较小,狭倒卵形,长 1.5 - 5.5 cm,宽 0.8 - 1.6 cm,顶端长渐尖或渐尖,基部狭侧楔形,宽侧耳形(耳垂部分长 1 - 3 mm),边缘中部之上有浅钝齿或小牙齿,半离基三出脉,侧脉 3 对,不明显,平,钟乳体明显,密集,杆状,长 0.25 - 0.7 mm;托叶绿色,条状披针形或钻状披针形,长 0.8 - 2 mm,宽 0.1 - 0.2 mm,无脉。雄头状花序单生叶腋,约有 7 花;花序梗长约 0.8 mm,无毛;花序托不明显;苞片 2,对生,卵形,长约 3 mm,宽 2 mm,顶端渐尖,全缘,无毛,有较多纵列杆状钟乳体;小苞片约 4,斜披针形,长约 3mm,无毛,边缘半透明。雄花:花梗长 1.8 mm,无毛;花被片 5,椭圆形,长约 1.8 mm,基部合生,顶端被疏柔毛,通常急尖,1 枚花被片顶端有长 0.9 mm 的角状突起;雄蕊 5,长 0.8 mm;退化雌蕊不明显。雌头状花序未见。花期 2 月。

特产云南富宁。生于山谷山洞阴湿处,海拔 1450m。

35. 天峨楼梯草　图版 21:E - M

Elatostema tianeense W. T. Wang & Y. G. Wei in Guihaia 29(2):446,fig. 2. 2009;W. T. Wang in Fu-etal. Paper Collection of W. T. Wang 2:1088. 2012. Type:广西:天峨,县城附近,2007 - 11 - 07,韦毅刚 07432(♀,holotype,PE;isotype,IBK)。

多年生草本,雌雄异株。茎高约 35 cm,基部直径 4 mm,淡绿白色,圆柱形,肉质,无毛,不分枝,有时具少数分枝,具 7 - 11 叶。叶具短柄,无毛;叶片薄纸质,斜狭长圆形或斜倒披针形,下部稍镰状,长 5.6 - 10 cm,宽 1.4 - 2.5 cm,顶端长渐尖或尾状渐尖,基部狭侧楔形,宽侧宽楔形或近圆形,边缘下部全缘,在叶狭侧上部有 3 - 7 小齿,在宽侧中部或基部之上有 4 - 11 小齿,上面深绿、下面淡绿色,半离基三出脉,侧脉在叶狭侧 2 条,在宽侧 4 条,钟乳体不明显,稍密,杆状,长 0.1 - 0.4 mm;叶柄长 0.5 - 1 mm;托叶三角形或三角状钻形,长 1 - 2.5 mm。雄头状花序单生叶腋;花序梗长 1 mm,无毛;花序托不明显;苞片 6,排成 2 层,无毛,外层 2 枚对生,较大,宽卵形,长 2.5 - 3 mm,宽 6 mm,顶端具长 4 - 5 mm 的角状突起,内层 4 枚较小,三角形,长约 1 mm,顶端具长 1 mm 的角状突起;小苞片约 18,膜质,淡褐色,倒卵形,长约 1.8 mm,宽 1.3 mm,边缘半透明,背面中部之上有长 0.7 mm 的角状突起。雄花蕾扁球形,直径 1.8 mm,无毛,顶端具 4 短而粗的角状突起。雌头状花序单生叶腋;花序梗长 2 - 5 mm,无

毛;花序托近方形,长 1.5 - 4 mm,中部微 2 裂,无毛;苞片约 22,条状三角形,长 1.2 - 1.5 mm,无毛;小苞片密集,膜质,半透明,匙形或倒卵状匙形,长约 1 mm,无毛。瘦果狭椭圆球形,长约 0.7 mm,有 7 条纵肋;果梗粗状,长 0.4 - 0.6 mm,粗 0.25 mm,无毛;宿存花被片 3,三角形,长 0.25 mm,无毛。花果期 8 - 11 月。

特产广西天峨。生于石岩山中阴湿处。

标本登录:

广西:桂林植物园,植物引种自天峨,2010 - 08 - 05,韦毅刚 sine num.(♂,IBK,PE);天峨,穿洞,韦毅刚 07627(IBK,PE)。

36. 桠杈楼梯草　图版 22:A - F

Elatostema yachaense W. T. Wang, Y. G. Wei & A. K. Monro in Phytotaxa 29:23,fig. 14 - 15. 2011;W. T. Wang in Fu et al. Paper collection of W. T. Wang 2:1089,fig. 6:B - G. 2012.　Type:广西:隆林,桠杈,大吼豹保护区 2009 - 03 - 27,韦毅刚 087(holotype,IBK;isotype,PE)。

多年生草本,雌雄同株或异株。茎约 7 株丛生,高 15 - 38 cm,基部粗 1.5 - 3 mm,无毛,不分枝,稀具 1 分枝。叶无柄或近无柄,无毛;叶片纸质,斜倒披针状长圆形或斜长圆形,稀狭倒卵形,长(1.5 -)3.5 - 9.5 cm,宽 1.4 - 2.2 cm,顶端尾状渐尖或渐尖,基部狭侧楔形,宽侧耳形,边缘具小牙齿,干时上面变黑色,下面褐色,半离基三出脉,侧脉在叶狭侧 2 条,在宽侧 3 - 4 条,在两面平,钟乳体不明显,稍密,杆状,长 0.2 - 0.8 mm;托叶条状三角形,长 1.5 - 2.5 mm,宽 0.3 mm。雄头状花序单生叶腋,直径约 8 mm;花序梗长 1 - 3 mm,无毛;花序托小,不明显;苞片 6,排成 2 层,疏被缘毛或近无毛,外层 2 枚较大,宽披针形,长 7.8 - 8 mm,宽 2.2 - 2.8 mm,边缘膜质,白色,内层 4 枚较小,狭披针形,长约 6 mm,宽 1.2 mm;小苞片约 7,膜质,长 4 - 5 mm,3 枚狭披针状条形,被缘毛,中央淡绿色,其他 4 枚条形,无毛,白色。雄花:花被片 5,长圆形,长 1.5 mm,基部合生,外面顶端之下具角状突起,疏被糙毛;雄蕊 5;退化雌蕊不存在。雌头状花序单生叶腋,直径 4 mm;花序梗长约 2 mm;花序托近方形,长及宽 2.5 - 3 mm,无毛;苞片约 18,三角形或正三角形,长 1.4 - 1.8 mm,宽 0.6 - 1 mm,无毛或有疏柔毛;小苞片密集,绿色,条形或披针状条形,长 0.8 - 1.4 mm,顶端有疏柔毛。雌花近无梗:花被片不存在;雌蕊长约 0.3 mm,子房椭圆体形,柱头极小,近头状。花期 3 月。

产广西西北部和云南东部。生于石灰岩山阴湿

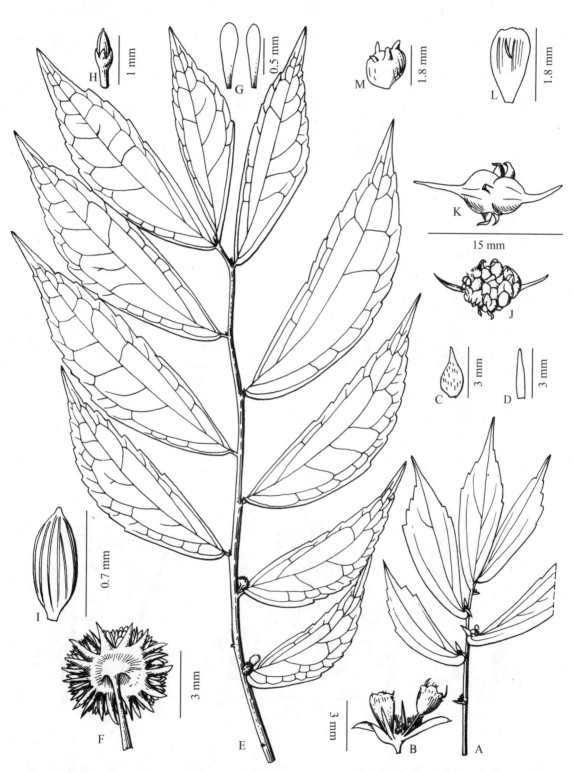

图版 21 A–D. 七花楼梯草 *Elatostema septemflorum* A. 开花茎顶部，B. 雄头状花序，C. 雄苞片，D. 雄小苞片。（自 Wang，2006）E–M. 天峨楼梯草 *E. tianeense* E. 雌茎上部，F. 果序（下面观），G. 雌小苞片，H. 幼果和宿存花被片，I. 瘦果，（据 holotype）J. 雄头状花序（上面观），K. 同 J，下面观，L. 雄小苞片，M. 雄花蕾。（据韦毅刚 s. n.）

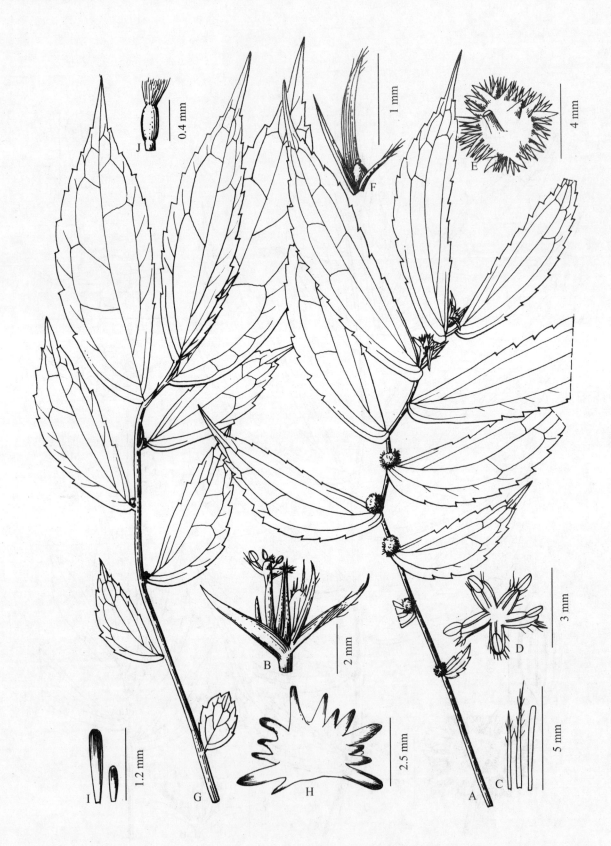

图版 22　A－F. 桠杈楼梯草 *Elatostema yachaense* A. 开花茎, B. 雄头状花序, C. 雄小苞片, D. 雄花, E. 雌头状花序, F. 雌小苞片和雌花。(自 Wang et al. , 2011) G－J. 指序楼梯草 *E. dactylocephalum* G. 开花茎上部, H. 雌头状花序（下面观）, I. 雌小苞片, J. 雌花。(自 Wang, 2011)

处，海拔 1000 – 1200m。

标本登录：

云南：师宗，2010 – 05 – 14，韦毅刚，A. K. Monro 6725（IBK，PE）。

37. 指序楼梯草 图版 22：G – I

Elatostema dactylocephalum W. T. Wang in Pl. Divers. Resour. 33（2）：148，fig. 3. 2011；et in Fu et al. Paper Collection of W. T. Wang 2：1089. 2012. Type：云南：龙陵，镇安，alt. 2016 m，2005 – 05 – 25，Gaoligong Shan Biodiversity Survey 23678（holotype，PE；isotype，CAS，non vidi）.

多年生草本。茎高约 30 cm，基部之上粗 2 – 3 mm，无毛，不分枝，有 7 – 9 叶。叶无柄，膜质或薄纸质，斜长椭圆形或斜椭圆形，长 1.5 – 10.5 cm，宽 1 – 2.8 cm，顶端渐尖，稀急尖，基部斜楔形，边缘下部 1/3 部分全缘，其上具小牙齿或浅钝齿，无毛，钟乳体不明显，密集，杆状，长 0.1 – 0.25 mm，半离基三出脉，侧脉在狭侧 2 条，在宽侧 3 条，两面平，钟乳体不明显，密集，杆状，长 0.1 – 0.25 mm；托叶狭钻状条形，长 4 – 5 mm，宽约 0.4 mm，顶端锐尖。雄头状花序未见。雌头状花序成对腋生，无梗；花序托近宽长圆形，长约 2.4 mm，宽 1.5 mm，无毛；苞片约 12 枚，绿色，稍肉质，不等大，条形或三角状条形，长 0.5 – 1.8 mm，宽 0.3 – 0.4 mm，顶端钝，上部深绿色，同时稍变粗，无毛；小苞片约 30 枚，绿色，多少肉质，倒披针状条形或条形，长 0.4 – 1.2 mm，宽约 0.2 mm，顶端钝，上部深绿色，同时稍变粗，无毛。雌花具短梗：花被片不存在；雌蕊长约 0.65 mm，子房淡绿色，狭椭圆体形，长 0.35 mm，柱头白色，画笔头状，长 0.3 mm，毛密集。花期 5 月。

特产云南龙陵。生于山谷溪边常绿阔叶林边缘阴湿处，海拔 2016m。

38. 糙毛楼梯草 图版 23：A – E

Elatostema strigillosum Shih & Yang in Bot. Bull. Acad. Sin. 36（4）：272，fig. 7. 1995；Y. P. Yang et al. in Fl. Taiwan，2nd ed，2：217，pl. 108，photo 88. 1996；Q. Lin et al. in Fl. China 5：142. 2003；W. T. Wang in Fu et al. Paper Collection of W. T. Wang 2：1089. 2012. Type：台湾：台东，兰屿，Tong-Ho Farm，alt. 650 m，1994 – 10 – 24，施炳霖 3268（holotype，NSYSU，non vidi；isotype，HAST）.

多年生小草本。茎渐升，长 20 cm 以下，粗 3 mm，下部节上生根，密被短糙伏毛，有数分枝。叶无柄或近无柄；叶纸质，斜狭倒卵形或倒卵形，长 9 – 25 cm，宽 5 – 11 cm，顶端急尖，基部斜楔形，边缘

在叶狭侧上部有 1 – 4 小齿，宽侧有 3 – 4 小齿，有短缘毛，两面被短硬毛，半离基三出脉，侧脉 2 – 3 对，钟乳体密集，长 0.2 – 0.43 mm；托叶狭三角形，长在 1.8 mm 以下，背面被短硬毛。雄头状花序未见。雌头状花序单生叶腋，长达 3.5 mm，无梗或近无梗；花序托直径约 1.5 mm，被短柔毛；苞片 2 层，背面密被短柔毛，外层 2 枚对生，较大，三角形或宽三角形，宽 1 – 1.2 mm，内层苞片约 25 枚，长圆形，长约 1 mm，宽 0.3 – 0.4 mm；小苞片半透明，宽条形，长约 0.7 mm，背面被短柔毛。雌花：花被片 4，钻形，长约 0.1 mm，每侧有 1 条小毛；退化雄蕊 3 或 4，小；子房卵球形，长 0.35 mm；柱头画笔头状，长 0.15 mm。瘦果狭卵球形，长约 0.6 mm，宽 0.25 mm，有 8 条细纵肋。花期 6 月至 10 月。

特产台湾台东。生于低谷中，海拔 650m。

39. 赤车楼梯草 图版 23：F – I

Elatostema pellionioides W. T. Wang，sp. nov.

Holotype：云南（Yunnan）：麻栗坡（Malipo），金厂（Jinchang）、中寨（Zhongzhai），alt. 1900 m，山上部路边（at road side on upper part of hill），2002 – 03 – 26，税玉民、陈文红、盛家舒、张书东、范长丽（Y. M. Shui，W. H. Chen，J. S. Sheng，S. D. Zhang & C. L. Fan）20874（PE）.

Species nova haec est fortasse affinis *E. strigilloso* Shih & Yang，quod caulibus prostratis totis dense strigillosis，folium laminis apice acutis dense hirtellis，bracteis pistillatis dense puberulis，bracteolis pistillatis dorso puberulis distinguitur. Habitu *Pellioniae radicanti* (Sieb. & Zucc.) Wedd. simillima est，sed inflorescentiis capitatis，flore pistillato tepalis carente valde differt.

Perennial herbs，dioecious. Stems 24 – 28 cm tall，near base 1.2 – 2 mm thick，above sparsely puberulous (hairs 0.1 mm long)，below glabrous and shortly 1-branched. Leaves sessile，rarely short – petiolate；blade papery，obliquely narrow-obovate or obliquely narrow-elliptic，2.5 – 7.5 cm long，1 – 2.2 cm broad，apex long acuminate (acumens entire)，base cuneate at narrow side and auriculate or rounded at broad side，margin denticulate；surfaces adaxially sparsely strigose，abaxially glabrous；venation semi-triplinerved，with 2 – 3 pairs of inconspicuous lateral nerves；cystoliths inconspicuous，slightly dense，thin-bacilliform，0.1 – 0.2 mm long；petioles 0 – 2 mm long；stipules green，subulate，ca. 4 mm long，0.15 mm broad，glabrous. Staminate capitula unknown. Pistillate capitula singly axillary，ca. 3 mm in

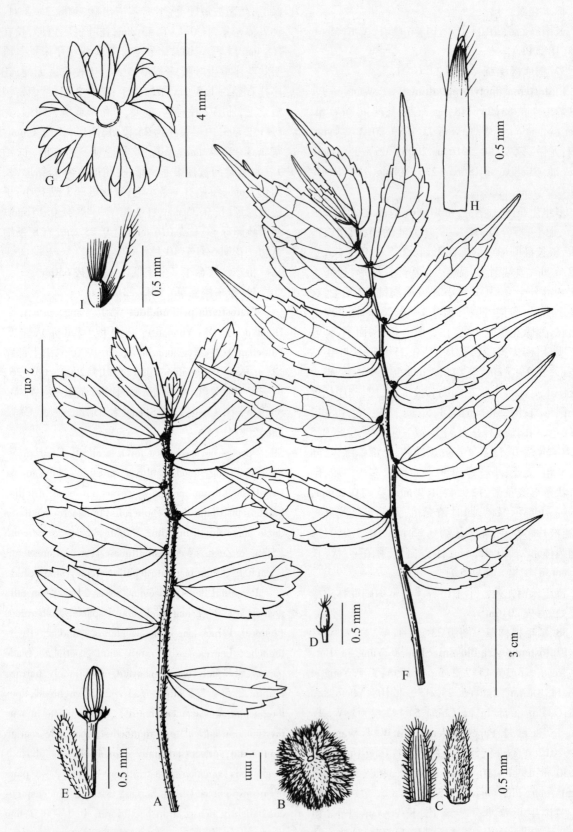

图版 23　糙毛楼梯草 *Elatostema strigillosum* A. 开花茎上部，B. 雌头状花序（下面观），C. 雌苞片，左腹面，右背面，D. 雌花，
E. 雌小苞片和瘦果，果基部有宿存花被片和退化雄蕊。（自 Yang et al.，1995）F−I. 赤车楼梯草 **E. pellionioides**
F. 开花茎，G. 雌头状花序（下面观），H. 较大的雌小苞片，I. 雌小苞片和雌花。（据 holotype）

diam. , sessile ; receptacle inconspicuous ; bracts ca. 20, 2-seriate , outer bracts ca. 7, long ovate or lineare-ovate , 1.4 – 1.8 mm long , 0.7 – 1.2 mm broad , subglabrous , inner bracts ca. 14, smaller , linear , ca. 1.4 mm long , 0.4 – 0.5 mm broad , above sparsely ciliate ; bracteoles dense , semi-hyaline , white or near apex green , linear , 0.5 – 1.4 mm long , 0.1 – 0.3 mm broad , apex ciliate. Pistillate flower : tepals wanting ; ovary broad-ellipsoidal , ca. 0.2 mm long ; stigma penicillate , 0.35 mm long.

多年生草本。茎高 24 – 28 cm, 近基部粗 1.2 – 2 mm, 上部疏被短柔毛(毛长 0.1 mm), 下部无毛, 具 1 条短分枝。叶无柄, 稀有短柄; 叶片纸质, 斜狭倒卵形或斜狭椭圆形, 长 2.5 – 7.5 cm, 宽 1 – 2.2 cm, 顶端长渐尖(尖头全缘), 基部狭侧楔形, 宽侧耳形或圆形, 边缘具小牙齿, 上面疏被糙伏毛, 下面无毛, 半离基三出脉, 侧脉 2 – 3 对, 不明显, 钟乳体不明显, 稍密集, 细杆状, 长 0.1 – 0.2 mm; 叶柄长 0 – 2 mm; 托叶绿色, 钻形, 长约 4 mm, 宽 0.15 mm, 无毛。雄头状花序未见。雌头状花序单生叶腋, 直径约 3 mm, 无梗; 花序托不明显; 苞片约20, 排成2层, 外层苞片约7枚, 长卵形或条状卵形, 长 1.4 – 1.8 mm, 宽 0.7 – 1.2 mm, 近无毛, 内层苞片约 14 枚, 较小, 条形, 长约 1.4 mm, 宽 0.4 – 0.5 mm, 上部疏被缘毛; 小苞片密集, 半透明, 白色或近顶端绿色, 条形, 长 0.5 – 1.4 mm, 宽 0.1 – 0.3 mm, 顶端被缘毛。雌花: 花被片不存在; 子房宽椭圆体形, 长约 0.2 mm, 柱头画笔头状, 长 0.35 mm。花期 3 – 4 月。

特产云南麻栗坡。生于山谷路边阴湿处, 海拔 1900 m。

40. 算盘楼梯草　图版 24 : A – C

Elatostema glochidioides W. T. Wang in Acta Phytotax. Sin. 31(2) : 172, fig. 2 : 5 – 7. 1993 ; Q. Lin et al. in Fl. China 5 : 140. 2003 ; W. T. Wang in Fu et al. Paper Collection of W. T. Wang 2 : 1091. 2012.　Holotype : 贵州 : 荔波, 自翁昂莫干至洞多途中, alt. 800 m, 1984 – 04 – 27, 陈谦海等 2217(HGAS)。

多年生草本。茎高约 25 cm, 下部粗 1.8 mm, 无毛, 分枝, 下部有极稀疏软鳞片。叶无柄或具极短柄; 叶片纸质, 披针形, 长圆状披针形, 狭卵形或椭圆形, 长 1.1 – 3 cm, 宽 0.4 – 0.9 cm, 顶端渐狭或急尖, 基部狭侧楔形, 宽侧钝, 圆形或耳形, 边缘全缘, 上面中脉下部被短糙伏毛, 下面无毛, 三出脉, 侧脉在叶狭侧 1 条, 在宽侧 2 条, 不明显, 钟乳体明显, 杆状, 长 0.4 – 0.7 mm; 叶柄长达 0.8 mm, 无毛; 托叶狭三角形, 长约 0.6 mm, 无毛。雄头状花序未见。

雌头状花序单生叶腋, 直径 2.5 – 4 mm; 花序梗长约 0.5 mm, 无毛; 花序托小, 直径约 1.8 mm, 无毛; 苞片约 7, 长约 1 mm, 其中 1 枚较大, 三角形, 无突起, 其他 6 枚稍小, 狭三角形或宽条形, 顶端兜状, 并具长 0.2 – 0.5 mm 的角状突起, 边缘上部被短缘毛; 小苞片密集, 半透明, 条状披针形或条形, 长 0.8 – 1 mm, 边缘被缘毛。雌花: 花被片不存在; 雌蕊长 0.4 mm, 子房卵球形, 长 0.3 mm, 柱头长 0.1 mm。瘦果淡黄色, 椭圆状卵球形, 长 0.6 – 0.9 mm, 有 7 条细纵肋。花、果期 4 月。

分布于广西北部和贵州东南部。生于石灰岩山林中, 海拔 650 – 800 m。

标本登录:

贵州: 荔波, 林祁 1036, 段林东, 林祁 2002121 (PE)。

41. 展毛楼梯草　图版 24 : D – F

Elatostema albovillosum W. T. Wang in Guihaia 30(1) : 5, fig. 3 : A-C. 2010 ; et in Fu et al. Paper Collection of W. T. Wang 2 : 1091. 2012.　Type : 广西 : 永福, 百寿, alt. 270 m, 2003 – 09 – 20, 税玉民, 陈文红 B2003 – 108(holotype, PE ; isotype, KUN)。

多年生小草本。茎高 14 – 18 cm, 基部粗 1 mm, 上部被开展白色柔毛(毛长 1 – 2 mm), 下部无毛, 不分枝, 有 8 – 9 叶。叶无柄; 叶片薄纸质, 多呈斜狭倒卵形或斜倒披针形, 长 2.8 – 5 cm, 宽 1.2 – 2 cm, 顶端短骤尖或渐尖, 基部狭侧楔形, 宽侧圆耳形, 最下部 3 叶的叶片小, 斜倒卵形, 长 0.5 – 1.5 cm, 宽 0.3 – 1 cm, 顶端急尖, 边缘狭侧上部有小牙齿, 宽侧基部之上有小牙齿, 上面被贴伏柔毛, 下面中脉上有长柔毛, 半离基三出脉, 侧脉在叶狭侧 2 – 3 条, 在宽侧 3 – 4 条, 不明显, 钟乳体明显或不明显, 不密, 杆状, 长 0.2 – 0.45 mm; 托叶膜质, 白色, 条状披针形, 长 3 – 5 mm, 宽 1.2 – 2 mm, 无毛或近无毛, 有 1 条绿色脉。雄头状花序单生叶腋, 有短梗和少数花; 花序梗长约 1 mm, 无毛; 花序托不明显; 苞片 5, 稍不等大, 膜质, 船形卵形, 长 2 – 3 mm, 宽 0.5 – 1 mm, 背面被柔毛, 顶端之下有角状突起, 突起长 0.6 – 1 mm, 有柔毛; 小苞片约 6, 膜质, 半透明, 狭披针状条形, 长约 1.5 mm, 上部被缘毛。雄花尚未发育。雌头状花序未见。花期 9 月。

特产广西永福。生于石灰岩山中阴湿处, 海拔 270m。

42. 粗尖楼梯草　图版 25 : A – E

Elatostema. crassimucronatum W. T. Wang, sp. nov. ; W. T. Wang et al. in Fu et al. Paper Collection of

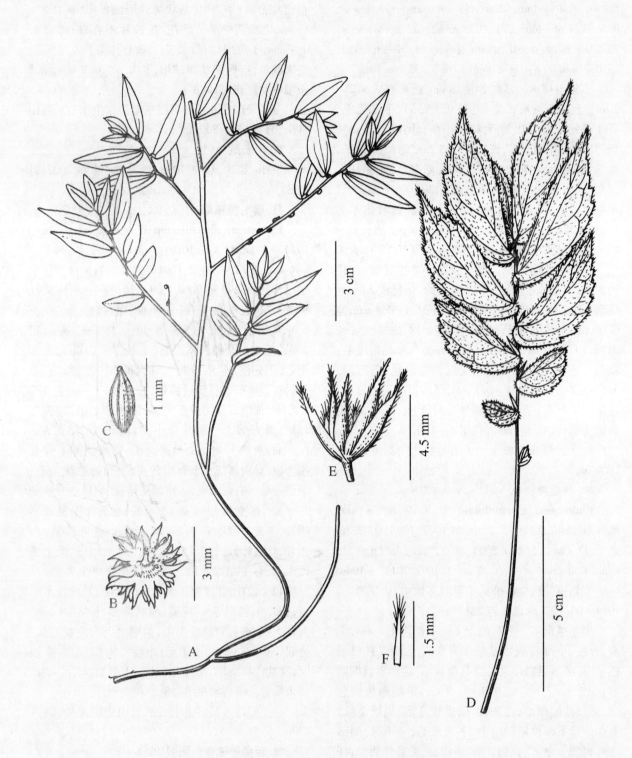

图版 24　A－C. 算盘楼梯草 *Elatostema glochidioides* A. 植株全形, B. 雌头状花序 (下面观), C. 瘦果。(自王文采, 1993)
　　D－F. 展毛楼梯草 *E. albovillosum* D. 植株全形, E. 雄头状花序, F. 雄小苞片。(自王文采, 2010)

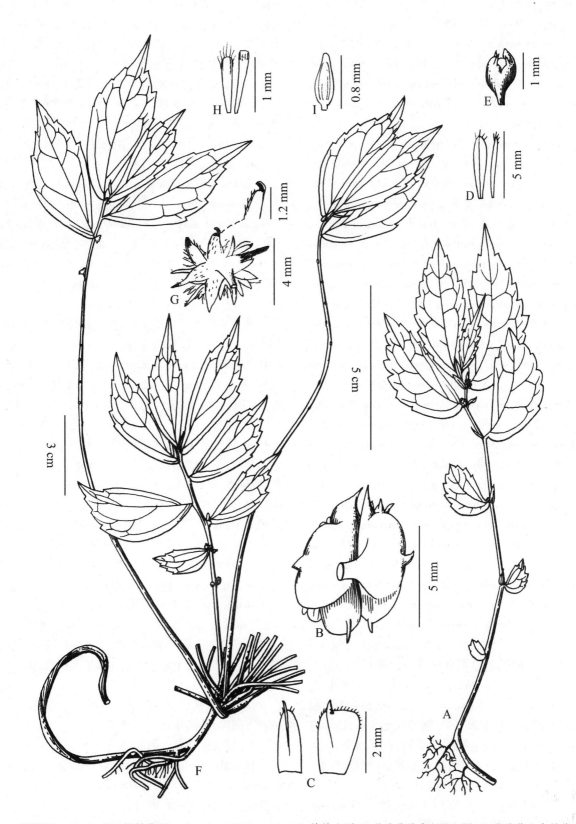

图版 25　A－E. 粗尖楼梯草 *Elatostema crassimucronatum* A. 植株全形, B. 雄头状花序 (下面观), C. 雄总苞 2 内层苞片, D. 雄小苞片, E. 雄花蕾。(据 holotype) F－I. 多茎楼梯草 *E. multicaule* F. 植株全形, G. 果序 (下面观), H. 雌小苞片, I. 瘦果。(据 paratype)

W. T. Wang 2：1092，fig. 7：A-D. 2012，nom. nud. Holotype：贵州（Guizhou）：剑河（Jianhe），2010－03－20，温放（F. Wen）1055（PE）。

Species nova haec est affinis E. albovilloso W. T. Wang，quod caulibus superne albo-villosis，foliis supra pubescentibus subtus ad costam mediam villosis，bracteis involucralibus staminatis dorso sub apice corniculatis differt.

Small perennial herbs. Stems ca. 10 cm tall，near base 1.5－1.8 mm thick and sparsely scurfy，glabrous，simple，8－9-leaved. Leaves sessile，rarely short-petiolate，glabrous；blades thin papery，obliquely elliptic，0.5－5 cm long，0.4－2 cm broad，apex acuminate or acute，base cuneate at narrow side，rounded or subauriculate at broad side，margin dentate；venation semi-triplinerved，with 2－3 pairs of lateral nerves；cystoliths conspicuous or inconspicuons，dense，bacilliform，0.1－0.3（－0.4）mm long；petioles 0－0.8 mm long；stipules membranous，greenish-white，broadly linear or oblong，3－6 mm long，1－3 mm broad. Staminate capitula singly axillary，3－5 mm in diam.；peduncle ca. 1.5 mm long，glabrous；receptacle inconspicuous；bracts 6，2-seriate，2 outer ones opposite，larger，depressed-ovate，1.5－2 mm long，3.5－4 mm broad，with apexes thick-mucronate and sparsely ciliolate，4 inner ones smaller，broadly ovate or subquadrate，ca. 2 mm long，1－1.8 mm broad，with apexes rounded or truncate and sparsely ciliolate，abaxially below apex short-corniculate；bracteoles dense，membranous，semi-hyaline，white，oblanceolate or linear，ca. 2 mm long，0.2－0.8 mm broad，apex sparsely ciliolate. Staminate flower buds shortly pedicellate，subglobose，ca. 1 mm in diam.，subglabrous，apex 4-corniculate. Pistillate capitula unknown.

多年生小草本。茎高约 10 cm，基部之上粗 1.5－1.8 mm，无毛，近基部有稀疏小软鳞片，不分枝，有 8－9 叶。叶无柄，稀有短柄，无毛；叶片薄纸质，斜椭圆形，长 0.5－5 cm，宽 0.4－2 cm，顶端渐尖或急尖，基部在狭侧楔形，在宽侧圆或近耳形，边缘有牙齿，半离基三出脉，侧脉 2－3 对，在两面平，或下面隆起，不明显，钟乳体明显或不明显，密集，杆状，长 0.1－0.3（－0.4）mm；叶柄长 0－0.8 mm；托叶膜质，宽条形或长圆形，长 3－6 mm，宽 1－3 mm，淡绿白色。雄头状花序单生叶腋，直径 3－5 mm；花序梗长约 1.5 mm，无毛；花序托不明显；苞片 6，排成 2 层，外层 2 枚对生，较大，扁卵形，长 1.5－2 mm，宽

3.5－4 mm，顶端有粗短尖头，并有稀疏短缘毛，内层 4 枚较小，宽卵形或近方形，长约 2 mm，宽 1－1.8 mm，顶端圆形或截形，有稀疏短缘毛，背面顶端之下有长 0.5 mm 的短角状突起；小苞片密集，膜质，半透明，白色，倒披针形或条形，长约 2 mm，宽 0.2－0.8 mm，顶端有稀疏短缘毛。雄花蕾有短梗，近球形，直径约 1 mm，顶端有 4 条短角状突起，近无毛。雌头状花序未见。花期 3－4 月。

特产贵州剑河。生于土山林下。

43. 多茎楼梯草　图版 25：F－I

Elatostema multicaule W. T. Wang，Y. G. Wei & A. K. Monro in Phytotaxa 29：14，fig. 8－9. 2011；W. T. Wang in Fu et al. Paper Collecton of W. T. Wang 2：1092. 2012.　Type：云南：富宁，alt. 900m，2010－05－16，A. K. Monro，韦毅刚 6748（holotype，IBK；isotype，PE）。广西：靖西，壬庄，alt. 650m，2009－05－04，韦毅刚 09223（paratypes，IBK，PE）。

多年生草本。根状茎近圆柱形，长约 12 cm，粗约 5 mm，有不明显 4 条纵棱，顶端生出约 14 条茎。3 条茎高 19－22 cm，基部粗 5 mm，其他 11 条茎较低矮，高 6－10 cm，基部粗 2－3 mm，无毛，不分枝，有 5－7 叶。叶无柄；叶片薄纸质，斜狭随圆形或斜狭倒卵形，长（0.6－）1.8－6.5 cm，宽（0.5－）1－2.4 cm，顶端渐尖，基部斜楔形，边缘中部以上有少数小牙齿，上面被贴伏柔毛，下面无毛，半离基三出脉，侧脉在叶狭侧 1－2 条，在宽侧 2－3 条，两面平，不明显，钟乳体密，细杆状，长 0.3－0.7 mm；托叶披针状条形，长 5－7 mm，宽 0.5－2 mm，无毛。雄头状花序未见。雌头状花序单生叶腋，直径约 3 mm；花序梗长约 1.8 mm；花序托直径约 1.5 mm；苞片约 5，排成 2 层，外层 2 枚较大，卵形，长 1.5－2 mm，宽约 1.4 mm，背面被贴伏短柔毛，顶端角状突起长 0.3－1.2 mm，内层 3 枚较小，条形，宽 1 mm，顶端短角状突起长 0.3 mm；小苞片密集，半透明，白色，匙状条形，长约 1 mm，顶端被缘毛。瘦果淡褐色，狭卵球形，长约 0.8 mm，有 5 条细纵肋。果期 3－4 月。

特产云南富宁和广西靖西。生于石灰岩山山洞或林下阴湿外，海拔 650－900m。

44. 都匀楼梯草　图版 26：A－D

Elatostema duyunense W. T. Wang & Y. G. Wei in Guihaia 28（1）：1，fig. 1. 2008；W. T. Wang in Fu et al. Paper Collection of W. T. Wang 2：1095. 2012. Type：贵州：都匀，斗蓬山，2007－04－30，温放 070430（holotype，PE；isotype，IBK）。

多年生小草本。根状茎细，长约 6 cm。茎 3 条

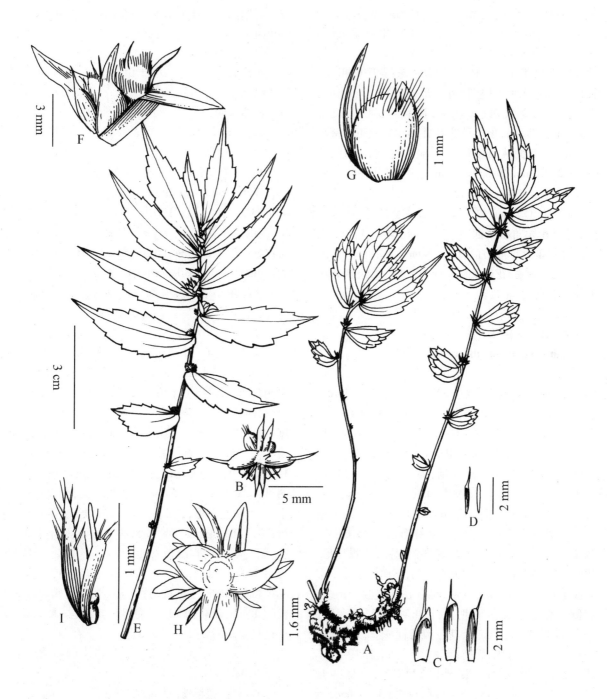

图版 26 A–D. 都匀楼梯草 *Elatostema duyunense* A. 植株全形，B. 雄头状花序（下面观），C. 雄苞片，D. 雄小苞片。（自 Wang & Wei，2008）E–I. 长苞楼梯草 *E. longibracteatum* E. 植株全形，F. 雄头状花序（侧面观），G. 雄小苞片和雄花蕾，H. 雌头状花序（下面观），I. 雌小苞片和雌花。（据王启无 83813）

丛生,高 10.5 - 16 cm,基部粗 1 - 1.2 mm,无毛,不分枝,有 5 - 10 叶。叶无柄或近无柄;叶片薄纸质,斜狭至宽椭圆形或狭卵形,长 1 - 4.5 cm,宽 0.6 - 1.6 cm,顶端长渐尖,渐尖,急尖或钝,基部狭侧楔形,宽侧近耳形,边缘下部全缘,其他部分有小牙齿,上面近牙齿顶端和叶片边缘有短伏毛(毛长 0.1 - 0.15 mm),下面无毛,三出脉,侧脉在叶狭侧 1 - 2 条,在宽侧 2 - 3 条,钟乳体不明显,稀明显,杆状,长 0.1 - 0.2 mm;托叶膜质,淡褐白色,条形或宽条形,长 1.5 - 6.5 mm,宽 1 - 1.5 mm,无毛,具 1 条褐色脉。雄头状花序成对腋生,约 9 花;花序梗粗壮,长约 1 mm,无毛;花序托近圆形,直径 1.2 mm,无毛;苞片 6,2 枚对生,较大,卵状三角形,长约 2.8 mm,宽 2 mm,顶端稍兜状并具角状突起(突起长 2 mm),背面被极短柔毛,其他 4 枚较小,船状条形,长 2 - 3 mm,宽 0.9 - 1 mm,顶端兜状并具角状突起(突起长 1 mm);小苞片约 7,或与较小苞片相似,有长达 1.5 mm 的角状突起,或呈条形,顶端不呈兜状,并无角状突起,长 1.2 mm,宽 0.3 mm,无毛。雄花蕾近球形,直径约 1.5 mm,顶端有 4 条短角状突起,无毛;花梗长 0.8 mm,无毛。雌头状花序未见。花期 4 - 5 月。

特产贵州都匀。生于土山疏林下。

45. 长苞楼梯草 图版 26: E - I

Elatostema longibracteatum W. T. Wang in Bull. Bot. Res. Harbin 2(1):6,pl. 1:4 - 5. 1982;3(3):63. 1983;并于中国植物志 23(2):237,图版 51:4 - 5. 1995;李锡文于云南植物志 7:278,图版 69:6 - 8. 1997;Q. Lin et al. in Fl. China 5: 141. 2003;W. T. Wang in Fu et al. Paper Collection of W. T. Wang 2: 1095. 2012.   Holotype:云南:麻栗坡,alt. 1200m,1940 - 07 - 20,王启无 85995(IBSC)。

多年生草本。茎高约 26 cm,不分枝,上部疏被开展柔毛。叶无柄,草质,斜披针形,长约 5 cm,宽约 1.5 cm,顶端尾状渐尖,基部狭侧钝,宽侧耳形,边缘中部之上有浅钝齿,上面无毛,下面沿中脉下部有少数短毛,半离基三出脉,侧脉在叶狭侧 2 条,在宽侧 3 条;钟乳体密,稍明显,长 0.1 - 0.5 mm;托叶条形,长约 3 mm,无毛。花序雌雄同株。雄头状花序单生茎上部叶腋,无梗,有 4 - 10 花;花序托小,不明显;苞片约 6,排成 2 层,外层 2 枚对生,较大,三角形,长 9 - 12 mm,内层约 4 枚卵形,长 3 - 4 mm,近无毛,顶端有直角状突起;小苞片 6 - 10,褐色,披针状条形或狭三角形,长 2 - 9 mm,近无毛,有时顶端有角状突起。雄花蕾长 1.2 - 2 mm,顶部被长柔毛。雄花蕾椭圆体形,

有 5 角状突起。雌头状花序单生于雄花序之下叶腋,直径 3 - 4 mm,无梗;花序托直径 1 - 2 mm,无毛;苞片约 10,排成 2 层,外层 2 枚对生,较大,宽三角形,长约 1.5 mm,近无毛,上部有 1 条细纵肋,内层苞片约 8 枚,三角形或狭三角形,长 1 - 1.2 mm;小苞片密集,褐色,条状披针形或条形,长 0.8 - 12 mm,上部被缘毛,有时顶端具角状突起。雌花多数,无梗;花被片不存在;子房椭圆体形,长 0.12 - 0.15 mm;柱头近球形,直径 0.08 - 0.1 mm。花期 1 - 7 月。

特产云南麻栗坡。生于山谷林中,海拔 1200 - 1300m。

标本登录:

云南:麻栗坡,黄金印,alt. 1300m,1940 - 01 - 14,王启无 83813(PE)。

46. 折苞楼梯草 图版 27: A - E

Elatostema conduplicatum W. T. Wang in Guihaia 30(1):3,fig. 2:D-H. 2010;et in Fu et al. Paper Collection of W. T. Wang 2:1095. 2012.   Type:广西:东兰,巴拉,alt. 340m,2004 - 02 - 10,税玉民,陈文红 B2004 - 171A(holotype,PE;isotype,KUN)。

多年生小草本。根状茎块状,长约 1.5 cm,粗 7 mm,生出约 7 条茎。茎高 5 - 22 cm,基部粗 1.2 - 2 mm,无毛,不分枝或有 1 - 2 枝,上部有 4 - 8 叶。叶近无柄,无毛;叶片纸质,斜椭圆形,长 2 - 4.3 cm,宽 0.9 - 1.4 cm,顶端渐尖或渐尖,基部狭侧钝,宽侧耳形,边缘每侧上方有 2 - 3 小牙齿,半离基三出脉,侧脉在叶狭侧 2 条,在宽侧 3 条,不明显,钟乳体明显,稍密,杆状,长 0.3 - 0.8 mm;托叶三角形,长 1 - 1.5 mm。雄头状花序单生叶腋,碗状,直径 3 - 6 mm,约 18 花;花序梗长 0.5 mm;花序托不明显;苞片 6,排成二层,外层 2 枚较大,其他 4 枚较小,均呈宽三角形,长 4.8 - 5.5 mm,宽 4 - 5 mm,对折,顶端有短角状突起,最大的 1 枚背面有 1 条纵肋,无毛或顶端有疏短缘毛;小苞片约 12,条状船形,长 2.2 - 3 mm,宽 0.4 - 1.2 mm,顶端有角状突起(突起长 0.5 - 1.2 mm),无毛。雄花蕾椭圆体形,长约 1 mm,顶端有 5 角状突起和长柔毛。雌头状花序未见。花期 2 月。

特产广西东兰。生于石灰岩山山洞中阴湿处,海拔 340m。

47. 贺州楼梯草 图版 27: F - K

Elatostema hezhouense W. T. Wang,Y. G. Wei & A. K. Monro in Phytotaxa 29:7,fig. 4 - 5. 2011;W. T. Wang in Fu et al. Paper Collection of W. T. Wang 2:

1095, fig. 7: E-J. 2012. Type: 广西: 贺州, 鹅塘, alt. 150m, 2010 – 03 – 15, 韦毅刚 1001 (holotype, IBK; isotype, PE)。

多年生草本, 雌雄同株。茎高 45 – 52 cm, 基部之上粗 2 – 3 mm, 无毛, 不分枝, 约有 12 叶。叶无柄, 稀具短柄, 无毛; 叶片纸质, 斜狭长圆形或倒披针形, 稀斜椭圆形, 长 2 – 11.5 cm, 宽 1 – 2.4 cm, 顶端长渐尖或尾状渐尖, 基部狭侧楔形, 宽侧耳形, 边缘中部以上有小牙齿, 三出脉, 侧脉 3 – 4 对, 在两面平, 不明显, 钟乳体明显, 密集, 杆状, 长 0.1 – 0.7 mm; 叶柄长达 1 mm; 托叶钻形, 长 1 – 2.5 mm, 宽 0.1 – 0.2 mm, 淡绿色。雄头状花序成对腋生, 无梗; 花序托不明显; 苞片 6, 排成 2 列, 无毛, 外层 2 枚对生, 较大, 宽卵形, 长约 3.5 mm, 宽 3.5 – 4.5 mm, 顶端有长 0.5 – 2 mm 的角状突起, 内层 4 枚较小, 宽卵形, 长约 1.5 mm, 宽 3 mm, 顶端具长 0.5 – 1 mm 的角状突起; 小苞片条状船形, 长约 1.8 mm, 无毛, 顶端具长 0.5 mm 的角状突起。雄花蕾宽倒卵球形, 长约 2 mm, 顶端有 4 条短角状突起。雌头状花序单个或成对生于雄花序之下的叶腋, 无梗; 花序托长圆形, 长 1.6 – 2.2 mm, 宽 0.8 – 1 mm, 无毛, 有黑色斑点; 苞片 6, 排成 2 层, 无毛, 外层 2 枚对生, 较大, 宽三角形, 长 0.8 – 1 mm, 宽 1.2 – 1.4 mm, 内层 4 枚较小, 宽卵形, 长 0.7 – 0.8 mm, 宽 0.9 – 1.3 mm, 所有苞片顶端均具长 0.2 – 1 mm 的角状突起; 小苞片密集, 膜质, 半透明, 披针状条形或狭条形, 长 0.3 – 1.2 mm, 宽 0.1 – 0.5 mm, 无毛。雌花近无梗; 花被片不存在; 雌蕊长约 0.3 mm, 子房狭椭圆体形, 长 0.22 mm, 柱头近球形或画笔头状, 直径约 0.08 mm。花期 2 – 5 月。

特产广西贺州。生于石灰岩山中阴湿处。

标本登录:

广西: 贺州, 2012 – 05 – 02, A. K. Monro, 韦毅刚 6820 (PE)。

48. 拟南川楼梯草 图版 28: A – E

Elatostema pseudonanchuanense W. T. Wang, sp. nov.; W. T. Wang et al. in Fu et al. Paper Collection of W. T. Wang 2: 1095, fig. 9. 2012, nom. nud. Type: 广西 (Guangxi): 那坡 (Napo), 百省 (Baisheng), 弄化保护区 (Nunghua Reserve), 2009 – 03 – 20, 韦毅刚 (Y. G. Wei) 038 (holotype, PE; isotype, IBK)。

Species nova haec est affinis E. hezhouensi W. T. Wang, Y. G. Wei & A. K. Monro, a quo caulibus apice puberulis, foliorum laminis subtus puberulis semi-triplinervibus, involucro pistillato ca. 22-bracteatis, bracteo-lis pistillatis superne ciliatis differt.

Perennial herbs, turning black when drying. Stems ca. 4 caespitose, 14 – 28 cm tall, 1.2 – 2.2 mm across near base, sparsely puberulous at apex, simple or 1-branched. Leaves sessile; blades papery, obliquely oblanceolate or narrow-obovate, 3 – 9.5 cm long, 1.2 – 2.6 cm broad, apex caudate-acuminate, base obliquely cuneate or at leaf broad side subauriculate, margin denticulate; surfaces adaxially glabrous, abaxially on nerves puberulous; venation semi-triplinerved, with (1 –) 2 pairs of lateral nerves; cystoliths conspicuous or obscure, dense, bacilliform, 0.1 – 0.6 mm long; stipules membranous, linear-lanceolate or narrow-ovate, 4.5 – 7 mm long, 1.2 – 1.5 mm broad, 1-nerved, glabrous. Staminate capitula singly axillary, ca. 10 mm long; peduncle ca. 3 mm long, puberulous; receptacles inconspicuous; bracts 6, 2-seriate, abaxially puberulous, outer bracts 2, opposite, larger, deltoid or rounded-ovate, 1.5 – 3 mm long, 4 – 5 mm broad, connate at base, apex corniculate, inner bracts 4, smaller, ovate or broad-ovate, 3 mm long, 3 – 4 mm broad, apex corniculate; bracteoles dense, semi-hyaline, oblanceolate-linear or linear, 1.2 – 3.2 mm long, 1-nerved, above ciliate. Staminate flower buds obovoid, 2 mm in diam., apex densely puberulous. Pistillate capitula singly axillary, 6 mm long; peduncle ca. 0.5 mm long; receptacles subquadrate, ca. 4.5 mm long, 4 mm broad, 2-lobed at the middle, glabrous; bracts ca. 22, triangular, rarely deltoid, 0.7 – 1 mm long, 0.6 – 1.4 mm broad, puberulous, of them 3 – 4 bracts at apex corniculate; bracteoles dense, membranous, semi-hyaline, obanceolate-linear or broad-lanceolate, 1 – 2.2 mm long, 0.15 – 0.8 mm broad, above ciliate. Pistillate flower: pedicel ca. 0.6 mm long; tepals wanting; ovary narrow-obovoid, 0.7 mm long; stigma globose, 0.1 mm long.

多年生草本, 全体干后变黑色。茎约 4 条丛生, 高 14 – 28 cm, 基部粗 1.2 – 2.2 mm, 顶部疏被短柔毛, 不分枝或有 1 分枝。叶无柄; 叶片纸质, 斜倒披针形或斜狭倒卵形, 长 3 – 9.5 cm, 宽 1.2 – 2.6 cm, 顶端尾状渐尖, 基部斜楔形或在宽侧近耳形, 边缘下方 1/3 全缘, 其他部分具小牙齿, 上面无毛, 下面脉上被短柔毛, 半离基三出脉, 侧脉 (1 –) 2 对, 在两面平, 钟乳体明显或不明显, 密, 杆状, 长 0.1 – 0.6 mm; 托叶膜质, 条状披针形或狭卵形, 长 4.5 –

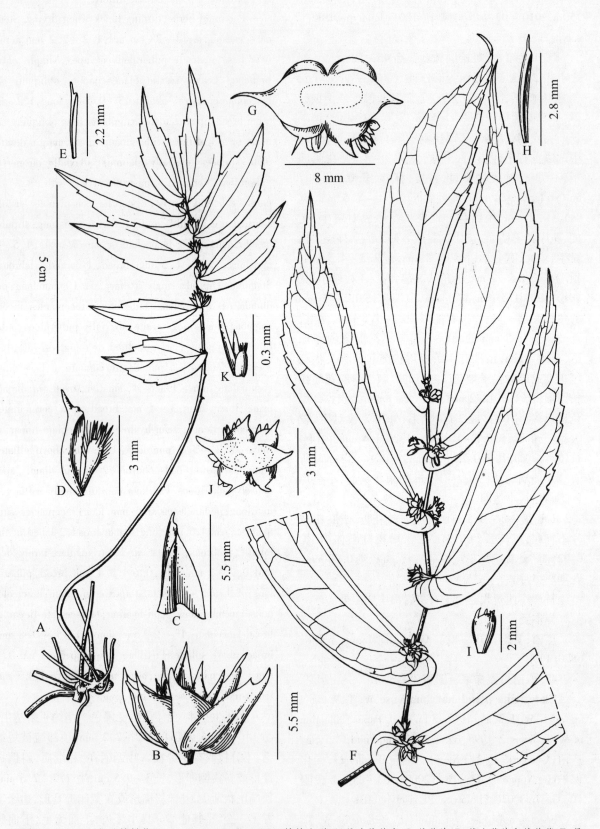

图版27 A－E. 折苞楼梯草 *Elatostema conduplicatum* A. 植株全形, B. 雄头状花序, C. 雄苞片, D. 雄小苞片和雄花蕾, E. 另一雄小苞片。(自 Wang, 2010) F－K. 贺州楼梯草 *E. hezhouense* F. 开花茎上部, G. 雄头状花序 (下面观), H. 雄小苞片, I. 雄花蕾, J. 雌头状花序 (下面观), K. 雌小苞片和雌花。(自 Wang et al., 2011)

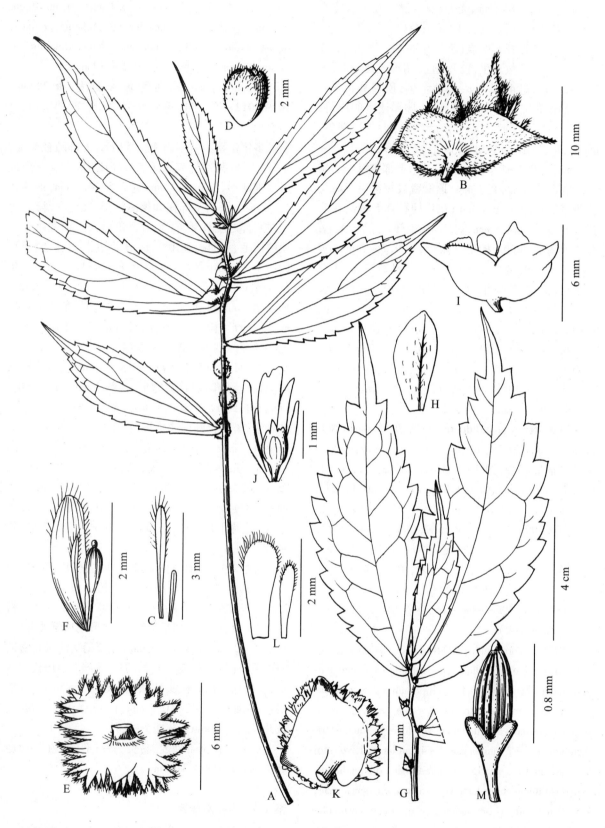

图版 28　A－F. 拟南川楼梯草 *Elatostema pseudonanchuanense* A. 植株全形, B. 雄头状花序, C. 雄小苞片, D. 雄花蕾, E. 雌头状花序(下面观), F. 雌小苞片和雌花。(据 holotype) G－M. 粗齿楼梯草 *E. grandidentatum* G. 开花茎顶部, H. 托叶, I. 雄头状花序, J. 雄小苞片和雄花蕾, (据 paratype) K. 雌头状花序(下面观), L. 雌小苞片, M. 瘦果和宿存花被片。(据杨永, 刘冰等 565)

7 mm,宽 1.2 - 1.5 mm,无毛,有 1 脉。雄头状花序单生于茎顶端叶腋,约长 10 mm;花序梗长约 3 mm,被短柔毛;花序托不明显;苞片 6,排成 2 层,背面被短柔毛,外层 2 枚对生,较大,正三角形或圆卵形,长 1.5 - 3 mm,宽 4 - 5 mm,基部合生,顶端具长 1 - 2 mm 的角状突起,内层 4 枚较小,卵形或宽卵形,长 3 mm,宽 3 - 4 mm,顶端具角状突起;小苞片密集,膜质,半透明,倒披针状条形或条形,长 1.2 - 3.2 mm,宽 0.1 - 0.25 mm,有 1 脉,上部被缘毛。雄花蕾宽倒卵球形,宽 2 mm,顶端密被短柔毛。雌头状花序单生叶腋,长 6 mm;花序梗长 0.5 mm;花序托近方形,长约 4.5 mm,宽 4 mm,中部 2 浅裂,无毛;苞片约 22,三角形,稀正三角形,长 0.7 - 1 mm,宽 0.6 - 1.4 mm,被柔毛,3 - 4 枚顶端具短突起;小苞片密集,膜质,半透明,倒披针状条形或宽披针形,长 1 - 2.2 mm,宽 0.15 - 0.8 mm,上部被缘毛。雌花:花梗长约 0.6 mm;花被片不存在;雌蕊长 0.8 mm,子房狭倒卵球形,长 0.7 mm,柱头球形,长 0.1 mm。花期 3 月。

特产广西那坡。生于石灰岩山中阴湿处。

49. 粗齿楼梯草　图版 28:G - M

Elatostema grandidentatum W. T. Wang in Acta Phytotax. Sin. 17(1):107,fig. 2:11 - 12. 1979;并于西藏植物志 1:549,图 176:11 - 12. 1983;Grierson & Long in Not. R. Bot. Gard. Edinb. 40(1):130. 1982;et Fl. Bhutan 1(1):118. 1983;王文采于中国植物志 23(2):240. 1995;Q. Lin et al. in Fl. China 5:142. 2003;W. T. Wang in Fu et al. Paper Collection of W. T. Wang 2:1095. 2012.　Type:西藏:通麦,那加,alt. 3100m,1952 - 07 - 04,钟补求 6728(♂,holotype,PE);易贡,alt. 2400m,1965 - 07 - 11,应俊生,洪德元 535(♂,paratype,PE)。

Ad descr. orig. add. : Capitula pistillata singulariter axillaria,4 - 7 mm in diam. ;pedunculus ca. 2 mm longus,glaber;receptaculum late ellipticum,ca. 5 mm longum,margine inferne pilosum;bracteae ca. 17,2-seriatae,eae externae ca. 2,deltoidae vel depresse lateque triangulares,1.5 - 2 mm longae,2 - 4 mm latae,dorso pilosae,eae internae ca. 15,membranaceae,subquadratae,transversaliter rectangulares vel ovatae,ca. 1 mm longae,0.5 - 2 mm late,dense ciliatae,apice breviter corniculatae;bracteolae dense,membranaceae,albae vel superne viridulae,cuneiformes vel anguste oblanceolatae,1.6 - 2 mm longae,0.3 - 1 mm late,apice erosiusculae et dense ciliolatae. Flos pistillatus:tepala 3,0.05 mm longa:ovarium longe ovoideum,ca. 0.4 mm longum;stigma anguste lineare,ca. 0.5 mm longum. Achenia brunnea,anguste ovoidea,ca. 0.8 mm longa,longitudinaliter 13-costata;tepala persistentia ca. 0.2 mm longa.

Voucher specimen:西藏:波密,通麦,alt. 2000m,林下,2012 - 08 - 04,杨永,刘冰,林秦文,赖阳均,冯涛 565(♀,PE)。

多年生草本。茎高 40 - 50 cm,上部疏被柔毛,不分枝。叶具短柄或无柄;叶片薄纸质,斜椭圆形或斜狭椭圆形,长 6 - 12 cm,宽 2.5 - 4.7 cm,顶端骤尖(尖头全缘),基部在叶狭侧楔形,在宽侧耳形,边缘在基部之上具牙齿(牙齿三角形),上面散生少数短糙伏毛,下面疏被短柔毛,半离基三出脉,侧脉每侧约 4 条,在叶宽侧基生脉之下还有 1 - 2 条短基生脉,钟乳体明显或稍明显,密,杆状,长 0.2 - 0.5 mm;叶柄长达 2 mm;托叶膜质,白色,半透明,条状披针形或狭倒卵形,长约 3.5 mm,沿背面绿色中脉疏被柔毛和稀疏纵列钟乳体。花序雌雄异株。雄头状花序具短梗,直径约 5 mm;花序梗长约 1 mm;花序托小,不明显;苞片 2,船状宽卵形,长约 3 mm,基部合生,顶端有长约 1.5 mm 的粗角状突起,疏被柔毛;小苞片密集,楔状长圆形或条形,长 2.5 - 3.5 mm,无毛。雄花有细长梗,无毛:花被片 4,椭圆形,长约 1.6mm,基部合生,约 2 枚顶端具有短角状突起;雄蕊 4。雌头状花序单生叶腋,直径 4 - 7 mm,具短梗;花序梗长约 2 mm,无毛;花序托宽椭圆形,长约 5 mm,边缘下部有疏毛;苞片约 17 枚,排成 2 层,外层苞片约 2 枚,正三角形或扁三角形,长 1.5 - 2 mm,宽 2 - 4 mm,背面有疏毛,内层苞片 15 枚,膜质,近方形,横长方形或卵形,长约 1 mm,宽 0.5 - 2 mm,密被缘毛,顶端有 1 短角状突起;小苞片密集,膜质,白色或上部呈淡绿色,楔形或狭倒披针形,长 1.6 - 2 mm,宽 0.3 - 1 mm,顶端稍啮蚀状并密被短缘毛。雌花:花被片 3,长约 0.05 mm;子房狭卵球形,长约 0.4 mm;柱头狭条形,长约 0.5 mm。瘦果褐色,狭卵球形,长约 0.8 mm,有 13 条纵肋;宿存花被片长约 0.2 mm。花期 7 - 8 月。

广西藏东南部通麦、易贡一带;不丹。生于山地林中,海拔 2000 - 3100m。

系 4. 小叶楼梯草系

Ser. **Parva** W. T. Wang in Bull. Bot. Lab. N. -E. Forest. Inst. 7:34. 1980,p. p. ;于中国植物志 23(2):228. 1995,p. p. ;et in Fu et al. Paper Collection of W. T. Wang 2:1081. 2012,p. p.　Type:*E. parvum*(Bl.) Miq.

Ser. *Parvioida* W. T. Wang in Guihaia 32（4）：427. 2012, syn. nov. Type：*E. parvioides* W. T. Wang.

Series haec est arcte affinis Ser. *Monandris* W. T. Wang, a qua acheniis longitudinaliter costatis et tuberculatis differt.

本系在亲缘关系上与异叶楼梯草系 Ser. *Monandra* 甚为相近，区别特征在于本系的瘦果具纵肋和瘤状突起，在异叶楼梯草系瘦果只具纵肋。

本系在我国有 20 种、5 变种（其中 7 种、5 变种特产我国），分布于西南和中南部。

1. 退化叶存在。
　2. 叶具三出脉；雌花被片 3 ……………………………………………… 50. 小叶楼梯草 **E. parvum**
　　3. 叶顶端渐尖或急尖 ……………………………………………………… 50a. 模式变种 var. **parvum**
　　3. 叶顶端骤尖 ……………………………………………………… 50b. 骤尖小叶楼梯草 var. **brvicuspe**
　2. 叶具半离基三出脉。
　　4. 叶下面脉上被短柔毛，钟乳体长达 0.5 mm；雄小苞片不呈船形；雄花五基数 ………… 51. 对叶楼梯草 **E. sinense**
　　　5. 雄苞片无突起或顶端有长达 0.4 mm 的角状突起。
　　　　6. 茎上部被较密短毛；雄苞片有长达 0.4 mm 的角状突起，背面上部有不明显的 1－3 条短纵肋；雌花被片不存在 ……………………………………………………… 51a. 模式变种 var. **sinense**
　　　　6. 茎无毛或顶部疏被短毛；雄苞片无角状突起，背面有 5 条绿色纵肋；雌花被片 3
　　　　　………………………………………………………………… 51b. 新宁楼梯草 var. **xinningense**
　　　5. 雄苞片的角状突起长 1－2 mm ……………………………… 51c. 角苞楼梯草 var. **longecornutum**
　　4. 叶下面无毛，钟乳体长 0.1－0.3 mm；雄小苞片船形；雄花四基数；雄苞片无角状突起 ……………
　　　………………………………………………………………………… 52. 武冈楼梯草 **E. wugangense**
1. 退化叶不存在。
　7. 雄、雌苞片无任何突起（在 *E. imbricans*，内层雌苞片顶端有短突起）。
　　8. 茎有毛。
　　　9. 茎高约 32 cm，有 5 条短分枝，被短糙伏毛；雌总苞的苞片 10 枚，条形，只被缘毛 ……………
　　　………………………………………………………………………… 53. 拟小叶楼梯草 **E. parvioides**
　　　9. 茎高 3－16 cm，不分枝。
　　　　10. 茎高 13－16 cm；雌总苞的苞片约 30 枚，狭披针形，背面密被短柔毛 ……… 54. 西畴楼梯草 **E. xichouense**
　　　　10. 茎高 3－7.5 cm；雌总苞的苞片 8 枚，三角形，只被缘毛 ………… 55. 小果楼梯草 **E. microcarpum**
　　8. 茎无毛。
　　　11. 叶具半离基三出脉 …………………………………………… 57. 三茎楼梯草 **E. tricaule**
　　　11. 叶具三出脉 …………………………………………………… 60. 刀叶楼梯草 **E. imbricans**
　7. 雄、雌苞片顶端均具角状突起或其他形状突起，稀背面有纵肋（在 *E. apicicrassum* 和 *E. attenuatoides*，雌苞片无任何突起）。
　　12. 叶具三出脉。
　　　13. 叶无毛 …………………………………………………………… 59. 疏晶楼梯草 **E. hookerianum**
　　　13. 叶有毛.
　　　　14. 叶片边缘中部之上有小牙齿。
　　　　　15. 茎顶部被短柔毛。
　　　　　　16. 茎上部的叶顶端长渐尖，叶片狭侧有 2－3 条侧脉 ………… 56. 荔波楼梯草 **E. liboense**
　　　　　　16. 茎上部的叶顶端通常急尖，叶片狭侧有 1 条侧脉 ………… 63. 厚叶楼梯草 **E. crassiusculum**
　　　　　15. 茎无毛 …………………………… 66b. 短角凤山楼梯草 **E. fengshanense** var. **brachyceras**
　　　　14. 叶片边缘自基部至顶端具密集的齿。
　　　　　17. 叶片边缘具牙齿 ………………………………………… 58. 密齿楼梯草 **E. pycnodontum**
　　　　　17. 叶片边缘具浅钝齿或浅波状小齿 ……………………… 66. 凤山楼梯草 **E. fengshanense**
　　　　　　18. 雌总苞的所有苞片顶端均具长 0.5－1 mm 的角状突起 ………… 66a. 模式变种 var. **fenshanense**
　　　　　　18. 雌总苞的部分苞片无任何突起，另部分苞片顶端有长 0.1－0.25 mm 的角状突起 ……………
　　　　　　　……………………………………… 66b. 短角凤山楼梯草 var. **brachyceras**

12. 叶具半离基三出脉.

　19. 叶无毛。

　　20. 托叶半透明,具暗褐色条纹;植株干后变黑色。

　　　21. 托叶有多数密集纵列的短条纹;叶片顶端具全缘的骤尖头 ………… 61. 星序楼梯草 **E. asterocephalum**

　　　21. 托叶有 5 - 9 条长纵条纹 ……………………………………… 62. 革叶楼梯草 **E. coriaceifolium**

　　　　22. 叶片顶端急尖或微钝;雌苞片三角形,疏被短缘毛或无毛;雌小苞片不裂,无毛或疏被短缘毛 ………

　　　　………………………………………………………… 62a. 模式变种 var. **coriaceifolium**

　　　　22. 叶片顶端长渐尖;雌苞片条状三角形或近条形,被长缘毛;雌小苞片顶端常 2 浅裂,被长缘毛,毛长 0.3

　　　　- 0.7 mm ……………… 62b. 长尖革叶楼梯草 var. **acuminatissimum**

　　20. 托叶不半透明,无条纹;植株干后不变黑色。

　　　23. 叶片干时下面变为褐色;雌花序托小,不明显;雌总苞的苞片 7 枚,其中 2 枚对生苞片顶端具鸟头状突起,

　　　　其他 5 枚顶端具角状突起 ……………………………… 68. 鸟喙楼梯草 **E. ornithorrhynchum**

　　　23. 叶片干时下面不变为褐色;雌花序托盘状长方形,明显,长 3 - 6 mm;雌总苞的苞片或其中 2 枚顶端具角

　　　　状突起,或全部苞片无任何突起。

　　　　24. 雄总苞的所有苞片均在顶端具角状突起,突起长 0.5 - 3 mm;雌总苞的苞片顶端变厚,无任何突起

　　　　………………………………………………………… 64. 厚苞楼梯草 **E. apicicrassum**

　　　　24. 雄总苞的外层 2 对生苞片顶端具披针状条形,长 3.5 - 7 mm 的较大突起;雌总苞苞片不变厚,外层 2 苞

　　　　片顶端具角状突起,内层苞片无任何突起 ……………… 69. 宜昌楼梯草 **E. ichangense**

　19. 叶有毛。

　25. 茎无毛 ……………………………………………………………… 65. 少叶楼梯草 **E. paucifolium**

　25. 茎有毛 ……………………………………………………………… 67. 拟渐狭楼梯草 **E. attenuatoides**

50. 小叶楼梯草

Elatostema parvum (Bl.) Miq. in Zoll. Syst. Verz. Ind. Archip. 102. 1854;H. Schröter in Repert. Sp. Nov. Regni Veg. Beih. 83(2):156. 1936;海南植物志 2:409. 1965;Backer & Bakh. f. Fl. Java 2:43. 1965;王文采于东北林学院植物研究室汇刊 7:35. 1980;Lauener in Not. R. Bot. Gard. Edinb. 40(3):489. 1983;张秀实等于贵州植物志 4:49. 1989;王文采于中国植物志 23(2):228,图版 45:8 - 10. 1995;Y. P. Yang et al. in Bot. Bull. Acad. Sin. 36(4):268. 1995;et in Fl. Taiwan,2nd ed. ,2:213,photo 86. 1996;李锡文于云南植物志 7:270. 1997;Q. Lin et al. in Fl. China 5:138. 2003;王文采于广西植物志 2:853. 2005;阮云珍于广东植物志 6:72. 2005;W. T. Wang in Fu et al. Paper Collection of W. T. Wang 2:1084. 2012.——*Procris parva* Bl. Bijar. 409. 1825.

Elatostema stracheyanum Wedd in Ann. Sei. Nat. ser. 4,1:188. 1854;et in DC. Prodr. 16(1):189. 1869;Hook. f. Fl. Brit. Ind. 5:567. 1888;Hand. -Mazz. Symb. Sin. 7:146. 1929;H. Schröter in l. c. 154. 1936;Grierson & Long,Fl. Bhutan 1(1):123. 1983;林祁等于西北植物学报 29(9):1913. 1983. Lectotype:India:Kumaon,Strachey & Winterbottum 5 (P—Lin et al. ,1983 ,non vidi).

E. minutum Hayata in J. Coll. Sci. Univ. Tokyo 25 (9):198. 1908;Liu & Huang in Fl. Taiwan 2:181. 1976. Isotype:台湾:阿里山,U. Faurie 612(IBSC)。

Pellionia esquirolii Lévl. in Repert. Sp. Nov. Regni Veg. 11:551. 1913. Holotype:贵州:sine loc. ,1906 - 05 - 10,Esquirol s. n. (E,non vidi).

50a. var. parvum 图版 29:A - G

多年生草本。茎直立或渐升,高 8 - 30 cm,下部常卧地生根,不分枝或分枝,密被反曲的糙毛。叶无柄或具极短柄;叶片草质,斜倒卵形、斜倒披针形或斜长圆形,有时稍镰状弯曲,长(1.5 -)2.8 - 8 cm,宽 1 - 2.8 cm,顶端渐尖或急尖,基部斜楔形或在宽侧圆形或近耳形,边缘在基部之上有锯齿,上面有疏伏毛或近无毛,下面沿中脉及下部侧脉被短粗糙毛,三出脉或半离基三出脉,侧脉在每侧 3 - 5 条,钟乳体多少明显,密,长 0.2 - 0.6 mm;退化叶存在,有时不存在,长圆形,长 3 - 9 mm;托叶披针形或条形,长 4 - 7 mm,宽达 1.2 mm。花序雌雄同株或异株。雄花序无梗或具短梗,近球形,直径 3 - 5 mm,有 2 - 15 花;花序托不明显;苞片 4 - 6,2 枚对生较大,近圆形,直径约 3 mm,背面有 4 条纵纹,顶端有角状突起,疏被短缘毛,较小苞片卵状长圆形,长 3 - 4 mm,宽约 1 mm;小苞片约 10,半透明,长圆形或狭卵形,长 1.2 - 4 mm,无毛。雄花有短梗:花被片 5,椭圆形,长约 1.2 mm,顶部疏被短毛,角状突起长 0.5 mm;雄蕊 5;退化雌蕊长 0.2 mm。雌头状

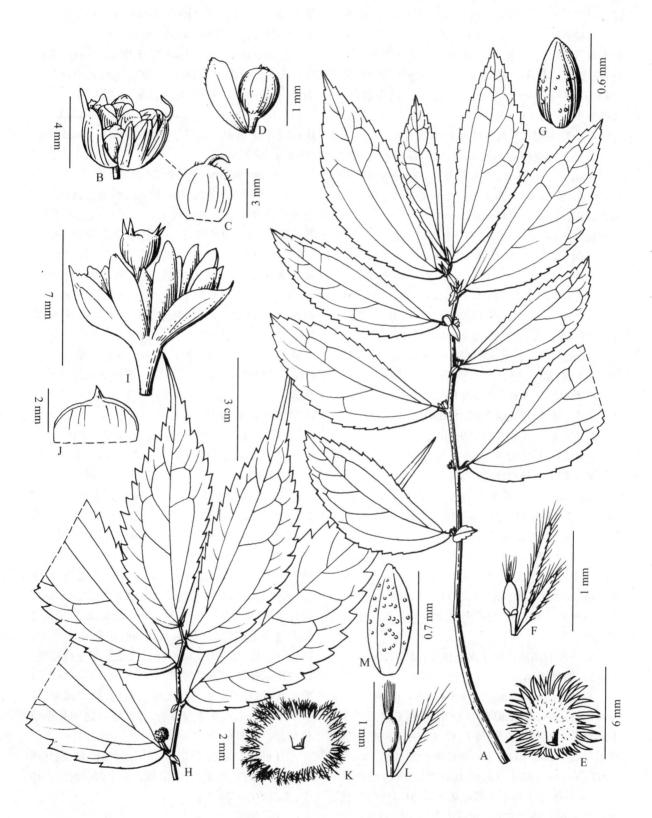

图版 29　A－G. 小叶楼梯草 *Elatostema parvum* A. 开花茎, B. 雄头状花序, C. 雄苞片, D. 雄小苞片和雄花蕾, E. 雌头状花序(下面观), F. 雌小苞片和雌花, G. 瘦果。(据王启无 76320) H－M. 对叶楼梯草 *E. sinense* var. *sinense* H. 开花茎顶部, I. 雄头状花序, J. 雄苞片, (据旷月秋 1126) K. 雌头状花序(下面观), L. 雌小苞片和雌花, M. 瘦果。(据湘西队 124)

花序无梗或具短梗,直径 4 - 6 mm,有多数密集的花;花序托直径约 2 mm,被短伏毛;苞片多数,狭条形或狭披针形,长 1 - 1.5 mm,背面被短伏毛;小苞片多数,密集,条形,长 0.8 - 1.6 mm,密被缘毛。雌花:花被片 3,小,长约 0.05 mm;子房狭椭圆体形,长 0.4 mm;柱头小,画笔头状,长 0.1 mm。瘦果褐色,狭卵球形,长约 0.6 mm,有约 6 条细纵肋,并在纵肋之间有少数小瘤状突起。花期 7 - 8 月。

分布于云南中部和南部、重庆南部(南川)、贵州西南部、广西、海南、广东北部、台湾;尼泊尔、不丹、印度北部、印度尼西亚。生于山谷林下,石上或沟边,海拔 1000 - 2800m。

标本登录:

云南:澜沧,王启无 76772(PE);勐海,王启无 76320,74831(PE);景洪,王启无 79304,79693(PE);镇越,王启无 80082(PE);勐腊,高天刚 451(PE);大围山,税玉民等 12026(PE);广南,税玉民等 1302(PE);昆明,昆明工作站 51899(PE)。

贵州:兴义,贵州队 6098(PE);清镇,邓世纬 90345(IBSC)。

广西:凌云,秦仁昌 6867(PE)。

海南:保亭,侯宽昭 72587(IBSC)。

广东:曲江,高锡朋 50299(IBSC)。

台湾:南投,吴增源,刘杰等 2012408(PE)。

50b. 骤尖小叶楼梯草(变种)

var. brevicuspe W. T. Wang in Acta Phytotax. Sin. 28(3):312.1990;并于中国植物志 23(2):229.1995;Q. Lin et al. in Fl. China 5:139.2003;W. T. Wang in Fu et al. Paper Collection of W. T. Wang 2:1085.2012. Holotype:西藏:墨脱,背崩,布琼山,alt. 920m,1980 - 07 - 10,植物所生态室队 11033(PE)。

与小叶楼梯草的区别:叶顶端有狭披针形的短骤尖头。

特产西藏墨脱。生于山地林边,海拔 920m。

51. 对叶楼梯草

Elatostema sinense H. Schröter in Repert. Sp. Nov. Regni Veg. Beih. 83(2):152.1936;王文采于东北林学院植物研究室汇刊 7:37.1980;于横断山区维管植物 1:336.1993;于中国植物志 23(2):230,图版 47:3.1995;并于武陵山地区维管植物检索表 133.1995;张秀实等于贵州植物志 4:51.1989;李锡文于云南植物志 7:276.1997;李丙贵于湖南植物志 2:296.2000;Q. Lin et al. in Fl. China 5:139.2003;王文采于广西植物志 2:853.2005;杨昌煦等,重庆维管植物检索表 153.2009;W. T. Wang in Fu et al. Pa-

per Collection of W. T. Wang 2:1085.2012. Holotype:湖南;武冈,云山,alt. 1180 - 1350m,1918 - 08 - 15,Handel-Mazzetti 12489(W,non vidi)。

E. sinense var. trilobatum W. T. Wang in Bull. Bot. Res. Harbin 9(2):69.1989. Holotype:云南:禄劝,撒永山,1966 - 02 - 01,朱维明等 314(YUNU)。

E. sessile Forst. var. *pubescens* auct. non Hook. f.:Hand. -Mazz. Symb. Sin. 7:145.1929. p. p. quoad Handel-Mazzetti 12489.

51a. var. sinense 图版 29:H - M

多年生草本。茎高 20 - 40 cm,不分枝,稀分枝,上部稍密被向下反曲的短毛。叶具短柄或近无柄;叶片草质,斜椭圆形至斜长圆形,长 3.5 - 9.5 cm,宽 1.5 - 2.8 cm,顶端渐尖或尾状渐尖,基部狭侧楔形,宽侧宽楔形、圆形或近耳形,边缘在基部之上有牙齿,上面散生少数短硬毛,下面或全部或只在脉上疏被短毛,半离基三出脉,侧脉在叶狭侧约 4 条,在宽侧 5 - 7 条,钟乳体明显,密,线形,长 0.3 - 0.5 mm;叶柄长 1 - 3 mm;托叶披针状条形或披针形,长 4 - 6 mm。退化叶小,椭圆形,长 3 - 5 mm,全缘或有少数齿。花序雌雄异株。雄花序腋生,直径 2 - 7 mm;花序托极小或不存在;花序梗 1 - 2.5 mm,有疏毛或无毛;苞片数个,2 枚较大者扁宽卵形或宽倒卵形,长 2 - 2.5 mm,宽约 4 mm 有短睫毛,顶端有或无短突起,突起长达 0.4 mm,较小者长圆形,宽约 1.2 mm;小苞片多数,膜质,长圆形或条形,长 2 - 2.5 mm,上部有短缘毛。雄花:花梗长 2 - 3 mm,无毛;花被片 5,狭椭圆形,长约 1.5 mm,基部合生,外面无突起,顶端有疏短毛;雄蕊 5;退化雌蕊长约 0.1 mm。雌头状花序具极短梗,直径约 5 mm,有多数花;花序托长方形或椭圆形,长约 3 mm;花序梗长约 1 mm;苞片多数,狭条形,长 1 - 1.2 mm,密被缘毛,有时 2 较大苞片正三角形,长约 1.2 mm;小苞片多数,密集,条形,长 0.8 - 1.5 mm,有长缘毛。雌花具短梗:花被片不存在;子房椭圆体形,长约 0.3 mm;柱头画笔头状,约与子房等长。瘦果淡黄色,狭卵球形,长 0.6 - 0.7 mm,具 5 条细纵肋,并在纵肋之间具小瘤状突起。花期 6 - 9 月。

分布于云南、广西北部、贵州、陕西南部、湖北西部、湖南、江西、福建、安徽南部。生于山谷沟边或林中,海拔 500 - 2000m。

叶可饲猪。

标本登录(所有标本均存 PE):

云南:腾冲,Gaoligong Shan Biod. Survey 29547,30287;维西、王启无 67625,蔡希陶 57849,570901;

兰坪,蔡希陶 54040;砚山,王启无 84630。

广西:那坡,韦毅刚 06392;西林,韦毅刚 06302;田林,韦毅刚 0739;兴安,余少林 900342。

贵州:毕节,禹平华 259;安龙,贵州队 4395;纳雍,毕节队 398,640;独山,蒋英 6945;施秉,武陵山队 2583;德江,黔北队 1778;梵净山,西部科学院 3469,Bartholomew,Boufford 和应俊生等 2290B。

重庆:酉阳,刘正宇 6656,7100;金佛山,刘正宇 4410,10403;城口,戴天伦 101601。

湖北:建始,周鹤昌 1342;巴东,陈权龙等 1950;兴山,李洪钧 669,1441。

湖南:壶瓶山,壶瓶山队 Y - 012;桑植,北京队 2274,4264;慈利. 湘西队 84 - 124;雪峰山,李泽棠 3138;新宁,罗林波 213;武冈,云山,罗毅波 109,112,段林东 2002057 - 063;衡山,旷月秋 1126。

江西:铜鼓,赖书绅 667,3527;修水,谭策铭 94787;黎川,王名金 2279;上饶,? 4857。

安徽:休宁,刘晓龙 434。

51b. 新宁楼梯草(变种)

var. **xinningense** (W. T. Wang) L. D. Duan & Q. Lin in Acta Phytotax. Sin. 41 (5) : 495. 2003;Q. Lin et al. in Fl. China 5 : 139. 2003.——*E. xinningense* W. T. Wang in Guihaia 5(3):323,fig. 1. 1985;并于中国植物志 23(2):240,图版 48. 1995;李丙贵于湖南植物志 2:300. 2000;W. T. Wang in Fu et al. Paper Collection of W. T. Wang 2:1092. 2012. Holotype:湖南:新宁,紫云山,alt. 900m,1984 - 07 - 13,新宁队 495(PE)。

本变种与对叶楼梯草的区别在于本变种的茎无毛或在顶端有少数短毛,雄总苞外方 2 枚较大苞片在背面有 5 条深绿色纵肋;雌花有 3 枚长 0.1 mm 的花被片。

特产湖南新宁。生于山谷林中,海拔 900 - 1050m。

标本登录:

湖南:新宁,舜皇山,段林东,2002043 - 2002049(PE)。

51c. 角苞楼梯草(变种)

var. **longecornutum** (H. Schröter) W. T. Wang in Bull. Bot. Lab. N. -E. Forest. Inst. 7 : 37. 1980;并于中国植物志 23(2):230. 1995;Q. Lin et al. in Fl. China 5:139. 2003;W. T. Wang in Fu et al. Paper Collection of W. T. Wang 2:1085. 2012.——*E. longecornutum* H. Schröter in Repert. Sp. Nov. Regni Veg. Beih. 83 (2):153. 1936. Syntypes:云南:Kulongtching, Maire

s. n. (W, non vidi);Lonki, Delavay s. n. (P, non vidi). 四川:峨眉山,Faber 442(E,non vidi)。

与对叶楼梯草的区别:雄头状花序外方苞片的角状突起较长,长 1 - 2 mm;雌花序托明显,长方形,长 4 - 5 mm。

分布于四川西部(自布拖向北至青城山)和云南东北部。生于山谷林下,海拔 1900 - 2800m。

标本登录:

四川:布拖,凉山经济植物队 59 - 5812(PE);荥经,赵清盛 1421;洪溪,凉山经济植物队 59 - 1136;峨眉山,方文培 17735,关克俭等 1911,2716,4176;二郎山,蒋兴麐 34885,姜恕等 01854,关克俭,王文采等 2005,2096,2960;宝兴,曲桂龄 2703,3316,3477,关克俭,王文采等 2662;青城山,刘慎谔 10104,吴中伦 33763。

52. 武冈楼梯草 图版 30

Elatostema wugangense W. T. Wang in J. Syst. Evol. 50(5):574,fig. 1. 2012. Holotype:湖南:武冈,照面山,alt. 1300m,1987 - 08 - 08,武冈林场 1112(PE)。

多年生草本。茎柔软,高约 30 cm,粗 2 mm,近顶部密被褐色短硬毛,不分枝,约有 8 叶。叶具短柄或无柄;叶片薄纸质,斜椭圆形,长 1.6 - 7 cm,宽 1 - 3 cm,顶端渐尖,稀急尖,基部狭侧楔形,宽侧近耳形或圆形,边缘有牙齿,上面有极疏糙伏毛,下面无毛,半离基三出脉或近羽状脉,侧脉 4 - 5 对,两面平;钟乳体稍密,杆状,长 0.1 - 0.3 mm;叶柄长达 3 mm,无毛;托叶膜质,白色,披针状条形,长 3 - 4 mm,宽 0.6 - 1 mm,无毛。退化叶披针状条形或椭圆形,长 2 - 4.5 mm,宽 0.8 - 1 mm,全缘,或卵形,长 4 mm,宽 2.2 mm,有 2 小齿,无毛。雄头状花序成对腋生,直径(3 -)5 mm;花序梗长约 1.8 mm,无毛;花序托不明显;苞片 6,白色,不等大,宽卵形或长方形,长 2 - 2.6 mm,宽 1.2 - 2.2 mm,较大者背面上部有 1 - 3 条绿色纵肋,近无毛;小苞片密集,船形,长 2 - 3 mm,宽 1.5 - 2 mm,背面中脉被短柔毛或近无毛。雄花蕾具短梗,直径约 0.8 mm,无毛,顶端有 4 条细角状突起。雌头状花序未见。花期 8 月。

特产湖南武冈。生于山谷溪边阴湿处,海拔 1300m。

53. 拟小叶楼梯草 图版 31:A - D

Elatostema parvioides W. T. Wang in Guihaia 32 (4):427,fig. 1:A - D. 2012. Holotype:云南:个旧,曼耗,沙珠底,alt. 850m,2002 - 09 - 06,税玉民等 15930(PE)。

多年生草本。茎高约 32 cm,近基部粗约 1 mm,

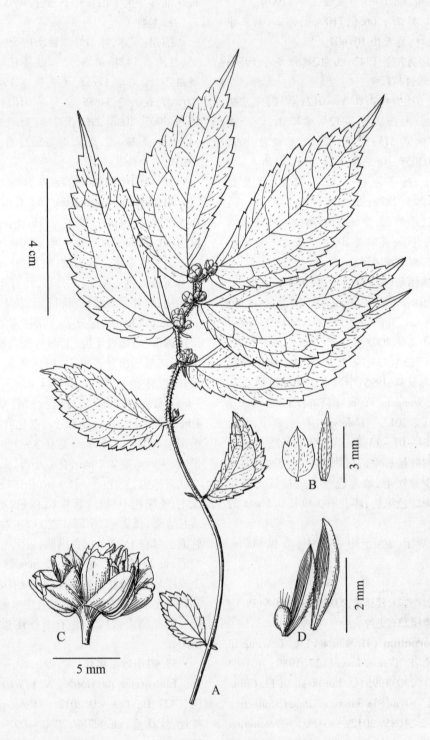

图版 30 武冈楼梯草 *Elatostema wugangense* A. 开花茎上部, B. 2 退化叶, C. 雄头状花序(侧面观), D. 雄小苞片和雄花蕾。
（据 holotype）

上部密被反曲短糙毛(毛长0.2 mm),从下部到上部有5条长2.5-4 cm的短分枝。叶具短柄或无柄;叶片纸质,斜长圆形或斜椭圆形,长(0.5-)1.5-6 cm,宽(0.4)1-2.5 cm,顶端急尖或短渐尖,基部斜楔形或斜圆形,边缘具小牙齿,上面无毛,下面脉上被短糙伏毛,半离基三出脉,侧脉3-4对,钟乳体明显,密集,杆状,长0.2-0.7 mm;叶柄长0-3 cm;托叶绿色,狭卵形或披针形,长2-3.2 mm,宽0.3-0.9 mm,无毛。雄头状花序未见。雌头状花序单生叶腋,直径1.5-3 mm,无梗;花序托小,不明显;苞片约10,条形,长约1 mm,宽0.3 mm,密被缘毛;小苞片密集,上部绿色,下部半透明,条形,长0.5-1.2 mm,宽0.15 mm,顶端密被缘毛。雌花具短梗:花被片不存在;子房狭椭圆体形,长约0.3 mm;柱头近球形,直径约0.1mm。瘦果淡褐色,卵球形,长约0.6 mm,高0.3 m,具6条纵肋,并在纵肋之间具瘤状突起。花期8-9月。

特产云南个旧。生于石灰岩山林中,海拔850m。

54. 西畴楼梯草　图版31:E-H

Elatostema xichouense W. T. Wang in Bull. Bot. Lab. N.-E. Forest. Inst. 7:39. 1980;并于中国植物志23(2):238.1995;李锡文于云南植物志7:278,图版69:3-5.1997;Q. Lin et al. in Fl. China 5:142. 2003;W. T. Wang in Fu et al. Paper Collection of W. T. Wang 2:1088. 2012. Holotype:云南:西畴,董棕槽,alt,1340m,1964-05-07,王守正140(PE)。

多年生草本。茎高13-16 cm,不分枝,近顶部处被短柔毛。叶无柄或近无柄,斜长圆状倒卵形或斜狭椭圆形,长3-7.4 cm,宽1.4-2 cm,顶端尾状(尖头全缘),基部狭侧楔形,宽侧耳形(耳垂部分长达3 mm),边缘下部全缘,中部之上有小齿,上面疏被短糙伏毛,下面沿脉被短柔毛,半离基三出脉,侧脉约3对,不清晰,钟乳体密,不太明显,长0.3-0.8 mm;托叶膜质,宽披针形,长约3 mm,沿中肋有短伏毛。雄花序未见。雌头状花序单生叶腋,具短梗或无梗,直径2.5-5 mm;花序梗长约1.6 mm,粗;花序托直径2-3 mm,疏被短柔毛;苞片约30,披针状条形,长1.5-1.8mm,背面密被开展的短柔毛;小苞片匙状条形,或条形,长1-1.2 mm,有长缘毛。雌花具长梗:花被片不存在;子房狭卵球形,长0.25 mm;柱头近球形,长0.05 mm。瘦果狭卵球形或椭圆球形,长约0.7 mm,约6条细纵肋,在纵肋之间有极小瘤状突起。花期5月。

分布于云南东南部和广西西部。生于石灰岩山常绿阔叶林下,海拔230-1340m。

标本登录:

广西:大新,那岭,230m,税玉民等B2005-097(PE);靖西,韦毅刚0670(PE);那坡,韦毅刚g038(PE);凌云,韦毅刚2009-28(PE)。

55. 小果楼梯草　图版32:A-E

Elatostema microcarpum W. T. Wang & Y. G. Wei in Guihaia 27(6):811,fig,1:E-H. 2007;W. T. Wang in Fu et al. Paper Collection of W. T. Wang 2:1088. 2012. Type:广西:环江,水源,2007-04-25,韦毅刚07106(holotype,PE;isotype,IBK)。

多年生小草本。茎约4条丛生,高3-7.5 cm,基部粗0.7-1 mm,近顶部被疏柔毛,不分枝,上部具4-5叶。叶无柄或具极短柄;叶片草质,斜倒卵形或斜椭圆形,长(0.4-)1.4-5.5 cm,宽(0.25-)0.4-2 cm,顶端渐尖或急尖,基部斜楔形,边缘中部之上有小牙齿,上面无毛,下面脉上有柔毛,半离基三出脉,侧脉2对,不明显,钟乳体极密,杆状,长0.2-0.4 mm;叶柄长达0.6 mm;托叶膜质,白色,条形或狭长圆形,长3-4 mm,宽0.7-1 mm,有疏柔毛,中央有褐色短线纹。雄头状花序未见。雌头状花序单生叶腋,具短梗;花序梗长约2 mm,有疏柔毛;花序托宽长圆形,长约2.8 mm,宽2 mm,无毛;苞片约10,三角形,长0.5-0.8 mm,宽0.3-1 mm,被缘毛;小苞片密集,膜质,半透明,匙状条形,狭条形或近方形,长0.6-1 mm,宽0.1-0.6 mm,顶端被缘毛。雌花具短梗:花被片不存在;子房椭圆体形,长约0.3 mm;柱头画笔头状,与子房等长。瘦果淡褐色,卵球形,长0.5(0.7) mm,有6条细纵肋,在纵肋之间有极小瘤状突起。果期4月。

特产广西环江。生于石灰岩山的山洞口内阴湿处。

56. 荔波楼梯草　图版32:F-I

Elatostema liboense W. T. Wang in Acta Phytotax. Sin. 31(2):174,fig. 2:1-4. 1993;Q. Lin et al. in Fl. China 5:141. 2003;W. T. Wang in Fu et al. Paper Collection of W. T. Wang 2:1088. 2012. Holotype:贵州:荔波,翁昂莫干,alt. 850m,1984-04-28,陈谦海,王雪明,陈训2326(HGAS)。

多年生小草本。茎高约18 cm,基部之上粗2 mm,密被暗褐色软鳞片,近顶端疏被开展短柔毛,不分枝,有5-7叶。叶无柄或有短柄;叶片纸质,斜倒披针形或斜狭倒卵形,长2.6-6.2 cm,宽1-2 mm,顶端渐尖或急尖,基部狭侧楔形,宽侧钝,边缘在叶狭侧上部有1-3小牙齿,在宽侧中部之上有3-5小齿,上面被糙伏毛,下面被短糙伏毛,三出脉,侧脉在

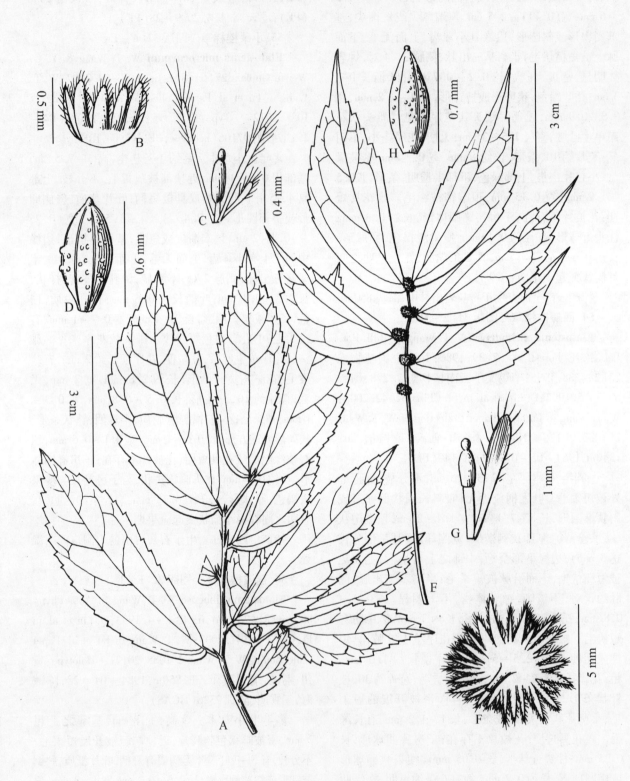

图版 31　A－D. 拟小叶楼梯草 *Elatostema parvioides* A. 开花茎顶部，B. 雌头状花序，C. 雌小苞片和雌花，D. 瘦果。（自 Wang, 2012）E－H. 西畴楼梯草 **E. xichouense** E. 植株上部，F. 雌头状花序（下面观），G. 雌小苞片和雌花，H. 瘦果。（据 holotype）

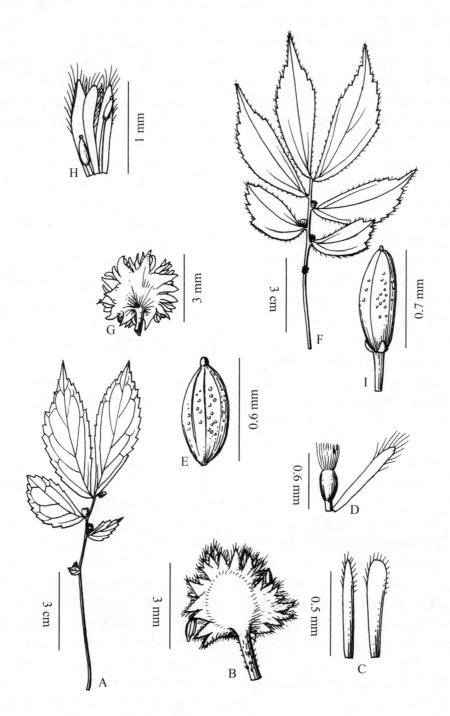

图版 32 A – E. 小果楼梯草 *Elatostema microcarpum* A. 植株全形,B. 雌头状花序(下面观),C. 雌小苞片,D. 雌小苞片和雌花,E. 瘦果。(据 holotype) F – I. 荔波楼梯草 *E. liboense* F. 植株上部,G. 雌头状花序(下面观),H. 雌小苞片和雌花,I. 瘦果。(据 holotype)

叶每侧 2 – 3 条,钟乳体明显,密集,杆状,长 0.3 – 0.5（ – 0.6）mm;叶柄长达 2 mm;托叶速落。雄头状花序未见。雌头状花序单生叶腋,直径 2.5 – 4 mm;花序梗粗壮,长约 1.5 mm;花序托宽长圆形或方形,长 2.5 – 3.5 mm,疏被短柔毛;苞片 10 余枚,三角形或狭三角形,长 0.7 – 1 mm,宽 0.7 – 1.2 mm,背面被短柔毛,顶端兜状,常具长 0.2 – 0.4 mm 的短角状突起;小苞片密集,半透明,条形或倒披针条形,长 0.4 – 1 mm,较大者顶端兜形,边缘上部有长缘毛。雌花有短梗:花被片 3,长约 0.2 mm,有时顶端有 2 – 3 根毛,或不存在;雌蕊长约 0.3 mm,子房长椭圆体形,长 0.28 mm,柱头极小,近球形,直径 0.01 mm。瘦果淡褐色,狭椭圆球形,长约 0.7 mm,有 6 条细纵肋,在纵肋之间有极小瘤状突起。花、果期 4 – 5 月。

特产贵州荔波。生于山谷密林下石上,海拔 850 m。

57. 三茎楼梯草　图版 33：A – D

Elatostema tricaule W. T. Wang in Pl. Divers. Resour. 33（2）：145, fig. 1. 2011; et in Fu et al. Paper Collection of W. T. Wang 2：1088. 2012.　Holotype：云南：腾冲,云峰村,云峰山, alt. 2010m, 2006 – 06 – 03, Goligong Shan Biodiversity Survey 30000（CAS）.

多年生小草本。块茎近球形,直径 1.5 cm。茎 3 条丛生,高约 15 cm,基部之上粗 1.2 – 1.8 mm,无毛,不分枝或有 2 分枝。叶具极短柄或无柄,无毛;叶片纸质,斜狭椭圆形或斜菱形,长 1 – 5.2 cm,宽 0.6 – 2 cm,顶端渐尖,稀长渐尖,基部斜楔形,边缘在基部之上具牙齿,三出脉或半离基三出脉,侧脉在狭侧 2 条,在宽侧 3 – 4 条,上面平,下面稍隆起,钟乳体不存在;叶柄长 0.6 – 1 mm;托叶钻形,长 1 – 1.8 mm,宽 0.15 mm。雄头状花序未见。雌头状花序小,成对腋生,无梗;花序托近圆形,直径约 0.8 mm,无毛;苞片约 15 枚,多呈条形,长 0.6 – 0.8 mm,宽 0.2 – 0.4 mm,顶端近截形,只 1 枚苞片狭三角形,长 0.4 mm,顶端微尖,无毛;小苞片密集,绿色,狭匙状条形,长 1 – 1.2 mm,近顶端被短缘毛。雌花具长梗:花被片不存在;雌蕊长约 0.5 mm,子房狭椭圆球形,长 0.4 mm,柱头近球形,长 0.1 mm。瘦果褐色,近椭圆球形,长约 0.6 mm,有 6 条细纵肋和极小瘤状突起。果期 5 – 6 月。

特产云南腾冲。生于干燥山坡常绿阔叶林中阴湿处,海拔 2010m。

58. 密齿楼梯草　图版 33：E – J

Elatostema pycnodontum W. T. Wang in Bull. Bot. Lab. N.-E. Forest. Inst. 7：36. 1980;于植物研究 12（3）：206. 1992;于中国植物志 23（2）：234,图版 45：11. 1995;并于武陵山地区维管植物检索表 133. 1995;张秀实于贵州植物志 4：51. 1989;李丙贵于湖南植物志 2：297. 2000;Q. Lin et al. in Fl. China 5：140. 2003;杨昌煦等,重庆维管植物检索表 152. 2009;W. T. Wang in Fu et al. Paper Collection of W. T. Wang 2：1089. 2012.　Type：湖北：咸丰,清水塘, alt. 1100m, 1958 – 09 – 30,李洪钧 9415（holotype, PE）;同地,四区, 1958 – 09 – 27,李洪钧 9272（paratype, PE）。贵州：兴仁,龙场, alt. 1400m, 1960 – 08 – 19,贵州队 7903（paratype, PE）。

Pellionia trichosantha Gagnep. in Bull. Soc. Bot. Franch. 75：927. 1929, p. p. quoad pl. Yunnan. Syntype：云南：Tchen-fong-shan, 1894 – 09, Delavay. s. n.（P）.

Elatostema pycnodontum var. *pubicaule* W. T. Wang et al. in Fu et. al. Paper Collection of W. T. Wang 2：1089. 2012, nom. seminud.

E. stracheyanum auct. non Wedd.：湖北植物志 1：174,图 226. 1976。

多年生草本。茎渐升,在下部节处生不定根,长 10 – 30 cm,不分枝或分枝,顶部疏或密被短硬毛。叶具短柄;叶片草质,斜长圆状披针形或斜狭菱形,长（1.2 – ）2.4 – 5.8 cm,宽 1 – 2 cm,顶端长或短渐尖,基部狭侧楔形或钝,宽侧宽楔形、圆形或浅心形,边缘自基部之上至顶端有锐锯齿,或在狭侧下部全缘,常有疏睫毛,上面散生少数糙伏毛,下面沿脉疏被短毛,基出脉 3 条,侧脉在狭侧 2 – 3 条,在宽侧 4 – 5 条;钟乳体明显或稍明显,密,长 0.2 – 0.3 mm;叶柄长 1 – 1.2 mm,无毛;托叶纸质,宿存,干时变褐色,狭卵形或宽披针形,长 4 – 8 mm,宽 1.8 – 3.5 mm,顶端尖,无毛。花序雌雄异株或同株。雄头状花序生茎或分枝顶部叶腋,直径 1.2 – 4 mm,具短梗,有 3 – 5 花;花序托小,不明显;苞片 2 或 6,卵形或狭卵形,长 2.6 – 3 mm,被缘毛,顶端角状突起长达 2 mm;小苞片少数,条形,无突起,或船形,具顶生角状突起,长约 2 mm,被缘毛。雄花:花梗长约 1.8 mm,无毛;花被片 5,船状长圆形或长圆状披针形,长约 2 mm,顶端被柔毛,角状突起长约 0.3 mm;雄蕊 5。雌头状花序有短梗,直径 2 – 5 mm;花序梗长达 2 mm;花序托小,长约 2 mm,无毛;苞片约 20,狭三角形或披针状条形,长 1.5 – 2.5 mm,密被缘毛;小苞片多数,密集,条形,长 0.6 – 1.2 mm,上部密被长缘毛。雌花近无梗:花被片不存在;子房卵球形,长约 0.2 mm;柱头画笔头状,长 0.3 mm。瘦果褐色,狭卵球形或狭卵球形,长 0.7 – 0.8 mm,有 5

-6 条细纵肋和小瘤状突起。花期 8-9 月。

我国特有种,分布于云南东南和东北部、广西西南部、贵州、湖南西北部、湖北西南部和重庆南部。生于山谷林下、沟边或岩洞中阴处,海拔 500-1400m。

标本登录(均存 PE):

云南:马关、古林箐,税玉民等 30626,30799;富宁,龙迈,税玉民等 B2005-448。

广西:那坡,坡荷,韦毅刚 055。

贵州:荔波,段林东 2002109,2002110,邵青和段林东 39。

湖南:桑植,天平山,北京队 4146。

重庆:酉阳,刘正宇 7091;武隆,刘正宇 181910,181918。

59.疏晶楼梯草 图版 34:A-G

Elatostema hookerianum Wedd. in Arch. Mus. Hist. Nat. Paris 9:294,t. 9:9. 1856;et in DC. Prodr. 16:180.1869;Hook. f. Fl. Brit. Ind. 5:567. 1888;王文采于东北林学院植物研究室汇刊 7:42. 1980;Grierson & Long,Fl. Bhutan 1(1)123.1983;王文采于横断山区维管植物 1:327.1993;并于中国植物志 23(2):236,图版 47:6.1995;李锡文于云南植物志 7:273,图版 68:4-5.1997;林祁,段林东于云南植物研究 25(6):634.2003;Q. Lin et al. in Fl. China 5:141. 2003;W. T. Wang in Fu et al. Paper Collection of W. T. Wang 2:1091. 2012.　Holotype:Sikkim,alt. 1200-2480m,J. D. Hooker s. n. (K,non vidi).

E. subfalcatum W. T. Wang in Bull. Bot. Lab. N.-E. Forest. Inst. 7:41.1980;于中国植物志 23(2):235. 1995;并于广西植物志 2:855,图版 346:3. 2005. Type:广西:宁明,公母山,1935-12-16,梁向日 67335(holotype,IBSC);同地,1935-12-16,苏宏汉 6811(paratype,IBSC);上思,十万大山,1934,曾怀德 24200(paratype,IBSC);同地,1974-05-09,方鼎、陈秀香 116(paratype,GXMI)。

多年生草本。茎肉质,高 16-35 cm,不分枝,无毛,下部无叶。叶具短柄或无柄,无毛;叶片纸质,斜倒卵状长圆形,稍镰状弯曲,长 2.5-6.5 cm,宽 1.4-2 cm,顶端长渐尖或尾状,基部在狭侧楔形,在宽侧心形或深心形,边缘在上部或中部之上直到渐尖部分有少数锐锯齿,基出脉 3 条,侧脉约 2 对,纤细,不明显,钟乳体只密集于叶缘,有时分布于叶的其他部分,明显,长 0.1-0.5 mm;叶柄长达 1 mm;托叶膜质,条状披针形或狭条形,长 6-8 mm。花序雌雄异株。雄花序近无梗,直径约 4 mm,约有 8-10 花;花序托极小;苞片 2-5 个,卵形,长 2.5-4 mm,

顶端有短角状突起,疏被缘毛;小苞片约 7,披针形或条形,长约 1.5 mm,无毛。雄花无毛:花梗长达 2 mm;花被片 4,稍不等大,船状椭圆形,长约 1.7 mm,下部合生,只 1 个较大的在外面顶端之下有短角状突起;雄蕊 4,与花被片近等长;退化雌蕊极小或不存在。雌头状花序具短梗或近无梗,长 4-5 mm;花序托直径 2-3.5 mm,无毛;苞片约 16,排成 2 层,外层 2 枚对生,较大,宽卵形,长和宽均约 1.2 mm,背面上部有 1 条绿色纵肋,顶端有短尖头,内层约 14 枚,船形或狭卵形,长约 1 mm,背面上部也有 1 条绿色纵肋,并常具短角状突起,无毛;小苞片密集,半透明,条形或匙状条形,长 1-1.2 mm,无毛。雌花具梗:花被片约 3,小,长约 0.05 mm;子房狭卵球形,长 0.4 mm;柱头近球形,直径约 0.05 mm。瘦果褐色,狭卵球形,长 0.6-0.9 mm,约有 10 条细纵肋和极小瘤状突起。花期 1-5 月。

分布于西藏东南部、云南西部、广西西南部;不丹、印度东北部。生于山地林中或沟边石上;海拔(500-)1300-2400m。

标本登录(均存 PE):

西藏:墨脱,李渤生、程树志 01616,02471,02857,04246。

云南:贡山,独龙江队 3328,3899,3960;福贡,青藏队 7191;腾冲,Gaoligong Shan Biod. Survey 23786,25135,30133;盈江,税玉民 9029。

广西:上思,十万大山,金效华等 139;防城,韦毅刚 07402;宁明,公母山,韦毅刚 07402;靖西,韦毅刚 07657。

60.刀叶楼梯草 图版 34:H-K

Elatostema imbricans Dunn in Bull. Misc. Inform. Kew 1920:209. 1920;Grierson & Long,Fl. Bhutan 1(1):123. 1983;王文采于中国植物志 23(2):236. 1995;Q. Lin et al. in Fl. China 5:141. 2003;林祁等于西北植物学报 29(9):1911. 2009;W. T. Wang in Fu et al. Paper Collection of W. T. Wang 2:1091. 2012. Lectotype:E. Himalaya:Outer Arbor Hills,1911-1912,I. H. Burkill 36364(K-林祁等,2009. non vidi).

多年生草本。茎高 11-30 cm,不分枝或分枝,无毛,有多数叶。叶无柄或具极短柄,无毛;叶片坚纸质,斜条状倒披针形,长 1-3.2 cm,宽 5-12 mm,顶端短骤尖,基部狭侧楔形,宽侧耳形,边缘在中部之上或上部有 2-3(-4)牙齿,三出脉,侧脉每侧约 2 条,不明显,钟乳体密,明显,长 0.2-0.45mm;叶柄长达 0.8 mm;托叶条状披针形,长 3-4.5 mm,宽约 0.8 mm。雄头状花序无梗,近圆形,直径 3 mm;

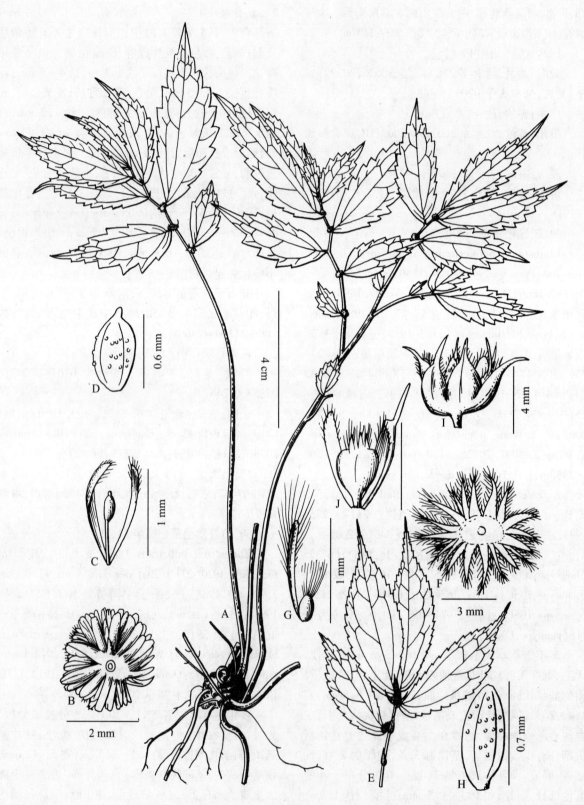

图版 33 A-D. 三茎楼梯草 *Elatostema tricaule* A. 植株全形, B. 雌头状花序(下面观), C. 雌小苞片和雌花, D. 瘦果。(自 Wang, 2011) E-J. 密齿楼梯草 *E. pycnodontum* E. 开花茎顶部, F. 雌头状花序(下面观), G. 雌小苞片和雌花, H. 瘦果,(据税玉民等 30626) I. 雄头状花序, J. 雄小苞片和雄花蕾。(据贵州队 7903)

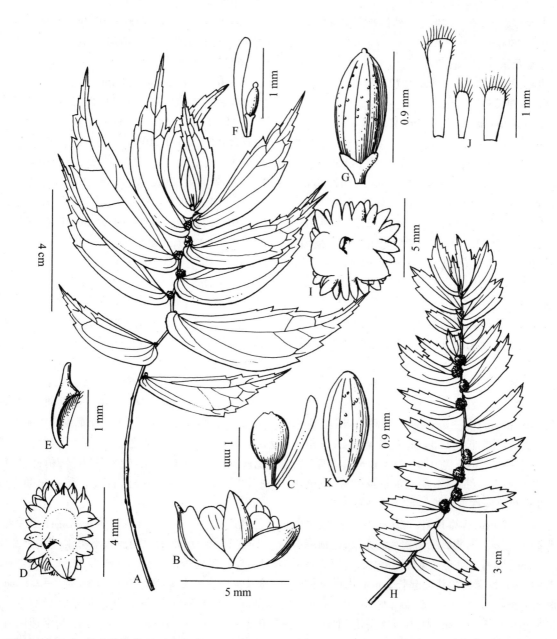

图版34 A－G. 疏晶楼梯草 *Elatostema hookerianum* A. 开花茎,B. 雄头状花序,C. 雄小苞片和雄花蕾,(据独龙江队3899)
D. 雌头状花序(下面观),E. 内层雌苞片,F. 雌小苞片和雌花,G. 瘦果和宿存花被片。(据 Gaoligong Shan Biod. Sur-
vey 25135) H－K. 刀叶楼梯草 *E. imbricans* H. 开花茎上部,I. 果序(下面观),J. 雌小苞片,K. 瘦果。(据陈伟烈
10702)

苞片条状披针形;小苞片卵形,长1-1.5 mm。雄花约4朵;花被片4,卵形,透明;雄蕊4。雌头状花序无梗,近圆形,直径2.5-5 mm;花序托近圆形,直径达3 mm,无毛;苞片约15,外层2枚较大,正三角形,宽约2 mm,其他的较小,宽条形,长约1.2 mm,宽0.8-1.1 mm,顶端兜形,背面有极短的角状突起,无毛;小苞片密集,匙状倒披针形或倒梯形,长1-1.8 mm,宽0.2-0.3 mm,上部被短柔毛。瘦果长椭圆体形,长0.8-0.9 mm,约有8条细纵肋和稀疏极小瘤状突起。花期6月。

产西藏墨脱;不丹。生于山地阔叶混交林中,海拔2200-2300m。

标本登录:

西藏:墨脱,汉密,陈伟烈10702(PE)。

61. 星序楼梯草　图版35:A-H

Elatostema asterocephalum W. T. Wang in Bull. Bot. Lab. N. -E. Forest. Inst. 7:40. 1980;于中国植物志23(2):238. 1995;并于广西植物志2:855,图版346:2. 2005;Q. Lin et al. in Fl. China 5:141. 2003;W. T. Wang in Fu et al. Paper Collection of W. T. Wang 2:1088. 2012;Zeng Y. Wu in Guihaia 32(5):604,fig. 1:1,fig. 2:A. 2012.　Type:广西:龙州,金龙,板闭,1977-02-07,方鼎,陶一鹏76185(holotype,GXMI);崇左,糖瓦,1974-07-21,罗金裕23207(paratype,GXMI)。

多年生小草本,干后变黑色。茎高10-14 cm,不分枝,无毛。叶无柄或具极短柄,无毛;叶片草质,斜椭圆形或斜倒卵形,长4-7.8 cm,宽1.6-2.8 cm,顶端骤尖或渐尖(尖头全缘),基部在狭侧楔形,在宽侧近耳形,边缘在中部之上有浅牙齿,钟乳体明显或不明显,密,长0.4-0.7 mm,半离基三出脉,侧脉在每侧2条;叶柄长达0.5 mm;托叶半透明,三角状条形,长2-3.2 mm,宽0.6-0.9 mm,有多数、密集、淡褐色纵列短细条纹,中央的纹纹极密,呈黑灰色。花序雌雄同株或异株。雄头状花序单生叶腋,无梗,宽6-7 mm,有约10花;花序托不明显;苞片6,排成2层,有多数密集纵列暗褐色细条纹,近顶端有短缘毛,外层2枚宽卵形或宽椭圆形,长2或4.2 mm,宽3-4 mm,顶端的角状突起长2 mm,内层4枚长圆形或宽长圆形,长4-4.5 mm,宽2-3 mm,顶端角状突起长0.5-1 mm;雄小苞片密集,似内层苞片,但较小,长3-4 mm,宽0.8-1 mm,角状突起长0.5-0.8 mm。雄花具长梗:花被片4-5,长圆形,长约2.5 mm,基部合生,背面顶端有柔毛,其下有角状突起;雄蕊4-5;退化雌蕊不存在。雌头状花序

单生叶腋,直径约5 mm,无梗;花序托直径约2.2 mm,无毛;苞片约30枚,狭三角形或条状披针形,长1.5-1.8 mm,上部疏被缘毛或无毛;小苞片密集,半透明,条形,长1-1.4 mm,顶部疏被缘毛。雌花有梗:花被片不存在;子房长0.2-0.3 mm,柱头扁球形,长约0.05 mm。瘦果淡褐色,狭椭圆体形,长约0.8 mm,有8条纵肋和极小瘤状突起,有时只有6条纵肋。花期2-3月。

特产广西西南和北部。生于石灰岩山区林中。

标本登录(标本均存PE):

广西:龙州,韦毅刚0629,07194;大新,韦毅刚g022;靖西,韦毅刚g072;罗城,韦毅刚AM6522。

62. 革叶楼梯草

Elatostema coriaceifolium W. T. Wang in Acta Phytotax. Sin. 31(2):170,fig. 1:1-2. 1993;Q. Lin et al. in Fl. China 5:142. 2003;王文采于广西植物30(6):713,fig. 1:F-I. 2010,p. p. excl. specim. Yunnan. cit. et fig. 1:A-E;et in Fu et al. Paper Collection of W. T. Wang 2:1091. 2012.　Type:贵州:荔波,翁昂莫干,alt. 850m,1984-04-29,陈谦海等2289(holotype,HGAS);同地,吉洞,alt. 550m,1984-04-17,王雪明等190(paratype,HGAS)。广西:乐业,同乐,alt. 900m,1989-05-07,昆明植物所红水河队89-1039(paratype,PE)。

62a. . var. **coriaceifolium**　图版35:I-M

多年生草本,干时稍变黑色。茎5-10(-30)条丛生,高14-18.5(-27) cm,基部粗1-1.5 mm,无毛,基部有稀疏软鳞片。叶无柄或具极短柄,无毛;叶片薄革质,斜椭圆形或菱状椭圆形,长1.2-2.4(-4) cm,宽0.8-1.1(-1.4) cm,顶端急尖,稀渐尖,基部狭侧楔形,宽侧耳形,边缘在叶狭侧上部有2-3小齿,在宽侧中部之上有3-4小齿,半离基三出脉,侧脉每侧约2条,钟乳体明显,稍密集,细杆状,长0.3-0.5 mm;托叶白色,半透明,三角形或狭卵形,长0.8-1.8 mm,宽0.4-1 mm,有3-8条黑色纵条纹。花序雌雄异株。雄头状花序单生叶腋,无梗,直径约6 mm;花序托小,不明显;苞片6,排成2层,外层2枚对生,较大,宽卵形,长4-4.5 mm,宽3 mm,内层4枚圆卵形,长约3 mm,宽2-2.8 mm,全部无毛,背面有1条纵肋,纵肋顶端突出成长0.3-1 mm的角状突起;小苞片约12,半透明,倒卵状条形,长约2.4 mm,宽1 mm,顶端圆截形,有角状突起,被短缘毛。雄花具短梗:花被片5,宽卵形,长约1 mm,基部合生,顶端具长0.8-1.1 mm的角状突起,背面被长柔毛。雌头状花序单生叶腋,直径

图版 35 A – H. 星序楼梯草 *Elatostema asterocephalum* A. 开花茎上部，B. 托叶，C. 雌头状花序（下面观），D. 雌小苞片和 2
雌花，E. 瘦果，（据韦毅刚 0629）F. 雄头状花序，G. 雄小苞片，H. 雄花蕾。（据韦毅刚 g022）I – M. 革叶楼梯草 *E.*
coriaceifolium var. *coriaceifolium* I. 开花茎上部，J. 托叶，K. 雌头状花序（下面观），L. 雌小苞片和雌花，M. 瘦果。
（据韦毅刚 0757）N – P. 长尖革叶楼梯草 *E. coriaceifolium* var. *acuminatissimum* N. 叶和腋生雌头状花序，O. 托叶，
P. 雌头状花序（下面观）。（据税玉民 30799）

3 - 4 mm;花序梗长约 1 mm,无毛;花序托宽长方形,长 2 - 3 mm,无毛;苞片约 20,排成 2 层,外层约 6 枚,三角形或宽卵形,长约 1.1 mm,宽 0.4 - 2 mm,顶端有时具短突起,内层 10 余枚稍小,狭三角形或条形,疏被短缘毛或无毛;小苞片密集,半透明,条形,长 0.9 - 1.5 mm,宽 0.1 - 0.4 mm,上部疏被短缘毛(毛长 0.2 mm)或无毛。雌花具梗:花被片不存在;子房椭圆体形,长 0.3 - 0.45 mm;柱头小,近球形,长约 0.05 mm。瘦果淡褐色,狭椭圆体形,长约 0.8 mm,有 6 - 8 条纵肋和极小瘤状突起。花期 3 - 4 月。

分布于广西西北部和贵州东南部。生于石灰岩山区山谷林下或岩洞中阴湿处,海拔 470 - 900m。

标本登录:

广西:巴马,韦毅刚 6477(PE);乐业,韦毅刚 0757(PE);凤山,税玉民、陈文红 B2004 - 153(PE);东兰,税玉民,陈文红 B2004 - 171A(PE);南丹,韦毅刚 06113(PE);河池,韦毅刚 2009 - 05(PE);环江,韦毅刚 2009 - 02(PE)。

贵州:荔波,段林东,林祁 2002113,2002119,2002144(PE)。

62b. 长尖革叶楼梯草(变种) 图版 35:N - P

var. acuminatissimum W. T. Wang, var. nov. Holotype:云南(Yunnan):马关(Maguan),古林箐(Gulinqing),沟边林中(by stream in forest),2002 - 10 - 17,税玉民,陈文红,盛家舒(Y. M. Shui,W. H. Chen & J. S. Sheng)30799(PE)。

E. gueilinense auct. non W. T. Wang. 1980;W. T. Wang in Bull. Bot. Res. Harbin 26(1):16. 2006,p. p. quoad pl. Yunnan.

E. coriaceifolium auct. non W. T. Wang,1993;W. T. Wang in Guihaia 30(6):713. 2010. p. p. quoad pl. Yunnan. et fig. 1:A-E.

A var. *coriaceifolio* differt foliis apice acute acuminatis vel longe acuminatis,bracteis pistillatis ciliis circ. 0.5 mm longis obtectis,bracteolis pistillatis apice saepe bilobulatis et ciliis 0.3 - 0.7 mm longis obtectis,stigmate penicillato.

本变种与革叶楼梯草的区别:叶顶端锐渐尖或长渐尖,雌苞片有长约 0.5 mm 的缘毛,雌小苞片顶端常微 2 裂,有长 0.3 - 0.7 mm 的较长缘毛,雌蕊柱头画笔头状。花期 9 - 10 月。

特产云南马关。生于山谷林中,海拔约 600m。

标本登录:

云南:马关,古林箐,税玉民等 4524,31198,31446(PE)。

63. 厚叶楼梯草 图版 36:A - F

Elatostema crassiusculum W. T. Wang in Bull. Bot. Lab. N. -E. Forest. Inst. 7:43. 1980;并于中国植物志 23(2):238,图版 49:3. 1995;李锡文于云南植物志 7:275,pl. 67:5 - 8. 1997;Q. Lin et al. in Fl. China 5:142. 2003;税玉民,陈文红,中国喀斯特地区种子植物 1:95,图 231. 2006;W. T. Wang in Fu et al. Paper Collection of W. T. Wang 2:1091. 2012. Type:云南:金平,勐拉,alt. 700m,1956 - 04 - 29,中苏考察队 951(holotype,PE);同地,曼棚,alt. 450m,1956 - 05 - 28,中苏考察队 3184(paratype,PE);麻栗坡,天保农场,alt. 300 - 400m,1964 - 05 - 09,王守正 822(paratype,KUN)。

多年生草本。茎高 4.5 - 24 cm,不分枝,有密钟乳体,疏被短柔毛,下部有时变无毛。叶有极短柄或无柄;叶片亚革质,斜椭圆形、斜倒卵形或卵状长圆形,长 1.5 - 4.4 cm,宽 1 - 1.8 cm,顶端微尖、短渐尖或渐尖,基部狭侧楔形,宽侧宽楔形或圆形,边缘在上部或中部之上有浅钝齿,其下全缘,上面沿中脉下部有稀疏短伏毛,下面无毛,脉不明显,三出脉或半离基三出脉,在主脉之外侧,常各有 1 条细基出脉,侧脉在叶狭侧 1 条,在宽侧 2 条,钟乳体极明显,在叶缘极密,长(0.4 -)0.6 - 0.9 mm;叶柄长达 1 mm,无毛;托叶宿存,披针形,长 3.5 - 5 mm,无毛。花序雌雄异株。雄头状花序无梗,有 2 - 6 花;花序托不存在;苞片 2,船状长圆形,互相覆压,长 3 - 8 mm,背面被疏柔毛,常在顶端之下有角状突起,有钟乳体,边缘有疏缘毛;小苞片数个,膜质,条形或匙状条形,长 1 - 4.5 mm,无毛或有疏缘毛。雄花无毛:花梗长 0.8 - 2.5 mm;花被片 4,2 个较大,宽椭圆形,2 个较小,狭椭圆形,长约 1.2 mm,下部合生;雄蕊 4,花药椭圆形,长约 0.8 mm;退化雌蕊长约 0.4 mm。雌头状花序无梗,直径 2 - 3 mm;花序托小,不明显;苞片约 8 个,长约 1 mm,背面被短柔毛,外层 2 个较大,宽卵状三角形,顶端有短角状突起,其他苞片狭三角形或条形,顶端钝,无突起;小苞片多数,密集,条形,长约 0.9 mm,边缘被缘毛,有褐色短条纹。雌花具梗:花被片不存在;子房狭卵球形,长 0.3 mm;柱头画笔头状,长 0.2 mm。瘦果狭椭圆体形,长约 0.8 mm,约有 5 条细纵肋和极小瘤状突起。花期 5 月。

特产云南东南部(金平、麻栗坡)。生于低山林下阴处石上或岩洞中,海拔 200 - 700m。

标本登录:

云南:麻栗坡,曼棍,税玉民,陈文红 32235(PE)。

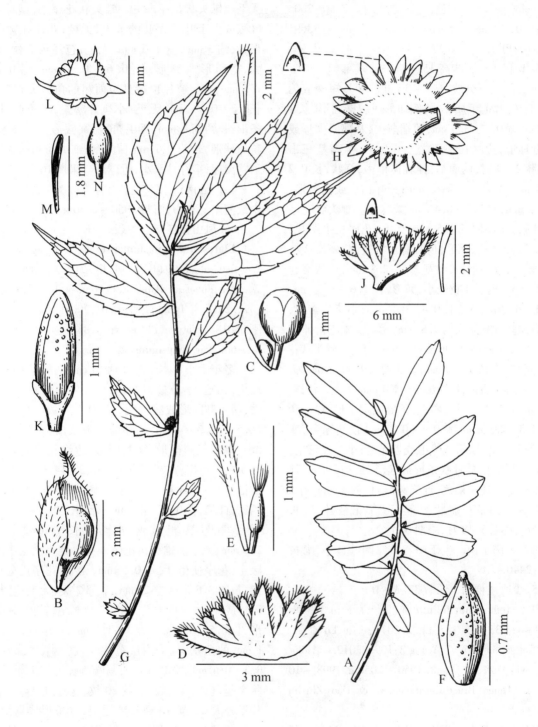

图版 36　A – F. 厚叶楼梯草 *Elatostema crassiusculum* A. 开花茎上部, B. 雄头状花序(另 1 苞片除去), C. 雄小苞片和 2 雄花蕾, D. 雌头状花序, E. 雌小苞片和雌花, F. 瘦果。(据王守正 822) G – N. 厚苞楼梯草 *E. apicicrassum* G. 开花茎, H. 雌头状花序(下面观), I. 雌小苞片, J. 另一较小雌头状花序和小苞片, K. 瘦果, (据 holotype) L. 雄头状花序, M. 雄小苞片, N. 雄花蕾。(据 paratype)

64. 厚苞楼梯草 图版 36: G - N

Elatostema apicicrassum W. T. Wang in Guihaia 30(6): 718, fig. 3. 2010; et in Fu et al. Paper Collection of W. T. Wang 2: 1092. 2012. Type: 云南: 贡山, 独龙江, 马库, alt. 2270m, 2008 - 06 - 27, 金效华等 0428(holotype, PE); 同地, 马库之北约 2.3 km, 2006 - 08 - 20, Gaoligong Shan Biodiversity Survay 33691 (paratype, PE).

多年生草本。茎高 15 - 34 cm, 基部粗 1.2 - 2.2 mm, 无毛, 不分枝, 有 7 - 13 叶。叶具短柄或无柄, 无毛; 叶片薄纸质, 斜狭倒卵形或斜椭圆形, 长 1 - 10 cm, 宽 0.5 - 3.3 cm, 顶端渐尖, 基部斜楔形或宽侧近耳形, 边缘在基部之上具牙齿, 半离基三出脉, 侧脉 2 - 3 对, 两面平, 钟乳体稍密, 杆状, 长 0.2 - 0.3 mm; 叶柄长 0.5 - 2 mm; 托叶钻形或狭条形, 长 2 - 5 mm, 宽 0.2 - 0.4 mm, 淡绿色。雄头状花序单生叶腋; 花序梗长 1.5 mm, 无毛; 花序托不明显; 苞片 6, 排成 2 层, 无毛, 顶端有角状突起, 外层 2 枚对生, 较大, 宽卵形, 长和宽 2.5 - 2.8 mm, 角状突起长 2 - 3 mm, 内层 4 枚较小, 卵形, 长 1.6 - 1.8 mm, 宽 1.3 mm, 角状突起长 0.4 - 0.5 mm; 小苞片密集, 半透明, 匙状船形, 长约 1.8 mm, 无毛。雄花蕾卵球形, 长约 1.2 mm, 无毛, 顶端有 2 角状突起。雌头状花序单生叶腋, 直径 5 - 10 mm; 花序梗长 1 - 1.2 mm, 无毛; 花序托宽长方形, 长约 6 mm, 宽 4 mm, 无毛, 有时较小, 不明显; 苞片 5 - 24, 白色, 条形或宽条形, 稀三角形, 长 1.5 - 2.5 mm, 宽 0.5 - 0.8 mm, 顶端绿色, 变厚, 并不明显兜状, 有疏缘毛或近无毛; 小苞片密集, 膜质, 半透明, 倒披针状条形或匙形, 长约 2 mm, 顶端被短缘毛。瘦果褐色, 近椭圆形, 长约 1 mm, 有 5 条细纵肋, 上部有瘤状突起; 宿存花被片 3, 长 0.2 mm。花期 5 - 8 月, 果期 6 月。

特产云南贡山。生于山谷常绿阔叶林中, 海拔 2270 - 2440m。

65. 少叶楼梯草 图版 37: A - D

Elatostema paucifolium W. T. Wang in Pl. Divers. Resour. 33(2): 147, fig. 2. 2011; et in Fu et al. Paper Collection of W. T. Wang 2: 1092. 2012. Holotype: 云南: 泸水, 片马, alt. 1950 - 2050m, 1998 - 10 - 12, Li Heng. Bruce Bartholomew & Dao Zhi-lin 10272(CAS).

多年生小草本。茎数条丛生, 高 18 - 24 cm, 基部之上粗约 1.5 mm, 下部或近基部在节上生根, 无毛, 常在下部有 1 - 2 长分枝, 与枝在近顶端有 2 - 5 叶。叶无柄, 纸质, 斜椭圆形或斜菱形, 长 0.8 -

33.3 cm, 宽 0.5 - 1.3 cm, 顶端渐尖或急尖, 基部斜楔形, 边缘在基部之上有牙齿, 上面疏被短柔毛(毛长约 0.2 mm), 很快变无毛, 下面无毛, 半离基三出脉, 侧脉 2 对, 两面平, 钟乳体稀疏, 不明显, 杆状, 长 0.1 - 0.3 mm; 托叶钻形, 长 1.5 - 2 mm, 宽 0.2 mm, 无毛。雄头状花序未见。雌头状花序小, 成对生于叶腋或生于叶下无叶的节上, 无梗; 花序托宽长方形, 长约 3 mm, 宽 1.6 mm, 无毛; 苞片约 7 枚, 不等大, 宽卵形或卵形, 长 0.6 - 0.8 mm, 宽 0.5 - 1.5 mm, 较大苞片顶端具短而粗的角状突起(突起长 0.2 - 0.3 mm), 无毛; 小苞片密集, 半透明, 楔状条形, 长约 0.8 mm, 无毛, 顶端圆截形。瘦果褐色, 狭卵球形, 长约 0.7 mm, 有 5 条细纵肋和稀疏极小瘤状突起; 宿存柱头小, 近球形。果期 10 月。

特产云南泸水。生于山谷溪边次生常绿阔叶林中或河岸丛林中, 海拔 1950 - 2050m。

66. 凤山楼梯草 图版 37: E

Elatostema fengshanense W. T. Wang & Y. G. Wei in Guihaia 29(6): 714, fig. 2: E-G. 2009; W. T. Wang in Fu et al. Paper Collection of W. T. Wang 2: 1092. 2012. Type: 广西: 凤山, 2008 - 04 - 22, 韦毅刚 08018(holotype, PE; isotype, IBK)。

66a. var. fengshanense

多年生小草本。茎高约 16 cm, 基部粗 2 mm, 暗绿色, 无毛, 不分枝, 约有 6 叶。叶具短柄; 叶片纸质, 斜狭椭圆形或狭卵形, 长(0.7 -)3 - 10 cm, 宽(0.5 -)1.3 - 4 cm, 顶端渐尖或长渐尖(渐尖头全缘), 基部狭侧楔形, 宽侧圆形, 边缘在狭侧有不明显 5 - 11 小齿, 在宽侧有不明显 5 - 14 小齿, 上面疏被糙伏毛, 下面无毛, 三出脉, 侧脉 3 - 4 对, 钟乳体稍密, 杆状, 长 0.1 - 0.2 mm; 叶柄长 0.5 - 3.5 mm, 无毛; 托叶狭卵形或披针形, 长 7 mm, 宽 2 - 2.6 mm, 无毛。雄头状花序未见。雌头状花序成对腋生; 花序梗粗壮, 长 0.5 mm, 无毛; 花序托宽长圆形, 长约 2.6 mm, 宽 2 mm, 中部 2 裂, 无毛; 苞片约 8, 排成 2 层, 被短柔毛, 外层 2 枚对生, 较大, 扁宽卵形, 长 0.5 - 0.6 mm, 宽 1 - 1.2 mm, 顶端具长 0.8 - 1 mm 的角状突起, 内层苞片 6 枚较小, 宽卵形, 长 0.3 - 0.4 mm, 宽 0.6 mm, 顶端具长约 0.5 mm 的角状突起, 苞片有时较多, 约 20 枚, 这时内层与外层苞片近等大; 小苞片极密, 半透明, 宽条形或匙形, 长 0.3 - 0.5 mm, 顶端圆截形, 密被缘毛。雌花具短梗; 花被片不存在; 雌蕊长约 0.4 mm, 子房椭圆体形, 长约 0.2 mm, 柱头画笔头状, 长 0.2 mm。花期 4 月。

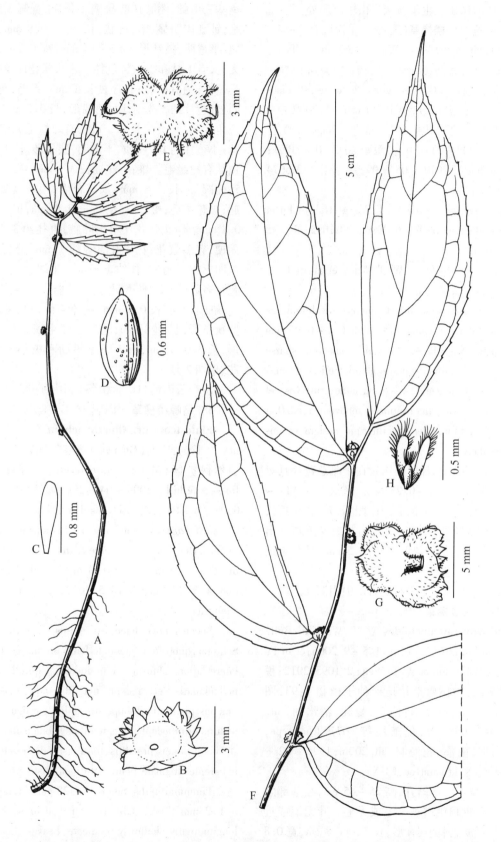

图版 37　A–D. 少叶楼梯草 *Elatostema paucifolium* A. 开花茎，B. 果序，C. 雌小苞片，D. 瘦果。（自 Wang, 2011）E. 凤山楼梯草 *E. fengshanense* var. *fengshanense* 雌头状花序。（据 holotype）F–H. 短角凤山楼梯草 *E. fengshanense* var. *brachyceras* F. 开花茎上部，G. 雌头状花序，H. 雌小苞片和雌花。（据韦毅刚 g059）

特产广西凤山。生于石灰岩山中阴湿处。

66b. 短角凤山楼梯草（变种）　图版 37：F－H

var. **brachyceras** W. T. Wang, var. nov.　Type：广西（Guangxi）：靖西（Jingxi），安德（Ande），2009－03－21，韦毅刚（Y. G. Wei）ĝ059（holotype，PE；isotype，IBK）；大新（Daxin），小山（Xiaoshan），2009－03－18，韦毅刚ĝ023（IBK，PE）；那坡（Napo），百省（Baisheng），2009－03－20，韦毅刚ĝ042（IBK，PE）；凤山（Fengshan），2010－05－09，韦毅刚 AM6674（IBK，PE）。

E. pseudohuanjiangense W. T. Wang et al. in Fu et al. Paper Collection of W. T. Wang 2：1092，fig. 8. 2012，nom. nud.

E. repandidenticulatum W. T. Wang et al. in l. c. fig. 11：I－K，nom. nud.

A var. *fengshanensi* differt bracteis involucralibus pistillatis breviter corniculatis，cornibus 0.1－0.25 mm longis. Caules（5－）12－32 cm alti，dense vel sparse retro-strigillosi，interdum superne glabri. Foliorum laminae 2.5－14 cm longae，1.4－5 cm latae，trinerves vel semi-triplinerves. Achenia brunneola，obovoidea，ca. 0.5 mm longa，longitudinaliter graciliterque costata et minute tuberculata.

本变种与凤山楼梯草的区别在于雌总苞片具短角状突起，突起长 0.1－0.25 mm。茎高（5－）12－32 cm，密或疏被反曲糙伏毛，有时上部无毛. 叶片长 2.5－14 cm，宽 1.4－5 cm，具三出脉或半离基三出脉。瘦果淡褐色，倒卵球形，长约 0.5 mm，具 5 条细纵肋和小瘤状突起。

特产广西西部。生于石灰岩山中阴湿处。

67. 拟渐狭楼梯草　图版 38：A－F

Elatostema attenuatoides W. T. Wang in Bull. Bot. Res. Harbin 26（1）：17，fig. 1：5－9. 2006；et in Fu et al. Paper Collection of W. T. Wang 2：1095. 2012；税玉民，陈文红，中国喀斯特地区种子植物 1：93，图 125. 2006。　Type：云南：河口，曼耗，清水河，alt. 250m，2004－05－01，税玉民等 40779（holotype，KUN）；同地，南溪，花渔洞，alt. 200m，1994－02－28，武素功等 831（paratype，KUN）。

多年生草本。茎渐升，高 25－45 cm，在基部之上有长分枝，近顶端疏被柔毛或无毛。叶无柄或近无柄；叶片纸质，斜倒披针形，长 5－11.8 cm，宽 0.8－2.4 cm，顶端渐尖，基部长渐狭，但叶宽侧的基部呈圆钝形，边缘全缘或近顶端有 1－4 小牙齿或 1-4 浅钝齿，上面无毛，下面脉上有疏柔毛或无毛，半

离基三出脉，侧脉在叶狭侧 1 条，在宽侧 2 条，两面平，钟乳体明显，密，杆状，长 0.4－0.8 mm；托叶膜质，半透明，披针形，长 5－13 mm，宽 1.2－1.5 mm，无毛，有 1 脉和少数钟乳体。雄头状花序单生叶腋，具短梗，约有 5 花；花序梗长 1 mm，无毛；花序托不明显；苞片约 5，长圆形，稍船形，长 5.5 mm，顶端具短角状突起（突起长 0.5 mm，有疏短毛），有 1 条绿脉；小苞片约 10，膜质，半透明，狭条形，长 3－4 mm，顶端有缘毛。雄花：花梗长 3.5 mm，无毛；花被片 5，椭圆形，长 1.8 mm，基部合生，顶端具短角状突起，被疏柔毛；雄蕊 5，花药长 0.8 mm；退化雌蕊长 0.3 mm。雌头状花序单生叶腋，直径约 3.5 mm，近无梗，有多数花；花序托直径约 1 mm，无毛；苞片约 7，卵形或三角形，长约 1.6 mm，顶端急尖，无毛；小苞片多数，膜质，半透明，倒卵状船形，长约 1.2 mm，顶端兜状并有长 0.5 mm，被疏毛的角状突起，有一些狭条形，长 1.8 mm，无毛。瘦果淡褐色，椭圆体形，长约 0.6 mm，有 5 条细纵肋和极小瘤状突起。花、果期 2 月。

特产云南河口。生山谷林中；海拔 200－250m。

68. 鸟喙楼梯草　图版 38：G－K

Elatostema ornithorrhynchum W. T. Wang, sp. nov.　Type：广西（Guangxi）：环江（Huanjiang），木论自然保护区（Mulun nature reserve），石灰岩山（in lime-stone hill），2008－04－25，韦毅刚（Y. G. Wei）08047（holotype，PE；isotypes，IBK，PE）。

E. ichangense auct. non H. Schröter：W. T. Wang in Bull. Bot. Lab. N. -E. Forest. Inst. 7：39. 1980. p. p. quoad specim. guangxiense；et in Fu et al. Paper Collection of W. T. Wang 2：1095. 2012，p. p. quoad specim. guangxiense.

Species nova haec est affinis *E. ichangensi* H. Schröter，quod foliis siccitate haud brunnescentibus basi latere latiore obtusis vel rotundatis，capitulis pistillatis pedunculatis et receptacula discoidea gerentibus，bracteis pistillatis 2 oppositis apice corniculatis（projecturis ornithocephalis carentibus），bracteolis pistillatis striolis brunneis praeditis，flore pistillato sessili et tepalis carente，stigmate penicillato bene distinguitur.

Perennial herbs. Stems 17－28 cm tall，near base 1－1.2 mm thick，glabrous，branched or simple，below longitudinally shallowly 6-sulcate. Leaves shortly petiolate，glabrous；blades papery，abaxially turning brown while drying，obliquely narrow-ovate or elliptic，3－8 cm long，1－2.8 cm broad，apex long acuminate or acuminate, base obliquely cuneate, margin denticulate; venation semi-triplinerved, with 1 inconspicuous lateral nerve at leaf narrow side and 2 lateral nerves at broad side ; cystoliths slightly conspicuous or inconspicuous, slightly dense, bacilliform, 0.1 – 0.3 mm long; petioles 0.8 – 3 mm long; stipules subulate, 1 – 3.5 mm long, 0.1 – 0.5 mm broad. Staminate capitula unknown. Pistillate capitula singly axillary, sessile; receptacle inconspicuous; bracts ca. 7, membranous, glabrous, 2 opposite broadly ovate, ca. 1 mm long, 1.2 mm broad, at apex cucullate and with apical flattened bird-head-like projections 1.2 – 1.5 mm long, the other 5 bracts ovate or broad-ovate, 1.5 – 2 mm long, 1.2 – 1.8 mm broad, at apex corniculate, at base connate; bracteoles membranous, semi-hyaline, cuneate-linear or narrow-linear, 2 – 2.5 mm long, 0.2 – 0.8 mm broad, apex truncate, sparsely ciliolate. Pistillate flower: pedicel ca. 2.2 mm long, glabrous; tepals 3, nerrow-linear, 0.2 – 0.3 mm long, glabrous; ovary narrow-ellipsoidal, ca. 0.4 mm long; stigma subglobose, 0.1 mm in diam. Achenes brown, oblong-ovoid, ca. 0.9 mm long, longitudinally thin 6-ribbed and tuberculate.

多年生草本。茎高 17 – 28 cm, 近基部粗 1 – 1.2 mm, 无毛, 分枝或不分枝, 下部有 6 条浅沟。叶具短梗, 无毛; 叶片纸质, 干时下面变为褐色, 斜狭卵形或椭圆形, 长 3 – 8 mm, 宽 1 – 2.8 cm, 顶端长渐尖或渐尖, 基部斜楔形, 边缘具小牙齿, 半离基三出脉, 侧脉在叶狭侧 1 条, 不明显, 在宽侧 2 条, 钟乳体稍明显或不明显, 稍密集, 杆状, 长 0.1 – 0.3 mm; 叶柄长 0.8 – 3 mm; 托叶钻形, 长 1 – 3.5 mm, 宽 0.1 – 0.5 mm。雄头状花序未见。雌头状花序单生叶腋, 无梗; 花序托不明显; 苞片约 7, 膜质, 无毛, 2 对生苞片宽卵形, 长约 1 mm, 宽 1.2 mm, 顶端兜形, 并具扁平、长 1.2 – 1.5 mm 的鸟头状突起, 其他 5 枚苞片卵形或宽卵形, 长 1.5 – 2 mm, 宽 1.2 – 1.8 mm, 顶端具长 0.8 mm 的角状突起, 基部合生; 小苞片膜质, 半透明, 楔状条形或狭条形, 长 2 – 2.5 mm, 宽 0.2 – 0.8 mm, 顶端截形, 有稀疏短柔毛。雌花: 花梗长约 2.2 mm, 无毛; 花被片 3, 狭条形, 长 0.2 – 0.3 mm, 无毛; 子房狭椭圆体形, 长约 0.4 mm; 柱头近球形, 直径 0.1 mm。瘦果褐色, 长圆状卵球形, 长约 0.9 mm, 有 6 条细纵肋和瘤状突起。花、果期 4 月。

特产广西环江。生于石灰岩山地阴湿处。

另一株来自广西马山的无花果标本, 韦毅刚 0651, 被我误定为 E. ichangense H. Schröter (Wang,

2012, 见上引文献), 此标本与韦毅刚 08047 极为相似, 但有二区别: 叶片只在中脉上有稀疏钟乳体, 侧脉明显且较多, 在叶狭侧 2 条, 在宽侧 3 – 5 条, 此标本是否为本种的一变种, 需进行进一步的研究。

69. 宜昌楼梯草　图版 39: A – F

Elatostema ichangense H. Schröter in Repert. Sp. Nov. Regni Veg. 47: 220. 1939; 王文采于东北林学院植物研究室汇刊 7: 39. 1980, p. p. excl. specim. guanaxiensi; 张秀实等于贵州植物志 4: 52. 1989; 王文采于中国植物志 23(2): 239, 图版 47: 2. 1995; 并于武陵山地区维管植物检索表 134. 1995; 李丙贵于湖南植物志 2: 300, 图 2 – 221. 2000; Q. Lin et al. in Fl. Chia 5: 142. 2003; 杨昌煦等, 重庆维管植物检索表 153. 2009; W. T. Wang in Fu et al. Paper Collection of W. T. Wang 2: 1095. 2012, p. p. excl. specim. guangxiensi. Syntypes: 湖北: 宜昌, 1887 – 02, A. Henry 2593, 2731 (K, non vidi)。重庆: 南川, A. v. Rosthorn 196 (non vidi)。

E. cavaleriei auct. non (Lévl.) Hand. -Mazz: 湖北植物志 1: 175, 图 228. 1976。

多年生草本。茎高约 25 cm, 不分枝, 无毛。叶具短柄或无柄, 无毛; 叶片草质或薄纸质, 斜倒卵状长圆形或斜长圆形, 长 6 – 12.4 cm, 宽 2 – 3 cm, 顶端尾状渐尖(渐尖部分全缘), 基部狭侧楔形或钝, 宽侧钝或圆形, 边缘下部或中部之下全缘, 其上有浅牙齿, 半离基三出脉或近三出脉, 侧脉在叶狭侧 1 – 2 条, 在宽侧约 3 条, 钟乳体明显或稍明显, 密, 长 0.2 – 0.4 mm; 叶柄长达 1.5 mm; 托叶条形或长圆形, 长 2 – 3.5 mm。花序雌雄异株或同株。雄头状花序无梗或近无梗, 直径 3 – 6 mm, 有 10 数朵花; 花序托小; 苞片约 6 个, 卵形或正三角形, 长 3 – 4 mm, 无毛, 2 个较大, 其顶端的角状突起条形或条状三角形, 长 3.5 – 7 mm, 其他的较小, 其顶端突起长 1 – 1.5 mm, 或无突起; 小苞片膜质, 匙形或匙状条形或船状条形, 长 2 – 2.5 mm, 顶部有疏缘毛。雄花无毛; 花梗长达 2.5 mm; 花被片 5, 狭椭圆形, 长约 1.5 mm, 下部合生, 背面顶端之下有长 0.1 – 0.3 mm 的角状突起; 雄蕊 5。雌头状花序单生叶腋; 花序梗长约 4 mm, 无毛; 花序托近方形或长方形, 长 3 – 6 mm, 二裂, 无毛; 苞片约 10, 排成 2 层, 外层 2 枚较大, 对生, 扁宽卵形, 长约 0.8 mm, 宽 2 – 3 mm, 顶端角状突起长约 2 mm, 内层苞片较小, 宽卵形, 顶端有短尖头, 无毛; 小苞片多数, 密集, 半透明, 楔状条形, 长 0.6 – 0.9 mm, 有褐色短条纹, 顶端被缘毛。雌花无梗: 花被片不存在; 子房椭圆体形, 长 0.25 mm; 柱头画笔头状,与子房近等长。瘦果淡黄色,狭卵球形,长0.6－0.7 mm,有6－8条细纵肋和稀疏极小瘤状突起。花期8－9月。

分布于贵州、湖南西部、重庆南部、湖北西部。生于山地常绿阔叶林中或石上,海拔300－900m。

标本登录(所有标本均存PE):

贵州:遵义,刘正宇20518;施秉,武陵山队3499;思南,张杰4038;德江,黔北队2662;沿河,黔北队2231;正安,刘正宇20686;道真,刘正宇16068,16841。

湖南:桑植,北京队4147,4166;凤凰,武陵山队1368;东安,刘瑛701。

重庆:金佛山,刘正宇2294,4632,金佛山队1894,2270;酉阳,谭士贤152。

湖北:鹤峰,李洪钧6426;来凤,李洪钧4934;神农架,吴增源,刘杰201201,2012239。

系5.滇黔楼梯草系

Ser. **Backeriana** W. T. Wang & Zeng Y. Wu, ser. nov. Type: *E. backeri* H. Schröter.

Series nova haec Ser. *Parvis* W. T. Wang arcte affinis est, a qua acheniis tubeculatis interdum etiam sparse lineolatis haud longitudinaliter costatis differt.

本系与小叶楼梯草系Ser. *Parva* 近缘,与后者的区别在于本系的瘦果具瘤状突起,有时还具稀疏的短线纹,不具纵肋。

1种,分布于我国西南部以及印度尼西亚(爪哇)。

70.滇黔楼梯草　图版39:G－L

Elatostema backeri H. Schröter in Repert. Sp. Nov. Regni Veg. Beih. 83(2): 155. 1936; Backer & Bakh. f. Fl. Java 2: 43. 1965; 王文采于东北林学院植物研究室汇刊7: 35. 1980; 张秀实等于贵州植物志4: 52. 1989; 王文采于横断山区维管植物1: 326. 1993; 并于中国植物志23(2): 231. 1995; 李锡文于云南植物志7: 276, 图版29: 1－2. 1997; 王文采于广西植物志2: 353. 2005; 税玉民、陈文红,中国喀斯特地区种子植物1: 94, 图227. 2006; 林祁等于西北植物学报29(9): 1009. 2009; Zeng Y. Wu et al. in Pl. Divers. Resour. 34(1): 15, fig. 1: E-G, fig. 2: H-J. 2012; W. T. Wang in Fu et al. Paper Collection of W. T. Wang 2: 1085. 2012. Type: 云南:腾冲,1912－05, G. Forrest 7722(lectotype, E－林祁等, 2009. non vidi); 无准确地址, Ducloux 737(isosyntype, IBSC). Indonesia: Java. C. A. Backer 26265(syntype, non vidi).

E. backeri var. *villosulum* W. T. Wang in Acta Phytotax. Sin. 28(4): 312. 1990. Holotype: 云南:景东,

alt. 2700m, 1939－11－02, 李鸣岗1076(PE)。

E. parvum auct. non(Bl.)Miq: Q. Lin et al. in Fl. China 5: 138. 2003, p. p., quoad syn. *E. backeri* H. Schröter.

多年生草本。茎直立或渐升,长20－50 cm,不分枝,上部密被向下变曲的短糙毛。叶具极短柄;叶片纸质,斜狭椭圆形,长4－7.5 cm,宽1.4－3 cm,顶端长渐尖,基部狭侧楔形,宽侧近耳形,边缘自基部之上至顶端有密锯齿,上面的少数短硬毛或无毛,下面沿中脉及侧脉有短糙伏毛,具半离基三出脉,侧脉在叶狭侧约3条,在宽侧约4条,钟乳体明显,密,长0.2－0.4 mm;叶柄长约1 mm;托叶纸质,披针形,长7－8 mm,宽2.5－3 mm,中部绿色,有密钟乳体,边缘白色,宿存。雄花序腋生,有短梗或无梗,直径4－5 mm;花序托不明显;花序梗长约0.5 mm,有短伏毛;苞片约5,长方状倒卵形,长约3 mm,宽约2.2 mm,顶端近截形,背面上部有短伏毛,顶端之下有短突起;小苞片密集,船状匙形,长约2 mm,宽约1 mm,顶端有短缘毛。雄花:花梗扁,长约2 mm;花被片5,狭椭圆形,长约1.5 mm,基部合生,外面顶部有疏柔毛,顶端之下有长约0.5 mm的角状突起;雄蕊5。雌头状花序单生叶腋;花序梗长约1 mm,近无毛;花序托宽椭圆形,长0.8－1.5 mm,近无毛;苞片12－25,披针状条形,长0.8－1.2 mm,宽0.1－0.2 mm,密被缘毛;小苞片极密,半透明,白色,条形,长0.8－1 mm,上部被缘毛。雌花具短梗:花被片2,狭条形,长约0.15 mm;子房狭卵球形,长0.35 mm;柱头近球形,直径0.1 mm,或画笔头状,长约0.3 mm。瘦果淡褐色,椭圆球形,长约0.7 mm,有多数瘤状或狭椭圆形突起,有时还有稀疏短线纹。花期7－11月。

分布于云南、广西西部、贵州南部、四川西南部、重庆南部;印度尼西亚(爪哇)。生于山谷林中或林边阴处,海拔850－2700m。

标本登录(所有标本均存PE):

云南:贡山,Gaoligong Shan Biod. Survey 33346;福贡,Gaoligong Shan Biod Survey 20327;龙陵,Gaoligong Shan Biod. Survey 17668;镇雄,滇东北队1092;个旧,曼耗,税玉民等44314;麻栗坡,税玉民,陈文红等s. n.,税玉民等21837。

贵州:兴义,贵州队6098;安龙,贵州队2964;望谟,贵州队900。

四川:峨眉山,方文培6606,中苏考察队2156;天全,关克俭,王文采等3213。

重庆:金佛山,刘正宇8220,9145,金佛山队0220,1144。

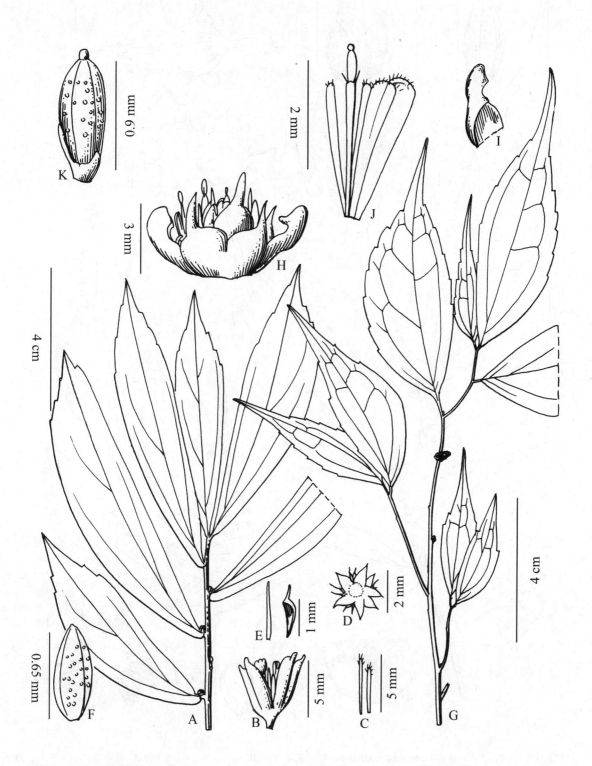

图版 38   A－F. 拟渐狭楼梯草 *Elatostema attenatoides* A. 茎上部，B. 雄头状花序，C. 雄小苞片，D. 雌头状花序，E. 雌小苞片，F. 瘦果。（据税玉民等 40779）G－K. 鸟喙楼梯草 *E. ornithorrhynchum* G. 开花茎上部，H. 雌头状花序，I. 雌苞片，J. 雌小苞片和雌花，K. 瘦果。（据 holotype）

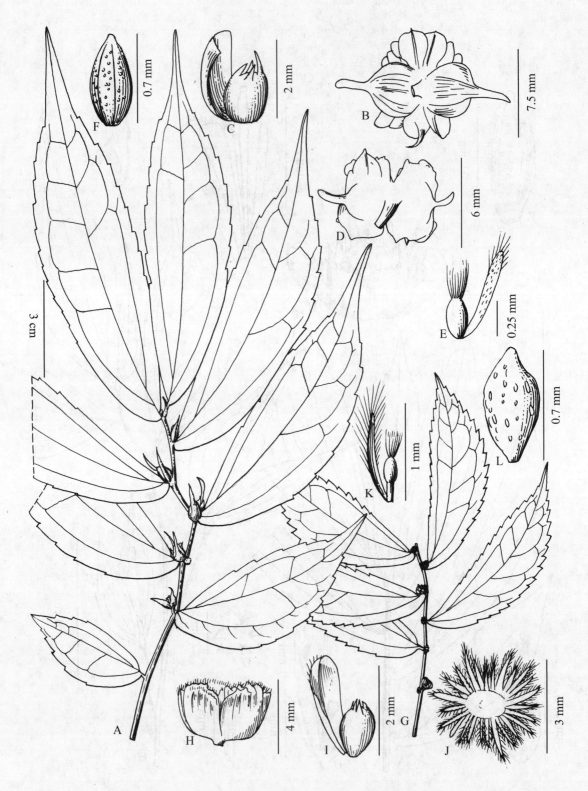

图版 39　A – F. 宜昌楼梯草 *Elatostema ichangense* A. 开花茎上部，B. 雄头状花序（下面观），C. 雄小苞片和雄花蕾，（据李洪钧 4934）D. 雌头状花序（下面观），E. 雌小苞片和雌花，F. 瘦果。（据李洪钧 6426）G – L. 滇黔楼梯草 *E. backeri* G. 开花茎顶部，H. 雄头状花序，I. 雄小苞片和雄花蕾，（据税玉民等 44314）J. 雌头状花序（下面观），K. 雌小苞片和雌花，L. 瘦果。（据税玉民和陈文红 s.n.）

系 6.齿翅楼梯草系

Ser. **Odontoptera** W. T. Wang in J. Syst. Evol. 51(2):225.2013. Type:*E. odontopterum* W. T. Wang.

叶具三出脉。雄头状花序具短梗:花序托小,不明显;总苞外层苞片背面具 4 条边缘有圆齿或呈波状的狭翅;小苞片无任何突起。

1 种,特产云南东南部。

71.齿翅楼梯草 图版 40

Elatostema odontopterum W. T. Wang in J. Sydt. Evol. 51(2):225,fig. 2:D-G. 2013. Holotype:云南:个旧,曼耗,沙珠底,alt.300 – 400 m,山谷雨林中,2002 – 09 – 07,税玉民等 15966(PE)。

多年生草本。茎渐升,长约 30 cm,上部密被反曲短糙伏毛,下部无毛,有 2 – 3 分枝。叶有短柄或无柄;叶片纸质,斜狭倒卵形或狭椭圆形,稀椭圆形或倒卵形,长(0.2 – 2 –)3.5 – 9 cm,宽(0.4 – 1.2 –)1.5 – 2.8 cm,顶端渐尖,基部狭侧楔形,宽侧钝,边缘有牙齿或小牙齿,上面无毛,下面脉上被短糙伏毛,三出脉,侧脉约 3 对,钟乳体稍密,杆状,长 0.2 – 0.5 cm;叶柄长 0 – 3.5 mm;托叶膜质,白色,条状披针形,长 2.5 – 3.2 mm,宽约 0.5 mm,无毛,中脉绿色。雄头状花序单生叶腋,直径约 4 mm;花序梗长约 0.5 mm,有短毛;花序托小,不明显;苞片 4,排成 2 层,腹面无毛,背面密被柔毛,外层 2 苞片对生,较大,稍对折,横长方形,长约 3 mm,宽 4 mm,背面中部之下有 4 条纵狭翅,翅膜质,长 1 – 1.5 mm,宽 0.2 – 0.5 mm,边缘有 2 – 4 圆齿或呈波状,无毛,内层 2 苞片较小,长方形,长约 3 mm,宽 1.5 mm;小苞片约 25,膜质,白色,半透明,船形,长 1.2 – 1.5 mm,宽 0.4 – 0.7 mm,少数平,三角形,长 1 mm,顶部被长缘毛。雄花蕾球形,直径约 1 mm,顶端密被短柔毛。雌头状花序未见。花期 9 月。

特产云南个旧。生于山谷雨林中,海拔 300 – 400 m。

系 7.渐狭楼梯草系

Ser. **Attenuata** W. T. Wang in Bull. Bot. Lab. N. -E. Forest. Inst. 7:44.1980;于中国植物志 23(2):242.1995;et in Fu et al. Paper Collection of W. T. Wang 2:1100.2012. Type:*E. attenuatum* W. T. Wang.

与小叶楼梯草系 Ser. *Parva* 近缘(与拟渐狭楼梯草 *E. attenuatoides* 极为相似),区别特征为叶全缘,基部两侧均长渐狭。

1 种,特产云南东南部。

72.渐狭楼梯草 图版 41:A – F

Elatostema attenuatum W. T. Wang in Bull. Bot.

Lab. N. -E. Forest. Inst. 7:44. photo 3. 1980;并于中国植物志 23(2):242,图版 60:4 – 5.1995;李锡文于云南植物志 7:270. 1997;Q. Lin et al. in Fl. China 5:143. 2003;税玉民、陈文红于中国喀斯特地区种子植物 1:93,图 226.2006;W. T. Wang in Fu et al. Paper Collection of W. T. Wang 2:1100. 2012;Zeng Y. Wu in Guihaia 32(5):604,fig. 1:6,fig. 2:B. 2012. Type:云南:马关,干沟,alt. 800 m,1956 – 06 – 11,中苏综考队 3342(holotype. PE);河口,? 2190(paratype,PE)。

多年生草本。茎粗壮,长约 25 cm,下部粗约 5 mm,不分枝,无毛。叶无柄,无毛;叶片纸质,倒披针形,稍不对称,常稍镰状弯曲,长 9 – 15 cm,宽 2.2 – 3.8 cm,顶端渐尖,基部渐狭,边缘全缘,上面有光泽,叶脉不明显,半离基三出脉,侧脉在叶狭侧约 2 条,在宽侧约 5 条,钟乳体明显,密,长 0.5 – 1 mm;托叶膜质,褐色,有白色边缘,披针状条形或披针形,长 5 – 15 mm。花序雌雄同株,成对腋生。雄头状花序有梗,在雌花序之下,直径 5 – 6 mm;花序梗长约 2 mm,无毛;花序托小;苞片 5 – 6,褐色,近圆形或近方形,长约 2.5 mm,在顶端之下有长约 0.5 mm 的短突起,顶部边缘有短缘毛,中央有钟乳体;小苞片约 12 枚,密集,船状倒披针形,长 1.5 – 2.5 mm,顶端具有角状突起,中央有褐色条纹,边缘白色,上部有疏缘毛。雄花无毛;花梗长约 2 mm;花被片 4,船状长圆形,长约 1 mm,基部合生,2 个在外面顶端之下有短角状突起;雄蕊 4。雌头状花序生茎顶部,有短梗;花序梗粗,长约 1 mm;花序托椭圆形或近圆形,直径 4 – 7 mm,常 2 浅裂,边缘有多数苞片;苞片正三角形或三角形,长约 1 mm,顶端常具角状突起,边缘有短缘毛;小苞片条形或船状倒披针形,长 0.6 – 1 mm,顶端具有角状突起,中央有褐色条纹,边缘白色,有密缘毛。雌花:花被片不存在;子房椭圆体形,长约 0.4 mm,柱头画笔头状。瘦果椭圆体形,长约 0.7 mm,有 6 条细纵肋和瘤状突起。花期 6 月。

特产云南东南部(马关、河口)。生于山谷密林中石上或沟边,海拔 300 – 800 m。

标本登录:

云南: 马关,中苏考察队 2728,税玉民等 346,32061,金效华、刘冰等 700(PE);河口,蔡克华 728,税玉民 003637(PE)。

系 8.毛翅楼梯草系

Ser. **Ciliatialata** W. T. Wang,Y. G. Wei & A. K. Monro in Fu et al. Paper Collection of W. T. Wang 2:1100. 2012. Type:*E. celingense* W. T. Wang,Y. G. Wei & A. K. Monro.

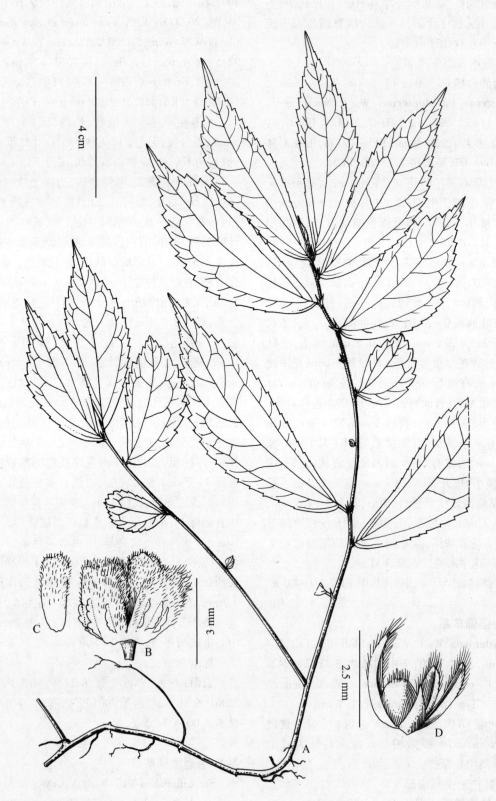

4 cm

3 mm

2.5 mm

C

B

A

D

图版 40 齿翅楼梯草 *Elatostema odontopterum* A. 植株全形,B. 雄头状花序(侧面观),C. 总苞内层苞片,D. 雄小苞片和雄花蕾。(据 holotype)

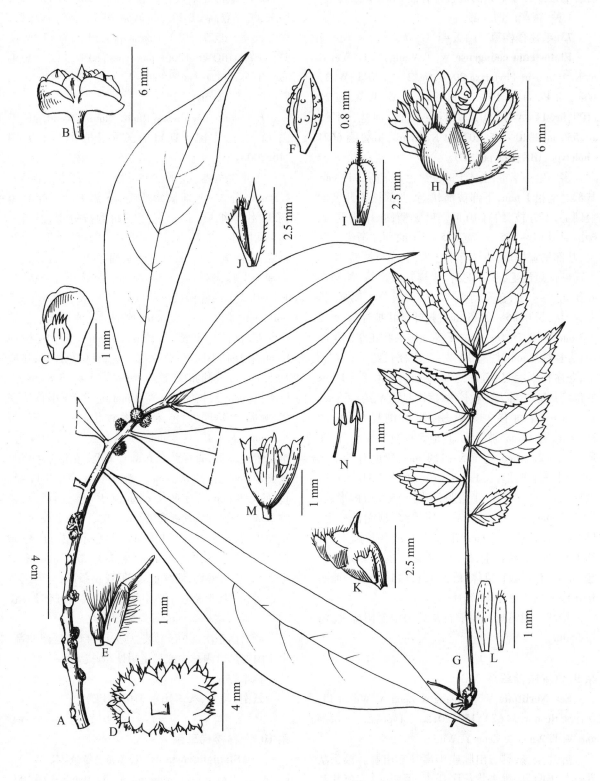

图版 41 A – F. 渐狭楼梯草 *Elatostema attenuatum* A. 开花茎上部，B. 雄头状花序（侧面观），C. 雄小苞片和雄花蕾，D. 雌头状花序（下面观），E. 雌小苞片和雌花，（据中苏考察队 2728）F. 瘦果。（据税玉民等 32061）G – M. 毛翅楼梯草 *E. celingense* G. 植株全形，H. 雄头状花序（侧面观），I – K. 雄苞片，L. 雄小苞片，M. 雄花，N. 雄蕊。（自 Wang et al.，2011）

本系与小叶楼梯草系 Ser. Parva 甚为接近,与后者的区别在于本系的雄苞片背面有 1-3 条翅。

1 种,特产广西北部。

73. 毛翅楼梯草　图版 41:G-M

Elatostema celingense W. T. Wang, Y. G. Wei & A. K. Monro in Phytotaxa 29:4, fig. 2-3. 2011; W. T. Wang in Fu et al. Paper Collection of W. T. Wang 2:1100, fig. 11:A-H. 2012.　Type:广西:河池,侧岭, alt. 550 m,2010-05-07,A. K. Monro,韦毅刚 6621(holotype,IBK;isotype,PE)。

多年生小草本,全体干时变黑色。茎高约 11 cm,基部之上粗 1 mm,下部被糙伏毛,上部被稍开展的短硬毛,不分枝,约有 10 叶。叶无柄;叶片纸质,斜椭圆形,长 1-5.5 cm,宽 0.5-2 cm,顶端渐尖或急尖,基部斜宽楔形,边缘有小牙齿,上面疏被糙伏毛,下面贴伏短硬毛,脉上毛密,半离基三出脉,侧脉在叶狭侧 2-4 条,在宽侧 5-7 条,钟乳体不明显,稍密,杆状,长 0.05-0.35 mm;托叶条状披针形,长 2-3 mm,宽 0.2-0.4 mm,无毛。雄头状花序单生叶腋,直径约 6 mm,约有 10 花;花序梗长约 1 mm,无毛;花序托不明显;苞片约 6,顶端具长 0.8-1 mm 的角状突起,不等大,1 枚较大,横长方形,长约 2.5 mm,宽 4 mm,背面有 3 条纵翅,翅斜倒梯形,长约 2.5 mm,宽 4 mm,被缘毛,其他 5 枚苞片较小,倒卵形,长 2-2.5 mm,宽 1.5-1.8 mm,背面有 1 条纵翅,翅半长椭圆形,长 1.5-2 mm,宽 0.2-0.5 mm,被缘毛;小苞片膜质,半透明,长圆形或狭长圆形,长 1-1.2 mm,有 1 纵脉和一些短线纹,顶端被缘毛。雄花:花梗长约 2.5 mm;花被片 4,或狭长圆形,长约 1.5 mm,下部合生,外面顶端之下有 1 短角状突起,无毛,有少数钟乳体;雄蕊 4,长约 1.2 mm。雌头状花序未见。花期 4-5 月。

特产广西河池。生于石灰岩山山洞阴湿处,海拔 550m。

系 9. 竹桃楼梯草系

Ser. **Neriifolia** W. T. Wang & Zeng Y. Wu in Pl. Divers. Resour. 34(2):152. 2012.　Type:E. neriifolium W. T. Wang & Zeng Y. Wu.

叶片全缘,具三出脉或半离基三出脉。雄头状花序托不明显,雌头状花序托小,但明显;雄苞片和雌苞片均无任何突起。瘦果具多数短线纹。

1 种,分布于云南东南部和越南北部。

74. 竹桃楼梯草　图版 42:A-H

Elatostema neriifolium W. T. Wang & Zeng Y.

Wu in Pl. Divers. Resour. 34(2):152, fig. 1-2. 2012.

Type:云南:麻栗坡,天宝至南洞,2002-11-19,税玉民,王登高 21817(holotype. PE);马关,古林箐,税玉民等 30522,30534(paratypes,PE);河口,南溪镇,马革,GBOWS 1266(paratypes,KUN,PE). Vietnam:Tonkin:Lao Gai,1964-12-23,Sino-Vietnam Exped. 755(paratype,PE).

E. rupestre auct. non (Buch.-Ham.) Wedd.:税玉民,陈文红,中国喀斯特地区种子植物 1:100,图 246. 2006。

多年生草本。茎高 30-40 cm,基部之上粗 3-4.5 mm,分枝,上部被短柔毛,下部无毛。叶具短柄;叶片厚纸质,狭长圆形或狭倒披针形,长 5-10 cm,宽 1-1.7 cm,顶端渐尖,基部斜楔形,边缘全缘,上面无毛,下面脉上密被短柔毛,三出脉或半离基三出脉,侧脉约 3 对,钟乳体明显,密,杆状,长 0.1-0.2 mm;叶柄长 1-5 mm;托叶狭披针形,长 7-10 mm,宽 0.3-1.2 mm,被短柔毛或近无毛。雄头状花序单生叶腋,直径 6-7 mm;花序梗长约 1 mm;花序托不明显;苞片 6,绿色,有白色边缘,排成 2 层,外层 2 枚圆卵形,长约 3 mm,宽 3.4-3.8 mm,内层 4 枚宽卵形,长 3 mm,宽 2 mm,近无毛;小苞片密集,膜质,半透明,白色,倒梯形,楔状条形或条形,长 2.2 mm,宽 0.1-0.4 mm,顶端近截形,被短缘毛。雄花蕾近球形,直径约 0.6 mm,无毛,顶端有 4 条角状突起;花梗长约 0.1 mm。雌头状花序单生叶腋,直径 4-8 mm;花序梗长 1 mm;花序托近圆形,直径约 3 mm,无毛;苞片绿色,排成 2 层,外层 2 枚对生,宽卵形,长约 1 mm,宽 1.8 mm,无毛,内层苞片约 30 枚,狭三角形,长约 1.7 mm,宽 0.3-0.5 mm,密被缘毛;小苞片密集,淡绿色,条形或狭条形,与内层苞片近等长,密被缘毛。瘦果淡褐色,狭椭圆体形,长约 0.8 mm,宽 0.2 mm,具多数短线纹。

产云南东南部(麻栗坡、马关、河口);越南北部。生于山谷热带雨林中或悬崖阴处,海拔 120-170m。

标本登记:

云南:马关,税玉民等 31673(PE)。

系 10. 上林楼梯草系

Ser. **Shanglinensia** W. T. Wang & Y. G. Wei in Fu et al. Paper Collection of W. T. Wang 2:1100. 2012.　Type:E. shanglinense W. T. Wang.

本系与小叶楼梯草系 Ser. Parva 近缘,区别特征为本系的瘦果具多数纵列的短线纹,不具纵肋。

1 种,特产广西中南部。

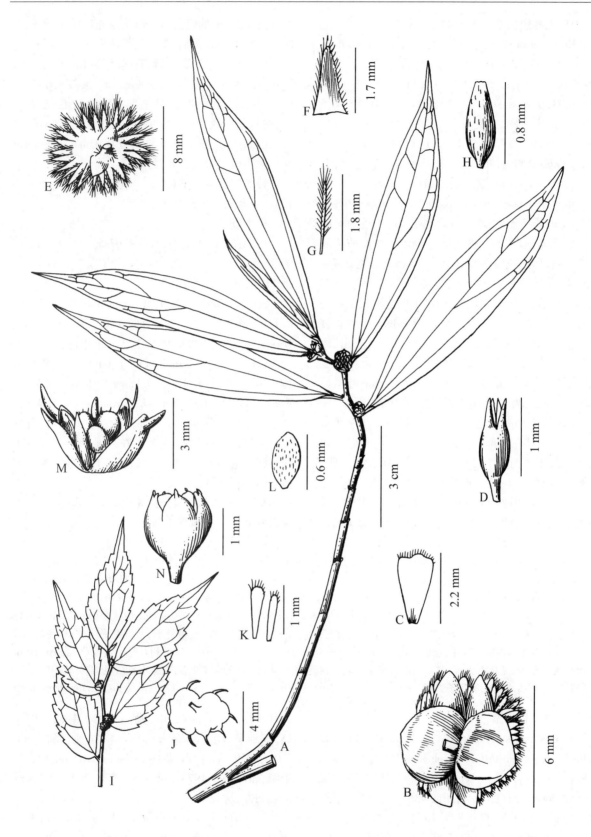

图版 42 A－H. 竹叶楼梯草 *Elatostema neriifolium* A. 开花枝,B. 雄头状花序(下面观),C. 雄小苞片,D. 雄花蕾,E. 雌头状花序(下面观),F. 雌苞片,G. 雌小苞片,H. 瘦果。(自 Zeng Y. Wu et al. , 2012) I－N. 上林楼梯草 *E. shanglinense* I. 开花茎顶部,J. 雌头状花序(下面观),K. 雌小苞片,L. 瘦果,(据韦毅刚 07253) M. 雄头状花序,N. 雄花蕾。(据 holotype)

75. 上林楼梯草　图版 42: I - N

Elatostema shanglinense W. T. Wang in Guihaia 2(3): 118, fig. 5 - 6. 1982; 并于中国植物志 23(2): 235, 图版 52: 1 - 2. 1995; Q. Lin et al. in Fl. China 5: 140. 2003; 王文采于广西植物志 2: 855, 图版 344: 5 - 6. 2005; 韦毅刚, 王文采于广西植物 29(6): 717, fig. 3. 2009; W. T. Wang in Fu et al. Paper Collection of W. T. Wang 2: 1101. 2012.　Holotype: 广西: 上林, 上天坪, 1951 - 08 - 14, 蔡灿星 5151(♂, IBK)。

多年生小草本, 有短根状茎。茎约 5 条丛生, 高 6 - 11 cm, 雄茎无毛, 雌茎近无毛或顶部疏被短柔毛及小钟乳体, 通常不分枝。叶具短柄; 叶片纸质或薄纸质, 斜长卵形或斜椭圆形, 长 1 - 4.8 cm, 宽 0.4 - 1.5 cm, 顶端长渐尖、尾状或渐尖(尖头全缘), 基部狭侧楔形, 宽侧圆形或耳形, 边缘下部全缘或基部之上有小牙齿, 雄茎的叶两面无毛, 雌茎的叶上面疏被糙伏毛, 下面在基出脉和侧脉上被糙伏毛, 三出脉, 侧脉在叶狭侧 1 - 2 条, 在宽侧 2 - 3 条, 钟乳体明显或不明显, 密或稀疏, 杆状, 长 0.1 - 0.3 mm; 叶柄长 0.5 - 1 mm; 托叶膜质, 狭披针形或披针形, 长 2.2 - 3.5 mm, 宽 1 mm, 白色, 中央绿色, 无毛。花序雌雄异株。雄头状花序单生叶腋, 直径 3.5 mm, 有 7 - 12 花, 无梗; 花序托不明显, 苞片 5 - 6, 膜质, 半透明, 长圆状船形, 长 2 - 3 mm, 顶端有角状突起, 有稀缘毛或无毛; 小苞片约 10, 狭条形, 长约 2 mm, 无毛。雄花无毛: 花梗长 0.4 - 1.2 mm; 花蕾直径约 1.2 mm, 顶

端有长 0.2 mm 的短突起。雌头状花序单生叶腋; 花序梗长约 1 mm, 无毛; 花序托长圆形, 长约 4 mm, 宽约 2.4 mm, 中部 2 浅裂, 无毛; 苞片约 10, 正三角形, 长 0.5 - 0.8 mm, 宽 0.8 - 1 mm, 顶端有长 1 - 1.5 mm 的绿色角状突起, 上部有稀疏缘毛; 小苞片密, 楔状条形或条形, 长约 1 mm, 顶端密被短缘毛。瘦果椭圆体形, 长约 0.6 mm, 宽 0.3 mm, 有密的纵列褐色短线纹。雄花 8 月开放。

特产广西中南部(上林、隆安)。生于山谷溪边石上, 或石灰岩山疏林下。

标本登录:

广西: 隆安, 龙虎山, 韦毅刚 07253(♀, IBK, PE)。

系 11. 迭叶楼梯草系

Ser. **Salvinioida** W. T. Wang in Bull. Bot. Lab. N. - E. Forest. Inst. 7: 45. 1980; Yahara in J. Fac. Sci. Univ. Tokyo, Sect. 3, 13: 489. 1984; 王文采于中国植物志 23(2): 242. 1995; Q. Lin in Bot. J. Linn. Soc. 158: 63. 2008; W. T. Wang in Fu et al. Paper Collection of W. T. Wang 2: 1101. 2012.　Type: E. salvinioides W. T. Wang.

多年生小草本。茎下部多少密生低出叶; 叶具极不明显的三出脉; 退化叶存在。雄、雌头状花序的花序托均近不存在; 雄苞片 2, 雌苞片数枚。瘦果具多数纵列短线纹。

3 种, 分布于我国云南南部, 以及缅甸、泰国和越南的北部。我国有 2 种。

1. 叶长达 2.6 cm, 宽达 1 cm,; 托叶无钟乳体; 退化叶长圆形或倒卵状长圆形, 上部边缘白色; 雄头状花序一型; 瘦果长 0.3 - 0.5 mm, 不具棱 ·· 76. 迭叶楼梯草 **E. salvinioides**

  2. 茎细; 叶长达 1.9 cm, 宽 6 mm, 只沿中脉和叶边缘具钟乳体; 托叶膜质, 褐色, 正三角形或三角形, 基部深心形, 截形或斜耳形; 雌头状花序有 4 - 5 花和少数小苞片; 瘦果长约 0.3 mm ··················· 76a. 模式变种 var. **salvinioides**

  2. 茎较粗壮; 叶长达 2.6 cm, 宽 1 cm, 整个表面有密集钟乳体; 托叶纸质, 绿色, 披针形, 基部圆形或钝; 雌头状花序有较多花和多数小苞片; 瘦果长 0.5 mm ·············· 76b. 粗壮迭叶楼梯草 var. **robustum**

1. 叶长达 4.8 cm, 宽达 1.9 cm, 整个表面有密集钟乳体; 托叶有钟乳体; 退化叶披针形, 边缘不呈白色; 雄头状花序二型; 瘦果长 0.7 - 0.8 mm, 有 5 条纵棱 ·············· 77. 密晶楼梯草 **E. densistriolatum**

76. 迭叶楼梯草

Elatostema salvinioides W. T. Wang in Bull. Bot. Lab. N. -E. Forest. Inst. 7: 45, photo 4. 1980; Yahara in J. Fac. Sci. Univ. Tokyo, Sect. 3, 13: 489. 1984; 王文采于中国植物志 23(2): 244, 图版 43: 5 - 6. 1995; 李锡文于云南植物志 7: 279, 图版 70: 3 - 7. 1997; Q. Lin et al. in Fl. China 5: 143. 2003, p. p. excl. syn. E. salvinioide var. robusto W. T. Wang; Q. Lin in Bot. J. Linn. Soc. 158: 63, fig. 3. 2008, p. p. excl. syn.; W. T. Wang in Fu et al. Paper Collection of W. T. Wang 2:

1101. 2012.　Type: 云南: 勐腊, 勐远, 1962 - 05 - 15, 李延辉 4105(holotype, KUN); 同地, 勐醒, alt. 720m, 1959 - 08 - 08, 裴盛基 9405(paratype, KUN); 沧源, alt. 800m, 1974 - 06 - 13, 李延辉 11940(paratype, PE)。

E. salvinioides var. angustius W. T. Wang in 1. c. 1980.　Type: 云南: 沧源, alt. 1600m, 1936 - 04, 王启无 73256(holotype, PE); 镇康, alt. 1640m, 1936 - 03, 王启无 72206(paratype, PE); 芒市, alt. 1150m, 1961 - 04 - 07, 周铉 506(paratype, KUN)。

76a. var. **salvinioides**　图版 43：A – E

多年生小草本。茎高 12 – 17 cm，不分枝，有明显的钟乳体，中部及上部有多数（18 – 22）叶，上部疏被短柔毛，下部无毛，无叶，但密生托叶状低出叶。叶排成 2 列，初互相覆压，后稍稀疏，有短柄或近无柄，无毛；叶片草质，斜长圆形或狭椭圆形，长 10 – 19 mm，宽 4 – 6 mm，顶端钝或圆形，基部斜心形，茎下部叶边缘全缘，茎上部叶边缘在狭侧近顶端有 1 – 2 浅钝齿，在宽侧全缘或近顶端有 1 浅钝齿，下面密被圆形小鳞片，钟乳体只沿边缘及中脉分布，明显，长 0.25 – 1 mm，脉不明显；叶柄长 0.2 – 1.1 mm；托叶膜质，褐色，心形、正三角形或狭三角形，长 1 – 4 mm，基部深心形、截形或斜、偏耳形，无毛，无钟乳体。退化叶狭倒卵状长圆形，长 4 – 6 mm，宽 1.2 – 1.6 mm，顶端急尖或钝，边缘白色，全缘，常有少数缘毛。花序雌雄异株。雄花序单生叶腋，无梗，无毛，约有 3 花；花序托不存在；苞片 2，船状卵形，长约 2 mm，外面顶端之下有短突起；小苞片少数，宽条形，长约 1 mm。雄花蕾有短梗，直径 0.8 mm，无毛。雌花序单生叶腋，无梗，直径约 1mm，有 4 – 5 花；花序托不存在；苞片 5 – 6，长圆状披针形或狭长圆形，长 0.8 – 1 mm，外面密被短柔毛；小苞片少数，狭条形，长约 0.5 mm。雌花近无梗；花被片不存在；子房椭圆体形，长约 0.3 mm，画笔头状柱头白色。瘦果淡褐色，椭圆体形，长约 0.3 mm，有多数短线纹。花期 4 – 5 月。

分布云南南部；缅甸北部、泰国北部。生于山谷林中石上或附生乔木树干上，海拔 700 – 1600 m。

标本登录：

云南：勐腊，勐远，周士顺 2076（PE）；勐仑，邢公侠 06943，王文采 1995 – 3（PE）；耿马，朱维明等 s. n.（PE）。Myanmar：Shan State，Parkinson 6149（K）；Laukehan Twa，1930 – 12，Khant 15256（K）。

76b. 粗壮迭叶楼梯草（变种）

var. **robustum** W. T. Wang in Bull. Bot. Res. Harbin 9（2）：69. 1989；并于中国植物志 23（2）：244. 1995；李锡文于云南植物志 7：279. 1997；税玉民，陈文红，中国喀斯特地区种子植物 1：100，图 247. 2006；W. T. Wang in Fu et al. Paper Collection of W. T. Wang 2：1104，fig. 3：55. 2012.　Holotype：云南：马关，古林箐，alt. 700m，1981 – 08 – 07，朱维明，和积鉴，陆树刚 13016（YUNU）。

与迭叶楼梯草的区别：茎粗壮，在叶之下有稀疏托叶状低出叶；叶较大，长达 2.6 cm，宽 1 cm；托叶较厚，坚纸质，绿色，披针形，基部圆形或钝；雌花序有多数密集的小苞片和雌花；瘦果较大，长 0.5 mm。

特产云南马关。生于山谷雨林中，海拔 300 – 700m。

标本登录：

云南：马关，马革，税玉民等 32076（PE）。

77. 密晶楼梯草　图版 43：F – M

Elatostema densistriolatum W. T. Wang & Zeng Y. Wu in Nordic J. Bot. 29（2）：227，fig. 1：A-J. 2011；W. T. Wang in Fu et al. Paper Collection of W. T. Wang 2：1104，fig. 12：A-J. 2012.　Type：云南：麻栗坡，天保，将军洞，alt. 162 m，2010 – 08 – 04，吴增源 10129（holotype，KUN；isotypes，KUN，PE）；同地，2010 – 01 – 04，GBOWS419（Paratypes，KUN，PE）.

多年生小草本。根状茎分枝。茎高 11 – 30 cm，被贴伏短柔毛，不分枝，有极密钟乳体（长 0.2 – 0.3 mm），下部具约 10 枚低出叶（狭披针形，长 7 – 9 mm，无毛）。叶无毛；叶片薄纸质，斜长圆状长圆形或狭倒卵形，长 1.2 – 6 cm，宽 0.6 – 2.2 cm，顶端急尖，基部斜圆形，边缘上部每侧有 1 – 4 小牙齿，基出脉 3 – 4 条，不明显，侧脉约 1 对，不明显，钟乳体明显，密，纺锤形杆状，长 0.2 – 0.8 mm；叶柄长 0.5 – 1.2 mm 或不存在；托叶膜质，正三角形或宽卵形，长 2 – 3.6 mm，宽 1 – 1.8 mm，顶端急尖，钟乳体稍密，长 0.2 – 0.5 mm。雄头状花序单生叶腋，无梗，具 2 苞片，有 2 类型：（1）较大者长 4 – 6mm，苞片淡褐色，膜质，扇状长方形，长 4 – 5 mm，宽 3 – 4.6 mm，对折，有短缘毛，背面疏被短柔毛，在顶端之下有角状突起（长 0.8 – 1.5 mm）；小苞片约 8，淡褐色，长圆形、长椭圆形或条形，长 1.5 – 4 mm，宽 1.5 – 1 mm，被缘毛。有一些钟乳体；（2）较小者长约 1.5 mm，苞片膜质，半透明，白色，有少数钟乳体，不等大，上苞片狭三角形，长约 1.5 mm，宽 0.7 mm，有 2 – 3 根缘毛，下苞片倒梯形，长约 1.5 mm，宽 1 mm，无毛，顶端截形；小苞片 2，薄膜质，半透明，长圆形，长约 0.5 mm，宽 0.15 – 0.25 mm，无毛。雄花尚未发育。雌头状花序单生叶腋，无梗，直径约为 4 mm；花序托小，不明显；苞片 8 – 15，卵形、狭卵形或披针形，长 1.2 – 2 mm，宽 0.4 – 1 mm，背面密被柔毛，有近纺锤形钟乳体；小苞片约 20，卵形或倒披针形，长 1 – 1.2mm，宽 0.2 – 0.8 mm，被缘毛，有多数或少数钟乳体。瘦果褐色，狭卵球形或披针形，长 0.7 – 0.8 mm，宽 0.35 mm，有不明显 5 条纵棱，具多数短线纹。花期夏至冬季。

特产云南麻栗坡。生于山谷林下或石灰岩悬崖阴湿处。

系 12. 雄穗楼梯草系

Ser. **Androstachya** W. T. Wang & Y. G. Wei，ser. nov.；W. T. Wang in Fu et al. Paper Collection of W. T. Wang 2：1104. 2012，nom. nud.　Type：*E. andro-*

stachyum W. T. Wang, A. K. Monro & Y. G. Wei.

Series nova haec est affinis Ser. *Stipulatis* W. T. Wang, a qua caulibus staminatis humilibus, eorum foliis reductis minutis cystolithis carentibus differt. Capitula staminata 3 – 7, breviter sed conspcue pedunculata, e foliorum summorum axillis singulatim orta, receptaculis inconspicuis. Folia caulium pistillatorum normaliter evoluta, trinervia, cystolithis densis praedita.

本系与托叶楼梯草系 Ser. *Stipulata* 相近缘,与后者的区别在于本系的雄茎低矮,其叶退化,小,无钟乳体。雄头状花序 3 – 7 个单生于茎上部叶腋,具短但明显的梗;花序托不明显。雌茎的叶正常发育,具三出脉和密集钟乳体。

1 种,特产广西中部。

78. 雄穗楼梯草　图版 44

Elatostema androstachyum W. T. Wang, A. K. Monro & Y. G. Wei in Phytotaxa 147(1): 5, fig. 3 – 4. 2013; W. T. Wang in Fu et al. Paper Collection of W. T. Wang 2: 1104, fig. 10. 2012, nom. nud.　Type: 广西:马山,加方,2009 – 04 – 06,韦毅刚 g120(holotype,PE;isotype,IBK)。

多年生小草本,雌雄同株。雄茎高约 3 cm,基部粗 1 mm,被短柔毛(毛长 0.1 mm),不分枝,约有 5 节,每节有 1 雄头状花序,在上部 2 节上各有 1 退化叶。雄茎的叶无柄,小,纸质,斜宽椭圆形,长 4 – 6 mm,宽 3 – 4 mm,顶端急尖,边缘具小齿,无钟乳体。雌茎高 7 – 12.5 cm,基部粗 1.2 – 1.5 mm,被短柔毛,不分枝,有 6 – 8 叶。雌茎的叶具极短柄,叶片纸质,斜椭圆形或斜倒卵形,长 2.8 – 7.2 cm,宽 1.5 – 3.6 cm,顶端微钝、钝或微尖,基部在狭侧楔形,在宽侧近耳形,边缘具浅钝齿,上面无毛,下面脉上被短柔毛,三出脉,侧脉在叶狭侧 2 条,在宽侧 3 条,上面平,下面稍隆起,钟乳体密集,杆状,长 0.1 – 0.25 mm,叶柄长 1 mm,托叶钻形,长 1.8 mm,宽

0.15 mm,无毛。雄头状花序 3 – 7 枚单生于雄茎上部节上,直径 3 – 10 mm,有 6 – 30 花;花序梗长 1 – 3 mm,无毛;花序托不明显;苞片 7 – 20,披针状条形或狭卵形,长 1 – 3 mm,宽 0.5 – 1 mm,被疏柔毛;小苞片 3 – 10,膜质,半透明,条形,长 0.8 – 2 mm,被缘毛。雄花:花梗长 2.5 – 5 mm,无毛;花被片 4,卵状长圆形,长约 1 mm,基部合生,外面顶端之下具角状突起,上部被短柔毛;雄蕊 4,长 1 mm;退化雌蕊圆锥状,长 0.15 mm。雌头状花序单生雌茎叶腋,近无梗,直径 2 mm;花序托不明显;苞片约 25,披针状条形,长 1 – 1.4 mm,宽 0.25 mm,被缘毛;小苞片密集,条形,长约 1 mm,疏被缘毛或近无毛。雌花具短梗:花被片不存在;雌蕊长 0.6 mm,子房椭圆体形,长 0.3 mm,柱头画笔头,与子房等长。瘦果淡褐色,卵球形,长约 0.65 mm,有 5 条细纵肋。花期 3 – 4 月,果期 4 月。

特产广西马山。生于石灰岩山中阴湿处。

系 13. 托叶楼梯草系

Ser. **Stipulosa** W. T. Wang in Bull. Bot. Lab. N.-E. Forest. Inst. 7: 47. 1980; 于中国植物志 23 (2): 245. 1995; et in Fu et al. Paper Collection of W. T. Wang 2: 1104. 2012. Type: *E. stipulosum* Hand.-Mazz. = *E. nasutum* Hook. f.

本系与小叶楼梯草系 Ser. *Parva* 接近,主要区别在于本系的雄头状花序具较长花序梗。叶具三出脉或半离基三出脉,边缘具齿。雄头状花序具不明显花序托(但在托叶楼梯草 E. *nasutum*,有 2 变种的雄花序托明显,呈盘状)。瘦果具纵肋。

本系在我国有 17 种、6 变种(16 种、5 变种特产我国),其中 14 种为狭域分布种;多数分布于云南东南部、广西和贵州南部的岩溶地区,只有 1 种,托叶楼梯草 E. *nasutum* 分布较广,自喜马拉雅山东部向东分布达我国江西西部。

1. 雄、雌苞片均无角状突起。
    2. 茎和叶无毛。
        3. 叶狭倒卵形或斜菱形,顶端微钝或微尖;雄花序梗长 3.5 – 9 mm;雄总苞有 6 枚苞片 ………………………………………………… 124. 隐脉楼梯草 **E. obscurinerve**
        3. 叶狭长椭圆形,顶端渐狭;雄花序梗长 10 – 16 mm;雄总苞有 10 枚苞片 ………………………………………………… 89. 水蓑衣楼梯草 **E. hygrophilifolium**
    2. 茎和叶有毛;叶斜椭圆形或倒卵状长圆形。
        4. 茎高约 80 cm,在节上被硬毛;叶片长达 14 cm,具半离基三出脉;雌花序托明显,宽长方形,长 3.8 mm;雌总苞的苞片约 17 枚,背面无纵肋;瘦果有 4 条纵肋 ………… 80. 念巴楼梯草 **E. nianbaense**
        4. 茎高 10 – 20 cm,上部疏被短柔毛;叶片长 4 – 7 cm,具三出脉;雌花序托小,不明显;雌总苞的苞片 2 枚,背面有 1 条纵肋;瘦果有 6 – 7 条纵肋 ………… 82. 波密楼梯草 **E. bomiense**
1. 雄、雌苞片在顶端具角状突起(在 E. *ronganense*, E. *gungshanense*, 和 E. *gueilinense*,雌苞片无角状突起;在 E. *nasutum* var. *ecorniculatum*,雄苞片无角状突起)。

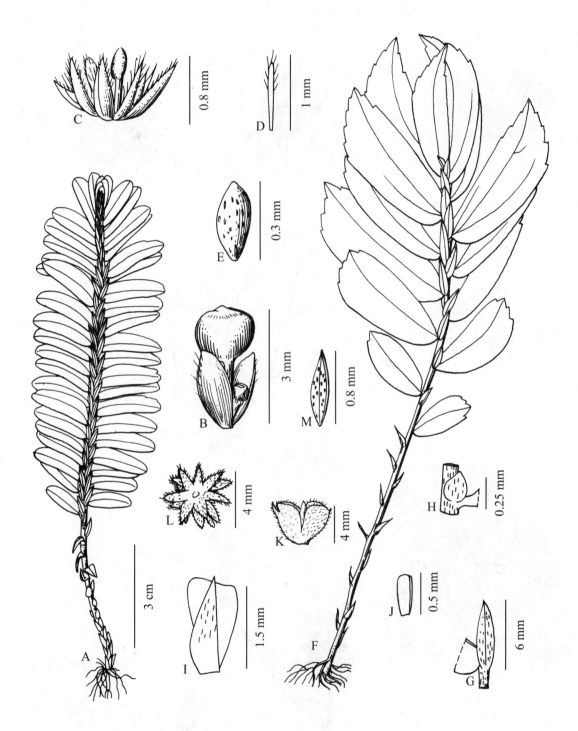

图版 43 A－E. 迭叶楼梯草 *Elatostema salvinioides* var. *salvinioides* A. 植株全形 (据王启无 73256) , B. 雄头状花序 , (据王
文采 1995－3) C. 雌头状花序 , D. 雌小苞片 , E. 瘦果。(据李延辉 011940) F－M. 密晶楼梯草 *E. densistriolatum* F.
植株全形 , G. 退化叶 , H. 托叶 , I. 雄头状花序 , 示 2 雄苞片 , J. 2 雄小苞片 , K. 另一雄头状花序 , L. 雌头状花序 (下面
观) , M. 瘦果。(据 holotype)

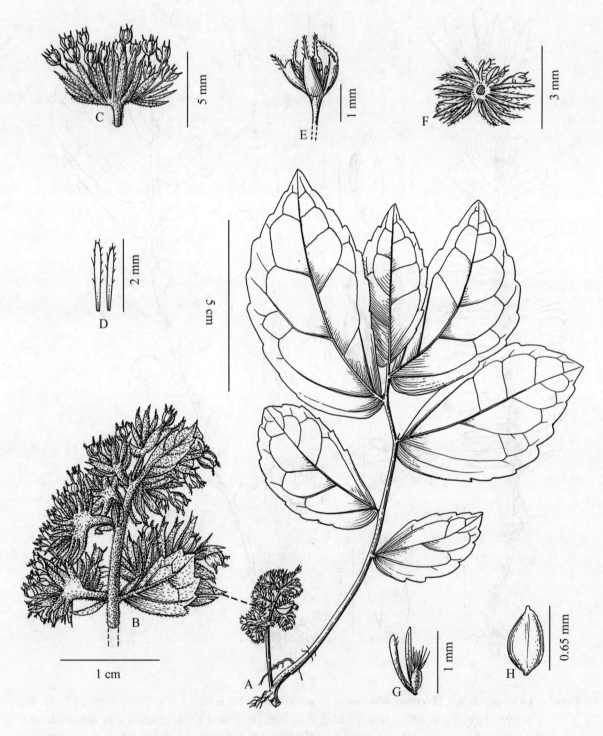

图版 44　雄穗楼梯草 *Elatostema androstachyum* A. 雄茎(矮)和雌茎(高),B. 雄茎上部,C. 雄头状花序,D. 雄小苞片,E. 雄花,F. 雌头状花序,G. 雌小苞片和雌花,H. 瘦果。(据韦毅刚 120)

5. 雌苞片无角状突起。

  6. 雄花序梗在中部具有 1 苞片;叶片长达 4.5 cm,无毛,具三出脉 ················· 79. 融安楼梯草 **E. ronganense**

  6. 雄花序梗无苞片。

    7. 茎和叶均有毛。

      8. 叶片长 2 - 4.6 cm,具半离基三出脉;雄苞片在背面顶端之下具角状突起 ·· 81. 贡山楼梯草 **E. gungshanense**

      8. 叶片长 6 - 8 cm,具三出脉;雄苞片在顶端具角状突起 ············ 83. 毛序楼梯草 **E. lasiocephalum**

    7. 茎和叶均无毛;叶具三出脉;雄苞片在背面顶端之下具角状突起 ············ 84. 桂林楼梯草 **E. gueilinense**

5. 雌苞片顶端具角状突起。

  9. 叶具半离基三出脉;茎无毛。

  10. 雄苞片顶端具角状突起。

    11. 叶边缘牙齿顶端无短尖头;雄总苞外层 2 枚苞片在顶端具角状突起,内层 4 - 6 枚苞片在背面顶端之下具角状突起 ············ 85. 百色楼梯草 **E. baiseense**

    11. 叶边缘牙齿顶端有短尖头;雄总苞的 6 - 13 枚苞片排成一层,其中 2 枚在顶端具角状突起,其他苞片无任何突起 ············ 86. 光茎楼梯草 **E. laevicaule**

  10. 雄苞片不具角状突起,而具其他类型的突起。

    12. 雄总苞外层 2 枚苞片船形,顶端均具一细筒状突起,内层约 7 枚苞片条形,无任何突起 ·· 92. 素功楼梯草 **E. sukungianum**

    12. 雄总苞只有 2 枚苞片,每苞片顶端有一刀片状附属物 ············ 93. 刀状楼梯草 **E. cultratum**

9. 叶具三出脉。

  13. 茎在节上被柔毛,上部具锈色软鳞片 ············ 91. 微鳞楼梯草 **E. minutifurfuraceum**

  13. 茎无毛,也无软鳞片。

    14. 叶片牙齿和托叶边缘被缘毛 ············ 87. 瑶山楼梯草 **E. yaoshanense**

    14. 叶无毛。

      15. 叶干后不变黑色。

      16. 叶片狭菱形,长 2 - 4.2 cm ············ 90. 菱叶楼梯草 **E. rhombiforme**

      16. 叶片较大,狭椭圆形或卵形,长达 11 cm ············ 88. 丝梗楼梯草 **E. filipes**

        17. 雄苞片的角状突起长 0.5 - 1 mm;花药药隔不呈褐色,顶端不突出 ····· 88a. 模式变种 var. **filipes**

        17. 雄苞片的角状突起长 1.5 - 3 mm;花药药隔褐色,顶端稍突出 ·· 88b. 多花丝梗楼梯草 var. **floribundum**

      15. 叶干后变黑色 ············ 94. 托叶楼梯草 **E. nasutum**

    18. 雄苞片顶端具角状突起。

      19. 雄花序梗无毛。

        20. 茎无软鳞片。

          21. 雄头状花序具不明显花序托和 6 枚苞片。

            22. 雄苞片顶端具角状突起 ············ 94a. 模式变种 var. **nasutum**

            22. 雄苞片在背面顶端之下具角状突起 ············ 94b. 海南托叶楼梯草 var. **hainanense**

          21. 雄头状花序具盘状明显花序托和 6 - 8 枚稍变小的苞片 ·· 94c. 盘托托叶楼梯草 var. **discophorum**

        20. 茎顶部密被锈色软鳞片 ············ 95d. 软鳞托叶楼梯草 var. **yui**

      19. 雄花序梗被短柔毛 ············ 94e. 毛梗托叶楼梯草 var. **puberulum**

    18. 雄总苞的苞片 6 - 8 枚,均无任何突起;雄花序托盘状,明显 ·· 94f. 无角托叶楼梯草 var. **ecorniculatum**

条叶楼梯草系 Ser. *Sublinearia* 的隐脉楼梯草 *E. obscurinerve* 的叶具羽状脉,但有时也具三出脉或半离基三出脉,此时查"分组、分系检索表",就会将此种引至本系,因此,将此种收入本系的分种检索表中。

79. 融安楼梯草　图版 45

Elatostema ronganense W. T. Wang & Y. G.

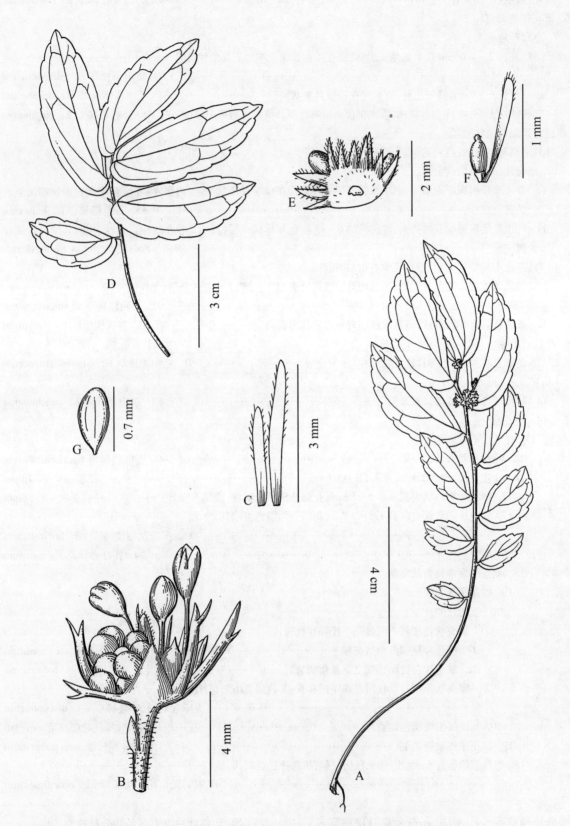

图版 45 融安楼梯草 *Elatostema ronganense* A. 雄茎, B. 雄头状花序, C. 雄小苞片, D. 雌茎, E. 雌头状花序 (下面观), F. 雌小苞片和雌花, G. 瘦果。(据韦毅刚 143)

Wei, sp. nov.; W. T. Wang et al. in Fu et al. Paper Collection of W. T. Wang 2：1106, fig. 14. 2012, nom. nud. Type：广西（Guangxi）:融安（Rongan）,大良（Daliang）,2009 – 04 – 21,韦毅刚（Y. G. Wei）143（holotype, PE; isotype, IBK）;永福（Yongfu）,三皇（Sanhuang）,2009 – 03 – 28,韦毅刚 AM6529（paratypes, IBK, PE）。

Species nova haec est affinis E. nianbaensi W. T. Wang, Y. G. Wei & A. K. Monro, a quo caulibus glabris, foliis minoribus apice acutiusculis vel obtusiusculis trinervibus glabris, pedunculis staminatis medio 1 – bracteatis, bractis staminatis plerumque dorso sub apice breviter corniculatis, bracteolis staminatis ciliolatis differt.

Small prennial herbs. Stems 7 – 10 cm tall, near base 1.2 mm across, glabrous, simple, ca. 8 – leaved. Leaves subsessile or shortly petiolate, glabrous; blades papery, obliquely long elliptic or elliptic, 1.2 – 4.5 cm long, 0.6 – 2 cm broad, apex slightly acute or obtuse, base at leaf narrow side cuneate, at broad side auriculate, margin crenate; venation trinerved, with lateral nerves 1 – 2 at leaf narrow side, 2 at broad side; cystoliths sparse or dense, inconspicuous, bacilliform, 0.1 – 0.25 mm long;petioles up to 1.5 mm long; stipules linear or narrow – triangular, 1.6 – 3 mm long, 0.6 mm broad. Staminate capitula singly axillary, ca. 4.5 mm in diam.; peduncles ca. 3.8 mm long, puberulous, near the middle 1 – bracteate, with bracts ovate, ca. 0.8 mm long, glabrous; bracts 6, membranous, glabrous, of them 5 lanceolate – linear, 2 – 2.8 mm long, 0.5 – 1 mm broad, abaxially below apex shortly corniculate, the fifth bract deltoid, 2 mm long and broad, not corniculate; bracteoles few, membranous, semi – hyaline, linear, 2 – 3 mm long, 0.4 mm broad, ciliolate. Staminate flower long pedicellate: tepals 4, oblong, ca. 1.2 mm long, below connate, glabrous; stamens 4. Pistillate capitula in pairs axillary, ca. 2 mm in diam., sessile; receptacles suborbicular, ca. 1.8 mm in diam., pilose; bracts ca. 12, narrow – triangular or linear, 0.8 – 1 mm long, 0.2 – 0.4 mm broad, ciliate; bracteoles membranous, semi – hyaline, linear, ca. 1 mm long, above ciliolate. Pistillate flower shortly pedicellate: tepals wanting; pistil ca. 0.3 mm long, ovary ovoid, stigma very small, globose. Achenes brownish, narrow – obovoid, ca. 0.7 mm long, longitudinally 5 – ribbed.

多年生小草本。茎高 7 – 10 cm,基部粗 1.2 mm,无毛,不分枝,约有 8 叶。叶近无柄或有短柄,无毛;叶片纸质,斜长椭圆形或斜椭圆形,长 1.2 – 4.5 cm,宽 0.6 – 2 cm,顶端微尖或微钝,基部狭侧楔形,宽侧耳形,边缘具浅钝齿,三出脉,侧脉在叶狭侧 1 – 2 条,在宽侧 2 条,两面平,钟乳体稀疏或密,不明显,稀明显,杆状,长 0.1 – 0.25 mm;叶柄长 1.5 mm;托叶条形或狭三角形,长 1.6 – 3 mm,宽 0.6 mm。雄头状花序单生叶腋,直径约 4.5 mm,有约 12 花;花序梗长约 3.8 mm,被短柔毛,中部有 1 苞片（卵形,长 0.8 mm,无毛）;花序托不明显;苞片 6,膜质,无毛,5 枚披针状条形,长 2 – 2.8 mm,宽 0.5 – 1 mm,背面顶端之下有 1 短角状突起,其他 1 枚正三角形,长及宽均为 2 mm,无突起;小苞片少数,膜质,半透明,条形,长 2 – 3 mm,宽 0.4 mm,被短缘毛。雄花有细长梗:花被片 4,长圆形,长约 1.2 mm,下部合生,无毛;雄蕊 4。雌头状花序成对腋生,直径约 2 mm,无梗;花序托近圆形,直径约 1.8 mm,被疏柔毛;苞片约 12,狭三角形或条形,长 0.8 – 1 mm,宽 0.2 – 0.4 mm,被缘毛;小苞片膜质,半透明,条形,长约 1 mm,上部被短缘毛。雌花具短粗梗:花被片不存在;雌蕊长约 0.3 mm,子房卵球形,柱头极小,球形。瘦果淡褐色,狭倒卵球形,长约 0.7 mm,有 5 条细纵肋。花期 2 – 3 月,果期 3 月。

特产广西东北部。生于石灰岩山中阴湿处。

80. 毛脉楼梯草 图版 46

Elatostema nianbaense W. T. Wang, Y. G. Wei & A. K. Monro in Phytotaxa 29: 17, fig. 10 – 11. 2011; W. T. Wang in Fu et al. Paper Collection of W. T. Wang 2: 1106, fig. 15. 2012. Type:广西:靖西,同德乡,alt. 600 m, 2009 – 03 – 01, A. K. Monro,韦毅刚, S. N. Lu 6432（holotype, IBK; isotype, PE）.

多年生草本。茎高约 80 cm,基部粗 3 mm,在中部之上有 2 条较短枝条,在节附近被硬毛。叶无柄;叶片纸质,斜倒卵状长圆形或斜椭圆形,长 4 – 14 cm,宽 1.5 – 5 cm,顶端渐尖或短骤尖,基部斜楔形或宽侧圆形,边缘具牙齿,上面疏被糙伏毛,下面脉上被硬毛,半离基三出脉,侧脉在叶狭 2 – 3 条,在宽侧 3 – 5 条,两面平,钟乳体稍密,杆状,长 0.1 – 0.25 mm;托叶膜质,白色,披针形,长 7 – 15 mm,宽 2 – 3 mm,无毛,有 1 条绿脉。雄头状花序单生较短枝条顶端或腋生,直径约 8 mm,具长梗,无毛;花序梗细,长 2.3 – 3.7 cm;花序托不明显;苞片 5,不等大,膜质,三角形或狭卵形,长 2 - 3 mm,宽 1.5 - 3 mm;小苞片 5,膜质,半透明,倒披针状条形,长 3.5 - 4 mm,宽 0.4 - 0.6 mm。雄花蕾倒卵球形,长约 3 mm,顶端有 5 条角状突起,无毛;花梗长 2.5 - 3 mm,无毛。雌头状花序单生叶腋,直径 4 - 5 mm;花序梗长 0.5 mm,无毛;花序托宽长方形,长约 3.8 mm,宽 2.2 mm,无毛;苞片约 17,排成 2 层,外层 2 枚对生,较大,宽三角形,长 1.5 - 2 mm,宽 1.2 mm,内层 15 枚较小,条形或条状三角形,长 1.6 - 2 mm,宽 0.2 - 0.6 mm,所有苞片疏被缘毛;小苞片密,膜质,半透明,条状倒披针形,长 0.8 - 1 mm,被缘毛。雌花无梗:花被片不存在;雌蕊长约 0.5 mm,子房狭倒卵球形,长约 0.4 mm,柱头扁球形,长 0.1 mm。瘦果淡褐色,狭椭圆体形,长约 0.6 mm,具 4 条细纵肋;宿存扁球状柱头小。花、果期 2 - 3 月。

特产广西靖西。生于石灰岩山山谷邻近瀑布阴湿处,海拔 600 m。

81. 贡山楼梯草　图版 47:A - D

Elatostema gungshanense W. T. Wang in Acta Bot. Yunnan. 10(3): 344, fig. 1:1 - 6. 1988;于横断山区维管植物 1:327. 1993;并于中国植物志 23(2):251,图版 58:4 - 6. 1995;李锡文于云南植物志 7:284. 1997, p. p. excl. syn. *E. paragungshanensi* W. T. Wang; Q. Lin et al. in Fl. China 5:145. 2003; W. T. Wang in Fu et al. Paper Collection of W. T. Wang 2:1108. 2012. Type:云南:贡山,丙中洛,齐纳,alt. 2400 - 2600 m, 1982 - 06 - 24,青藏队 7467(holotype, PE), 7462(paratype, PE)。

小草本。茎高 12 - 15 cm,不分枝或有短分枝,上部有短柔毛。叶无柄或具极短柄;叶片草质,斜狭椭圆形,长 2 - 4.6 cm,宽 0.7 - 1.8 cm,顶端尾状渐尖,稀短渐尖,基部狭侧楔形,宽侧钝或圆形,边缘有小牙齿,上面疏被长糙伏毛,下面被短糙伏毛,半离基三出脉,侧脉在叶狭侧 2 条,在宽侧 3 条,钟乳体稀疏,明显,长 0.1 - 0.2 mm;叶柄长达 0.8 mm,无毛;托叶条形,长约 2 mm,宽 0.4 mm,无毛。花序雌雄同株或异株。雄头状花序具长梗,约有 15 花;花序梗细,长约 2 cm,被短糙伏毛;花序托不明显;苞片约 6,2 枚较大,膜质,条状披针形,长约 2.8 mm,宽约 0.5 mm,在外背面顶端之下有极短角状突起,上部疏被柔毛;小苞片约 5,条形,长约 2.5 mm,宽 0.2 - 0.4 mm,无毛。雄花四基数,具梗,花梗长 1.8 - 2.6 mm;花蕾直径约 1.3 mm,顶部被短柔毛。雌头状花序具极短梗;花序梗长约 0.3 mm,无毛;花序托长圆形,长约 0.75 mm,有稀疏短柔毛;苞片约 10,绿

色,外方 2 枚较大,正三角形,长及宽均约 0.6 mm,其余的三角形,宽约 0.4 mm,上部被疏柔毛;小苞片绿色,宽条形或条状匙形,长 0.4 mm,近顶部有长缘毛。雌花密集:花被片不存在;子房长卵球形,长约 0.3 mm,柱头画笔头状,长 0.2 mm。花期 6 月。

特产云南贡山。生于山地常绿阔叶林中或石上,海拔 2400 - 2600 m。

82. 波密楼梯草　图版 47:E - H

Elatostema bomiense W. T. Wang & Zeng Y. Wu in Ann. Bot. Fennici 50: 75, fig. 1: F-I. 2013. Holotype:西藏:波密,易贡农场,2500 m, 1983 - 08 - 19,李渤生,倪志诚,程树志 6767(PE)。

小草本。茎高 10 - 20 cm,基部之上粗 1 - 2 mm,上部疏被短柔毛或无毛,下部无毛,不分枝,约有 6 叶。叶具短柄;叶片薄纸质,斜狭椭圆形或狭倒卵形,长 4 - 7 cm,宽 1 - 2.5 cm,顶端渐尖,基部在狭侧楔形,在宽侧近耳形或圆形,边缘有牙齿,上面被糙伏毛,下面被短糙伏毛,三出脉,侧脉 3 - 4 对,钟乳体明显,密,杆状,长 0.1 - 0.3 mm;叶柄长 1 - 2 mm;托叶膜质,条形或宽条形,长 3 - 5 mm,宽 0.4 - 1 mm,边缘脉绿色,其他部分半透明,白色,无毛,或狭条形,长约 3 mm,宽 0.15 mm,绿色,被缘毛。雄头状花序未见。雌头状花序单生叶腋,直径 4 - 5 mm;花序梗长 2 - 3 mm;花序托不明显;花苞 2,对生,稍不等大,近圆形或三角状卵形,长 2 - 2.2 mm,宽 1.6 - 2 mm,背面中部之上有 1 条纵肋,肋顶端突出成长 0.2 mm 的短尖头,有 2 - 3 根缘毛,或近无毛;小苞片多数,密集,半透明,白色,长圆形,楔状长圆形或条形,长 1 - 1.5 mm,顶端常截形,被短缘毛或无毛。瘦果褐色,狭椭圆体形,长约 0.9 mm,宽 0.2 - 0.3 mm,具 6(-7)条纵肋。花期 7 月。

特产西藏波密。生山谷栎树林下,海拔 2500 m。

83. 毛序楼梯草　图版 48:A - F

Elatostema lasiocephalum W. T. Wang in Bull. Bot. Res. Harbin 2(1):7, pl. 1:6 - 7. 1982;并于中国植物志 23(2):252, pl. 51:6 - 7. 1995; Q. Lin et al. in Fl. China 5:145. 2003;王文采于广西植物志 2:856, pl. 348:1 - 2. 2005; et in Fu et al. Paper Collection of W. T. Wang 2:1108. 2012. Holotype:广西:凌云,玉洪乡,1937 - 07 - 07,刘心祈 28522(IBSC)。

多年生草本。茎直立或渐升,长 17 - 40 cm,不分枝或分枝,上部被开展的柔毛。叶无柄,薄草质,斜狭椭圆形,长 6 - 8 cm,宽 1.8 - 3.5 cm,顶端尾状渐尖(尖头全缘),基部狭侧钝,宽侧耳形,边缘有牙齿,表面被糙伏毛,下面被贴伏的短柔毛,三出脉或

图版 46 毛脉楼梯草 *Elatostema nianbaense* A. 开花茎上部，B. 雄头状花序（侧面观），C. 雄小苞片，D. 雌头状花序（下面观），E. 雌小苞片和雌花，F. 瘦果。（据 isotype）

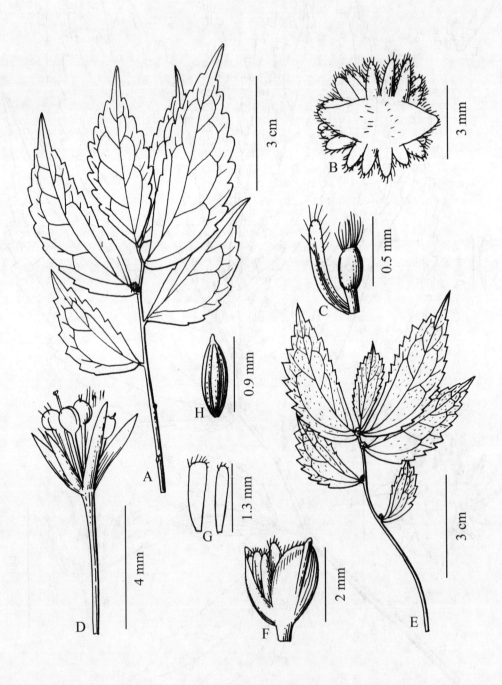

图版47 A‑D. 贡山楼梯草 *Elatostema gungshanense* A. 开花茎上部，B. 雌头状花序（下面观），C. 雌小苞片和雌花，（据 paratype）D. 雄头状花序。（据 holotype）E‑H. 波密楼梯草 *E. bomiense* E. 开花茎上部，F. 果序，G. 雌小苞片，H. 瘦果。（据 holotype）

半离基三出脉,侧脉在叶狭侧 3 条,在宽侧 3 – 5 条,钟乳体稍稀疏,明显或不明显,长约 0.1 毫米;托叶膜质,披针状条形,长约 5 毫米,宽 1.5 – 1.8 毫米,沿中脉被毛。花序雌雄同株。雄头状花序单个腋生,具细长梗;花序梗长 1.4 – 5cm;花序托小,不明显;苞片披针形或条状披针形,长 1.5 – 2.8mm,被短毛,有的顶端有角状突起;小苞片钻形,长约 0.8mm。雄花具梗:花被片 3 – 4,椭圆形,长 1 – 1.2mm,下部合生,背面被疏柔毛,2 枚较大,具角状突起;雄蕊 3 – 4。雌头状花序无梗,单生叶腋;花序托近圆形,直径约 4mm;苞片约 25,条状披针形或狭三角形,长 2.5 – 3mm,顶端骤尖,密被短柔毛;小苞片密集,条形,长约 2mm,密被短柔毛。瘦果褐色,狭卵球形,长约 8mm,有 10 条细纵肋。花期 6 – 7 月。

特产广西凌云。生于山地密林中。

84. 桂林楼梯草　图版 48:G – K

Elatostema gueilinense W. T. Wang in Bull. Bot. Lab. N. – E. Forest. Inst. 7:50,pl. 2:1 – 2. 1980;并于中国植物志 23(2):248,图版 50:5 – 6. 1995;Q. Lin et al. in Fl. China 5:144. 2003;王文采于广西植物志 2:856,pl. 347:3 – 4. 2005;et in Fu et al. Paper Collection of W. T. Wang 2:1108. 2012. Holotype:广西:灵川,七分山,alt. 500m,1952 – 07 – 10,梁畴芬 30594(♂,IBK)。

　　一年生小草本。茎高 14 – 20cm,基部粗 1.2 – 1.8mm,不分枝,无毛。叶无柄;叶片薄草质或膜质,斜狭长椭圆形,有时稍镰状弯曲,长 2.5 – 4cm,宽 7 – 12mm,顶端渐尖(渐尖部分全缘),基部斜楔形,边缘在狭侧中部以上或上部、在宽侧中部之上有少数小牙齿(齿长 0.5 – 1mm),有短睫毛,两面无毛,脉三出,侧脉在叶狭侧 1 条,在宽侧 2 条,钟乳体明显,稍稀疏,长 0.2 – 0.4mm,茎下部叶小,斜椭圆形,长 0.6 – 1.2cm;托叶披针状条形,长 1.2 – 3mm,有疏睫毛,早落。花序雌雄异株。雄头状花序单生茎上部叶腋,具梗,直径约 3.5mm,约有 6 朵花;花序梗长 4 – 6mm,无毛;花序托极小;苞片 6,外面 2 苞片较大,船状狭卵形,长 1.5 – 2mm,疏被短睫毛,背面顶端之下有长约 1.5mm 的角状突起,其他 4 个较小,长约 1mm,有较短突起;小苞片狭披针形,长约 1mm。雄花:花梗长达 1.8mm,无毛;花被片 4,狭椭圆形或长圆形,长约 1.5mm,基部合生,外面顶端之下有长约 0.3mm 的突起,有少数短毛;雄蕊 4,与花被片等长;退化雌蕊不明显。雌头状花序单生叶腋,具短梗;花序梗长约 0.3mm,无毛;花序托近圆形,

直径约 0.8mm,无毛;苞片约 7 枚,2 枚较大,正三角形,其他的狭三角形,长 0.8 – 1mm,近顶端被疏柔毛;小苞片多数,密集,半透明,条形,长 0.5 – 1mm,无毛。瘦果淡褐色,狭倒卵球形,长约 0.9mm,有约 6 条细纵肋;宿存花被片 2,长约 0.15mm。花期 4 – 7 月。

产广西东部金秀和东北部灵川。生于山谷林边石上或溪边,海拔 500m。

标本登录:

广西:金秀,大瑶山,韦毅刚 g140(♀,IBK,PE)。

85. 百色楼梯草　图版 49:A – C

Elatostema baiseense W. T. Wang in Acta Phytotax. Sin. 31(2):175,fig. 1:3 – 4. 1993;Q. Lin et al. in Fl. China 5:145. 2003;W. T. Wang in Fu et al. Paper Collection of W. T. Wang 2:1108. 2012. Holotype:广西:百色,阳圩,六敢,alt. 320m,1985 – 06 – 19,朱维明等 18479(PE)。

　　小亚灌木。茎高约 45cm,粗 2mm,无毛,下部分枝,有褐色软鳞片。叶具短柄,无毛;叶片薄纸质,斜椭圆形,长 3.6 – 10cm,宽 1.5 – 4cm,顶端长渐尖或渐尖(尖头边缘每侧有 1 – 2 小齿),基部狭侧楔形,宽侧耳形,边缘有小牙齿(齿顶端急尖,无短尖头),半离基三出脉,侧脉在叶狭侧约 3 条,在宽侧约 5 条,钟乳体密集,杆状或点状,长 0.1 – 0.4(– 0.45)mm;叶柄长 2 – 4mm;托叶钻形或狭条形,长 2 – 6mm,宽 0.2 – 0.5mm。雄头状花序单生叶腋,直径 4 – 6mm,约有 25 花;花序梗细,长 5 – 28mm,无毛;花序托直径 1 – 1.5mm,无毛;苞片 6 或 8,排成 2 层,外层 2 枚较小,近正三角形,长 1.5 – 1.7mm,宽 2mm,顶端有长 1.2 – 1.7mm 的角状突起,内层 4 或 6 枚较大,宽船状卵形或船状椭圆形,长 2.5 – 2.8mm,宽 2mm,背面顶端之下有近方形突起,无毛;小苞片卵形或船状条形,长 2 – 3mm,宽 0.5 – 2mm,无毛。雄花具短梗,无毛:花被片 5,椭圆形,长约 2.2mm,宽 2mm,基部合生,背面顶端之下有长 0.1mm 的短突起;雄蕊 5;退化雌蕊极小。雌头状花序未见。花期 6 月。

特产广西百色。生于低山常绿阔叶林中,海拔 320m。

标本登录:

广西:百色,那华,韦毅刚 06328,0730,AM6458(PE)。

86. 光茎楼梯草　图版 49:D – E

Elatostema laevicaule W. T. Wang, A. K. Monro

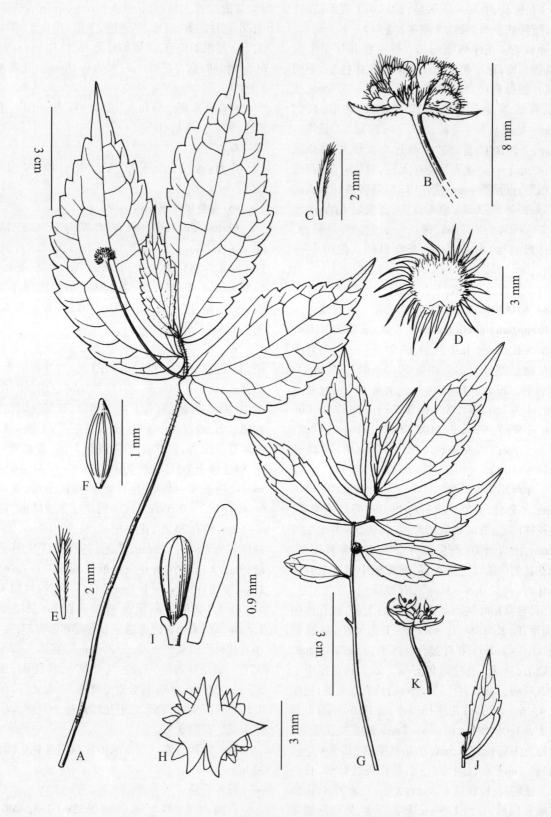

图版 48 A – F. 毛序楼梯草 *Elatostema lasiocephalum* A. 开花茎, B. 雄头状花序, C. 雄小苞片, D. 雌头状花序 (下面观),
E. 雌小苞片, F. 瘦果。(据 holotype) G – K. 桂林楼梯草 *E. gueilinense* G. 雌开花茎上部, H. 雌头状花序 (下面观),
I. 雌小苞片和瘦果,(据韦毅刚 g140) J. 叶和腋生雄头状花序, K. 雄头状花序。(自王文采, 1995)

图版 49　A–C. 百色楼梯草 *Elatostema baiseense* A. 开花茎上部，B. 雄头状花序（下面观），C. 雄苞片。（据韦毅刚 06328）
D–E. 光茎楼梯草 *E. laevicaule* D. 开花茎上部，E. 雄头状花序（下面观）。（据 holotype）

& Y. G. Wei in Phytotaxa 147(1):2,fig. 1 – 2. 2013; W. T. Wang et al in Fu et al. Paper Collection of W. T. Wang 2:1108,fig. 16. 2012,nom. nud. Type：广西：那坡,老虎跳自然保护区,2009 – 03 – 10,韦毅刚 g043 (holotype,PE;isotype,IBK)。

多年生草本。茎高约 28cm,基部粗 3mm,无毛,基部之上有 1 条分枝。叶具短柄或无柄,无毛;叶片纸质,斜狭倒卵形或斜长椭圆形,长 8 – 9cm,宽 2 – 3.8cm,顶端长渐尖或骤尖,基部斜楔形,边缘狭侧下部全缘上部具牙齿,宽侧基部之上具牙齿(齿顶端具短尖头),半离基三出脉,侧脉在叶狭侧 2 – 3 条,在宽侧 3 – 4 条,两面平,钟乳体明显或不明显,稍密,杆状,长 0.2 – 0.3(– 0.4)mm;叶柄长 0.8 – 2mm;托叶钻形,长 3.5 – 5mm,宽 0.1 – 0.2mm。雄头状花序单生叶腋,具长梗,直径 5 – 10mm,无毛;花序梗细,长 1.8 – 3.5cm;花序托不明显或明显,长方形,长 3 – 5mm,宽 2 – 2.5mm;苞片 6 – 13,狭三角形、条状三角形或三角形,长 2.2 – 3mm,宽 0.8 – 1.2mm,有 2 近对生苞片顶端有角状突起(突起钻形,长约 1mm);小苞片 7 – 30,膜质,半透明,条形,长 1 – 3mm,宽约 0.3mm。雄花蕾椭圆体形,长约 2.5mm,无毛,顶端有 4 个短突起。雌头状花序未见。花期 3 月。

特产广西那坡。生于石灰岩山疏林下阴湿处,海拔 1100 m。

87. 瑶山楼梯草　图版 50:A – D

Elatostema yaoshanense W. T. Wang in Bull. Bot. lab. N. – E. Forest. Inst. 7:51,pl. 2:3. 1980;并于中国植物志 23(2):247,图版 50:7 – 8. 1995;Q. Lin et al. in Fl. China 5:144. 2003;王文采于广西植物志 2:856,图版 347:6 – 7. 2005;et in Fu et al. Paper Collection of W. T. Wang 2:1108. 2012. Type：广西：瑶山,辛树帜 387(holotype,IBSC);金秀,1977 – 06 – 18,金秀队 133(paratype,GXMI);象县,五指山,1936 – 06 – 19,黄志 39456(paratype,IBSC)。

多年生小草本。茎长 10 – 25cm,直立或下部卧地并在节上生根,不分枝,无毛。叶无柄;叶片薄纸质,斜狭椭圆形、倒披针形或菱状斜椭圆形,长1.4 – 5.4cm,宽 1.1 – 1.6cm,顶端骤尖(尖头全缘),基部斜楔形,边缘在叶狭侧上部有 1 – 3 齿,在宽侧中部以上有 3 – 4 个牙齿,有短缘毛,两面无毛,钟乳体稍密,杆状,长 0.3 – 0.6mm,三出脉,侧脉在叶狭侧 1 条,在宽侧 2 条;托叶膜质,披针状条形,长 2 – 4mm,上部有疏缘毛。花序雌雄同株或异株。雄头状花序单生叶腋,无毛;花序梗丝形,长 0.8 – 2cm;花序托

不明显;苞片 6 枚,排成 2 层,外层 2 枚较大,对生,卵状船形,长 2 – 2.5mm,背面顶端之下有 1 – 2mm 的角状突起,内层 4 枚较小,卵形,长 2mm,顶端具短尖头或微尖;小苞片数枚,倒披针状条形,长 1.5 – 2.2mm,无或有角状突起。雄花无毛:花被片 4,椭圆形,长 2mm,基部合生,背面顶端之下有角状突起;雄蕊 4;退化雌蕊不明显。雌头状花序无梗,直径 3 – 4mm;花序托直径 2 – 3mm;苞片 4 枚,不等大,三角形或狭三角形,长 1 – 2mm,顶端有长 1 – 1.5mm 的角状突起,被缘毛;小苞片约 12 枚,短条形或狭卵形,长约 1.5mm,无毛。瘦果长椭圆体形,长约 1.2mm,约有 10 条细纵肋。花期 6 – 9 月。

特产广西大瑶山山区。生于土山山谷林下,海拔 1200m。

标本登录:

广西:金秀,圣堂山,韦毅刚 06418,温放 07509A (IBK,PE)。

88. 丝梗楼梯草

Elatostema filipes W. T. Wang in Bull. Bot. Lab. N. – E. Forest. Inst. 7:49,pl. 1:9. 1980;并于中国植物志 23(2):247,图版 50:3 – 4. 1995;Q. Lin et al. in Fl. China 5:144. 2003;王文采于广西植物志 2:856,图版 347:1 – 2. 2005;et in Fu et al. Paper Collection of W. T. Wang 2:1108. 2012. Type：广西：龙胜,二区,平水乡,alt. 860m,1955 – 06 – 11,广福林区队 528 (holotype,PE);同地,三门乡,alt. 1200m,1959 – 06 – 01,黄德爱 60176(paratype,IBSC)。

var. **filipes**　图版 51:A – C

多年生草本。茎高(11 –)20 – 25cm,细,基部粗约 2mm,不分枝,无毛。叶无柄,无毛;叶片薄纸质或草质,斜长圆形或斜长圆状披针形,常稍镰状弯曲,下部的叶小,长 2 – 3cm,上部的叶大,长 6 – 11cm,宽 1.4 – 2.8cm,顶端渐尖(渐尖部分全缘),基部狭侧楔形,宽侧狭耳形或钝,边缘在叶狭侧自中部以上或上部、在宽侧自中部或中部之下向上有少数牙齿,叶脉三出,侧脉在叶狭侧 1 – 2 条,在宽侧 1 – 3 条,钟乳体不太明显,稍密,长 0.15 – 3mm;托叶膜质,披针形,长(4 –)7 – 9mm,有 1 条中脉。花序雌雄异株。雄头状花序有细长梗,直径 3 – 5mm;花序梗丝形,长 0.9 – 3cm,无毛;花序托不明显;苞片 3 个或较多,基部合生,卵形,长约 2.5mm,顶端有角状突起,突起长 0.5 – 1mm;小苞片较大的长方形,宽条形,长约 2mm,顶端有角状突起,小的稍短,条形,无突起,无毛。雄花有梗,无毛:花被片 4,船状椭圆形,长约 2mm,基部合生,在外面顶端之下有长

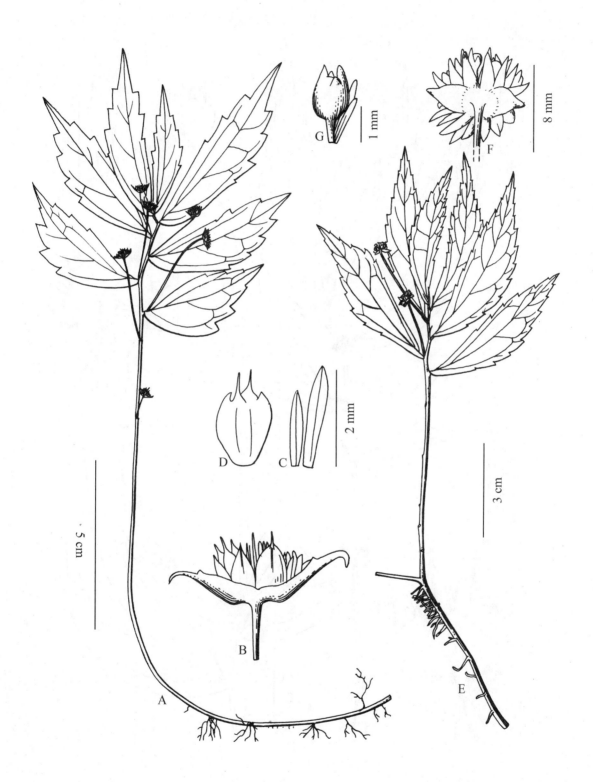

图版 50　A–D. 瑶山楼梯草 *Elatostema yaoshanense* A. 植株全形，B. 雄头状花序，C. 雄小苞片，D. 雄花蕾。（据韦毅刚 06418）E–G. 水蓑衣楼梯草 *E. hygrophilifolium* E. 植株全形，F. 雄头状花序（下面观），G. 雄小苞片和雄花蕾。（据 holotype）

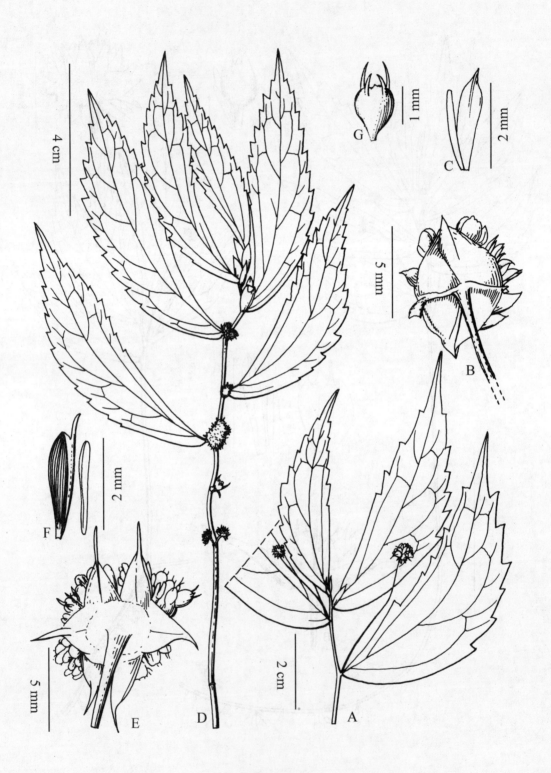

图版 51　A－C. 丝梗楼梯草 *Elatostema filipes* var. *filipes* A. 开花茎顶部，B. 雄头状花序(下面观)，C. 雄小苞片。(据 holo-
type) D－G. 多花丝梗楼梯草 *E. filipes* var. *floribundum* D. 开花茎，E. 雄头状花序(下面观)，F. 雄小苞片，G. 雄花
蕾。(据 holotype)

约 0.3mm 的角状突起;雄蕊 4,比花被片稍长,花药长约 0.8mm,药隔不为褐色,不突出;退化雌蕊不明显。雌头状花序单生叶腋,直径约为 5.5mm,具短梗;花序梗长约 1mm;花序托直径约 2mm,无毛;苞片约 8,膜质,三角形或宽三角形,长约 1.5mm,有的顶端有角状突起(突起长 1.5 - 2mm),边缘有疏毛;小苞片匙形或匙状条形,长约 2mm,顶端有疏柔毛。瘦果长圆形,长约 1mm,有 10 条细纵肋。6 月开花。

特产广西龙胜。生于山谷河边或石上,海拔 860 - 1200m。

88b. 多花丝梗楼梯草(变种) 图版 51:D - G

var. floribundum W. T. Wang in Bull. Bot. Res. Harbin 2(1):7.1982;并于中国植物志 23(2):247. 1995;Q. Lin et al. in Fl. China 5:144.2003;王文采于广西植物志 2:856.2005;W. T. Wang in 1. c. 2012. Holotype:广西:上思,十万大山,1934 - 10 - 30,曾怀德 24515(holotype,IBSC)。

与丝梗楼梯草的区别:雄花序较大,直径 6 - 9mm;雄苞片的角状突起较大,长 1.5 - 3mm;药隔褐色,顶端稍突出。

特产广西十万大山。

89. 水蓑衣楼梯草 图版 50:E - G

Elatostema hygrophilifolium W. T. Wang in J. Syst. Evol. 51(2):225,fig. 2:A - C. 2013. Holotype:云南:麻栗坡,老君山林场,alt. 1350m,1998 - 10 - 24,王印政,彭华等 4643(PE)。

多年生小草本。茎高 9 - 16cm,近基部粗 1.5 - 2mm,无毛,不分枝,约有 8 叶。叶无柄,无毛;叶片薄纸质,长椭圆形,长 2 - 6.8cm,宽 0.5 - 1.6cm,两端均渐狭,边缘具锯齿,半离基三出脉,侧脉 2 - 3 对,钟乳体稍明显,密集,杆状,长 0.1 - 0.25mm;托叶钻形,狭条形或狭三角形,长 2 - 4.5mm,宽 0.2 - 0.5mm,无毛,中脉绿色。雄头状花序单生叶腋,直径 5 - 8mm,具长梗;花序梗细,长 10 - 16mm,无毛;花序托小,不明显;苞片约 10,排成 2 层,较大者背面近顶端有 1 短纵肋,外层 2 枚对生,宽卵形,长约 2.2mm,宽 2 - 2.5mm,顶端渐尖,内层苞片约 8 枚,狭三角形或狭卵形,长 1.5 - 2.5mm,宽 0.7 - 1mm,无毛;小苞片半透明,条形,长 1 - 1.5mm,无毛。雄花蕾近球形,直径约 1mm,无毛,顶端有 4 条短而粗的突起。雌头状花序未见。花期 10 - 11 月。

特产云南麻栗坡。生于山谷密林中,海拔 1350m。

90. 菱叶楼梯草 图版 52:A - F

Elatostema rhombiforme W. T. Wang in Bull. Bot. Lab. N. - E. Forest. Inst. 7:50.1980;并于中国植物志 23(2):248.1995;李锡文于云南植物志 7:283,图版 70:1 - 2.1997;Q. Lin et al. in Fl. China 5:144. 2003,p. p. excl. syn. E. caveano Grierson & Long;W. T. Wang in Fu et al. Paper Collection of W. T. Wang 2:1109.2012. Holotype:云南:西畴,老君山,alt. 1300 - 1500m,1947 - 12 - 20,冯国楣 13997(KUN)。

小草本,茎高 11 - 16cm,不分枝,无毛,有密集的钟乳体。叶无柄,草质,斜狭菱形,长 2 - 4.2cm,宽 0.7 - 1.4cm,顶端短渐尖,基部斜楔形,边缘下部全缘,其上有小牙齿,两面无毛,三出脉,侧脉不明显,在叶狭侧 2 条,在宽侧 3 条,钟乳体极密,明显,长 0.2 - 0.3mm;托叶披针状条形或钻形,长 3 - 5mm,宽 0.3 - 0.5 毫米,无毛。花序雌雄同株。雄头状花序具长梗,约有 9 花,单生叶腋,近圆形,直径约 8mm;花序梗长 1.5 - 1.7cm,无毛;花序托小;苞片约 9,狭三角状船形,长 2 - 2.5mm,顶端具粗角状突起,无毛;小苞片约 16 枚,条形,长约 1.8mm。雄花具梗:花被片 4,宽椭圆形,长约 1mm,基部合生,无毛,外面顶端之下有短角状突起;雄蕊 4;退化雌蕊长 0.2mm。雌头状花序小,单生叶腋,近无梗,直径约 2mm;花序托极小;苞片约 7,狭披针形,长 0.7 - 1.5mm,稍不等大,外面大的顶部兜形,有短而粗的角状突起,无毛,有钟乳体;小苞片数枚,狭条形,长约 1 mm,无毛。雌花约 7 朵,近无梗:花被片不存在;子房椭圆形,长约 0.4mm,柱头画笔头状。花期 12 月。

特产云南西畴。生于山地混交林中,海拔 1300 - 1500m。

91. 微鳞楼梯草 图版 52:G - I

Elatostema minutifurfuraceum W. T. Wang in Acta Bot. Yunnan. 7(3):293,fig. 1:2 - 5.1985;并于中国植物志 23(2):252,图版 56:3 - 5.1995;李锡文于云南植物志 7:283,图版 71:1 - 3.1997;Q. Lin et al. in Fl. China 5:145.2003;W. T. Wang in Fu et al. Paper Collection of W. T. Wang 2:1109. 2012. Holotype:云南:马关,勐洞,老君山,alt. 1650m,1959 - 06 - 23,武全安 8621(KUN)。

多年生草本。茎高约 28cm,不分枝,近顶部有锈色小鳞片,在节上有极疏短柔毛。叶无柄,草质,斜长椭圆形,长达 13cm,宽达 4.5cm,顶端尾状渐尖(渐尖头全缘),基部狭侧楔形,宽侧近耳形,边缘除下部约 1/3 部分全缘外,其他部分有牙齿,两面无毛,具三出脉,狭侧的基出脉向上达叶片中部之上,侧脉在叶狭侧 1 条,在宽侧约 3 条,钟乳体明显,密,长 0.2 - 0.4mm;托叶膜质,条形,长 1 - 1.2cm,背面沿中脉有短柔毛。雄头状花序腋生,具细梗,直径 4 - 7mm,有 5 - 10 花;花序梗长 8 - 14mm,有很疏的短毛;花序托不明显;苞片 6,外面 2 枚较大,卵状船形,长 2.5 - 3.5mm(不包括角状突起),外面有极少短毛,角状突起长 3 - 3.5mm,内面 4 枚较小,三角形,长 2.2 - 3.5mm,顶端之下的角状突起粗,长 0.5 - 0.7mm;小苞片半透明,宽条形,长 2 - 3mm,顶端近兜状,无毛。雄花无毛;花被片 4,宽椭圆形,长约 1.5mm,外面顶端之下有长约 0.5mm 的角状突起;雄蕊 4;退化雌蕊不明显。雌头状花序未见。花期 6 月。

特产云南马关。生于林中阴湿处,海拔约 1650m。

92. 素功楼梯草 图版 53:A - B

Elatostema sukungianum W. T. Wang in Acta Phytotax. Sin. 35(5):457,fig. 1:1 - 2. 1997;et in Fu et al. Paper Collection of W. T. Wang 2:1109. 2012. Type:云南:绿春,黄连山,水文站,alt. 1700 - 1900m,1995 - 10 - 17,武素功等 117(holotype,KUN;isotype,PE)。

多年生草本。根状茎长,近圆柱形,粗约 4mm,无毛。茎高 23 - 32cm,基部粗 2 - 3mm,无毛,不分枝或基部之上分枝,有密集、长 0.1 - 0.2mm 的钟乳体。叶无柄或具极短柄,无毛;叶片薄纸质,斜倒披针状长圆形、狭长圆形或长椭圆形,长(5.6 -)9.4 - 17cm,宽 2 - 3.8cm,顶端长渐尖或尾状(尖头边缘有少数不明显小齿),基部斜楔形,边缘基部之上有牙齿,半离基三出脉,侧脉在叶狭侧(2 -)3 - 4 条,在宽侧(2 -)4 - 5 条,钟乳体明显,密集,杆状,长(0.2 -)0.3 - 0.6mm;叶柄长达 3mm;托叶钻形,长 2 - 5mm,宽 0.2mm,无毛,有不明显中脉。雄头状花序单生茎上部叶腋;花序梗细,长 4.5 - 4.8cm,中部之下被开展短柔毛;花序托不明显;苞片约 9,排成 2 层,无毛,外层 2 枚较大,船状长圆形,长约 2mm,宽 0.8mm,顶端有长 2.2mm 的细圆筒状突起,内层 7 枚较小,平,条形或披针状条形,长 2 - 2.2mm,宽约 0.4mm,顶端稍呈兜状;小苞片数个,披针状长圆形,长 0.5 - 1mm,宽 0.3 - 0.7mm,无毛。雄花尚未发育。雌头状花序未见。花期 10 - 11 月。

特产云南绿春黄连山。生于常绿阔叶林中,海拔 1700 - 1900m。

93. 刀状楼梯草 图版 53:C - G

Elatostema cultratum W. T. Wang in Guihaia 30

(1):7,fig. 3:D - H. 2010;et in Fu et al. Paper Collection of W. T. Wang 2:1109. 2012. Type:贵州:紫云,猴场,alt. 1000m,2004 - 09 - 20,税玉民等 B2004 - 508(holotype,PE;isotype,KUN)。

多年生草本,雌雄同株。茎高约 40cm,基部粗 2.5mm,无毛,2 - 3 回分枝,末回分枝纤细,长 3 - 12cm,粗 0.8 - 1mm。叶具短柄,无毛;叶片薄纸质,斜椭圆形或狭卵形,长 1.6 - 5.5cm,宽 1 - 3cm,顶端渐尖,基部斜楔形,边缘具小牙齿,半离基三出脉,侧脉 3 对,钟乳体明显或不明显,密或稍密,杆状,长 0.2 - 0.4mm;叶柄长 0.8 - 2.5mm;托叶钻形,长约 1.8mm。雄头状花序 1 个与 1 个雌头状花序同生末回分枝顶端叶腋,具 6 花;花序梗细,长 2 - 2.5cm,无毛;花序托不明显;苞片 2,膜质,横长圆形,长约 1.2mm,宽 2mm,无毛,顶端具长 2mm 的刀片状突起;小苞片约 5,条形,长 0.8 - 1mm,无毛。雄花蕾近球形,直径 1.8mm,无毛。雌头状花序无梗;花序托宽长圆形,长约 4.8mm,宽 4mm,中部 2 浅裂,无毛;苞片约 22,排成 2 层,无毛,外层 2 枚对生,较大,扁卵形,不明显,顶端的角状突起长 1.2mm,内层苞片约 20,较小,扁卵形或不明显,顶端的突起角状、斜条形或斜倒卵形,长 0.3 - 1.3mm,宽 0.2 - 0.7mm;小苞片密集,半透明,狭倒卵状条形,长约 0.5mm,顶部有短缘毛。雌花尚未发育。花期 9 - 10 月。

特产贵州紫云。生于石灰岩山山洞中阴湿处;海拔 1000m。

94. 托叶楼梯草

Elatostema nasutum Hook. f. Fl. Brit. Ind. 5:571. 1888;Grierson & Long,Fl. Bhutan 1(1):120. 1983;王文采于植物研究 12(3):207. 1992;于横断山区维管植物 1:327. 1993;于中国植物志 23(2):245,图版 47:7 - 8. 1995;并于武陵山地区维管植物检索表 133. 1995;李锡文于云南植物志 7:279,图版 71:4 - 6. 1997;李丙贵于湖南植物志 2:297,图 2 - 218. 2000;Q. Lin et al. in Fl. China 5:143. 2003,p. p. excl. syn. E. hainanensi W. T. Wang;林祁等于西北植物学报 29(9):1911. 2009;王文采于广西植物 30(6):715,fig. 2:A. 2010;et in Fu et al. Paper Collection of W. T. Wang 2:1109. 2012. Lectotype:Sikkim,C. B. Clarke 12323A(K - Lin et al. 2009)。Syntypes:Sikkim,J. D. Hooker s. n,C. B. Clarke 8672,12210A,26892(K)。

E. stipulosum Hand. -Mazz. Symb. Sin. 7:149. 1929;王文采于东北林学院植物研究室汇刊 7:47.

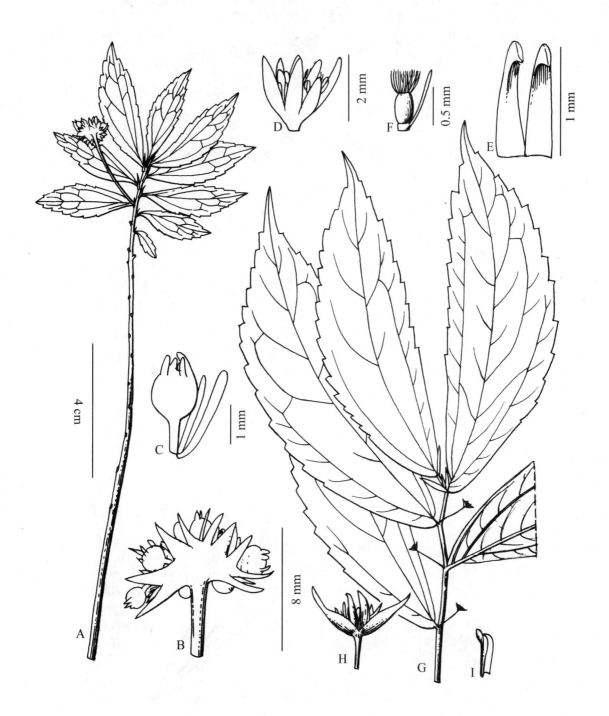

图版 52 A－F. 菱叶楼梯草 *Elatostema rhombiforme* A. 植株全形,B. 雄头状花序(下面观),C. 雄小苞片和雄花蕾,D. 雌头
状花序,E. 2 雌苞片,示顶端呈兜状,F. 雌小苞片和雌花。(据 holotype) G－I. 微鳞楼梯草 *E. minutifurfuraceum*
G. 开花茎上部,H. 雄头状花序,I. 雄小苞片。(自王文采,1995)

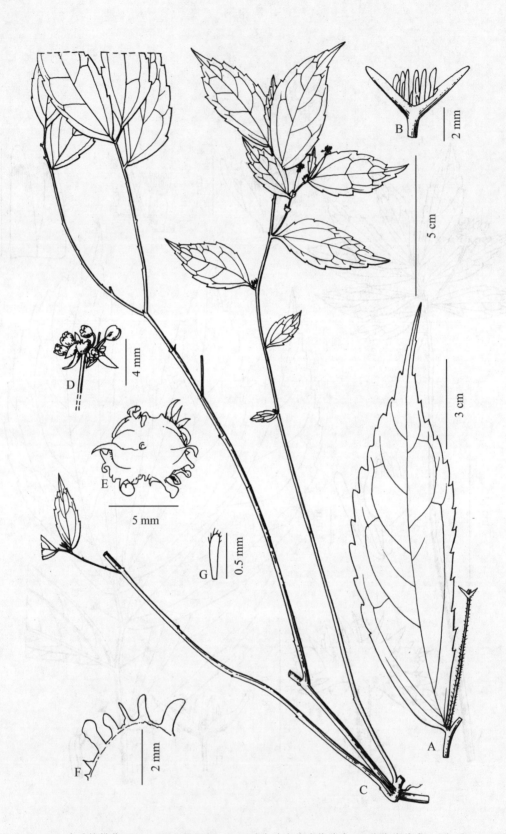

图版 53 A–B. 素功楼梯草 *Elatostema sukungianum* A. 叶和腋生雄头状花序, B. 雄头状花序。(自 Wang, 1997) C–G. 刀状楼梯草 *E. cultratum* C. 植株全形, D. 雄头状花序, E. 雌头状花序(下面观), F. 雌总苞一部分, G. 雌小苞片。(自 Wang, 2010)

1980;张秀实等于贵州植物志 4：54.1989；王文采于广西植物志 2：855，图版 347：8 - 9.2005。Holotype：四川：峨眉山，E. H. Wilson 160（K, non vidi）。

E. ficoides auct. non Wedd.：湖北植物志 1：175，图 229.1976。

94a. var. *nasutum* 图版 54：A - F

多年生草本。茎直立或渐升，高 16 - 40cm，不分枝或分枝，无毛。叶具短柄；叶片草质，干时常变黑，斜椭圆形或斜椭圆状卵形，长 3.5 - 9（- 15.5）cm，宽 2 - 3.5（- 6.5）cm，顶端渐尖（渐尖部分全缘），基部狭侧近楔形，宽侧心形或近耳形，边缘在狭侧中部之上、在宽侧基部之上有牙齿，无毛或上面疏被少数短硬伏毛，叶脉三出，稀半离基三出，侧脉在叶狭侧约 1 条，在宽侧约 3 条，钟乳体不太明显，稀疏或稍密，长 0.2 - 0.4mm；叶柄长 1 - 4mm，无毛；托叶膜质，狭卵形至条形，长 9 - 18mm，宽 1.5 - 4.5mm，无毛。花序雌雄异株。雄头状花序有梗，直径 4 - 10mm，有多数密集的花；花序梗长 0.3 - 3.6cm，无毛；花序托小；苞片约 6 个，卵形，长 2 - 5mm，背面有 1 条纵肋，顶端有角状突起，2 对生苞片较大，近无毛或有短缘毛；小苞片长 1.5 - 3mm，似苞片或条形，有缘毛，顶端有长或短的角状突起。雄花无毛：花梗长达 2.5mm；花被片 4，船状椭圆形，长约 1.2mm，基部合生，外面顶端之下有角状突起；雄蕊 4；退化雌蕊长达 0.1mm。雌头状花序无梗或具极短梗，直径 3 - 9mm，有多数密集的花；花序托明显，周围有苞片；苞片扁三角形或正三角形，长 0.5 - 3mm，顶端有长角状突起，被缘毛；小苞片狭长圆形，长约 2mm，顶端有角状突起。雌花有短粗梗：花被片不存在；子房褐色，狭卵球形，长约 0.4mm；柱头画笔头状，长 0.6mm。瘦果椭圆球形，长 0.8 - 1mm，有 10 - 12 条细纵肋。花期 7 - 10 月。

分布于西藏东南部、云南、广西、贵州、四川西南部、重庆南部、湖北西南、湖南、江西西部；不丹、尼泊尔、印度北部。生于山地林下或草坡阴处，海拔 600 - 2400m。

标本登录（所有标本均存 PE）：

西藏：墨脱，李渤生、程树志 00815，04250，05704。

云南：贡山，Gaoligong Shan Biod. Survey 33103，33395，33404，33634，33954；福贡，蔡希陶 54274，56534；屏边，蔡希陶 57793，60442，王启无 82203；金平，中苏考察队 445,2406；河口，刘伟心 402,547，税玉民等 10476,10528。

广西：武鸣，韦毅刚 6401,07344；凌云，秦仁昌

6922；天峨，北京队 896251；兴安，韦毅刚 U - 02。

贵州：兴义，温放 0803；兴仁，贵州队 8566，8613；盘县，北京青年队 0104；赤水，安明态 35,38；遵义，黔北队 1236；贞丰，犹光辉 491；榕江，黔南队 3176，简焯坡等 5174；雷山，简焯坡等 51250；凯里，黔南队 3487,3560；施秉，武陵山队 2447,2518；石阡，武陵山队 1850；沿河，黔北队 2231；印江，简焯坡等 31469,31662；梵净山，中美队 2290A。

四川：雷波，赵清盛 1277；马边，汪发缵 23631；峨边，姚仲吾 4372；渫源，姚仲吾 2506；洪雅，瓦屋山，方文培 8420；汉源，王作宾 8728；峨眉山，方文培 2666,12762，关克俭等 1424,2682,2740,4162；青城山，王忠涛 870414。

重庆：金佛山，刘正宇 10268；酉阳，刘正宇 6748。

湖北：鹤峰，王映明 5588；来凤，李洪钧 7697；咸丰，王映明 6587。

湖南：新宁，罗林波 245；武冈，云山，段林东 2002069；城步，喻勋林 91060；永顺，刘林翰 9469；大庸，陈家瑞 80416；桑植，李良千 201；慈利，湘西队 84 - 663。

江西：上饶，L707 队，565；遂川，岳俊三 4299；井冈山，岳俊三 5045；安福，赖书绅 1899；武功山，江西队 54 - 472,54 - 1291，岳俊三 3161。

94b. 海南托叶楼梯草（变种） 图版 54：G

var. **hainanense**（W. T. Wang）W. T. Wang in Guihaia 30（5）：575；（6）：716，fig. 2：B. 2010；et in Fu et al. Paper Collection of W. T. Wang 2：1112. 2012.——*E. hainanense* W. T. Wang in Bull. Bot. Lab. N. -E. Forest. Inst. 7：48, pl. 1：8.1980；并于中国植物志 23（2）：246，图版 50：1 - 2.1995；阮云珍于广东植物志 6：77.2005. Holotype：海南：白沙，圆门洞，1936 - 03 - 23，刘心祈 25836（IBSC）。

E. ficoides auct. non Wedd.：海南植物志 2：411. 1965。

E. nasutum auct. non Hook. f.：Q. Lin et al. in Fl. China 5：143. 2003，p. p. quoad syn. *E. hainanense* W. T. Wang；林祁，段林东于云南植物研究 25（6）：636. 2003，p. p. quoad syn. *E. hainanense* W. T. Wang et ejus nominis holotypum.

与托叶楼梯草的区别：雄花序外层 2 较大苞片在背面顶端之下生出角状突起。

特产海南白沙。生于山地密林中石上。

94c. 盘托托叶楼梯草（变种）

var. **discophorum** W. T. Wang in Bull. Bot. Res.

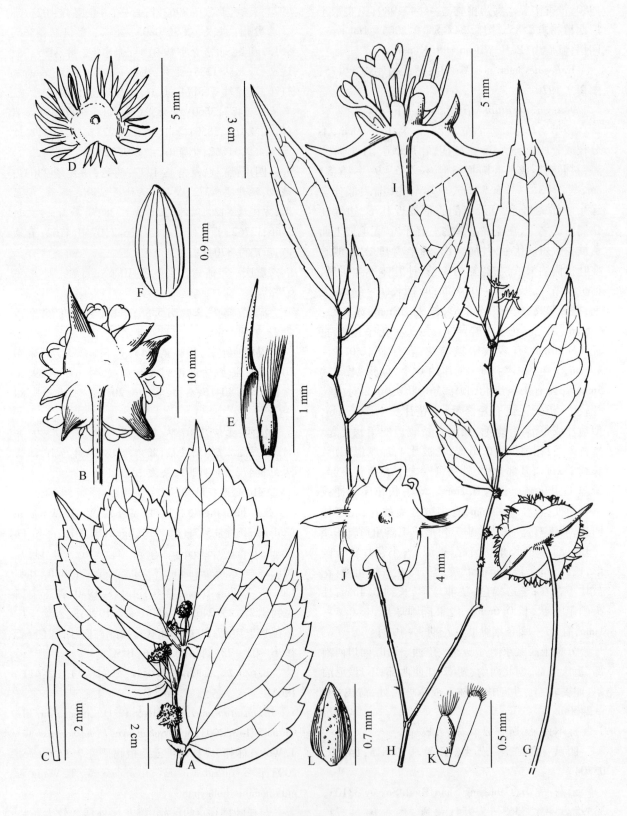

图版 54　A－F. 托叶楼梯草 *Elatostema nasutum* var. *nasutum* A. 开花茎顶部,B. 雄头状花序(下面观),C. 雄小苞片,(据关克俭等 1908) D. 雌头状花序(下面观),E. 雌小苞片和雌花,(据武陵山队 2518) F. 瘦果。(据段林东,林祁 2290A) G. 海南托叶楼梯草 *E. nasutum* var. *hainanense* 雄头状花序(下面观)。(自王文采,1995)H－L. 滇桂楼梯草 *E. pseudodissectum* H. 开花茎上部,I. 雄头状花序,J. 雌头状花序(下面观),K. 雌小苞片和雌花,L. 瘦果。(据税玉民等 B2004－508)

Harbin 26(1):19,fig. 3:1－2. 2006,p. p. excl. Li & Cheng 4345;税玉民,陈文红,中国喀斯特地区种子植物1:99,图242. 2006;王文采于广西植物30(6):717,图2:C. 2010;et in Fu et al. Paper Collection of W. T. Wang 2:1112. 2012. Type:云南:绿春,黄连山,水文站,alt. 1650m,2005－07－29,税玉民,陈文红44408(holotype,KUN);绿春,牛波水库,alt. 1800m,2003－09－06,税玉民,陈文红32415(paratype,KUN);绿春,巴东,alt. 1650m,1994－08－01,武素功等1007(paratype,KUN)。

E. yungshunense W. T. Wang in Guihaia 5(3):325,fig. 2. 1985;并于中国植物志23(2):272. 1995;李丙贵于湖南植物志2:300. 2000;Q. Lin et al. in Fl. China 5:181. 2003. Holotype:湖南:永顺,小溪,1983－08－03,吴征镒等3126(KUN)。

E. nasutum auct. non. Hook. f.:林祁,段林东于云南植物研究25(6):636. 2003. p. p. min. quaod. H. T. Tsai 60507 et Exped. Luchun. 1652.

与托叶楼梯草的区别:雄头状花序的花序托明显,呈盘状;雄总苞的苞片数目变多(6－8枚),并变小,顶端有短角状突起.

分散分布于云南东南部、广西北部和湖南西北部。生于山谷林下阴湿处,海拔400－1800m。

标本登录(均存PE):

云南:文山,冯国楣11107,;屏边,蔡希陶60507,61345,中苏考察队3759,3947;金平,金效华,刘冰等237,318;元阳,绿春队1652。

94d. 软鳞托叶楼梯草(变种)

var. **yui**(W. T. Wang)W. T. Wang in Guihaia 30(6):717,fig. 2:D. 2010;et in Fu et al. Paper Collection of W. T. Wang 2:1112. 2012.——*E. yui* W. T. Wang in Bull. Bot. Res. Harbin 9(3):70,pl. 1:3－4. 1989;于横断山区维管植物1:329. 1993;并于中国植物志23(2):274,图版57:1－2. 1995;李锡文于云南植物志7:279;Q. Lin et al. in Fl. China 5:152. 2003. Type:云南:贡山,独龙江,旗旗,alt. 2000m,1982－07－18,青藏队8106(holotype,PE);同地,alt. 2800m,铁杉林中,1982－07－27,青藏队8708(paratype,PE);贡山,alt. 1900m,1937－10－26,俞德浚19950(paratype,PE)。

与托叶楼梯草以及本种其他变种的区别:茎顶部密被锈色软鳞片。

特产云南西北部和中部。生于山谷常绿阔叶林或铁杉林下或沟边,海拔1900－2800m。

标本登录:

云南:贡山,青藏队8120(PE);景东,无量山,邱炳云53541(PE)。

94e. 毛梗托叶楼梯草(变种)

var. **puberulum**(W. T. Wang)W. T. Wang in Bull. Bot. Res. Harbin 12(3):207. 1992;并于中国植物志23(2):246. 1995;李锡文于云南植物志7:286. 1997;Q. Lin et al. in Fl. China 5:144. 2003;阮云珍于广东植物志6:74. 2005;王文采于广西植物30(6):718,图2:E. 2010;et in Fu et al. Paper Collection of W. T. Wang 2:1112. 2012.——*E. stipulosum* Hand. -Mazz. var. *puberulum* W. T. Wang in Bull. Bot. Lab. N. -E. Forest. Inst. 7:48. 1980;并于广西植物志2:856. 2005。Type:江西:井冈山,茨坪,alt. 650m,1970－07－23,戴伦凯等1404(holotype,PE)。广东:信宜,1931－05－18,高锡朋51484(paratype,IBSC)。

与托叶楼梯草的区别:茎上部和雄花序梗被短柔毛。

分布于云南、广西北部、广东西部、江西西部、湖南南部、贵州东南、重庆南部。生于山谷阴湿处或林中,海拔400－1500m。

标本登录:

云南:贡山,Gaoligong Shan Biod. Survey 33345(CAS);屏边:蔡希陶61455(PE)。

湖南:新宁,罗毅波3268(PE)。

贵州:榕江,简焯坡等51516,51743(PE)。

重庆:金佛山,刘正宇10188,10285(PE)。

94f. 无角托叶楼梯草(变种)

var. **ecorniculatum** W. T. Wang in Guihaia 30(6):718,fig. 2:F. 2010;et in Fu et al. Paper Collection of W. T. Wang 2:1113. 2012. Type:不丹 Bhutan:Mongar 西北,alt. 2600m,1979－06－13,Grierson & Long 1941(holotype,K). 西藏:墨脱,背崩,alt. 1900m,1982－04－27,李渤生,程树志4345(paratype,PE)。

E. nasutum var. *discophorum* W. T. Wang in Bull. Bot. Res. Harbin 26(1):19. 2006,p. p. quoad Li & Cheng 4345.

与托叶楼梯草及其他变种的区别:雄总苞的苞片无角状突起,苞片较小,6－8枚;雄花序托明显,盘状。

产西藏墨脱;也分布于不丹。生于山谷林中或溪边,海拔1900－2600m。

系14. 瀑布楼梯草系

Ser. **Cataracta** W. T. Wang,ser. nov. Type:*E. cataractum* Q. Lin & L. D. Duan.

Series nova haec est affinis Ser. *Stipulosis* W. T. Wang, a qua bracteis staminatis externis dorso longitudinaliter 1 - alatis differt. Folia semi - triplinervia. Capitula staminata longe pedunculata, receptaculis parvis, bracteis apice plerumque breviter corniculatis. Capitula pistillata breviter pedunculata, bracteis projecturis ullis carentibus.

本系与托叶楼梯草系 Ser. *Stipulosa* 近缘,与后者的区别:本系的外层雄苞片背面具 1 条纵翅;在托叶楼梯草系,雄苞片无翅。叶具半离基三出脉。雄头状花序具长梗;苞片顶端多具短角状突起。雌头状花序具短梗;苞片无任何突起。

1 种,特产贵州东南部。

95. 瀑布楼梯草 图版 55

Elatostema cataractum L. D. Duan & Q. Lin in Ann. Bot. Fennici 47(3):229, fig. 1. 2010; W. T. Wang in Fu et al. Paper Collection of W. T. Wang 2:1106. 2012. Type:贵州:荔波,甲良乡,桥头村,alt. 750m,2003 - 06 - 15,段林东,林祁 2002131(holotype, PE);同地,2003 - 10 - 26,林祁,段林东 1029(paratype, PE)。

多年生小草本。茎高 8 - 18cm,近基部粗 1mm,无毛,通常分枝,有 4 条浅纵沟。叶具短柄或无柄,无毛;叶片纸质,斜披针形,稀斜椭圆形,长(0.6 -)1 - 4cm,宽(3 -)3.5 - 13mm,顶端长渐尖或渐尖,基部斜楔形,有时宽侧近圆形,边缘有小牙齿,半离基三出脉,侧脉 2 对,不明显,钟乳体明显,稍密,杆状或点状,长 0.05 - 2mm;叶柄长达 3mm;托叶宽披针形或披针形,长 1 - 1.5mm,宽 0.3 - 0.4mm。雄头状花序单生叶腋,约有 10 花;花序梗长 5 - 13mm,无毛;花序托不明显;苞片 6 - 7,排成 2 层,膜质,白色,无毛,外层 2 枚对生,较大,扁卵形,长 2 - 2.6mm,宽 2.5 - 3mm,顶端具短角状突起,背面有 1 条纵翅,翅新月形,全缘,有时 2 裂,内层 4 - 5 枚较小,长圆形或长圆状卵形,长 1.2 - 1.8mm,宽约 1mm,顶端角状突起长 0.2 - 0.5mm;小苞片膜质,半透明,船形或条形,长 1 - 1.5mm,无毛或顶端疏被短缘毛。雄花:花被片 4,白色,长约 1.2mm,基部合生;雄蕊 4;退化雌蕊长 0.1mm。雌头状花序单个或成对腋生,直径 1.5 - 4mm,有短梗;花序托长圆形或近圆形,长 1 - 3mm,无毛;苞片约 14,膜质,排成 2 层,外层 2 枚对生,较大,扁宽卵形,长约 0.5mm,宽 1.2mm,顶端具短尖头或具角状突起,内层约 12 枚较小,狭三角形或披形,长约 1mm,宽 0.3 - 0.4mm,顶端无突起,疏被短缘毛;小苞片膜质,绿色,倒披针状条形,长约 1mm,宽 0.15mm,上部疏被短缘毛;瘦

果淡黄色,狭卵球形,长 0.7 - 1mm,有 4 - 5 条细纵肋,花期夏季。

特产贵州荔波。生于石灰岩山山洞口阴湿处石上,海拔 750m。

系 15. 滇桂楼梯草系

Ser. **Pseudodissecta** W. T. Wang, ser. nov. Type: *E. pseudodissectum* W. T. Wang.

Series nova haec est affinis Ser. *Stipulosis* W. T. Wang, a qua acheniis longitudinaliter costatis et tuberculatis differt.

本系与托叶楼梯草系 Ser. *Stipulosa* 相近缘,区别在于本系的瘦果具纵肋和瘤状突起。

1 种,分布于云南东南、广西西部和贵州南部。

96. 滇桂楼梯草 图版 54:H - L

Elatostema pseudodissectum W. T. Wang in Bull. Bot. Lab. N. - E. Forest. Inst. 7:55. 1980;并于中国植物志 23(2):252,图版 44:6, 1995;李锡文于云南植物志 7:281. 1997; Q. Lin et al. in Fl. China 5:145. 2003;王文采于广西植物志 2:856,图版 347:5. 2005; et in Fu et al. Paper Collection of W. T. Wang 2:1109. 2012. Type:广西:百色,八角山,alt. 1100m, 1928 - 09 - 15,秦仁昌 7427(holotype, PE)。云南:屏边,大围山,alt. 2200m, 1939 - 10 - 14,王启无 82449(paratype, PE)。

多年生草本。茎高约 40cm,无毛,分枝。叶具短柄,无毛;叶片薄纸质,斜狭卵形或椭圆状卵形,长 4 - 11cm,宽 1.4 - 3.8cm,顶端渐尖或骤尖,基部斜宽楔形,边缘在基部之上有浅牙齿,基出脉 3 条,侧脉在叶狭侧 3 条,在宽侧约 4 条,钟乳体明显,密集,杆状,长 0.2 - 0.6mm;叶柄长 1 - 3mm;托叶狭三角形,长 0.7 - 1.5mm。花序雌雄同株。雄头状花序具细长梗,无毛,直径 4 - 7mm,有 6 - 25 朵花;花序梗长 1.2 - 4cm;花序托不明显;苞片 4 - 6 枚,2 较大苞片对生,船形,长约 3mm 在背面顶端之下具长 2 - 3mm 的角状突起,其他苞片平,长圆形或狭卵形,无突起;小苞片 10 数枚,条形,长 1.5 - 2mm。雄花无毛:花梗长 1 - 4mm;花被片 4,狭卵形,长约 2mm,基部合生;雄蕊 4。雌头状花序单生叶腋,无梗;花序托近方形或长方形,长 4 - 5mm,无毛;苞片 10 - 15,无毛,约 6 枚较大,其余的较小,多数苞片本身很小,不明显,但顶端长 0.2 - 2mm 的角状突起却发育良好;小苞片密集,半透明,条形或匙状条形,长 0.3 - 0.5mm,顶端有短缘毛。雌花有短梗:花被片不存在;子房狭卵球形,长 0.3 - 0.4mm;柱头画笔头状,长

0.15mm。瘦果淡黄色,狭卵球形,长约0.7mm,约有5条细纵肋和小瘤状突起。花期4 - 10月。

分布于云南东南部(屏边)、广西西部(扶绥,百色)和贵州南部。生于山谷林中石上、陡崖上或山洞中阴湿处,海拔500 - 2200m。

标本登录:

云南:屏边,毛品一3350(PE)。

广西:扶绥,? 12015(IBSC)。

贵州:贞丰,邓世纬91039(IBSC);清镇,邓世纬1229(IBSC);紫云,税玉民等B2004 - 508(PE);荔波,邵青,段林东28,87(PE)。

系16. 翅苞楼梯草系

Ser. **Alifera** W. T. Wang in Bull. Bot. Lab. N. - E. Forest. Inst. 7:56. 1980;于中国植物志23(2):252. 1995;et in Fu et al. Paper Collection of W. T. Wang 2:1113. 2012. Type: *E. aliferum W. T. Wang.*

近托叶楼梯草系,但雄苞片较少、较大,具纵翅,可以区别。

1种,特产云南西南部。

97. 翅苞楼梯草 图版56: A - F

Elatostema aliferum W. T. Wang in l. c. 57. 1980;并于中国植物志23(2):252,图版49:1 - 2. 1995;李锡文于云南植物志7:284,图版70:9. 1997;Q. Lin et al. in Fl. China 5:145. 2003;W. T. Wang in Fu et al. Paper Collection of W. T. Wang 2:1113. 2012. Holotype:云南:凤庆,alt. 2450m,1938 - 06 - 05,俞德浚16144(PE)。

多年生草本。茎卧地,长达25cm,顶部渐升,分枝,在节处生根,被向后展的短伏毛。叶具短柄或无柄;叶片草质,斜椭圆形,长1 - 4.5cm,宽0.6 - 2.5cm,顶端微尖,基部狭侧楔形,宽侧耳形,边缘在狭侧下部全缘,其上及宽侧的基部之上有牙齿状小锯齿,上面疏被糙伏毛,下面有短柔毛,在中脉及侧脉上毛较密,半离基三出脉,侧脉在叶狭侧约2条,在宽侧3 - 4条,钟乳体稍明显或不明显,密,长约0.1mm;叶柄长达1毫米,托叶膜质,披针形至条形,长5 - 7mm,宽1.8 - 2.6mm,有1条中脉。雌雄花序生同株的不同枝条上。雄头状花序有长梗,直径达10mm,有5 - 16朵密集的花;花序梗长0.4 - 3cm,无毛或有疏柔毛;花序托小;苞片约4,不等大,椭圆形或近圆形,长约3.5mm,宽4 - 7mm,近边缘处有短柔毛,有2 - 5条褶状纵翅;小苞片约18,匙状条形,长约3mm,顶部有短缘毛。雄花:花梗长约3mm;花被片5,长圆形,长

约1.2mm,基部合生,其中1个较大,外面顶端之下有1长约0.5mm的角状突起,其他的无突起,无毛;雄蕊5。雌头状花序无梗或近无梗,直径1.5 - 2.5mm,有多数密集的花;花序托小;苞片约5,三角形,长约1mm;小苞片约120,密集,条状长圆形或狭倒卵形,长约1mm,有密缘毛。雌花有短梗:花被片不存在;子房卵球形,长约0.4mm;柱头画笔头状,毛长0.2 - 0.4mm。花期5 - 6月。

特产云南凤庆。生于山谷林下,海拔2450m。

系17. 褐脉楼梯草系

Ser. **Brunneinervia** W. T. Wang in Fu et al. Paper Collection of W. T. Wang 2:1113. 2012. Type: *E. brunneinerve W. T. Wang.*

本系与托叶楼梯草系Ser. *Stipulosa* W. T. Wang相近,但有明显区别:雄总苞的2较大苞片盾状,背面有5条纵肋,顶端有1 - 4条角状突起。

特产云南东南部和广西西南部。

98. 褐脉楼梯草 图版56: A - F

Elatostema brunneinerve W. T. Wang in Bull. Bot. Res. Harbin 3(3):54,fig. 5 - 6. 1983;并于中国植物志23(2):255,图版12:4 - 5. 1995;Q. Lin et al. in Fl. China 5:146. 2003;王文采于广西植物志2:856. 2005;税玉民、陈文红,中国喀斯特地区种子植物1:95,图230. 2006;王文采于植物研究26(1):18. 2006;et in Fu et al. Paper Collection of W. T. Wang 2:1113. 2012. Holotype:广西:那坡,百都,弄化,alt. 1300m,1982 - 06 - 15,方鼎等25347(PE)。

98a. var. **brunneinerve** 图版56: G - H

多年生草本。茎渐升,长约65cm,下部伏地生根,在顶部之下被开展长柔毛。叶具极短柄;叶片纸质,斜狭倒卵形或宽倒披针形,长6.5 - 9cm,宽2.5 - 3.8cm,顶端骤尖或渐尖,基部狭侧钝,宽侧耳形,边缘基部之上有小牙齿或牙齿,上面疏被糙伏毛,下面被短柔毛,半离基三出脉,中脉及侧脉呈褐色,上面下陷,下面隆起,侧脉在狭侧3 - 4条,在宽侧4条,钟乳体在叶脉附近密集,不明显,近点状或短条形,长达0.05mm;叶柄长1.5 - 2毫米;托叶大,膜质,宽披针形,长1.5 - 1.9cm,宽4.5 - 5.2mm,无毛。雄头状花序单生叶腋,直径约5mm,具梗:花序梗长5 - 10mm,无毛;花序托不明显;苞片6,无毛,上面有多数小钟乳体,外方2枚较大,近长方形,长5 - 6mm,宽7 - 8mm,顶端骤尖,基部有2 - 3个三角形突起,背面有5条纵肋,有时肋上部有狭翅,顶端之下有1 - 4个角状突起(突起长1 - 3.2mm),内方

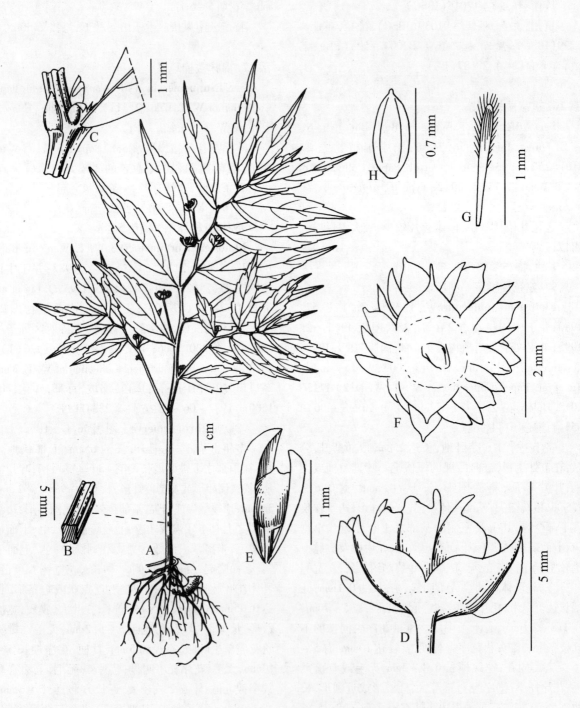

图版 55　瀑布楼梯草 *Elatostema cataractum* A. 开花植株全形, B. 茎的一段, C. 茎节, 示托叶,（自 Duan & Lin, 2010）D. 雄头状花序（侧面观）, E. 雄小苞片和雄花蕾,（据 isotype）F. 果序（下面观）, G. 雌小苞片, H. 瘦果。（据 paratype）

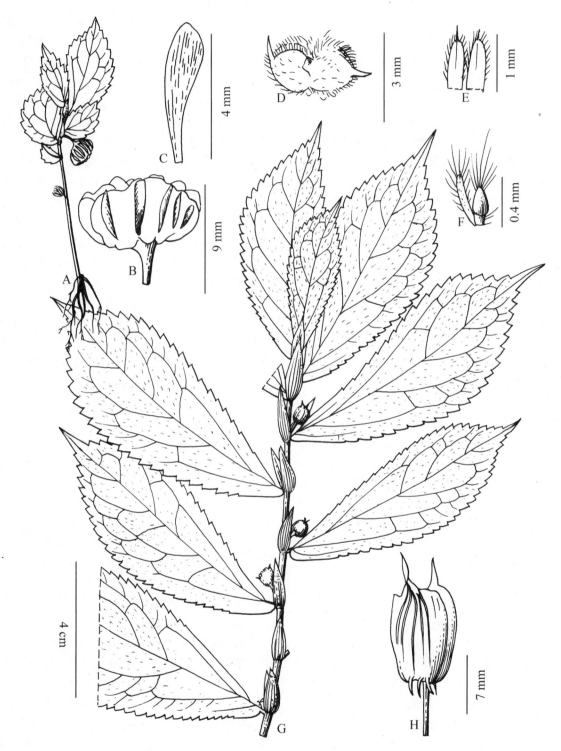

图版 56　A – F. 翅苞楼梯草 *Elatostema aliferum* A. 植株全形, B. 雄头状花序, C. 雄小苞片, D. 雌头状花序(下面观), E. 雌总苞内层苞片, F. 雌小苞片和雌花。(据 holotype) G – H. 褐脉楼梯草 *E. brunneinerve* var. *brunneinerve* G. 开花茎上部, H. 雄头状花序。(据 holotype)

4 枚较小,船状四方形,长约 4mm,宽 3mm,顶端有短角状突起;小苞片多数,半透明,长圆状或条状船形,长 4 - 4.5mm,顶端截形或近截形,无毛。雄花无毛:花梗与小苞片等长;花被片 4,长圆形,长约 1.4mm,基部合生,2 枚外面顶端之下有短角状突起;雄蕊 4,与花被片近等长;退化雌蕊小,长 0.1mm。雌花序未见。花期 6 月。

特产云南东南和广西西南部。生于石灰岩山山坡或岩洞阴湿处,海拔 1300 - 1400m。

标本登录:

云南:麻栗坡,金厂,税玉民等 32782(KUN,PE);同地,茨竹坝,金效华,刘氷等 1030(PE)。

广西:那坡,韦毅刚 6387(IBK,PE)。

98b. 乳突褐脉楼梯草(变种)

var. **papillosum** W. T. Wang in Bull. Bot. Res. Harbin 26(1):18,fig. 2:1 - 5. 2006;et in Fu et al. Paper Collection of W. T. Wang 2:1114. 2012. Type:云南:麻栗坡,下金厂,火烧梁子山,alt. 1700m,1999 - 07 - 08,彭镜毅等 17490(holotype,KUN;isotype,PE)。

与褐脉楼梯草的区别:雄总苞只有 2 枚苞片;雄苞片顶端具 1 条角状突起,背面下部有密的乳头状突起,基部突起不存在。

特产云南麻栗坡。生山地阴湿处,海拔 1700m。

系 18. 五被楼梯草系

Ser. **Quinquetepala** W. T. Wang in J. Syst. Evol. 51(2):225. 2013. Type:*E. quinquetepalum* W. T. Wang.

叶具三出脉或半离基三出脉。雄头状花序具长梗;花序托小,不明显;苞片无任何突起。雌头状花序具短梗;花序托椭圆形;苞片无任何突起。雌花具 5 枚比雌蕊长的花被片。瘦果具密集长椭圆形瘤状突起。

1 种,特产云南东南部。

99. 五被楼梯草 图版 57

Elatostema quinquetepalum W. T. Wang in J. Syst. Evol. 51(2):225,fig. 3. 2013. Type:云南:马关,古林箐,吊锅厂大箐,2002 - 10 - 14,税玉民,陈文红,盛家舒 31284(holotype,PE),30768(paratype,PE)。

多年生小草本,雌雄同株或异株。茎高 4 - 15cm,近基部粗 1 - 2mm,密被反曲短糙伏毛(毛长约 0.15mm),不分枝或分枝。叶具短柄或无柄;叶片纸质,斜宽椭圆形、近圆形或宽倒卵形,长 0.5 - 4cm,宽 0.4 - 2.5cm,顶端微尖或微钝,基部狭侧钝,宽侧耳形,边缘有浅钝齿或浅波状,上面无毛,下面

脉上被短糙伏毛,三出脉或半离基三出脉,侧脉在叶狭侧 2 条,在宽侧 3 条,钟乳体不明显,稀疏,杆状,长 0.1 - 0.3mm;叶柄长 0 - 2.5mm;托叶三角形,长 1 - 2mm,无毛,顶端锐尖。雄头状花序单生叶腋,具长梗;花序梗细,长 2.5 - 4cm,无毛;花序托小,不明显;苞片约 8,狭三角形,长 2 - 3mm,宽 1 - 1.5mm,中部之上变狭,呈黑色并稍向上弯曲,疏被短缘毛;小苞片半透明,条形或宽条形,长 2 - 3mm,宽 0.3 - 0.6mm,无毛。雄花蕾扁球形,直径约为 1.5mm,无毛,顶端有 4 条短突起。雌头状花序单生叶腋;花序梗长约 1mm;花序托小,不明显;苞片约 10 枚,狭三角形或条形,长约 1.5mm,宽 0.4 - 0.8mm,被短缘毛;小苞片半透明,肉质,狭条形,长 1 - 1.5mm,疏被短缘毛。雌花:花梗长 0.5 - 1mm,无毛;花被片 5,不等长,半透明,狭披针状条形或狭条形,长 0.7 - 1mm,宽 0.1 - 0.25mm,疏被短缘毛;子房狭椭圆体形,长约 0.4mm;柱头小,近球形,直径 0.05mm。瘦果淡褐色,卵球形,长约 1mm,宽 0.6mm,具密集、长椭圆形的小瘤状突起。花期和果期 10 月前后。

特产云南马关。生于山谷雨林中阴湿处。

在我国楼梯草属中,多数种的雌花无花被片,或具 2 - 3(-4)枚比子房短的花被片,本种是我国大陆唯一雌花具 5 枚花被片的种。此外,本种的雌花被片比子房长 2 倍以上也属罕见。

系 19. 墨脱楼梯草系

Ser. **Medogensia** W. T. Wang in Fu et al. Paper Collection of W. T. Wang 2:1114. 2012. Type:*E. medogense* W. T. Wang.

本系与托叶楼梯草系 Ser. *Stipulosa* 近缘,与后者的区别为瘦果光滑,有时有纵纹。多年生直立小草本。叶具三出脉。雄总苞的苞片 6 - 9 枚,顶端兜形或圆筒形;雌总苞的苞片 11 - 14 枚,顶端多少兜形。

1 种,含 2 变种,特产西藏墨脱。

100. 墨脱楼梯草

Elatostema medogense W. T. Wang in Bull. Bot. Res. Harbin 2(1):10. 1982;并于中国植物志 23(2):264. 1995;林祁,段林东于植物分类学报 40(5):495. 2002,p. p. excl. syn. *E. medogense* var. *oblongum* W. T. Wang et *E. shuzhii* W. T. Wang;Q. Lin et al. in Fl. China 5:148. 2003,p. p. excl. syn.;王文采于广西植物 30(6):720,图 4:I - 0. 2010;et in Fu et al. Paper Collection of W. T. Wang 2:1114,fig. 3:48. 2012. Holotype:西藏:墨脱,班固山,alt. 1900m,1980 - 07 - 27,王金亭,陈伟烈,李渤生 11408(PE)。

100a. var. **medogense** 图版 58：I – O

小草本。茎直立或渐升，长 7 – 20cm，上部被向前曲的短毛，不分枝或有短分枝。叶无柄或具短柄；叶片草质，斜椭圆形，长 0.9 – 2.8cm，宽 0.5 – 1.4cm，顶端急尖，基部狭侧钝，宽侧耳形或宽楔形，边缘在狭侧中部以上，在宽侧除下部 1/3 全缘外均有浅齿，上面无毛，下面沿脉疏被短糙毛，三出脉，侧脉每侧约 2 条，钟乳体稀疏，不明显或稍明显，长 0.2 – 0.35mm；叶柄长达 1mm，无毛；托叶狭条形，长 1.5 – 2mm，宽 0.2 – 0.3mm，无毛。花序雌雄同株或异株。雄头状花序具长梗，约有 10 花；花序梗长约 2cm，无毛；花序托小，椭圆形，长约 3.5mm，无毛；苞片约 9，白色，近等大，船状条形，长 2.5 – 3.5mm，无毛，无钟乳体，顶端不呈兜状；小苞片白色，条形，长 1.5 – 2mm，无毛。雄花无毛，具梗，花梗长约 2mm；花被片 4，椭圆形，长约 1.5mm，其中 2 枚在外面顶端之下有短角状突起；雄蕊 4，长约 2mm；退化雌蕊小，长 0.2mm。雌头状花序生茎顶部叶腋，具极短梗，近圆形，直径 2 – 6mm，有 10 – 20 朵雌花；花序梗长约 1mm；花序托近圆形，直径达 3.5mm，无毛；苞片 15，外层 2 枚较大，三角形，长约 2.5mm，宽 1.8mm，其他的较小，条形，长约 2mm，宽 0.6 – 0.8mm，边缘中部之上疏被缘毛，顶端兜状；小苞片稀疏，狭条形或倒披针状狭条形，长约 2mm，宽约 0.2mm，上部疏被缘毛。瘦果圆柱状卵球形，长约 1.2mm，光滑，无纵肋。花期 7 月。

特产西藏墨脱。生于山地林下，海拔 1900m。

100b. **长叶墨脱楼梯草**（变种） 图版 58：A – H

var. **oblongum** W. T. Wang in Bull. Bot. Res. Harbin 2(1)：11. 1982；于中国植物志 23(2)：264. 1995；于广西植物 30(6)：720，图 4：A – H. 2010；et in Fu et al. Paper Collection of W. T. Wang 2：1114，fig. 3：49. 2012. Holotype：西藏：墨脱，格当，alt. 2300m，1980 – 08 – 30，陈伟烈 14502(IBSC)。

E. shuzhii W. T. Wang in Acta Phytotax. Sin. 28(4)：313，fig. 2：4 – 5. 1990；于中国植物志 23(2)：251，图版 68：4 – 5. 1995。Holotype：西藏：墨脱，背崩，希让桑兴，alt. 1600 – 1800m，1983 – 04 – 25，李渤生，程树志 4312(PE)。

E. medogense auct. non W. T. Wang：林祁，段林东于植物分类学报 40(5)：445. 2002，p. p. quoad syn. *E. medogense* var. *oblongum* W. T. Wang et *E. shuzhii* W. T. Wang；Q. Lin et al. in Fl. China 5：148. 2003，p. p. quoad syn.

与墨脱楼梯草的区别：雄总苞的苞片 6 枚，绿色，外方 2 枚较大，船形，顶端突起呈高盔状或圆筒状，内方 4 枚较小，平，条形，顶端兜状，所有苞片均常具钟乳体；雌苞片顶端不明显兜状。

特产西藏墨脱。生于山谷林下，海拔 1600 – 2300m。

标本登录：

西藏：墨脱，程树志，李渤生 249(PE)，李渤生，程树志，倪志成 3766(PE)。

系 20. **钝叶楼梯草系**

Ser. **Laevisperma**(Hatusima) W. T. Wang in Fu et al. Paper Collection of W. T. Wang 2：1114. 2012.——*Pellionia* Gaudich. sect. *Laevispermae* Hatusima in Sci. Rep. Yokosuka City Mus. 13：37. 1967.——*Elatostema* Forster sect. *Laevispermae*(Hatusima) Yamazaki in J. Jap. Bot. 47(6)：180. 1972；王文采于东北林学院植物研究室汇刊 7：64. 1980；Yahara in J. Fac. Sci. Univ. Tokyo，Sect. 3，13：489. 1984；王文采于中国植物志 23(2)：264. 1995；李锡文于云南植物志 7：287. 1997；Tateishi in Iwatsuki et al. Fl. Japan，2a：96. 2006. Type：*Pellionia trilobulata* Hayata = *Elatostema obtusum* Wedd. var. *trilobulatum*(Hayata) W. T. Wang.

本系与托叶楼梯草系 Ser. *Stipulosa* 和墨脱楼梯草 Ser. *Medogensia* 相近缘，本系的雄、雌头状花序强烈退化，而与上述二系区别，此外与前者不同的是本系的瘦果光滑，无纵肋，与后者不同的是本系的雄、雌头状花序均具由 2 枚苞片形成的总苞，均近无花序托，均具 1 至数朵花。小草本，具平卧或渐升茎。叶具三出脉，边缘具少数浅钝齿。

1 种及 1 变种，自东喜马拉雅向东分布达我国台湾。

101. **钝叶楼梯草**

Elatostema obtusum Wedd. in Ann. Sci. Nat. Ser. 4，1：190. 1854，nom. nud.；in Arch. Mus. Hist. Nat. Paris 9：324. 1856；et in DC. Prodr. 16(1)：187. 1869；Hook. f. Fl. Brit. Ind. 5：573. 1888；Hand.-Mazz. Symb. Sin. 7：147. 1929；秦岭植物志 1(2)：111，图 94. 1974；湖北植物志 1：174，图 227. 1976；王文采于东北林学院植物研究室汇刊 7：64，图版 2：13 – 14. 1980；并于西藏植物志 1：551. 1983；Yahara in J. Fac. Sci. Univ. Tokyo，Sect. 3，13：489. 1984；张秀实等于贵州植物志 4：55. 1989；王文采于横断山区维管植物 1：327. 1993；并于中国植物志 23(2)：264，图版 49：7 – 10. 1995；李锡文于云南植物志 7：287，图版 72：1 – 2. 1997；李丙贵于湖南植物志 2：

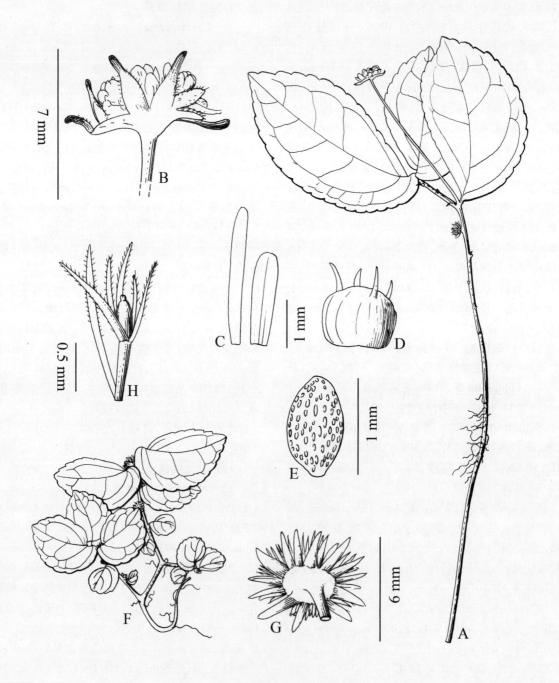

图版57 五被楼梯草 *Elatostema quiquetepalum* A. 一雌雄同株植株, B. 雄头状花序, C. 雄小苞片, D. 雄花蕾, E. 瘦果, (据 holo-type) F. 雌株, G. 雌头状花序(下面观), H. 雌小苞片和雌花。(据 paratype)

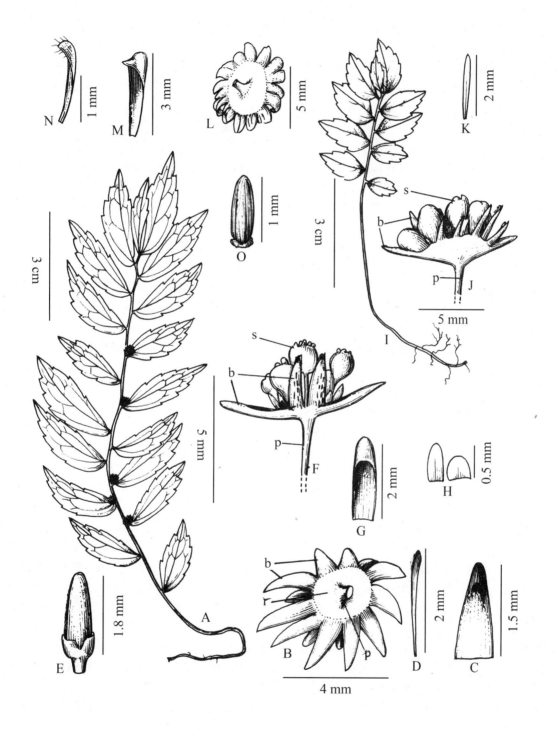

图版58 A－H. 长叶墨脱楼梯草 *Elatostema medogense* var. *oblongum* A. 雌茎,B. 雌头状花序(下面观),C. 雌苞片,D. 雌小苞片,E. 瘦果,(据陈伟烈 14052) F. 雄头状花序,G. 雄苞片,H. 雄小苞片。(据李渤生,程树志 4321) I－O. 墨脱楼梯草 *E. medogense* var. *medogense* I. 植株全形,J. 雄头状花序,K. 雄小苞片,L. 雌头状花序(下面观),M. 雌苞片,N. 雌小苞片,O. 瘦果。(据王金亭,陈伟烈,李渤生 11408) b 苞片,p 花序梗,r 花序托,s 雄花蕾。

299.2000；Q. Lin et al. in Fl. China 5：149.2003；彭泽祥等于甘肃植物志 2：239.2005；W. T. Wang in Fu et al. Paper Collection of W. T. Wang 2：1115.2012. Type：Himalaya，Strachey & Winterbottom no.1（non vidi）.

101a. var. **obtusum** 图版 59：A－F

草本。茎平卧或渐升，长 10－40cm，分枝或不分枝，有反曲的短糙毛。叶无柄或具极短柄；叶片草质，斜倒卵形或斜倒卵状椭圆形，长 0.5－1.5（－3）cm，宽 0.4－1.2（－1.6）cm，顶端钝，基部狭侧楔形，宽侧心形或近耳形，边缘在狭侧上部有 1－2 钝齿，在宽侧中部以上或上部有 2－4 钝齿，两面无毛或上面疏被短伏毛，基出脉 3 条，狭侧的 1 条沿边缘向上超过中部，侧脉约 1 对，不明显，钟乳体明显或不明显，长 0.3－0.5mm；叶柄长达 1.5mm；托叶披针状狭条形，长约 2mm。花序雌雄异株。雄花序有梗，有 3－7 花；花序梗长 0.2－2（－6.5）cm，无毛；花序托极小；苞片 2－4，卵形，长 2.5mm，有短毛；小苞片数枚，狭条形，极小，或不存在。雄花：花梗长达 4mm；花被片 4，倒卵形，长约 3mm，基部合生，外面有疏毛，顶端之下有长约 0.8mm 的角状突起；雄蕊 4，长约 4mm，花药长约 0.8mm，基部叉开；退化雌蕊三角形，长约 0.2mm。雌头状花序无梗，单生茎上部叶腋，有 1（－2）花；花序托近不存在；苞片 2，船状长圆形或狭卵形，长 0.5－0.6mm，背面顶端之下具长角状突起，疏被缘毛。雌花无梗：花被片不存在；子房卵球形或狭卵球形，长约 0.4mm；柱头画笔头状，长约 0.5mm，毛 10 数条，不密集。瘦果狭卵球形，稍扁，长 2－2.2mm，光滑，白色。花期 6－9 月。

分布于西藏南部和东南部、云南（海拔 2500－3000m），贵州、四川（海拔 1700－3000m）、重庆、湖南西部、湖北西部（海拔 1500－2000m）、甘肃南部、陕西南部（海拔 1800－2000m）；尼泊尔、不丹、印度北部。生于山地林下、沟边或石上，常与苔藓同生。

标本登录（全部标本均存 PE）：

西藏：吉隆，中草药队 362；樟木，张永田、郎楷永 3428，青藏队植被组 4387；聂拉木，张永田、郎楷永 3526；定结，青藏队 5606；错那，青藏队植被组 2487；米林，李渤生等 05675；易贡，应俊生、洪德元 650534、李渤生等 6729；墨脱，青藏队植被组 3238；察隅，张经炜 0921、倪志诚等 0759。

云南：贡山，青藏队 7463、8657，独龙江队 762、4876；德钦，冯国楣 5265；维西，王启无 63832、64573、68260；中甸，哈巴山，中甸队 1072、1618；鹤庆，秦仁昌 24265；兰坪，植物所横断山队 0909；腾冲，Gaoligong Shan Biod. Survey 25190、29375；镇康，

俞德浚 17005；凤庆，俞德浚 16035；哀牢山，杨国平 517；无量山，邱炳云 53862；寻甸，张英伯 0940；大关，滇东北组 415。

贵州：贞丰，北京青年队 0350。

四川：盐边，管中天 6529；美姑，植被组 13562；普雄，管中天 7401；洪溪，管中天 6887；峨边，管中天 6529；石棉，谢朝俊 41321；泸定，郎楷永等 309；二郎山，关克俭等 2014；峨眉山，汪发缵 23395，关克俭等 428；天全，曲桂龄 2771；宝兴，关克俭、王文采 2888；汶川，汪发缵 20972；彭县，冯正波 20070404。

重庆：金佛山，熊济华、周子林 92307，刘正宇 1841；黔江，赵佐成 88－1712。

湖南：桑植，曹铁如 090344。

湖北：宣恩，李洪钧 4230。

甘肃：西固，王作宾 14547；天水，刘继孟 10187。

陕西：略阳，傅坤俊 5898；洋县，郭本兆 1993；太白山，秦岭队 10730；佛坪，傅坤俊 4707；宁陕，孔宪武 3184。

101b. 光茎钝叶楼梯草（变种）

var. **trilobulatum**（Hayata）W. T. Wang in Bull. Bot. Lab. N.－E. Forest. Inst. 7：66.1980；于中国植物志 23（2）：265.1995；林祁，段林东于植物分类学报 40（5）：446.2002；Q. Lin et al. in Fl. China 5：149. 2003；W. T. Wang in Fu et al. Paper Collection of W. T. Wang 2：1115.2012. ——*Pellionia trilobulata* Hayata in J. Coll. Sci. Univ. Tokyo 30（1）：280.1911. ——*Elatostema trilobulatum*（Hayata）Yamzaki in J. Jap. Bot. 47（6）：180，fig. 1.1972；Y. P. Yang et al. in Bot. Bull. Acad. Sin. 36（4）：275，fig. 9.1995；et in Fl. Taiwan，2nd ed.，2：217，pl. 110.1996. Isotype：台湾：Randaizan，B. Hayata & U. Mori s. n.（IBSC）.

E. obtusum var. *glabrescens* W. T. Wang in Bull. Bot. Lab. N.－E. Forest. Inst. 7：65.1980；于中国植物志 23（2）：265.1995；并于武陵山地区维管植物检索表 133.1995；李丙贵于湖南植物志 2：300.2000；王文采于广西植物志 2：858.2005；阮云珍于广东植物志 6：72.2005；杨昌煦等，重庆维管植物检索表 152. 2009. Type：广西：融水，元宝山，1958－11－2，陈少卿（holotype，IBSC）. 广东：乳源，1973－5－29，华南所队 361（paratype，IBSC）. 湖南：宜章，莽山，陈少卿 2769（paratype，IBK）. 福建：建宁，1977－11－26，李振宇 10704（paratype，PE）.

与钝叶楼梯草的区别：茎疏被反曲的短毛或近无毛。

分布于四川、贵州、重庆、湖北西南、湖南、广西

北部、广东北部、江西、浙江、福建、台湾。生于山谷溪边或林中,海拔 680 - 2500m。

标本登录(全部标本均存 PE):

四川:大邑,朱大海等 20070702。

贵州:雷山,简焯坡等 50625;都匀,温放 0704308。

湖北:宣恩,王映明 5471。

湖南:桑植,天平山,北京队 4534。

广西:金秀,韦毅刚 6410。

江西:遂川,岳俊三 4326;铅山,简焯坡等 401321。

福建:上杭,林来官 7383;崇安,简焯坡等 400866。

台湾:南投,吴增源,刘杰等 2012417。

系 21. 曲梗楼梯草系

Ser. **Arcuatipedes** W. T. Wang & Y. G. Wei, ser. nov.; W. T. Wang in Fu et al. Paper Collection of W. T. Wang 2: 1117. 2012, nom. seminud. Type: *E. arcuatipes* W. T. Wang & Y. G. Wei.

Series nova haec est affinis Ser. *Trichocarpis* W. T. Wang, a qua acheniis longitudinaliter costatis tantum, haud tuberculatis differt. Capitula pistillata longe pedunculata; pedunculi arcuati; receptacula inconspicua; bracteae dorso superne inconspicue longitudinaliterque 1 - costatae.

本系接近疣果楼梯草系 Ser. *Trichocarpa*,与后者的区别在于本系的瘦果只具纵肋,无瘤状突起。雌头状花序具弧状弯曲的长花序梗;花序托不明显;苞片背面上部有 1 条不明显纵肋,无角状突起。

1 种,特产贵州西南部。

102. 曲梗楼梯草 图版 59: G - K

Elatostema arcuatipes W. T. Wang & Y. G. Wei, sp. nov.; W. T. Wang in Fu et al. Paper Collection of W. T. Wang 2: 1117, fig. 17: D - H. 2012, nom. nud. Type: 贵州(Guizhou): 兴义(Xingyi), 2010 - 03 - 31, 韦毅刚,温放(Y. G. Wei & F. Wen) 1021(holotype, PE; isotype, IBK); 安龙(Anlong), 2010 - 03 - 29, 韦毅刚,温放 1038(paratypes, IBK, PE)。

Small perennial herbs. Stems 3. 5 - 9 (-23) cm tall, near base 0. 8 - 1 mm across, glabrous, simple or 1 - 2 - branched. Leaves sessile or shortly petiolate, glabrous; blades papery, obliquely rhombic or obovate, 0. 5 -2 (-3. 2) cm long , 3 -9 (-12) mm broad, apex obtuse or slightly acute, base obliquely cuneate, margin

denticulate; venation trinerved, with 2 pairs of lateral nerves; cystoliths conspicuous, dense, bacilliform, 1 - 1. 5 mm long; petioles up to 1 mm long; stipules lanceolate - linear, 1 - 1. 5 mm long, ca. 0. 2 mm broad. Staminate capitula unknown. Pistillate capitula singly axillary, ca. 3 mm in diam; peduncles slender, arcuate, 3 - 6 mm long, glabrous; receptacles inconspicuous; bracts ca. 12, linear - lanceolate, ca. 1. 2 mm long, 0. 35 mm broad, abaxially inconspicuously 1 - costate, glabrous, apex attenuate; bracteoles dense, membranous, semi - hyaline, narrow - linear, ca. 0. 6 mm long, 0. 05 mm broad, glabrous. Pistillate flower with a slender pedicel; tepals wanting; ovary ellipsoidal, 0. 19 mm long; stigma globose, ca. 0. 06 mm in diam. Achenes brownish, ellipsoidal, ca. 0. 5 mm long, longifudinally 4 - ribbed; staminodes 3, narrow - lanceolate, ca. 0. 6 mm long, glabrous.

多年生小草本。茎高 3. 5 -9(-23)cm,基部之上粗 0. 8 -1mm,无毛,不分枝或有 1 -2 分枝。叶无柄或具短柄,无毛;叶片纸质,斜菱形或斜倒卵形,长 0. 5 -2(-3. 2)cm,宽 3 -9(-12)mm,顶端钝或微尖,基部斜楔形,边缘有小齿,三出脉,侧脉 2 对,上面平,下面稍隆起,钟乳体明显,密,杆状,长 0. 2 -0. 6mm;叶柄长达 1mm;托叶狭披针状条形,长 1 -1. 5mm,宽约 0. 2mm。雄头状花序未见。雌头状花序单生叶腋,直径约 3mm,有细长梗;花序梗弧状弯曲,稍下垂,细,长 3 -6mm,无毛;花序托不明显;苞片约 12,条状披针形,长约 1. 2mm,宽 0. 35mm,无毛,顶端渐狭,背面上部有 1 条不明显细纵肋;小苞片密,膜质,半透明,狭条形,长约 0. 6mm,宽 0. 05mm,无毛。雌花具细梗;花被片不存在;雌蕊长约 0. 25mm,子房椭圆体形,长 0. 19mm,柱头球形,直径 0. 06mm。瘦果淡褐色,椭圆体形,长约 0. 5mm,具 4 条细纵肋;退化雄蕊 3,狭披针形,长约 0. 6mm,无毛。花、果期 3 月。

特产贵州西南部。生于石灰岩山中阴湿处。

系 22. 疣果楼梯草系

Ser. **Trichocarpa** W. T. Wang in Bull. Bot. Lab. N. - E. Forest. Inst. 7: 47. 1980; 于中国植物志 23(2): 244. 1995; et in Fu et al. Paper Collection of W. T. Wang 2: 1117. 2012. Type: *E. trichocarpum* Hand. -Mazz.

本系接近小叶楼梯草系 Ser. *Parva*,区别在于本系的雄、雌花序常具长梗。瘦果具纵肋,并在每对纵肋之间具瘤状突起。叶具三出脉或半离基三出脉。雄苞片有短角状突起,雌苞片无任何突起。

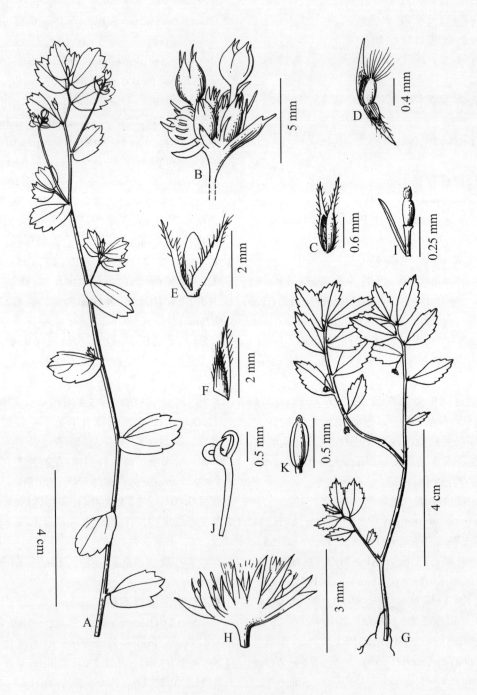

图版 59 A - F. 钝叶楼梯草 *Elatostema obtusum* var. *obtusum* A. 开花茎上部, B. 雄头状花序, (据杨国平 517) C. 雌头状花序, D. 同 C, 一总苞苞片展开, 露出雌花, (据青藏队植被组 4387) E. 果序, F. 果序总苞的一枚苞片, (据中甸队 1072) G - K. 曲梗楼梯草 *E. arcuatipes* G. 开花茎, H. 雌头状花序 (侧面观), I. 雌小苞片和雌花, J. 果梗和退化雄蕊, K. 瘦果。(据 holotype)

2 我国特有种,1 种分布于西南部,另 1 种产台湾。

103. 疣果楼梯草　图版 60:A – F

Elatostema trichocarpum Hand. – Mazz. Symb. Sin. 7:148. 1929;湖北植物志 1:173,图 225. 1976;王文采于东北林学院植物研究室汇刊 7:47. 1980;张秀实等于贵州植物志 4:55. 1989;王文采于中国植物志 23(2):245. 1995;并于武陵山地区维管植物检索表 134. 1995;李锡文于云南植物志 7:285. 1997;李丙贵于湖南植物志 2:299. 2000;Q. Lin et al. in Fl. China 5:143. 2003;杨昌煦等,重庆维管植物检索表 153. 2009;林祁等于西北植物学报 29(9):1914. 2009;W. T. Wang in Fu et al. Paper Collection of W. T. Wang 2:1117. 2012. Lectotype:湖北:建始,A. Henry 5984(K – 林祁等,2009,non vidi)。Syntype:贵州:Tang kia chan,1906 – 05 – 10,Esquirol s. n.(E. non vidi)。

E. sp. C. H. Wright in J. Linn. Soc. Bot. 26:484. 1899.

E. strigulosum W. T. Wang in Bull. Bot. Lab. N. – E. Forest. Inst. 7:52. 1980;于中国植物志 23(2):250,图版 50:9 – 10. 1995;Q. Lin et al. in Fl. China 5:144. 2003;杨昌煦等,重庆维管植物检索表 152. 2009。Type:四川:雅安,龙王山,1938 – 08 – 04,王作宾 8522(holotype,PE);峨眉山,四川大学生物系 50958(paratype,HIB);都江堰,四川中药所 389(paratype,IMC)。

E. strigulosum var. *semitriplinerve* W. T. Wang in 1. c. 53. 1980;et in 1. c. 1995;张秀实等于贵州植物志 4:54. 1989;杨昌煦等,重庆维管植物检索表 153. 2009。Holotype:贵州:赤水,alt. 750m,1959 – 09 – 13,毕节队 1217(PE)。

多年生小草本。茎直立或渐升,高(7 –)12 – 25cm,无毛或有伏毛,不分枝或分枝。叶具短柄或无柄;叶片薄纸质,斜椭圆状卵形或斜椭圆形,长 1.5 – 5.5cm,宽 0.7 – 2.5cm,顶端急尖或渐尖,基部在狭侧钝,在宽侧近耳形,边缘下部或中部之下全缘,其上有小牙齿,上面散生少数糙伏毛或无毛,下面无毛或中脉上有稀疏短毛,半离基三出脉或三出脉,侧脉在叶狭侧约 2 条,在宽侧 3 条,钟乳体不明显或明显,长 0.2 – 0.3mm;叶柄长达 0.8 – 2mm;托叶钻形或狭三角形,长 0.6 – 1.5mm,无毛。花序雌雄同株或异株,单生叶腋。雄头状花序无梗或具细长梗;花序梗长达 1 – 2.2cm,无毛或有疏毛;花序托不明显;

苞片 6 – 12,常 2 枚较大,条状三角形或狭卵形,长 1.5 – 5mm,无突起或背面顶端之下有角状突起和疏柔毛;小苞片狭披针形,长约 0.8mm,顶端有缘毛。雄花:花被片 4 – 5,椭圆形,长 1.2 – 1.5mm,下部合生,背面顶端之下有短突起和短毛;雄蕊 4 – 5。雌头状花序直径 1.8 – 5mm,无梗或具细长梗;花序梗长 2 – 12mm;花序托小或长达 4mm;苞片 8 至约 40 枚,狭卵形或狭三角形,长 0.6 – 2mm,有缘毛;小苞片密集,条形或船状条形,长 0.5 – 1mm,上部有缘毛。雌花:花被片 3,长约 0.3mm 或不存在;子房椭圆体形,长 0.3 – 0.5mm,柱头小,画笔头状。瘦果淡褐色,狭卵球形,长 0.9 – 1mm,有 4 条纵肋,在纵肋之间有瘤状突起。

我国特有种,分布于云南东部、贵州、四川、重庆、湖北西南部、湖南西北部。生于山谷林下或沟边,海拔 670 – 1700m。

标本登录(均存 PE):

云南:镇雄,蔡希陶. 52281;蒙自,刘慎谔 18559;麻栗坡,税玉民等 20874,21318,21435。

贵州:册亨,曹子余 507;都匀,温放 070430D;湄潭,孙少州 242;桐梓,蒋英 5157;正安,刘正宇 20305,20519。

四川:雷波,赵清盛 1279;峨眉山,李策宏,96 – 225;灌县,傅德志 87 – 1277;成都,李维德 5。

重庆:金佛山,刘正宇 1325,1475,3478,金佛山队 2265,2273;奉节,周洪富 26148,周洪富、粟和毅 110860,111445;城口,四川大学 103952。

湖北:利川,傅国勋、张志松 1875;宣恩,李洪钧 888;巴东,周鹤昌 817。

湖南:桑植,天平山,覃海宁、傅德志等 3979,3989。

104. 微序楼梯草　图版 60:G – K

Elatostema microcephalanthum Hayata, Ic. Pl. Formos. 6:59. 1916;王文采于东北林学院植物研究室汇刊 7:43. 1980;并于中国植物志 23(2):237. 1995;Y. P. Yang et al. in Bot. Bull. Acad. Sin. 36(4):266,fig. 4. 1995;et in Fl. Taiwan,2nd ed.,2:211,pl. 105. 1996;Q. Lin et al. in Fl. China 5:141. 2003;W. T. Wang in Fu et al. Paper Collection of W. T. Wang 2:1118. 2012. Isotype:台湾:阿里山,1912 – 01,H. Hayata s. n.(IBSC)。

多年生小草本。茎渐升,高 15 – 30cm,下部触

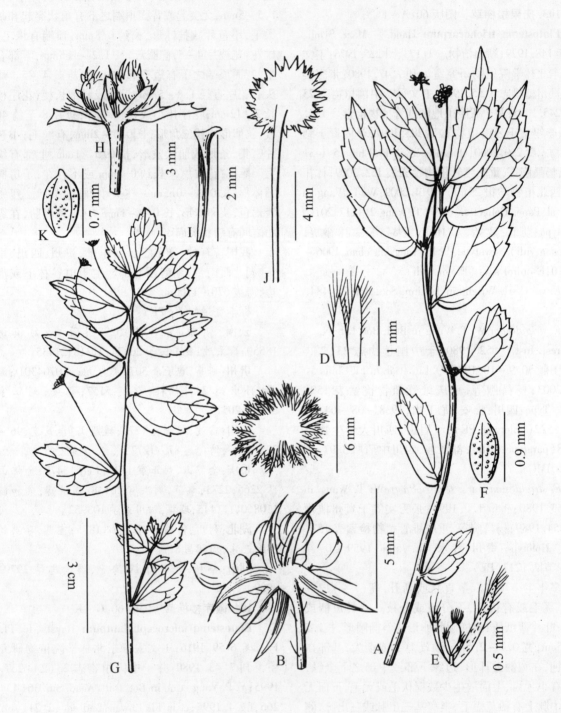

图版 60　A‒F. 疣果楼梯草 *Elatostema trichocarpum* A. 开花茎上部，B. 雄头状花序，(据傅德志 87‒1277) C. 雌头状花序(下面观)，D. 雌苞片，E. 雌小苞片和雌花，(据温放 070430D) F. 瘦果(据周洪富 26148)。G‒K. 微序楼梯草 *E. microcephalanthum* G. 开花茎上部，H. 雄头状花序，I. 雄小苞片，(据高瑞清 852) J. 雌头状花序(下面观)，K. 瘦果。(据 K. Y. Wang 487)

地生根,无毛,分枝。叶具短柄或无柄;叶片薄纸质,斜倒卵形,狭倒卵形或椭圆形,长1.5－6cm,宽0.8－2cm,顶端急尖或渐尖,基部狭侧楔形,宽侧圆形,边缘具小牙齿或牙齿,两面疏被硬毛,半离基三出脉,侧脉2－3对,钟乳体稍密,长约0.3mm;托叶披针形,长1－2mm,淡绿色,有1脉,有短缘毛。雄头状花序单生叶腋;花序梗长1.5－4cm,无毛;花序托不明显;苞片6枚,背面顶端之下有短角状突起,2枚较大,对生,船状条形,长2－3mm,其他4枚较小,长约1.5mm;小苞片船形,长约2mm,背面有1条纵肋,肋顶端突出成短突起。雄花:花被片5,宽椭圆形,长约2mm,背面顶端之下有短突起和疏毛;雄蕊5。雌头状花序单生叶腋;花序梗长达1.7cm,无毛;花序托直径4－6mm,无毛;苞片约20枚,三角形,长约1mm;小苞片条形,长约1mm。雌花:花被片3－4,不等大,狭条形,长0.1－0.2mm;退化雄蕊3－4;子房卵球形,长约0.4mm;柱头画笔头状。瘦果椭圆体形,长约0.7mm,宽0.3－0.4mm,约有5条细

纵肋和瘤状突起。花期6月至翌年1月。

台湾特有种,广布台湾南北各地。生于中海拔山谷林中,海拔500－1100m。

标本登录:

台湾:宜兰,alt.500m,高瑞卿852(HAST);台北,Kuang－Yuh Wang 487(HAST),吴增源,刘杰等2012486(PE)。

系23.浅齿楼梯草系

Ser. **Crenata** W. T. Wang in Bull. Bot. Lab. N. - E. Forest. Inst. 7:58. 1980;于中国植物志23(2):255.1995;et in Fu et al. Paper Collection 2:1118. 2012. Type:*E. crenatum* W. T. Wang.

多年生草本,稀亚灌木。叶具羽状脉。雄、雌头状花序无梗或具短梗;雄花序托不明显,雌花序托明显,盘状。瘦果具纵肋。

我国有18种,均为狭域分布种,分别特产于云南、贵州、广西和台湾。

1.叶具3－7对侧脉。

  2.植株干后变黑色;叶片长达3.8cm,有3－4对侧脉;雄总苞的苞片4枚,在背面顶端之下具角状突起 ……………………………… 114.四苞楼梯草 E. quadribracteatum

  2.植株干后不变黑色。

    3.托叶长1－1.3mm;雄总苞的苞片6枚,排成2层,外层2枚在背面顶端之下具短角状突起,内层4枚顶端细尾状 ……………………………… 115.薄苞楼梯草 E. tenuibracteatum

    3.托叶较大,长2－8mm。

      4.雌苞片不具角状突起。

        5.叶片有毛。

          6.叶片和雌苞片密被柔毛;雌总苞具约40枚条形苞片;瘦果有12条纵肋 …… 109.柔毛楼梯草 E. villosum

          6.叶片有疏毛;雌总苞有6－14枚苞片;瘦果有4－8条纵肋。

            7.茎无毛;雌总苞有6枚苞片 ……… 105a.圆序楼梯草 E. gyrocephalum var. gyrocephalum

            7.茎被短柔毛。

              8.雌总苞的苞片6枚;雌小苞片一型,呈狭卵形,无突起,有少数钟乳体 …………………………………… 105b.毛茎圆序楼梯草 E. gyrocephalum var. pubicaule

              8.雌总苞的苞片14枚;雌小苞片二型,或平,三角形,无突起,或船形,在背面顶端之下具短角状突起,无钟乳体 …………… 106.二形苞楼梯草 E. biformibracteolatum

        5.叶片无毛。

          9.茎高20－26cm;雌总苞的苞片10枚,条状披针形,顶端有缘毛,不半透明,无条纹 ……………………………… 107.平脉楼梯草 E. planinerve

          9.茎高10－13.5cm;雌总苞的苞片5枚,狭卵形,无毛,半透明,有2－3条黑色纵条纹 ……………………………… 108.黑纹楼梯草 E. atrostriatum

      4.雌总苞的苞片20－30枚,其中部分苞片无任何突起,部分苞片顶端具角状突起 ……………………………… 113.碧江楼梯草 E. bijiangense

        10.茎顶部被短柔毛;雌总苞的苞片约20枚,只1枚具角状突起 …… 113a.模式变种 var. bijiangense

        10.茎自基部到顶部被短硬毛;雌总苞的苞片约30枚,其中8枚较大苞片具角状突起 ……………………………… 113b.维西楼梯草 var. weixiense

1.叶具7－10对侧脉。

11. 托叶小,长1.5-2.3mm,有短缘毛;雄、雌苞片均无角状突起;瘦果具12条纵肋 ·············
··· 110. 尖齿楼梯草 **E. acuteserratum**

11. 托叶较大,长达12-17mm,无毛。

  12. 叶无钟乳体;雌花序梗顶端有1枚苞片 ············ 112. 绿白脉楼梯草 **E. pallidinerve**

  12. 叶具密集钟乳体。

    13. 植株干后变为黑色 ························· 116. 光苞楼梯草 **E. glabribracteum**

    13. 植株干后不变黑色。

      14. 叶顶端长渐尖,边缘具小牙齿,钟乳体长0.05-0.1mm;托叶白色,长14-17mm,宽3-4mm;雌花序梗顶端
有1枚苞片 ······························· 111. 白托叶楼梯草 **E. albistipulum**

      14. 叶顶端渐尖,边缘具浅钝齿,钟乳体大,长0.5-1mm;托叶绿色,长10-12mm,宽1mm;雌花序梗无苞片
·· 117. 浅齿楼梯草 **E. crenatum**

105. 圆序楼梯草

Elatostema gyrocephalum W. T. Wang & Y. G. Wei in Guihaia 27(6):812,fig. 1:A - D. 2007;W. T. Wang in Fu et al. Paper Collection of W. T. Wang 2:1119. 2012. Type:广西:东兰,下勇,2007 - 04 - 24,韦毅刚07101(holotype,PE;isotype,IBK)。

105a. var. **gyrocephalum** 图版61:A - D

多年生草本。茎约3条丛生,高14-30cm,基部粗2-4mm,无毛,有4-8条浅纵沟,不分枝或有1分枝。叶具短柄;叶片纸质,斜椭圆形或长圆形,长4.5-12.8cm,宽2.5-6cm,顶端渐尖或短尾状,基部斜楔形或宽侧圆形,边缘具浅钝齿,上面疏被糙伏毛,下面在中脉和侧脉上被短糙伏毛(毛长约0.12mm),羽状脉,侧脉4-6对,钟乳体稍密,杆状,长约0.1mm;叶柄长2-5mm,近无毛;托叶条状披针形或条形,长约3mm,宽0.4-0.8mm,无毛。雄头状花序未见。雌头状花序成对腋生,近圆形,直径2-4mm,无梗;花序托近圆形,直径2-3.8mm,4浅裂,无毛;苞片数个,三角形,长约0.5mm,被缘毛;小苞片密集,膜质,半透明,白色,条形或狭条形,长约0.7mm,宽0.1-0.25mm,无毛或顶端被短柔毛。瘦果暗紫色,近长圆形,长约0.7mm,有不明显7条细纵肋。果期4月。

特产广西东兰。生于石灰岩山的山洞中阴湿处。

105b. 毛茎圆序楼梯草(变种)

var. **pubicaule** W. T. Wang & Y. G. Wei in Guihaia 29(2):144. 2009;W. T. Wang in Fu et al. Paper Collection of W. T. Wang 2:1119. 2012. Type:广西:河池,老河池,2008 - 04 - 25,韦毅刚,温放5(holotype,PE;isotype,IBK)。

本变种与模式变种的区别在于:茎被短柔毛(毛长0.2mm);雌花序托不分裂;雌苞片中部黑色;雌小苞片狭卵形,暗褐色,不半透明,有少数钟乳体。

特产广西河池。生于石灰岩山中阴湿处。

106. 二形苞楼梯草 图版61:E - H

Elatostema biformibracteolatum W. T. Wang, sp. nov;W. T. Wang et al. in Fu et al. Paper Collection of W. T. Wang 2:1119,fig. 22:E - H. 2012,nom. nud. Holotype:广西(Guangxi):河池(Hechi),老河池(Laohechi)2012 - 03 - 22,韦毅刚,温放(Y. G. Wei & F. Wen)5(PE)。

Species nova haec est affinis *E. gyrocephalo* W. T. Wang & Y. G. Wei,quod involucro pistillato ex bracteis 6 apice haud cuspidatis constante,bracteolis pistillatis uniforimibus linearibus vel ovatis nec striatis nec corniculatis differt.

Small perennial herbs. Stems 12 - 20 cm tall,below 1. 2 - 2 mm thick,near apex puberulous (with spreading hairs 0. 1 mm long),simple,5 - 7 - leaved. Leaves shortly petiolate or subsessile;blades papery,obliquely elliptic,rarely obliquely obovate,3 - 11 cm long,1. 2 - 4. 8 cm broad,apex acuminate,base obliquely broadly cuneate,margin dentate or denticulate;surfaces adaxially sparsely strigose,quickly glabrescent,abaxially on midrib and lateral nerves puberulous;venation pinnate,with ca. 6 pairs of lateral nerves;cystoliths slightly dense,bacilliform,0. 1 - 0. 25 mm long;petioles up to 3 mm long;stipules narrow - linear or subulate,3 - 4 mm long,0. 2 - 0. 3 mm broad,glabrous. Staminate capitula unknown. Pistillate capitula in pairs axillary,2 - 3 mm in diam,sessile;receptacle broadly elliptic,ca. 1 mm long,0. 6 mm broad,glabrous;bracts ca. 14,2 - seriate,triangular,0. 5 - 0. 8 mm long,0. 4 - 0. 5 mm broad,puberulous,a few bracts with cuspidate apexes;bracteoles dense,membranous,semi - hyaline,white,most bracteoles triangular or narrow - triangular,0. 6 - 0. 9 mm long,0. 5 - 0. 7 mm broad,longitudinally dark

– brown – striate, above pilose, a few bracteoles linear – navicular, ca. 0.8 mm long, abaxially below apex shortly corniculate. Pistillate flower shortly pedicellate: tepals wanting; ovary ellipsoidal, ca. 0.2 mm long, stigma small, subglobose, ca. 0.1 mm in diam.

多年生小草本。茎高 12 – 20cm, 中部之下粗 1.2 – 2mm, 顶端被长 0.1mm 开展短柔毛, 其他部分无毛, 不分枝, 有 5 – 7 叶。叶具短柄或近无柄; 叶片纸质, 斜椭圆形, 有时斜倒卵形, 长 3 – 11cm, 宽 1.2 – 4.8cm, 顶端渐尖, 基部斜宽楔形, 边缘具牙齿或小牙齿, 上面有极疏糙伏毛, 很快变无毛, 下面在中脉及侧脉上被短柔毛 (毛长 0.1 – 0.3mm), 羽状脉, 侧脉约 6 对, 上面平, 下面稍隆起, 钟乳体稍密, 杆状, 长 0.1 – 0.25mm; 叶柄长达 3mm; 托叶狭条形或钻形, 长 3 – 4mm, 宽 0.2 – 0.3mm, 无毛。雄头状花序未见。雌头状花序成对腋生, 直径 2 – 3mm, 无梗; 花序托宽椭圆形, 长约 1mm, 宽 0.6mm, 无毛; 苞片约 14, 排成 2 层, 三角形, 长 0.5 – 0.8mm, 宽 0.4 – 0.5mm, 被短柔毛, 少数苞片顶端骤尖; 小苞片密集, 膜质, 半透明, 白色, 多数呈三角形或狭三角形, 长 0.6 – 0.9mm, 宽 0.25 – 0.7mm, 上部被疏柔毛, 有暗褐色纵条纹, 少数小苞片条状船形, 长约 0.8mm, 背面顶端之下具长 0.25mm 的短角状突起。雌花具短梗: 花被片不存在; 雌蕊长约 0.3mm, 子房椭圆体形, 长 0.2mm, 柱头近球形, 直径 0.1mm。花期 3 月。

特产广西河池。生于石灰岩山中阴湿处。

107. 平脉楼梯草　图版 62: A – C

Elatostema planinerve W. T. Wang & Y. G. Wei in Nordic J. Bot. 30: 1, fig. 1. 2012; W. T. Wang et al. in Fu et al. Paper Collection of W. T. Wang 2: 1119, fig. 17: A – C. 2012, nom. nud. Type: 贵州: 兴义, 2010 – 03 – 31, 温放 1066 (holotype, PE; isotype, IBK), 1027, 1028 (paratypes, IBK).

多年生草本。茎高 20 – 26cm, 基部之上粗 1.8 – 2.5mm, 无毛, 不分枝, 有 7 – 11 叶。叶无柄或近无柄, 无毛; 叶片薄纸质, 斜狭倒卵状长圆形或斜长圆形, 稀椭圆形, 长 (0.6 –) 1.2 – 12cm, 宽 0.6 – 3mm, 顶端长渐尖或渐尖, 稀急尖, 基部斜楔形, 边缘有小钝齿, 羽状脉, 侧脉 4 – 7 对, 两面平或下面稍隆起, 种乳体密, 杆状, 长 0.05 – 0.2mm; 托叶狭条形, 长约 2mm, 长 0.15 – 0.3mm。雄头状花序未见。雌头状花序成对腋生, 直径约 3mm, 无梗; 花序托小, 直径近 1mm; 苞片约 10, 条状披针形, 长 0.7 – 1mm, 宽 0.5mm, 顶端急尖, 被缘毛; 小苞片密, 膜质, 半透

明, 条状披针形, 长约 0.5mm, 宽 0.15mm, 中部之上疏被缘毛, 淡绿色, 有 1 条绿色中脉。雌花具短梗: 花被片不存在; 雌蕊长约 0.3mm, 子房狭椭圆体形, 长约 0.28mm, 柱头画笔头状, 毛辐状开层, 长 0.2 – 0.3mm。花期 3 月。

特产贵州黄平。生于石灰岩山山洞阴湿处。

108. 黑纹楼梯草　图版 62: D – G

Elatostema atrostriatum W. T. Wang & Y. G. Wei in Bangladesh J. Pl. Taxon 20 (1): 1, fig. 1. 2013; W. T. Wang et al in Fu et al. Paper Collection of W. T. Wang 2: 1119, fig. 18. 2012, nom. nud. Type: 广西: 凌云, 加尤, 2009 – 03 – 23, 韦毅刚 103 (holotype, PE; isotype, IBK).

多年生小草本。茎约 3 条丛生, 高 10 – 13.5cm, 基部粗 1 – 2mm, 无毛, 不分枝, 有 5 – 10 叶。叶具短柄, 无毛; 叶片薄纸质, 斜狭倒卵形或斜长椭圆形, 长 2.8 – 10.5cm, 宽 1 – 3.4cm, 顶端渐尖或急尖, 基部斜楔形, 边缘下部全缘, 上部具浅钝齿, 羽状脉, 侧脉在叶狭侧 3 – 6 条, 在宽侧 4 – 6 条, 两面平, 钟乳体明显或不明显, 密集, 杆状, 长 0.1 – 0.25mm; 叶柄长 1 – 4mm; 托叶钻形, 长 1 – 7mm, 宽 0.1 – 0.3mm。雄头状花序未见。雌头状花序 1 – 3 腋生, 直径 1 – 2mm, 无梗; 花序托不明显; 苞片约 5, 膜质, 半透明, 狭卵形或条形, 长 0.8 – 1mm, 宽 0.15 – 0.4mm, 无毛, 具 2 – 3 条黑褐色纵条纹; 小苞片密, 膜质, 半透明, 狭披针状条形, 长 0.6 – 1mm, 无毛, 具 1 条黑褐色条纹。雌花具短梗: 花被片不存在; 雌蕊长约 0.7mm, 子房狭椭圆体形, 长 0.4mm, 柱头画笔头状, 长 0.3mm。花期 3 月。

特产广西凌云。生于石灰岩山山洞阴湿处。

109. 柔毛楼梯草

Elatostema villosum Shih & Yang in Bot. Bull. Acad. Sin. 36 (4): 277, fig. 10. 1995; Y. P. Yang et al. in Fl. Taiwan, 2nd ed. , 2: 221, pl. 111, photo 89. 1996; Q. Lin et al. in Fl. China 5: 148. 2003; W. T. Wang in Fu et al. Paper Collection of W. T. Wang 2: 1119. 2012. Holotype: 台湾: 台东, 兰屿, 施炳霖 2808 (NSY-SU, non vidi).

多年生小草本。茎数条丛生, 直立或渐升, 高 7 – 15cm, 有时可长达 45cm, 密被柔毛, 分枝或不分枝。叶无柄或近无柄; 叶片纸质, 斜狭倒卵形、倒披针形或倒卵形, 长 2 – 6cm, 宽 0.7 – 2.2cm, 顶端急尖或短渐尖, 基部斜楔形或宽侧圆形, 边缘有小牙齿或锯齿, 下面密被柔毛, 羽状脉, 侧脉在叶狭侧 3 – 5 条, 在宽侧 4 – 6 条, 钟乳体密集, 长 0.2 – 0.3mm; 托

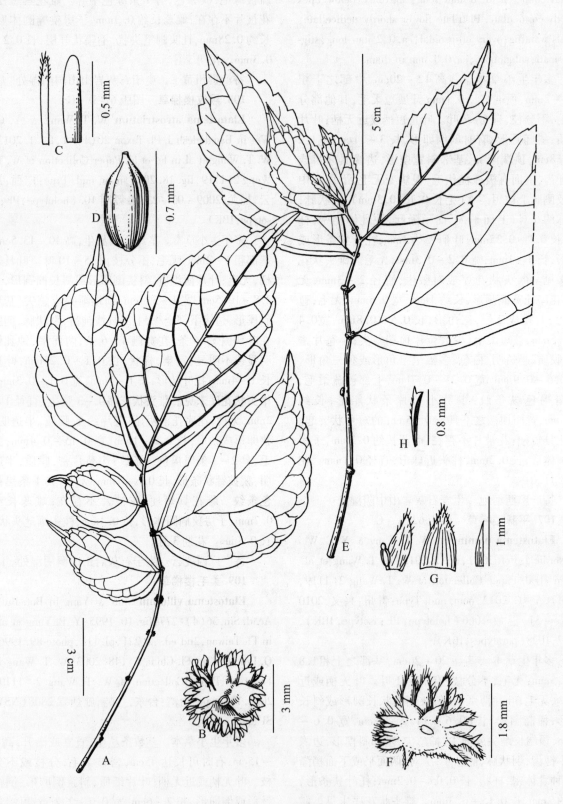

图版 61 A–D. 圆序楼梯草 *Elatostema gyrocephalum* var. *gyrocephalum* A. 结果的茎上部, B. 果序(下面观), C. 雌小苞片, D. 瘦果。(自 Wang & Wei, 2007) E–H. 二形苞楼梯草 *E. biformibracteolatum* E. 开花茎, F. 雌头状花序(下面观), G. 雌小苞片和雌花, H. 另一船形雌小苞片。(据 holotype)

图版 62　A – C. 平脉楼梯草 *Elatostema planinerve* A. 开花茎上部, B. 雌头状花序(下面观), C. 雌小苞片和雌花。(据韦毅刚, 温放 1066) D – G. 黑纹楼梯草 *E. atrostriatum* D. 植株全形, E. 雌头状花序(下面观), F. 雌苞片, G. 雌小苞片和 2 雌花。(据韦毅刚 103)

叶狭三角形,长 3 - 5.5mm,淡绿色,背面被短糙毛。雄头状花序未见。雌头状花序单生叶腋,无梗或近无梗;花序托近方形,长及宽约 4.5mm,密被短柔毛;苞片约 40,狭披针状条形,长约 2mm,密被短柔毛;小苞片半透明,狭披针形,长约 0.6mm,宽 0.2mm,被缘毛,背面被短柔毛。雌花:花被片极小,狭条形;退化雄蕊 3 或 4,小;子房卵球形。瘦果卵球形,长约 0.6mm,宽 0.3mm,有约 12 条细纵肋。

台湾南部特有种,见于嘉义、高雄、台东等地。生于低、中海拔山地,海拔 400 - 1100m。

标本登录:

台湾:嘉义,alt. 400 - 500m,Wen - Pen Leu 1625(HAST);高雄,梅山口,alt. 1100m,彭镜毅 18101(HAST)。

110. 台湾楼梯草

Elatostema acuteserratum Shih & Yang in Bull. Bot. Acad. Sin. 36(4):260,fig. 1. 1995;Y. P. Yang et al. in Fl Taiwan,2nd ed,2:206,pl. 102. 1996;Q. Lin et al. in Fl. China 5:147. 2003;W. T. Wang in Fu et al. Paper Collection of W. T. Wang 2:1119. 2012. Type:台湾:台东,兰屿,1994 - 09 - 17,施炳霖 3187(holotype,NSYSU,non vidi;isotype,HAST)。

多年生草本。茎高达 80cm,无毛,不分枝或有少数分枝,有密集的小钟乳体。叶具短柄或无柄;叶片薄纸质,斜长椭圆形,长 9 - 18cm,宽 3 - 5cm,顶端长渐尖或渐尖(尖头边缘有(1 -)2 - 5(- 6)小齿),基部斜楔形,边缘有小齿或牙齿,两面近无毛,羽状脉,侧脉 7 - 9 对,钟乳体小;叶柄长 3mm 以下;托叶三角形,长 1.5 - 2.3mm,有 1 脉,有短缘毛。花序雌雄同株或异株。雄头状花序近无梗;花序托不明显;苞片 2 层,外层 2 枚对生,卵形,长约 4mm,基部合生,内层苞片约 14 枚,较小,卵状长圆形,长约 4.5mm,背面上部常有 1 条纵肋;小苞片浅船形,长约 0.7mm,上部有缘毛。雄花:花梗长 2.4mm,无毛;花被片 5,狭倒卵形,长约 2mm,下部合生,背面顶端之下有角状突起,上部被短柔毛;雄蕊 5。雌头状花序与雄头状花序相似;花序梗不存在;花序托不明显;苞片 2 层,背面被短柔毛,外层 2 枚对生,卵形,长约 2.4mm,基部合生,内层 5 枚,较小,三角形;小苞片条形,长约 1mm,被柔毛。雌花具短梗:花被片 4,宽三角形,长不到 0.1mm;子房椭圆体形,长 0.4mm,柱头画笔头状,长 0.45mm。瘦果长椭圆体形,长约 0.75mm,宽 0.28mm,有 12 条细纵肋。花期春季和秋季。

特产台湾兰屿岛。生于山谷林中阴湿处。

111. 白托叶楼梯草　图版 63:A - C

Elatostema albistipulum W. T. Wang in Guihaia 32(4):429,fig. 2:A - C. 2012. Holotype:云南:马关,古林箐,老房子,2002 - 10 - 11,税玉民、陈文红、盛家舒 31199(PE)。

多年生草本,茎高约 40cm,近基部粗约 5mm,无毛,不分枝,有 4 条浅纵沟。叶具短柄或无柄,无毛;叶片纸质,斜倒披针形或斜狭椭圆形,长 7 - 13cm,宽 2.2 - 3.5cm,顶端长渐尖(渐尖头下部边缘具少数小齿),基部斜楔形,边缘在叶狭侧下部全缘,在其上部和叶宽侧具小牙齿,羽状脉,侧脉 7 - 10 对,钟乳体不明显,稍密集,短杆状或点状,长 0.05 - 0.1mm;叶柄长 0 - 2mm;托叶膜质,白色,条状披针形,长 14 - 17mm,宽 3 - 4mm,无毛,有 1 脉。雄头状花序未见。雌头状花序单生叶腋,直径约 3mm;花序梗粗壮,长 0.3mm,无毛,顶端有 1 苞片(苞片膜质,白色,宽三角形,长约 1mm,宽 0.8mm,疏被短缘毛);花序托直径约 1mm,无毛;苞片约 20,狭三角形或近条形,长 0.8 - 1mm,宽 0.2 - 0.4mm,疏被短缘毛;小苞片密集,膜质,淡绿色,条形,长 0.6 - 1.2mm,无毛。雌花:花梗长 0.3mm,无毛;花被片 3,狭条形,长 0.3mm,无毛;子房椭圆体形,长 0.4mm;柱头画笔头状,长 0.25 mm。花期 10 月。

特产云南马关。生于石灰岩山常绿阔叶林中。

112. 绿白脉楼梯草　图版 63:D - F

Elatostema pallidinerve W. T. Wang, sp. nov. Holotype:云南(Yunnan):麻栗坡(Malipo),下金厂(Xiajinchang),火烧梁子(Huoshaoliangzi),alt, 1700m,1998 - 10 - 16,王印政,彭华等(Y. Z. Wang, H. Peng et al)4062(PE)。

Ob foliorum nervos laterales 9-10-jugos,pedunculos pistillatos apice 1-bracteatos et bracteas pistillatas projecturis ullis carentes species nova haec *E. albistipulo* W. T. Wang arcte affinis est,a quo foliis cystolithis carentibus, stipulis viridulis minoribus angustioribus,involucro pistillato ex bracteis pluribus ca. 40 2-seriatis constante, bracteolis pistillatis apice dense ciliatis differt.

Perennial herbs. Stems ca . 58 cm tall, near base ca. 5 mm thick, glabrous, simple, below longitudinally shallowly 6 - sulcate. Leaves shortly petiolate or sessile, glabrous; blades chartaceous, obliquely oblong or oblanceolate,7 - 16cm long,1. 5 - 4cm broad, apex acuminate or cuspidate(cusps entire), base cuneate or broad - cuneate,margin crenate;venation pinnate,with 9 - 10 pairs of lateral nerves which are prominent abaxially

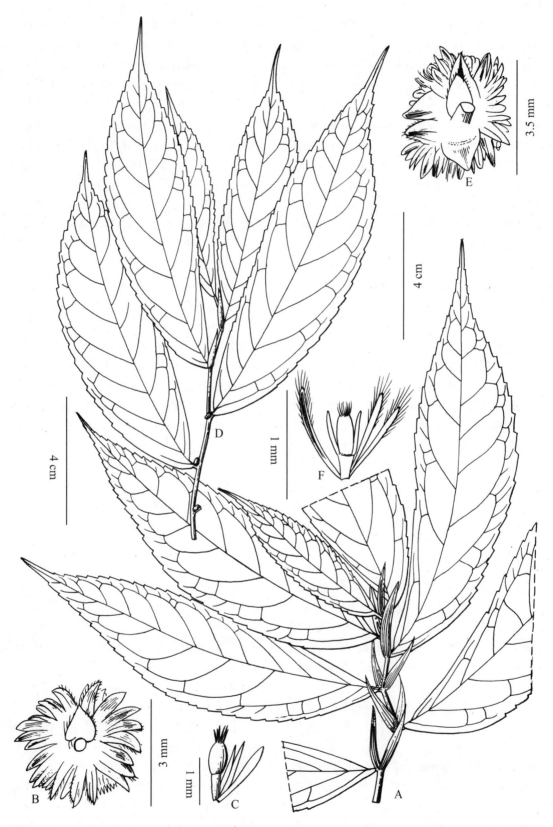

图版 63 A－C. 白托叶楼梯草 *Elatostema albistipulum* A. 开花茎顶部,B. 雌头状花序(下面观),C. 雌小苞片和雌花。(自 Wang, 2012) D－F. 绿白脉楼梯草 *E. pallidinerve* D. 开花茎上部,E. 雌头状花序(下面观),F. 雌小苞片和雌花。(据 holotype)

and greenish – white in colour; cystoliths wanting; petioles 0-3mm long; stipules greenish, linear-lanceolate, 12. 5 – 14mm long, 2mm broad, 1-nerved. Staminate capitula unknown. Pistillate capitula in pair, one growing in leaf axil, and the other one extra-axillary; peduncle ca. 0. 5mm long, glabrous, apex 1-bracteate, with bract white, membranous, deltoid, 1mm long and broad, subglabrous; receptacle ca . 1mm in diam, glabrous; bracts ca. 40, 2-seriate, glabrous, green and with white margins, outer bracts 4, triangular or broad-triangular, 0. 8 – 1mm long, 0. 8 – 2mm broad, inner bracts ca. 36, smaller, narrow-triangular or linear-triangular, 0. 8 – 1mm long, 0. 3mm broad; bracteoles dense, semi-hyaline, linear, 0. 6 – 0. 8mm long, apex densely long ciliate. Pistillate flower shortly pedicellate: tepals 2, narrow-linear, ca. 0. 3mm long, glabrous; ovary narrow-ovoid, ca. 0. 3mm long; stigma penicillate, 0. 1 mm long.

多年生草本。茎高约58cm，近基部粗5mm，无毛，不分枝，下部有6条浅纵沟。叶有短柄或无柄，无毛；叶片坚纸质，斜长圆形或倒披针形，长7-16cm，宽1.5-4cm，顶端渐尖或骤尖（尖头全缘），基部楔形或宽楔形，边缘具浅钝齿，叶脉羽状，侧脉7-9对，下部隆起，呈绿白色，钟乳体不存在；叶柄长0-3mm；托叶浅绿色，条状披针形，长12.5-14mm，宽2mm，有1条脉。雄头状花序未见。雌头状花序成对，一个生于叶腋，另一个腋外生；花序梗长约0.5mm，无毛，顶端有一苞片（苞片白色，膜质，正三角形，长和宽均1mm，近无毛）；花序托直径约1mm，无毛；苞片约40，排成2层，无毛，绿色，边缘白色，外层苞片4枚，三角形或宽三角形，长0.8-1mm，宽0.8-2mm，内层苞片约36枚，较小，狭三角形或条状三角形，长0.8-1mm，宽0.3mm；小苞片密集，半透明，条形，长0.6-0.8mm，顶端密被长缘毛。雌花具短梗：花被片2，狭条形，长约0.3mm，无毛；子房狭卵球形，长0.3mm；柱头画笔头状，长0.1mm。花期10月。

特产云南麻栗坡。生于山谷阴湿处，海拔1700m。

113. 碧江楼梯草

Elatostema bijiangense W. T. Wang in Bull. Bot. Res. Harbin 2(1):9, pl. 2:1. 1982;于横断山区维管植物1:328. 1993;并于中国植物志23(2):258. 图版59:1. 1995;李锡文于云南植物志7:286. 1997;W. T. Wang in Fu et al. Paper Collection of W. T. Wang 2:1121. 2012. Type:云南:碧江, alt. 3200m, 1934 – 09 –

11，蔡希陶58492（holotype, IBSC；isotype, KUN）。

E. involucratum auct. non Franch. & Sav. :Q. Lin & L. D. Duan in Acta Phytotax. Sin. 40(5):444. 2002. p. p. quoad syn. *E. bijiangense* W. T. Wang et ejus nominis holotypum;Q. Lin et al. in Fl. China 5:147. 2003, p. p. quoad syn. *E. bijiangense* W. T. Wang.

113a. var. **bijiangense**　　图版64:A – D

多年生草本。茎高约35cm，顶部疏被短柔毛，其他部分无毛，不分枝，有密集的钟乳体。叶具短柄；叶片薄纸质，斜狭长圆形，长7-16cm，宽1.8-5cm，顶端骤尖（尖头全缘），基部斜侧楔形，宽侧圆形，边缘有牙齿，上面有极疏糙伏毛，下面脉上被短柔毛，羽状脉，侧脉约5对，钟乳体明显，密集，长0.1-0.3mm；叶柄长1-2mm；托叶膜质，披针形，长约8mm。雄头状花序未见。雌头状花序单生叶腋具短梗；花序梗扁平，倒梯形，长约1.2mm，顶端宽1.1mm，基部宽0.5mm，无毛；花序托近椭圆形，长约5mm，宽4mm，在中部2浅裂，近边缘疏被短柔毛；苞片约20，膜质，白色，狭三角形，稀三角形，长0.6-1.4mm，宽0.1-0.4mm，被缘毛，顶端尖锐，稀细尾状或在顶端之下有1角状突起；小苞片密集，半透明，白色，斜倒披针形，长0.6-1.2mm，上部密被缘毛。瘦果淡褐色，椭圆体形或卵球形，长约0.6mm，有6-8条纵助。果期9月。

特产云南碧江。生于山谷阴湿处，海拔3200m。

113b. 维西楼梯草（变种）　　图版64:E – H

var. **weixiense** W. T. Wang in Pl. Divers. Resour. 34(2):137, fig. 1:E – H. 2012. Holotype:云南:维西，白济汛，西宕瓦，alt. 1800m, 1981 – 07 – 09，植物所横断山队1209(PE)。

本变种与碧江楼梯草的区别：茎自基部到顶端被短硬毛；雌头状花序无梗，花序托近方形，长和宽均为8mm，苞片约30，白色，在中央有1绿色宽条纹，不等大，8枚较大，宽卵形，长约0.8mm，宽1.5mm，顶端有长0.8-1mm的角状突起，其他22枚较小，三角形，长约0.8mm，宽0.4-0.5mm，顶端急尖或有小尖头。

特产云南维西。生于澜沧江江岸灌丛边草地阴湿处，海拔1800m。

114. 四苞楼梯草　　图版65:A – E

Elatostema quadribracteatum W. T. Wang, sp. nov.；W. T. Wang et al in Fu et al. Paper Collection of W. T. Wang 2:1121, fig. 19. 2012, nom. nud. Type:广西(Guangxi):河池(Hechi), 2010 – 05 – 07, Y. G. Wei & A. K. Monro AM6636（holotype, PE；isotype, IBK）。

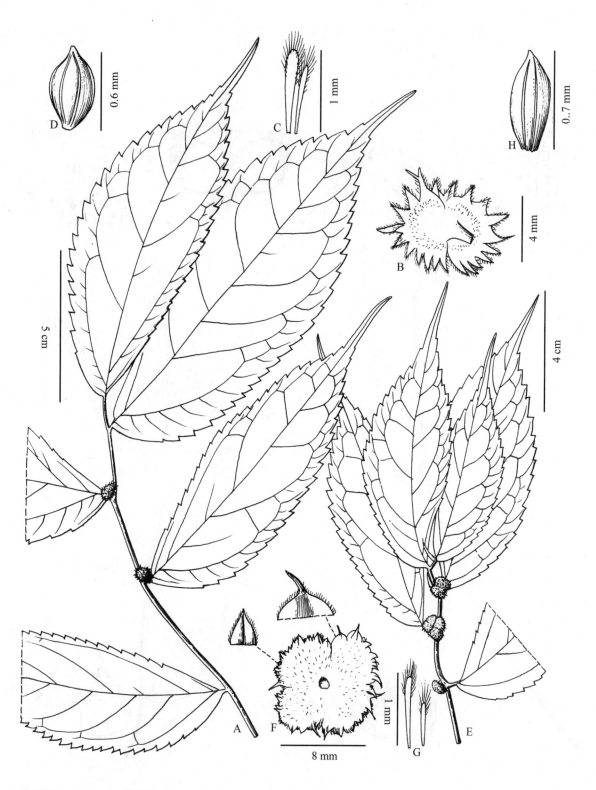

图版 64 A – D. 碧江楼梯草 *Elatostema bijiangense* var. *bijiangense* A. 雌茎上部，B. 雌头状花序（下面观），C. 雌小苞片，D. 瘦果，（据 holotype）E – H. 维西楼梯草 *E. bijiangense* var. *weixiense* E. 雌茎顶部，F. 雌头状花序（下面观），G. 雌小苞片，H. 瘦果。（据 holotype）

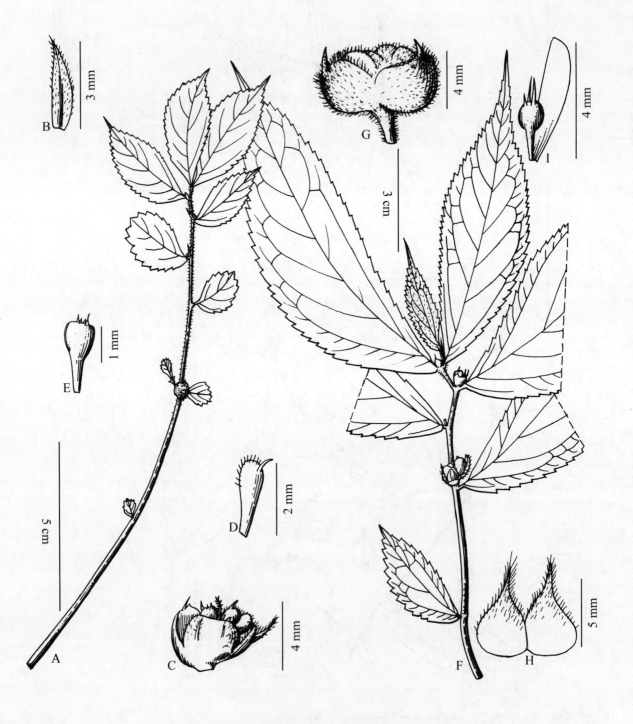

图版 65 A–E. 四苞楼梯草 *Elatostema quadribracteatum* A. 植株全形,B. 托叶,C. 雄头状花序,D. 雄小苞片,E. 雄花蕾。(据 holotype) F–I. 薄苞楼梯草 *E. tenuibracteatum* F. 开花茎上部,G. 雄头状花序,H. 雄总苞内层 2 苞片,I. 雄小苞片和雄花蕾。(据 holotype)

Species nova haec est affinis *E. tenuibracteato* W. T. Wang, a quo plantis totis siccitate nigriscentibus, caulibus hirtellis, follis minoribus, capitulis staminatis sessilibus, bracteis staminatis 4 1-seriatis, bracteolis staminatis dorso sub apice breviter corniculatis differt.

Small perennial herbs, turning black when drying. Stems ca. 15cm tall, near base 2 mm across, hirtellous, below shortly 2 – branched. Leaves shortly petiolate or sessile; blades papery, obliquely elliptic, those of lower cauline leaves small, obovate, 0.7 – 3.8cm long, 0.5 – 2cm broad, apex acuminate, acute or obtuse, base obliquely cuneate or at leaf broad side rounded, margin denticulate or crenulate; surfaces adaxially sparsely strigose, abaxially on nerves hirtellous; venation penninerved, with 4 – 6 pairs of lateral nerves; cystoliths inconspicuous, sparse, bacilliform, 0.1 – 0.3mm long; petioles up to 1mm long, hirtellous; stipules membranous, semi – hyaline, obliquely lanceolate, ca. 3mm long, 1mm broad, shortly striate along midrib, ciliolate. Staminate capitula singly axillary, ca. 4 mm in diam., sessile; receptacles inconspicuous; bracts 4, 2 larger, subquadrate, 2mm long and broad, abaxially sparsely puberulous and longitudinally 2 – ribbed, with one ribs'apex extending into a horn – like projection, ciliate, 2 smaller, obovate, ca. 2 mm long, 1.5mm broad, abaxially below apex corniculate, ciliate; bracteoles membranous, semi – hyaline, obovate-linear, ca. 2 mm long, 0.6 mm broad, abaxially below apex shortly corniculate, near apex ciliate. Staminate flower buds turbinate – obovid, ca. 1mm long, glabrous, apex shortly 4 – corniculate. Pistillate capitula unknown.

多年生小草本，全体干后变黑色。茎高约 15cm，基部之上粗约 2mm，中部粗 0.8mm，被短硬毛，下部有 2 条短分枝。叶具短柄或无柄；叶片纸质，斜椭圆形，茎下部叶的叶片小，倒卵形，长 0.7 – 3.8cm，宽 0.5 – 2cm，顶端渐尖、急尖或钝，基部斜楔形或宽侧圆形，边缘具小牙齿或小钝齿，上面疏被糙伏毛，下面脉上被短梗毛，羽状脉，侧脉 4 – 6 对，上面平，下面稍隆起，钟乳体不明显，稀疏，杆状，长 0.1 – 0.3mm；叶柄长达 1mm，被短硬毛；托叶膜质，半透明，斜披针形，长约 3mm，宽 1mm，沿中脉有短条纹，被短缘毛。雄头状花序单生叶腋，直径约 4mm，无梗；花序托不明显；苞片 4，2 较大，近方形，长及宽均 2mm，背面疏被短柔毛，被缘毛，有 2 条纵肋，其中 1 纵肋顶端突出成角状突起，另 2 枚较小，倒卵形，长约 2mm，宽 1.5mm，背面顶端之下长 1.2 – 2mm 的

角状突起，被缘毛；小苞片膜质，半透明，倒卵状条形，长约 2mm，宽 0.6mm，背面顶端之下具短角状突起，顶端被短缘毛。雄花蕾具短梗，陀螺状倒卵球形，长约 1mm，无毛，顶端具 4 个短角状突起。雌头状花序未见。花期 5 月。

特产广西河池。生于石灰岩山中阴湿处。

115. 薄苞楼梯草　图版 65：F – I

Elatostema tenuibracteatum W. T. Wang in J. Syst. Evol. 50(5)：574，fig. 2：A – D. 2012. Holotype：云南：富宁，Ban – loun，alt. 700m，1940 – 04 – 11，王启无 88328(PE)。

多年生草本。茎高约 20cm，粗约 2.5mm，全长被长柔毛(毛白色，长 0.5 – 2mm，多数开展，少数反曲)，不分枝，约有 9 叶。叶具短柄或无柄；叶片纸质，斜长椭圆形、长圆形或椭圆形，长(1 – 3 –)5.5 – 10.5cm，宽(0.5 – 1.5 –)2.5 – 3.5cm，顶端长渐尖或渐尖，基部斜楔形或宽侧圆形或近耳形，边缘有密牙齿，上面疏被糙伏毛，下面在脉上被长柔毛，羽状脉，侧脉 4 – 6 对，两面平；钟乳体明显或不明显，密，杆状或点状，长 0.1 – 0.15mm；叶柄长达 2mm；托叶狭卵形或条状披针形，长 1 – 1.3mm，宽 0.6 – 0.7mm，上部被贴伏缘毛，白色，中脉绿色。雄头状花序单生叶腋，长达 9mm；花序梗长约 4.5mm，被柔毛；花序托不明显；苞片 6，2 层，外层 2 枚对生，较大，薄纸质，白绿色，半圆形，长约 4mm，宽 7mm，背面被柔毛并在顶端之下有 1 绿色、长 1.5 – 2.2mm 的角状突起，内层 4 枚较小，膜质，白色，正三角状卵形，长约 5mm，宽 4.5mm，顶端细尾状，背面在 1 纵条纹上被柔毛；小苞片半透明，白色，楔状条形，长约 4mm，宽 0.8mm，无毛。雄花蕾具梗，球形，直径约 1mm，顶端有 4 钻形突起。雌头状花序未见。花期 4 月。

特产云南富宁。生于石灰岩山山脚阴湿处，海拔 700m。

116. 光苞楼梯草　图版 66：A – D

Elatostema glabribracteum W. T. Wang in Guihaia 32(4)：428，fig. 1：E – H. 2012. Holotype：云南：马关，古林箐，花鱼洞，2002 – 10 – 17，税玉民，陈文红，盛家舒 30803(PE)。

小亚灌木，干后变为黑色。茎渐升，长约 45cm，近基部粗约 8mm，下部铺地并生根，无毛，不分枝。叶具短柄，无毛；叶片纸质，斜椭圆形或斜倒卵形，长 9 – 16cm，宽 3 – 8.5cm，顶端渐尖(渐尖头全缘)，基部斜楔形，边缘在中部之上浅波状或具浅钝齿，羽状脉，侧脉 9 – 10 对，钟乳体不明显，稍密集，杆状，长 0.1 – 0.5mm；叶柄长 4 – 7mm；托叶狭披针形，长 7

－17mm，宽1.5－2.5mm，无毛。雄头状花序单生叶腋，长约2cm，无梗；花序托小，不明显；苞片6，排成2层，无毛，外层2枚对生，较大，卵形，长约9mm，宽7mm，顶端钝，内层苞片4枚。斜宽卵形，长6－7mm，宽5mm；小苞片密集，淡褐色，半透明，倒披针形或条形，长1.5－3mm，宽0.2－1mm，偶尔倒披针状船形，顶端兜状，并在背面有1小角状突起，无毛。雄花蕾椭圆球形，长约1mm，无毛，顶端有4条短角状突起；花梗长约0.7mm，无毛。雌头状花序未见。花期10月。

特产云南马关。生于石灰岩山雨林下。

117. 浅齿楼梯草 图版66：E－G

Elatostema crenatum W. T. Wang in Bull. Bot. Lab. N. -E. Forest. Inst. 7：58. 1980；并于中国植物志23（2）：255. 1995；李锡文于云南植物志7：285. 1997；Q. Lin et al. in FL. China 5：146. 2003；W. T. Wang in Fu et al. Paper Collection of W. T. Wang 2：1121. 2012. Holotype：云南：河口，马革，alt. 200m，1956－06－08，中苏云南考察队2313（PE）。

亚灌木。茎高30－50cm，不分枝，无毛。叶有短柄，无毛；叶片纸质，斜长圆形，长10.5－18cm，宽4.2－7.5cm，顶端渐尖（尖头边缘有稀疏小齿），基部狭侧楔形，宽侧宽楔形或圆形，边缘下部全缘，其上有浅钝齿，叶脉羽状，侧脉在每侧9－10条，钟乳体明显，稍密，长0.5－1mm；叶柄长4－11mm；托叶宽披针形或狭披针形，长10－12mm。雄头状花序单生叶腋，有短梗，直径15－18mm；花序梗长约1.5mm；花序托不明显；苞片5－6，大，卵形，长5－6mm，顶端有长2－3mm的角状突起，背面中央有1条纵肋，无毛；小苞片约50枚，密集，膜质，半透明，船状条形或匙状条形，长3－5mm，顶端微凹，有1条中脉，无毛，有黑色细条纹。雄花：花梗长约4mm，无毛；花被片5，船状长圆形，长约2mm，下部合生，其中3或4个在外面顶端之下有长0.6－1mm的角状突起，其他的有极短的突起，无毛；雄蕊5；退化雌蕊小，长约0.1mm。雌头状花序未见。花期6月。

特产云南河口。生于低山密林中，海拔200m。

系24. 黑果楼梯草系

Ser. **Melanocarpa** W. T. Wang in J. Syst. Evol. 51（2）：226. 2013. Type：*E. melanocarpum* W. T. Wang.

Ser. *Purpureolineolata* W. T. Wang in l. c. 227, syn. nov. Type：*E. purpureolineolatum* W. T. Wang.

叶具羽状脉。雌头状花序具短梗；花序托小，不明显；总苞具10枚无任何突起的苞片。瘦果黑色，具多数小瘤状突起，或紫色，具多数纵列短线纹和瘤状突起。

1种，特产云南东南部。

118. 黑果楼梯草 图版67：A－D；149：A－D

Elatostema melanocarpum W. T. Wang in J. Syst. Evol. 51（2）：226，fig. 2：D－G. 2013. Holotype：云南：马关，古林箐，吊锅厂大箐，2002－10－14，税玉民，陈文红，盛家舒30769（PE）。

E. purpureolineolatum W. T. Wang in l. c. 228，fig. 7：A－D，syn. nov. Holotype：云南：马关，古林等，吊锅厂大箐，2002－10－14，税玉民，陈文红，盛家舒30769（PE）。

多年生草本，干时稍变黑色。茎高约45cm，近基部粗3mm，上部密被反曲短糙伏毛（毛长约0.2mm），不分枝，约有11叶。叶具短柄；叶片纸质，斜倒披针形或狭倒卵形，长9－13cm，宽2.5－5cm，顶端锐渐尖，基部斜楔形，边缘具密集小牙齿，上面无毛，下面脉上有短糙伏毛；羽状脉，侧脉在叶狭侧6条，在宽侧8条，钟密体稍明显，密集，杆状，长0.1－0.4mm；叶柄长2.5－10mm，被短糙伏毛；托叶膜质，条状披针形，长7－14mm，宽0.5－2.5mm，无毛，顶端细尾状，边缘半透明，中脉干后黑色。雄头状花序未见。雌头状花序单生茎中部叶腋，宽7－10mm；花序梗长约1mm；花序托小，不明显，或明显，椭圆形，长6mm，宽3mm；苞片约10，三角形或狭三角形，长1.5－3mm，宽0.7－3mm，被短缘毛，背面被短糙伏毛；小苞片半透明，条形，长2－4mm，宽约0.25mm，疏被缘毛或近无毛。瘦果具短粗梗，狭卵球形，长1－1.5mm，宽0.6－0.7mm，有时黑色，只具密集小瘤状突起，有时深紫色，除小瘤状突起外，还具多数短线纹；果梗长0.3－0.5mm，无毛；宿存花被片3，长0.3－1mm，无毛。果期10月。

特产云南马关。生于山谷雨林中。

系25. 庐山楼梯草系

Ser. **Stewardiana** W. T. Wang in Fu et al. Paper Collection of W. T. Wang 2：1121. 2012. Type：*E. stewardii* Merr.

本系与浅齿楼梯草系 Ser. *Crenata* W. T. Wang 相近缘，区别特征为本系的瘦果具多数短线纹和瘤状突起，不具纵肋。

1种，广布于长江中下游地区。

119. 庐山楼梯草 图版67：E－J

Elatostema stewardii Merr. in Philip. J. Sci. 27：161. 1925；Chien in Contr. Lab. Sci. Soc. China 9：264. 1934，p. p.；中国高等植物图鉴1：516，图1031. 1972；

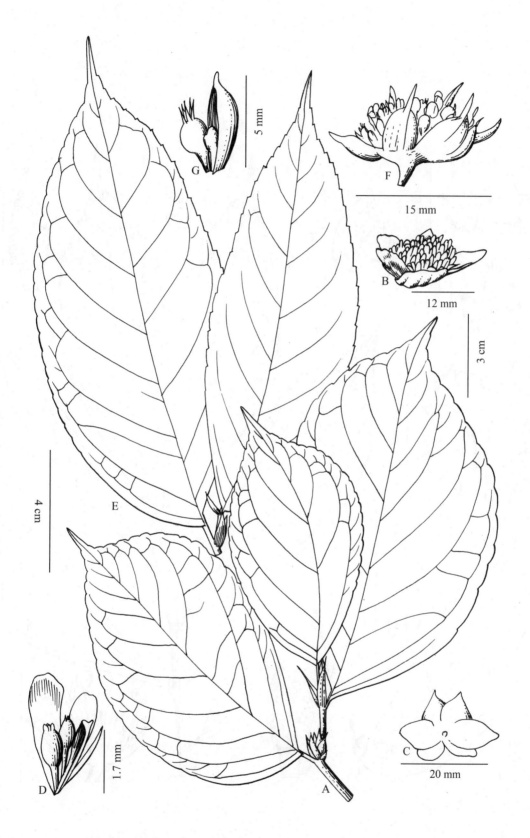

图版 66 A - D. 光苞楼梯草 ***Elatostema glabribracteum*** A. 开花茎顶部，B. 雄头状花序（侧上面观），C. 同 B（下面观），D. 雄小苞片和 2 雄花蕾。（自 Wang, 2012）E - G. 浅齿楼梯草 ***E. crenatum*** E. 开花茎顶部，F. 雄头状花序（侧面观），G. 雄小苞片和 2 雄花蕾。（据 holotype）

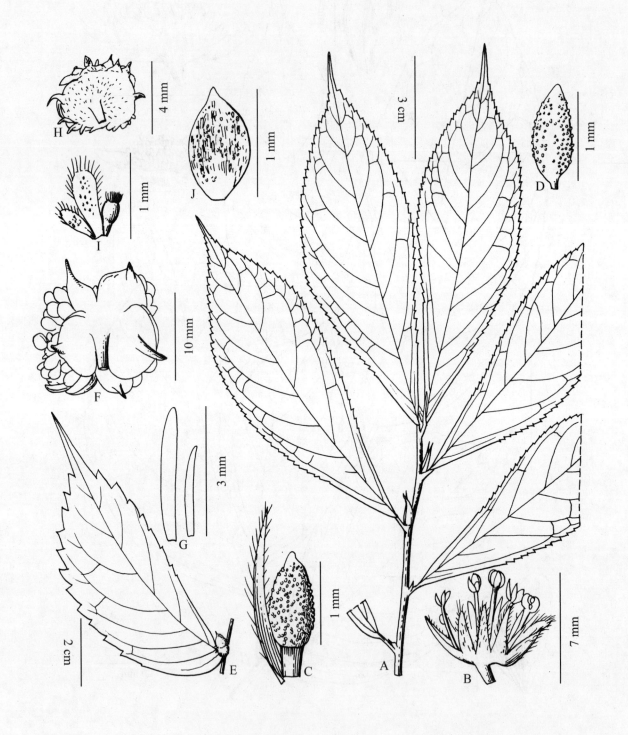

图版 67   A–D. 黑果楼梯草 *Elatostema melanocarpum* A. 开花茎上部, B. 雌头状花序, C. 雌小苞片和瘦果, D. 瘦果。(据 holotype) E–J. 庐山楼梯草 *E. stewardii* E. 叶和雄头状花序, F. 雄头状花序(下面观), G. 雄小苞片, (据关克俭 75488) H. 雌头状花序(下面观), I. 雌小苞片和雌花, (据西北大学队 0381) J. 瘦果。(据西北大学队 0303)

湖北植物志1:177,图231.1976;王文采于东北林学院植物研究室汇刊7:58.1980;丁宝章等,河南植物志1:295.1981;江苏植物志2:83,图847.1982;薛兆文于安徽植物志2:124,图390.1986;张秀实等于贵州植物志4:5.1989;曾沧江于福建植物志1:470.1991;何叶祺于浙江植物志2:113.1992;王文采于中国植物志23(2):257,图版53:8.1995;并于武陵山地区维管植物检索表132.1995;李丙贵于湖南植物志2:293,图2-215.2000;Q. Lin et al. in FL. China 5:146.2003;彭泽祥等于甘肃植物志2:240.2005;杨昌煦等,重庆维管植物检索表152.2009;W. T. Wang in Fu et al. Paper Collection of W. T. Wang 2:1121,fig. 3:56.2012. Holotype:江西:庐山,牯岭,alt. 700m,1922-07-31,A. N. Steward 2628(CAVA,non vidi;照片,PE).

多年生草本。茎高24-40cm,不分枝,无毛或近无毛,常具球形或卵球形珠芽。叶具短柄;叶片草质或薄纸质,斜椭圆状倒卵形、斜椭圆形或斜长圆形,长7-12.5cm,宽2.8-4.5cm,顶端骤尖,基部狭侧楔形或钝,宽侧耳形或圆形,边缘下部全缘,其上有牙齿,无毛或上面散生短硬毛,叶脉羽状,侧脉在叶狭侧4-6条,在宽侧5-7条,钟乳体明显,密,长0.1-0.4mm;叶柄长1-4mm,无毛;托叶狭三角形或钻形,长约4mm,无毛。花序雄雌异株,单生叶脉。雄头状花序具短梗,直径7-10mm;花序梗长1.5-3mm;花序托小;苞片6,外方2枚较大,宽卵形,长2mm,宽3mm,顶端有角状突起,其他苞片较小,顶端有短突起;小苞片膜质,宽条形至狭条形,长2-3mm,有疏睫毛。雄花:花被片5,椭圆形,长约1.8mm,下部合生,外面顶端之下有短角状突起,有短缘毛;雄蕊5;退化雌蕊极小。雌头状花序有短梗或无梗;花序托宽长方形,长3-4mm,被短柔毛;苞片约15,不等大,扁三角形,长达0.5mm,较大的具角状突起,较小的顶端具粗短尖头;小苞片密集,倒披针形或狭倒卵形,长0.4-0.8mm,顶端被缘毛。雌花无梗:花被片不存在;子房狭倒卵球形,长约0.4mm,柱头画笔头状,长约0.15mm。瘦果淡褐色,宽椭圆体形或近球形,长0.6-1mm,有纵列短线纹和小瘤状突起,或有多数小瘤状突起和6条不明显纵棱。花期7-9月。

我国特有种,分布于四川东北部、甘肃南部、陕西南部、河南东南部、重庆、湖北、湖南、江西、福建北部、浙江、江苏南部和安徽南部。生于山谷沟边或林下,海拔580-1400m。

标本登录(均存PE):

四川:通江,五台山,巴山队5932。

甘肃:康县,张志英16460。

陕西:岚皋,西北大学队0303,0381;平利,平利队0226;佛坪,傅坤俊5007;洋县,郭本兆1837,杨全祥1544;略阳,傅坤俊6005。

河南:新县,植物资源队01051;商城,植物资源队D0477。

重庆:万源,曲桂龄2168,李培元5821;城口,戴天伦102481,102594,103063,104185,105807,106685,107181。

湖北:建始,戴伦膺,钱重海1213;鹤峰,李洪钧6167;水杉坝,郑万钧,华敬灿839;巴东,神农架队24079;神农架,神农架队25556;竹溪,刘继孟8884。

江西:庐山,胡先骕2259,聂敏祥94246;贵溪,聂敏祥等3911;靖安,张吉华97096;广昌,胡启明5395;宜黄,李启和1879;瑞金,胡启明5395。

福建:建宁,李振宇10973。

浙江:天台山,耿以礼1018,贺贤育27978;四明山,?0755;天目山,郑万钧5010,贺贤育24619,25491,关克俭75438。

安徽:金寨,植物资源队Da0010;岳西,郑麟97026;潜山,沈保安0227;黄山,刘慎谔,钟补求2017,2985,郑万钧4077;歙县,王名金3615;休宁,刘晓龙279,439。

系26. 黑翅楼梯草系

Ser. **Nigrialata** W. T. Wang & Y. G. Wei in Fu et al. Paper Collection of W. T. Wang 2:1124. 2012. Type:*E. lui* W. T. Wang, Y. G. Wei & A. K. Monro.

本系在亲缘关系上接近浅齿楼梯草系 Ser. *Crenata*,与后者的区别在于雄总苞片背面有1条纵翅。

1种,特产广西西南部。

120. 黑翅楼梯草 图版68:A-D

Elatostema lui W. T. Wang, Y. G. Wei & A. K. Monro in Phytotaxa 29:10,fig:6-7.2011:W. T. Wang in Fu et al. Paper Collection of W. T. Wang 2:1124,fig. 20:A-D. 2012. Type:广西:靖西,古龙山,alt. 350m,2010-05-18,A. K. Monro,韦毅刚,S. N. Lu 6781(holotype,IBK;isotype,PE)。

多年生草本,全体干后变黑色。茎高20-25cm,基部之上粗2mm,无毛,不分枝,有5-8叶。叶有极短柄或近无柄;叶片膜质,斜长椭圆形或椭圆形,长4-15cm,宽2-5cm,顶端尾状渐尖或渐尖,基部斜楔形,边缘具牙齿,上面疏被糙伏毛,下面无毛,羽状脉,侧脉5-7对,上面平,下面稍隆起,钟乳体沿脉分布,杆状,长0.1-0.2mm;叶柄长达1mm,无毛,托叶早落。雄头状花序单生叶腋;花序梗粗壮,长约2mm,无毛;花序托不明显,无毛;苞片约6,宽卵形,长约4mm,宽3.2mm,无毛,背面有1条纵翅,翅半卵形,长约3.8mm,宽1mm;小苞片密集,膜质,半透明,白色,狭倒披针形或长椭圆形,长约4mm,宽1mm,无毛,上部常带黑色,有一条黑脉。雄花蕾狭椭圆体形,长约1mm,无毛,顶端具4条短角状突起。雌头状花序未见。花期5月

特产广西靖西。生于石灰岩山山谷溪边石崖上阴湿处,海拔350m。

系27. 黑苞楼梯草系

Ser. **Nigribracteata** W. T. Wang & Y. G. Wei in Fu et at. Paper Collection of W. T. Wang 2∶1124. 2012. Type∶*E. nigribracteatum* W. T. Wang & Y. G. Wei.

本系与浅齿楼梯草系 Ser. *Crenata* 近缘,与后者的区别在于本系的雌头状花序分裂成2个二回头状花序,雌花序托生有数具5小苞片的小枝。雌头状花序的苞片和小苞片均呈黑色。

1种,特产广西西北部。

121. 黑苞楼梯草 图版68∶E-H

Elatostema nigribracteatum W. T. Wang & Y. G. Wei in Guihaia 29(2)∶144,fig. 1∶A-D. 2009;W. T. Wang in Fu et al. Paper Collection of W. T. Wang 2∶1124. 2012. Type∶广西∶田林,老山,2007-04-20,韦毅刚07123(holotype,PE;isotype,IBK)。

多年生草本。茎高约30cm,近圆柱形,下部粗2mm,被极短柔毛(毛长0.1mm),不分枝,约有12叶。叶具短柄;叶片纸质,斜狭倒卵形或倒卵状长圆形,长3-7cm,宽0.8-2.2cm,顶端渐尖或短渐尖,基部狭侧楔形,宽侧耳形,边缘之上具小牙齿,上面无毛,下面中脉上被极短柔毛,羽状脉,侧脉在叶狭侧4-6条,在宽侧6-9条,钟乳体密,点状或短杆状,长0.1-0.15mm;叶柄长1-5mm,被极短柔毛;托叶披针状条形或狭披针形,长5-9mm,宽0.6-0.9mm,淡绿色,无毛。雄头状花序未见。雌头状花序单生茎中部叶腋,直径3mm,分裂成2个二回头状花序;花序梗长0.3mm,无毛;二回头状花序宽2mm,具3枚苞片;苞片黑色,条状披针形,长0.9-1.2mm,宽0.4-0.5mm,顶端钝,无毛;二回花序的花序托,小,不明显,生有约10枚小苞片(黑色,条形,长约1mm,无毛)和约5条小枝(长约0.5mm,密

生5枚小苞片,后者黑色,披针状条形或条形,长0.3-0.6mm,无毛))。雌花尚未发育。花期4-5月。

特产广西田林。生于石灰岩山中阴湿处。

系28. 巴马楼梯草系

Ser. **Bamaensia** W. T. Wang & Y. G. Wei in Fu et al. Paper Collection of W. T. Wang 2∶1124. 2012. Type∶*E. bamaense* W. T. Wang & Y. G. Wei.

本系在亲缘关系上接近浅齿楼梯草系 Ser. *Crenata*,与后者的区别在于瘦果具少数瘤状突起和网状条纹。

1种,特产广西西部。

122. 巴马楼梯草 图版69∶A-D

Elatostema bamaense W. T. Wang & Y. G. Wei in Ann. Bot. Finnici 48(1)∶93,fig. 1∶A-D. 2011;W. T. Wang in Fu et al. Paper Collection of W. T. Wang 2∶1124,fig. 21∶A-D. 2012. Type∶广西∶巴马,甲篆,2008-04-7,,韦毅刚09093(holotype,PE;isotype,IBK)。

多年生草本,全体干后变黑色。茎高约32cm,基部粗3.5mm,无毛,不分枝,约有12叶。叶具短柄或无柄,无毛;叶片纸质,斜长椭圆形或斜狭倒披针形,长2-9cm,宽0.6-2.2cm,顶端长渐尖或尾状渐尖,基部斜楔形或钝,边缘有小牙齿,羽状脉,侧脉5-7对,两面平,钟乳体稍密,杆状,长0.1-0.15mm;叶柄长1-3mm;托叶钻形,长1.5-2mm。雄头状花序未见。雌头状花序单生叶腋,直径约2mm;花序梗长约0.3mm;花序托小,直径约1mm,无毛;苞片约14,狭披针形,长0.8-1mm,宽0.2-0.3mm,无毛;小苞片密集,船状卵形,长约1mm,顶端被短缘毛。瘦果暗褐色,狭卵球形或倒卵球形,长约1mm,有少数瘤状突起和网状条纹。果期4月。

特产广西巴马。生于石灰岩山中阴湿处,海拔300m。

系29. 条叶楼梯草系

Ser. **Sublinearia** W. T. Wang in Fu et al. Paper Collection of W. T. Wang 2∶1124. 2012. Type∶*E. sublineare* W. T. Wang.

本系与浅齿楼梯草系 Ser. *Crenata* 在亲缘关系上接近,区别在于本系的雄头状花序具长花序梗。

约4种、1变种,分布于广西西部、贵州、湖南、湖北西南和重庆南部。

1. 雄苞片无任何突起,或顶端有角状突起。

  2. 叶具5-6对侧脉,有毛;雄苞片无条纹,顶端有角状突起 ……………………… 123. 条叶楼梯草 **E. sublineare**

  2. 叶具4对侧脉;雄苞片有褐色短条纹,无任何突起 ……………… 124. 隐脉楼梯草 **E. obscurinerve**

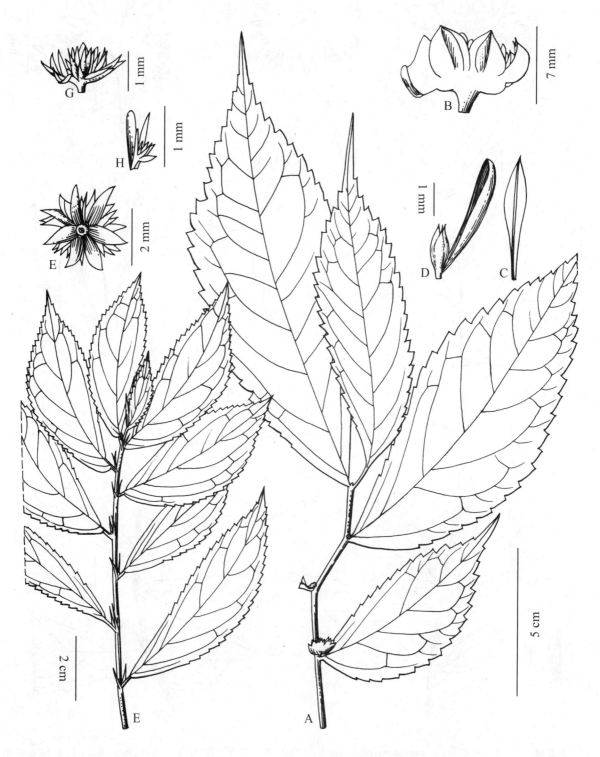

图版 68　A – D. 黑翅楼梯草 ***Elatostema lui*** A. 开花茎上部，B. 雄头状花序，C. 雄小苞片，D. 雄小苞片和雄花蕾。（自 Wang et al.，2011）E – H. 黑苞楼梯草 ***E. nigribracteatum*** E. 开花茎上部，F. 雌头状花序（下面观），G. 雌头状花序切去一半（二回头状花序），H. 雌小苞片和花序托上的小枝。（自 Wang & Wei，2009）

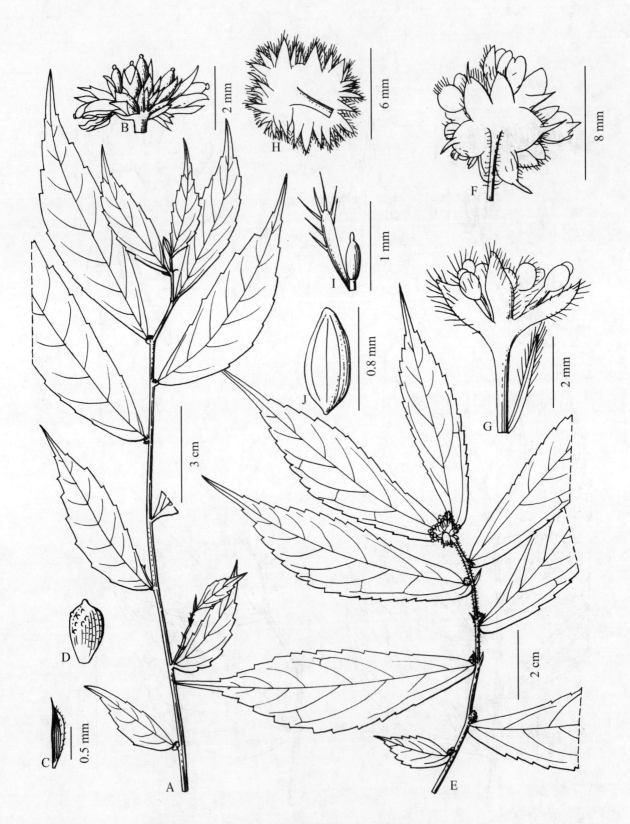

图版 69   A－D. 巴马楼梯草 *Elatostema bamaense* A. 开花茎，B. 雌头状花序，C. 雌小苞片，D. 瘦果。(自 Wang & Wei，2011) E－J. 条叶楼梯草 *E. sublineare* E. 开花茎上部，F. 雄头状花序(下面观)，G. 雄小苞片和雄花，(据温放1069)
H. 雌头状花序(下面观)，I. 雌小苞片和雌花，(据邵青，段林东84) J. 瘦果。(据壶瓶山队 0327)

3. 叶无毛 ·· 124a. 模式变种 var. **obscirunerve**

3. 叶下面中脉和侧脉被长糙伏毛 ·· 124b. 毛叶隐脉楼梯草 var. **pubifolium**

1. 雄苞片在背面顶端之下具角状突起。

  4. 叶片上面无毛或疏被糙伏毛,下面无毛,具 4 对侧脉,无钟乳体;雄总苞约有 10 枚苞片,所有苞片在背面顶端之下具短角状突起 ·· 125. 长尖楼梯草 **E. longicuspe**

  4. 叶片无毛,具 5 对侧脉,具稍密集的钟乳体;雄总苞有 2 枚卵形苞片和 3 枚船形苞片,其中只有 1 或 2 枚苞片在背面顶端之下具短角状突起 ··· 126. 酉阳楼梯草 E. **youyangense**

123. 条叶楼梯草 图版 69:E - J

Elatostema sublineare W. T. Wang in Bull. Bot. Lab. N. -E. Forest. Inst. 7:61, pl. 2:10. 1980;并于植物研究 3(3):65. 1983;张秀实等于贵州植物志 4:57.1989;王文采于中国植物志 23(2):263,图版 67:7 - 10.1995;并于武陵山地区维管植物检索表 133. 1995;李丙贵于湖南植物志 2:294. 2000;Q. Lin et al . in Fl. China 5:148.2003;王文采于广西植物志 2:858,图版 348:3. 2005;杨昌煦等,重庆维管植物检索表 152.2009;W. T. Wang in Fu et al. Paper Collection of W. T. Wang 2:1126,2012. Holotype:贵州:罗甸,八茂区,大亭,alt. 800m,1959 - 04 - 05,黔南队 213(PE)。Paratypes:广西:那坡,1976 - 03 - 09,方鼎,刘达雨 22238(GXMI);天娥,1951 - 05 - 18,黄志 43340(IBSC). 贵州:罗甸,1960 - 03 - 22,张志松,张永田 413(PE);瓮安,1959 - 09 - 12,荔波队 1832(PE). 湖南:长沙,陈鹏举 s. n(HUTM)。湖北:来凤,李洪钧 4828(PE). 重庆:彭水,1959 - 05 - 29,经济植物队 3263(SM)。

多年生草本。茎高 15 - 25cm,不分枝,被开展的白色长柔毛和锈色圆形小鳞片,通常毛在茎上部比较密,下部有时无毛。叶无柄;叶片草质,斜倒披针形或斜条状倒披针形,长 6 - 10.5cm,宽 1.2 - 2.2(-2.8)cm,顶端长渐尖或渐尖(渐尖头全缘或下部有 1 - 2 齿)基部狭侧钝,宽侧心形,边缘下部全缘或在基部之上有小牙齿,上面有疏柔毛,下面沿脉有开展的白色长柔毛,叶脉羽状,侧脉在每侧 5 - 6 条,钟乳体明显,密,长 0.3 - 0.5cm;茎中下部叶较小,斜狭椭圆形或倒披针形,长 3 - 6cm;托叶膜质,披针形或条状披针形,长 6 - 9mm,无毛或有疏柔毛。花序雌雄异株或同株,单生叶腋。雄头状花序有稍长梗,直径约 9mm,有多数花;花序梗长 6 - 10mm,有柔毛;花序托不明显;苞片 6,宽卵形,2 个较大,长 6mm,其他的较小,长 3mm,顶端有角状突起,背面有柔毛;小苞片条形,长约 2mm,绿色,上部有缘毛。雄花:花被片(4 -)5,椭圆形,长约 2(-2.5)mm,基部合生,外面顶端之下有不明显短突起,被长柔毛;雄蕊(4 -)5;退化雌蕊不存在。雌头状花序单生叶

腋,有多数密集的花;花序梗长 1 - 3.5mm;花序托近长方形,长 5 - 7mm,不分裂或 2 裂;苞片约 50 枚或更多,三角形或狭三角形,长 0.8 - 1.2mm,密被缘毛;小苞片约 400 枚或更多,密集,淡绿色,条形,匙状条形或条状三角形,长 0.4 - 1mm,上部有缘毛。雌花有短梗;花被片不存在;子房狭椭圆体形或卵球形,长 0.3 - 0.4mm,柱头短圆柱形,长约 0.1mm,无毛。瘦果褐色,椭圆状卵球形,长 0.6 - 0.8mm,约有 8 条细纵肋。花期 3 - 5 月。

分布于广西西部、贵州、湖南、湖北西部、重庆南部;越南北部。生于山谷沟边阴处石上或林下,海拔 400 - 850m。

标本登录(所有标本均存 PE):

广西:那坡,韦毅刚 g041;都安,税玉民,陈文红 B2004 - 196;马山,韦毅刚 0655;凤山,韦毅刚 0763,08016;罗城,韦毅刚 07119;环江,韦毅刚 0627;河池,韦毅刚 0791;融水,韦毅刚 6527;南丹,韦毅刚 08040。

贵州:罗甸,贵州队 993;独山,韦毅刚 07619;荔波,段林东,林祁 2002103,2002104;黄平,温放 1069。

湖南:永顺,邵青,段林东 84;沅陵,武陵山队 16;桑植,植化室 s. n;石门,壶瓶山队 0327,D023。

124. 隐脉楼梯草

Elatostema obscurinerve W. T. Wang in Bull. Bot. Lab. N. -E. Forest. Inst. 7:63,pl. 2:12,1980;并于中国植物志 23(2):263,图版 53:10. 1995;Q. Lin et al in Fl. China 5:148.2003;王文采于广西植物志 2:858,图版 348:4. 2005;et in Fu et al. Paper Collection of W. T. Wang 2:1126 2012. Type:广西:凤山,云峰岗,1928 - 07 - 13,陈立卿 92260(holotype,IBK);同地,alt,450m,1958 - 01 - 14,张肇骞 10584(paratype,IBSC)。

E. submembranaceum W. T. Wang in Fu et al. Paper Collection of W. T. Wang 2:1106,fig. 13. 2012, nom. nud.

124a. var. **obscurinerve** 图版 70

多年生草本。根状茎细长,近水平生长,粗约

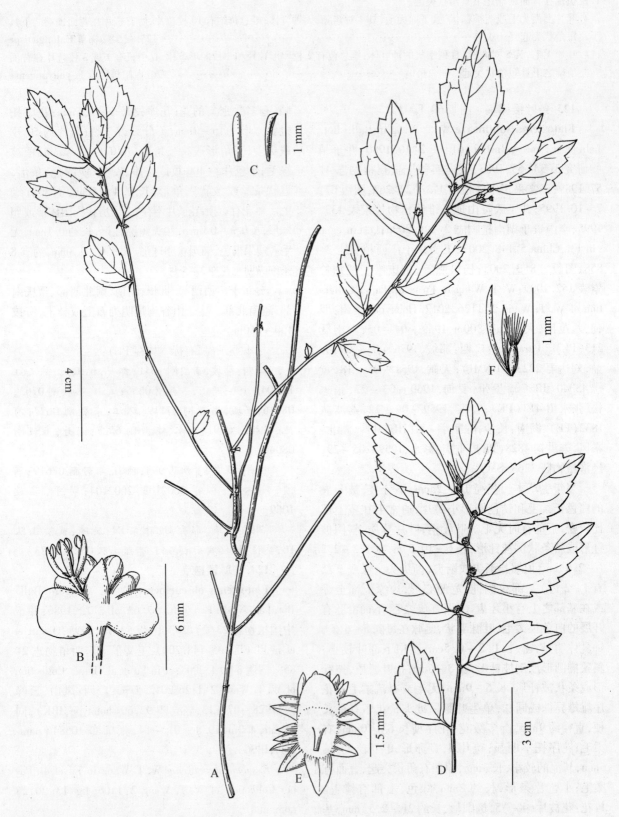

图版 70 隐脉楼梯草 *Elatostema obscurinerve* var. *obscurinerve* A. 生有雄头状花序的枝条,B. 雄头状花序(下面观),C. 雄小苞片,D. 生有雌头状花序的枝条,E. 雌头状花序(下面观),F. 雌小苞片和雌花。(据韦毅刚 AM6467)

1mm,节间长约1.5cm,自顶端生出1-2条茎。茎高28-38cm,基部粗1-2mm,直立或渐升,无毛,1-2回分枝;枝长3-20cm,粗1-2mm,有5-12叶。叶具短柄或无柄,无毛;叶片薄纸质或膜质,斜狭倒卵形、倒卵形或菱形,长1-4.5(-5.3)cm,宽0.5-2(-2.2)cm,顶端钝、微钝或微尖,基部斜楔形,边缘具小牙齿或浅钝齿,羽状脉、半离基三出脉或三出脉,侧脉在叶狭侧1-3条,在宽侧2-4条,在两面平,不明显,钟乳体明显或不明显,密,杆状,长0.1-0.35(-0.7)mm;叶柄长0-1.5mm;托叶膜质,狭卵形或三角形,长1-5mm,宽0.6-2mm。花序雌雄同株或异株。雄头状花序单生叶腋,长约6mm,无毛,有10至多数花;花序梗丝形,长3.5-9mm,无毛;花序托不明显;苞片6,膜质,2枚较大,对生,宽倒卵形或椭圆形,长1.2-3mm,宽1-2.2mm,其他4枚较小,卵形或倒卵形,长1.5-2mm,宽0.7-1.2mm,有时所有苞片近等大;小苞片多数或少数,膜质,半透明,条形或船形,长约1mm。雄花无毛;花梗长0.5-2mm,花被片4-5;狭卵形或狭长圆形,长1-2mm;雄蕊4-5。雌头状花序单生叶腋,长约3.5mm,无毛;花序梗长约0.7mm;花序托近方形,长及宽均约1.5mm;苞片约17,膜质,排成2层,外层2枚较大,对生,宽卵形或卵形,长0.8-1.2mm,宽0.8-1mm,内层15枚较小,三角形或狭卵形,长0.6-1mm,宽0.4-0.8mm;小苞片约15,膜质,半透明,条形,长0.6-1mm。雌花无梗:花被片不存在;子房椭圆体形,长约0.4mm,柱头画笔头状,与子房等长。花期3-7月。

特产广西西北凤山、巴马一带。生于石灰岩山石边或山洞阴湿处,海拔约450m。

标本登录(均存PE):

广西:凤山,税玉民和陈文红B2004-152,韦毅刚0787,08021,6475;巴马,韦毅刚AM6467。

124b. 毛叶隐脉楼梯草(变种)

var. **pubifolium** W. T. Wang, var. nov. Holotype:贵州(Guizhou):望谟(Wangme),六里乡(Liulixiang),alt.650m,石灰岩山洞中石壁上(on rocky wall of a cave in limestone hill),2004-09-21,税玉民,陈文红,张美德,魏志丹(Y. M. Shui, W. H. Chen, M. D. Zhang & Z. D. Wei)B2004-517(PE)。

A var. *obscurinervi* differt foliis subtus ad costam mediam et nervos laterales longe strigosis.

本变种与隐脉楼梯草的区别在于叶下面中脉和侧脉上被长糙伏毛。

特产贵州望谟。生于石灰岩山山洞石壁上,海拔650m。

125. 长尖楼梯草　图版71:A-D

Elatostema longicuspe W. T. Wang & Y. G. Wei in Nordic J. Bot. 30:2,fig. 2. 2013;W. T. Wang in Fu et al. Paper Collection of W. T. Wang 2:1127,fig. 22:A-D. 2012. Type:贵州:贞丰,龙头山自然保护区,2010-03-30,韦毅刚,温放1049:(holotype,IBK;isotype,PE)。

多年生小草本。茎高约15cm,基部之上粗1.2mm,无毛,不分枝,约有7叶。叶无柄或有短柄;叶片薄纸质,斜狭倒卵状长圆形,稀斜椭圆形,长2.5-6cm,宽1.2-2cm,顶端长骤尖(尖头全缘),基部狭侧楔形,宽侧近耳形,边缘具小牙齿,上面疏被短柔毛,下面无毛,羽状脉,侧脉4对,上面平,下面稍隆起,钟乳体不存在;叶柄长达2mm,无毛;托叶早落。雄头状花序单生叶腋,具长梗;花序梗细,近直立,长1.5-2.3cm,无毛;花序托不明显;苞片约10,长圆形,长约4mm,宽1-1.2mm,背面顶端之下具长0.4-1mm的短角状突起,无毛;小苞片约4,膜质,半透明,宽条形,长约4mm,顶端斜截形,有时具不明显角状突起,无毛。雄花有粗长梗:花被片5,宽卵形,长约2mm,宽1.5mm,基部合生,其中3枚的背面顶端之下具长0.7mm的角状突起,无毛;雄蕊5,长约2mm,无毛,花药长圆形,长1mm;退化雌蕊正三角形,长0.2mm。雌头状花序单生叶腋,直径约5mm,无梗;花序托近圆形,直径1mm,无毛;苞片6,狭卵形,长约2.5mm,无毛;小苞片宽条形,长0.8-1mm,无毛。雌花尚幼。花期3月。

特产贵州贞丰。生于土山里常绿阔叶林下阴湿处,海拔1350m。

126. 酉阳楼梯草　图版71:E-F

Elatostema youyangense W. T. Wang in Bull. Bot. Res. Harbin 4(3):113,fig. 1-2. 1984;于中国植物志23(2):261,图版54:1-2. 1995;并于武陵山地区维管植物检索表132. 1995;Q. Lin et al. in Fl. China 5:147 2003;杨昌煦等,重庆维管植物检索表152. 2009;W. T. Wang in Fu et al. Paper Collection of W. T. Wang 2:1127. 2012. Holotype:重庆:酉阳,小咸乡,闭山堡,alt. 1300m,1959-04-28,西南师范学院队2237(KUN)。

多年生小草本,无毛,干后变黑。茎细,高约20cm,基部粗约1.5mm,不分枝,约有11叶。叶无柄,纸质,上部叶长圆状披针形,长4.7-6.8cm,宽1.4-1.7cm,顶端尾状(尾状尖头披针状条形或狭三角形,长1-2.4cm,全缘),基部狭侧楔形,宽侧心

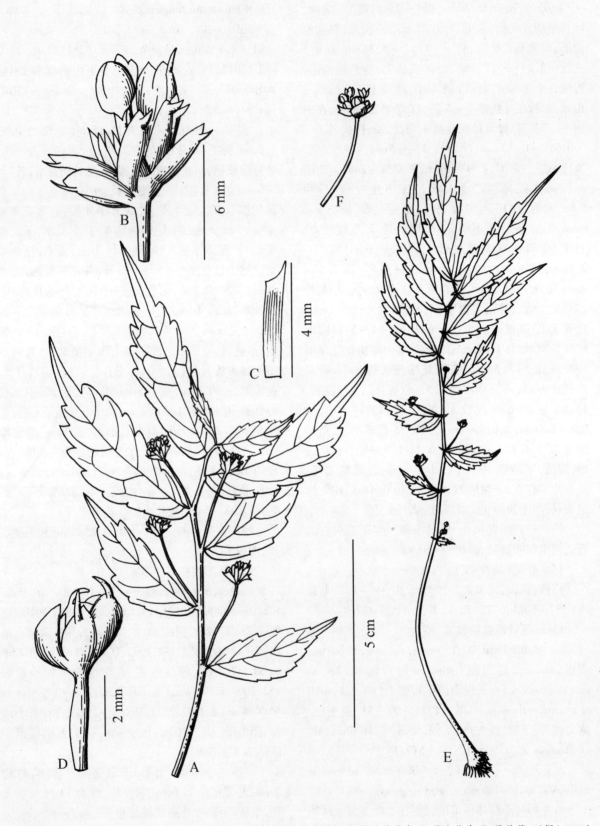

图版 71　A–D. 长尖楼梯草 *Elatostema longicuspe* A. 开花雄茎上部，B. 雄头状花序，C. 雄小苞片，D. 雄花蕾。(据 isotype)
E–F. 酉阳楼梯草 *E. youyangense* E. 植株全形，F. 雄头状花序。(自王文采，1995)

形,边缘有牙齿,叶脉羽状,侧脉每侧约 5 条,钟乳体稍密,不明显,长 0.15 - 0.3mm;下部叶较小,斜椭圆形,长 0.7 - 2.7cm,顶端渐尖或急尖;托叶钻形,长 1 - 1.5mm。花序雌雄同株。雄头状花序生下部叶腋,具细梗,直径 2 - 6mm,有 3 - 8 花;花序梗长 3 - 15mm;花序托极小;苞片 5,2 枚较大,三角状卵形,长及宽均约 2mm,钝,3 枚较小,船形,1 或 2 枚在外面顶端之下有短角状突起;小苞片少数,披针状条形,长约 2mm。雄花有梗;花被片 5,倒卵形,长约 2mm,分生,顶端常有短角突起;雄蕊 5;退化雌蕊不明显。雌头状花序生上部叶腋,椭圆形,长约 1.6mm,宽 1mm,具极短而粗的梗;花序托小;苞片约 8,宽卵形,长 0.2 - 0.4mm,顶端有短而粗的角状突起;小苞片密集,船形,长 0.3 - 0.5mm,顶端有时有短角状突起;雌花:花被片不存在;子房近球形,长约 0.15mm,柱头长 0.1mm。花期 4 月。

1. 雌苞片有角状突起或其他形状突起。
  2. 雌头状花序不分裂。
    3. 雌苞片顶端有角状突起;雄苞片无任何突起。 ……………………………… 127. 楼梯草 E. involucratum
    3. 雌苞片在背面顶端之下有角状突起 ……………………………… 128. 显苞楼梯草 E. bracteosum
  2. 雌头状花序分裂为 2 小头状花序,在条形花序托下方的小头状花序的总苞有约 9 枚苞片,其中只 1 枚顶端具角形状突起,在上方的小头状花序的总苞有约 11 枚苞片,其中顶生的 1 枚具兜状突起;雄苞片在背面顶端之下有短角状突起 ……………………………… 129. 马边楼梯草 E. mabienense
    4. 叶无毛;雄总苞有 2 枚苞片 ……………………………… 129a. 模式变种 var. mabienense
    4. 叶被短糙伏毛;雄总苞有 6 枚苞片 ……………………………… 129b. 六苞楼梯草 var. sexbracteatum
1. 雌苞片无任何突起;雄苞片在背面顶端之下有短角状突起。
  5. 叶的钟乳体点状,长 0.1mm 之下;雄总苞有 2 - 6 枚苞片 ……………………………… 130. 细角楼梯草 E. tenuicornutum
  5. 叶的钟乳体杆状,长 0.1 - 0.25mm;雄总苞有 7 - 10 枚苞片 ……………………………… 131. 樱叶楼梯草 E. prunifolium

127. 楼梯草(植物名实图考) 图版 72:A - G

Elatostema involucratum Franch. et Sav. Enum. Pl. Jap. 1:439. 1873;Franch. Pl. David. 1:271,1884;Hand. -Mazz. Symb. Sin. 7:145. 1929;Tsoong in Contr. Inst. Bot. Nat. Acad. Peiping 4:124. 1936;王文采于东北林学院植物研究室汇刊 7:60. 1980;薛兆文于安徽植物志 2:125,图 391. 1986;张秀实等于贵州植物志 4:57. 1989;曾沧江于福建植物志 1:470. 1991;何业祺于浙江植物志 2:113,图 2 - 152. 1992;朱长山等,河南种子植物检索表 61. 1994;王文采于中国植物志 23(2):258,图版 53:1 - 5. 1995;并于武陵山地区维管植物检索表 132. 1995;李锡文于云南植物志 7:286,图版 71:7 - 9. 1997;李丙贵于湖南植物志 2:294. 2000;Q. Lin et al. in Fl. China 5:147. 2003,p. p. excl. syn. E. bijiangensi W. T. Wang;阮云珍于广东植物志 6:75,图 26. 2005;王文采于广西植物志 2:

特产重庆酉阳。生于山地阴处,海拔 1300m。

系 30. 楼梯草系

Ser. **Involucrata** W. T. Wang in Bull. Bot. Lab. N. - E. Forest. Inst. 7:59. 1980,p. p;并于中国植物志 23(2) 258. 1995,p. p;Tateishi in Iwatsuki et al. Fl. Japan 2a:95. 2006;W. T. Wang in Fu et al. Paper Collection of W. T. Wang 2:1127. 2012. Type:E. involucratum Franch. & Sav.

Ser. *Prunifolia* W. T. Wang in Fu et al . Paper Collection of W. T. Wang 2:1129. 2012,syn. nov. Type:E. prunifolium W. T. Wang.

本系在亲缘关系上与条叶楼梯草系 Ser. *Sublinearia* 相近,与后者的区别在于本系的瘦果具细纵肋和瘤状突起。

本系有 6 种,1 种广布于我国和日本,4 种特产我国,另 1 种特产日本。

856. 2005;彭泽祥于甘肃植物志 2:241. 2005;Tateishi in Iwatsuki et al. Fl. Japan 2a:95. 2006;杨昌煦等,重庆维管植物检索表 152. 2009;W. T. Wang in Fu et al. Paper Collection of W. T. Wang 2:1127. 2012.

E. umbellatum (Sieb. & Zucc) Bl. var. *majus* Maxim. in Mél. Biol. 9:637. 1877;秦岭植物志 1(2):112. 1974,p. p;湖北植物志 1:176. 1976。

多年生草本。茎肉质,高 25 - 60cm,不分枝或有 1 分枝,无毛,稀上部有疏柔毛。叶无柄或近无柄;叶片草质,斜倒披针状长圆形或斜长圆形,有时稍镰状弯曲,长 4.5 - 16(-19)cm,宽 2.2 - 4.5(- 6)cm,顶端骤尖(骤尖部分全缘),基部狭侧楔形,宽侧圆形或浅心形,边缘在基部之上有较多牙齿,上面有少数短糙伏毛,下面无毛或脉上有短毛,叶脉羽状,侧脉每侧 5 - 8 条,钟乳体明显,密,杆状,长 0.3

－0.4mm；托叶狭条形或狭三角形，长 3 － 5mm，无毛。花序雌雄同株或异株。雄头状花序有梗，直径 3 － 9mm；花序梗长（4 －）7 － 20（ － 32）mm，无毛或被短柔毛；花序托不明显，苞片约 6 枚，宽卵形或卵形，长约 2mm，近无毛；小苞片条形或楔状长圆形，长约 1.5mm，近无毛。雄花有梗：花被片 5，椭圆形，长约 1.8mm，下部合生，背面顶端之下有不明显短突起；雄蕊 5。雌头状花序单生或 2 － 3 枚生于叶腋，无梗或近无梗，长 1.5 － 4（ － 13）mm；花序托通常长方形；苞片 4 － 8 枚，扁宽卵形，长 1 － 2mm，顶端通常有角状突起，或具短尖头而无角状突起，有时总苞具 2 层苞片，内层苞片 10 余枚，卵形，顶端具角状突起，被缘毛；小苞片密集，半透明，狭倒披针形或条形，长 0.5 － 1mm，上部密被缘毛。雌花具短梗或无梗：花被片不存在；子房椭圆体形，长 0.25 － 0.3mm，柱头画笔头形，长 0.25 － 0.3mm。瘦果淡黄色，狭卵球形或椭圆体形，长 0.7 － 0.8mm，约有 6 条细纵肋和小瘤状突起。花期 5 － 10 月，果期 9 － 10 月。

分布于云南、广西、广东北部、福建、浙江、江苏南部、安徽南部、江西、湖南、贵州、四川、重庆、湖北西部、甘肃、陕西和河南三省的南部；日本。生于山谷沟边石上、林中或灌丛中，海拔 200 － 2100m。

标本登录（所有标本均存 PE）：

云南：镇雄，禹平华 970。

广西：那坡，韦毅刚 g048；靖西，韦毅刚 g066；南丹，韦毅刚 6502；河池，韦毅刚 6512；全州，韦毅刚 g126。

广东：乳源，粤 73 － 00617。

福建：长汀，林镕 s. n；建阳，武夷山队 1339；崇安，武夷山队 2430；建宁，李振宇 3773。

浙江：云和，贺贤育 3562；大明山，贺贤育 23389，23591；昌化，杭州植物园 28660；临安，邓懋彬 4543。

江苏：溧阳，刘昉勋 28660。

安徽：黄山，钟补求 3568，3694；绩溪，黄成林 1340；九华山，王文采 s. n；施德，刘森 90015；祁门，邓懋彬 5094；霍山，植物资源队 Da0506；岳西，谢中程 97101。

江西：玉山，聂敏祥 6437；瑞昌，岳俊三 2628；靖安，谭策铭 97711；庐山，胡先骕 2075，秦仁昌 10131；彭泽，王文采 s. n。

湖南：桑植，北京队 3948，4164；永顺，北京队 01127；芷江，武陵山队 1981，2101；炎陵，祁世鑫 741；新宁，刘林翰 15111；衡山，陈少卿 3265，刘瑛

278。

贵州：大方，刘昌林 256；德昌，刘正仁 20105；梵净山，应俊生等 1994。

四川：石棉，赵佐成 2038；峨眉山，关克俭等 2672；宝兴，关克俭、王文采 2634；青城山，马欣堂 87 － 0512。

重庆：酉阳，刘正宇 6908；金佛山，曲桂龄 1171，李国凤 61710，61854，刘正宇 4180，8730，10266；巫溪，陈跃东 2014；奉节，张泽荣 25189；巫山，周洪富，粟和毅 110064，杨光辉 59926；城口，戴天伦 103062，105330，107103。

湖北：鹤峰，彭辅松 581；咸丰，李洪钧 9119；建始，戴伦膺等 170；利川，傅国勋 1875；兴山，刘瑛 671；神农架，傅国勋 1006。

陕西：平利，西北大学队 70；旬阳，西北大学队 1043；佛坪，朱、陈等 1158；宁陕，田先华等 215；石泉，？ 0179。

河南：淅川，河南林业厅队 1470。

128. 显苞楼梯草 图版 72：H － K

Elatostema bracteosum W. T. Wang in Bull. Bot. Lab. N. － E. Forest. Inst. 7：59. 1980；张秀实等于贵州植物志 4：55. 1989；王文采于中国植物志 23（2）：257. 1995；Q. Lin et al. in Fl. China 5：146. 2003；W. T. Wang in Fu et al. Paper Collection of W. T. Wang 2：1121. 2012. Holotype：贵州：桐梓，alt. 450m，1930 － 05 － 27，蒋英 5146（PE）。

多年生草本。茎高约 26cm，无毛，不分枝。叶无柄；叶片薄纸质，斜狭椭圆形或斜狭倒卵状椭圆形，长 5 － 15cm，宽 2.5 － 5.5cm，顶端骤尖或尾状渐尖（尖头下部边缘有少数小齿），基部狭侧锲形，宽侧浅心形，边缘在基部之上有密牙齿，上面散生长糙伏毛，下面中脉和侧脉上疏被柔毛，叶脉羽状，侧脉在叶每侧 6 － 7 条，钟乳体稍明显，密，杆状，长约 0.3mm；托叶膜质，条形，长约 5mm。雄头状花序未见。雌头状花序具短梗，直径 3 － 5mm，约有 25 花；花序梗长约 1mm，无毛；花序托近椭圆形，长约 2.5mm，宽 1mm，无毛；苞片 8 － 9 枚，三角形或条形，长 1.5 － 1.8mm，背面顶端之下有长 0.8 － 1.5mm 的角状突起，有缘毛；小苞片约 25 枚，密集，长 1 － 2mm，顶端无或有突起。雌花具短梗：花被片不存在；子房长椭圆体型，长约 0.4mm，柱头画笔头状，长约 0.2mm。瘦果椭圆状卵球形或长椭圆体，长 0.7 － 1mm，约有 6 条细纵肋和小瘤状突起。花期 5 月。

特产贵州桐梓。生于山谷阴湿处，海拔 450m。

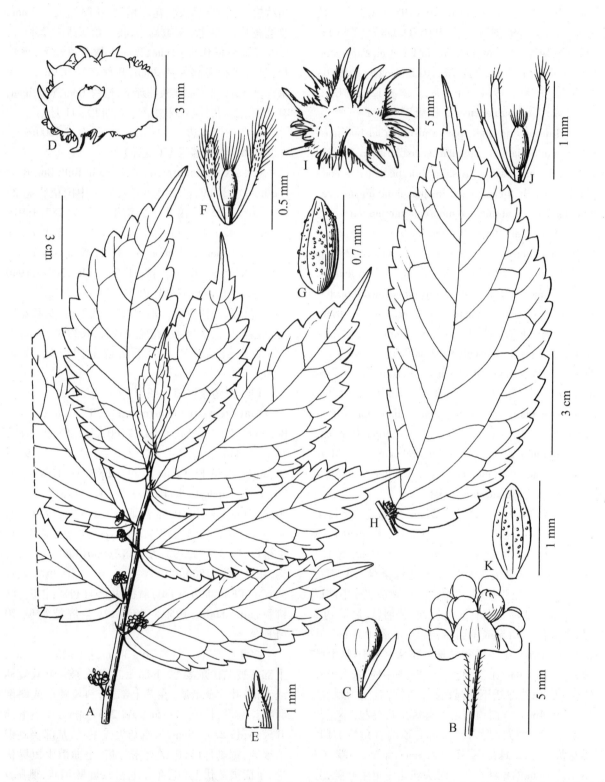

图版 72 A - G. 楼梯草 **Elatostema involucratum** A. 开花茎上部, B. 雄头状花序, C. 雄小苞片和雄花蕾,（据杭州植物图 28660）D. 雌头状花序（下面观）, E. 雌总苞内层苞片, F. 雌小苞片和雌花,（据王文采 s.n.）G. 瘦果。（据岳俊三 2628）H - K. 显苞楼梯草 **E. bracteosum** H. 叶和腋生雌头状花序, I. 雌头状花序（下面观）, J. 雌小苞片和雌花, K. 瘦果。（据 holotype）

129. 马边楼梯草

Elatostema mabienense W. T. Wang in Bull. Bot. Lab. N. – E. Forest. Inst. 7：63. 1980；并于中国植物志 23（2）：259，图版 53：9. 1995；Q. Lin et al. in Fl. China 5：147. 2003；W. T. Wang in Fu et al. Paper Collection of W. T. Wang 2：1127. 2012. Holotype：四川：马边，alt. 1600m，1934 – 11 – 08，俞德浚 1272（PE）。

129a. var. **mabienense**　图版 73：A – F

Ad descr. orig. add. ，planta pistillata ad huc ignota. ：Capitula piatillata singulariter axillaria，in capitula secundaria duo sessilia divisa，glabra；pedunculus complanatus，ca. 1. 5mm longus；receptaculum lineare，ca. 5mm longum；capitulum secundarium inferum minus，receptaculo ca. 2mm longo，bracteis ca. 9 anguste triangularibus linearibus vel triangulari – linearibus 1 – 2.8mm longis 0. 1 – 0. 9mm latis ea una apice corniculata，bracteolis membranaceis semi – hyalinis linearibus 1 – 1. 5mm longis longitudinaliter tenuiter 2 – 3 – striatis apice corniculatis vel obtusis；capitulum secundarium superum majus，receptaculo ca. 3mm longo，bracteis ca. 11 plerumque complanatis anguste triangularibus vel triangularibus 1 – 2. 2mm longis 0. 4 – 1mm latis omnibus haud corniculatis ea una terminali majore apice longe cucullata，cucullo ca. 2mm longo basi 0. 9mm in diam. Achenia brunnea，longe ellipsoidea vel anguste ovoidea，ca. 1mm longa，0. 5mm lata，longitudinaliter tenuiterque 10 – costata et minute tuberculata.

多年生草本。茎高 14 – 24cm，顶部疏被极短柔毛，分枝或不分枝。叶无柄或具短柄，无毛；叶片薄纸质，斜狭椭圆形或椭圆形，长 3. 5 – 9. 4cm，宽 1. 4 – 3. 3cm，顶端渐尖或骤尖（尖头边缘全缘），基部狭侧锲形或钝，宽侧耳形，边缘在叶狭侧基部或中部以上，在宽侧基部之上有浅钝齿，叶脉羽状，侧脉约 7 对，钟乳体不明显或稍明显，密集，长约 0. 1mm；叶柄长达 1mm。花序雄雌异株。雄头状花序单生叶腋，直径约 4mm，无毛，约有 3 花；花序梗细，长 2 – 6mm，无毛；花序托不明显；苞片 2 枚，对生，卵状船形，长约 4mm，背面顶端之下有短角状突起；小苞片约 4 枚，条状披针形，长约 3mm，顶端有角状突起。雄花蕾有梗，近球形，直径约 2. 5mm，无毛，顶端有 5 条长约 1mm 的角状突起。雌头状花序单生叶腋，分裂成 2 二回小头状花序，无毛；花序梗扁平，长约 1. 5mm；花序托条形，长约 5mm；下方的小头状花序较小，花序托长约 2mm，总苞苞片约 9 枚，狭三角形或三角状条形，长 1 – 2. 8mm，宽 0. 1 – 0. 9mm，其中

1 枚苞片在顶端具角状突起，小苞片膜质，半透明，条形，长 1 – 1. 5mm，有 2 – 3 条细纵纹，顶端钝或具角状突起；上方小头状花序稍大，花序托长约 3mm，总苞苞片约 11 枚，多数扁平，狭三角形或三角形，长 1 – 2. 2mm，宽 0. 4 – 1mm，顶生 1 枚苞片较大，顶端长兜形，兜状突起长约 2mm，基部直径 0. 9mm。瘦果褐色，长椭圆体形或狭卵球形，长约 1mm，宽 0. 5mm，有 10 条细纵肋和小瘤状突起。花期 10 – 11 月。

特产四川马边。生于山地林下，海拔 1600m。

129b. 六苞楼梯草（变种）

var. **sexbracteatum** W. T. Wang in Bull. Bot. Res. Harbin 9（2）：69，pl. 1：5. 1989；并于中国植物志 23（2）：261. 1995；李锡文于云南植物志 7：287. 1997；Q. Lin et al. in Fl. China 5：147. 2003；W. T. Wang in Fu et al. Paper Collection of W. T. Wang 2：1127. 2012. Holotype：云南：广南，干坝子，alt. 1500m，1940 – 04 – 28，王启无 87313（PE）。

与马边楼梯草的区别：叶被糙伏毛；雄头状花序的总苞苞片较多，6 枚，花序梗较长，长约 9. 5mm。

特产云南广南。生于山坡上阴湿处，海拔 1500m。

130. 细角楼梯草　图版 73：G – L

Elatostema tenuicornutum W. T. Wang in Bull. Bot. Lab. N. – E. Forest. Inst. 7：60，pl. 2：8 – 9. 1980；并于中国植物志 23（2）：259，图版 53：6 – 7. 1995；Q. Lin et al. in Fl. China 5：147. 2003；W. T. Wang in Fu et al. Paper Collection of W. T. Wang 2：1126. 2012. Holotype：四川：都江堰，alt. 1130m，1930 – 04 – 19，汪发缵 20552（PE）. Paratypes：四川：峨眉山，洪椿坪，1941 – 04 – 02，方文培 16050（PE）；天全，新沟，alt. 1600 – 1800m，1959 – 06 – 04，经济植物普查队 624（PE）；峨边，1930，俞德浚 694（PE）；雷波，麻柳箐，alt. 1800m，1959 – 05 – 12，经济植物队 70（PE）。

多年生草本。茎高 20 – 30cm，基部粗 2 – 4mm，上部密被贴伏短柔毛，下部无毛，不分枝。叶具短柄或无柄；叶片薄纸质，在茎上部叶，斜长圆形或斜倒卵状长圆形，长 7 – 11. 5cm，宽 2. 5 – 4cm，在茎下部叶较小，长 2. 5 – 5cm，顶端渐尖或尾状，基部狭侧锲形或钝，宽侧耳形，边缘有密牙齿，上面散生短糙伏毛，下面被短伏毛（毛在脉上密），叶脉羽状，侧脉 7 – 8 对，钟乳体稍明显，密，近点状，长在 0. 1mm 以下；叶柄长 2 – 3mm；托叶狭条形，长 7 – 11mm。花序雌雄异株，单生叶腋。雄头状花序直径 0. 6 – 1mm；花序梗长 6 – 12mm，有疏毛或近无毛；花序托

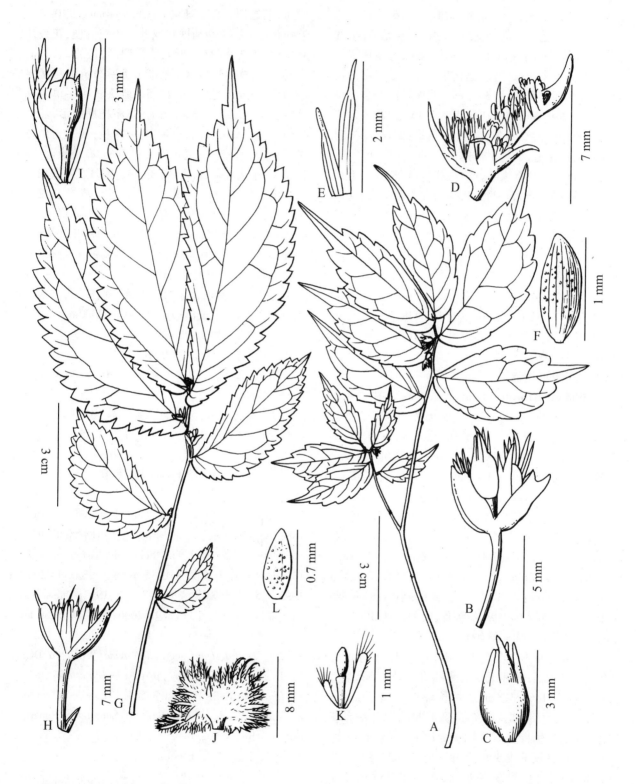

图版 73 A－F. 马边楼梯草 *Elatostema mabienense* var. *mabienense* A. 植株全形,B. 雄头状花序,C. 雄花蕾,D. 果序,E. 雌小苞片,F. 瘦果。(据 isotype) G－L. 细角楼梯草 *E. tenuicornutum* G. 开花茎上部,H. 雄头状花序,I. 雄小苞片和雄花蕾,J. 果序(下面观),K. 雌小苞片和幼果,L. 瘦果。(据 isotype)

不明显;苞片2-6枚,长卵形或长圆形,4-6枚时,2枚较大,呈船形,长4-6.5mm,背面有疏毛或近无毛,顶端之下有长0.8-1.3mm的角状突起,中部有褐色纵条纹;小苞片10余枚,条形,长3.5-4mm,有疏缘毛或无毛。雄花:花梗长达4.5mm,无毛;花被片5,长椭圆形,长约1.8mm,基部合生,背面顶端之下有细角状突起;雄蕊5;退化雌蕊不明显。雌头状花序具短梗或无梗,长3-8mm;花序托椭圆形或长方形,长2-5mm;苞片在较小花序15枚,在较大花序达40枚,狭三角形,条状三角形或卵形,长约2mm,密被缘毛;小苞片密集,半透明,狭披针形,长0.5-1mm,顶端有缘毛。雌花具短梗:花被片不存在;子房椭圆体形,长约0.25mm,柱头画笔头形,长0.25mm。瘦果褐色,狭卵球形,长0.7-0.8mm,约有6条细纵肋和小瘤状突起。花期4-6月。

特产四川西部。生于山谷林中或陡坡石上,海拔1090-1800m。

标本登录:

四川:峨眉山,方文培16156,18448,18935,关克俭等454(PE);二郎山,郎楷永等164(PE);什邡,什邡队0051(SM)。

131. 樱叶楼梯草　图版74

Elatostema prunifolium W. T. Wang in Bull. Bot. Lab. N. - E. Forest. Inst. 7:27. 1980;并于中国植物志23(2):215,图版44:2. 1995;Q. Lin et al. in Fl. China 5:135. 2003;林祁,段林东于云南植物研究25(6):637. 2003, p. p. excl. syn. *E. quinquecostato* W. T. Wang et ejus nominis holotypo;熊济华,杨昌煦等,重庆维管植物检索表150,153. 2009;王文采于广西植物30(6):719,图2:G. 2010;W. T. Wang in Fu et. al. Paper Collection of W. T. Wang 2:1129. 2012;Zeng Y. Wu et al. in Pl. Divers. Resour. 34(1):14, Fig. 1:A - D, Fig. 2:D - G. 2012. Type:重庆:南川,金佛山,小河,老龙洞,alt. 750m,1957 - 04 - 03,熊济华,周子林90110(holotype,PE);同地,曲桂龄6009(paratype,PE)。

多年生草本。茎高27-36cm,无毛,不分枝或分枝。叶无柄;叶片纸质或薄纸质,斜长圆形,长5-11cm,宽1.6-3.8cm,顶端长渐尖(尖头下部有1-3小牙齿),基部狭侧锲形,宽侧近耳形,边缘自基部之上有密锯齿或小牙齿,上面散生短糙伏毛,下面脉网上疏被短毛或变无毛,叶脉羽状,侧脉在叶每侧7-8条,钟乳体明显,密集,长0.1-0.25mm;托叶膜质,狭卵形至狭披针形,长4-7mm,宽达1.5mm,无毛。雄花序成对腋生,直径4-6mm,有梗;花序梗长3-12mm,无毛;花序托不明显;苞片7-10,膜

质,白色,2枚较大,对生,其他的较小,均呈船状条形,长2.5-3.5mm,宽0.5-0.8mm,无毛,背面顶端之下具长0.5-1mm的角状突起;小苞片2-10,膜质,半透明,条形,长(1-)2-4mm,宽0.2-0.4mm,无毛,顶端啮蚀状或钝。雄花有梗:花被片4-5,稍不等大,椭圆形或狭椭圆形,长约2.5mm,下部合生,背面顶端之下有长0.5-2mm的角状突起,有疏毛或无毛;雄蕊4-5。雌头状花序单生叶腋;花序梗长约1.5mm,无毛;花序托椭圆形,长约4mm,宽2.5mm,无毛;苞片18-28枚,狭三角形或条形,长1-1.5mm,宽0.25-0.5mm,有疏缘毛,顶端锐尖;小苞片多数,密,膜质,半透明,白色,条形或条状倒披针形,长1-1.5mm,上部有疏缘毛或无毛。雌花无梗:花被片不存在;子房椭圆体形,长约0.35mm,柱头画笔头形,长约0.3mm。瘦果淡褐色,狭椭圆体形,长约0.8mm,约有不清晰的6条细纵肋和小瘤状突起。花期3-4月。

分布于云南东北部、贵州北部、重庆南部。生于山谷林下、岩石上或溪边,海拔680-2000m。

标本登录(均存PE):

云南:巧家,刘正宇20921。

贵州:正安,刘正宇15499,20520;道真,刘正宇16533,16601。

重庆:金佛山,熊济华,周子林90110,刘正宇4046,8671,13365,13371,13372,13953,15499。

组3. 骤尖楼梯草组

Sect. Elatostema. Hook. f. Fl. Brit. Ind. 5:563. 1888, p. p;王文采于东北林学院植物研究室汇刊7:66. 1980;Yahara in J. Fac. Sci. Uniy. Tokyo, Sect. 3, 13:492. 1984;王文采于中国植物志23(2):266. 1995;李锡文于云南植物志7:288. 1997;Tateishi in Iwatsuki et al. Fl. Japan 2a:91. 2006;W. T. Wang in Fu et al. Paper Collection of W. T. Wang 2:1129. 2012.——*Elatostema* sect. *Elatostema* Wedd. in DC. Prodr. 16(1):172. 1869, p. p.——*Elatostema* sect. *Euelatostema* Baill. Hist. Pl. 3:524. 1872.——*Elatostema* subgen. *Euelatostema* (Baill) H. Schroter in Repert. Sp. Nov. Regni Veg. Beih. 83(1):2,17. 1935. Type:*E. sessile* J. R. & G. Forster.

多年生草本,稀亚灌木。叶具三出脉,离基三出脉,半离基三出脉,或羽状脉,边缘具齿,稀全缘。雄花序为头状花序,具明显盘状花序托,花序托边缘具,稀不具总苞。雌花序亦为头状花序,花序托边缘

图版 74 櫻叶楼梯草 *Elatostema prunifolium* A. 开花茎上部, B. 雄头状花序, (据刘正宇 13372) C. 雌头状花序 (下面观),
D. 雌小苞片和雌花, (据刘正宇 13365) E. 瘦果。(据刘正宇 8671)

具,稀不具总苞。瘦果通常具纵肋,有时具纵肋和瘤状突起、只具瘤状突起、具瘤状突起和网纹,只具多数短浅纹、具短线纹和瘤状突起、具点状纹饰或光滑(无任何纹饰)。

本组在我国有 147 种、22 变种(其中有 134 特有种,包括 *E. costatoalatum*,*E. zhenyuanense* 和 *E. linearicorniculatum*,见后附录"新分类群增补";22 变种全部特产我国),隶属 25 系,广布于我国亚热带和热带地区,多数种分布于云南、广西和相邻地区。

系 1. 骤尖楼梯草系

Ser. **Cuspidata** W. T. Wang in Bull. Bot. Lab. N. – E. Forest. Inst. 7:66. 1980;Yahara in J. Fac. Sci. Univ. Tokyo,Sect. 3,13:492. 1984;王文采于中国植物志 23(2):266. 1995;Tateishi in Iwatsuki et al. Fl. Japan 2a:91. 2006;W. T. Wang in Fu et al. Paper Collection of W. T. Wang 2:1130. 2012. Type:*E. cuspidatum* Wight.

所有叶正常发育,具三出脉或半离基三出脉,稀具离基三出脉(*E. platyphyllum*)。雄、雌头状花序均具短梗或无梗。瘦果具纵肋。

本系在我国有 58 种、7 变种(其中有 49 特有种,包括 *E. costatoalatum* 和 *E. linearicorniculatum*,见后附录 1"新分类群增补";7 变种全部特产我国),广布于我国亚热带和热带地区,多数种分布于西南部。

1. 雄、雌苞片不具角状突起(在 *E. macintyrei*,雌苞片有短角状突起)。
  2. 叶基部斜楔形。
    3. 茎有 5 条或更多条浅纵沟。
      4. 茎上部被开展短硬毛;雌总苞的苞片约 30 枚,被短缘毛;雌小苞片白色,半透明 …………………………………………………………………………………… 136. 屏边楼梯草 **E. pingbianense**
      4. 茎无毛;雌总苞的苞片约 14 枚,无毛;雌小苞片褐色,不半透明…… 149. 褐苞楼梯草 **E. brunneobracteolatum**
    3. 茎无或有较少浅纵沟。
      5. 茎密被短糙伏毛;叶三出脉。
        6. 叶顶端通常急尖,上面被糙伏毛;雌总苞的苞片多数,狭三角形,无纵肋;雌花无花被片;瘦果具 6 条纵肋……………………………………………………………………………… 134. 曲毛楼梯草 **E. retrohirtum**
        6. 叶顶端渐尖,上面无毛;雌总苞的苞片 6 枚,卵形,多数在背面有 1 条纵肋;雌花有 3 枚花被片;瘦果有 8 – 10 条纵肋 …………………………………………………………… 159. 三被楼梯草 **E. tritepalum**
      5. 茎无毛;叶具半离基三出脉。
        7. 叶片长达 26cm,边缘具粗牙齿 ………………… 184c. 无角骤尖楼梯草 **E. cuspidatum** var. **ecorniculatum**
        7. 叶片较小,长达 10 – 18cm。
          8. 雄头状花序分裂成 2 无梗近球形的小头状花序 ………… 157. 双头楼梯草 **E. didymocephalum**
          8. 雄头状花序不分裂。
            9. 雄头状花序 2 至数个,雌头状花序 5 – 9 个簇生叶腋;叶片通常无毛,钟乳体长 0.3 – 0.7mm …………………………………………………………………………………… 137. 多序楼梯草 **E. macintyrei**
            9. 雄头状花序 1 – 2 个腋生;叶片上面疏被糙伏毛,下面无毛,钟乳体长 0.05 – 0.3mm。
              10. 雄花序托不分裂;雄苞片无毛;雄花蕾无毛。
                11. 叶宽侧侧脉 4 条,托叶披针状条形;雄总苞的苞片 8 枚 … 132. 薄托楼梯草 **E. tenuireceptaculum**
                11. 叶宽侧侧脉 2 条,托叶卵形;雄总苞的苞片 14 枚 ……………………………………… 161c. 大围山楼梯草 **E. cyrtandrifolium** var. **daweishanicum**
              10. 雄花序托在中部 2 浅裂;雄苞片和雄花蕾被柔毛 …………………… 133. 绿春楼梯草 **E. luchunense**
  2. 叶基部宽侧耳形或近耳形。
    12. 雄总苞或雄和雌总苞不存在。
      13. 叶片无毛;雄花序托边缘浅波状(雄苞片在强烈退化后的遗留部分);雌总苞存在 …………………………………………………………………………………… 153. 宽叶楼梯草 **E. platyphyllum**
      13. 叶片上面被糙伏毛;雄花序托边缘全缘(雄苞片完全消失);雌总苞不存在 …………………………………………………………………………………… 154. 无苞楼梯草 **E. ebracteatum**
    12. 雄、雌总苞均存在。
      14. 叶具三出脉。
        15. 叶片两面无毛。

16. 茎下部被短柔毛;叶片长圆形,顶端骤尖;雌总苞的6枚苞片近等大,均呈宽三角形;雌花无花被片 ……………… 143. 玉民楼梯草 **E. shuii**

16. 茎无毛;叶片卵形,顶端尾状渐尖;雌总苞的6枚苞片中2枚对生,较大,近新月形,另4枚较小,宽卵形;雌花具4枚很小花被片 ………… 144. 长渐尖楼梯草 **E. caudatoacuminatum**

15. 叶片两面被毛,或上面无毛。

  17. 叶顶端骤尖或尾状渐尖,钟乳体长 0.25 - 0.3mm。

    18. 叶片上面无毛;雄花序梗和花序托的钟乳体密集,长 0.2 - 0.4mm;雄总苞外层2对生苞片背面具1条纵肋 …………………………………………… 147. 大新楼梯草 **E. daxinense**

    18. 叶片上面被糙伏毛;雄花序梗和花序托的钟乳体极稀疏,并较小,长 0.1 - 0.2mm;雄总苞外层2苞片背面具7条纵肋 …………………………… 148. 七肋楼梯草 **E. septemcostatum**

  17. 叶顶端渐尖或急尖,钟乳体较大,长达 0.5mm。

    19. 叶顶端通常急尖;托叶长 4 - 6mm;雌花无花被片;雌总苞的苞片约 10 枚,有时有内层苞片 40 - 50 枚,所有苞片无纵脉 …………………………… 134. 曲毛楼梯草 **E. retrohirtum**

    19. 叶顶端渐尖;托叶长 3.5 - 10mm;雌花有 2 枚花被片;雌总苞的苞片二层,外层 7 枚,内层 16 枚,所有苞片背面有 1 条绿色中脉 ……………… 175. 绿脉楼梯草 **E. viridinerve**

14. 叶具半离基三出脉。

  20. 茎有毛。

    21. 茎和叶片下面的毛淡黄色 …………………… 142. 黄毛楼梯草 **E. xanthotrichum**

    21. 茎和叶片下面的毛白色。

      22. 叶片宽达 12cm,基部宽侧的耳垂部分长 5 - 13mm;雌头状花序蝴蝶形,4 裂;雌总苞的苞片多达 270 枚,在花序托边缘紧密排列,狭条形,长 0.7mm ………… 156. 文采楼梯草 **E. wangii**

      22. 叶片较小,宽达 4.5 - 5cm,基部宽侧的耳垂部分长 1 - 6mm;雌头状花序近长方形,不分裂或 2 浅裂;雌总苞的苞片 5 - 6 枚,或多达 32 枚。

        23. 雌总苞的苞片 5 - 6 枚,排成一层;雌花无花被片。

          24. 叶片狭侧边缘中部以下全缘;雄总苞的较大苞片在背面有 3 - 5 条纵肋;雌花序托无毛,不分裂;雌小苞片白色,半透明 ……………… 140. 隆脉楼梯草 **E. phanerophlebium**

          24. 叶片狭侧边缘中部以下有小齿;雄总苞的苞片无纵肋;雌花序托被短柔毛,2 浅裂;雌小苞片绿色,不半透明 ……………… 141. 绿苞楼梯草 **E. viridibracteolatum**

        23. 雌总苞的苞片 10 - 32 枚,排成二层;雌花有 3 枚花被片 ……… 146. 永田楼梯草 **E. yongtianianum**

  20. 茎无毛,或很快变无毛(*E. platyphylloides*)。

    25. 雄头状花序小,(4 -)6 - 8 个簇生叶腋 ………… 138. 丛序楼梯草 **E. punctatum**

    25. 雄头状花序 1 - 2 个腋生(在 *E. multicanaliculatum*,雄头状花序未见)。

      26. 叶顶端尖头全缘。

        27. 茎具 5 条或更多浅纵沟;叶片下面无毛;雌苞片和雌小苞片被缘毛 ……………………………………… 135. 多沟楼梯草 **E. multicanaliculatum**

        27. 茎无纵沟;叶片下面被短硬毛;雌苞片和雌小苞片无毛 ………… 139. 河池楼梯草 **E. hechiense**

      26. 叶顶端渐尖头或尾状尖头边缘有小齿。

        28. 叶片上面无毛。

          29. 叶片下面脉上被糙伏毛,钟乳体长 0.1 - 0.25mm ………… 145. 富宁楼梯草 **E. funingense**

          29. 叶片下面无毛,钟乳体较大,长达 0.5mm ……… 152b. 南海楼梯草 **E. edule var. ecostatum**

        28. 叶片上面被糙毛或硬毛。

          30. 叶片无缘毛,下面无毛,钟乳体长 0.1 - 0.2mm;托叶无毛 …………………………………………… 150. 拟宽叶楼梯草 **E. pseudoplatyphyllum**

          30. 叶片有缘毛,下面有硬毛,钟乳体长 0.3 - 0.4mm;托叶有缘毛,背面中脉有短毛 …………………………………………… 151. 似宽叶楼梯草 **E. platyphylloides**

1. 雄、雌苞片具角状突起或其他形状的突起。

  31. 叶具三出脉。

    32. 托叶长达 4 - 7mm。

      33. 叶片上面被糙伏毛。

        34. 托叶圆卵形,白色;雌总苞具 3 枚苞片;雌小苞片具钟乳体;瘦果具 10 条纵肋 ………………………………………

·· 158. 宽托叶楼梯草 E. latistipulum

34. 托叶披针形或钻形,绿色;雌总苞具 12 枚或更多苞片;雌小苞片无钟乳体;瘦果具 6 - 8 条纵肋。

35. 茎无毛或被短柔毛;叶顶端尖头全缘;雌总苞的苞片 26 - 28 枚。

36. 茎无毛或疏被白色短柔毛;叶顶端骤尖;雄总苞的 6 枚苞片中,2 枚较大,4 枚较小,背面有 2 或 7 条短纵肋;雌总苞的苞片排成 2 层,外层 6 枚,均具角状、稀斜椭圆形突起,内层约 20 枚,无任何突起 ·············· 161. 锐齿楼草 E. cyrtandrifolium var. cyrtandrifolium

36. 茎被褐色短柔毛;叶顶端短尾状;雄总苞的 6 枚苞片近等大,均在顶端具角状突起,无纵肋;雌总苞的苞片约 28 枚,排成 3 层,所有苞片均具角状突起 ·············· 162. 短尾楼草 E. brevicaudatum

35. 茎上部被糙伏毛;叶顶端渐尖头边缘每侧有 2 - 4 小齿;雌总苞有 12 枚苞片,其中 1 - 2 枚具角状突起 ·············· 173. 黄连山楼梯草 E. huanglianshanicum

33. 叶片上面无毛;雄苞片在背面顶端之下有短角状突起。

37. 茎和叶片下面被短糙伏毛;雄总苞的苞片 5 - 7 枚;雄小苞片无任何突起 ·············· 163. 短尖楼梯草 E. breviacuminatum

37. 茎和叶无毛;雄总苞的苞片约 16 枚;雄小苞片在背面顶端之下具短角状突起 ·············· 164. 假骤尖楼梯草 E. pseudocuspidatum

32. 托叶较大,长达 12 - 17cm。

38. 茎上部被短硬毛;雄苞片正常发育,比角状突起长。

39. 雄总苞的 7 枚苞片背面无纵肋,部分苞片顶端具角状突起 ········ 171. 拟托叶楼梯草 E. pseudonasutum

39. 雄总苞的外层 2 对生苞片在背面具 5 条纵肋,纵肋顶端伸长成短角状突起 ·············· 179. 粗梗楼梯草 E. robustipes

38. 茎无毛。

40. 叶的侧脉 7 - 8 对;雄苞片正常发育,比顶端的角状突起稍长或等长,背面有 1 或 3 条纵肋 ·············· 178. 三肋楼梯草 E. tricostatum

40. 叶的侧脉在叶狭侧 2 - 4 条,在宽侧 2 - 5 条;雄苞片发生退化而变小,比其顶端的角状突起短,无纵肋。

41. 叶片宽 1.6 - 3.8cm;雄小苞片船形,顶端有细筒状或兜状突起 ·············· 165. 兜船楼梯草 E. cucullatonaviculare

41. 叶较大,宽 3.5 - 9cm;雄小苞片平,条形,无任何突起 ·············· 186. 粗角楼梯草 E. pachyceras

31. 叶具半离基三出脉。

42. 茎无毛。

43. 叶片全缘 ·············· 169. 木姜楼梯草 E. litseifolium

43. 叶片边缘具齿。

44. 叶片顶端尖头边缘有小齿。

45. 叶片基部宽侧耳形;雄苞片背面有 1 条纵肋,有时还具角状突起 ·············· 152a. 食用楼梯草 E. edule var. edule

45. 叶片基部斜锲形。

46. 叶片侧脉 4 - 5 对。

47. 托叶长 5 - 10mm;雄花序托长 3 - 9mm;雌总苞苞片排成 2 - 3 层 ·············· 174. 华南楼梯草 E. balansae

48. 叶片下面脉上疏被短柔毛;托叶无毛 ·············· 174a. 模式变种 var. balansae

48. 叶片下面脉上被硬毛;托叶被缘毛 ·············· 174b. 硬毛华南楼梯草 var. hispidum

47. 托叶长 10 - 18mm;雌花序托长 11 - 23mm;雌总苞苞片排成 2 层 ·············· 182. 巨序楼梯草 E. megacephalum

46. 叶片侧脉 7 - 8 对。

49. 叶片长约 13cm,下面无毛;托叶长 12 - 14mm ·············· 178. 三肋楼梯草 E. tricostatum

49. 叶片长 23 - 29cm,下面被短柔毛;托叶长 20mm ·············· 181. 毛叶楼梯草 E. mollifolium

44. 叶片顶端尖头全缘。

50. 雌总苞不存在;雄总苞的外层部分苞片在顶端具短角状突起 ······ 155. 狭被楼梯草 E. angustitepalum

50. 雌总苞存在。

51. 雌苞片顶端具斜长椭圆形突起 ·············· 161a. 锐齿楼梯草 E. cyrtandrifolium var. cyrtandrifolium

51. 雌苞片顶端具角状突起。

52. 叶片下面疏被短硬毛;雌苞片正三角形,比其顶端的角状突起长 ………………………………
　　…………………………………………………………………… 185. 茨开楼梯草 **E. cikaiense**
52. 叶片下面无毛;雌苞片比其顶端的角状突起短。
　　53. 叶片边缘具小牙齿……………………… 160. 拟锐齿楼梯草 **E. cyrtandrifolioides**
　　53. 叶片边缘具粗牙齿。
　　　　54. 托叶条形,白色,中脉绿色;雄总苞的苞片 10 – 15 枚,角状突起长 0.6 – 5mm;雌总苞的苞片
　　　　　　约 25 枚,角状突起长约 1mm …………………………… 184. 骤尖楼梯草 **E. cuspidatum**
　　　　　　55. 雄苞片的角状突起长 0.6 – 2mm ………………… 184a. 模式变种 var. **cuspidatum**
　　　　　　55. 雄苞片的角状突起长 3 – 5mm ……………… 184b. 长角骤尖楼梯草 var. **dolichoceras**
　　　　54. 托叶黄绿色,中脉不明显;雄总苞的苞片约 6 枚,角状突起长 0.8 – 1.8mm,比苞片长;雌总苞
　　　　　　的苞片约 12 枚,其角状突起长 0.5 – 1.2mm …………… 186. 粗角楼梯草 **E. pachyceras**
42. 茎有毛。
　　56. 雄总苞的外层 2 对生苞片在背面均有 6 条纵肋,纵肋顶端伸出成短角状突起 …………………
　　　　………………………………………………………………… 180. 六肋楼梯草 **E. sexcostatum**
　　56. 雄总苞的所有苞片均无纵肋。
　　　　57. 托叶无毛。
　　　　　　58. 叶片的钟乳体点状或短杆状,长 0.1 – 0.15mm ………… 172. 尖牙楼梯草 **E. oxyodontum**
　　　　　　58. 叶片的钟乳体较大,均呈杆状,长 0.3 – 0.5mm。
　　　　　　　　59. 叶片具 4 对侧脉。
　　　　　　　　　　60. 茎顶部被开展短柔毛;叶片下面中脉被长硬毛;雌总苞的所有苞片均无纵肋 …………
　　　　　　　　　　　　………………………… 161b. 硬毛锐齿楼梯草 **E. cyrtandrifolium** var. **hirsutum**
　　　　　　　　　　60. 茎和叶下面叶脉均密被粗糙伏毛;雌总苞的外层 2 对生苞片在背面具 5 条纵肋 …………
　　　　　　　　　　　　…………………………………………… 177. 反糙毛楼梯草 **E. retrostrigulosum**
　　　　　　　　59. 叶片狭侧有 1 条侧脉,宽侧有 2 条侧脉;雄苞片很小,远短于其顶端的突起 …………………
　　　　　　　　　　…………………………………………………… 183. 漾濞楼梯草 **E. yangbiense**
　　　　57. 托叶有毛。
　　　　　　61. 茎下部无毛,也无软鳞片。
　　　　　　　　62. 托叶一型;雌总苞的苞片排成 1 – 2 层,少数苞片具角状突起。
　　　　　　　　　　63. 植株干后变为黑色;茎和叶下面被短硬毛;雌苞片的角状突起长 0.3 – 0.5mm …………
　　　　　　　　　　　　………………………………………………… 166. 片马楼梯草 **E. pianmaense**
　　　　　　　　　　63. 植株干后不变黑色;茎和叶下面被短柔毛;雌苞片的角状突起长 0.2 – 0.9mm …………
　　　　　　　　　　　　………………………………………………… 167. 宽被楼梯草 **E. latitepalum**
　　　　　　　　62. 托叶二型,或为船形,具 1 条脉,或为三角形,具 2 条脉;雌总苞的苞片排成 3 层,所有苞片均具角状
　　　　　　　　　　突起 …………………………………………………… 168. 溪涧楼梯草 **E. rivulare**
　　　　　　61. 茎下部有毛,或有软软鳞片。
　　　　　　　　64. 茎无软鳞片。
　　　　　　　　　　65. 茎高 14 – 18cm,下部被反曲短柔毛,上部被开展柔毛;叶顶端骤尖头全缘;托叶有短缘毛,无钟乳
　　　　　　　　　　　　体;雄总苞的 6 枚苞片顶端均有长约 5.5mm 的长角状突起 … 170. 勐仑楼梯草 **E. menglunense**
　　　　　　　　　　65. 茎高 40cm,全部密被反曲短糙伏毛;叶顶端渐尖头边缘有小齿;托叶下面基部被柔毛,沿中脉有
　　　　　　　　　　　　密集钟乳体;雌总苞的苞片约 70 枚,排成 2 层,其中少数苞片有角状突起 …………………
　　　　　　　　　　　　…………………………………………… 176. 拟反糙毛楼梯草 **E. retrostrigulosoides**
　　　　　　　　64. 茎下部密被软鳞片,无毛;雄总苞的苞片 8 枚,小,在背面顶端之下具短而粗的角状突起;雌总苞的
　　　　　　　　　　苞片约 6 枚,与雄苞片相似,也强烈退化,很小,其顶端有菱形或镰刀状的大突起 …………………
　　　　　　　　　　……………………………………………………… 187. 宽角楼梯草 **E. platyceras**

132. 薄托楼梯草　图版 75:A – C
Elatostema tenuireceptaculum W. T. Wang in
Guihaia 11(1):1,fig. 1:1 – 2. 1991;Q. Lin et al. in
Fl. China 5:151. 2003;W. T. Wang in Fu et al. Paper

Collection of W. T. Wang 2:1133. 2012. Type:广西:
乐业,同乐,alt. 1050m,1989 – 04 – 30,昆明植物所
红水河队 89 – 618(holotype,PE;isotype,KUN)。

多年生草本。茎高约 34cm,无毛,下部有 1 分

枝,有密集、长 0.1 - 0.4mm 的杆状钟乳体。叶无柄或有极短柄;叶片薄纸质,斜椭圆形,长 8.2 - 10.8cm,宽 3.2 - 4.3cm,顶端渐尖或长渐尖(尖头全缘),基部狭侧锲形,宽侧圆形,边缘有牙齿,上面疏被短糙伏毛,下面无毛,半离基三出脉,侧脉在叶狭侧 2 条,在宽侧 4 条,钟乳体不明显,分布于基出脉、侧脉和脉网上,杆状,长 0.1 - 0.3mm;叶柄长达 1.2mm,无毛;托叶膜质,白色,披针状条形或狭三角形,长 3 - 5.5mm,宽 0.8mm,无毛,有少数长 0.2 - 0.5mm 的杆状钟乳体。雄头状花序成对腋生,长约 9mm,宽 5mm,无毛,约 30 花,有短梗;花序梗长约 1.8mm;花序托膜质,近长圆形,长约 5mm,宽 2.5mm;苞片约 8,膜质,三角形,长 1.5 - 2.5mm,宽 1 - 1.8mm;小苞片稀疏,条状披针形,长约 1.8mm,宽 0.5mm。雄花无毛:花梗细,长 1 - 1.8mm;花被片 4,船状长圆形,长约 1.5mm,基部合生,背面顶端之下有长 0.4 - 0.7mm 的角状突起;雄蕊 4。雌头状花序未见。花期 4 - 5 月。

特产广西乐业。生于山谷常绿阔叶林中,海拔 1050m。

133. 绿春楼梯草 图版 75:D - H

Elatostema luchunense W. T. Wang in Acta Phytotax. Sin. 35(5):459, fig . 1:3 - 8. 1997; et in Fu et al. Paper Collection of W. T. Wang 2: 1133. 2012. Holotype:云南:绿春,黄连山,骑马坝, alt. 900 - 1200m, 1995 - 11 - 01,武素功等 1084(KUN)。

多年生草本,雌雄同株。茎高约 50cm,下部粗 5mm,无毛,分枝,有密集、长 0.05 - 0.4mm 的钟乳体。叶具极短柄或无柄;叶片薄纸质,斜椭圆状长圆形,稀椭圆形,长 5 - 14cm,宽 2 - 4cm,顶端长渐尖(尖头全缘),稀渐尖,基部斜楔形或宽侧圆形,边缘有钝牙齿或浅钝齿,上面有极疏糙伏毛,下面无毛,半离基三出脉,侧脉在叶狭侧 2 - 3 条,在宽侧 2 - 4 条,钟乳体稍明显,密集,杆状,长 0.05 - 2mm;叶柄长达 2mm,无毛;托叶狭披针形,长 3.5 - 7mm,宽 1mm,无毛。雄头状花序单个或成对腋生;花序梗长 1.5 - 5mm,无毛;花序托椭圆形,长 3 - 11mm,宽 2 - 7mm,无毛,中部 2 裂;苞片 8,膜质,正三角形或三角形,长 2 - 3mm,宽 2.8mm,顶端有疏柔毛;小苞片约 25,半透明,船状长圆形或条形,长 2 - 3mm,宽 0.3mm,顶端疏被短缘毛。雄花蕾多数,具短梗,近球形,直径 1mm,顶端有 4 角状突起和少数短柔毛。雌头状花序单个或成对腋生,直径约 2mm,无梗;花序托圆形,直径 1mm,无毛;苞片 6,排成 2 层,背面上部有疏柔毛,外层 2

枚对生,较大,正三角形,长 0.6mm,宽 0.8mm,内层 4 枚较小,卵形或狭卵形,长 0.8mm,宽 0.5mm;小苞片多数,密集,半透明,条形或披针状条形,长 0.5 - 0.65mm,宽 0.2mm,被缘毛。雌花无梗:花被片不存在;雌蕊长约 0.35mm,子房狭椭圆体形,长 0.25mm,柱头小,长 0.1mm。花期 10 - 11 月。

特产云南绿春黄连山。生于山谷雨林中,海拔 900 - 1200m。

134. 曲毛楼梯草 图版 76

Elatostema retrohirtum Dunn in Kew Bull. Misc. Inf . , Add. ser. 10: 249. 1912;王文采于东北林学院植物研究室汇刊 7: 68. 1980;并于中国植物志 23(2):280,图版 60:3. 1995;李锡文于云南植物志 7:292,图版 72:4 - 5. 1997;Q. Lin et al. in Fl. China 5: 153. 2003;王文采于广西植物志 2:860,图版 349:1. 2005;阮云珍于广东植物志 6:72. 2005;税玉民,陈文红,中国喀斯特地区种子植物 1:100,图 245. 2006;W. T. Wang in Fu et al. Paper Collection of W. T. Wang 2: 1134. 2012. Holotype:广东北部:Yit - hai, Dunn's Han Exped, Herb. Hongk. no. 6288(K, non vidi)。

多年生草本。茎长 15 - 35cm,密被反曲或混生近开展的短糙毛,分枝,下部着地生根。叶具极短柄或无柄;叶片纸质或草质,斜椭圆形,长 3 - 7.5cm,宽 1.5 - 3.8cm,顶端短渐尖或急尖,基部狭侧锲形,宽侧近耳形,边缘在基部之上有小牙齿,上面散生少数短伏毛,下面沿中脉及侧脉密被短毛,基出脉三条,侧脉在狭侧 2 - 3 条,在宽侧 3 - 4 条,钟乳体明显或稍明显,密,长 0.3 - 0.5mm;叶柄长达 1mm;托叶条状披针形,长 4 - 6mm,边缘白色,膜质,无毛。雄头状花序未见。雌头状花序单生叶腋,有极短梗;花序梗长达 1mm;花序托直径 3 - 5.5mm,边缘有多数苞片,疏被短伏毛;苞片 6 枚,2 枚对生,较大,扁宽卵形,长约 1mm,宽 2 - 2.5mm,顶端具短而粗的绿色角状突起,4 枚较小,近正三角形,长及宽均约 1mm,背面上部有 1 条绿色短纵肋,有时还有内层苞片 40 - 50 枚,条状三角形,长约 1mm,宽 0.2mm,密被缘毛;小苞片约 ±85,密集,匙状条形,长 0.6 - 1.2mm,上部有长柔毛。雌花:花被片不存在;子房椭圆形,长约 0.2mm,柱头极小。瘦果椭圆体形或狭卵球形,长 0.5 - 0.6mm,具 6 - 8 条纵肋。6 月至 8 月开花。

分布于云南南部和东部、四川南部、贵州东南部、广西、广东北部。生于低山山谷林下,海拔 460 - 1200m。

标本登录：

云南：勐仑,热带植物园,王文采 s. n. ；屏边,蔡希陶 61215（PE）；富宁,武素功 3651（KUN）；盐津,滇东北组 925（KUN）。

四川：兴文,兴文队 77 - 100（IMC）；筠连,筠连队 69（IMC）。

贵州：荔波,段林东、林祁 2002137（PE）。

广西：天娥,韦毅刚 6499（PE）；都安,韦毅刚 g 108（PE）；那坡,方鼎等 25013（PE）；龙州,陈少卿 11707（PE）。

广东：阳山,邓良 268（IBSC）。

135. 多沟楼梯草 图版77：A - D

Elatostema multicanaliculatum Shih & Yang in Bot. Bull. Acad. Sin. 36（4）：268, fig. 5. 1995；Y. P. Yang et al. in FL. Taiwan, 2nd ed, 2：213, pl. 106. 1996；Q. Lin et al. in Fl. China 5：153. 2003；W. T. Wang in Fu et al. Paper Collection of W. T. Wang 2：1134. 2012. Type：台湾：桃园,复兴乡,Rarashan, alt. 1450m,1994 - 10 - 23, 施炳霖 3226（holotype, NSY-SU；non vidi；isotype, HAST）。

多年生草本。茎渐升,高达80cm,粗1.2cm,无毛,有 5 或较多条纵沟,有 1 分枝。叶无柄或近无柄；叶片薄纸质,斜椭圆形或长圆形,长 5 - 14.5cm,宽2.5 - 5.5cm,顶端渐尖（尖头全缘）,基部狭侧楔形,宽侧圆形或近耳形,边缘具小牙齿,上面疏被硬毛,下面无毛,半离基三出脉或近羽状脉,侧脉在叶狭侧 3 - 4 条,在宽侧 4 - 5 条,钟乳体密集,长约0.2mm；托叶淡绿色,披针形,长 5 - 7mm,宽2mm,有 1 脉,被短缘毛。雄头状花序未见。雌头状花序单生叶腋,长达 12mm,宽8mm,无梗或近无梗；花序托长方形,长 3 - 8mm；外层 2 枚苞片对生,较大,宽卵形,长约2mm,内层苞片约25 枚,较小,狭三角形,长约1mm,疏被短柔毛；小苞片半透明,狭披针形,长约0.5mm,顶端有短缘毛。雌花：花被片 3 或 4,不等大,狭条形,长 0.1 - 0.25mm；退化雄蕊 3 或 4,极小；子房卵球形,长 0.4mm,柱头画笔头状。瘦果卵球状,长约0.7mm,宽 0.3mm,顶部有 3 - 6 条细纵肋。花期9—11月。

特产台湾桃园。生于中海拔山谷林中。

136. 屏边楼梯草 图版77：E - H

Elatostema pingbianense W. T. Wang, sp. nov. Holotype：云南（Yunnan）：屏边（Pingbian）,Shui-weicheng, alt. 2000 m,1999 - 08 - 29, 税玉民等（Y. M. Shui et al. ）10255（PE）。

Ob caules longitudinaliter vadoseque 5 - 8-sulcatos

species nova haec E. *multicanaliculato* Shih & Yang similis est, a quo facile differt caulibus hirtellis, foliis apice cuspidatis margine dentatis subtus ad nervos hirtellis, bracteolis pistillatis glabris, flore pistillato tepalis carente.

Perennial herbs. Stems ca. 40 cm tall, near base ca. 3.5mm thick, above spreading-hirtellous（hairs 0.1 - 0.3mm long）, simple, longitudinally and shallowly 5 - 8-sulcate. Leaves shortly petiolate or sessile；blades papery, obliquely narrow-obovate, 9.5 - 13.5cm long, 3 - 4.5cm broad, apex cuspidate or shortly cuspidate（cusps entire）, base obliquely cuneate, margin dentate；surfaces adaxially glabrous, abaxially on nerves hirtellous；venation semi - triplinerved, with 4 pairs of lateral nerves；cystoliths slightly conspicuous, slightly dense, thin bacilliform, 0.1 - 0.3mm long；petioles 0 - 4 mm long, glabrous；stipules. white, narrow - triangular, 5 - 8mm long, 1.2 - 2 mm broad, glabrous. Staminate capitula unknown. Pistillate capitula singly axillary, ca. 5mm in diam. ；peduncle ca. 2 mm long, glabrous；receptacle elliptic, ca. 4mm long, 2.5mm broad, glabrous；bracts ca. 30, white, carnose, lanceolate - linear or linear, 0.8 - 1.5mm long, 0.2 - 0.3mm broad, sparsely ciliolate；bracteoles dense , semi - hyaline, linear, 0.6 - 1.2mm long, 0.1 - 0.2mm broad, glabrous. Pistillate flower shortly pedicellate：tepals wanting；ovary narrow - ellipsoidal, ca. 0.4mm long；stigma penicillate, 0.1mm long. Achenes brownish, narrow - ovoid, ca. 0.8mm long, 0.35mm broad, longitudinally thin 10 - ribbed.

多年生草本。茎高约40cm,近基部粗约3.5mm,上部被开展短硬毛（毛长0.1 - 0.3mm）,不分枝,有 5 - 8 条浅纵沟。叶具短柄或无柄；叶片纸质,斜狭倒卵形,长 9.5 - 13.5cm,宽 3 - 4.5cm,顶端骤尖或短骤尖（尖头全缘）,基部斜楔形,边缘具牙齿,上面无毛,下面脉上被短硬毛,半离基三出脉,侧脉4 对,钟乳体稍明显,稍密,细杆状,长 0.1 - 0.3mm；叶柄长 0 - 4mm,无毛；托叶白色,狭三角形,长 5 - 8mm,宽 1.2 - 2mm,无毛。雄头状花序未见。雌头状花序单生叶腋,直径约5mm；花序梗长约2mm,无毛；花序托椭圆形,长约4mm,宽 2.5mm,无毛；苞片约30,白色,肉质,披针状条形或条形,长 0.8 - 1.5mm,宽 0.2 - 0.3mm,疏被短缘毛；小苞片密集,半透明,条形,长 0.6 - 1.2mm,宽 0.1 - 0.2mm,无毛。雌花具短梗：花被片不存在；子房狭卵球形,长约0.4mm;柱头画笔头状,长0.1mm。瘦果淡褐色,狭卵球形,长约0.8mm,宽0.35mm,有10条细纵肋,果期8月。

特产云南屏边。生于山谷林中,海拔2000m。

本种的特产金平的变种 var. triangulare 见附录"新分类群增补"。

137. 多序楼梯草 图版78:E-L

Elatostema macintyrei Dunn in Kew Bull. Misc. Inf. 1920:210. 1920;王文采于东北林学院植物研究室汇刊7:72. 1980;Yahara in J. Fac. Sci. Uuiv. Tokyo,Sect. 3,13:495,fig. 4. 1984;张秀实等于贵州植物志4:59. 1989;曾沧江于福建植物志1:469. 1991;王文采于横断山区维管植物1:329. 1993;并于中国植物志23(2):284,图版61:8. 1995;李锡文于云南植物志7:293. 1997;李丙贵于湖南植物志2:302,图2-223. 2000;Q. Lin et al. in Fl. China 5:154. 2003;王文采于广西植物志2:860,2005;阮云珍于广东植物志6:73. 2005;杨昌煦等,重庆维管植物检索表150. 2009;W. T. Wang in Fu et al. Paper Collection of W. T. Wang 2:1134. 2012. Holotype:东喜马拉雅,Outer Abor Hills,Burkill 36734(K;photo PE).

E. rupestre auct. non(Buch. - Ham.)Wedd.:Hand.-Mazz. Symb. Sin. 7:147. 1929;Merr. in Lingnan Sci. J. 13:22. 1934;中国高等植物图鉴1:315,图1029. 1972。

亚灌木。茎高30-100 cm,常分枝,无毛或上部疏被短柔毛,钟乳体极密。叶有短柄;叶片坚纸质,斜椭圆形或斜椭圆状倒卵形,长(8-)10-18cm,宽(3.4-)4.5-7.6cm,顶端骤尖或渐尖(尖头边缘有密齿),基部斜楔形,或在宽侧有时近耳形,边缘在基部之上一直到顶端有浅牙齿,两面无毛,或在下面中脉及侧脉有伏毛,半离基三出脉,侧脉在狭侧3-4条,在宽侧4-5条,钟乳体极明显,极密(尤其沿脉),长0.3-0.7mm;叶柄长1-5mm,无毛;托叶披针形,长9-14mm,无毛。花序雌雄异株。雄头状花序数个腋生,有梗,直径约2mm;花序梗长约2mm;花序托小,周围有宽卵形苞片。雄花有短梗;花被片4,匙状长圆形,长约1.2mm,基部合生,背面顶端之下有或无短突起,疏被短毛;雄蕊4;退化雌蕊不存在。雌头状花序5-9个簇生,有梗;花序梗长2-6mm;花序托近长方形或近圆形,长2-5mm,常二裂;苞片多数,狭三角形或卵形,长0.5-0.8mm,外面顶端之下有不明显的小突起,边缘被睫毛;小苞片多数,密集,匙状条形,长0.6-1mm,上部有毛。瘦果椭圆球形,长约0.6mm,约有7条细

纵肋。花期春季。

分布于西藏东南部、云南西部和南部、贵州、重庆南部、湖南、广西、广东西部;尼泊尔、不丹、泰国、越南北部。生于山谷林中石上或溪边阴湿处,在贵州、广西、广东海拔高度160-750(-1000)m,在云南东南部600-1100m,西部900-1600m,在西藏东南部850-2000m。

标本登录:

西藏:墨脱,背崩,李渤生、程树志4948(PE);察隅,青藏队73-273(PE)。

云南:泸水,南水北调队8056,8058(PE);腾冲,G. Forrest 7874(IBSC),Gaoligong shan Biod. Survey 24784(CAS,PE);耿马,王启无72875(PE);澜沧,王启无76422(PE);景洪,云大生物系1078(PE);勐钞,冯国楣20378(PE);勐仑,热带植物园,周仕顺1063(PE);勐腊,勐腊队32259(PE);江城,朱维明18679(PE);绿春,绿春队241,287,398(PE);屏边,蔡希陶62338(PE);富宁,王启无88279,88556(PE)。

贵州:安龙,贵州队2619(PE);望谟,贵州队1301,1917(PE);罗甸,贵州队196,209(PE);荔波,段林东2002099(PE);赤水,曹子余、王忠涛186(PE)。

重庆:北碚,川黔队315(PE)。

广西:那坡,红河水队535(PE);靖西,韦毅刚0723(PE);大新,韦毅刚g027(PE);扶绥,陈少卿11924,12061(PE);博白,钟树权A63807(PE);德保,韦毅刚0627(PE);百色,百色队55-1815(PE);天峨,贵州队081(PE);河池,韦毅刚AM6508(PE)。

广东:鼎湖山,石国良13364(PE);高要,黄成162600(PE);云浮,黄志、邓良505(IBSC);茂名,湛江队3787(IBSC);新安,Tsui T. M. 193(PE)。

138. 丛序楼梯草 图版78:A-D

Elatostema punctatum(Buch. -Ham. ex D. Don)Wedd. in Ann. Sci. Nat.,ser. 4,1:189. 1854.——*Procris punctata* Buch. - Ham. ex D. Don,Prodr. Fl. Nepal. 61. 1825.——*Elatostema sessile* J. R. & G. Forster var. *punctatum*(Buch. - Ham. ex D. Don)Wedd. in DC. Prodr. 16(1):173. 1869. Syntypes:Nepal, F. Buchanan s. n,N. Wallich s. n.(non vidi).

E. sessile var. *polycephalum* Wedd. in Arch. Mus. Hist. Nat. Paris 9:295. 1856;Hook. f. Fl. Brit. Ind. 5:564. 1888;Hara in Ohashi, Fl. East. Himal. 3rd Rep.:22. 1975.——*Procris polycephala* Wall. Cat. n. 4629. 1831, nom. nud.——*Elatostema polycephalum* Wedd. in Ann. Sci. Nat,ser. 4,1:189. 1854,nom. nud.

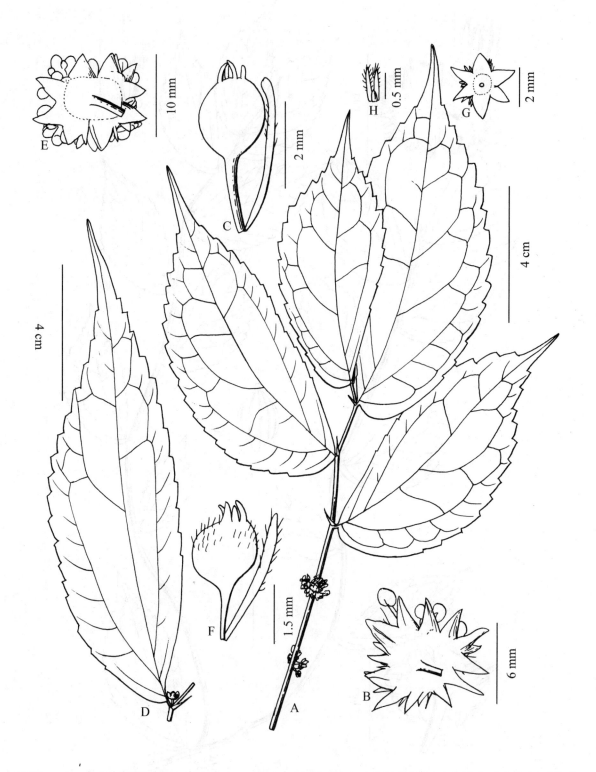

图版75 A–C. 薄托楼梯草 *Elatostema tenuireceptaculum* A. 开花茎上部，B. 雄头状花序（下面观），C. 雄小苞片和雄花蕾。（据 holotype）D–H. 绿春楼梯草 *E. luchunense* D. 叶，E. 雄头状花序（下面观），F. 雄小苞片和雄花蕾，G. 雌头状花序（下面观），H. 雌小苞片和雌花。（据 holotype）

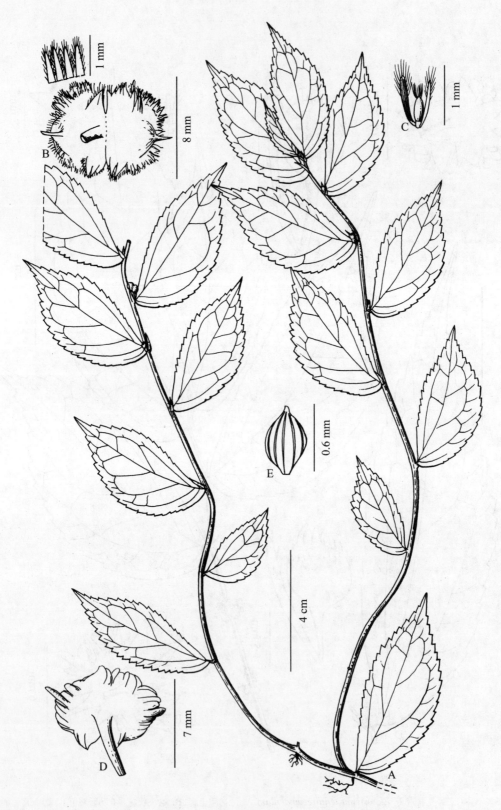

图版 76 曲毛楼梯草 *Elatostema retrohirtum* A. 植株全形，B. 雌头状花序(下面观，雌总苞具多数苞片)，C. 雌小苞片和雌花，D. 雌头状花序(下面观，雌总苞具6枚苞片)，E. 瘦果。(据段林东，林祁 2002137)

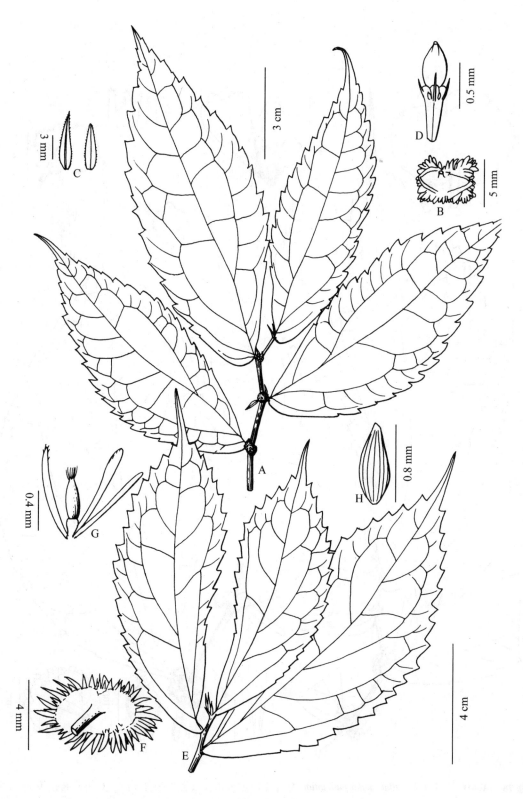

图版77 A–D. 多沟楼梯草 *Elatostema multicanaliculatum* A. 开花茎顶部,(据 B. L. Shih 3223) B. 雌头状花序(下面观),
C. 托叶(背面观),D. 瘦果和宿存花被片和退化雄蕊。(自 Shih & Yang, 1995) E–H. 屏边楼梯草 *E. pingbianense*
E. 开花茎顶部,F. 雌头状花序(下面观),G. 雌小苞片和雌花,H. 瘦果。(据 holotype)

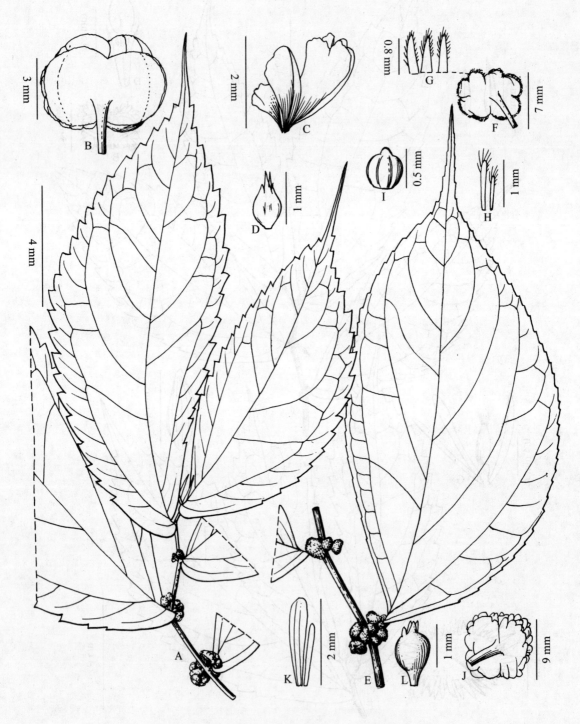

图版 78 A－D. 丛序楼梯草 *Elatostema punctatum* A. 开花茎上部，B. 雄头状花序(下面观)，C. 雄小苞片，D. 雄花蕾。(据自然资源调查组 746) E－L. 多序楼梯草 *E. macintyrei* E. 开花茎上部，F. 雌头状花序(下面观)，G. 雌苞片，H. 雌小苞片，I. 瘦果，(据云南热带植物所队 32259) J. 雄头状花序(下面观)，K. 雄小苞片，L. 雄花蕾。(据李渤生,程树志 4948)

多年生草本。茎高约20cm,下部粗约2mm,无毛,不分枝。叶无柄,无毛;叶片纸质,斜长椭圆形,长7-16cm,宽3-6cm,顶端骤尖(尖头全缘),基部狭侧宽楔形,宽侧耳形(耳垂部分长2-4mm),边缘具牙齿,半离基三出脉,侧脉在叶狭侧约4条,在宽侧约5条,钟乳体明显,密集,杆状,长0.1-0.2mm,少数长0.4-0.5mm;托叶膜质,白色或带淡褐色,披针状条形,长6-9mm,宽0.3-2mm,无毛。雄头状花序直径3-7mm,有细梗,(4-)6-8个簇生叶腋;花序梗长约3mm,无毛;花序托近长方形,长约4mm,宽3mm,无毛;苞片6,排成2层,膜质,白色,外方2枚对生,近新月形,长约1mm,宽约3.5mm,无毛,内方4枚较小,近半圆形,长约1.5mm,宽2-2.8mm,顶部边缘有短缘毛;小苞片密集,半透明,近倒梯形,长1-2.2mm,宽0.6-1.6mm,顶端啮蚀状,有时2浅裂。雄花蕾近球形,直径约0.6mm,无毛,顶端有4条不等长的角状突起。雌头状花序未见。花期7-8月。

分布于西藏南部;尼泊尔,不丹。

标本登录:

西藏:聂拉木,自然资源综合考察组746(PE)。

139. 河池楼梯草 图版79: A-D

Elatostema hechiense W. T. Wang & Y. G. Wei in Guihaia 27(6):815,fig. 2: E-H. 2007;W. T. Wang in Fu et al. Paper Collection of W. T. Wang 2: 1134. 2012. Type:广西:河池,老河池,2007-04-25,韦毅刚07109(hototype,PE;isotype. IBK)。

多年生草本。茎高12-22cm,基部粗1.2-3mm,近叶柄疏被糙硬毛或无毛,不分枝,上部有4-7叶。叶具短柄或无柄;叶片纸质,斜长圆形或斜椭圆形,长4-14cm,宽2.5-6cm,顶端渐尖或长渐尖(渐尖头披针状条形,全缘),基部狭侧楔形,宽侧耳形,边缘有小牙齿,上面被糙毛,下面脉上被糙硬毛,半离基三出脉,侧脉在叶狭侧2-3条,在宽侧3-4条,钟乳体密或稍密,杆状或点状,长0.1-0.15mm;叶柄长达1mm,无毛;托叶膜质,披针状条形,长6.5-12mm,宽2-2.5mm,无毛,有1条褐色脉。雄头状花序未见。雌头状花序单生叶腋,有梗;花序梗长3-6mm,无毛;花序托长方形或长圆状椭圆形,长2-10mm,宽2-6mm,无毛;苞片10-30枚,狭三角形或三角形,长1-2.5mm,宽0.5-2mm,无毛;小苞片密集,半透明,楔状条形或条形,长1-2mm,宽0.1-0.5mm,无毛,顶端常变厚。雌花:花梗长约0.6mm,无毛;花被片3,钻形,长0.3mm,无毛;子房椭圆形,长0.35mm,柱头扁球

形,直径0.15mm。瘦果淡褐色,椭圆体形,长0.8-1mm,宽约0.4mm,具6-8条纵肋。花期3-4月。

特产广西河池。生于石灰岩山地阴湿处。

标本登录:

广西:河池,老河池,韦毅刚08046,AM6607(PE)。

140. 隆脉楼梯草 图版79:E-H

Elatostema phanerophlebium W. T. Wang & Y. G. Wei in Guihaia 29(6):712,fig. 1: A-E. 2009;W. T. Wang in Fu et al. Paper Collection of W. T. Wang 2: 1136. 2012. Type:广西:河池,近九圩,2008-05-21,韦毅刚0805(holotype,PE;isotype,IBK)。

多年生草本,雌雄同株。茎高约45cm,下部扁四棱形,粗7mm,上部四棱形,并有4-6条浅纵沟,顶端被贴伏短柔毛(毛长0.25mm),下部有1枝。叶具短柄;叶片纸质,斜长椭圆形,长6.5-16cm,宽1.8-5cm,顶端渐尖,基部狭侧钝,宽侧耳形(耳垂部分长2-6mm),边缘在基部至顶端有密小牙齿,上面无毛,下面脉上疏被短柔毛,半离基三出脉,侧脉在叶狭侧3条,在宽侧4条,下面隆起,与细脉形成明显脉网,钟乳体极密,杆状,长0.1-0.4mm;叶柄长1.5-5mm;托叶条状披针形,长12-19mm,宽2-4mm,无毛。雄头状花序成对腋生;花序梗粗壮,长1mm,无毛;花序托宽长圆形,长约9mm,宽7mm,中部2浅裂,无毛,中央有钟乳体;苞片约7,不等大,扁宽卵形,长1-1.4mm,宽2-5mm,有些苞片背面有3-5条黑色短纵肋,无毛;小苞片极密,半透明,倒卵状船形或条形,长约1.8mm,无毛或顶端有短缘毛。雄花蕾直径1mm,无毛,四基数。雌头状花序单生叶腋,无梗;花序托宽长圆形,长4-4.7mm,宽3mm,无毛,有密钟乳体;苞片约5,不等大,横条形或扁宽卵形,长1mm,宽1-5mm,无毛;小苞片极密,半透明,倒披针形,长0.7-1mm,顶端密被长缘毛。雌花具短粗梗:花被片不存在;雌蕊长约0.7mm,子房狭椭圆体形,长0.5mm,柱头画笔头状,长0.2mm。花期5月。

特产广西西部。生于石灰岩山中阴湿处。

标本登录:(均存PE):

广西:天娥,韦毅刚6481;河池,韦毅刚2010-6,6509;巴马,韦毅刚6462;靖西,韦毅刚g030,g053,6417。

141. 绿苞楼梯草 图版80

Elatostema viridibracteolatum W. T. Wang, sp. nov.;W. T. Wang et al. in Fu et al. Paper Collection of W. T. Wang 2:1136,fig. 23. 2012, non. nud. Type:广

西（Guangxi）：靖西（Jingxi），武平（Wuping），2009 - 03 -01，韦毅刚（Y. G. Wei）AM6428（holotype，PE；isotype，IBK）。

Species nova haec est affinis E. phanerophlebio W. T. Wang & Y. G. Wei，quod foliorum laminis margine infra medium integris，bractis staminatis aliquot dorso 3-5-costatis，receptaculis pistillatis indivisis glabris，bracteolis pistillatis semi - hyalinis albidis differt.

Perennial herbs，monoecious. Stems ca. 25 cm tall，near base 3 mm thick，appressed - puberulous，below 2-branched，longitudinally shallowly 6 - sulcate. Leaves shortly petiolate or subsessile；blades papery，obliquely long elliptic，5.5 - 12.5 cm long，1.8 - 4.5 cm broad，apex acuminate（with denticulate acumens），base cuneate at narrow side and auriculate at broad side，margin denticulate；surfaces adaxially glabrous，abaxially on nerves appressed - puberulous；venation semi - triplinerved，with 4 - 5 pairs of lateral nerves；cystoliths dense，bacilliform，0.1 - 0.3mm long；petioles 1 - 5 cm long；stipules narrow - lanceolate，1.1 - 1.7 cm long，2 - 3 mm broad，glabrous. Staminate capitula singly axillary；peduncle ca. 2 mm long，glabrous；receptacle broad - rectangular，ca. 5 mm long，4 mm broad，glabrous；bracts ca. 8，unequal，larger ones depressed - ovate or ovate，ca. 1.8mm long，2.5 - 4mm broad，smaller ones triangular，ca. 1.5 mm long，0.8 mm broad，at apex ciliolate or subglabrous；bracteoles numerous，membranous，semi - hyaline，linear or broad - linear，ca. 2 mm long，0.3 - 0.6 mm broad，apex truncate and clilolate. Staminate flower buds shortly pedicellate，ellipsoidal，ca. 1.2mm long，apex 5 - green - striolate. Pistillate capitula singly axillary，sessile；receptacle subquadrate，ca. 5mm long and broad，puberulous，2 - lobed；bracts 6，depressed - ovate，ca. 0.8 mm long，1.5 - 2.5mm broad，apex rounded - truncate，ciliolate；bracteoles numerous，membranous，green，not semi - hyaline，broad - linear or narrow - obovate，0.6 - 1mm long，0.2 - 0.5 mm broad，above densely ciliate. Pistillate flower subsessile；tepals wangting；ovary ellipsoidal，ca. 0.4 mm long and stigma penicillate，0.4 mm long.

多年生草本。茎高约25cm，基部之上粗3mm，被贴伏短柔毛，下部有2分枝，有6条浅纵沟。叶具短柄或近无柄；叶片纸质，斜长椭圆形，长5.5 - 12.5cm，宽1.8 - 4.5cm，顶端渐尖（尖头边缘具小

齿），基部狭侧楔形，宽侧耳形（耳垂部分长1 - 1.5mm）边缘具小牙齿，上面无毛，下面脉上被贴伏短柔毛，半离基三出脉，侧脉4 - 5对，上面平，下面隆起，钟乳体密集，杆状，长0.1 - 0.3mm；叶柄长1 -5mm；托叶狭披针形，长1.1 - 1.7cm，宽2 - 3mm，无毛。雄头状花序单生叶腋；花序梗长约2mm，无毛；花序托宽长方形，长约5mm，宽4mm，无毛；苞片约8，膜质，不等大，较大者扁宽卵形或卵形，长约1.8mm，宽2.5 - 4mm，较小者三角形，长约1.5mm，宽0.8mm，顶端被短缘毛或近无毛；小苞片多数，膜质，半透明，条形或宽条形，长约2mm，宽0.3 - 0.6mm，顶端截形，并被短缘毛。雄花蕾具短梗，椭圆体形，长约1.2mm，白色，顶端具5条绿色短线纹。雌头状花序单生叶腋，无梗；花序托近方形，长及宽为5mm，被短柔毛，2浅裂；苞片6，扁宽卵形，长约0.8mm，宽1.5 - 2.5mm，顶端圆截形，被短缘毛；小苞片多数，膜质，宽条形或狭倒卵形，长0.6 - 1mm，宽0.2 - 0.5mm，绿色，上部密被缘毛。雌花具近无梗；花被片不存在；雌蕊长约0.8mm，子房椭圆体形，长0.4mm。柱头画笔头状，长0.4mm。花期2 - 3月。

特产广西靖西。生于石灰岩山中阴湿处。

142. 黄毛楼梯草 图版81：A - C

Elatostema xanthotrichum W. T. Wang & Y. G. Wei in Ann. Bot. Fennici 48（1）：94，fig. 1：E - G. 2011；W. T. Wang in Fu et al. Paper Collection of W. T. Wang 2：1136，fig. 21：E - G. 2012. Type：广西：东兰，九圩附近，2008 - 04 - 04，韦毅刚 08002（holotype，PE；isotype，IBK）。

多年生草本。茎高约45cm，下部粗7mm，上部密被淡黄色柔毛，中部之上有5 - 6条浅纵沟，有1分枝。叶具短柄；叶片纸质，斜长椭圆形或斜狭倒卵形，长10 - 15cm，宽3.2 - 4.8cm，顶端尾状渐尖或长渐尖（渐尖头边缘有小牙齿），基部狭侧钝，宽侧耳形（耳垂部分长3 - 5mm），边缘有多数小牙齿，上面无毛，下面脉上被贴伏淡黄色柔毛，半离基三出脉，侧脉约5对，与基出脉和三级脉在下面隆起并形成明显脉网，钟乳体明显，极密，杆状，长0.1 - 0.3（ -0.4）mm；叶柄长2 - 5mm；托叶披针状条形，长约2.5cm，宽3mm，顶端尾状，无毛，有密钟乳体。雄头状花序单个或成对腋生；花序梗粗壮，长约3mm；花序托近方形，长约9mm，宽7mm，被贴伏短柔毛，2浅裂；苞片6 - 8，扁宽卵形，长约2mm，宽2.5 - 4mm，无毛；小苞片极密，膜质，半透明，白色，狭倒卵形，匙形或条形，长2.5 - 3mm，顶端被短缘毛。雄花蕾近球形，直径约1mm，四基数。雌头状花序未

见。花期 4 月。

特产广西东兰。生于石灰岩山中阴湿处，海拔
350m。

143. 玉民楼梯草 图版 82：A－C

Elatostema shuii W. T. Wang in Bull. Bot. Res. Harbin 23(3)：259，fig. 2：6－8. 2003；et in Fu et al. Paper Collection of W. T. Wang 2：1136. 2012. Holotype：云南：河口，小南溪，花鱼洞，alt. 200m，2000－03－08，税玉民等 12261（KUN）。

多年生草本。茎高约 45cm，基部木质，不分枝，下部被短柔毛，上部无毛，有密集，长 0.1－0.16mm 的钟乳体。叶具短柄或无柄，无毛，稀在耳垂部分被缘毛；叶片纸质，斜椭圆状长圆形或斜长圆形，长 6－15.5cm，宽 2.2－4.5cm，顶端骤尖（骤尖头披针状条形，长达 2.5cm，基部宽 4mm，边缘有小牙齿），基部狭侧钝，宽侧耳形（耳垂部分长 2mm），三出脉，侧脉在叶狭侧 3 条，在宽侧 4 条，钟乳体明显，密集，杆状，长 0.15－0.4mm；叶柄长 1－2mm；托叶早落。雄头状花序未见。雌头状花序 1－3 腋生，具极短梗；花序梗长约 0.5mm；花序托宽长方形，长约 3.5mm，宽 2mm，无毛，2 浅裂，有密集、明显的长 0.1－0.2mm 的钟乳体；苞片约 6，宽三角形，长约 1mm，无毛；小苞片多数，极密，膜质，半透明，匙状倒披针形或条形，长 1－1.2mm，顶端被缘毛。雌花近无梗；花被片不存在；雌蕊长约 0.75mm，子房狭倒卵球形，长 0.4mm，柱头画笔头状，长 0.35mm。花期 3 月。

特产云南河口。生于山谷次生林边缘，海拔200m。

144. 长渐尖楼梯草 图版 82：D－G

Elatostema caudatoacuminatum W. T. Wang in J. Syst. Evol. 51(2)：226，fig. 4：A－D. 2013. Holotype：云南：麻栗坡，八里河瀑布，alt. 900m，2005－05－07，税玉民，陈文红等 B2005－008（PE）。

多年生草本。茎高约 35cm，无毛，分枝。叶无柄或近无柄；叶片纸质。斜狭卵形或卵形，长 8.5－13cm，宽 3.8－4.5cm，顶端长渐尖，或渐尖（尖头边缘有小齿），基部狭侧圆钝，宽侧耳状，常有长缘毛，两面无毛，三出脉，侧脉在叶狭侧 3－5 条，在宽侧 4－6 条，钟乳体明显，稍密，杆状，长 0.1－0.3mm；托叶条状披针形，长 8－11.5mm，宽约 2mm，无毛，稀被稀疏缘毛，白色，中脉绿色。雄头状花序未见。雌头状花序单生叶腋，无梗；花序托宽长圆形，长约 2mm，宽 1.5mm，无毛；苞片 6，2 对生苞片较大，近新月形，长约 0.8mm，宽 2mm，其他 4 枚较小，宽卵形，

长 0.6－0.8mm，宽 0.4－0.8mm，顶端圆形，有短缘毛；小苞片密集，半透明，楔状条形或条形，长 0.5－0.8mm，顶端密被缘毛。雌花：花梗粗壮，长约 0.4mm，无毛；花被片约 4，正三角形，长约 0.05mm，无毛。瘦果白色，狭椭圆体形，长约 0.5mm，有 6 条细纵肋。花期 4 月。

特产云南麻栗坡。生于山坡洞中阴湿处，海拔900m。

145. 富宁楼梯草 图版 83：A－C

Elatostema funingense W. T. Wang in Guihaia 30(1)：8，fig. 4. 2010；et in Fu et al. Paper Collection of W. T. Wang 2：1136. 2012. Type：云南：富宁，板仓，alt. 900 m，2005－05－08，税玉民等 B2005－030（holotype，PE；isotype，KUN）。

多年生草本。茎高约 60cm，基部粗 6mm，无毛，下部有 6 条浅纵沟，分枝，上部和枝顶端有长 0.2mm、极密的钟乳体。叶有短柄；叶片纸质，斜长椭圆形或狭倒卵形，长 7－18cm，宽 2－5.4cm，顶端尾状（尾状尖头狭披针状条形，边缘有小齿），基部狭侧楔形，宽侧耳形（耳垂部分长 1.5－2mm），边缘下部全缘，上部有小牙齿，上面无毛，下面中脉上被糙伏毛，半离基三出脉，侧脉 3－4 对，钟乳体稍密，杆状，长 0.1－0.25mm；叶柄长 1.2－3mm；托叶膜质，条状披针形，长 2－2.2cm，宽 2.5－4mm，无毛。雄头状花序未见。雌头状花序单生叶腋，长方形，长约 4mm，宽 3mm；花序梗长 2mm，无毛；花序托长圆形，长约 3mm，宽 2mm，无毛；苞片约 12，排成 2 层，外层 2 枚对生，较大，扁卵形，长 0.7－0.8mm，宽 1.5－1.6mm，无毛，内层苞片 10 枚，较小，三角形，长约 1mm，宽 0.5mm，密被缘毛；小苞片极密，半透明，匙形，长 1.2mm，顶端被缘毛。雌花：花梗长 0.3mm，无毛；花被片不存在；雌蕊长约 0.32mm，子房狭椭圆体形，长 0.3mm，柱头球形，直径 0.02mm。花期 5 月。

特产云南富宁。生于山谷石崖上阴湿处，海拔900m。

146. 永田楼梯草 图版 83：D－G

Elatostema yongtianianum W. T. Wang in J. Syst. Evol. 51(2)226，fig, 4：E－H. 2013. Holotype：贵州：安龙，龙山乡，驾山，1960－05－13，张志松，张永田 3275（PE）。

多年生草本。茎高约 30cm，近基部约 4mm，近顶部被短糙伏毛，中部以下无毛，不分枝。叶具短柄或无柄；叶片纸质，斜长椭圆形，长 7－15cm，宽 2－4.5cm，顶端渐尖（尖头每侧有 4－6 小齿），基部侧

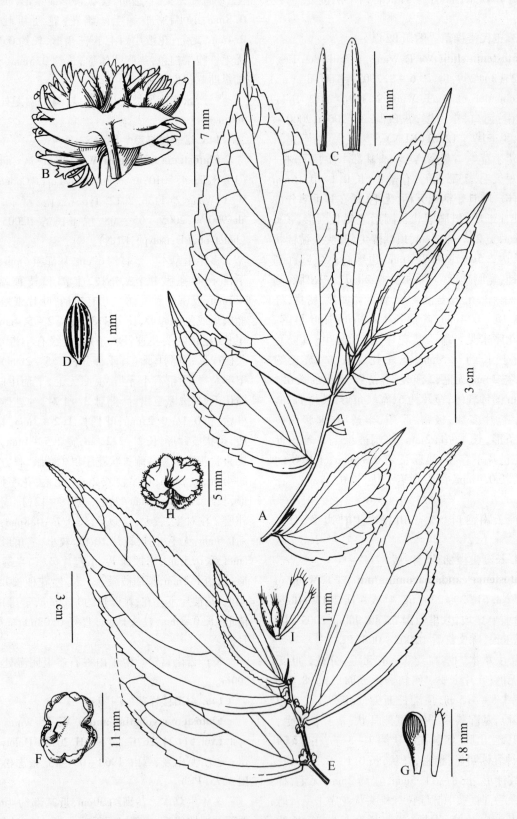

图版79 A–D. 河池楼梯草 *Elatostema hechiense* A. 雌茎顶部，B. 果序，C. 雌小苞片，D. 瘦果。（自 Wang & Wei, 2007）
E–I. 隆脉楼梯草 *E. phanerophlebium* E. 开花茎顶部，F. 雄头状花序（下面观），G. 雄小苞片，H. 雌头状花序（下面观），I. 雌小苞片和雌花。（自 Wang & Wei, 2009）

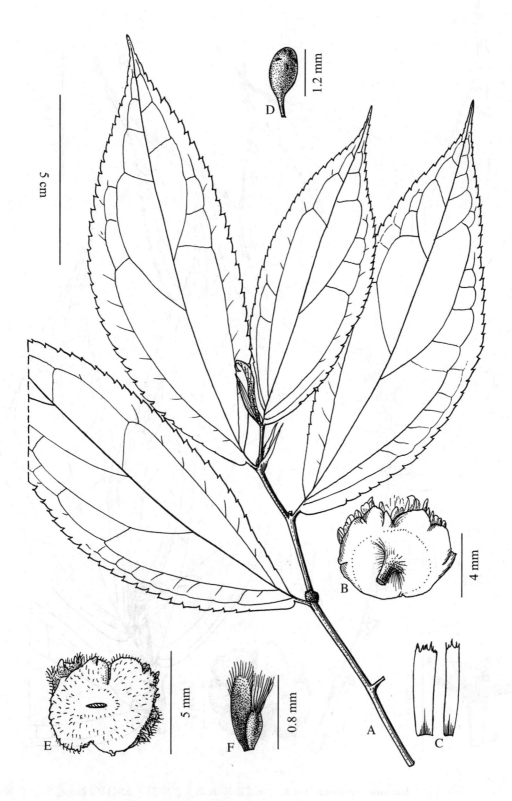

图版 80　绿苞楼梯草 *Elatostema viridibracteolatum* A. 开花茎上部，B. 雄头状花序（下面观），C. 雄小苞片，D. 雄花蕾，E. 雌头状花序（下面观），F. 雌小苞片和雌花。（据 holotype）

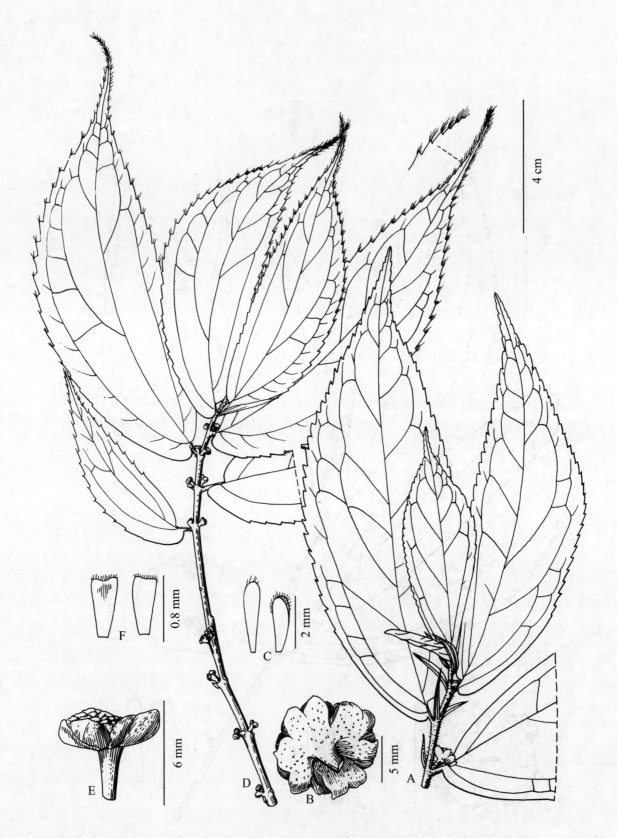

图版 81　A–C. 黄毛楼梯草 *Elatostema xanthotrichum* A. 开花茎顶部，B. 雄头状花序（下面观），C. 雄小苞片。（自 Wang & Wei, 2011）D–F. 大新楼梯草 *E. daxinense* D. 开花雄茎上部，E. 雄头状花序（侧面观），F. 雄小苞片。（自 Wang & Wu, 2013）

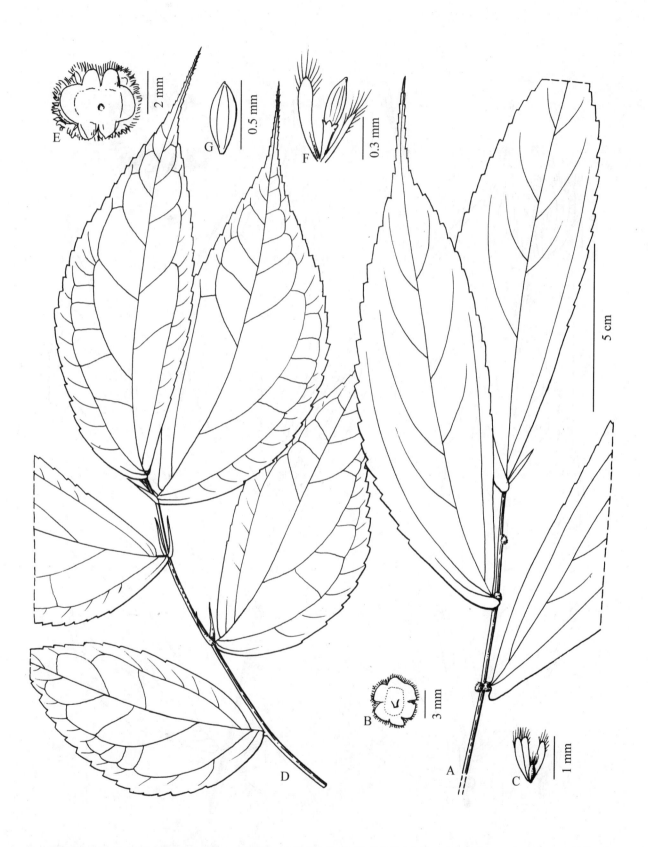

图版 82 A–C. 玉民楼梯草 *Elatostema shuii* A. 开花茎上部，B. 雌头状花序（下面观），C. 雌小苞片和雌花。（自 Wang，2003）D–G. 长渐尖楼梯草 *E. caudatoacuminatum* D. 茎上部，E. 雌头状花序（下面观），F. 雌小苞片和幼果，G. 瘦果。（自 Wang，2012）

图版 83 A－C. 富宁楼梯草 *Elatostema funingense* A. 开花茎上部，B. 雌头状花序（下面观），C. 雌小苞片和雌花。（自 Wang，2010）D－G. 永田楼梯草 *E. yongtianianum* D. 开花茎顶部，E. 雌头状花序（下面观），F. 雌总苞内层苞片 2 枚，G. 雌小苞片和雌花。（自 Wang，2013）

狭钝,宽侧耳形(耳垂部分长 1 - 4mm),边缘有小牙齿,上面有极疏的糙伏毛或近无毛,下面脉上有短糙伏毛,半离基三出脉,侧脉 4 - 5 对,钟乳体极明显,密集,杆状,长 0.1 - 0.3(- 0.4)mm;叶柄长 0 - 1mm;托叶膜质,条状披针形,长约 15mm,宽 2mm,无毛,白色,中脉绿色。雄头状花序未见。雌头状花序成对腋生,直径约 4mm;花序梗长约 0.5mm;花序托近方形,长及宽为 2 - 2.2mm,无毛;苞片 2 层,膜质,密被缘毛,外层苞片 6 枚,淡绿色,2 枚较大并对生,近新月形,长 1 - 1.2mm,宽约 2mm,4 枚较小,斜正三角形,长约 1mm,宽 1 - 1.5mm,内层苞片约 26 枚,淡褐色,卵状长圆形,长约 1mm,宽 0.5 - 0.9mm;小苞片密集,半透明,有褐色斑点,狭条形,长约 0.8mm,宽 0.15mm,上部被长缘毛。雌花:花梗长 0.2mm,无毛;花被片 3,狭条形,长 0.25mm,无毛;雌蕊长约 0.5mm,子房椭圆体形,长 0.25mm,有褐色斑点,柱头画笔头状,比子房稍短,花期 5 月。

特产贵州安龙。生于山谷溪边阴湿处。

作者同事张永田教授是壳斗科和大戟科专家,于 20 世纪 50 和 60 年代曾先后在贵州和西藏深入进行过植物区系考察,采集到大量植物标本,对上述地区植物区系的研究做出重要贡献。

147. 大新楼梯草　图版 81:D - H

Elatostema daxinense W. T. Wang & Zeng Y. Wu in Ann. Bot. Fennici 50:77,fig. 1:A - C. 2013. Holotype:广西:大新,硕龙德天瀑布,1993 - 11 - 29,陈家瑞,王玉忠 93121(PE)。

多年生草本。茎高 40 - 70cm,基部之上粗 3 - 4.5mm,被向前开展的短柔毛,不分枝,有密集的小钟乳体(长 0.1 - 0.2mm)。叶具短柄;叶片纸质,斜长圆形,长 8 - 17cm,宽 3 - 7cm,顶端尾状或尾状渐尖(尖头长 0.8 - 2.7cm,边缘有小牙齿),基部在狭侧圆或钝,在宽侧耳形(耳垂部分长 1 - 2mm),边缘有小牙齿,上面无毛,下面脉上有硬毛,三出脉,侧脉 3 - 4 对,钟乳体明显,密,杆状,长 0.1 - 0.3mm;叶柄长 1 - 3mm;托叶早落。幼雄头状花序成对,一枚腋生,另一枚腋外生;花序梗长约 2mm,无毛,有数钟乳体;花序托近长方形,长约 6mm,微 2 裂,有密集、长 0.2 - 0.4mm 的钟乳体;苞片绿色,6,排成 2 层,外层 2 枚较大,内层 4 枚稍小,均为扁卵形,长约 1mm,宽 2.5mm,无毛,顶端截状圆形,有密集钟乳体;小苞片多数,膜质,半透明,倒梯形,长约 0.8mm,顶端近截形,有短缘毛,白色,稀上部淡绿色,背面有 1 条绿色纵肋。雄花尚幼。雌头状花序未见。花期 11 - 12 月。

特产广西大新。生于山谷溪边。

148. 七肋楼梯草　图版 84:A - E

Elatostema septemcostatum W. T. Wang & Zeng Y. Wu, sp. nov. Type:云南(Yunnan):勐仑(Menglun),西双版纳热带植物园(Xishuangbanna tropical botanical garden),under rain forest in valley,2002 - 01 - 31,李庆华(Q. H. Li)460(♂ holotype,PE);同地(same locality),1995 - 05 - 31,王文采(W. T. Wang)1995 - 1(♀ ,PE);勐仑(Menglun),翠屏峰(Cuipingfeng),alt. 700m,山谷热带雨林下(under rain forest in valley),1995 - 06 - 01,王文采 1995 - 2(♀ ,PE);马关(Maguan),古林箐(Gulinqing),吊锅厂(Diaoguochang),山谷雨林下,2002 - 10 - 14,税玉民,陈文红,盛家舒(Y. M. Shui,W. H. Chen & J. S. Sheng)30759,30766,30785,30789,31318(♂ ,PE).

E. daxinense W. T. Wang & Zeng Y. Wu var. *septemcostatum* W. T. Wang & Zeng Y. Wu in Ann. Bot. Fennici 50:77,fig. 1:D - E. 2013,syn. nov. Holotype:Yunnan:Menglun, Xishuangbanna tropical botanical garden,2002 - 01 - 31,Q. H. Li 460(PE).

Species nova haec est arcte affinis *E. daxinensi* W. T. Wang & Zeng Y. Wu et *E. yongtianiano* W. T. Wang,ab illo bracteis staminatis duabus externis dorso 7 - costatis cystolithos sparsos ferentibus differt et ab hoc bracteis pistillatis sex externis dorso longitudinaliter 1 - viridi - nervibus,bracteolis pistillatis haud brunneo - punctatis,flore pistillato tepalis carente recedit.

Perennial herbs,dioecious. Stems ca. 80 cm tall, sparsely strigillose or glabrous,branched. Leaves shortly petiolate or sessile;blades papery, obliquely narrow - obovate,4.5 - 20cm long,1.4 - 6.6cm broad, apex cuspidate or acuminate,with cusps 4 - 10 - denticulate at each side,base obtuse at narrow side and auriculate at broad side, margin denticulate;surfaces adaxially sparsely strigose,abaxially on nerves strigillose, often glabrescent;venation trinerved or semi - triplinerved, with 3 - 4 pairs of lateral nerves;cystoliths dense,conspicuous,bacilliform,0.1 - 0.3mm long;petioles 0 - 9 mm long;stipules greenish,lanceolate,17 - 25 mm long,3 - 3.5 mm broad,glabous or on midribs pilose. Staminate capitula in pairs,in each pair one borne in leaf axil,and the other extra - axillary;peduncles ca 1 mm long;receptacle subrectangular,ca. 6 mm long,4 mm broad,glabous;bracts 6,2 - seriate,with sparse cystoliths,2 outer ones opposite,larger,transversely linear, ca. 1 mm long, 4. 2 mm broad, abaxially longitudinaly 7 – black – ribbed, 4 inner ones smaller, obliquely quadrilateral, ca. 1. 2 mm long, 2. 5 mm broad, abaxially 3 – black – ribbed, glabrous; bracteoles dense, membranous, semi – hyaline, larger ones obtrapeziform, ca. 2 mm long, 1 mm broad, with apex slightly cucullate, small ones linear, 1 – 1. 5 mm long, 0. 2 – 0. 5 mm broad, glabrous. Staminate flowers not seen. Pistillate capitula in pairs axillary, ca. 3 mm in diam. ; peduncle ca. 0. 5 – 1mm long, glabrous or puberulous; receptacles subquadrate or rectangular, ca. 2 mm long, 1. 6 – 2 mm broad, glabrous or pilose; bracts ca. 30, 2 – seriate, membranous, densely ciliate, 6 outer ones abaxially longitudinally 1 – green – nerved, of them 2 opposite, larger, subcrescent – shaped, 0. 3 – 0. 5 mm long, 1. 6 mm broad, 4 smaller, obliquely deltoid, 0. 6 – 1 mm long, 0. 6 – 1. 4 mm broad, inner ones 20 – 24, triangular or narrow – ovate, ca. 0. 8 mm long, 0. 5 mm broad; bracteoles dense, semi – hyaline, linear, 0. 4 – 0. 8 mm long, 0. 1 – 0. 15 mm broad, apex densely long ciliate. Pistillate flower sessile; tepals wanting; ovary ellipsoidal, ca. 0. 25 mm long; stigma penicillate, ca. 0. 3 mm long.

多年生草本。茎高约80cm, 疏被短糙伏毛或无毛, 分枝。叶具短柄或无柄; 叶片纸质, 斜狭倒卵形, 长4. 5 – 20cm, 宽1. 4 – 6. 6cm, 顶端骤尖或渐尖(尖头每侧边缘有4 – 10小齿), 基部狭侧钝, 宽侧耳形, 边缘有小牙齿, 上面疏被短糙伏毛, 下面脉上被短糙伏毛, 常变无毛, 三出脉或半离基三出脉, 侧脉3 – 4对, 钟乳体密集, 明显, 杆状, 长0. 1 – 0. 3mm; 叶柄长0 – 9mm; 托叶淡绿色, 披针形, 长17 – 25mm, 宽3 – 3. 5mm, 无毛或在中脉上被疏柔毛。花序雌雄异株。雄头状花序成对, 每对的一个生于叶腋, 另一个腋外生; 花序梗长约1mm; 花序托近长方形, 长约6mm, 宽4mm, 无毛; 苞片6, 排成2层, 有少数钟乳体, 2外层苞片对生, 较大, 横条纹, 长约1mm, 宽4. 2mm, 背面有7条黑色纵肋, 4内层苞片较小, 斜四边形, 长约1. 2mm, 宽约2. 5mm, 背面有3条黑色纵肋, 无毛; 小苞片密集, 膜质, 半透明, 较大者倒梯形, 长约2mm, 宽1mm, 顶端稍呈兜状, 较小者条形, 长1 – 1. 5mm, 宽0. 2 – 0. 5mm, 无毛。雄花未见。雌头状花序成对腋生, 直径约3mm; 花序梗长0. 5 – 1mm, 无毛或被短柔毛; 花序托近方形或长方形, 长约2mm, 宽1. 6 – 2mm, 无毛或被疏柔毛; 苞片约30, 排成2层, 膜质, 密被缘毛, 外层6枚在背面具一条绿色纵脉, 其中2枚对生, 较大, 近新月形, 长0. 3 –

0. 6mm, 宽1. 6mm, 其他4枚较小, 斜正三角形, 长0. 6 – 1mm, 宽0. 6 – 1. 4mm, 内层苞片20 – 24枚, 三角形或狭卵形, 长约0. 8mm, 宽0. 5mm; 小苞片密集, 膜质, 半透明, 条形, 长0. 4 – 0. 8mm, 宽0. 1 – 0. 15mm, 顶端密被长缘毛。雌花无梗; 花被片不存在; 子房椭圆体形, 长约0. 25mm; 柱头画笔头状, 长0. 3mm。花期冬季和春季。

特产云南南部(勐仑)和东南部(马关)。生于石灰岩山山谷热带雨林下, 海拔约700m。

149. 褐苞楼梯草　图版84: F – H

Elatostema brunneobracteolatum W. T. Wang, sp. nov. Holotype: 云南(Yunnan): 马关(Maguan); 古林箐(Gulinqing)老房子(Laofangzi), 2002 – 10 – 11, 税玉民, 陈文红, 盛家舒(Y. M. Shui, W. H. Chen & J. S. Sheng)31196(PE)。

Ob caules longitudinaliter vadoesque 6 – sulcatos species nova haec E. multicanalicuato Shih & Yang similis, a quo praeclare differt foliis apice cuspidatis supra glabris subtus hirtellis, capitulis pistillatis binatim axillaribus, involucro pistillato ex bracteis paucioribus constante, bracteolis pistillatis brunneis haud semi – hyalinis oblongis vel navicularibus apice haud ciliolatis, flore pistillato tepalis carente.

Perennial herbs. Stems ca. 44 cm tall, near base ca. 3. 5 mm thick, glabrous, above base branched, near the middle longitudinally shallowly 6 – sulcate. Leaves sessile; blades thin papaery, obliquely oblanceolate or long elliptic, 8 – 16 cm long, 2. 4 – 4. 5cm broad, apex cuspidate(cusps entire), base obliquely cuneate, margin at the lower 1/3 part entire and above denticulate or crenate; surfaces adaxially glabrous, abaxially on nerves densely spreading – hirtellous(hairs 0. 1 mm long); venation semi – triplinerved, with 4 pairs of lateral nerves; cystoliths inconspicuous, dense, shortly bacilliform, 0. 1 – 0. 2 mm long; stipules caducous. Staminate capitula unknown. Pistillate capitula in pairs axillary, ca. 2 mm in diam. , sessile; receptacle ca. 0. 5 mm in diam. , glabrous; bracts ca. 14, 2 – seriate, 2 outer ones opposite, deltoid, ca. 0. 6 mm long, 0. 7 mm broad, ca. 12 inner ones narrow – triangular or sublinear, 0. 7 – 0. 8 mm long, 0. 2 – 0. 4 mm broad, glabrous; bracteoles dense, brown, oblong or navicular, 0. 6 – 0. 9 mm long, 0. 2 – 0. 4 mm broad, glabrous, apex acute, truncate, or sometimes cucullate. Pistillate flower sessile: tepals wanting; ovary ellipsoidal, ca. 0. 3 mm long; stigma small, penicillate , ca. 0.1 mm long.

多年生草本。茎高约 44cm,近茎部粗约 3.5mm,无毛,自基部之上分枝,近中部有约 6 条浅纵沟。叶无柄;叶片薄纸质,斜倒披针形或斜长椭圆形,长 8 – 16cm,宽 2.4 – 4.5cm,顶端骤尖(尖头全缘),基部斜楔形,边缘下部 1/3 全缘,其上具小牙齿或浅钝齿,上面无毛,下面脉上密被开展短硬毛(毛长 0.1mm),半离基三出脉,侧脉 4 对,钟乳体不明显,密集,短杆状,长 0.1 – 0.2mm;托叶早落。雄头状花序未见。雌头状花序成对,一个生于叶腋,另一个腋外生,直径约 2mm,无梗;花序托直径约 0.5mm,无毛,苞片约 14,排成 2 层,外层 2 枚对生,正三角形,长约 0.6mm,宽 0.7mm,内层约 12 枚,狭三角形或近条形,长 0.7 – 0.8mm,宽 0.2 – 0.4mm,无毛;小苞片密集,褐色,长圆形或船形,长 0.6 – 0.9mm,宽 0.2 – 0.4mm,无毛,顶端急尖、截形或有时呈兜状。雌花无梗:花被片不存在;子房椭圆体形,长约 0.3mm;柱头小,画笔头状,长 0.1mm。花期 10 月。

特产云南马关。生于石灰岩山常绿阔叶林中阴湿处。

150. 拟宽叶楼梯草　图版 85

Elatostema pseudoplatyphyllum W. T. Wang in Pl. Biodivers. Resour. 33(2):154,fig. 6. 2011;et in Fu et al. Paper Collection of W. T. Wang 2:1136,fig. A – C. 2012. Type:云南:贡山,独龙江, alt. 1350m,1990 – 12 – 17, Dulong Jiang Invest. Team 1158(holotype, CAS);同地,巴坡,alt. 1350 – 1370m,1990 – 11, Dulong Jiang Invest. Team 301,456(paratypes,CAS).

多年生草本。茎高约 40cm,基部粗约 5mm,有 4 条浅纵沟,不分枝,有时有少数短分枝。叶有短柄;叶片纸质,斜椭圆形,长 10 – 25cm,宽 4.5 – 9.5cm,顶端渐尖(渐尖头边缘有小牙齿),基部在狭侧楔形,在宽侧耳形(耳垂部分长 5 – 10mm),边缘在基部之上有牙齿,上面被糙伏毛,下面无毛,半离基三出脉,侧脉在狭侧 2 – 3 条,在宽侧 3 – 5 条,上面平或稍下凹陷,下面稍隆起;钟乳体密,小,杆状,长 0.1 – 0.2mm;叶柄长 2 – 5mm,无毛;托叶狭披针形,长 12 – 22mm,宽 2 – 2.5mm,无毛,有 1 脉。幼雄头状花序成对腋生;花序梗粗壮,长约 2mm,无毛;花序托长圆形,长约 8mm,宽 5mm,中央 2 浅裂,无毛;苞片 6 枚,排列成二层,无毛,外层苞片 2 枚,对生,扁半圆形,长 2 – 3mm,宽 4.5 – 6.2mm,内层苞片 4,近半圆形,长 2.8 – 3mm,宽 5 – 5.5mm,顶端微凹;小苞片极密,半透明,楔状条形,长 1.6 – 2mm,

顶端有时呈兜状,无毛,中央有密集褐色纵条纹。雄花尚幼。雌头状花序未见。花期 12 月到翌年 1 月。

特产云南贡山独龙江。生于山谷常绿阔叶林中,海拔 1350 – 1370m。

151. 似宽叶楼梯草　图版 86:A – C

Elatostema platyphylloides Shih & Yang in Bot. Bull. Acad. Sin. 36(3):158,fig. 2,(4):270. 1995;Y. P. Yang et al. in Fl. Taiwan,2nd ed. 2:215. 1996;W. T. Wang in Fu et al. Paper Collection of W. T. Wang 2:1138. 2012. Holotype:台湾:台东,Chipen logging trail,施炳霖 2598(NSYSY,non vidi)。

E. platyphyllum auct. non Wedd.:Q. Lin et al. in Fl. China 5:154. 2003,p. p. quoad syn. *E. platyphylloides* Shin & Yang;Tateishi in Iwatsuki et al. Fl. Japan 2a:91. 2006.

多年生草本。茎高达 1.5m,粗 1cm,有时基部木质,疏被硬毛,分枝。叶有短柄或无柄;叶片纸质,斜倒卵形、狭倒卵形或长圆形,长(5 –)10 – 25(– 30)cm,宽(2 –)4 – 7.5(– 8.5)cm,顶端长渐尖,尾状或渐尖(尖头边缘有小齿),基部狭侧楔形,宽侧耳形,边缘有牙齿或小牙齿和缘毛,两面疏被长硬毛,半离基三出脉,侧脉 4 – 6 对,下面隆起,钟乳体极密,长 0.3 – 0.4mm;叶柄长达 5mm;托叶披针形,长 1.5 – 3cm,宽 3 – 5.5mm,淡绿色,有褐色斑点,上面无毛,下面脉上有长硬毛,有缘毛。雄头状花序 1 – 2 个腋生;花序梗长 3 – 18mm;花序托宽长方形,长约 2cm,无毛;苞片约 8,扁宽卵形,长约 1.5mm,宽 3 – 5mm,有时大部合生,无毛;小苞片半透明,船形,长约 5mm,顶端有缘毛,背面中脉有毛,有钟乳体。雄花:花被片 4,船形,长约 2.3mm,基部合生,背面有短突起和柔毛;雄蕊 4。雌头状花序近蝴蝶状,近无梗;花序托蝴蝶形,宽约 5mm;小苞片半透明,近长圆形,长约 1mm,有 1 条中脉,顶端有密缘毛。雌花:花被片 3,狭三角形,长 0.1 – 0.3mm;退化雄蕊 4,小;子房椭圆体形,长 0.3mm,柱头比子房稍长,画笔头状。

产台湾南北各地;日本南部。生于低、中海拔山区林中或溪边,海拔 250 – 600m。

标本登录:

台湾:花莲,黄连益等 s. n.(HAST);新竹,彭镜毅 14830(HAST)。

152. 食用楼梯草

Elatostema edule C. B. Robinson in Philip. J. Sci. Bot. 5:531. 1910;Liu & Huang in Fl. Taiwan 2:179. 1976;Y. P. Yang et al. in Bot. Bull. Acad. Sin. 36

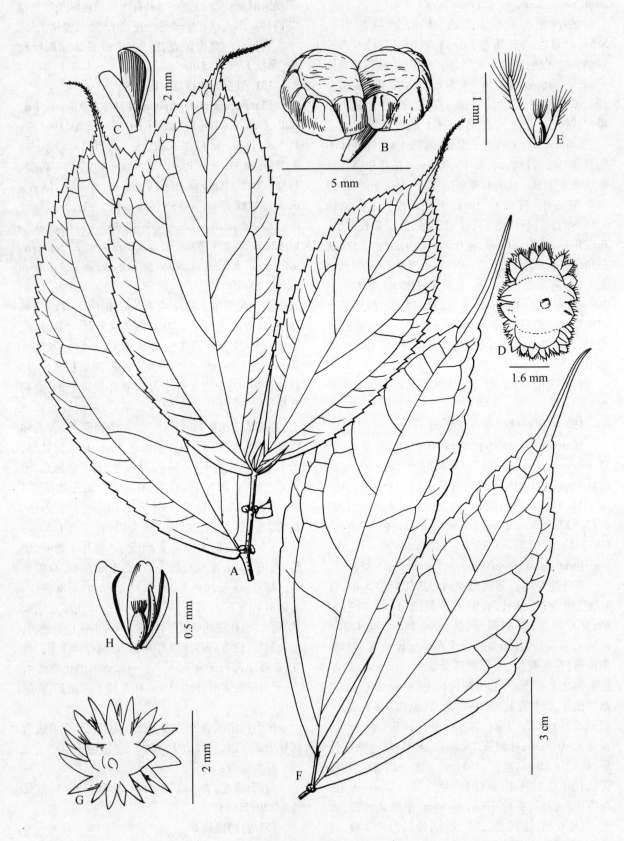

图版 84 A – E. 七肋楼梯草 *Elatostema septemcostatum* A. 开花茎顶部,B. 雄头状花序(侧上面观),C. 雄小苞片,(据李庆华 460) D. 雌头状花序(下面观),E. 雌小苞片和雌花。(据王文采 1995 – 1) F – H. 褐苞楼梯草 *E. brunneobracteo-latum* F. 开花茎顶部,G. 雌头状花序(下面观),H. 雌小苞片和雌花。(据 holotype)

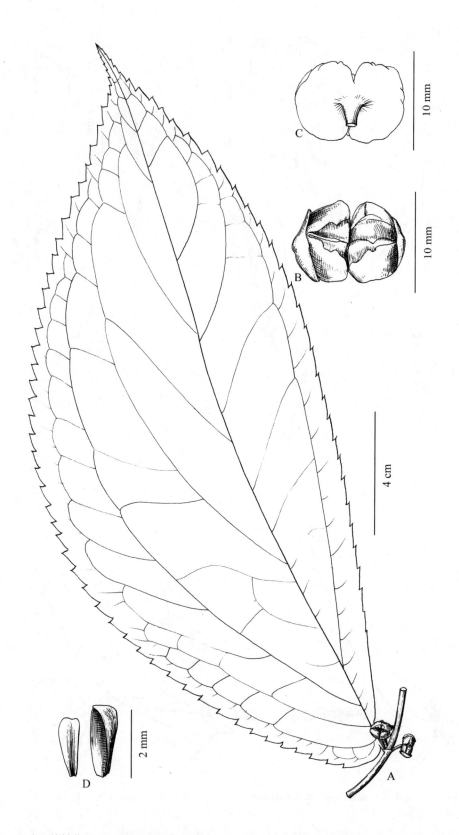

图版 85 　拟宽叶楼梯草 *Elatostema pseudoplatyphyllum* A. 叶和 2 个腋生雄头状花序，B. 雄头状花序(上面观)，C. 同 B，下面观，D. 2 雄小苞片。(据 holotype)

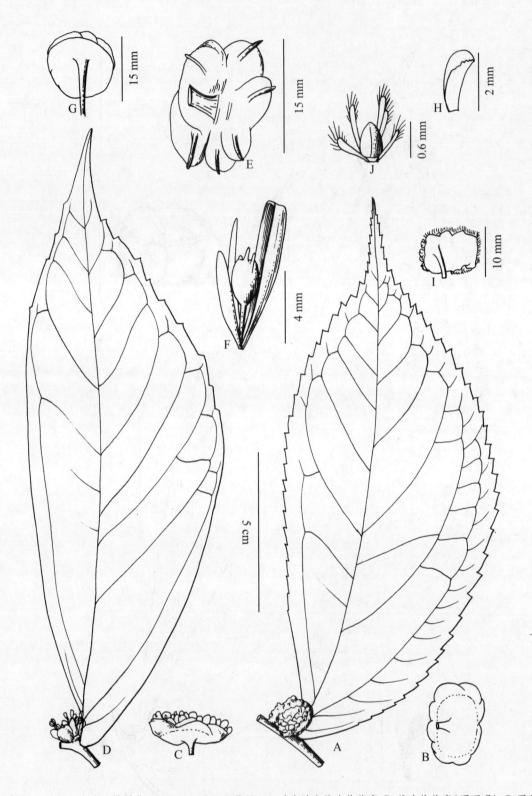

图版 86 A – C. 似宽叶楼梯草 *Elatostema platyphylloides* A. 叶和腋生雄头状花序，B. 雄头状花序（下面观），C. 同 B。（据 C. I. Peng 14830）D – F. 食用楼梯草 *E. edule* var. *edule* D. 叶和腋生雄头状花序，E. 雄头状花序（下面观），F. 雄小苞片和雄花蕾。（据 H. L. Ho 1017）G – J. 南海楼梯草 *E. edule* var *ecostatum* G. 雄头状花序（下面观），H. 雄小苞片，（据陈念勋 43852）I. 雌头状花序（下面观），J. 雌小苞片和瘦果。（据海南东队 563）

(4)：260，fig. 2. 1995；et in Fl. Taiwan，2nd ed.，2：206，pl. 103. 1996；W. T. Wang in Fu et al. Paper Collection of W. T. Wang 2：1136，fig. 24：D. 2012. Type：Philippin：Batan Island，Bur. Sci. 3609 Fenix（holotype，non vidi）. China：Taiwan：Lanyu，Kawakami & Nakahara 1052（paratype，non vidi）.

E. platyphyllum auct. non Wedd.；C. H. Wright in J. Linn. Soc. Bot. 26：982. 1899，p. p.；Merr. in Philip. J. Sci. Bot. 3：404. 1908；Q. Lin et al. in Fl. China 5：154. 2003.

152. var. **edule** 图版86：D – F

多年生草本。茎高达2m，粗1.5cm，无毛，有4条纵棱，分枝。叶有短柄或无柄，无毛；叶片纸质，斜长椭圆形，长圆形或狭长圆形，长10－23（－25）cm，宽3－7.5（－8）cm，顶端渐尖，长渐尖或骤尖，基部狭侧楔形，宽侧耳形，边缘中部之上或上部有小牙齿，半离基三出脉，侧脉在叶狭侧3－4条，在宽侧5－7条，钟乳体明显，密，长达0.7mm；叶柄长达5mm；托叶披针形，长约15mm. 雄头状花序单生叶腋；花序梗长3－15mm，无毛；花序托宽长圆形，无毛；苞片约6，不等大，宽卵形或扁卵形，长约5mm，宽6－10mm，近无毛，背面有1（－2）条纵肋，有时顶端有短角状突起；小苞片膜质，半透明，倒梯形，长约3mm，宽2－3.2mm，无毛，较大者背面顶端之下有1小突起。雄花具梗：花被片4，椭圆形，长1.5mm，基部合生，背面顶端之下有时有短角状突起；雄蕊4。雌头状花序单生叶腋，具短梗，似雄头状花序，也有6枚苞片，苞片宽卵形，顶端有短角状突起，外方2枚对生，较大，内方4枚较小；小苞片半透明，宽条形，长约0.9mm，顶部被缘毛。雌花有4小花被片。瘦果椭圆体形，长约0.7mm，宽0.35mm，约有6条细纵肋。

分布于我国台湾东南的绿岛和兰屿岛以及菲律宾的Batan岛。生于常绿阔叶林或溪边阴湿处，海拔10－230m。

标本登录：

台湾：绿岛，黄雅怡798（HAST）；兰屿，Hsiu－lan Ho 1017（HAST），吴增源和刘杰2012455，2012461（PE）。

152. 南海楼梯草（变种） 图版86：G – J

var. **ecostatum** W. T. Wang，var. nov. Type：海南（Hainan）：陵水（Lingshui），铜甲至文化市（from Tongjia to Wenhuashi），1932－09－16，左景烈、陈念劬（J. L. Zuo & N. Q. Chen）43852（holotype，PE；isotype，IBSC）；白沙（Baisha），五指山（Wuzhi Shan），

alt. 1160－1200m，1954－11－06，海南东队（East. Hainan Exped.）563（paratypes，IBSC，PE）；定安（Anding），五指山，1933－12－19，黄志（C. Wang）35627（paratype，IBSC）。

E. edule auct. non C. B. Robinson：Merr. in Lingnan Sci. J. 5：67. 1927；海南植物志2：410，图493. 1965；王文采于东北林学院植物研究室汇刊7：75. 1980，p. p.；并于中国植物志23（2）：289. 1995；阮云珍于广东植物志6：76，图27. 2005。

A var. *eduli* differt bracteis staminatis minoribus irregulariter quadrilateris vel transversaliter rectangularibus 1－2 mm longis 1－6 mm latis nec costatis nec corniculatis，involucris pistillatis 1－4－bracteatis，bracteis pistillatis haud corniculatis.

本变种与食用楼梯草的区别特征为本变种的雄苞片较小，呈不规则四边形或横长方形，长1－2mm，宽1－6mm，既无纵肋，亦无角状突起；雌总苞只有1－4苞片；雌苞片无角状突起。

特产海南。生于山谷沟边或林中，海拔约1100m。

153. 宽叶楼梯草 图版87：A – E

Elatostema platyphyllum Wedd. in Arch. Mus. Hist. Nat. Paris 9：301. 1856；et in DC. Prodr. 16（1）：175. 1869；Hook. f. Fl. Brit. Ind. 5：566. 1888；王文采于东北林学院植物研究室汇刊7：75. 1980；Grierson & Long，Fl. Bhutan 1（1）：118. 1983；Yahara in J. Fac. Sci. Univ. Tokyo，Sect. 3，13：494. 1984；王文采于中国植物志23（2）：288，图版61：9－10. 1995；李锡文于云南植物志7：290. 1997；Q. Lin et al. in Fl. China 5：154. 2003，p. p. excl. syn. *E. ebracteato* W. T. Wang，*E. eduli* C. B. Robinson et *E. platyphylloide* Shin & Yang；林祁等于西北植物学报29（9）：1912. 2009；W. T. Wang in Fu et al. Paper Collection of W. T. Wang 2：1138. 2012. Lectotype：印度India：Khasia，J. D. Hooker & T. Thomson s. n. （P，Lin et al，2009，non vidi）.

小灌木。茎高达1.5m，下部粗达1.5cm，分枝，无毛；表皮有极密的小钟乳体。叶具短柄，无毛；叶片草质，斜椭圆形或斜狭椭圆形，长14－21cm，宽6－10cm，顶端渐尖或尾状渐尖，基部在狭侧钝或浅心形，在宽侧耳形（耳垂部分稍镰状弯曲，长1－1.4cm），边缘在叶狭侧自中部或中部以上、在宽侧自下部起至顶端有小牙齿，三出脉、半离基或离基三出脉，侧脉每侧约3条，钟乳体明显或不明显，密，长0.2－0.4mm；叶柄长2－6mm；托叶大，披针形，长2－4cm，顶端锐长渐尖。花序雌雄异株。雄头状花

序具极短梗,有多数密集的花;花序托2裂,近蝴蝶形,宽约2.5cm,边缘浅波状,无毛;总苞不存在;小苞片近1000枚,匙状长圆形,长约2mm,有疏缘毛。雄花有短梗,四基数。雌头状花具短梗,近长方形,长约7mm,有极多密集的花;花序梗长约5mm;花序托长5-7mm,2浅裂,无毛;苞片8-10,极扁宽卵形,不明显,无毛;小苞片密集,狭倒披针形,长约0.8mm,顶端有短缘毛。雌花具短梗或无梗;花被片不存在;子房卵球形,长约0.3mm,柱头画笔头状,长约0.1mm。花期3-4月。

分布于西藏东南部、云南西部、四川西南部;尼泊尔、不丹、印度、缅甸、泰国、越南北部。生于山谷林中或溪边阴处,海拔600-1900m。

标本登录(均存PE):

西藏:墨脱,李渤生,程树志1365,2430,2956,3263,3570,3867,4064,4521。

云南:贡山,独龙江队301,456;福贡,蔡希陶54884,Gaoligong Shan Biod. Survey 19262,19286,19485;龙陵,蔡希陶55044,55514;潞西,蔡希陶56802,56863;保山,李恒等13489;镇康,王启无72230;勐仑,热带植物园,周仕顺1055;勐腊,王启无80741;麻栗坡,王启无86295。

四川:长宁,四川中药所1332;江安,四川中药所291。

154. 无苞楼梯草　图版87:F-J

Elatostema ebracteatum W. T. Wang in Acta Phytotax. Sin. 28(4):316, fig. 3:3-4. 1990;于中国植物志23(2):285,图版62:3-4. 1995;et in Fu et al. Paper Collection of W. T. Wang 2:1138. 2012. Holotype:西藏:墨脱,背崩,自桑兴至岗龙,alt. 1300-1500 m,1983-05-06,李渤生,程树志4522(PE)。

E. platyphyllum auct. non Wedd.; Q. Lin et al. in Fl. China 5:154. 2003, p. p. quoad syn. *E. ebracteatum* W. T. Wang.

草本。茎高约80cm,无毛,具密集的钟乳体。叶具短柄或近无柄;叶片纸质,两侧极不对称,斜椭圆形,长11-22cm,宽5-10cm,顶端渐尖或骤尖状渐尖(渐尖头边缘有小齿),基部狭侧圆形或钝,宽侧耳形(耳垂部分长5-8mm),边缘基部之上有密小牙齿,上面疏被糙伏毛,下面在隆起的中脉及侧脉上疏被短伏毛,半离基三出脉,侧脉在叶狭侧约3条,在宽侧4条,脉网明显,钟乳体明显,密,长0.1-0.3mm;叶柄长达8mm,无毛;托叶长椭圆形或披针形,长约1.6cm,宽7mm,顶端骤尖,无毛,有褐色小条纹。花序雌雄同株。雄头状花序成对腋生,具

极短梗;花序托宽长圆形,长约2.2cm,宽1.5cm,4浅裂,无毛;总苞不存在;小苞片约900枚,半透明,船形或条形,长约2mm,沿中肋有褐色斑点,无毛,较大的在顶端兜形,有短而粗的角状突起。雄花极多数,四基数,花蕾小,直径约1.2mm。雌头状花序单生茎上部叶腋,有极短梗;花序托狭椭圆形,长约5mm,宽10mm,无毛;总苞不存在;小苞片约300枚,半透明,船状条形,长约0.8-1mm,有褐色斑点,无毛。瘦果半透明,椭圆球形,长约0.5mm,约有5条细纵肋。花期4-5月。

特产西藏墨脱。生于山谷林中,海拔1300-1500m。

本种在亲缘关系上与宽叶楼梯草 *E. platyphyllum* 极为相近,与后者的区别在于本种是多年生草本,叶两面有毛,雌头状花序的总苞强烈退化并消失,与后者重要的相同特征是雄头状花序的总苞强烈退化并消失。这二种又与拟宽叶楼梯草 *E. pseudoplatyphyllum*(雄头状花序具正常发育的总苞,见上)在亲缘关系上极为相近,可能是由后者演化出的一对姊妹群(Wang,2011)。

155. 狭被楼梯草　图版88:A-F

Elatostema angustitepalum W. T. Wang in Acta Phytotax. Sin. 28(4):315, fig. 3:6-7. 1990;并于中国植物志23(2):272,图版62:6-7. 1995;Q. Lin et al. in Fl. China 5:151. 2003;W. T. Wang in Fu et al. Paper Collection of W. T. Wang 2:1138. 2012. Holotype:西藏:墨脱,背崩,桑兴,岗龙,alt. 1300-1400m,1983-05-06,李渤生,程树志4521(PE)。

草本。茎高约35cm,不分枝或有1条短分枝,无毛。叶无柄或具短柄;叶片纸质,斜椭圆形,长9-13.5cm,宽4.4-5.8cm,顶端骤尖,基部斜楔形,边缘狭侧下部1/3-1/4全缘,其他部分有牙齿,宽侧在基部之上有牙齿,上面疏被糙伏毛,下面被短柔毛,半离基三出脉,侧脉每侧4条,钟乳体明显,密,长0.1-0.45mm;叶柄长达2mm;托叶膜质,淡黄绿色,狭三角形,长1.1-1.8cm,宽6-8mm,无毛,有稀疏钟乳体。花序雌雄同株。雄头状花序单生叶腋,具梗;花序梗长2-7mm,疏被短柔毛;花序托长方形或宽卵形,长约10mm,被短柔毛,有辐射脉;总苞有2层苞片,外层苞片约10枚,扁宽三角形,长约0.8mm,宽2-3mm,顶端有粗短尖头或短角状突起,内层苞片约30枚,似外层苞片,但较小,长约0.8mm,宽1mm,近无毛;小苞片多数,密集,半透明,楔状条形,长1-1.8mm,无毛。雄花蕾椭圆体形,长约1mm,顶端有4条短角状突起,无毛。雌头状花

序单生叶脉,具短梗;花序梗长 2mm,无毛;花序托宽长方形,长约 10mm,宽 7mm,无毛,2 浅裂;总苞不存在;小苞片 1000 余枚,密集,半透明,狭倒披针形或狭倒卵形,长 0.5 - 0.8mm,有褐色短条纹,顶端有缘毛。瘦果褐色,椭圆体形,长 0.5 - 0.7mm,约有 10 条纵肋;宿存花被片约 3 枚,狭条形,与瘦果近等长。花期 4 - 5 月。

特产西藏墨脱。生于山谷林下,海拔 1300 - 1400m。

156. 文采楼梯草 图版 88: G - J

Elatostema wangii Q. Lin & L. D. Duan in Fl. China 5:154. 2003;W. T. Wang in Fu et al. Paper Collection of W. T. Wang 2:1138. 2012. Type:云南:贡山,独龙江,钦郎当,alt. 1240 m, 1991 - 03 - 10, 独龙江队 4482 (holotype, PE;isotype, KUN)。

多年生草本,雌雄异株。茎高 100 - 150cm,密被糙伏毛,不分枝,稀具 1 分枝。叶具短柄;叶片纸质或厚纸质,斜倒卵形或斜椭圆形,长(3 -)7 - 19.5cm,宽(2.7 -)4 - 12cm,顶端渐尖、骤尖或尾状(尖头全缘,有时基部有 1 齿),基部狭侧楔形,宽侧耳形(耳垂部分长 5 - 13mm),边缘有浅钝齿或牙齿,上面变无毛或脉上被柔毛,下面疏被糙伏毛或脉上密被糙伏毛,半离基三出脉,侧脉 3 - 4 对,钟乳体不明显,稀疏,杆状,长 0.1 - 0.2mm;叶柄长 3 - 20mm,被糙伏毛;托叶披针形,长 9 - 17mm,宽 2.5 - 4.5mm,背面有糙伏毛,有少数钟乳体。雄头状花序未见。雌头状花序单生叶腋,蝴蝶状,长 1.4 - 1.5cm;花序梗长 2 - 3mm;花序托蝴蝶状,长 1.3 - 1.4cm,宽 0.8 - 1cm,疏被短柔毛,4 裂,裂片又微 2 裂;苞片小,约 270 枚,紧密在花序托边缘排成 1 轮,绿色,条形,长约 0.7mm,密被缘毛;小苞片密集,半透明或带褐色,狭条形,长 0.5 - 0.8mm,宽约 0.05mm,密被长缘毛(毛长 0.2 - 0.3mm)。雌花:花梗粗壮,长约 0.15mm,无毛;花被片不存在;子房狭卵球形,长约 0.3mm;柱头画笔头,长约 0.15mm。花期 3 月。

特产云南贡山。生于山谷常绿阔叶林中,海拔 1200 - 1500m。

标本登录:

云南:贡山,独龙江,独龙江队 638,3374,3382 (PE)。

157. 双头楼梯草 图版 89

Elatostema didymocephalum W. T. Wang in Acta Phytotax. Sin. 28(4):316,fig 3:5. 1990;并于中国植物志 23(2):278,图版 62:5. 1995;Q. Lin et al. in

Fl. China 5:152. 2003;W. T. Wang in Fu et al. Paper Collection of W. T. Wang 2:1140. 2012. Holotype:西藏:墨脱,背崩,马尾翁,alt. 900 m,1983 - 06 - 02,李渤生,程树志 4953(PE)。

草本,干后变黑色。茎高约 45cm,无毛,不分枝,密被小钟乳体。叶无柄或近无柄,纸质,斜椭圆形,长 9 - 16cm,宽 4 - 7.4cm,顶端尾状渐尖(渐尖头每侧有 1 - 2 小齿),基部斜锲形,或在宽侧圆形,边缘基部之上有牙齿,上面无毛,下面在中脉及侧脉上在放大镜下可见有短毛,半离基三出脉,脉平,侧脉在叶狭侧 4 条,在宽侧 5 条,钟乳体明显,密,长 0.1 - 0.3mm;托叶条形,长 1.8 - 2cm,宽约 2.8mm,无毛,钟乳体稍密,长 0.1 - 0.2mm。雄头状花序单生叶腋,分裂成两个头状花序;花序梗长 2 - 4.5mm;花序托近长圆形,长约 1.5cm,宽 4mm,无毛;苞片 6,无毛,2 枚较大,船状扁圆形,长约 8.5mm,宽 1.4cm,4 枚较小,宽长圆形,有时船形,长约 6mm,宽 7mm,顶端兜形,外面顶端有皱褶;小苞片极多数,半透明,淡褐色,船形或船状长圆形,长 4 - 6mm,宽 1.2 - 4mm,无毛,大的在顶端兜形。雄花多数,五基数,无毛;花蕾直径约 1.5mm,在 5 花被片中有 4 枚的顶端有长角状突起。雌头状花序未见。花期 5 - 6 月。

特产西藏墨脱的背崩。生于山谷常绿榕树林下潮湿处,海拔 950m。

158. 宽托叶楼梯草 图版 90: A - E

Elatostema latistipulum W. T. Wang & Zeng Y. Wu in Nordic J. Bot. 29(2):230,fig. 4 - 5. 2011;W. T. Wang in Fu et al. Paper Collection of W. T. Wang 2:1140,fig. 25. 2012. Type:西藏:错那,勒布沟,alt. 2700m,2008 - 09 - 23,张书东 081308(holotype,PE;isotype,KUN)。

多年生草本。茎约 4 条丛生,高 18 - 37cm,基部之上粗约 1.2mm 并常触地生根,无毛或在顶部疏被短柔毛,不分枝,有 8 - 11 叶。叶无柄;叶片近膜质,斜长圆形或椭圆状长圆形、稀斜椭圆形,长(1 -)2.5 - 8.5cm,宽 1 - 2.6cm,顶端骤尖,基部斜宽锲形或在宽侧圆形,边缘具牙齿,上面被糙伏毛,下面被短柔毛,三出脉,侧脉 2 - 3 对,不明显,上面平,下面隆起,钟乳体密,细杆状,长 0.2 - 0.5mm;托叶膜质,卵形或圆卵形,长 1 - 2mm,宽 1 - 1.5mm,无毛,白毛,有 1 条绿色脉。雄头状花序未见。雌头状花序单生叶腋;花序梗粗壮,长 1.5mm,无毛;花序托近方形,长及宽约 3mm,无毛;苞片约 3,扁宽卵形,长 1.2 - 1.8mm,宽 1 - 3.6mm,无毛,顶端有 1 短

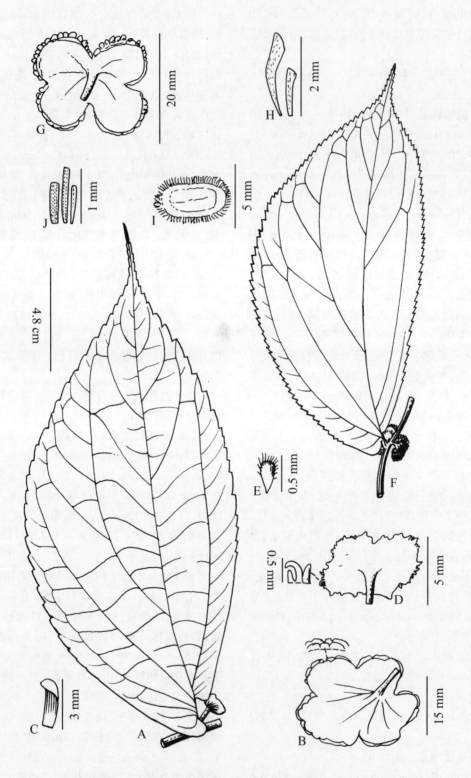

图版 87 A－E. 宽叶楼梯草 *Elatostema platyphyllum* A. 叶和腋生雄头状花序，B. 雄头状花序(下面观)，C. 雄小苞片，(据蔡希陶 56409) D. 雌头状花序(下面观)，E. 雌小苞片。(据蔡希陶 55514) F－J. 无苞楼梯草 *E. ebracteatum* F. 叶和腋生雄头状花序，G. 雄头状花序(下面观)，H. 雄小苞片，I. 雌头状花序(下面观)，J. 雌小苞片。(据 holotype)

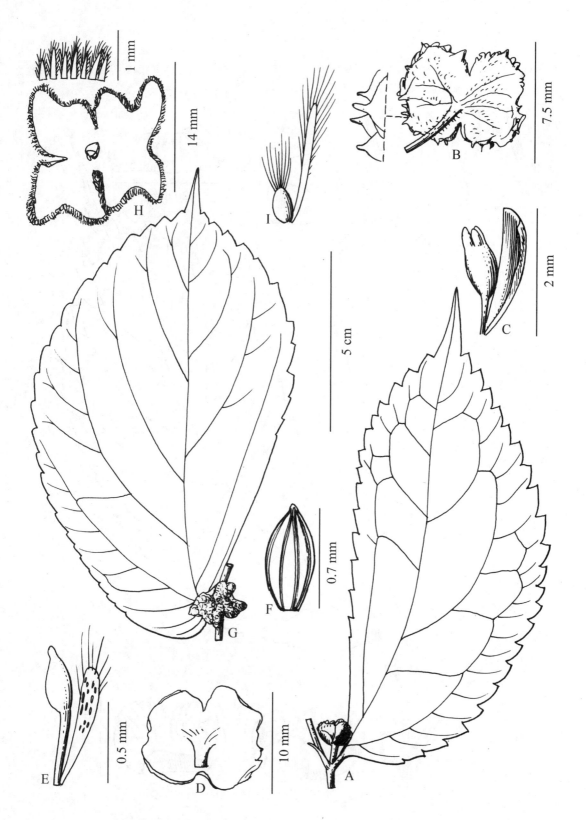

图版88　A – F. 狭被楼梯草 ***Elatostema angustitepalum*** A. 叶和腋生雄头状花序, B. 雄头状花序(下面观), C. 雄小苞片和雄花蕾, D. 果序(下面观), E. 雌小苞片和幼果, F. 瘦果。(据 holotype) G – I. 文采楼梯草 ***E. wangii*** G. 叶和腋生雌头状花序, H. 雌头状花序(下面观, 左上图示 7 枚雌总苞苞片), I. 雌小苞片和雌花。(据 holotype)

图版 89 双头楼梯草 *Elatostema didymocephalum* A. 开花雄茎顶部, B. 雄头状花序(侧上面观), C. 同 B(侧下面观), D. 1 个外层雄苞片, E. 2 个内层雄苞片, F. 雄小苞片和雄花蕾。(据 holotype)

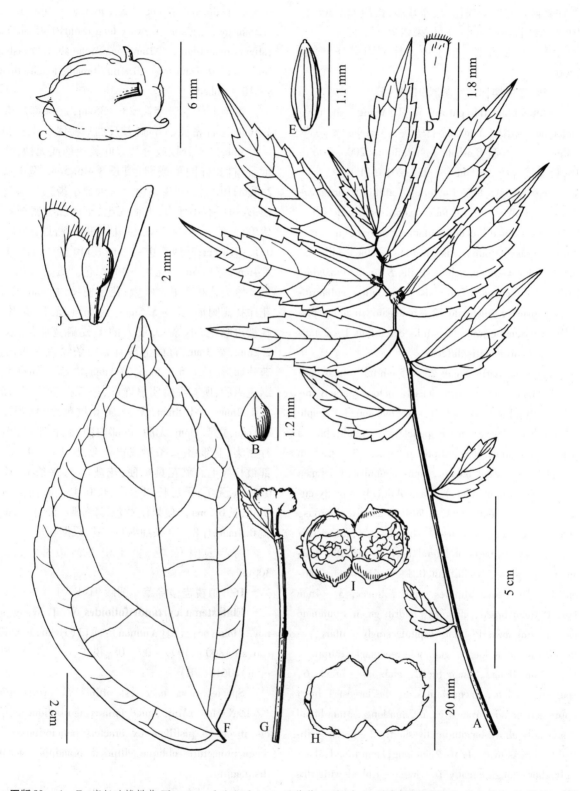

图版90 A－E. 宽托叶楼梯草 *Elatostema latistipulum* A. 开花茎, B. 托叶, C. 果序(下面观), D. 雌小苞片, E. 瘦果。(据 holotype) F－J. 短渐尖楼梯草 *E. breviacuminatum* F. 叶, G. 部分茎和腋生雄头状花序, H. 雄头状花序(下面观), I. 同 H, 上面观, J. 雄小苞片和雄花蕾。(据 holotype)

粗角状突起(长0.6-1mm,粗0.25-0.7mm);小苞片多数,密集,膜质,半透明,白色,倒梯形,长约1.8mm,宽0.7mm,顶端截形并被短缘毛,上部有少数钟乳体。瘦果淡褐色,狭卵球形,长约1.1mm,有10条细纵肋。花期8-9月,果期9月。

特产西藏错那。生于山谷林下阴湿处,海拔2700m。

159.三被楼梯草 图版91:A-E

Elatostema tritepalum W. T. Wang, sp. nov. Holotype:云南(Yunnan):马关(Maguan),马革(Mage),白沙河(Baishahe), alt. 300m,2003-06-16,税玉民等(Y. M. shui et al.)32046(PE)。

Species nova haec est fortasse affinis E. breviacuminto W. T. Wang, quod foliis majoribus ellipticis 5-8.4cm latis apice breviter acuminatis margine infra mediun integris, stipulis totis viridibus costis mediis carentibus distat, etiam habitu similis E. huanglianshanico W. T. Wang, quod foliis basi latere latiore subauriculatis, involucro pistillato 12-bracteato, bracteis pistillatis plerumque projecturis ullis carentibus 1-2 tantum apice corniculatis differt.

Perennial herbs. Stems 25-35 cm tall, near base 2-2.5mm thick, above densely below sparsely retrorsely strigillose (hairs 0.1-0.3mm long), simple or branched. Leaves shortly petiolate or sessile; blades papery, obliquely long elliptic or ovate, 3-6.5cm long,1.2-2.5cm broad, apex acuminate (acumen margins few-denticulate), base obliquely broadly cuneate, margin denticulate; surfaces adaxially glabrous, abaxially on nerves densely strigillose; venation trinerved, with 3 pairs of lateral nerves; cystoliths conspicuous, dense, bacilliform,0.1-0.4mm long; petioles 0-1mm long; stipules white, linear, 3-4mm long,0.6mm broad, glabrous, midrib green. Staminate capitula unknown. Pistillate capitula singly axillary; peduncle ca. 2mm long, glabrous; receptacle elliptic, ca. 5.5mm long, 2mm broad, glabrous; bracts 6, sparsely ciliolate, unequal in size, the largest 1 bract appressed-broad-ovate, ca. 2.2mm long, 3mm broad, abaxially above longitudinally shortly 2-green-ribbed, 3 bracts ovate,1.5-2mm long,1mm broad,abaxially above longitudinally 1-green-ribbed with ribs all obviously prominent, the fifth bract broad-ovate, 1.2mm long, 1.8mm broad, not ribbed, the sixth bract obtrapeziform, 2.1mm long,1.1mm broad, not

ribbed, apex recurved, truncate-cucullate; bracteoles dense, above green, linear or narrow-linear, 1-1.4mm long, above long ciliate. Pistillate flower shortly pedicellate: tepals 3, narrow-linear, ca. 0.2mm long, glabrous; ovary long ovoid,0.45mm long; stigma penicillate, 0.2mm long. Achenes yellowish,ovoid, ca. 0.7mm long,0.4mm broad, longitudinally 8-10-ribbed.

多年生草本。茎高25-35cm,近基部粗2-2.5mm,上部密被、下部疏被反曲短糙伏毛(毛长0.1-0.3mm),不分枝或分枝。叶具短柄或无柄;叶片纸质,斜长椭圆形或卵形,长3-6.5cm,宽1.2-2.5cm,顶端渐尖(尖头边缘有少数小齿),基部斜宽楔形,边缘有小牙齿,上面无毛,下面脉上密被短糙伏毛,三出脉,侧脉3对,钟乳体明显,密集,杆状,长0.1-0.4mm;叶柄长0-1mm;托叶白色,条形,长3-4mm,宽0.6mm,无毛,中脉绿色。雄头状花序未见。雌头状花序单生叶腋;花序梗长约2mm,无毛;花序托椭圆形,长约5.5mm,宽2mm,无毛;苞片6,疏被短缘毛,不等大,最大的1枚扁宽卵形,长约2.2mm,宽3mm,背面上部有2短条绿色纵肋,另3苞片卵形,长1.5-2mm,宽1mm,背面上部有1条绿色纵肋,所有纵肋明显隆起,第5枚苞片宽卵形,长1.2mm,宽1.8mm,无肋,第6枚苞片倒梯形,长2.1mm,宽1.1mm,无肋,顶部内曲,截状兜形;小苞片密集,上部绿色,条形或狭条形,长1-1.4mm,上部被长缘毛。雌花具短梗:花被片3,狭条形,长约0.2mm,无毛;子房长卵球形,长0.45mm;柱头画笔头状,长0.2mm。瘦果淡黄色,卵球形,长约0.7mm,宽0.4mm,有8-10条细纵肋。花、果期6月。

特产云南马关。生于山谷河边林中,海拔300m。

160.拟锐齿楼梯草 图版91:F-J

Elatostema cyrtandrifolioides W. T. Wang, sp. nov. Holotype:云南(Yunnan):河口(Hekou),Shijiacao,alt 1800m,1999-09-08,税玉民等(Y. M. Shui et al)10610(PE)。

Species nova haec est affinis E. cyrtandrifolio (Zoll. & Mor.) Miq., quod foliis vulgo oblique ellipticis, involucro pistillato ex bracteis paucioribus ca. 6 apice projecturis oblique ellipticis praeditis constante distinguitur.

Perennial herbs. Stems ca. 35cm tall, near base ca. 2mm thick, glabrous, simple. Leaves shortly petiolate, rarely sessile; blades papery, obliquely oblong or obliquely narrow – elliptic, 6 – 15cm long, 2. 5 – 4cm broad , apex cuspidate or shortly cuspidate (cusps entire), base obliquely broadly cuneate, margin denticulate; surfaces adaxially sparsely strigillose or glabrous, abaxially glabrous; venation semi-triplin-erved or trinerved, with 4 – 5 pairs of lateral nerves; cystoliths conspicuous, sparse, bacilliform, 0. 15 – 0. 25mm long; petioles 0 – 5mm long, glabrous; stipules caducous. Staminate capitula unknown. Pistillate capitula singly axillary, sessile; receptacle broad – rectangular, ca. 9mm long, 8mm broad, glabrous, constricted at the middle; bracts 14 – 17, 2 – seriate, greenish, membranous, glabrous, outer bracts 6, of them 2 opposite larger, appressed – broad – ovate, 1 – 1.2mm long, 3. 2 – 4mm broad, abaxially longitudinally shortly 1 – ribbed and with the rib apex extending out into a subulate or tail – like projection 2 – 2.5mm long, the other 4 outer bracts smaller, appressed – broad – ovate or appressed – broad – triangular, 0. 8 – 1mm long, 2mm broad, at apex with a subulate or tail – like projection 2mm long, the inner bracts 8 – 11, subquadrate or transversely rectangular, 0. 8mm long, 0. 6 – 1. 5mm broad, not corniculate ; bracteoles dense, semi – hyaline, oblanceolate or oblanceolate – linear, 1 – 1.2mm long, 0. 15 – 0. 5mm broad, apex ciliolate. Pistillate flower shortly pedicellate; tepals wanting; ovary narrow – ovoid, ca. 0. 4mm long; stigma subglobose, 0. 05 mm in diam. Achenes brown, ovoid, ca. 0. 7mm long, 0. 4mm broad, longitudinally 7 – ribbed.

多年生草本。茎高约 35cm，近基部粗约 2mm，无毛，不分枝。叶具短柄，稀无柄；叶片纸质，斜长圆形或斜狭椭圆形，长 6 – 15cm，宽 2.5 – 4mm，顶端骤尖或短骤头（尖头全缘），基部斜宽楔形，边缘具小牙齿，上面被极疏短糙伏毛或无毛，下面无毛，半离基三出脉或三出脉，侧脉 4 – 5 对，钟乳体明显，稀疏，杆状，长 0.15 – 0.25mm；叶柄长 0 – 5mm，无毛；托叶早落。雄头状花序未见。雌头状花序单生叶腋，无梗；花序托宽长方形，长约 9mm，宽 8mm，无毛，在中部缢缩；苞片 14 – 17，排成 2 层，膜质，淡绿色，无毛，外层苞片 6 枚，其中 2 枚对生，较大，扁宽卵形，长 1 – 1.2mm，宽 3.2 – 4mm，背面有 1 条短纵肋，肋顶端伸出成长 2 – 2.5mm 的钻形或尾状的突起，其他 4 外层苞片较小，扁宽卵形或扁宽三角形，长 0.8 – 1mm，宽 2mm，顶端有长 2mm 的钻形或尾状突起，内层苞片 8 – 11，近方形或横长方形，长 0.8mm，宽 0.6 – 1.5mm，无角状突起；小苞片密集，半透明，倒披针形或倒披针状条形，长 1 – 1.2mm，

宽 0.15 – 0.5mm，顶端被短缘毛。雌花具短梗；花被片不存在；子房狭卵球形，长约 0.4mm；柱头近球形，直径 0.05mm。瘦果褐色，卵球形，长约 0.7mm，宽 0.4mm，具 7 条纵肋。花、果期 8 – 9 月。

特产云南河口。生于山谷路边阴湿处，海拔 1800m。

161. 锐齿楼梯草

Elatostema cyrtandrifolium (Zoll. & Mor.) Miq. Pl. Jungh. 21. 1851; et in Zoll. Syst. Verz. Ind. Archip. 102. 1854; Backer & Bakh. f. Fl. Java 2 : 44. 1965; Yahara in J. Fac. Sci. Univ. Toygo, Sect. 3, 13 : 496. 1984; 王文采于中国植物志 23（2）：266，图版 61 : 1 – 2. 1995; 并于武陵山地区维管植物检索表 138. 1995; 李锡文于云南植物志 7: 295. 1997; 李丙贵于湖南植物志 2: 297. 2000; Q. Lin et al. in FL. China 5: 149. 2003; 阮云珍于广东植物志 6: 75. 2005; 彭泽祥等于甘肃植物志 2: 241. 2005; 税玉民、陈文红，中国喀斯特地区种子植物 1: 95，图 232. 2006; 杨昌煦等，重庆维管植物检索表 151. 2009; W. T. Wang in Fu et al . Paper Collection of W. T. Wang 2: 1140. 2012. —— *Procris cyrtandrifolia* Zoll. & Mor. in Mor. Syst. Verz. 74. 1846. ——— *Elatostema sessile* J. R. & G. Forster var. *cyrtandrifolium* (Zoll. & Mor.) Wedd. in DC. Prodr. 16（1）：173. 1869.

E. sessile var. *pubescens* Hook. f. Fl. Brit. Ind. 5: 564. 1888; Hand. – Mazz. Symb. Sin. 7: 145. 1929; 湖北植物志 1: 178. 1976。

E. herbaceifolium Hayata, Ic. Pl. Formos. 6: 67. 1916; T. S. Liu & W. D. Huang in Fl. Taiwan 2: 179, pl. 257. 1976; 王文采于东北林学院植物研究室汇刊 7: 67. 1980; 张秀实等与贵州植物志 4: 61. 1989; 曾沧江与福建植物志 1: 470. 1991; Y. P. Yang et al. in Bot. Bull. Acad. Sin. 36: 263, fig. 3. 1995; et in Fl. Taiwan, 2nd ed, 2: 209, pl. 104. 1996; 王文采于广西植物志 2: 858，图版 348: 5. 2005。

161a. var. **cyrtandrifolium** 图版 92: A – G

多年生草本。茎高 14 – 40cm，分枝或不分枝，疏被短柔毛或无毛。叶具短柄或无柄；叶片草质或膜质，斜椭圆形或斜狭椭圆形，长 5 – 12cm，宽 2.2 – 4.7cm，顶端长渐尖或渐尖（渐尖头全缘），基部在狭侧楔形，在宽侧楔形或圆形，边缘在基部之上有牙齿，上面散生少数短硬毛，下面沿中脉及侧脉有少数短毛或变无毛，半离基三出脉或三出脉，侧脉在每侧 3 – 4 条，钟乳体明显，密，长 0.2 – 0.4mm；叶柄长 0.5 – 2mm；托叶狭披针形或钻形，长约 4mm，无毛。

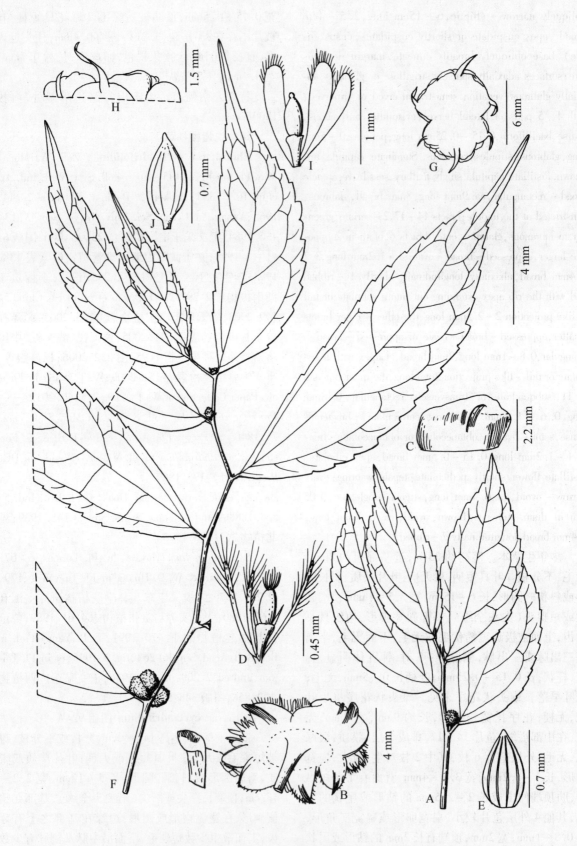

图版 91 A－E. 三被楼梯草 *Elatostema tritepalum* A. 开花茎顶部, B. 雌头状花序 (下面观), C. 最大的一枚雌苞片, D. 雌小苞片和雌花, E. 瘦果。(据 holotype) F－J. 拟锐齿楼梯草 *E. cyrtandrifolioides* F. 茎上部, G. 雌头状花序 (下面观), H. 雌总苞的 1 枚外层苞片和 4 枚内层苞片, I. 雌小苞片和雌花, J. 瘦果。(据 holotype)

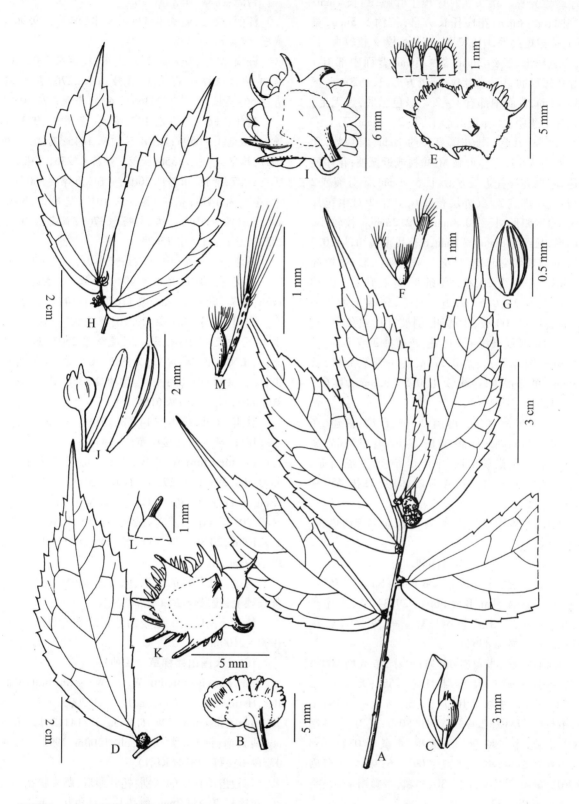

图版 92 A–G. 锐齿楼梯草 *Elatostema cyrtandrifolium* var. *cyrtandrifolium* A. 雄茎上部，B. 雄头状花序（侧下面观），C. 雄小苞片和雄花蕾，（据中苏云南考察队 187）D. 雌茎叶和腋生雌头状花序，E. 雌头状花序（下面观，左上为 4 枚内层总苞苞片），F. 雌小苞片和雌花，G. 瘦果。（据韦毅刚 07310）H – M. 短尾楼梯草 *E. brevicaudatum* H. 雄茎顶部，I. 雄头状花序（下面观），J. 雄小苞片和雄花蕾（据 isotype），K. 雌头状花序（下面观），L. 雌总苞的 1 个第二层苞片和 1 个第三层苞片，M. 雌小苞片和雌花。（据 paratype）

花序雌雄异株。雄头状花序单生叶腋,约长 7mm;花序梗长约 6mm;花序托长方形,长约 5.5mm,宽 3mm,疏被短柔毛,中部 2 裂;苞片 6 枚,2 枚较大,对生,扁宽卵形,长约 3mm,宽 4.5mm,背面中部有 7 条绿色短纵肋,4 枚苞片较小,近方形,长约 3mm,宽 3.5–4mm,背面中部有 1–2 条绿色纵肋,近无毛;小苞片半透明,倒梯形或船形,长 2–3mm,无毛或背面有少数短毛。雄花蕾直径约 1mm,四基数,无毛。雌头状花序单生叶腋,有短梗或近无梗;花序梗长达 2mm;花序托近长方形,长 5–9mm,不分裂或 2 浅裂;苞片排成 2 层,外层苞片 6,其中 2 对生苞片较大,扁宽卵形,长约 0.8mm,宽 2.2mm,4 枚较小,宽卵形,长约 0.8mm,宽 1mm,6 苞片顶端均具长 0.2–1mm 的角状突起,有时突起呈斜椭圆形,被短缘毛,内层苞片约 20 枚,宽条形或三角形,长约 0.8mm,宽 0.2–0.5mm,被短缘毛,顶端无角状突起;小苞片约 500 枚,半透明,倒披针形或条形,长 0.5–1mm,顶端被缘毛。雌花:花被片 3 或不存在;子房宽椭圆体形,长约 0.2mm,柱头画笔头状,长 0.3mm。瘦果褐色,卵球形,长 0.5–0.8mm,具 6–10 条纵肋。花期 4–9 月。

分布于云南、广西、海南、广东、台湾、福建、江西、湖南、贵州、湖北西部、重庆、四川、甘肃南部(文县);喜马拉雅南麓山区、中南半岛、印度尼西亚。生于山谷溪边石上、山洞中或林中,海拔 450–1700m。

在广西、湖南、贵州民间供药用,全草有清热、解毒等功效。

标本登录(所有标本均存 PE):

云南:福贡,Gaoligong Shan Biod. Survey 27617;腾冲,Gaoligong Shan Bilo. Survey 29534;临沧,辛景三 493;石林,税玉民等 64113;金平,中苏考察队 187;砚山,王启无 83676。

广西:西林,韦毅刚 06314;田林,韦毅刚 g098;百色,韦毅刚 g074;靖西,韦毅刚 07651;天等,韦毅刚 0711;大新,李振宇 10911;龙州,韦毅刚 g019;宁明,韦毅刚 07310;巴马,韦毅刚 08013;凤山,韦毅刚 0769;乐业,韦毅刚 06135;天峨,韦毅刚 07432;都安,韦毅刚 g114;柳江,韦毅刚 09–26;环江,韦毅刚 09–01;融安,韦毅刚 09–30;阳朔,韦毅刚 s. n.;全州,韦毅刚 09–13。

海南:红毛山,1929–07–09,Tsang & Fung 450。

广东:乳源,刘媖光 703;连平,戴伦凯等 70–1231。

台湾:高雄,江合隆 s. n.。

江西:崇义,赣南队 1111;修水,谭策铭 95966;武宁,谭策铭 941347。

湖南:新宁,罗林波 215;武岗,段林东 2002140;黔阳,安江农校 675;芷江,武陵山队 2276;古丈,邵青等 66;桑植,北京队 003601;石门,壶瓶山队 1039。

贵州:兴仁,党成忠 107;安龙,贵州队 2923;望谟,王功范 1–0596;独山,荔波队 1645;荔波,林祁 1037;镇宁,镇宁队 356;大方,刘昌林 256;安顺,安明态 0027;清镇,川黔队 2003;贵阳,简焯坡 3007;黄平,李克光 1478;瓮安,荔波队 1919;梵净山,Steward,焦启源等 614;德江,安明态 3769;正安,刘正宇 20523;道真,刘正宇 15623。

湖北:咸丰,李洪钧 9271;武当山,刘克荣 0155。

重庆:金佛山,刘正宇 4946;黔江,赵佐成 88–1456;奉节,周洪富,粟和毅 110703,111477。

四川:德昌,朱水法 20270;雅安,王作宾 8380;乐山,管中天 6479;峨眉山,关克俭等 2503;天全,关克俭,王文采 3428;宝兴,关克俭,王文采 2628;青城山,陈明洪等 981603;平武,傅坤俊 2358;广元,何业祺 1888;通江,巴山队 6186。

甘肃:文县,张志英 14758,15144。

161b. 硬毛锐齿楼梯草(变种)

var. **hirsutum** W. T. Wang & Zeng Y. Wu in Nordic J. Bot. 29(2):229, fig. 1:K–N, 3. 2011;W. T. Wang in Fu et al. Paper Collection of W. T. Wang 2:1140. 2012. Type:云南:昆明,西山,太华寺附近,alt. 2100m,2009–07–11,吴增源 09210(hloltype,PE;isotype,KUN)。

与锐齿楼梯草的区别:叶片下面中脉近基部处被长硬毛;瘦果顶端和基部均急尖。

特产云南昆明。生于山地常绿阔叶林下,海拔 1900–2100m。

161c. 大围山楼梯草(变种)

var. **daweishanicum** W. T. Wang in Bull. Bot. Res. Harbin 23(3):258, fig. 1:3–8. 2003;et in Fu et al. Paper Collection of W. T. Wang 2:1141. 2012. Holotype:云南:河口,大围山,alt. 1300m,1999–10–07,税玉民等 11834(KUN)。

与锐齿楼梯草的区别:托叶卵形;雌头状花序较小,花序托直径只 2mm;雌苞片不具角状突起。

特产云南河口大围山。生于山谷林中,海拔 1300m。

162. 短尾楼梯草 图版 92:H–M

Elatostema brevicaudatum(W. T. Wang)W. T.

Wang, st. et comb. nov. ——*E. herbaceifolium* Hayata var. *brevicaudatum* W. T. Wang in Bull. Bot. Res. Harbin. 2（1）：13. 1982；并于广西植物志 2：858. 2005. ——*E. cyrtandrifolium*（Zoll. & Mor.）Mig. var. *brevicaudatum*（W. T. Wang）W. T. Wang in Fl. Reip. Pop. Sin 23（2）：267. 1995；Q. Lin et al. in Fl. China 5：149. 2003；W. T. Wang in Fu et al. Paper Collection of W. T. Wang 2：1140. 2012. Type：广西：融水，九万山，1958 - 08 - 27，陈少卿 15265（holotype，IBSC；isotype，PE）；同地，1958 - 08 - 29，陈少卿 15381（paratypes，IBSC，PE）；龙胜，大地乡，1957 - 07 - 15，覃灏富，李中提 70539（paratype，IBK）。

Species nova haec est affinis *E. cyrtandrifolio*（Zoll. & Mor.）Miq.，quod caulibus vulgo glabris si piliferis indumento ex pilis unitypicis costante obtectis，foliis apice conspicue cuspidatis，involucro staminato ex bracteis 2 majoribus 4 minoribus dorso longitudinaliter brevierque 1 - 7 - costatis omnibus haud corniculatis constante，involucro pistillato ex bracteis 2 - seriatis externis omnibus apice corniculatis et internis omnibus haud corniculatis，bracteolis pistillatis ciliis brevioribus 0.25 - 0.4mm longis obtectis facile differt.

Perennial herbs. Stems 24 - 28 cm tall，near base 1.8 - 2mm thick，above appressed - puberulous（hairs 0.1 - 0.3mm long）and spreading - hirtellous（hairs 0.2 - 0.4mm long），below glabrous，simple or below shortly 1 - branched. Leaves short - petiolate or sessile；blades papery，obliquely ovate，3 - 8.2cm long，1.5 - 3.6cm broad，apex short - cuspidate，acuminate or acute，base cuneate at narrow side and rounded or auriculate at broad side，margin dentate；surfaces adaxially strigillose，abaxially on nerves puberulous；venation trinerved，with 2 - 3 pairs of lateral nerves；cystoliths slightly dense，bacilliform，0.1 - 0.5mm long；petioles 0 - 0.15mm long；stipules membranous，linear，ca. 2mm long，glabrous. Inflorescences dioecious. Capitula staminate singly axillary；peduncle ca. 3mm long，glabrous；receptacle subquadrate，ca. 3mm long and broad，glabrous；bracts ca. 6，subequal in size，deltoid or triangular，0.5 - 1mm long，1.2 - 2mm broad，apex with thick horn - like projections 0.7 - 1.8mm long；bracteoles dense，semi - hyaline，linear，or oblanceolate - navicular，ca. 2mm long，0.3 - 0.8mm long，glabrous，apex obtuse or short - corniculate. Staminate flower buds broad - obovoid，ca. 0.7mm in diam.，glabrous，apex

shortly 3 - corniculate. Capitula pistillate singly axillary；peduncle ca. 0.8mm long，glabrous；receptacle broadly rectangular，ca. 4mm long，3mm broad，glabrous；bracts 3 - seriate，glabrous，bracts of outer series ca. 7，broad - triangular or deltoid，ca. 1mm long，1.5 - 2mm broad，apex with dark-brown thick horn - like projections 1 - 1.2mm long，bracts of middle series ca. 10，smaller，broad - triangular，ca. 0.5mm long，1mm broad，with terminal thick horn - like projections 0.6 - 0.8mm long，bracts of inner series ca . 10，narrow - ovate，ca. 1mm long，0.5mm broad，with terminal slender horn - like projections 0.6 - 0.8mm long；bracteoles dense，semi - hyaline，linear，0.6 - 1mm long，brown - striolate，apex densely long ciliate，with cilia 0.5 - 0.9mm long. Pistillate flower：tepals wanting；ovary ellipsoidal，0.3mm long，brown in colour；stigma penicillate，0.2mm long.

多年生草本。茎高 24 - 28cm，近基部粗 1.8 - 2mm，上部被贴伏短柔毛（毛长 0.1 - 0.3mm）和开展短硬毛（毛长 0.2 - 0.4mm），下部无毛，不分枝或下部有 1 条短分枝。叶具短柄或无柄；叶片纸质，斜卵形，长 3 - 8.2cm，宽 1.5 - 3.6cm，顶端短骤尖，渐尖或急尖，基部狭侧楔形，宽侧圆或耳形，边缘具牙齿，上面被短糙伏毛，下面脉上被短伏毛，三出脉，侧脉 2 - 3 对，钟乳体稍密集，杆状，长 0.1 - 0.5mm；叶柄长 0 - 1.5mm；托叶膜质，条形，长约 2mm，无毛。花序雌雄异株。雄头状花序单生叶腋；花序梗长约 3mm，无毛；花序托近方形，长和宽均约 3mm，无毛；苞片约 6，近等大，正三角形或三角形，长 0.5 - 1mm，宽 1.2 - 2mm，顶端具长 0.7 - 1.8mm 的粗角状突起；小苞片密集，半透明，条形或倒披针状船形，长约 2mm，宽 0.3 - 0.8mm，无毛，顶端钝或具短角状突起。雄花蕾倒卵球形，直径约 0.7mm，无毛，顶端有 3 条短突起。雌头状花序单生叶腋；花序梗长约 0.8mm，无毛；花序托宽长方形，长约 4mm，宽约 3mm，无毛；苞片近 30 枚，排成 3 层，无毛，外层苞片约 7 枚，宽三角形或正三角形，长约 1mm，宽 1.5 - 2mm，顶端具长 1 - 1.2mm 的暗褐色粗角状突起，中层苞片约 10 枚，较小，宽三角形，长约 0.5mm，宽 1mm，顶端具长 0.6 - 0.8mm 的粗尾状角状突起，内层苞片也约 10 枚，狭卵形，长约 1mm，宽 0.5mm，顶端具长 0.6 - 0.8mm 的细角状突起；小苞片密集，半透明，条形，长 0.6 - 1mm，具褐色短条纹，顶端密被长缘毛，毛长 0.5 - 0.9mm。雌花：花被片不存在；子房椭圆体形，长 0.3mm，褐色；柱头画笔头形，长

0.2mm。花期8-9月。

特产广西北部(融水,龙胜)。生于山谷林中或沟边。

标本登录:

广西:龙胜,平水乡,1954-08-09,龙胜队97(IBSC)。

163.短尖楼梯草 图版90:F-J

Elatostema breviacuminatum W. T. Wang in Bull. Bot. Lab. N.-E. Forest. Inst. 7:71. 1980;并于中国植物志23(2):268. 1995;李锡文于云南植物志7:295,图版74:2-4. 1997;Q. Lin et al in Fl. China 5:150. 2003;W. T. Wang in Fu et al. Paper Collection of W. T. Wang 2:1141. 2012. Type:云南:金平,五老河,alt. 750m,1974-05-21,绿春队1012(holotype,PE;isotype,KUN)。

多年生草本。茎高约45cm,分枝,上部被反曲短糙伏毛。叶具短柄;叶片纸质,斜椭圆形,长8-16cm,宽5-8.4cm,顶端短渐尖,基部狭侧钝,宽侧近圆形或宽楔形,边缘在下部全缘,中部之上有浅钝齿,上面无毛,下面沿中脉及侧脉有短毛,三出脉,侧脉在叶狭侧2-3条,在宽侧3-4条,钟乳体极密,明显,长0.2-0.4mm;叶柄长1-3mm,有短毛;托叶披针形,长约5mm。雄头状花序单个腋生,有短梗;花序梗长6-8mm,密被短糙伏毛;花序托椭圆形,长1.2-2cm,宽0.8-1.4cm,在中部二浅裂,有短毛或近无毛;苞片大,5-7个,宽卵形,宽8-15mm,背面中部有短突起,被短伏毛;小苞片约500枚,密集,船状长圆形,长约4mm,顶部有短缘毛。雄花:花梗与小苞片等长;花被片4,椭圆形,长约1.2mm,基部合生,外面上部有短伏毛,有两个花被片的顶部之下有短角状突起;雄蕊4;退化雌蕊不存在。雌头状花序未见。花期5月。

特产云南金平。生于山谷林中,海拔750m。

164.假骤尖楼梯草 图版93:A-H

Elatostema pseudocuspidatum W. T. Wang in Acta Bot. Yunnan. 10(3):345,pl. 2:1-2. 1988;并于中国植物志23(2):268,图版55:1-2. 1995;李锡文于云南植物志7:298. 1997;Q. Lin et al. in Fl. China 5:150. 2003;W. T. Wang in Fu et al. Paper Collection of W. T. Wang 2:1141. 2012;Zeng Y. Wu et al. in Guihaia 32(5):604,fig. 1:3,fig. 2:D. 2012. Holotype:云南:兰坪,罗母坪,alt. 2300m,1981-06-21,植物所横断山队698(PE)。Paratypes:云南:福贡,碧洛雪山,alt. 2800m,1982-05-28,青藏队6968(PE);同地,故泉,alt. 2100m,1982-06-09,青藏队

7281(PE)。

多年生草本。茎渐升,长30-40cm,无毛,不分枝或下部有1短分枝,无毛;叶具短柄或无柄,无毛;叶片纸质,斜倒卵状椭圆形或椭圆形,长3.4-11cm,宽1.5-5.5cm,顶端尾状或尾状渐尖(渐尖头全缘),基部狭侧钝,宽侧短耳形,边缘有小牙齿,三出脉,侧脉在叶狭侧2-3条,在宽侧3-5条,钟乳体明显,密,长0.2-0.6mm;叶柄长达3mm;托叶膜质,白色,披针状条形或狭三角形,长4-7mm,宽1.6-3.2mm。花序雌雄同株或异株。雄头状花序具短梗;花序梗粗壮,长2-3mm,无毛;花序托椭圆形,长3.5-6mm,无毛;苞片6-16,白色,宽卵形或圆卵形,长约1-1.2mm,宽2mm,背面顶端之下有绿色、短而粗的角状突起(长约0.4mm),边缘有极短睫毛;小苞片约40枚,白色,长圆形或四方形,船状,背面顶端之下有短突起,无毛。雄花具短梗,密集;花被片4,长椭圆形,长约1.6mm,基部合生,外面顶端之下有短角状突起,无毛;雄蕊4;退化雌蕊长约0.3mm。雌头状花序单独腋生,具极短梗;花序托椭圆形,长约2mm,无毛;苞片排成2层,外层苞片约6枚,宽三角形或正三角形,长0.8-1mm.宽1.8-2.2mm,近无毛或疏被缘毛,顶端角状突起长0.8-1.5mm,内层苞片约20枚,狭卵形或条形,长1.2-1.5mm,宽0.4-1.2mm,顶端具长0.2-0.8mm的角状突起;小苞片约40枚,半透明,倒披针形或条形,长0.6-2mm,上部被缘毛,较大小苞片顶端具角状突起。雌花:花被片不存在;子房椭圆体形,长0.2-0.3mm;柱头画笔头形,长0.3mm。瘦果褐色,椭圆体形,长0.8-1mm,约有9条纵肋。花期4-8月。

特产云南高黎贡山山区。生于山谷常绿阔叶林下或溪边,海拔1610-2400m。

标本登录:

云南:贡山,茨开,李恒等13772,14314,14550,14949(CAS);贡山,独龙江,Gaoligong Shan Biod. Survey 34423,34450(CAS);福贡,Gaoligong Shan Biod. Survey 19563,20353,27537(CAS);腾冲,Gaoligong Shan Biod. Survey 30176(CAS,PE)。

165.兜船楼梯草 图版93:I-M

Elatostema cucullatonaviculare W. T. Wang in Pl. Biod. Resour. 34(2):138,fig. 2:F-K. 2012. Holotype:云南:贡山,独龙江,铁郎当,alt. 1500m,1991-03-09,独龙江队4402(PE)。

多年生草本。茎高约55cm,基部粗5mm,无毛,不分枝,约有15叶。叶具短柄,无毛;叶片纸质,斜长圆形,长6.5-16cm,宽1.6-3.8cm,顶端渐尖

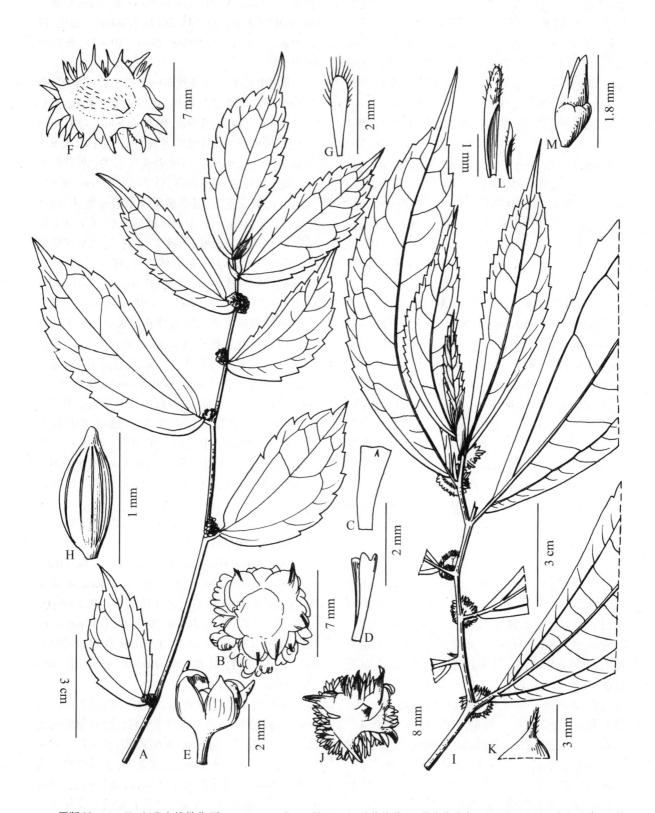

图版 93 A–H. 拟骤尖楼梯草 *Elatostema pseudocuspidatum* A. 开花雄茎, B. 雄头状花序(下面观), C–D. 雄小苞片, E. 雄花, (据 GSBS19563) F. 雌头状花序(下面观), G. 雌小苞片, H. 瘦果。(据 GSBS25710) I–M. 兜船楼梯草 *E. cucullatonaviculare* I. 开花雄茎上部, J. 雄头状花序(下面观), K. 雄苞片, L. 雄小苞片, M. 雄花蕾。(据 holotype)

（渐尖头全缘），基部斜楔形，边缘有小牙齿，三出脉，基出脉下面隆起，侧脉在叶狭侧2-4条，在宽侧3-5条，两面平，钟乳体明显，稍密，杆状，长0.1-0.4(-0.5)mm；叶柄长1-4mm；托叶膜质，条状披针形，长约13mm，宽2mm，淡绿色，有1条绿色中脉。雄头状花序单生叶腋，直径7-9mm；花序梗长约1mm，无毛；花序托宽长圆形，长约5mm，宽4mm，无毛；苞片约7，白色，正三角形，长1-1.2mm，宽2-2.5mm，顶端具角状突起，突起绿色，钻形，长1-3mm，疏被短毛；小苞片多数，密集，半透明，船形，长1.2-3mm，宽0.4-0.9mm，上部疏被短缘毛，顶端狭兜状。雄花蕾宽倒卵球形，直径约0.9mm，无毛，顶端具3枚不等大的角状突起，突起狭三角形，长0.3-0.9mm。雌头状花序未见。花期2-3月。

特产云南贡山。生于山谷常绿阔叶林中，海拔1500m。

166. 片马楼梯草　图版94：A-C

Elatostema pianmaense W. T. Wang in Pl. Biodivs. Resour. 33(2)：150，fig. 4. 2011；et in Fu et al. Paper Collection of W. T. Wang 2：1141. 2012. Type：云南：泸水，片马，干河附近，alt. 2057m，2005-05-13，Gaoligong Shan Biodiversity Survey 24077（holotype, PE；isotype, CAS, non vidi）.

多年生草本，干时整个植物多少变黑色。茎渐升，高约56cm，基部之上粗4mm，有5条浅纵沟，上部疏被短硬毛，不分枝。叶具极短柄或近无柄；叶片纸质，斜倒卵形或斜狭椭圆形，长7.8-12cm，宽2.8-4.5cm，顶端渐尖，基部在狭侧楔形，在宽侧圆钝，边缘在基部之上具牙齿，上面疏被糙伏毛，下面脉上被短硬毛，半离基三出脉，侧脉在叶狭侧2-3条，在宽侧3-4条，上面平，下面稍隆起，钟乳体密，不明显，杆状，长0.1-0.25mm；叶柄长达3mm，被短硬毛；托叶白色，披针状条形，长9-14mm，宽2.2-2.5mm，具1条暗褐色脉，上面无毛，下面脉上被短硬毛，有褐色短线纹。雄头状花序未见。雌头状花序成对腋生；花序梗粗壮，长约2mm，无毛；花序托近圆形，直径约3.5mm，无毛；苞片约15枚，不等大，宽卵形，三角形或狭三角形，长约1mm，宽0.4-1mm，有缘毛，少数苞片顶端具角状突起（突起长0.3-0.5mm）；小苞片密集，绿色，狭条形，长0.5-2mm，上部有缘毛。瘦果褐色，椭圆球形，长约0.6mm，有5条细纵肋。花期4-5月，果期5月。

特产云南泸水县，片马乡。生于山谷河岸常绿阔叶林中石灰岩石上，海拔2057m。

167. 宽被楼梯草　图版94：D-F

Elatostema latitepalum W. T. Wang in Guihaia 30(6)：721，fig. 5. 2010；et in Fu et al. Paper Collection of W. T. Wang 2：1141. 2012. Holotype：云南：禄劝，Tuan-Chieh, alt. 2800m，1940-10-27，张英伯0477（PE）.

多年生草本。茎高约30cm，基部着地生根，粗约3mm，下部有5条浅纵沟，顶端疏被短柔毛（毛长0.1-0.3mm），其他部分无毛，约有6叶。叶有短柄或无柄；叶片纸质，斜椭圆形或斜宽长圆形，长9-11cm，宽3-4.5cm，顶端渐尖或长渐尖（渐尖头全缘），最下部叶片斜倒卵形，长2.2-4.3cm，宽1.8-3.3mm，顶端急尖，基部斜宽楔形或宽侧钝，边缘在基部之上具小牙齿，上面疏被糙伏毛，下面脉上被短柔毛，半离基三出脉，侧脉2-3对，上面平或稍凹陷，不明显，下面近平，钟乳体密集，杆状，长0.15-0.3mm；叶柄长达3mm，无毛；托叶膜质，披针形，长9-12mm，宽2.2-2.5mm，有1脉，背面脉上有疏伏毛，近边缘有钟乳体。雄头状花序未见。雌头状花序单生叶腋；花序梗长约2mm，疏被短柔毛；花序托近方形，长和宽均为5.5-6mm，无毛，2浅裂；苞片约24，三角形或正三角形，长0.5-0.8mm，宽0.5-1mm，被缘毛，多无突起，少数苞片顶端有长0.2-0.9mm的角状突起；小苞片密集，半透明，倒披针形或匙形，长约1mm，中部以上被缘毛。瘦果具短粗梗，淡褐色，长圆状卵球形，长约0.7mm，有5条细肋纵；宿存花被片近方形，长约0.2mm，无毛。果期10月。

特产云南禄劝。生于山谷林中，海拔2800m。

168. 溪涧楼梯草

Elatostema rivulare Shih & Yang in Bot. Bull. Acad. Sin. 36(4)：270，fig. 6. 1995；Y. P. Yang et al. in Fl. Taiwan, 2nd ed, 2：215，pl. 107，photo 87. 2006；Q. Lin et al. in Fl. China 5：158. 2003；W. T. Wang in Fu et al. Paper Collcetion of W. T. Wang 2：1141. 2012. Holotype：台湾：高雄，Meishankou，施炳霖2613（NSYSU, non vidi）.

多年生草本。茎直立或渐升，高达80cm，粗8mm，疏被短柔毛，有1或数条分枝。叶具短柄或无柄；叶片纸质，斜倒卵形或椭圆形，长(4-)6-16cm，宽(2-)3-6.5cm，顶端渐尖，基部斜楔形或宽侧圆形，边缘具牙齿或小牙齿，疏被长硬毛，半离基三出脉，侧脉4-6对，钟乳体密集，长0.2-0.3mm；叶柄长达4mm；托叶背面被硬毛，被缘毛，具1条脉时，披针形，长13-17.5mm，宽2-4mm，具2条脉时，斜三角状披针形，长13-15mm，宽3-5mm。雄头状花序未见。雌头状花序蝴蝶状,长约 12mm,宽 8mm,近无梗;花序托长方形;苞片约 2 层,宽卵形,背面顶端之下有短角状突起,外方 2 枚对生,较大,内方苞片 10 数枚较小;小苞片半透明,宽条形,长 0.6 - 1mm,上部被缘毛。雌花:花被片 3,狭条形,长在 0.2mm 以下;退化雄蕊 3,小;子房卵状椭圆体形,长 3.5mm;柱头画笔头状,长 0.3mm。瘦果狭椭圆体形,长约 0.6mm,有 6 条纵肋。

台湾特有种,见于台中、南投、高雄、屏东、台东等地。生于中海拔山谷中。

标本登录:

台湾:南投,Hsinyi Hsiang,alt. 1200 - 1600m,C. H. Chen 39(HAST);屏东,雾台乡,alt. 1050m,古训铭 1715(HAST)。

169. 木姜楼梯草 图版 95:A - C

Elatostema litseifolium W. T. Wang in Acta Phytotax. Sin. 28(4):313,fig. 2:6 - 7. 1990;并于中国植物志 23(2):278,图版 68:6 - 7. 1995;Q. Lin et al. in Fl. China 5:152. 2003;W. T. Wang in Fu et al. Paper Collection of W. T. Wang 2:1142. 2012. Holotype:西藏:墨脱,背崩,稀让桑兴,alt. 1600m,1983 - 06 - 26,李渤生,程树志 4326(PE)。

草本。茎高 20 - 30cm,在下或上部有 1 - 2 条分枝,无毛。叶具短柄,无毛;叶片坚纸质或纸质,披针形,长 6.5 - 16.5cm,宽 2 - 4.6cm,顶端尾状渐尖,基部楔形,边缘全缘,半离基三出脉,侧脉在叶狭侧约 3 条,在宽侧 4 - 5 条,钟乳体密,明显,长 0.2 - 0.6mm;叶柄长 1 - 5mm;托叶钻形,长约 5mm,宽约 0.5mm。雄头状花序单生叶腋,具短梗;花序梗长 2 - 2.5mm,无毛;花序托圆形,直径约 6mm,无毛;苞片 6,无毛,2 枚较大,扁宽卵形,长约 2mm,宽 5mm,背面顶端之下有长角状突起,突起长 4 - 5mm,其他 4 枚较小,三角形或宽卵形,长 2 - 3mm,宽 2.2 - 3mm,顶端有角状突起,突起长 0.2 - 1mm;小苞片约 90 枚,条形或匙状条形,长 3.2 - 3.5mm,无毛。雄花具长梗;花被片 4,椭圆形,长约 1.8mm,无毛;雄蕊 4。雌头状花序未见。花期 4 月。

特产西藏墨脱的背崩。生于山谷常绿阔叶林中石上,海拔 1600m。

170. 勐仑楼梯草 图版 95:D - G

Elatostema menglunense W. T. Wang & G. D. Tao in Bull. Bot. Res. Harbin 16:(1):1,cum fig. 1996;Q. Lin et al. in Fl. China 5:151. 2003;W. T. Wang in Fu et al. Paper Collection of W. T. Wang 2:1142. 2012. Type:云南:勐腊,勐仑,翠屏峰,alt.

700m,1995 - 06 - 01,陶国达 80888(holotype,PE;isotypes,HITBC,PE)。

E. cuspidatum auct. non Wight:李锡文于云南植物志 7:300. 1997,p. p. quoad syn. *E. menglunense* W. T. Wang & G. D. Tao.

多年生小草本。茎高 14 - 18cm,下部被贴伏反曲短柔毛,上部疏被开展柔毛,基部之上有 1 - 3 条短分枝,约有 10 叶。叶具短柄;叶片薄纸质,斜长圆形或椭圆形,长 2.8 - 12cm,宽 1.6 - 5cm,顶端骤尖或尾状(骤尖头条形,长 1.2 - 2.2cm,宽 2 - 3mm,全缘或基部有 1 牙齿),稀急尖,基部狭侧楔形,宽楔圆形,边缘有牙齿,上面被糙伏毛,下面脉上被柔毛,半离基三出脉,侧脉在叶狭侧 2 - 5 条,在宽侧 5 - 6 条,钟乳体不明显,少数沿脉分布,杆状,长 0.1 - 0.2mm;叶柄长 0.8 - 4mm;托叶膜质,披针形或披针状条形,长 4 - 8mm,宽 1.6 - 2.2mm,边缘白色,有短缘毛。雄头状花序单生叶腋;花序梗长 1 - 1.5mm,近无毛;花序托长圆形,长约 6mm,宽 4mm,近无毛;苞片 6,顶端具长角状突起,2 枚较大,扁兜状圆形,长约 2.5mm,宽 4mm,4 枚较小,船状卵形,长 2.5mm,宽 2.8mm,角状突起长 5.5 - 6mm,疏被短柔毛;小苞片长圆形,长约 0.8mm,无毛。雄花蕾长约 0.8mm,花被片 4,3 枚顶端有长 0.3 - 0.5mm 的角状突起。雌头状花序未见。花期 5 - 6 月。

特产云南勐仑。生于石灰岩山热带雨林下石上,海拔 700m。

171. 拟托叶楼梯草 图版 96:A - C

Elatostema pseudonasutum W. T. Wang in Guihaia 30(6):723,fig 6:A - C. 2010;et in Fu et al. Paper Collection of W. T. Wang 2:1142. 2012. Holotype:云南:贡山,独龙江,郎王夺,alt. 1380m,1991 - 01 - 30,独龙江队 3823(PE)。

多年生草本。茎高约 30cm,基部之上粗约 5mm,上部被糙硬毛,不分枝。叶无柄或近无柄;叶片纸质,斜椭圆形,长 5 - 14cm,宽 2 - 5cm,顶端渐尖,基部狭侧楔形,宽侧近耳形,边缘基部之上具牙齿,上面疏被糙伏毛,下面脉上被短糙伏毛,三出脉,侧脉在叶狭侧 3 条,在宽侧 4 条,下面稍隆起,钟乳体密集,短杆状或点状,长约 0.1mm;托叶膜质,白色,斜三角形,长 10 - 12mm,宽 4 - 6mm,有 1 - 2 条黑脉,背面脉上有糙伏毛。雄头状花序单生叶腋;花序梗长约 4mm,无毛;花序托椭圆形,长约 6mm,宽 3mm,无毛;苞片约 7,排成 2 层,不等大,有疏缘毛,外层 2 枚扁半圆形,长约 1.5mm,宽 4 - 5mm,无突起,内层 5 枚中较大者近圆形,直径约 3.6mm,顶端有短角突起,较小者长圆形或长圆状卵形,长 2.5 - 3mm,宽 1 - 2mm,无突起,少数背面有 1 条纵肋;小苞片密集,膜质,半透明,倒披针形或条形,长 2 - 4.5mm,宽 0.3 - 1.2mm,常有 1 脉,顶端有疏缘毛。雄花蕾近球形,直径 1.2mm,顶端有 4 短角状突起和疏柔毛;花梗长达 2mm。雌头状花序未见。花期 1 - 2 月。

特产云南贡山。生于山谷常绿林中,海拔 1380m。

172. 尖牙楼梯草 图版 96:D - H

Elatostema oxyodontum W. T. Wang in Guihaia 30(6):724,fig 6:D - H. 2010;et in Fu et al. Paper Collection of W. T. Wang 2:1142. 2012. Holotype:云南:贡山,独龙江,特拉王河,alt. 1500m,1991 - 01 - 28,独龙江队 3558(PE)。

多年生草本。茎高约 40cm,基部之上粗 3mm,近顶端被糙硬毛,不分枝,约有 13 节。叶近无柄或具短柄;叶片纸质,斜椭圆形,长 7 - 10cm,宽 2 - 4.5cm,顶端渐尖,基部斜楔形,边缘基部之上有尖牙齿,上面疏被糙伏毛,下面脉上被短硬毛,半离基三出脉,侧脉 3 对,上面稍下陷,下面稍隆起,钟乳体密集,短杆状或点状,长 0.1 - 0.15mm;叶柄长达 2mm;托叶膜质,白色,三角形,长 8 - 16mm,宽 3 - 7mm,无毛,有 1 - 2 条黑色脉。雄头状花序 1 - 2 个腋生;花序梗长约 4mm,无毛;花序托直径 4 - 5mm,无毛;苞片 5 - 6,其中 3 - 4 枚较大,宽卵形或三角形,长 2 - 3m,宽 2 - 3.5mm,有疏缘毛,顶端有粗角状突起(突起长 2 - 3mm,粗 0.6 - 0.8mm),1 - 2 枚较小,三角形,长约 2mm,宽 1.2 - 2mm,无突起或顶端有短突起;小苞片密集,膜质,半透明,较大者宽卵形,长 2.5 - 3mm,宽 3.6mm,顶端稍兜状,背面顶端之下有粗角状突起,较小者无突起,船状长圆形或条形,长 2 - 2.5mm,宽 0.4 - 3mm,平或顶端兜状,有疏缘毛。雄花蕾小,近球形,直径 0.8mm。雌头状花序未见。花期 1 - 2 月。

特产云南贡山。生于山谷灌丛中,海拔 1500m。

173. 黄连山楼梯草 图版 97:A - C

Elatostema huanglianshanicum W. T. Wang in Guihaia 31(2):143,fig 1:H - J. 2011. Type:云南:绿春,黄连山,骑马坝,马玉桥,alt. 1500m,2009 - 06 - 25,金效华,刘冰等 168(holotype,PE),169(paratype,PE)。

多年生草本。茎高 30 - 50cm,中部以上密被向上展的糙伏毛,下部具 4 条浅纵沟和密集小钟乳体,不分枝,具 7 - 11 叶。叶具短柄或无柄;叶片纸质,斜椭圆形或斜狭倒卵形,长(1.4 -)4.6 - 10.8mm,宽(0.6 -)2.6 - 4cm,顶端渐尖(尖头每侧有 2 - 4 小齿),基部斜楔形或宽侧近耳形,边缘有小牙齿,上面被极疏糙伏毛,下面基出脉和侧脉上密被糙伏毛,三出脉,侧脉 3 - 4 对,上面平,下面微隆起,钟乳体明显,密集,杆状,长 0.2 - 0.5mm;叶柄长达 2mm;托叶绿色,狭倒披针形或条形,长 5 - 6mm,无毛。雄头花状序未见。雌头状花序单生叶腋;花序梗长约 1mm,被短柔毛;花序托长方形,长约 8mm,宽 5.5mm,被贴伏短柔毛,中部缢缩;苞片约 12,正三角形或三角形,长约 1mm,宽 0.8 - 1.8mm,被缘毛,多无突起,只 1 - 2 枚较大者顶端有长 0.6mm 的角状突起;小苞片密集,膜质,半透明,倒披针形或狭条形,长 1 - 1.5mm,上部被缘毛。瘦果淡褐色,近长方形,长约 0.5mm,有 6 条细纵肋;宿存花被片 3,倒梯状方形,长约 0.1mm,无毛。果期 6 月。

特产云南绿春县黄连山。生于山地林中,海拔 1500m。

174. 华南楼梯草

Elatostema balansae Gagnep. in Bull. Soc. Bot. France 76:50. 1929;et in Lecomte, Fl. Gén. Indo - Chine 5:916,fig. 106:4 - 8. 1929;王文采于东北林学院植物研究室汇刊 7:73. 1980;张秀实等于贵州植物志 4:61. 1989;王文采于中国植物志 23(2):282. 1995;并于武陵山地区维管植物检索表 134. 1995;李锡文于云南植物志 7:294. 1997;李丙贵于湖南植物志 2:302. 2000;Q. Lin et al. in Fl. China 5:153. 2003;王文采于广西植物志 2:862. 2005;阮云珍于广东植物志 6:74. 2005;林祁等于西北植物学报 29(9):1910. 2009;W. T. Wang in Fu et al. Paper Collection of W. T. Wang 2:1142. 2012.——*E. platyphyllum* Wedd. var. *balansae*(Gagnep)Yahara in J. Fac. Sci. Univ. Tokyo, Sect. 3,13:494,fig. 3. 1984. Lectotype:Vietnam. Tonkin:Than - moi,1886 - 01 - 17,B. Balansa 577(P - Lin et al,2009,non vidi)。

174a. var. balansae 图版 97:D - I

多年生草本,有时茎下部木质。茎高 20 - 40(-80)cm,不分枝或分枝,无毛或有短柔毛。叶无柄或有短柄;叶片草质,斜椭圆形至长圆形,长 6 - 17cm,宽 3 - 6cm,顶端骤尖或渐尖(尖头边缘有小齿),基部狭侧楔形,宽侧宽楔形或圆形,边缘基部之上有牙齿,上面散生糙伏毛,下面有疏柔毛或无毛,半离基三出脉或三出脉,侧脉在狭侧 3 - 4 条,在宽侧 4 - 5 条,钟乳体通常明显,极密,长 0.1 - 0.3mm;叶柄长达 2mm;托叶披针形,长 5 - 10mm,无

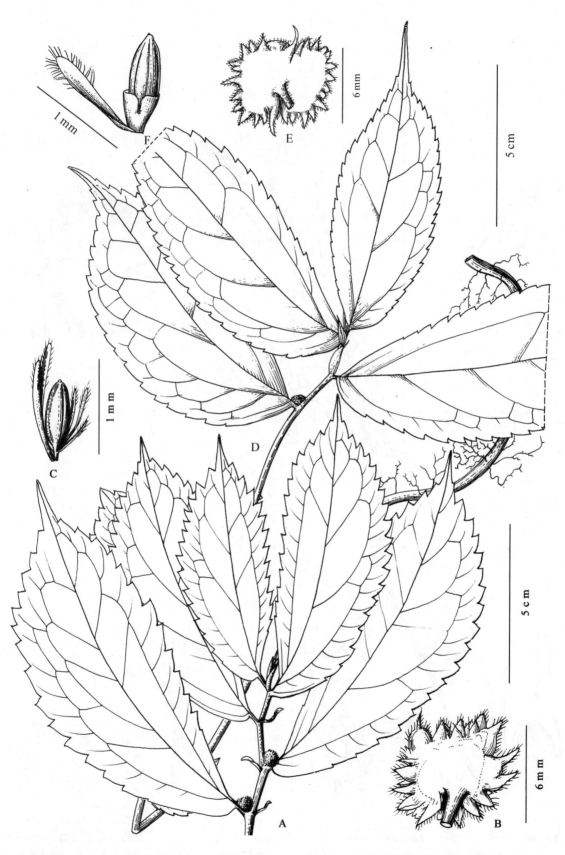

图版 94　A – C. 片马楼梯草 **Elatostema pianmaense** A. 雌茎顶部，B. 雌头状花序（下面观），C. 雌小苞片和幼果。（据 holo-type）D – F. 宽被楼梯草 **E. latitepalum** D. 雌茎，E. 雌头状花序（下面观），F. 雌小苞片和瘦果。（据 holotype）

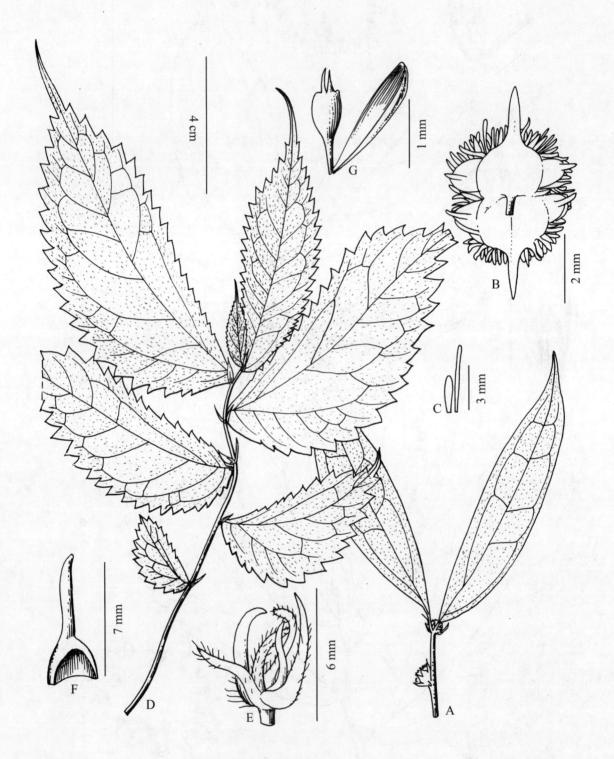

图版 95 A–C. 木姜楼梯草 *Elatostema litseifolium* A. 花茎顶部, B. 雄头状花序(下面观), C. 雄小苞片。(据 holotype) D–G. 勐仑楼梯草 *E. menglunense* D. 植株全形, E. 雄头状花序(示雄总苞的 6 枚苞片), F. 雄苞片, G. 雄小苞片和雄花蕾。(据 holotype)

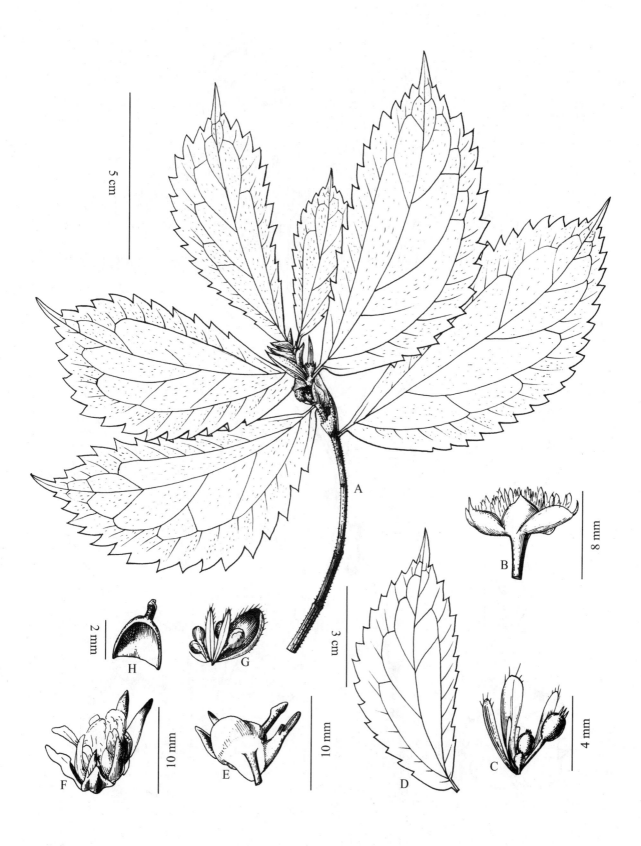

图版 96 A－C. 尖牙楼梯草 *Elatostema oxyodontum* A. 开花雄茎顶部，B. 雄头状花序，C. 雄小苞片和雄花蕾。（据 holotype）D－H. 拟托叶楼梯草 *E. pseudonasutum* D. 叶，E. 雄头状花序（侧下面观），F. 同 E，侧上面观，G. 雄小苞片和雄花蕾，H. 一较大雄小苞片。（据 holotype）

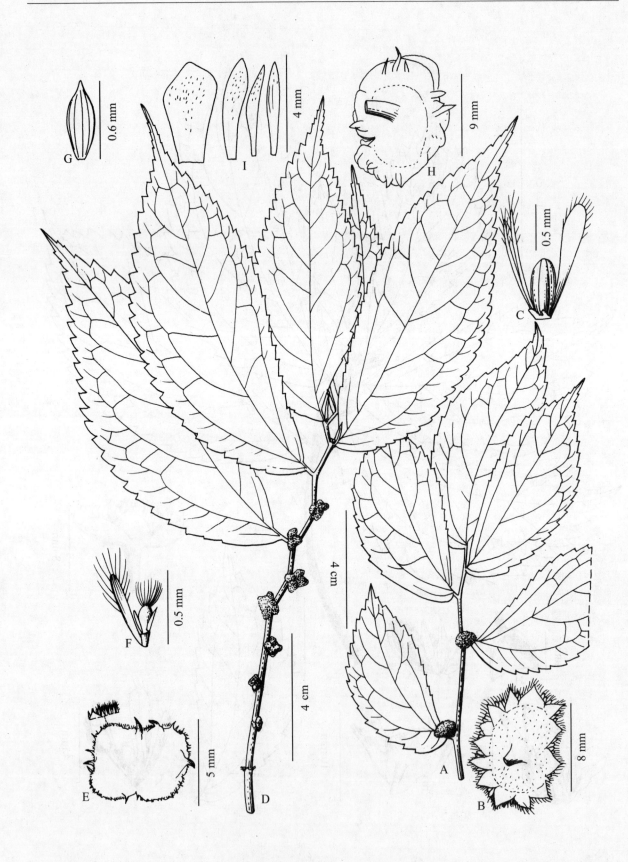

图版97　A－C. 黄连山楼梯草 *Elatostema huanglanshanicum* A. 开花茎顶部，B. 果序（下面观），C. 雌小苞片和瘦果。（自 Wang, 2011）D－I. 华南楼梯草 *E. balansae* var. *balansae* D. 开花茎上部，E. 雌头状花序（下面观），F. 雌小苞片和雌花，G. 瘦果，（据段林东 2002102）H. 雄头状花序（下面观），I. 4 枚雄小苞片。（据张志松，张永田 1954）

毛,有钟乳体。花序雌雄异株。雄头状花序单生叶腋,有短梗;花序梗长约2mm;花序托不规则四边形,长约7mm,宽6mm,有短柔毛,在中部2裂;苞片6,顶端褐色,被短柔毛,外层2枚较大,扁四边形,长约3mm,宽7.5mm,有3条不明显纵肋,沿纵肋有不明显小突起,在背面中央顶端之下有短角状突起,被短柔毛,其他4枚位于内层,较小,船状倒卵形,长及宽均约2.5mm,背面顶端之下有短角状突起;小苞片密集,白色,条形,长1-2mm,疏被短柔毛。雄花多数,花蕾小,直径约0.5mm。雌头状花序1-2个腋生,无梗或有极短梗;花序托近方形、长方形或椭圆形,长3-9mm,常2-4浅裂,被短柔毛或无毛;苞片排成2-3层,外1层苞片6-7枚,扁宽卵形或宽三角形,长0.5mm,宽2mm,顶端具暗绿色长0.5-1.5mm的粗角状突起,外2层苞片如存在时10数枚,形状似外1层苞片,但较小,内层苞片多数,密集,条形,长约0.5mm,密被短缘毛;小苞片1千余枚,半透明,或呈绿色,或有褐色小斑点,条形或狭倒披针形,长0.5-1.5mm,顶端被缘毛。雌花具短梗:花被片3,狭条形,长约0.2mm,无毛;子房椭圆体形,长约0.2mm;柱头画笔头形,长0.25-0.3mm。瘦果褐色,椭圆体形或卵球形,长0.5-0.6mm,有7-8条细纵肋。花期4-6月。

分布于西藏东南部(察隅)、云南、广西、广东、湖南、贵州,重庆南部、四川;越南北部、泰国北部。生于山谷林中,沟边或山洞中阴湿处,海拔300-2100m。

标本登录(所有标本均存PE):

西藏:察隅,alt.2100m,1973-06-27,? 273。

云南:邓川,秦仁昌24865;大理,蒋英11688;屏边,蔡希陶62033;绿春,绿春队397。

广西:隆林,韦毅刚06125;那坡,红水河队596;靖西,李振宇等067;德保,韦毅刚g068;巴马,韦毅刚AM6466;凤山,韦毅刚07623;凌云,黄志4202;乐业,韦毅刚0753;天峨,韦毅刚08030;南丹,韦毅刚0797;河地,韦毅刚0011;罗城,韦毅刚07117;柳江,韦毅刚0025;来宾,韦毅刚0022。

广东:龙头山,To & Tsang 12475。

贵州:安龙,贵州队5198,5414;贞丰,谭仕兴0237;罗甸,黔南队0179;独山,韦毅刚07620;荔波,段林东2002095;瓮安,荔波队1834。

四川:乐山,方文培4645。

重庆:武隆,刘正宇181906。

174b. 硬毛华南楼梯草(变种)

var. **hispidum** W. T. Wang in Bull. Bot. Res. Har-

bin 26(1):21.2006;税玉民,陈文红,中国喀斯特地区种子植物1:94,图228.2006;W. T. Wang in Fu et al. Paper Collection of W. T. Wang 2:1144.2012. Holotype:云南:麻栗坡,天宝,南洞,2002-11-19,税玉民,王登高21815(KUN)。

与华南楼梯草的区别:叶片下面基出脉上被糙硬毛;托叶被糙硬毛,无钟乳体。

特产云南麻栗坡。生于石灰岩山陡崖山洞中阴湿处。

175. 绿脉楼梯草　图版98:E-G

Elatostema viridinerve W. T. Wang, sp. nov. Holotype:云南(Yunnan):马关(Maguan),古林箐(Gulinqing),马革河(Mage River),2002-10-06,税玉民,陈文红等(Y. M. Shui, W. H. Chen et al.) 30523(PE)。

Species nova haec est affinis *E. huanglianshanico* W. T. Wang et *E. retrostriguloso* W. T. Wang, Y. G. Wei & A. K. Monro, a quibus involucro pistillato biseriatim 23-bracteato, bracteis pistillatis omnibus costis mediis viridibus praeditis nec corniculatis nec elevate costatis differt.

Perennial herbs. Stems ca. 30cm tall, near base 2-3mm think, densely strigillose, with hairs ca. 0.1mm long, simple or shrotly 1-branched. Leaves shortly petiolate or sessile; blades chartaceous, obliquely elliptic, 3-11cm long, 1.5-4.5mm broad, apex acuminate, rarely acute, base cuneate at leaf narrow side, rounded or auriculate at broad side, margin denticulate; surfaces adaxially glabrous or very sparsely strigose, abaxially on basal nerves densely strigillose; venation trinerved, with lateral nerves 2-3 at leaf narrow side, 3-4 at broad side; cystoliths conspicuous, dense, bacilliform, 0.2-0.5mm long; petioles up to 1mm long; stipules lanceolate, 0.5-10mm long, 2-2.5mm broad, glabrous, white-greenish, midribs green. Staminate capitula unknown. Pistillate capitula singly axillary, sessile; receptade broadly oblong, ca. 4mm long, 3mm broad, puberulous; bracts ca. 23, 2-seriate, membranous, white, abaxially with green midribs and puberulous, outer bracts ca. 7, appressedly and broadly ovate or deltoid, 1-1.2mm long, 0.8-2mm broad, inner bracts ca. 16, triangular, 0.6-0.8mm long, 0.2-0.3mm broad; bracteoles dense, green, linear, 0.8-1mm long, apex densely long ciliate. Pistillate flower:pedicel ca. 0.25mm long, glabrous; tepals 2, linear, ca. 0.2mm long, glabrous；ovary narrow – ellipsoidal，0.25mm long；stigma penicillate，0.3mm long.

多年生草本。茎高约30cm，近基部粗2 – 3mm，密被短糙伏毛（毛长约0.1mm），不分枝或有1短分枝。叶具短柄或无柄；叶片坚纸质，斜椭圆形，长3 – 11cm，宽1.5 – 4.5cm，顶端渐尖，稀急尖，基部狭侧楔形，宽侧圆形或耳形，边缘有小牙齿，上面无毛或有稀疏糙伏毛，下面在基生脉上密被短糙伏毛，三出脉，侧脉在叶狭侧2 – 3条，在宽侧3 – 4条，钟乳体明显，密，杆状，长0.2 – 0.5mm；叶柄长达1mm；托叶披针形，长3.5 – 10mm，宽2 – 2.5mm，无毛，白绿色，中脉绿色。雄头状花序未见。雌头状花序单生叶腋，无梗；花序托宽长圆形，长约4mm，宽3mm，被短柔毛；苞片约23，排成2层，膜质，白色，背面有1条绿色中脉，被短柔毛，外层苞片约7，扁宽卵形或正三角形，长1 – 1.2mm，宽0.8 – 2mm，内层苞片约16，较小，三角形，长0.6 – 0.8mm，宽0.2 – 0.3mm；小苞片密集，绿色，条形，长0.8 – 1mm，顶端被长缘毛。雌花：花梗长约0.25mm，无毛；花被片2，条形，约长0.2mm，无毛；子房狭椭圆体形，长0.25mm；柱头画笔头状，长0.3mm。花期10月。

特产云南马关。生于石灰岩山热带雨林中。

176. 拟反糙毛楼梯草　图版98：A – D

Elatotema retrostrigulosoides W. T. Wang, sp. nov. Holotype：云南（Yunnan）：潞西（Luxi），？145（PE）。

Habitu species nova haec est similis E. retrostriguloso W. T. Wang, Y. G. Wei & A. K. Monro, quod foliorum cystolithis majoribus usque ad 0.5mm longis，stipulis glabris，capitulorum pistillatorum receptaculis minoribus rectangularibus ca. 4mm longis medio 2 – lobatis，bracteis pistillatis paucioribus 2 externis depresse lateque ovatis dorso 5-costatis 4 internis orbiculari – ovati dorso infra apicem breviter corniculatis，bracteolis pistillatis longe ciliatis recedit.

Perennial herbs. Stems ca. 40cm tall, near base ca. 3mm thick, densely retrorsely strigose，above base 1 – branched. Leaves shrotly petiolate or sessile; blades papery, obliquely elliptic or obliquely obovate, 6 – 11cm long, 3 – 5cm broad, apex acuminate, with denticulate acumens，base cuneate at leaf narrow side and rounded or auriculate at broad side，margin denticulate; surfaces adaxially sparsely strigose, abaxially on nerves densely hirtellous; venation semi – triplinerved, with 4 – 5 pairs of secondary nerves; cystoliths conspicuous, dense, ba-

cilliform，0.1 – 0.2mm long；petioles 0 – 2.5mm long；stipules membranous，lanceolate，8 – 9.5mm long, ca. 2mm broad, adaxially glabrous，abaxially near base puberulous，brownish, with white margins, along midrib with dense cystoliths 0.1 – 0.5mm long. Staminate capitula unknown. Pistillate capitula singly axillary；peduncle ca. 1mm long，puberulous；receptacle papillionaceous，ca. 10mm long，8mm broad，4 – lobed, subglabrous；bracts ca. 70，2 – seriate, membranous, outer bracts ca. 15, deltoid or triangular, 0.7 – 1mm long，0.5 – 1mm broad, densely ciliolate, apex acute, caudate or corniculate, with horn – like projections 0.8mm long, inner bracts ca. 55, smaller, most narrow – triangular, 0.7 – 1mm long, 0.3 – 0.5mm broad, densely ciliolate；bracteoles dense, semi – hyaline, linear，0.8 – 1.2mm long, 0.1 – 0.2mm broad, above shrotly ciliolate. Achenes brownish, narrowly ovoid, ca. 0.7mm long, longitudinally thin 6 – ribbed.

多年生草本。茎高约40cm，近基部粗约3mm，密被反曲糙伏毛，基部之上具1分枝。叶具短柄或无柄；叶片纸质，斜椭圆形或斜倒卵形，长6 – 11cm，宽3 – 5cm，顶端渐尖（尖头边缘有小齿），基部狭侧楔形，宽侧圆形或耳形，边缘有小牙齿，上面疏被糙伏毛，下面脉上密被短硬毛，半离基三出脉，侧脉4 – 5对，钟乳体明显，密集，杆状，长0.1 – 0.2mm；叶柄长0 – 2.5mm；托叶膜质，披针形，长8 – 9.5mm，宽约2mm，上面无毛，背面近基部被短柔毛，淡褐色，边缘白色，沿中脉有长0.1 – 0.15mm的密集钟乳体。雄头状花序未见。雌头状花序单生叶腋；花序梗长约1mm，有短柔毛；花序托蝴蝶形，长约10mm，宽8mm，4裂，近无毛；苞片约70，排成2层，膜质，外层苞片约15枚，正三角形或三角形，长0.7 – 1mm，宽0.5 – 1mm，密被短缘毛，顶端急尖，尾状或具1角状突起（长约0.8mm），内层苞片约55枚，稍小，多数狭三角形，有时三角形，长0.7 – 1mm，宽0.3 – 0.5mm，密被短缘毛；小苞片密集，半透明，条形，长0.8 – 1.2mm，宽0.1 – 0.2mm，上部被短缘毛。瘦果淡褐色，狭卵球形，长约0.7mm，约有6条细纵肋。

特产云南潞西。

177. 反糙毛楼梯草　图版99：A – C

Elatostema retrostrigulosum W. T. Wang，Y. G. Wei & A. K. Monro in Phytotaxa 29：20，fig. 12 – 13. 2011；W. T. Wang in Fu et al. Paper Collection of W. T. Wang 2：1144，fig. 26. 2012. Type：广西：那坡，2010

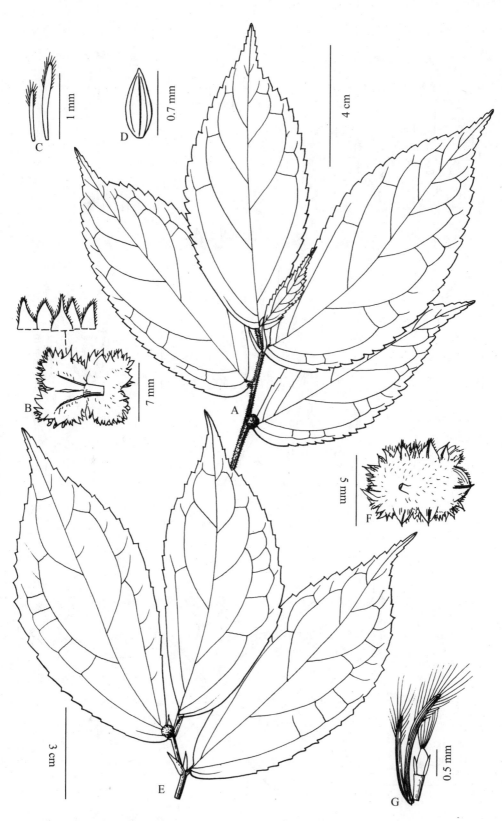

图版 98　A – D. 拟反糙毛楼梯草 *Elatostema retrostrigulosoides* A. 开花茎顶部,B. 雌头状花序(下面观),C. 雌小苞片,D. 瘦果。(据 holotype) E – G. 绿脉楼梯草 *E. viridinerve* E. 开花茎顶部,F. 雌头状花序(下面观),G. 雌小苞片和雌花。(据 holotype)

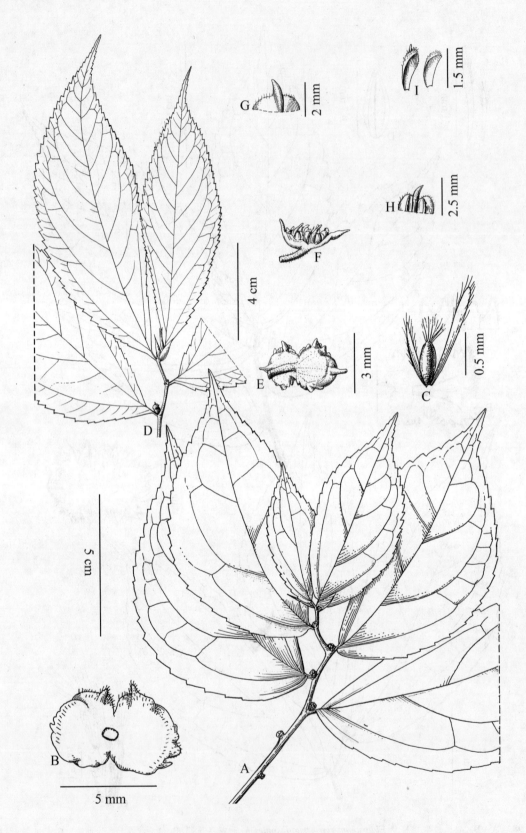

图版 99 A-C. 反糙毛楼梯草 *Elatostema retrostrigulosum* A. 雌茎顶部, B. 雌头状花序 (下面观), C. 雌小苞片和雌花。
(据韦毅刚 057) D-I. 三肋楼梯草 *E. tricostatum* D. 雄茎顶部, E. 雄头状花序 (下面观), F. 同 E, 侧面观, G. 外雄苞
片, H. 内雄苞片, I. 雄小苞片。(据 holotype)

－05－09,韦毅刚 6677A（holotype,IBK;isotype,PE）;同地,坡荷,2009－03－21,韦毅刚 057（paratypes,IBK,PE）。

多年生草本。茎高 25－36cm,基部粗 3mm,密被反曲短糙伏毛,下部有 4 条浅纵沟,不分枝或分枝。叶具短柄;叶片薄纸质,斜椭圆形,长 5－11.5cm,宽 3－6mm,顶端渐尖（渐尖头边缘每侧有 1－2 小齿）,基部狭侧楔形,宽侧圆形,边缘有多数小牙齿,上面疏被糙伏毛,下面在基出脉和侧脉上被短糙伏毛,半离基三出脉,侧脉约 4 对,两面平,钟乳体明显,密集,杆状,长 0.2－0.5mm;叶柄长 1－3mm,被短糙伏毛;叶托膜质,披针形,长约 10mm,宽 2.2mm,无毛。雄头状花序未见。雌头状花序单生叶腋,直径约 5mm,近无梗;花序托长方形,长约 4mm,宽 2.2mm,无毛,中部 2 浅裂;苞片 6,排成 2 层,背面被短柔毛,外层 2 枚对生,较大,扁宽卵形,长 1.2－1.5mm,宽 3.5mm,背面有 5 条纵肋,内层 4 枚较小,圆卵形或宽卵形,长 1.2－1.5mm,宽 1.2－1.8mm,背面顶端之下有短角状突起;小苞片多数,密,膜质,半透明,白色,条形或倒披针状条形,长 0.6－1mm,被长缘毛。雌花:花被片不存在;雌蕊长约 0.8mm,子房椭圆体形,长 0.5mm,柱头画笔头状,长 0.3mm。花期 3 月。

分布于广西西部、云南东南部、贵州西南部。生于石灰岩山山洞阴湿处,海拔约 550m。

标本登录:

广西:凤山,2010－05,A. K. Monro,韦毅刚 6670,6677（IBK,PE）。

云南:富宁,2010－05－16,A. K. Monro,韦毅刚 6647（IBK,PE）。

贵州:安龙,2010－05－11,A. K. Monro 韦毅刚 6682（IBK,PE）;望谟,贵州队 1530（PE）。

178.三肋楼梯草　图版 99:E－J

Elatostema tricostatum W. T. Wang in J. Syst. Evol. 50（5）:574,fig. 2:E－J. 2012. Holotype:云南:绿春,水文站,alt. 1600－1700m,2006－02－18,税玉民,陈文红等 70007（PE）。

多年生草本。茎高约 44cm,基部粗 4mm,无毛,不分枝,钟乳体极密,长 0.5－0.1mm。叶具短柄或无柄;叶片纸质,斜长椭圆形,长约 13cm,宽 3.5－5cm,顶端长渐尖或尾状渐尖（尖头边缘有小齿）,基部斜楔形,边缘有密小牙齿,上面疏被糙伏毛,下面无毛,三出脉或半离基三出脉,侧脉 7－8 对,钟乳体稍明显,密,杆状或点状,长 0.05－0.15mm;叶柄长 4mm,无毛;托叶狭披针形,长 12－14mm,宽 2－

2.5mm,无毛,绿白色,下部有密钟乳体。雄头状花序（尚幼）单生叶腋;花序梗长约 2.5mm,疏被短柔毛;花序托长方形,长约 4mm,宽约 2.5mm,近无毛;苞片 6,2 层,外方 2 苞片对生,较大,扁卵形,长约 1mm,宽 3mm,背面有 1 纵肋,肋顶端突出成长 1mm 的角状突起,内方 4 苞片较小,也呈扁卵形,长 1mm,宽 2.5mm,背面被短柔毛（毛长 0.1mm）,有 3 条纵肋,中央纵肋顶端突出成长 0.8mm 的角状突起;小苞片多数,密集,膜质,宽倒卵形,长约 1.5mm,顶端兜状,背面被短柔毛,在较大小苞片,顶端之下有 1 短角状突起。雄花尚未发育。雌头状花序未见。花期 2－3 月。

特产云南绿春。生于山谷常绿阔叶林中,海拔 1600－1700m。

179.粗梗楼梯草　图版 100:A－D

Elatostema robustipes W. T. Wang,F. Wen & Y. G. Wei in Ann. Bot. Fennici 49:188,fig. 1. 2012;W. T. Wang in Fu et al. Paper Collection of W. T. Wang 2:1144,fig,27. 2012. Type:广西:环江,木伦保护区,alt. 308－512m,石灰岩山,2009－04－26,韦毅刚 124（holotype,IBK;isotypes,IBK,PE）。

多年生草本。茎高 28cm,基部粗 2mm,近顶端稍之字形弯曲,被硬毛,不分枝或下部有 1 分枝。叶有短柄;叶片薄纸质,斜椭圆形或长圆形,长 3.6－10cm,宽 2.2－4.5cm,顶端渐尖,稀急尖,基部狭侧楔形,宽侧耳形,边缘基部之上至顶端有小牙齿,上面疏被糙伏毛,下面被短柔毛,三出脉,侧脉在叶狭侧 3 条,在宽侧 4 条,两面平,钟乳体沿脉密布,杆状,长 0.1－0.25（－0.3）mm;叶柄长 1－5mm;托叶膜质,披针形或卵形,长 8－12mm,宽 3mm,白色,无毛或被疏柔毛。雄头状花序单生叶腋,直径约 5mm;花序梗粗壮,长 2.5－4.5mm,粗 1mm,被短硬毛;花序托长方形,长约 3mm,宽 1mm;苞片 6,排成 2 层,背面被硬毛,外层 2 枚对生,较大,扁卵形,长约 2.5mm,宽 5mm,背面具 5 条粗纵肋,肋顶端突出成短角状突起,内层 4 枚较小,扇状倒卵形,长约 2mm,宽 3mm,背面顶端之下有短角状突起;小苞片多数,密集,膜质,半透明,白色,倒卵形、倒披针形或条形,长 1.2－3mm,宽 1.5mm,被缘毛,较大者有钟乳体。雄花蕾有短梗,近球形,直径约 0.6mm,顶端有 3 个角状突起和少数短柔毛。雌头状花序未见。花期 4 月。

特产广西环江。生于石灰岩山常绿阔叶林下阴湿处,海拔 308－512m。

180.六肋楼梯草　图版 100:E－H

Elatostema sexcostatum W. T. Wang,C. X. He &

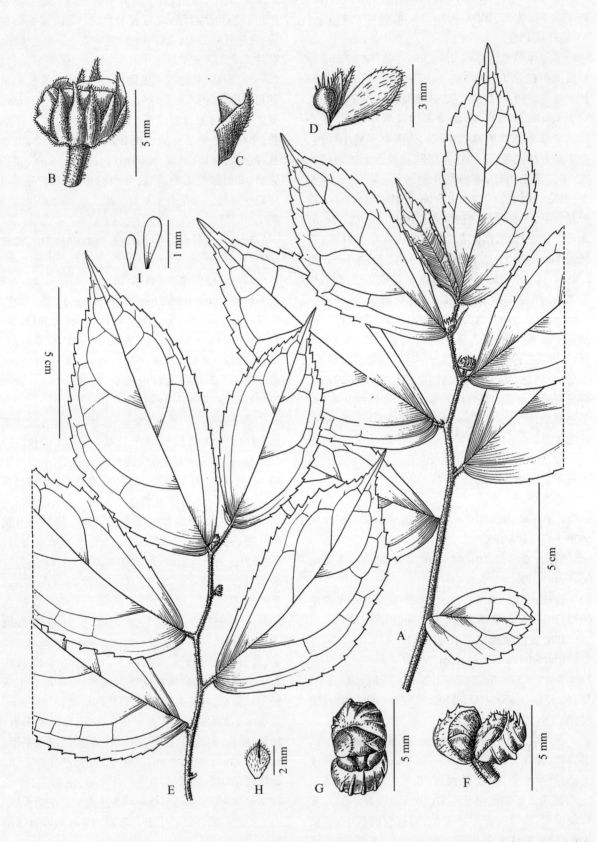

图版 100　A－D. 粗梗楼梯草 *Elatostema robustipes* A. 植株上部，B. 雄头状花序（侧面观），C. 内层雄苞片，D. 雄小苞片和雄花蕾。（据 isotype）E－I. 六肋楼梯草 *E. sexcostatum* E. 雄株上部，F. 雄头状花序（侧上面观），G. 同 F，上面观，H. 内层雄苞片，I. 雄小苞片。（据韦毅刚 061）

L. F. Fu in Ann. Bot. Fennici 49:397,fig. 1. 2012;W. T. Wang in Fu et al. Paper Collection of W. T. Wang 2:1144,fig. 27. 2012. Type:广西:靖西,安德,2009-03-21,韦毅刚061(holotype,PE;isotype,IBK)。

多年生草本。茎高约50cm,基部粗3-5mm,密被硬毛,分枝。叶具短柄;叶片薄纸质,狭椭圆形,长7.5-12.5cm,宽3.4-5.5cm,顶端渐尖(渐尖头边缘每侧各有2小齿),基部狭侧楔形,宽侧圆形,边缘基部之上有小牙齿,上面疏被糙伏毛,下面脉上被短硬毛,半离基三出脉,侧脉在叶狭侧3条,在宽侧4条,两面平,钟乳体密集,杆状,长0.1-0.35mm;叶柄长1-5mm;托叶膜质,绿白色,条状披针形,长6-8mm,宽1.5-3.5mm,被疏缘毛或无毛。雄头状花序单生叶腋,直径约5mm;花序梗粗壮,长0.8-1mm,被硬毛;花序托长方形,长约4mm,宽2mm,近无毛;苞片6,排成2层,背面被短柔毛,外层2枚对生,较大,扁宽卵形,长2-3mm,宽3.2-4.5mm,背面具6条粗纵肋,肋顶端突出成长0.5-1mm的角状突起,内层4枚较小,倒卵形或船状长圆形,长2-2.5mm,宽1.6-2mm,背面有1-2条纵肋,肋顶端突出成短角状突起;小苞片多数,密集,膜质,半透明,白色,狭倒卵形或倒披针形,长0.6-2mm,上部被缘毛或无毛,较大者在顶端兜状。雄花蕾具梗,近球形,直径约0.5mm,无毛。雌头状花序未见。花期3月。

特产广西靖西。生于石灰岩山中阴湿处。

在我国楼梯草属植物中,雄苞片背面通常无纵肋,稀具1-3条纵肋,只有4种(新宁楼梯草 E. sinense var. xinningense,褐脉楼梯草 E. brunneinerve,五肋楼梯草 E. quinquecostatum 和上面的粗梗楼梯草 E. robustipes)的雄苞片背面有5条纵肋。此外,只有本种的总苞片背面有6条纵肋,只有七肋楼梯草 E. septemcostatum 的雄苞片背面有7条纵肋。

181.毛叶楼梯草 图版101:A-G

Elatostema mollifolium W. T. Wang in Bull. Bot. Res. Harbin 2(1):15. 1982;并于中国植物志23(2):283. 1995;李锡文于云南植物志7:293,图版73:6-7. 1997;W. T. Wang in Fu et al. Paper Collection of W. T. Wang 2:1144. 2012. Holotype:云南:双柏,爱尼山,alt. 1950m,1957-04-16,尹文清763(KUN)。

E. megacephalum auct. non W. T. Wang:Q. Lin et al. in Fl. China 5:153. 2003,p. p. quoad syn. *E. mollifolium* W. T. Wang.

多年生草本。茎高约150cm,无毛,有极密的钟乳体。叶具短柄;叶片草质,斜狭椭圆形,长23-29cm,宽7.8-10cm,顶端尾状渐尖(尖头边缘具小齿),基部斜宽楔形,边缘有牙齿,上面有极稀疏的糙伏毛,下面被短柔毛,半离基三出脉,侧脉7-8对,钟乳体密集,明显,长0.1-0.35mm;叶柄长3-8mm,无毛;托叶披针形,长约20mm,无毛。花序雌雄同株。雄头花序单生叶腋,具短梗;花序梗长约3mm,被短柔毛;花序托近圆形,直径约1cm,被短柔毛;苞片6枚,排成2层,背面被短柔毛,外层2枚稍不等大,横长方形,稍大者长约4mm,宽10.5mm,背面5条纵肋中3条顶端突出成短角状突起,稍小者长3.5mm,宽9mm,背面5条纵肋顶端均不突出,内层4枚苞片较小,呈兜状,长约4mm,包著所有雄小苞片和雄花;小苞片密集,膜质,半透明,船形、楔状条形或条形,长1-3.5mm,宽0.3-1.5mm,背面被短柔毛。雄花蕾具短梗,近球形,直径0.5mm,无毛,顶端有3角状突起。雌头状花序单生叶腋,具短梗;花序梗粗壮,长约1.5mm,有短柔毛;花序托长方形,长约3.2mm,宽约2.8mm,厚,密被短柔毛,近中部二浅裂;苞片约15,扁三角形,被短柔毛,顶端有角状突起;小苞片约130枚,密集,绿色,狭卵形,长0.4-0.6mm,被短柔毛,顶端有角状突起。花期4月。

特产云南双柏。生于海拔1950m的山地林中。

182.巨序楼梯草 图版101:H-M

Elatostema megacephalum W. T. Wang in Bull. Bot. Lab. N. -E. Forest. Inst. 7:73. 1980;并于中国植物志23(2):283. 1995;李锡文于云南植物志7:292,图版73:1-3. 1997;Q. Lin et al. in Fl. China 5:153. 2003,p. p. excl. syn. *E. mollifolio* W. T. Wang;税玉民,陈文红,中国喀斯特地区种子植物1:98,图239. 2006;W. T. Wang in Fu et al. Paper Collection of W. T. Wang 2:1144. 2012. Type:云南:元阳,逢春玲,alt. 1300m,1974-06-07. 绿春队1602(holotype,KUN);绿春,分水岭,alt. 1700m,1974-05-13,绿春队785(paratype,PE);同地,松东,alt. 1620m,1974-04-28,绿春队88a(paratype,KUN)。

多年生草本。茎高50-80cm,无毛,钟乳体密集。叶有柄;叶片近纸质或草质,斜椭圆形,长9-25cm,宽3.5-10cm,顶端渐尖或长渐尖(尖头下部边缘有疏齿),基部狭侧钝或楔形,宽侧宽楔形,边缘自基部之上有密牙齿或小牙齿,上面散生少数硬毛,下面无毛或沿中脉及侧脉有疏短毛,半离基三出脉,侧脉每侧约5条,钟乳体明显,密,长0.2-0.3mm;叶柄长1.5-12mm,无毛;托叶披针形或宽披针形,长10-18mm,无毛。花序雌雄异株,单生叶腋。

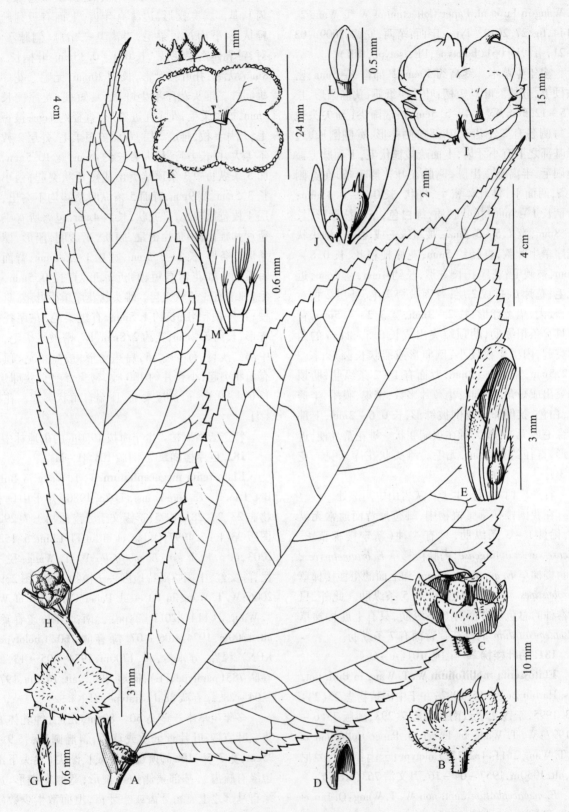

图版 101 A – G. 毛叶楼梯草 *Elatostema mollifolium* A. 叶和腋生雄头状花序,B,C 雄头状花序,D. 雄总苞内层苞片,E. 雄小苞片和雄花蕾,F. 雌头状花序(下面观),G. 雌小苞片。(据 holotype)H – M. 巨序楼梯草 *E. megacephalum* H. 叶和腋生雄头状花序,(据蔡希陶 53086)I. 雄头状花序(下面观),J. 雄小苞片和雄花蕾,(据税玉民,陈文红 70390)K. 果序(下面观),L. 瘦果,(据 holotype)M. 雌小苞片和雌花。(据 236 – 6 队 1302)

雄头状花序有梗;花序梗长 5 - 7mm,无毛;花序托近圆形,椭圆形或长圆形,长 13 - 23mm,宽 10 - 16mm,二裂,无毛;苞片 6 - 10 个,排成 2 - 3 层,扁宽卵形,内层的近船形,宽约 5mm,背面顶端之下有短突起或纵棱脊,无毛;小苞片约 480 枚,密集,半透明,船状条形或卵形,长 3 - 4mm,外面顶端之下常有角状突起或无突起,无毛或有疏毛。雄花有梗,花蕾直径约 1.2mm,四基数,有 2 花被片外面有角状突起。雌头状花序有梗;花序梗粗壮,长约 5mm,无毛;花序托近长方形,长 1.1 - 2.3cm,宽 0.9 - 1.9cm,四浅裂,无毛;苞片多数,扁三角形,长约 0.5mm,顶端有长 0.6 - 1mm 的角状突起,边缘有短睫毛;小苞片 1200 - 2800 - 7000 枚,密集,匙状条形或狭条形,长 1 - 1.4mm,上部有褐色斑点或绿色,边缘被缘毛。雌花具短梗:花被片 2,狭条形,长约 0.3mm,顶端有少数柔毛;子房狭卵球形,长 0.3mm;柱头画笔头形,长 0.3mm。瘦果褐色,椭圆球形,长约 0.5mm,有 6 - 8 条细纵肋。花期 5 月。

特产云南南部和东南部。生于山谷常绿阔叶林中或石灰岩山洞中,海拔 1000 - 1700m。

标本登录:

云南:澜沧,王启无 76565(PE);景东,李鸣岗 3446(IBSC);建水,蔡希陶 53086(PE);大围山,王孝,高锡朋,刘心祈 100318(IBSC);绿春,绿春队 842,税玉民等 70007,70390(PE);麻栗坡,税玉民,陈文红 B2004 - 026(PE)。

183. 漾濞楼梯草　　图版 102:A - C

Elatostema yangbiense W. T. Wang in Acta. Bot. Yunnan. 7(3):294,fig. 1:1 - 2. 1985;于横断山区维管植物 1:328. 1994;并于中国植物志 23(2):272,图版 56:1 - 2. 1995;李锡文于云南植物志 7:299,图版 75:1. 1997;Q. Lin et al. in Fl. China 5:151. 2003;W. T. Wang in Fu et al. Paper Collection of W. T. Wang 2:1145. 2012. Holotype:云南:漾濞,美翕,上羊木圈,alt. 2400m,1963 - 06 - 02,金沙江队 4227(KUN)。

多年生草本。茎高约 33cm,粗 5mm,自叶腋同时生出雄花序及具叶的短枝条,上部有褐色小鳞片。叶具短柄或近无柄;叶片薄纸质或草质,斜长圆形,长 3.5 - 8cm,宽 1.4 - 2.4cm,顶端渐尖,基部斜楔形,或宽侧近圆形,边缘除下部 1/3 全缘外,其他部分有牙齿或小牙齿,上面疏被白色短伏毛,下面沿脉疏被短伏毛,具半离基三出脉,侧脉在叶狭侧 1 条,在宽侧 2 条,钟乳体密,明显或不明显,长 0.1 - 0.3(0.4)mm;叶柄长 1 - 4mm,无毛;托叶膜质,披针形或狭卵形,长 10 - 16mm,宽 4mm,无毛,有稀疏钟乳

体。雄头状花序腋生,具短梗,圆形,直径 4 - 8mm,有多数密集的花;花序梗长 1 - 2mm,粗壮,无毛;花序托圆形,直径 2.8 - 5.5mm,无毛;苞片 6,不明显,顶端具粗的角状突起,突起长 1.5 - 3.5mm,疏被短毛;小苞片约 ±160 枚,密集,膜质,长圆形或条形,少数船形,长 1.5 - 2mm,宽 0.5 - 1.2mm,顶端兜状,外面顶端之下常有短角状突起,无毛。雄花四基数,花蕾直径约 1mm,无毛,角状突起 4,长约 0.3mm。雌头状花序未见。花期 6 月。

特产云南漾濞。生于山谷林边,海拔约 2400m。

184. 骤尖楼梯草

Elatostema cuspidatum Wight, Ic. Pl. Ind. Or. 6:11,t. 1983. 1853;王文采于东北林学院植物研究室汇刊 7:69. 1980;并于西藏植物志 1:651. 1983;Lauener in Not. R. Bot. Gard. Edinb. 40(3):488. 1983;张秀实等于贵州植物志 4:61. 1984;王文采于横断山区维管植物 1:328. 1993;于中国植物志 23(2):271,图版 61:3 - 7. 1995;并于武陵山地区维管植物检索表 134. 1995;李锡文于云南植物志 7:300. 1997,p. p. excl,syn. E. menglunensi W. T. Wang & G. D. Tau;李丙贵于湖南植物志 2:302,图 2 - 222. 2000;Q. Lin et al. in Fl. China 5:150. 2003;王文采于广西植物志 2:860. 2005;杨昌煦等,重庆维管植物检索表 151. 2009;W. T. Wang in Fl et al. Paper Collection of W. T. Wang 2:1145. 2012.——E. sessile J. R. & G. Forster var. cuspidatum(Wight)Wedd. in DC. Prodr. 16(1):173. 1869;Hook. f. Fl. Brit. Ind. 5:564. 1888;Hand. -Mazz. Symb. Sin. 7:145. 1929;湖北植物志 1:178. 1976。

E. bodinieri Lévl. in Repert. Sp. Nov. Regni Veg. 11:551. 1913;Fl. Kouy - Tcheou 425. 1915. Holotype:贵州:Gan - pin,1897 - 09 - 24,Martin in Herb. Bodinier 1903(E,non vidi)。

184a. var. cuspidatum　　图版 102:D - I

多年生草本。茎高 25 - 90cm,无毛,不分枝或有少数分枝。叶无柄或近无柄;叶片薄纸质,斜椭圆形或斜长圆形,有时稍镰状弯曲,长 4.5 - 13.5(-23)cm,宽 1.8 - 5(-8)cm,顶端骤尖或长骤尖(尖头全缘),基部狭侧楔形或钝,宽侧宽楔形,圆形或近耳形,边缘有粗牙齿,无毛或上面疏被短伏毛,半离基三出脉,侧脉在叶狭侧 2 条,在宽侧 3 - 5 条,钟乳体密集,杆状,长 0.3 - 0.5mm;托叶膜质,白色,条形或条状披针形,长 5 - 10(-20)mm,宽 2 - 3mm,无毛,中脉绿色。花序雌雄同株或异株,单生叶腋。雄头状花序具短梗;花序梗长 1.5 - 4mm;花序托长圆

形或近圆形,长6-11mm,宽5-7mm,常2浅裂,无毛;苞片6-8,扁宽卵形或扁三角形,长0.5-2mm,宽2-2.8mm,顶端具粗角状突起或粗短尖头,边缘疏被短缘毛;小苞片密集,半透明,长圆形或船状长圆形,长1.5-2.5mm,有或无短突起。雄花具梗:花被片4,椭圆形,长约1.6mm,下部合生,背面顶端之下有角状突起。雌头状花序具极短梗;花序托椭圆形或近圆形,长5-7mm,无毛;苞片排成2层,外层苞片4-5,扁宽卵形,长0.6-1mm,宽1-2mm,顶端绿色角状突起长约1mm,内层苞片约35,正三角形或卵形,长和宽0.3-0.5mm,顶端绿色角状突起长0.5-1.2mm;小苞片密集,半透明,狭条形,长约1.2mm,顶端被缘毛。雌花:花被片不存在;子房卵球形,长0.3-0.5mm;柱头画笔头状,长约0.4mm。瘦果褐色,狭椭圆球形,长1mm,约有8条细纵肋。花期5-8月。

分布于西藏南部和东南部、云南西部和东南部、四川西部、重庆南部和东部、湖北西南部、贵州、广西西部和北部、湖南、江西西南部;尼泊尔、印度东北部。生于山谷常绿阔叶林下或溪边石上,海拔450-2800m。

全草可供药用(贵州盘县),或作猪饲料(湖南)。

标本登录(所有标本均存PE):

西藏:樟木,张永田,郎楷永3183,4522,中草药队1274,青藏队6649;定结,青藏队5587;通麦,郎楷永等852;墨脱,青藏队植被组2758。

云南:贡山,青藏队8837,独龙江队4398;泸水,Gaoligong Shan Biod. Survey 24448,25780;大理,王汉臣2113;凤庆,俞德浚16362;金平,周浙昆等186。

四川:西昌,陈伟烈等5595;布拖,经济植物队59-5855;雷波,管中天7645;马边,杜大华5503;峨边,张清龙64148;石棉,谢朝俊41322;汉源,王作宾8729;大祥岭,H. Smith 2081;峨眉山,方文培6604,杜大华197;乐山,管中天6479;洪雅,姚仲吾3964;天全,曲桂龄2615;二郎山,关克俭,王文采2092;宝兴,俞德浚1974,杜大华1974;大邑,朱大海等20070732;都江堰,张超等2006104;彭县,冯正波等20070524。

重庆:金佛山,曲桂龄998,熊济华,周子林90673,刘正宇5086;武隆,刘正宇5086;万源,李朝利195。

湖北:宣恩,王映明4489;来凤,李洪钧7254。

贵州:盘县,刘正仁等85-322;纳雍,毕节队640;瓮安,荔波队1919;荔波,段林东96;雷山,简焯坡等51081;江口,张志松等400556;梵净山,黔北队846。

广西:靖西,韦毅刚07659;田林,韦毅刚g091;南丹,段林东,林祁2002105;融水,温放070506;河池,韦毅刚07601;龙胜,广福林区队154。

湖南:新宁,紫云山队657;永顺,邵青等72。

江西:遂川,1970-05,? s. n.。

184b. 长角骤尖楼梯草(变种)

var. **dolichoceras** W. T. Wang in Acta Bot. Yunnan. 10(3):346. 1988;于横断山区维管植物1:328. 1993;并于中国植物志23(2):271. 1995;李锡文于云南植物志7:302. 1997;Q. Lin et al. in Fl. China 5:151. 2003;W. T. Wang in Fu et al. Paper Collection of W. T. Wang 2:1145 2012. Holotype:云南:兰坪,罗母坪,alt. 2300m,1981-06-21,植物所横断山队701(PE)。

与骤尖楼梯草的区别:雄总苞片的角状突起较长,长3-5mm,条形。

特产云南兰坪。生于山谷沟边阴湿处,海拔2300m。

184c. 无角骤尖楼梯草(变种)

var. **ecorniculatum** W. T. Wang, var. nov. Type:云南(Yunnan):贡山(Gongshan),菖蒲通(Changputong),千那通(Qiannatong),alt. 2800m,林下(under forest). 1935-10,王启无(C. W. Wang)66870(holotype & isotype,PE)。

A var. *cuspidato* differt foliis majoribus usque ad 26 cm longis,eorum cystlitohis majoribus usque ad 0. 9mm longis,capitulorum pistillatorum receptaculis majorbus 10-15 mm longis,eorum bracteis apice haud corniculatis,acheniis longitudinaliter 10-costatis. Leaf blads thinly papery,12-26 cm long,3.5-6.6 cm broad,apex cuspidate,base obliquely cuneate or at broad side obtuse,margin dentate;surfaces adaxially sparsely strigose,abaxially glabrous;cystoliths slightly conspicuous,bacilliform,0.3-0.9 mm long.

本变种与骤尖楼梯草的区别在于:叶较大,长达26cm,其钟乳体也较大,长达0.9mm,雌头状花序的花序托也较大,长10-15mm,其苞片顶端不具角状突起,瘦果具10条纵肋。在骤尖楼梯草,叶通常长达13.5cm,稀达23cm,钟乳体长达0.5mm,雌头状花序的花序托长5-7mm,其苞片顶端具角状突起,瘦果具8条纵肋。

特产云南贡山。生于山谷林下阴湿处,海拔2800m。

185. 茨开楼梯草　图版 103：A – G

Elatostema cikaiense W. T. Wang in Pl. Biodivers. Resour. 33(2)：151，fig. 5. 2011；et in Fu et al. Paper Collection of W. T. Wang 2：1145. 2012. Type：云南：贡山，茨开，近旗旗桥. alt. 1850 m，2000 – 07 – 10，Li Heng，Bruce Bartholomew et al. 12217（holotype，CAS）；贡山，茨开，到 Kangdang 公路距贡山 41km 处，alt. 2940 m，2002 – 09 – 21，Gaoligong Shan Biodiversity Survey 15388（paratype，CAS）.

多年生草本，雌雄异株。茎高 42 – 46cm，基部之上粗 3 – 4mm，无毛，有 4 条浅纵沟，不分枝或有 2 条短分枝。叶柄具短柄或无柄；叶片纸质，斜狭椭圆形或斜狭倒卵形，长 6.5 – 14.5cm，宽 2.5 – 5cm，顶端骤尖或长渐尖，基部在狭侧楔形，在宽侧圆形或近耳形，边缘基部之上有粗牙齿，上面疏被糙伏毛，下面脉上疏被短硬毛，半离基三出脉，侧脉在狭侧 2 – 3 条，在宽侧 3 – 4 条，上面平，下面隆起，钟乳体密，明显，杆状，长 0.2 – 0.5mm；叶柄长达 4mm，无毛；托叶膜质，白色，半透明，披针状条形，长约 11mm，宽 2.8mm，在顶端钝，无毛，有 1 条不明显脉，沿脉散布长 0.25mm 的杆状钟乳体。雄头状花序大，单生叶腋；花序梗粗壮，长约 2 – 7mm，无毛；花序托长圆形，长 7.4 – 18mm，宽 8 – 11mm，无毛，具长 0.1 – 0.3mm 的杆状钟乳体；苞片 2 层，无毛，外层苞片约 8 枚，扁正三角形，长约 1.5mm，宽 4mm，顶端有鸡冠状突起（突起长 4 – 5mm），内层苞片约 12 枚，正三角形，长约 0.5mm，宽 1 – 1.5mm，顶端有粗角状突起（突起长约 1.2mm）；小苞片极密，半透明，楔状条形，长 2 – 3mm，宽 0.8 – 1mm，顶端截形，被短缘毛。雄花蕾具梗，近球形，直径约 1.2mm，顶端有 4 条长角状突起，无毛。雌头状花序单生叶腋；花序梗长 2mm；花序托近长圆形，长约 7mm，宽 2.5 – 4mm，无毛；苞片约 14 枚，正三角形，长约 1mm，宽 0.8mm，顶端有粗角状突起（突起长 0.5 – 0.8mm），无毛；小苞片密，半透明，狭倒披针形，长 1 – 1.5mm，顶端短缘毛。雌花具梗：花被片不存在；子房宽椭圆球形，长 0.35mm；柱头画笔头状，长 0.35mm。瘦果褐色，狭椭圆球状卵球形，长约 0.8mm，有 6 条细纵肋。花期 7 – 9 月，果期 9 – 10 月。

特产云南贡山县，茨开镇。生于山谷陡坡常绿阔叶林中，海拔 1850 – 2940m。

186. 粗角楼梯草　图版 103：H – M

Elatostema pachyceras W. T. Wang in Bull. Bot. Lab. N. – E. Forest. Inst. 7：70. 1980；于横断山区维管植物 1：328. 1993；并于中国植物志 23(2)：269，图版 57：4 – 5. 1995；李锡文于云南植物志 7：298，图版 74：5 – 6. 1997；Q. Lin et al. in Fl. China 5：150. 2003；税玉民，陈文红，中国喀斯特地区种子植物 1：99，图 243. 2006；W. T. Wang in Fu et al. Paper Collection of W. T. Wang 2：1145. 2012.　Type：云南：绿春，松东，alt. 1620m，1974 – 04 – 28，绿春队 88（holotype，PE）；元阳，alt. 1700m，1974 – 05 – 13，绿春队 802（paratype，PE）；逢春岭，alt. 1100 – 1300m，1974 – 06 – 09，绿春队 1804（paratype，PE）；建水，alt. 2000m，1933 – 05 – 06，蔡希陶 53328（paratype，NAS）.

E. pachyceras var. *majus* W. T. Wang in Bull. Bot. Res. Harbin 2(1)：15. 1982.　Type：云南：文山，1962 – 04 – 24，冯国楣 22077（holotype，NAS；isotype，IBSC）.

E. longipetiolatum W. T. Wang in 1. c. 17. 1982. Holotype：云南：腾冲，1912，G. Forrest 8181（IBSC）.

多年生草本。茎高 30 – 50cm，不分枝或分枝，无毛。叶具短柄或近无柄；叶片纸质，斜狭椭圆形，长圆形或狭倒卵形，长 9 – 25（– 28）cm，宽 3.5 – 8（– 9）cm，顶端渐尖或尾状渐尖（渐尖头全缘），基部斜宽楔形，边缘下部全缘，其上有牙齿，无毛或上面有极少数短毛，三出脉或半离基三出脉，侧脉在狭侧 3 条，在宽侧 4 条，钟乳体密，长 0.1 – 0.6（– 0.8）mm；叶柄长达 6（– 15）mm，无毛；托叶披针形，长 1.3 – 1.7cm，宽 4 – 6mm，无毛，有稀疏小钟乳体，淡黄绿色，中脉绿色。花序雌雄同株或异株。雄头状花序具极短梗；花序梗粗壮，长 1 – 3mm，无毛；花序托椭圆形或近圆形，长 9 – 12mm，宽 5 – 8mm，无毛；苞片 6 或较多，扁半圆形或扁三角形，长 0.5 – 1mm，宽 2 – 4mm，顶端具长 0.8 – 1.5mm 的粗角状突起，无毛或被疏睫毛；小苞片约 400 枚，半透明，条形，长 1.5 – 2mm，无毛或被疏柔毛，顶端有或无短突起。雄花：花被片 4，稍不等大，椭圆形，长约 1mm，基部合生，无毛，3 枚较大者在顶端有短角状突起；雄蕊 4；退化雌蕊不存在。雌头状花序具极短梗；花序梗长约 1mm；花序托椭圆形，长约 4mm，宽 2.5mm，无毛；苞片 10 数，6 枚较大，宽卵形或卵形，长 0.5 – 1mm，顶端有粗角状突起，无毛，突起长 0.5 – 1.2mm；小苞片约 200 枚，匙形，长约 1mm，顶端有睫毛。雌花具短梗：花被片不存在；子房长 0.3mm；柱头画笔形，长 0.35mm。瘦果深褐色，卵球形或狭椭圆球形，长 0.6 – 0.8mm，有 9 条细纵肋。花期 4 – 6 月。

特产云南，自云南东南分布到西部高黎贡山。生于山谷林中或林边，海拔 1100 – 2400m。

标本登录：

云南：绿春，武素功等279，税玉民和陈文红 44351（PE）；屏边，蔡希陶 55399（PE）；勐仑，周仕顺 2020（PE）；勐连，钱义咏 2590（PE）；思茅，王洪 4066（PE）；泸水，Gaoligong Shan Biod Survey 22821，24081（CAS，PE）；腾冲，吴征镒等 876（PE），武素功 6784（KUN）；漾濞，武素功 6784（KUN，PE）；福贡，Gaoligong Shan Biod Survey 19526，19657（CAS），20235（CAS，PE），蔡希陶 58801（PE）；贡山，茨开，李恒等 14359，14975（CAS）。

187. 宽角楼梯草　图版104

Elatostema platyceras W. T. Wang in Acta Bot. Yunnan. 10(3)：346，pl. 1：1 – 3. 1988；于横断山区维管植物1：329. 1993；并于中国植物志23(2)：274，图版58：1 – 3. 1995；李锡文于云南植物志7：299，1997；Q. Lin et al. in Fl. China 5：152. 2003；W. T. Wang in Fu et al. Paper Collection of W. T. Wang 2：1148. 2012.　Holotype：云南：泸水，县城附近. alt. 1700m，1981 – 06 – 05，植物所横断山队 441（PE）。

多年生草本。茎高约44cm，基部粗约6mm，下部密被锈色软鳞片，近顶部处被短柔毛，不分枝或有短分枝，约有16叶。叶具短柄；叶片纸质，斜长椭圆形或狭卵形，长5.2 – 12.5cm，宽2.5 – 4.2cm，顶端尾状或长渐尖，稀急尖，基部狭侧楔形，宽侧宽楔形或近圆形，边缘狭侧下半部、宽侧下部1/4全缘，其他部分有浅牙齿，上面无毛，下面被短柔毛，半离基三出脉，侧脉在叶狭侧3条，在宽侧4条，钟乳体明显，密，狭纺锤形，长0.1 – 0.35mm；叶柄长2 – 3mm，被短柔毛或近无毛；托叶膜质，条形，长约1.4cm，宽1.6mm，被短睫毛。花序雌雄同株。雄头状花序具短梗；花序梗长约5mm，无毛；花序托宽长

圆形或近圆形，长0.8 – 1.4cm，宽0.7 – 1.1cm，4浅裂，无毛；苞片约8，不明显，有短睫毛，背面顶端之下有短而粗的角状突起；小苞片100 – 280 枚，密集，半透明，较大者宽条形或楔状条形，长约2.5mm，宽0.7mm，顶端稍兜状，有短缘毛，背面顶端之下有短角状突起，较小者条形或狭条形，长2mm，顶端平，无突起。雄花具梗；花被片4，长椭圆形，长约1.3mm，基部合生，顶端有长角状突起，有短缘毛；雄蕊4；退化雌蕊长约0.3mm。雌头状花序具极短梗；花序梗粗壮，长约0.6mm，无毛；花序托宽椭圆形，长约5mm，宽3mm，无毛；苞片6，2 枚较大，扁圆卵形，长约0.6mm，宽2mm，背面顶端之下有大突起，突起扁平，近菱形，长2.5mm，宽1.5mm，边缘有少数钝齿和短毛，其他4 枚较小者正三角形，长约0.6mm，宽0.8mm，顶端具扁平、镰刀状突起；小苞片约140 枚，密集，狭倒卵形或条形，长0.6 – 1.2mm，被短柔毛，较大者顶端有角状突起。雌花：花被片不存在；子房长圆形，长约0.3mm，柱头长0.1mm。花期6月。

特产云南泸水。生于山谷河边，海拔1700m。

系2. 龙州楼梯草系

Ser. **Lungzhouensia** W. T. Wang in Fu et al. Paper Collection of W. T. Wang 2：1148. 2012.　Type：*E. lungzhouense* W. T. Wang.

本系与骤尖楼梯草系 Ser. Cuspidata 近缘，与后者的区别在于本系的瘦果具纵肋和瘤状突起。叶具三出脉或半离基三出脉。雄、雌苞片均无任何突起，稀雌苞片顶端具角状突起。

5种，均为狭域分布种，分布于云南南部和东南部，以及广西西南部。

1. 茎和叶无毛；雄、雌苞片均无任何突起 ·················· 188. 龙州楼梯草 **E. lungzhouense**
1. 茎和叶均有毛。
　2. 叶具三出脉。
　　3. 叶顶端渐尖边缘有小齿；托叶长7 mm；雌总苞的苞片约20 枚，狭三角形，无任何突起 ·················· ·················· 189. 狭苞楼梯草 **E. angustibracteum**
　　3. 叶顶端渐头或骤尖头全缘；托叶长2.5 – 4 mm；雌总苞的苞片约24 枚，宽三角形或卵形，在背面顶端之下有短突起 ·················· 190. 坚纸楼梯草 **E. pergameneum**
　2. 叶具半离基三出脉。
　　4. 茎的毛长1 – 2 mm；叶片长达8 cm，基部宽侧耳形；托叶白色，半透明，长6 mm；雌苞片无任何突起；雌小苞片的毛长0.3 – 0.5 mm ·················· 191. 勐海楼梯草 **E. menghaiense**
　　4. 茎的毛长0.2 – 0.3 mm；叶片长7 – 16 cm，基部斜楔形；托叶褐色，不半透明，长8 – 11 mm；雌苞片顶端具角状突起；雌小苞片的毛较短，长0.2 – 0.3 mm ·················· 192. 启无楼梯草 **E. chiwuanum**

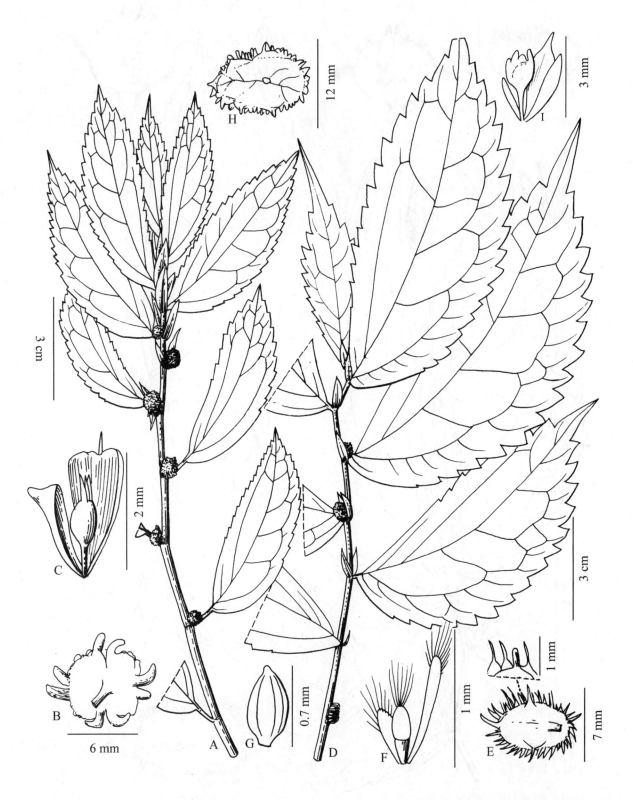

图版102 A－C. 漾濞楼梯草 *Elatostema yangbiense* A. 开花茎上部，B. 雄头状花序（下面观），C. 雄小苞片和雄花蕾。（据 isotype）D－I. 骤尖楼梯草 *E. cuspidatum* var. *cuspidatum* D. 开花茎上部，E. 雌头状花序（下面观），F. 雌小苞片和雌花，（据青藏队6649）G. 瘦果，（据赵佐成2965）H. 雄头状花序，I. 雄小苞片和雄花蕾。（据青藏队5587）

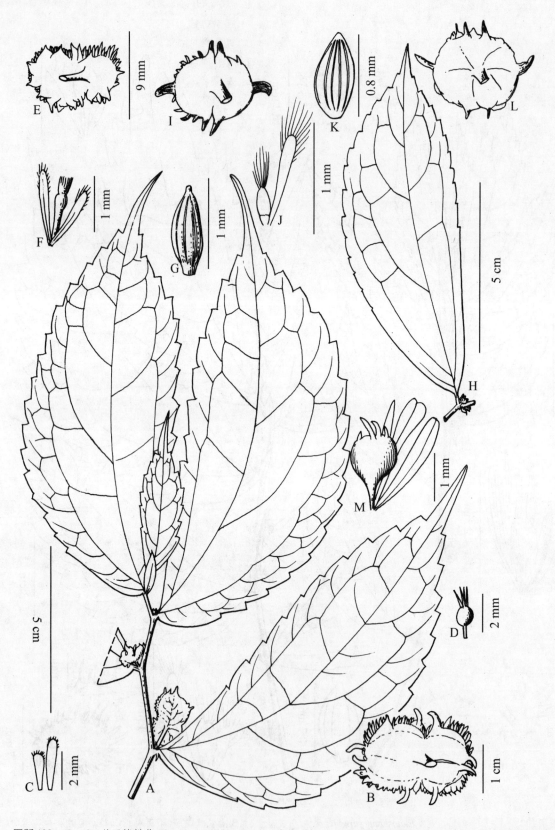

图版 103　A–G. 茨开楼梯草 *Elatostema cikaiense* A. 开花茎顶部,B. 雄头状花序(下面观),C. 雄小苞片,D. 雄花蕾,E. 雌头状花序,F. 雌小苞片和雌花,G. 瘦果。(自 Wang,2011) H–M. 粗角楼梯草 *E. pachyceras* H. 叶和腋生雌头状花序,I. 雌头状花序(下面观),J. 雌小苞片和雌花,K. 瘦果,L. 雄头状花序,M. 雄小苞片和雄花蕾。(据绿春队 1804)

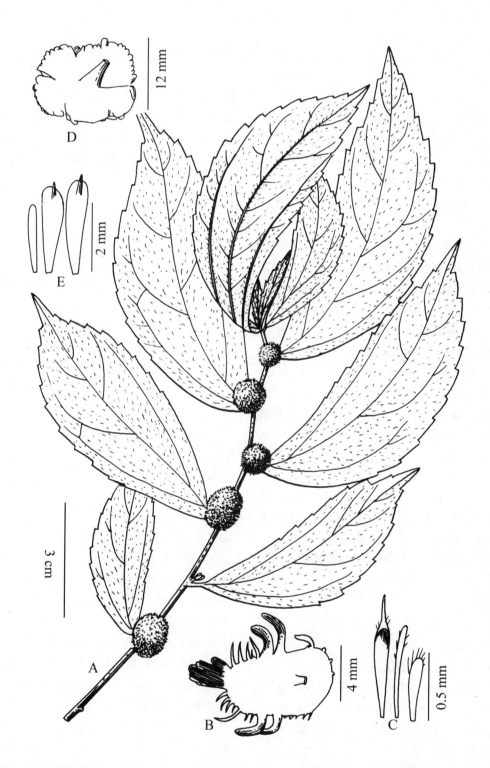

图版 104 宽角楼梯草 *Elatostema platyceras* A. 开花茎上部，B. 雌头状花序（下面观），C. 雌小苞片，D. 雄头状花序（下面观），E. 雄小苞片。（据 holotype）

188. 龙州楼梯草　图版 105

Elatostema lungzhouense W. T. Wang in Bull. Bot. Lab. N. -E. Forest. Inst. 7:68,pl. 3:1. 1980;并于中国植物志 23(2):276,图版 60:2. 1995;Q. Lin et al. in Fl. China 5:152. 2003;王文采于广西植物志 2:860,图版 349:2. 2005;W. T. Wang in Fu et al. Paper Collection of W. T. Wang 2:1148,fig. 3:39,fig. 20:E-I. 2012.　Type:广西:龙州,武联乡,板闭,alt. 390-450m,1957-08-01,陈少卿(♀,holotype,IBSC;isotype,IBK)。

多年生草本。茎高约 40 cm,无毛,有长分枝。叶有短柄或近无柄,无毛;叶片草质,斜椭圆形,长 7.5-11 cm,宽 3.2-4.8 cm,顶端渐尖(渐尖头全缘),基部狭侧楔形,宽侧宽楔形,边缘下部全缘,其上有浅牙齿,半离基三出脉,侧脉在狭侧约 2 条,在宽侧约 3 条,钟乳体明显,密,长 0.1-0.5 mm;叶柄长达 4 mm;托叶钻形,长 2.5-3.2 mm。花序雌雄异株。雄头状花序单生叶腋;花序梗长约 6 mm,无毛;花序托不规则长圆形,长约 10mm,宽 7mm,无毛;苞片约 5,不等大,扁卵形,2 枚对生者较大,其他较小,长约 1.5mm,宽 3.5-6mm,无毛;小苞片膜质,半透明,白色,倒卵形,近圆形或近方形,有时船形,长 2-6 mm,宽 2-4 mm,顶端有短缘毛或无毛。雄花蕾狭卵球形,长约 1 mm,顶端有 4 条短角状突起和短柔毛。雌头状花序单生叶腋,有短梗;花序梗长 1-4 mm,无毛;花序托近长方形,长 4-16mm,宽 3-10 mm,无毛;苞片不明显或宽三角形,长约 1 mm;小苞片约 850 枚,密集,条形,长 1-1.2 mm,上部有长缘毛。瘦果椭圆球形或椭圆状卵球形,长 0.5-0.7 mm,约有 4 条纵肋,并在每对纵肋之间有小瘤状突起。花期 7 月。

特产广西龙州。生于丘陵山谷林中石上,海拔约 400m。

标本登录:

广西:龙州,2012-05-20,韦毅刚,A. K. Monro 6786(♂,IBK,PE)。

189. 狭苞楼梯草　图版 106:A-D

Elatostema angustibracteum W. T. Wang in Guihaia 32(4):429,fig,2:D-G. 2012.　Holotype:云南:个旧,曼耗,沙珠底,alt. 300-400m,2002-09-07,税玉民等 15967(PE)。

多年生草本。茎高约 35 cm,近基部粗约 2 mm,上部密被反曲短糙伏毛(毛长 0.1 mm),不分枝。叶具短柄或无柄;叶片纸质,斜狭椭圆形,长 8-13 cm,宽 3.5-5 cm,顶端渐尖(尖头边缘具小齿),基部狭侧楔形,宽侧圆形或近耳形,边缘具小牙齿,上面无毛,下面脉上被短糙毛,三出脉,侧脉 3 对,钟乳体明显,密集,杆状,长 0.1-0.3 mm;叶柄长 0.35 mm;托叶淡绿色,狭三角形,长约 7 mm,宽 1.2-1.5 mm,无毛,有 1-2 条绿色脉。雄头状花序未见。雌头状花序单生叶腋,直径约 4 mm;花序梗长约 1.5 mm,无毛;花序托椭圆形,长约 3.5 mm,宽 2.5 mm,无毛;苞片约 20,狭三角形,长约 0.8 mm,宽 0.2-0.3 mm,近无毛;小苞片密集,半透明,条形,长 0.7-1 mm,上部被缘毛。瘦果淡褐色,椭圆体形,长约 0.5 mm,宽 0.3 mm,具 7 条纵肋,并在纵肋之间具瘤状突起。果期 9 月。

特产云南个旧。生于山谷热带雨林中,海拔 300-400m。

190. 坚纸楼梯草　图版 106:E-H

Elatostema pergameneum W. T. Wang in Bull. Bot. Lab. N. -E. Forest. Inst. 7:67. 1980;并于中国植物志 23(2):267. 1995;Q. Lin et al. in Fl. China 5:149. 2003;王文采于广西植物志 2:800,图版 348:6. 2005;et in Fu et al. Paper Collection of W. T. Wang 2:1141. 2012;Zeng Y. Wu et al. in Guihaia 32(5):604,fig. 1:4,fig. 2:C. 2012.　Holotype:广西:龙州,金龙,1950-07-04,黄仕林 21477(GXMI)。

小亚灌木。茎高 10-35 cm,分枝,枝上部密被短糙伏毛。叶无柄或具短柄;叶片坚纸质,斜狭卵形或椭圆状狭卵形,长 2-9 cm,宽 0.9-3 cm,顶端渐尖或骤尖(尖头全缘),基部狭侧楔形,宽侧宽楔形或圆形,边缘在基部之上有小牙齿,上面无毛,下面在隆起的中脉和侧脉上密被糙伏毛,基出脉 3 条,侧脉在叶狭侧 3-4 条,在宽侧 4-5 条,钟乳体明是明显,密集,杆状,长 0.2-0.3 mm;叶柄长 0-0.5 mm;托叶膜质,披针形,长 2.5-4 mm,无毛。雄头状花序未见。雌头状花序单生叶腋,长 5-8 mm;花序梗长约 2 mm,无毛;花序托狭长方形,长约 3 mm,宽 1.2 mm,疏被短伏毛;苞片约 25 枚,排成 2 层,外层 2 枚对生,较大,近半月形,长约 0.8 mm,宽 2 mm,内层约 23 枚,宽三角形或三角形,长 0.8-1 mm,宽 0.6-1 mm,有短缘毛;小苞片密集,半透明,狭至宽条形,长 0.6-1.2 mm,宽 0.15-0.4 mm,顶端有短缘毛。雌花具短梗;花被片不存在;子房卵球形,长约 0.25 mm;柱头画笔头状,长 0.1 mm。瘦果淡褐色,狭卵球形,长 0.4-0.8 mm,

宽 0.2 - 0.4 mm,有约 6 条纵肋,在纵肋间有瘤状突起。花期 4 - 5 月,果期 5 月。

特产广西龙州。生于石灰岩山林中。

标本登录:

广西:龙州,韦毅刚 07269、07275、07298(PE)。

191. 勐海楼梯草　图版 107: A - E

Elatostema menghaiense W. T. Wang in J. Syst. Evol. 51(2):226,fig,5: A-E. 2013.　Holotype:云南:勐海,alt. 1530m,林中,花绿白色,1936 - 05,王启无 74224(PE)。

E. rupestre auct. non (Buch-Ham. ex D. Don) Wedd. :王文采于东北林学院植物研究室汇刊 7: 74. 1980,p. p. quoad C. W. Wang 74224;并于中国植物志 23(2):285. 1995。

多年生草本。茎高约 58 cm,近基部粗约 3 mm,密被反曲柔毛(毛长 1 - 2 mm),不分枝,约有 16 枚叶。叶无柄;叶片纸质,斜倒卵形或斜椭圆形,长 3.5 - 8 cm,宽 1 - 3.5 cm,顶端渐尖,基部狭侧楔形,宽侧耳形,边缘具小牙齿,上面疏被贴伏柔毛,下面脉上密被柔毛,半离基三出脉,侧脉在叶狭侧 4 条,在宽侧 5 和条,钟乳体稍明显,杆状,长 0.15 - 0.25 mm;托叶膜质,白色,半透明,披针形,长约 6 mm,宽 2 mm,无毛。雄头状花序未见。雌头状花序单生叶腋,近无梗;花序托长方形,长约 4 mm,宽 3 mm,疏被短柔毛;苞片排成 2 层,外层苞片约 2 枚,三角形,内层苞片约 26 枚,条形或三角形,长 0.6 - 1.2 mm,宽 0.3 - 1 mm,密被缘毛;小苞片密集,半透明,条形,长 0.1 - 0.2 mm,上部密被长缘毛(毛长 0.3 - 0.5 mm)。瘦果淡褐色,宽卵球形,长 0.6 - 0.7 mm,宽 0.4 mm,有 6 条细纵肋,并在纵肋之间有瘤状突起。果期 5 月。

特产云南勐海。生于山谷林中,海拔 1530m。

192. 启无楼梯草　图版 107: F - I

Elatostema chiwaunum W. T. Wang in J. Syst. Evol. 51(2):227,fig. 5: F-I. 2013.　Type:勐海,alt. 1540m,丛林中,花绿月色,1936 - 05,王启无 74084(holotype & isotype,PE)。

E. rupestre auct. non (Buch-Ham. ex D. Don) Wedd. :王文采于东北林学院植物研究室汇刊 7: 74. 1980,p. p. quoad C. W. Wang 74084;并于中国植物志 23(2):285. 1995;Q. Lin et al. in Fl. China 5:154. 2003.

多年生草本。茎高 46 - 60 cm,近基部粗 4 - 5 mm,上部密被反曲短柔毛(毛长 0.2 - 0.3 mm),中部以下无毛,不分枝。叶有短柄或无柄;叶片纸质,斜长椭圆形或斜狭倒卵形,长 7 - 16 cm,宽 3 - 5 cm,顶端渐尖(尖头每侧有 4 - 6 小齿),基部斜楔形,边缘具密小牙齿,上面疏被贴伏柔毛,下面脉上被柔毛,半离基三出脉,侧脉约 5 对,钟乳体稍明显,密集,杆状,长 0.1 - 0.25 mm;叶柄长 0 - 3 mm;托叶膜质,褐色,披针形,长 8 - 11 mm,宽 2 - 3 mm,无毛。雄头状花序未见。雌头状花序单生叶腋;花序梗长约 2 mm,无毛;花序托长方形,长约 9 mm,宽 5 mm,无毛;苞片 2 层,外层苞片约 5 枚,正三角形或三角形,内层苞片约 20 枚,三角形或卵形,长约 0.6 mm,宽 0.6 - 1.2 mm,密被缘毛,顶端具角状突起(突起长 0.5 - 1 mm);小苞片密集,半透明,条形或楔状条形,长 0.8 - 1.5 mm,宽 0.1 - 0.2 mm,顶端密被缘毛(毛长 0.2 - 0.3 mm)。瘦果淡褐色,宽卵球形,长约 0.6 mm,宽 0.4 mm,具 6 条细纵肋,并在纵肋之间有瘤状突起。果期 5 月。

特产云南勐海。生于山谷丛林中,海拔 1540m。

本种在亲缘关系上与勐海楼梯草 *E. menghaiense* 极为相近,与后者的区别在于本种茎上的毛较短,叶基部呈斜楔形(宽侧不呈耳形),托叶呈褐色,不半透明,较大,雌苞片顶端具角状突起,雌小苞片的缘毛较短。这二种可能是有共同起源的一对姊妹种,由于雌苞片具角状突起,本种较为进化。

美籍华裔植物生态学专家王启无先生(1913 - 1987)于 20 世纪 30 年代在静生生物调查所工作,受所长胡先骕教授的派遣,于 1935 - 1936,1939 - 1941 先后到云南北部、南部和东南部进行了广泛、深入的植物标本采集工作,共采集到 4 万余号标本,为云南植物区系的研究做出了重要贡献。(胡先骕:植物分类学简编,1958)

系 3. 深绿楼梯草系

Ser. **Atroviridia** W. T. Wang in Fu et al. Paper Collection of W. T. Wang 2: 1149. 2012.　Type:*E. atroviride* W. T. Wang .

本系与骤尖楼梯草系 Ser. *Cuspidata* 近缘,与后者的区别在于本系的瘦果具瘤状突起,无纵肋。叶具三出脉或半离基三出脉。雄、雌头状花序均具盘状花序托;雄总苞外层苞片背面顶端之下具短突起,或雄苞片发生强烈退化而消失;雌苞片无或有角状突起,有时发生退化而变小。

6 种、2 变种,均为狭域分布分类群,分布于云南东南部、广西西部和贵州南部。

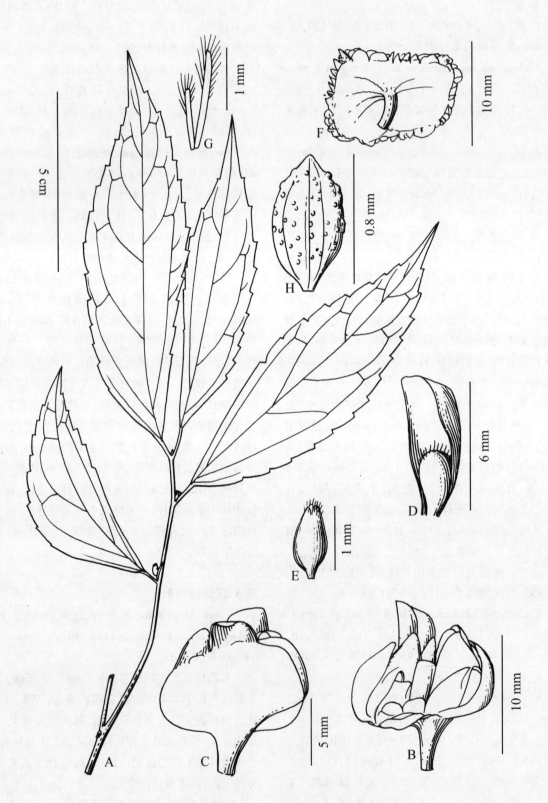

图版 105 龙州楼梯草 *Elatostema lungzhouense* A. 开花茎上部，B. 雄头状花序（侧上面观），C. 同 B，下面观，D. 雄小苞片，E. 雄花蕾，（自 Wang, 2012）F. 果序，G. 雌小苞片，H. 瘦果。（据 holotype）

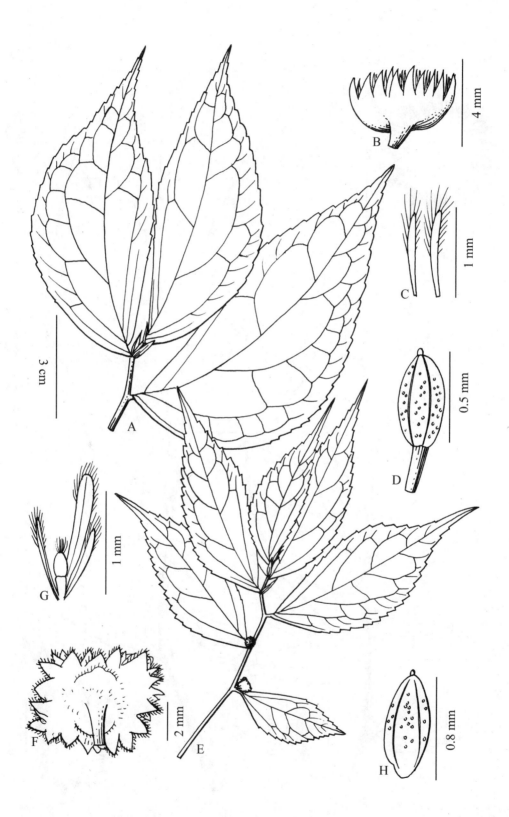

图版 106 A－D. 狭苞楼梯草 *Elatostema angustibracteum* A. 开花茎顶部，B. 果序，C. 雌小苞片，D. 瘦果。（自 Wang, 2012）
E－H. 坚纸楼梯草 *E. pergameneum* E. 开花茎顶部，F. 雌头状花序（下面观），G. 雌小苞片和雌花，H. 瘦果。（据
韦毅刚 07275）

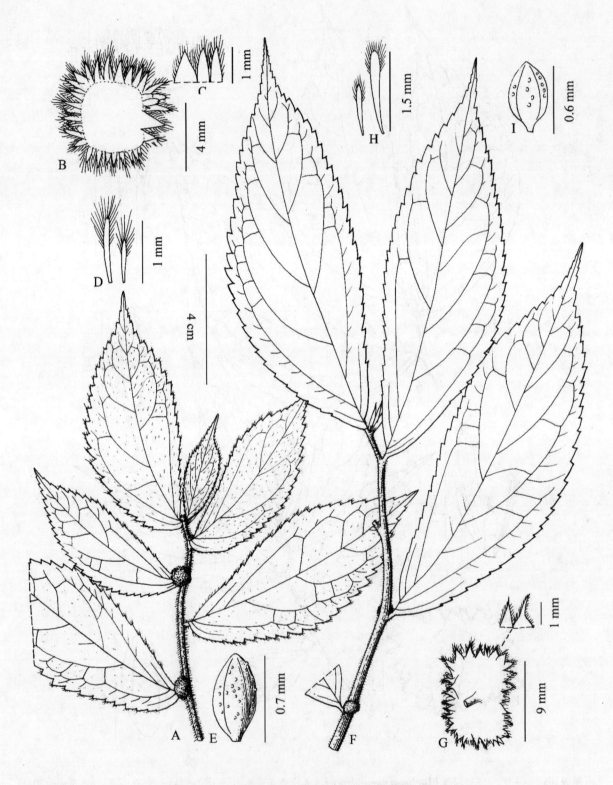

图版 107　A – E. 勐海楼梯草 *Elatostema menghaiense* A. 雌茎顶部，B. 果序（下面观），C. 雌苞片，D. 雌小苞片，E. 瘦果。（据 holotype）F – I. 启无楼梯草 *E. chiwuanum* F. 雌茎顶部，G. 果序（下面观），H. 雌小苞片，I. 瘦果。（据 holotype）

1. 叶具三出脉;雌苞片无角状突起。

  2. 茎和叶无毛;叶无钟乳体 ·················· 193. 叉枝楼梯草 **E. furcatiramosum**

  2. 茎被短硬毛;叶上面被贴伏透明刚毛,有密集钟乳体 ·················· 195. 刚毛楼梯草 **E. setulosum**

1. 叶具半离基三出脉(在 *E. lushuiheense*,叶脉有时近羽状)。

  3. 雌苞片正常发育,无角状突起,如有角状突起,则比突起长。

    4. 茎有 5 条线纵沟;雌总苞有约 75 枚苞片,苞片无角状突起;雌小苞片有褐色条纹和斑点 ·····················

    ·················· 194. 褐纹楼梯草 **E. brunneostriolatum**

    4. 茎无纵沟;雌总苞有 30 – 50 或 13 枚苞片;雌小苞片无条纹和斑点 ·········· 196. 绿水河楼梯草 **E. lushuiheense**

      5. 雌总苞有 30 – 50 枚苞片,苞片狭三角形或条形,无角状突起;雌花有 2 枚花被片;柱头近球形。

        6. 雌苞片狭三角形或条状三角形,长 1 – 3 mm,宽 0.3 – 1 mm,顶端长尾状·····················

        ·················· 196a. 模式变种 var. **lushuiheense**

        6. 雌苞片较小,条形,长 1 – 1.4 mm,宽 0.2 – 0.3 mm,顶端尖,不呈尾状·····················

        ·················· 196b. 条苞绿水河楼梯草 var. **flexuosum**

      5. 雌总苞约有 13 枚苞片,苞片正三角形或半圆形,长 0.8 – 2 mm,宽 0.8 – 3 mm,多数苞片顶端有角状突起,少数苞片无突起;雌花无花被片;柱头画笔头状 ·················· 196c. 宽苞绿水河楼梯草 var. **latibracteum**

  3. 雌总苞有 50 – 60 枚发生退化的苞片,苞片本身很小,呈扁三角形,比顶端的角状突起短 3 – 4 倍。

    7. 雄总苞正常发育,其 6 枚苞片排成 2 层,外层 2 枚对生,较大,背面顶端之下有短突起,内层 4 枚较小,无突起;雌总苞的苞片约 50 枚,绿色 ·················· 197. 光序楼梯草 **E. leiocephalum**

    7. 雄总苞不存在;雌总苞的苞片约 60 枚,半透明,白色 ·················· 198. 深绿楼梯草 **E. atroviride**

      8. 托叶长 3 – 3.5 mm;雌花序托无毛;全部雌苞片在顶端具角状突起;瘦果有多数瘤状突起 ·····················

      ·················· 198a. 模式变种 var. **atroviride**

      8. 托叶长 1 – 2 mm;雌花序托疏被短柔毛;雌苞片具或不具角状突起;瘦果有少数瘤状突起 ·····················

      ·················· 198b. 疏瘤深绿楼梯草 var. **laxituberculatum**

由于绿水河楼梯草 *E. lushuiheense* 叶的脉序有时近羽状,所以将此种也收入麻栗坡楼梯草系 Ser. *Malipoensia* 的分种检索表中(见后)。

193. 叉枝楼梯草　图版 108: A – D

Elatostema furcatiramosum W. T. Wang, sp. nov. Holotype: 云南(Yunnan):河口(Hekou),大围山(Dawei Shan),alt. 1300m,1999 – 10 – 07,税玉民等(Y. M. Shui et al.)11853(PE)。

Species nova haec ab *E. leiocephalo* W. T. Wang differt foliis glabris trinervibus cystolithis carentibus, capitulis pistillatis binatim axillaribus, involucro pistillato ex bracteis majoribus paucioribus ca. 25 2-seriatis externis deltoideis vel triangularibus internis linearibus omnibus apice haud corniculatis constante, bracteolis pistillatis brunneis.

Perinnial herbs. Stems ca. 50 cm(according to the collectors), above furcate-branched, glabrous. Leaves shortly petiolate or sessile, glabrous; blades papery, obliqely long elliptic or obliquely ovate,5 – 13 cm long, 2 – 4.6 cm broad, apex cuspidate (cusps entire), base obliquely broadly cuneate, margin denticulate; venation trinerved, with 3 – 4 pairs of lateral nerves; cystoliths wanting; petioles 0 – 5 mm long; stipules narrow-lanceo-late or linear,3 – 5.2 mm long,0.3 – 1 mm broad, glabrous. Staminate capitula unknown. Pistillate capitula in pairs, one growing in leaf axil, the other one extra-axillary,2.5 mm in diam.; peduncle ca. 0.8 mm long, glabrous; receptacle broad-rectangular, ca. 1.6 mm long,1 mm broad, glabrous; bracts ca. 32,2-seriate, outer bracts 7, deltoid or triangular,0.6 – 0.8 mm long, 0.3 – 0.8 mm broad, subglabrous, inner bracts ca. 25, linear, ca. 0.8 mm long,0.2 mm broad, sparsely cilio-late; bracteoles dense, brown, oblanceolate, ca. 0.4 mm long, apex ciliolate. Pistillate flower shortly pedicellate: tepals wanting; ovary brown, subglobose, ca. 0.25 mm in diam.; stigma penicillate, 0.1 mm long. Achenes brown, ellipsoidal, ca. 0.6 mm long, 0.4 mm broad, with numerous small tubercles.

多年生草本。茎高约 50 cm,上部叉状分枝,无毛。叶具短柄或无柄,无毛;叶片纸质,斜长椭圆或斜卵形,长 5 – 13 cm,宽 2 – 4.6 cm,顶端骤尖(尖头全缘),基部斜宽楔形,边缘有小牙齿,三出脉,侧脉 3 – 4 对,钟乳体不存在;叶柄长 0 – 5 mm;托叶狭披针形或条形,长 3 – 5.2 mm,宽 0.3 – 1 mm,无毛。雄头状花序未见。雌头状花序成对,一个生于叶腋,另一个腋外生,直径 2.5 mm;花序梗长约 0.8 mm,

无毛;花序托宽长方形,长约 1.6 mm,宽 1 mm,无毛;苞片约 32,排成 2 层,外层苞片 7 枚,正三角形或三角形,长 0.6 - 0.8 mm,宽 0.3 - 0.8 mm,近无毛,内层苞片约 25 枚,条形,长约 0.8 mm 宽 0.2 mm,疏被短缘毛;小苞片密集,褐色,倒披针形,长约 0.4 mm,顶部被短缘毛。雌花具短梗:花被片不存在;子房褐色,近球形,直径约 0.25 mm;柱头画笔头状,长约 0.1 mm。瘦果褐色,椭圆体形,长约 0.6 mm,宽 0.4 mm,具多数小瘤状突起。花、果期 9 - 10 月。

特产云南大围山。生于山谷林中,海拔 1300m。

194. 褐纹楼梯草　图版 109:A - E

Elatostema brunneostriolatum W. T. Wang , sp. nov. Holotype:云南(Yunnan):麻栗坡(Malipo),小平安(Xiaopingan),alt. 1500m,2002 - 05 - 17,税玉民,方瑞征,陈文红(Y. M. Shui, R. Z. Fang & W. H. Chen)21593(PE)。

Species nova haec ab *E. leiocephalo* W. T. Wang differt foliis minoribus glabris,capituli pistillati bracteis pluribus (ca. 75) majoribus linearibus 1 mm longis apice haud corniculatis,ejus bracteolis albis semi-hyalinis brunneo-striolatis et brunneo-punctatis.

Perennial herbs. Stems ca. 45 cm tall, near base 3 mm thick, glabrous, branched, at the middle longitudinally shallowly ca. 5-sulcate. Leaves shortly petiolate, glabrous; blades papery, obliquely narrow-elliptic or obliquely ovate, 5 – 11 cm long, 2 – 4 cm broad, apex lomg acuminate or acuminate (acumen margins below the middle sparsely denticulate), base obliquely and broadly cuneate, margin denticulate; venation semi-triplinerved, with 4 – 5 pairs of lateral nerves; cystoliths conspicuous or inconspicuous, dense or slighly sparse, bacilliform, 0.05 – 2 (–3 –4) mm long; petioles 2.5 – 4 mm long; stipules green, lanceolate-linear, ca. 4 mm long, 0.4 mm broad, glabrous. Staminate capitula unknown. Pistillate capitula singly axillary, sessile; receptacle irregularly quadrilateral, ca. 10 mm long, 6 mm broad, glabrous; bracts ca. 75, linear, ca. 1 mm long, 0.2 mm broad, above ciliolate; bracteoles dense, semi-hyaline, linear or narrow-linear, 0.8 – 1.8 mm long, 0.1 – 0.2 mm broad, brown-striolate or brown-punctate, apex ciliolate. Pistillate flower: pedicel ca. 1 mm long, glabrous; tepals wanting; ovary narrow-ellipsoidal, ca. 0.4 mm long; stigma very small, subglobose, ca. 0.05 mm in diam. Achenes brown, ovoid, ca. 0.5 mm long, 0.25 mm broad, inconspicuously longitudinal-

ly 6-angulate, with numerous small tubercles.

多年生草本。茎高约 45 cm,近基部粗 3 mm,无毛,分枝,在中部有 5 条浅纵沟。叶具短柄,无毛;叶片纸质,斜狭椭圆形或斜卵形,长 5 – 11 cm,宽 2 – 4 cm,顶端长渐尖或渐尖(尖头边缘在中部之下有稀疏小齿),基部斜宽楔形,边缘具小牙齿,半离基三出脉,侧脉 4 – 5 对,钟乳体明显或不明显,密集或稍稀疏,杆状,长 0.05 - 2(–3 –4) mm;叶柄长 2.5 - 4 mm;托叶绿色,披针状条形,长约 4 mm,宽 0.4 mm,无毛。雄头状花序未见。雌头状花序单生叶腋,无梗;花序托不规则四边形,长约 10 mm,宽 6 mm,无毛;苞片约 75,条形,长约 1 mm,宽 0.2 mm,上部被缘毛;小苞片密集,半透明,条形或狭条形,长 0.8 – 1.8 mm,宽 0.1 – 0.2 mm,有褐色短条纹和小点,顶端被短缘毛。雌花:花梗长约 1 mm,无毛;花被片不存在;子房狭椭圆体形,长约 0.4 mm;柱头很小,近球形,直径约 0.05 mm。瘦果褐色,卵球形,长约 0.5 mm,宽 0.25 mm,有不明显 6 条纵棱和多数小瘤状突起。果期 5 月。

特产云南麻栗坡。生于石灰岩山疏林下,海拔 1500m。

195. 刚毛楼梯草

Elatostema setulosum W. T. Wang in Guihaia 2 (3):120,fig. 7. 1982;并于中国植物志 23(2):268. 1995;Q. Lin et al. in Fl. China 5:150. 2003;王文采于广西植物志 2:860,图版 344:7. 2005;W. T. Wang in Fu et al. Paper Collection of W. T. Wang 2:1149, fig. 3:43. 2012. Holotype:广西:田阳,安宁公社,? 262(IBK)。

多年生草本。茎高约 22 cm,不分枝,疏被短硬毛,上部约有 8 叶。叶无柄,坚纸质,干时淡黄绿色,斜椭圆形,长 3.8 – 9.5 cm,宽 2 – 5 cm,顶端渐尖(尖头全缘),基部狭侧楔形,宽侧耳形,边缘狭侧上部有 2 - 3 浅钝齿,宽侧中部之上有钝齿或浅钝齿,上面疏被贴伏短刚毛(毛钻形,长 0.3 - 0.6 mm,透明),下面无毛,三出脉,侧脉在叶狭侧 2 条,在宽侧 3 条,钟乳体不明显,密,长 0.1 - 0.2 mm;托叶披针状狭条形,长约 3 mm,宽 0.4 mm,无毛。雌头状花序成对腋生,直径 2 - 4 mm,具梗;花序梗扁,长 1 - 3 mm,疏被开展的短柔毛;花序托椭圆形,长 1 - 3.5 mm,不分裂或 4 深裂;苞片多数,淡绿色,膜质,披针状条形,长约 1 mm,宽约 0.2 mm,边缘上部有少数缘毛;小苞片白色,狭条形,长约 0.5 mm,有睫毛。瘦果椭圆球形或椭圆状卵球形,长 0.7 - 0.8 mm,有小瘤状突起。

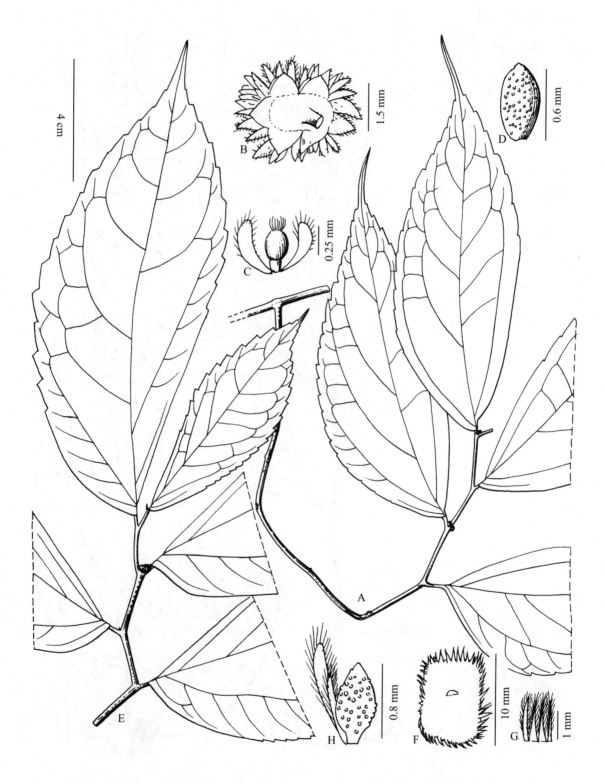

图版 108 A–D. 叉枝楼梯草 *Elatostema furcatiramosum* A. 茎上部一分枝，B. 雌头状花序（下面观），C. 雌小苞片和雌花，D. 瘦果。（据 holotype）E–H. 条苞绿水河楼梯草 *E. lushuiheense* var. *flexuosum* E. 开花茎顶部，F. 果序（下面观），G. 雌苞片，H. 雌小苞片和瘦果。（据 holotype）

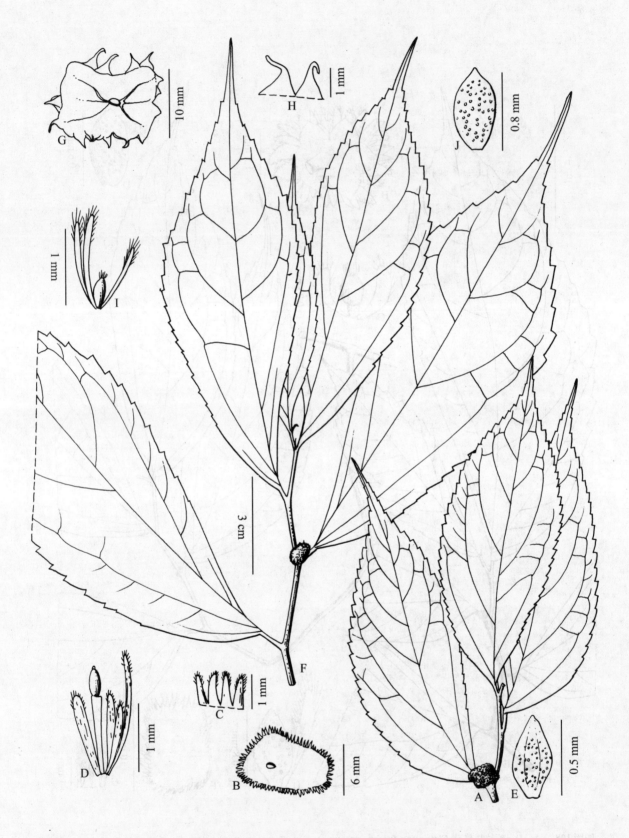

图版 109　A－E. 褐纹楼梯草 *Elatostema brunneostriolatum* A. 开花茎顶部，B. 雌头状花序（下面观），C. 4 雌苞片，D. 雌小苞片和雌花，E. 瘦果。（自 holotype）F－J. 宽苞绿水河楼梯草 *E. lushuiheense* var. *latibracteum* F. 开花茎顶部，G. 雌头状花序（下面观），H. 2 雌苞片，I. 雌小苞片和雌花，J. 瘦果。（自 holotype）

特产广西田阳。

本种的叶的上（腹）面被透明的刚毛，这在我国楼梯草属植物中是唯一的情况。

196. 绿水河楼梯草　尾苞楼梯草

Elatostema lushuiheense W. T. Wang in Guihaia 32（4）：431，fig. 3：A-E. 2012.　Holotype：云南：个旧，曼耗，绿水河东部山地，alt. 700m，2002 - 10 - 16，税玉民等 14216（PE）。

E. caudiculatum W. T. Wang in 1. c. 433. fig. 4：A-E. 2012，syn. nov.．　Holotype：云南：马关，古林箐，花鱼洞，2002 - 10 - 08，税玉民，陈文红，盛家舒 30910（PE）。

196a. var. lushuiheense　图版 110：A - E，148：A - E

多年生草本。茎高约 70 cm，无毛，分枝，有 4 - 6 条浅纵沟。叶具短柄或无柄，无毛；叶片纸质或薄纸质，斜椭圆形，长圆形或倒卵形，长 4 - 17 cm，宽 1.5 - 6 cm，顶端渐尖或骤尖（尖头全缘），基部斜楔形，边缘具小牙齿，或叶狭侧边缘中部之下全缘，半离基三出脉，侧脉 3 对，或叶脉近羽状，有 4 对侧脉，钟乳体密集，明显，杆状，长 0.1 - 0.3 mm；叶柄长 0 - 5 mm；托叶绿色，狭条形或钻形，长 2 - 10 mm，宽 0.1 - 0.25 mm。雄头状花序未见。雌头状花序单生叶腋，长 5 - 15 mm；花序梗长 1 - 4 mm，无毛；花序托近长方形或方形，长达 10 mm，宽达 5 mm，无毛；苞片 30 - 50，淡绿色，狭三角形或条状三角形，长 1 - 3 mm，宽 0.3 - 1 mm，被缘毛，顶端长尾状；小苞片密集，半透明，条形或狭条形，长 0.4 - 2.5 mm，宽 0.1 - 0.3 mm，顶端或上部被缘毛。雌花：花被片 2，狭条形，长 0.2 mm，无毛；子房狭卵球形，长约 0.45 mm；柱头近球形，直径约 0.05 mm。瘦果淡褐色，卵球形，长 0.7 - 0.8 mm，宽 0.4 - 0.5 mm，具多数瘤状突起。花果期 10 月。

特产云南个旧东南部和马关西南部。生于石灰岩山山谷林下，海拔 700m。

196b. 条苞绿水河楼梯草（变种）　之曲楼梯草
图版 108：E - H

var. flexuosum（W. T. Wang）W. T. Wang, st. nov. ——*E. flexuosum* W. T. Wang in Guihaia 32（4）：431，fig. 3：F-I. 2012.　Holotype：云南：个旧，曼耗，沙珠底，alt. 300 - 400m，2002 - 09 - 07，税玉民等 15970（PE）。

A var. *lushuiheensi* differt bracteis pistillatis minoribus linearibus 1 - 1.4 mm longis 0.2 - 0.3 mm latis apice acutis haud longe caudatis. Involucrum pistillatum ca. 50-bracteatum.

本变种与模式变种的区别在于其雌苞片较小，条形，长 1 - 1.4 mm，宽 0.2 - 0.3 mm，顶端尖，不呈长尾状。雌总苞约具 50 枚苞片。

特产云南个旧东南部。生于山谷热带雨林下，海拔 300 - 400m。

196c. 宽苞绿水河楼梯草（变种）　图版 109：F - J

var. latibracteum W. T. Wang , var. nov. Holotype：云南（Yuannan）：个旧（Gejiu），曼耗（Manhao），from Potou to Shazhudi，alt. 800m，2000 - 11 - 17，税玉民等（Y. M. Shui et al.）14397（PE）。

A var. *lushuiheensi* differt involucri pistillati bracteis paucioribus ca. 13 deltoideis vel semi-orbicularibus 0.8 - 2 mm longis 0.8 - 3mm latis apice plerumque corniculatis in eis paucis acutis haud corniculatis, flore pistillato tepalis carente, stigmate penicillato haud globoso.

本变种与模式变种的区别在于其雌总苞的苞片较少，约 13 枚，呈正三角形或半圆形，长 0.8 - 2 mm，宽 0.8 - 3mm，顶端在较多苞片具角状突起，在少数苞片急尖，无角状突起；雌花无花被片；柱头画笔头状，不呈球形。

特产云南个旧东南部。生于山谷次生林下，海拔 800m。

197. 光序楼梯草　图版 110：F - L

Elatostema leiocephalum W. T. Wang in Bull. Bot. Res. Harbin 2（1）：14，pl. 2：2 - 4. 1982；并于中国植物志 23（2）：276，pl. 59：2 - 4. 1995；et in Fu et al. Paper Collection of W. T. Wang 2：1149. 2012；Zeng Y. Wu et al. in Guihaia 32（5）：604，fig. 1：7，fig. 2：E. 2012.　Type：贵州：兴义，顶效，坡岗五村，alt. 1300m，1960 - 07 - 11，张志松，张永田 6907（holotype，IBSC）。

E. atroviride auct. non W. T. Wang：林祁，段林东 于云南植物研究 25（6）：333. 2003，p. p. quoad syn. *E. leiocephalum* W. T. Wang et ejus nominis holotypum；Q. Lin et al. in Fl. China 5：152. 2003，p. p. quoad syn. *E. leiocephalum* W. T. Wang.

多年生草本。茎高约 35 cm，无毛或近无毛，分枝。叶无柄或具极短柄，薄纸质，长椭圆形，长 10 - 17 cm，宽 3.5 - 6.5 cm，顶端长渐尖（尖头全缘），基部狭侧楔形，宽侧宽楔形，边缘有牙齿，疏被短缘毛，两面近无毛，半离基三出脉，侧脉在叶狭侧 3 - 4 条，在宽侧 5 条，钟乳体密集，杆状，长 0.1 - 0.25 mm；

托叶条形,长约 5 mm。花序雌雄同株或异株。雄头状花序位于雌花序之下,单生叶腋;花序梗扁,长约 5 mm,无毛;花序托长圆形,长约 14 mm,无毛;苞片 2 层,无毛,外层 2 枚对生,较大,船状半圆形,顶端截形,宽约 7 mm,背面顶端之下有短突起,内层 4 枚较小,圆卵形,宽约 4 mm;小苞片密集,膜质,半透明,匙形,长 2 - 4 mm,无毛或顶端被缘毛。雄花尚幼。雌头状花序单生茎上部叶腋,无梗;花序托椭圆形,长约 4 mm,疏被短柔毛,在中部不明显二浅裂;苞片约 50 枚,本身退化,长 0.2 - 0.5 mm,顶端的角状突起发育,长 0.3 - 1.5 mm;小苞片多数,密集,膜质,绿色,匙形或匙状条形,长 0.3 - 0.6 mm,顶端有短缘毛。瘦果淡褐色,狭卵球形,长约 0.5 mm,宽 0.2 mm,有多数瘤状突起。花期 4 - 7 月。

特产广西北部和贵州西南部。生于山谷溪边阴湿处,海拔 1300 m。

标本登录:

广西:环江,韦毅刚环江 6(PE)。贵州:兴义,温放 802(PE);册亨,曹子余 508(PE)。

198. 深绿楼梯草

Elatostema atroviride W. T. Wang in Bull. Bot. Lab. N. -E. Forest. Inst. 7:83. 1980;于中国植物志 23(2):280,图版 60:6 - 9. 1995;林祁,段林东于云南植物研究 25(6):333,2003,p. p. excl. syn. *E. leiocephalo* W. T. Wang et ejus nominis holotypo;Q. Lin et al. in Fl. China 5:152. 2003. p. p. excl. syn. *E. leiocephalo* W. T. Wang;王文采于广西植物志 2:262,图版 350:3. 2005;W. T. Wang in. Fu et al. Paper Collection of W. T. Wang 2:1149. 2012. Type:广西:大新,维新,山谷密林下,1958 - 08 - 20,张宗亨,王善龄 4097(holotype,IBK;isotype,IBSC)。

E. papillionaceum W. T. Wang in 1. c. 69. 1980. Holotype:广西:宁明,隘口,alt. 450m,1958 - 10 - 23,张肇骞 13059(IBK)。

E. atroviride var. *lobulatum* W. T. Wang in Bull. Bot. Res. Harbin 2(1):20. 1982. Type:广西:龙州,1935 - 06 - 23,梁向日 66621(holotype,PE;isotype,IBK)。

E. tenuifolium W. T. Wang in 1. c. 22. 1982,p. p. excl. paratypo Liang 66621.

198a. var. atroviride 图版 111:A - G

多年生草本。茎高约 30 cm,分枝,顶部疏被开展短柔毛。叶有短柄或无柄;叶片草质,斜狭倒卵形或斜椭圆形,有时稍镰状弯曲,长 6 - 10 cm,宽 2.8 - 5 cm,顶端骤尖,渐升或短渐尖,基部斜楔形,边缘在狭侧下部全缘,其上及宽侧基部之上有牙齿,上面散生少数白色糙伏毛,下面沿中脉及侧脉有稍密短柔毛,其他部分的毛稀疏或变无毛,半离基三出脉,侧脉在叶狭侧 3 - 4 条,在宽侧 4 - 5 条,钟乳体明显,密,长 0.1 - 0.3 mm;叶柄长 2 - 4.5 mm;托叶条形或条状披针形,长 3 - 3.5 mm。花序雌雄同株或异株。雄头状花序生分枝处,具梗;花序梗粗壮,长约 1.5 cm,被疏柔毛;花序托椭圆形,长约 2.7 cm,宽 1.7 cm,无毛;总苞不存在;小苞片多数,半透明,条形,长 2 - 3.5 mm,顶端被短柔毛。雄花多数;花梗长 3 - 4 mm,无毛;花被片 4,椭圆形,长约 2 mm,2 枚外面顶端之下有短角状突起,被疏柔毛;雄蕊 4;退化雌蕊不明显。雌头状花序单生叶腋,有短或长梗;花序梗长 1.5 - 2(- 9) mm,有短柔毛;花序托近长方形或蝴蝶形,长 5 - 12 mm,宽 3 - 7 mm,不分裂或 2 裂,无毛;苞片约 60 枚,扁三角形,长约 0.5 mm,顶端有长 1.2 - 1.8 mm 的绿色细角状突起,被短柔毛;小苞片约 300 枚,匙状条形,长 0.5 - 1 mm,顶端有短柔毛。雌花无花被片;子房椭圆形,长 0.3 mm,柱头小。瘦果椭圆球形,长 0.7 - 1 mm,有小瘤状突起。花期 8 - 10 月。

特产广西西南部(龙州、凭祥、宁明、大新)。生于石灰岩山林中,海拔 230 - 450m。

标本登录:

广西:龙州,谭沛祥 57170(IBSC),李振宇等 30,31(PE);凭祥,大青山,北京青年队 86 - 1489(PE)。

198b. 疏瘤深绿楼梯草(变种) 图版 111:H - K

var. **laxituberculatum** W. T. Wang,var. nov;W. T. Wang et al. in Fu et al. Paper Collection of W. T. Wang 2:1149. fig. 29. 2012,nom. nud. Type:广西(Guangxi):大新(Daxin),义屯(Yitun),2009 - 03 - 18,韦毅刚(Y. G. Wei)28(holotype,PE;isotype,IBK)。

A var. *atroviridi* differt stipulis minoribus 1 - 2 mm longis,capitulorum pistillatorum receptaculis sparse puberulis,bracteis pistillatis aliquot apice corniculatis et ceteris projecturis ullis carentibus,acheniis sparsim tuberculatis.

与深绿楼梯草的区别:托叶较小,长 1 - 2 mm;雌花序托疏被短柔毛;部分雌苞片在顶端具角状突起,另部分雌苞片无任何突起;瘦果散生少数瘤状突起。

特产广西大新。生于石灰岩山山谷阴湿处。

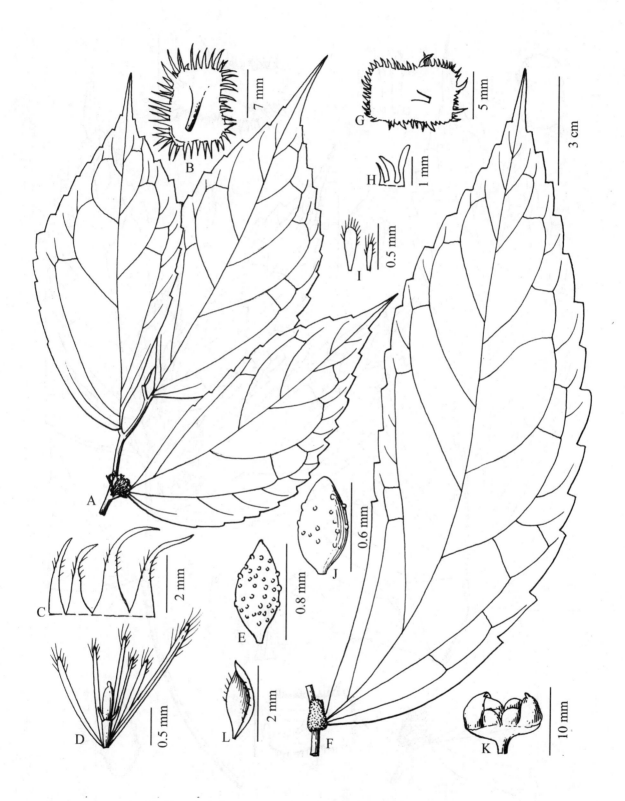

图版 110 A–E. 绿水河楼梯草 *Elatostema lushuiheense* var. *lushuiheense* A. 开花茎顶部,B. 雌头状花序(下面观),C. 雌苞片,D. 雌小苞片和雌花,E. 瘦果。(据 holotype)F–L. 光序楼梯草 *E. leiocephalum* F. 叶和腋生雌头状花序,G. 雌头状花序(下面观),H. 雌苞片,I. 雌小苞片,(据曹子余 508)J. 瘦果,(据温放 0802)K. 雄头状花序(侧面观),L. 雄小苞片。(据 holotype)

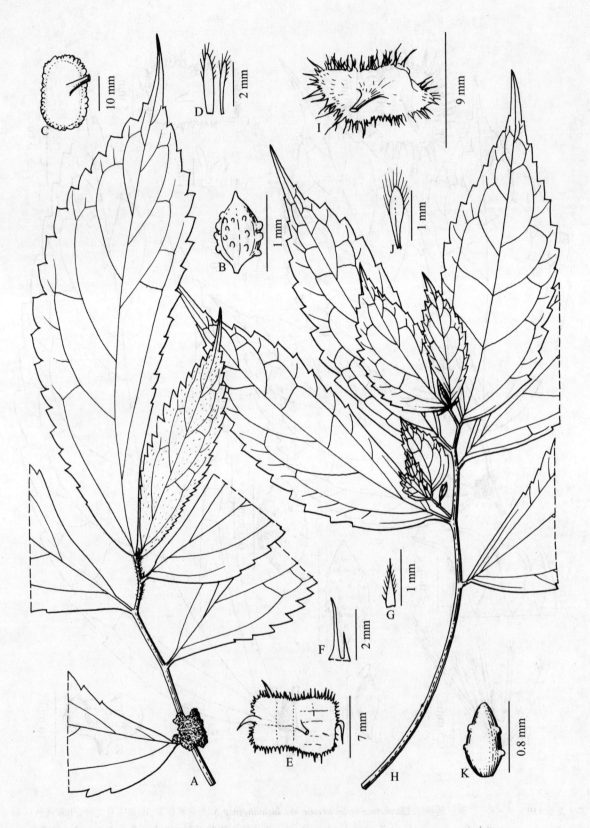

图版 111 A–G. 深绿楼梯草 *Elatostema atroviride* var. *atroviride* A. 结果茎顶部，B. 瘦果，（据李振宇等 031）C. 雄头状花序，D. 雄小苞片，（据梁向日 66621）E. 雌头状花序，F. 雌苞片，G. 雌小苞片。（据张宗亨，王善龄 4097）H–K. 疏瘤深绿楼梯草 *E. atroviride* var. *laxituberculatum* H. 结果茎上部，I. 果序，J. 雌小苞片，K. 瘦果。（自 Wang, 2012）

系 4. 显脉楼梯草系

Ser. **Longistipula** W. T. Wang in Fu et al. Paper Collection of W. T. Wang 2：1151. 2012. Type：*E. longistipulum* Hadn. -Mazz.

本系在亲缘关系上与骤尖楼梯草系 Ser. *Cuspidata* 相近，区别在于本系的瘦果不具纵肋，而具多数纵列短线纹。叶具三出脉。

3 种（包含 2 特有种），分布于西藏东南部、云南东南部、广西西部以及越南北部。

1. 茎无毛，顶端和约 4 条分枝的顶端均反曲；叶椭圆形或长圆形，顶端渐尖；雌总苞的苞片约 18 枚，顶端具角状突起 ……
…………………………………………………………………………… 200. 曲枝楼梯草 **E. recurviramum**
1. 茎被糙毛，不分枝或有 1 条分枝，顶端直，不反曲。
  2. 叶披针形，宽 1.3－4 cm，顶端长渐尖或尾状，侧脉 3 对；雄总苞的苞片 6－8 枚，排成 1 层，无角状突起；雌总苞存在，其苞片约 10 枚，无角状突起 …………………………………… 199. 显脉楼梯草 **E. longistipulum**
  2. 叶椭圆形，宽 4.6－11 cm，顶端渐尖，侧脉 4 对；雄总苞的苞片排成 2 层，外层 3 枚，在背面有 3－6 条纵肋，纵肋顶端伸出成短角状突起，内层苞片合生成一横条形薄片，具 1 条角状突起；雌总苞不存在 …………………
…………………………………………………………………………… 201. 绒序楼梯草 **E. eriocephalum**

199. 显脉楼梯草　图版 112：A－G

Elatostema longistipulum Hand. -Mazz. in Anz. Akad. Wiss. Wien. Math. -Nat. Kl. 57：242. 1920；王文采于东北林学院植物研究室汇刊 7：41. 1980；于广西植物 2（3）：121. 1982；并于中国植物志 23（2）：282. 1995；李锡文于云南植物志 7：294，图版 74：1－2. 1997；Q. Lin et al. in Fl China 5：153. 2003；王文采于广西植物志 2：860. 2005；税玉民，陈文红，中国喀斯特地区种子植物 1：97，图 236. 2006；W. T. Wang in Fu et al. Paper Collection of W. T. Wang 2：1151. 2012；Zeng Y. Wu et al. in Guihaia 32（5）：605，fig. 1：2，fig. 2：G. 2012.　Holotype：N. Vietnam：vicus Phomoi prope Laokay，alt. 180m，1914－02－02，H. Handel-Mazzetti s. n. （？ W，non vidi）.

E. rupestre （D. Don） Wedd. var. *salicifolium* auct. non Wedd.；Hand. -Mazz. Symb. Sin. 7：147. 1929.

多年生草本。茎高约 50 cm，不分枝或有 1 分枝，被淡褐色糙伏毛，稀近无毛。叶无柄或具极短柄；叶片坚纸质，披针形或狭披针形，长 7－12 cm，宽 1.3－4 cm，顶端长渐尖或尾状渐尖，基部斜楔形，或有时在宽侧近耳形，边缘下部全缘，其上至渐尖头顶端均有密的小牙齿，上面无毛，下面在中脉及侧脉上密被糙伏毛，三出脉，侧脉每侧约 3 条，上面稍下陷，下面隆起，脉网明显，钟乳体极密，明显，长 0.1－0.3 mm；叶柄长达 2.5 mm；托叶条状披针形，长 7－11 mm，宽 1－1.2 mm，有密的小钟乳体。花序雌雄同株或异株。雄头状花序单生叶腋，具短梗；花序梗粗壮，长约 2.5 mm，无毛；花序托长方形，长 7－10 mm，宽 4－6 mm，无毛，2 浅裂；苞片 6－8，膜质，扁宽卵形或近新月形，长 1－1.8 mm，宽 3－

5 mm，无毛或有疏短缘毛，有时背面有纵肋；小苞片密集，半透明，船状宽条形，匙形或长圆形，长 1－3 mm，顶端有短缘毛。雄花：花被片 5，长椭圆形，长约 1.6 mm，下部合生，外面顶端之下有不明显短突起和疏柔毛；雄蕊 5；退化雌蕊不存在。雌头状花序单生叶腋，具短梗；花序梗长约 2 mm，无毛；花序托宽长方形，长约 5 mm，宽 4 mm，无毛；苞片约 10，膜质，扁宽卵形或近新月形，长 0.5－1.2 mm，宽 1.5－2 mm，顶端被短缘毛，有时苞片较多，排成 2 层，内层苞片约 30 枚，卵形，密被缘毛；小苞片密集，近花序托边缘的小苞片半透明，白色，狭卵形或近长方形，顶端被缘毛，大部分小苞片淡绿色，条形，长 0.5－1 mm，顶端被长缘毛。雌花具短梗：花被片不存在；子房狭卵球形，长约 0.3 mm；柱头画笔头形，长 0.5 mm。瘦果淡褐色，狭卵球形，长约 0.7 mm，宽 0.3 mm，具多数纵列短线纹。花期春季。

分布于云南东南部和广西西部；越南北部。生于山谷林中或溪边，海拔 120－1300m。

标本登录：

云南：麻栗坡，王启无 83989，86426（PE）；马关，蔡希陶 51953，税玉民 119（PE）。

广西：靖西，韦毅刚 g 064（PE）；百色，韦毅刚 2006－1（PE）；大新，韦毅刚 g 025（PE）；马山，韦毅刚 0653（PE）；都安，韦毅刚 0622（PE）；东兰，华南植物所地植物组 5545（IBSC）；南宁，陆小鸿 EI（PE）。

200. 曲枝楼梯草　图版 112：H－L

Elatostema recurviramum W. T. Wang & Y. G. Wei in Novon 21（2）：282，fig. 1. 2011；W. T. Wang in Fu et al. Paper Collection of W. T. Wang 2：1151，fig. 30. 2012.　Type：广西：巴马，甲篆，坡月，2008－04－22，韦毅刚 09135（holotype，PE；isotype，IBK）.

多年生草本。茎高约 45 cm,基部粗 3 mm,无毛,具密集钟乳体,顶端反曲;枝条约 4 条,长 1.5 - 7.5 cm,有 1 - 4 叶,顶端反曲。叶具短柄;叶片纸质,斜椭圆形或长圆形,长(2 -)4 - 9.5 cm,宽 1 - 3.5 cm,顶端渐尖(渐尖头边缘有小齿),基部斜楔形,边缘在基部之上具多数小牙齿,上面有极疏糙伏毛,下面脉上疏被糙伏毛,三出脉,侧脉 3 - 4 对,上面平,下面稍隆起,钟乳体稀疏,点状或短杆状,长 0.1 - 0.15 mm;叶柄长 1 - 3 mm,无毛;托叶卵形,长 7 - 10 mm,宽 3 - 4 mm,无毛,沿中脉有密集钟乳体。雄头状花序未见。雌头状花序单生叶腋,无梗;花序托长方形,长约 6.8 mm,宽 4.8 mm,无毛;苞片约 18,扁正三角形,长 0.2 - 0.3 mm,宽 0.7 - 1 mm,顶端具长 0.2 - 0.6 mm 的角状突起;小苞片多数,极密,膜质,半透明,白色,条形或倒披针状条形,长约 0.6 mm,无毛,无角状突起,生于花序托边缘的小苞片披针形,长 0.6 mm,顶端有长 0.4 mm 的细角状突起。瘦果淡褐色,椭圆体形,长约 0.5 mm,有多数纵列短腺纹。果期 4 月。

特产广西巴马。生于石灰岩山山洞中阴湿处,海拔 300m。

201. 绒序楼梯草　图版 113:A - F

Elatostema eriocephalum W. T. Wang in Acta Phytotax. Sin. 28(4):317,fig. 3:1 - 2. 1990;于中国植物志 23(2):285,图版 62:1 - 2. 1995;Q. Lin et al. in Fl. China 5:154. 2003;W. T. Wang in Fu et al. Paper Collection of W. T. Wang 2:1138. 2012.　Type:西藏:墨脱,背崩,比东,北迴水,alt. 750m,1983 - 03 - 28,李渤生,程树志 3861(holotype,PE);同地,德兴,alt. 900m,1983 - 02 - 28,李渤生,程树志 3570a(paratype,PE)。

草本。茎高约 80 cm,密被糙毛。叶无柄或近无柄,纸质,斜椭圆形,长(5 -)10 - 22.5 cm,宽(2.5 -)4.6 - 11 cm,顶端尾状渐尖(渐尖头边缘有密的小齿),基部狭侧圆形,宽侧耳形(耳垂部分长约 4 mm),边缘基部之上有小牙齿,上面无毛或近无毛,下面脉上稍密被短柔毛,三出脉,侧脉每侧约 4 条,钟乳体明显,密,长 0.1 - 0.45 mm;托叶披针形,长约 1.2 cm,宽 3.5 mm,背面中脉密被柔毛,钟乳体密,长 0.1 - 0.4 mm。花序雌雄异株。雄头状花序成对腋生,具短梗;花序梗长 2 - 3 mm,被短柔毛;花序托长圆形,长约 10 mm,宽约 5 mm,被短柔毛,中部 2 浅裂;总苞具 2 层苞片,外层苞片 3 枚,不等大,膜质,最大的 1 枚扁宽卵形,长约 1 mm,宽 5 mm,顶端具短粗角状突起,两侧各有 2 - 3 条长 0.4 mm 的

细绿色角状突起,较小的 2 枚斜扁宽卵形,长约 1 mm,宽 3 - 4 mm,背面近顶端有 3 - 4 条短纵肋,肋顶端伸长成短角状突起,内层苞片合生成 1 横矩形薄片,具 1 角状突起,被短柔毛;小苞片 200 余枚,半透明,船状长圆形,长 0.8 - 1.2 mm,被缘毛。雄花蕾多数,直径约 1 mm,顶端具 4 条短角状突起,疏被短柔毛。雌头状花序成对腋生,无梗;花序托不规则方形,长约 10 mm,宽 8 mm,疏被短柔毛;总苞不存在;小苞片 1000 余枚,密集,半透明,匙形或条形,长 0.7 - 1.1 mm,上部密被长缘毛(毛长 0.4 - 0.7 mm),有 2 - 3 枚长约 0.2 mm 的杆状钟乳体。雌花:花被片不存在;子房椭圆体形,长 0.2 - 0.38 mm,柱头画笔头形,长达 0.3 mm。瘦果椭圆体形,长约 0.7 mm,具多数密集的褐色短线纹。花期 1 - 3 月,果期 3 月。

特产西藏墨脱。生于山谷常绿阔叶林中,海拔 750 - 900m。

系 5. 耳状楼梯草系

Ser. **Auriculata** W. T. Wang in Bull. Bot. Res. Harbin 9(2):72. 1989;于中国植物志 23(2):289. 1995;et in Fu et al. Paper collection of W. T. Wang 2:1151. 2012.　Type:*E. auriculatum* W. T. Wang.

极近骤尖楼梯草系 Ser. *Cuspidata*,区别在于本系的雌头状花序的花序梗较长,常长过花序本身,瘦果具纵肋和小瘤状突起。

1 种,特产西藏东南部和云南西北部。

202. 耳状楼梯草

Elatostema auriculatum W. T. Wang in Bull. Bot. Lab. N.-E. Forest. Inst. 7:74. 1980;于云南植物研究 10(3):347,图版 2:3. 1988;于横断山区维管植物 1:329. 1993;并于中国植物志 23(2):289,图版 55:3. 1995;李锡文于云南植物志 7:290. 1997;Q. Lin et al. in Fl. China 5:155. 2003;W. T. Wang in Fu et al. Paper Collection of W. T. Wang 2:1151. 2012. Holotype:云南:贡山,四季多美,alt. 2200m,1960 - 05 - 13,武素功 8697(PE)。

202a. var. auriculatum　图版 113:G - L

多年生草本。茎高约 80 cm,不分枝,无毛,叶具极短柄或无柄;叶片坚纸质,斜长圆状倒卵形,长 15 - 19 cm,宽 4.2 - 6.2 cm,顶端突渐尖或尾状,基部狭侧近圆形,宽侧耳形(耳垂部分稍镰状弯曲,长约 0.8 cm),边缘在基部之上顶端有多数牙齿,上面无毛,下面沿中脉和侧脉疏被短柔毛,基出脉 3 条,侧脉在叶狭侧约 4 条,在宽侧 5 - 7 条,钟乳体明显,极密(尤其在中脉及侧脉上),长 0.2 - 0.5mm;叶柄

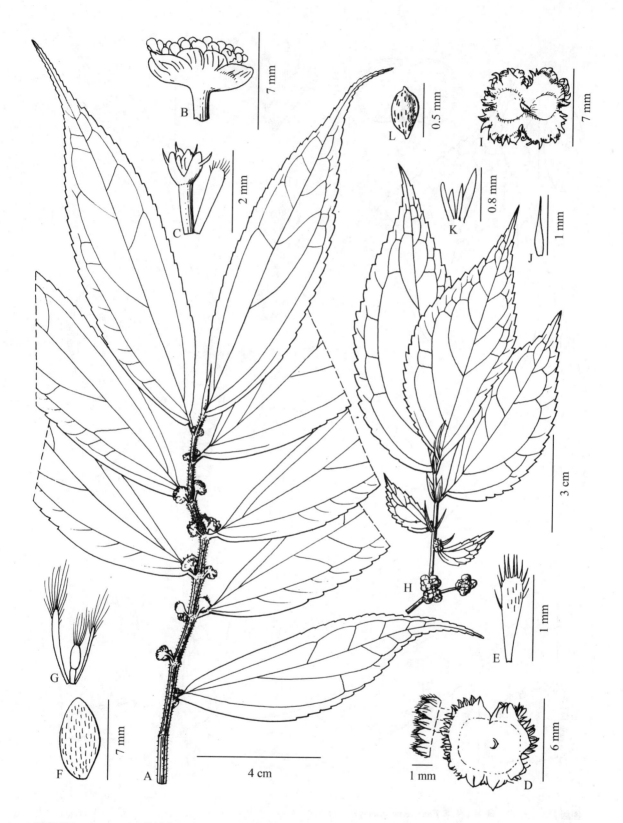

图版 112 A – G. 显脉楼梯草 *Elatostema longistipulum* A. 开花茎上部, B. 雄头状花序, C. 雄小苞片和雄花,（据韦毅刚 g025）D. 果序（下面观）, E. 雌小苞片, F. 瘦果,（据韦毅刚 064）G. 雌小苞片和雌花。（据陆小鸿 E1）H – L. 曲枝楼梯草 *E. recurviramum* H. 开花枝顶部, I. 果序, J. 花序托边缘雌小苞片, K. 雌小苞片, L. 瘦果。（自 Wang & Wei, 20）

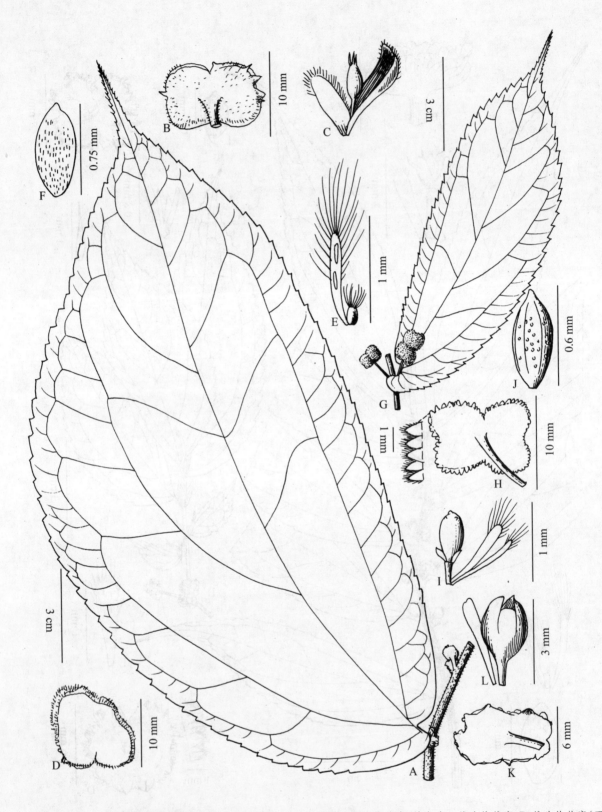

图版 113 A－F. 绒序楼梯草 *Elatostema eriocephalum* A. 叶和腋生雄头状花序, 其上为一雄头状花序, B. 雄头状花序(下面观), C. 雄小苞片和雄花蕾, D. 雌头状花序(下面观), E. 雌小苞片和雌花, F. 瘦果。(据 paratype)G－L. 耳状楼梯草 *E. auriculatum* var. *auriculatum* G. 叶和腋生果序, H. 果序(下面观), I. 雌小苞片和幼果, J. 瘦果,(据青藏队 7220)K. 雄头状花序, L. 雄小苞片和雄花蕾。(据李渤生, 程树志 02742)

长达 1.5 mm, 无毛；托叶膜质, 披针状长圆形, 长约 1.6 cm, 无毛。雄、雌花序异株。雄头状花序具短梗；花序梗长约 3.6 mm, 无毛；花序托椭圆形, 长约 6.5 mm；总苞不存在；小苞片多数, 密集, 船状披针形, 长 1.5 - 1.8 mm, 有短缘毛。雄花：花梗长达 1.8 mm, 无毛；花被片 5, 船状椭圆形, 长约 1.8 mm, 合生近中部, 边缘有疏短缘毛, 其中 3 片的外面顶部之下有短突起；雄蕊 5；退化雌蕊不明显。雌头状花序腋生, 具梗；花序梗长 6 - 10 mm, 无毛；花序托宽长圆形, 长 7 - 10 mm, 宽 4 - 8 mm, 在中部 2 深裂, 无毛；苞片多数, 卵形, 被缘毛；小苞片极多, 半透明, 条形, 长 0.8 - 1.2 mm, 边缘上部有短毛。雌花无花被片；子房长椭圆形, 长约 0.5 mm, 柱头长 0.08 mm。瘦果长卵球形, 长约 0.7 mm, 约有 8 条细纵肋和瘤状突起。花期 5 - 6 月。

特产西藏（墨脱、林芝）和云南西北部（福贡、贡山）。生于山地常绿阔叶林中, 海拔 850 - 2200 m。

标本登录：

西藏：墨脱, 李渤生, 程树志 2434, 2541, 2742（PE）；林芝, 李渤生, 程树志 1942（PE）。

云南：贡山, 李恒等 14723（PE）；福贡, 青藏队 7220（PE）, Gaoligong Shan Biod. Survey 20840（CAS, PE）.

202b. **毛茎耳状楼梯草**（变种）

var. **strigosum** W. T. Wang in Fl. Xizang. 1：552. 1983；并于中国植物志 23（2）：290. 1995；Q. Lin et

al. in Fl. China 5：155. 2003；W. T. Wang in Fu et al. Paper Collection of W. T. Wang 2：1153. 2012. Holotype：西藏：墨脱, 格林, alt. 1800m, 1974 - 08 - 31, 青藏队植物被组 2920（PE）。

与耳状楼梯草的区别：茎上部密被褐色反曲短糙毛；叶具半离基三出脉。

特产西藏墨脱。生于山谷林中, 海拔 1800m。

系 6. 盘托楼梯草系

Ser. **Dissecta** W. T. Wang in Bull. Bot. Lab. N. -E. Forest. Inst. 7：75. 1980；于中国植物志 23（2）：290. 1995；et in Fu et al. Paper Collection of W. T. Wang 2：1158. 2012. Type：*E. dissectum* Wedd..

Ser. *Procridioida* W. T. Wang in Fu et al. Paper Collection of W. T. Wang 2：1153. 2012, syn. nov. Type：*E. procridioides* Wedd.

本系与骤尖楼梯草系 Ser. *Cuspidata* 甚为接近, 区别特征在于本系的雄头状花序具长花序梗。叶具三出脉或半离基三出脉。雄头状花序具盘状花序托。雌头状花序具短梗或无梗。瘦果具纵肋。

本系在我国有 24 种、2 变种（其中有 22 特有种, 包括镇沅楼梯草 *E. zhenyuanense*, 见后附录"新分类群增补"；2 变种均特产我国）, 主要分布于西南部, 少数分布于广西和广东西部。

1. 退化叶存在；茎和叶均无毛；叶具半离基三出脉；雌总苞有 4 枚苞片, 其中 1 枚在背面有 1 条纵翅 ·············
·· 203. 那坡楼梯草 **E. napoense**
1. 退化叶不存在。
　2. 雄、雌苞片均无任何突起；叶具半离基三出脉。
　　3. 叶无毛。
　　　4. 叶的钟乳体长达 0.5 - 0.7 mm。
　　　　5. 叶基部宽侧耳形, 钟乳体长 0.2 - 0.5 mm, 托叶长 5 - 7 mm；雄苞片顶端圆形·············
·· 208. 泸西楼梯草 **E. luxiense**
　　　　5. 叶基部斜楔形, 钟乳体长 0.3 - 0.7mm, 托叶长 3 - 5mm；雄苞片顶端尖 ·············
·· 207a. 盘托楼梯草 **E. dissectum** var. **dissectum**
　　　4. 叶的钟乳体长 0.1 - 0.3 mm；托叶长 2 - 4.5 mm。
　　　　6. 叶片狭披针形或斜狭椭圆形, 长达 9 cm, 宽达 2 cm；雄花序梗长 1 - 3.4 cm；雄总苞的苞片 16 枚, 狭三角形···
·· 206. 思茅楼梯草 **E. simaoense**
　　　　6. 叶片狭椭圆形, 长达 13 cm, 宽达 4.2 cm；雄花序梗长 13 - 15 cm。
　　　　　7. 雄总苞的苞片 2 枚, 对生；雄小苞片狭条形, 长 1.5 - 2.5 mm, 无毛 ·············· 213. 长梗楼梯草 **E. longipes**
　　　　　7. 雄总苞的苞片约 8 枚, 排成 2 层, 外层 2 枚, 内层约 6 枚；雄小苞片宽楔状条形, 长 3 mm, 顶端被缘毛······
·· 214. 拟长梗楼梯草 **E. pseudolongipes**
　　3. 叶有毛。
　　　8. 叶上面无毛。
　　　　9. 叶的侧脉在叶狭侧 2 条, 在宽侧 3 条；托叶长 2 - 3 mm；雄花序梗和花序托均呈白色·············
·· 210. 白序楼梯草 **E. leucocephalum**
　　　　9. 叶的侧脉在叶狭侧 2 - 3 条, 在宽侧 3 - 5 条；托叶长 10 mm；雄花序梗和花序托浅绿色·············
·· 211. 峨眉楼梯草 **E. omeiense**

8.叶上面有毛。

 10.叶片长达 13.5 – 14.5 cm。

  11.叶片长达 14.5 cm,托叶长 3 mm;雄花序梗长 1.4 – 4.2 cm,无毛;雄花四基数 ······················· 204.拟盘托楼梯草 **E. dissectoides**

  11.叶片长达 13.5 cm,托叶长 12 mm;雄花序梗长 1.8 – 2.2 mm,密被短毛;雄花五基数 ····················· 205.大黑山楼梯草 **E. laxisericeum**

 10.叶片长达 6 – 8 cm。

  12.叶基部宽侧耳形;雄花序托六角形;雄花五基数 ············ 209.角托楼梯草 **E. goniocephalum**

  12.叶基部斜楔形,或宽侧钝;雄花序托无棱角;雄花四基数。

   13.茎上部和雄花序梗被糙硬毛;雄苞片狭条形 ········ 207b.硬毛盘托楼梯草 **E. dissectum** var. **hispidum**

   13.茎和雄花序梗无毛;雄苞片正三角形 ················ 212.金平楼梯草 **E. jinpingense**

2.雄、雌苞片均有角状突起,稀还有龙骨状突起,或雄苞片无任何突起。

 14.雄苞片无任何突起。

  15.茎和叶均无毛;雌总苞的 9 枚苞片在顶端具长 0.5 – 0.8 mm 的角状突起 ······ 216.河口楼梯草 **E. hekouense**

  15.茎和叶均有毛。

   16.叶具半离基三出脉。

    17.叶较大,宽达 7.5 cm;雄花序梗长 2 – 3 cm;雌总苞有约 50 枚苞片;雌苞片多在顶端具角状突起,少数苞片在背面具龙骨状突起,所有突起长 0.5 mm ·········· 215.楔苞楼梯草 **E. cuneiforme**

     18.雄花序梗粗 1.2 – 2 mm;雄小苞片顶端有短缘毛 ·········· 215a.模式变种 var. **cuneiforme**

     18.雄花序梗粗 0.8 mm;雄小苞片无毛 ············ 215b.细梗楔苞楼梯草 var. **gracilipes**

    17.叶较小,宽达 4.5 cm;雄花序梗长 8 – 12.5 cm;雄总苞有约 9 枚苞片;雌苞片均在顶端具长 1.3 – 2 mm 的角状突起 ················ 218.显柱楼梯草 **E. stigmatosum**

   16.叶具三出脉。

    19.茎上部密被褐色糙伏毛;叶的侧脉在叶狭侧 2 – 3 条,在宽侧 4 条;雄花序梗长 2 – 7 cm,无毛;雌总苞的 4 枚苞片顶端具长 0.6 – 0.8 mm 的角状突起 ············ 217.曼耗楼梯草 **E. manhaoense**

    19.茎上部被白色短柔毛;叶的侧脉在叶狭侧 1 – 2 条,在宽侧 3 条;雄花序梗长 0.9 – 1.5 cm,被短柔毛;雌总苞的约 20 枚苞片顶端具长 1.2 – 2 mm 的披针状条形突起 ······ 220.拟骤尖楼梯草 **E. subcuspidatum**

 14.雄苞片顶端具角状突起。

  20.叶具半离基三出脉。

   21.雄总苞的部分或全部苞片强烈退化,近不存在,但其角状突起发育良好。

    22.叶顶端渐尖;托叶长 4 mm;雄总苞的 2 枚对生苞片近消失,其角状突起长 1.2 – 1.5 mm;雌总苞的约 30 枚苞片顶端具长 0.8 – 1.8 mm 的角状突起 ·········· 221.辐脉楼梯草 **E. actinodrumum**

    22.叶顶端尾状;托叶长达 8 mm;雄总苞的所有苞片近消失,其角状突起长 1 – 2.5 mm;雌总苞的约 10 枚苞片顶端具长 0.5 – 0.7 mm 的角状突起 ·········· 222.独龙楼梯草 **E. dulongense**

   21.雄总苞的所有苞片均正常发育。

    23.茎上部的毛长约 0.1 mm;叶具 3 对侧脉;托叶淡绿白色,长 4.5 mm,无毛;雄总苞具 12 枚正三角形苞片 ················· 219.微毛楼梯草 **E. microtrichum**

    23.茎上部的毛长 0.15 – 0.25 mm;叶具 4 对侧脉;托叶白色,长 7 – 10 mm,脉上有短柔毛;雄总苞具 20 枚三角形或宽三角形苞片 ············ 223.田林楼梯草 **E. tianlinense**

  20.叶具三出脉。

   24.茎上部疏被短柔毛;叶片长 3 – 7.3 cm,上面被糙伏毛,下面脉上密被短柔毛;托叶长 6 mm,无钟乳体;雄苞片的角状突起长 0.8 – 2 mm;雌苞片的角状突起长 1.8 – 2mn ·········· 224.毛梗楼梯草 **E. pubipes**

   24.茎和叶无毛;叶片长 8 – 19 mm;托叶长 14 – 22 mm,有密集钟乳体;雄苞片的角状突起长达 8 mm;雌苞片的角状突起长达 5 mm ·········· 225.渤生楼梯草 **E. procridioides**

203.那坡楼梯草 图版 114: A

Elatostema napoense W. T. Wang in Guihaia 2 (3):121,fig.8 – 9.1982;并于中国植物 23(2):291,图版 2:3.1995;Q. Lin et al. in Fl. China 5:155.2003;

王文采于广西植物志 2:862,图版 344:8 – 9.2005;et in Fu et al. Paper Collection of W. T. Wang 2:1155. 2012. Holotype:广西:那坡,百都,弄化,alt, 1100m,1979 – 10 – 18,方鼎,廖信佩 22322(GXMI)。

多年生草本,雌雄同株。茎高约 45 cm,不分枝,无毛。叶具短柄或近无柄,无毛;叶片草质或薄草质,斜狭椭圆形或斜长圆形,长 10.5 - 15.5 cm,宽 4 - 6 cm,顶端短尾状(尾状尖头近全缘),基部狭侧楔形,宽侧耳形,边缘下部全缘,其上有浅钝齿或小牙齿,半离基三出脉,侧脉在叶狭侧 3 条,在宽侧 4 条,钟乳体长 0.1 - 0.2 mm,在叶肉中的不明显,稀疏或不存在,沿脉较密,明显;叶柄长 1 - 2 mm;托叶条状披针形,长约 7 mm;退化叶存在,极小,卵形,长 0.8 - 1.2 mm。花序雌雄同株。雄头状花序在近茎顶腋生,无毛,具长梗;花序梗长约 5.8 cm;花序托直径约 1.4 cm,二浅裂,苞片少数,三角形或正三角形,长约 2.5 mm;小苞片密集,条形,长约 3 mm。雄花无毛;花梗细,长约 2.5 mm;花被片 5,卵状长圆形,长约 1.8 mm,宽 0.6 mm,基部合生;雄蕊 5,比花被片稍长,花药长约 0.8 mm;退化雌蕊极小,长约 0.1 mm。雌头状花序生于雄花序之下叶腋,无梗,无毛;花序托直径约 1.8 mm;苞片 2,绿色,船状三角形,长约 2 mm,宽约 1.5 mm,其中一个外面中肋有翅;小苞片狭条形,绿色,长 0.7 - 1.2 mm。雌花多数;花被片不存在;子房狭椭圆体形,长约 0.3 mm,画笔状柱头长约 0.1 mm。花期 10 月。

特产广西那坡。生于石灰岩山林下阴湿处,海拔 1100m。

204. 拟盘托楼梯草　图版 114:B - E

Elatostema dissectoides W. T. Wang in Acta Bot. Yunnan. Suppl. 5:1. 1992;Q. Lin et al. in Fl. China 5:159. 2003;W. T. Wang in Fu et al. Paper Collection of W. T. Wang 2:1155. 2012.　Type:云南:贡山,独龙江,钦郎当,alt. 1240m,1991 - 03 - 10,独龙江队 4472(holotype,PE;isotype,KUN);同地,alt. 1400m,1991 - 03 - 09,独龙江队 4434(paratypes,KUN,PE)。

E. dissectum auct. non Wedd:李锡文于云南植物志 7:306. 1997,p. p. quoad syn. *E. dissectoides* W. T. Wang.

多年生草本。茎高约 1m,无毛。叶具短柄或近无柄;叶片纸质,斜狭倒卵形或椭圆形,长 6 - 14.5 cm,宽 2 - 5.6 cm,顶端骤尖(尖头全缘),基部斜楔形,边缘具牙齿,上面有极疏短糙伏毛,下面脉上被短柔毛,半离基三出脉,侧脉在叶狭侧 4 条,在宽侧 5 条,钟乳体密集,长 0.1 - 0.2 mm;叶柄长 1 - 3.5 mm,无毛;托叶狭被针形,长约 3 mm,无毛,早落。雄头状花序单生叶腋,具长梗;花序梗长 1.4 - 4.2 cm,无毛;花序托长圆形,长 1.3 - 1.7 cm,宽 6 - 8 mm,中部稍缢缩,无毛;苞片 2 层,每层约 10 数枚,膜质,白色,宽卵形、卵形、三角形或近方形,长 0.8 - 1.2 mm,宽

0.6 - 1.2 mm,被短缘毛;小苞片密集,半透明,楔状条形或条形,长 1 - 2 mm,顶端常稍兜状,背面顶端之下常有绿色隆起,顶端疏被短缘毛。雄花蕾密集,直径约 1 mm,四基数,每个花被片背面顶端之下有一绿色隆起,疏被短缘毛。雌头状花序未见。花期 3 月。

特产云南贡山。生于山谷常绿阔叶林下,海拔 1240 - 1400m。

205. 大黑山楼梯草　图版 115:A - D

Elatostema laxisericeum W. T. Wang in Bull. Bot. Lab. N. -E. Forset. Inst. 7:76. 1980;并于中国植物志 23 (2):294. 1995;李锡文于云南植物志 7:303. 1997;林祁,段林东于植物分类学报 40(5):445. 2002;Q. Lin et al. in Fl. China 5:156. 2003;W. T. Wang in Fu et al. Paper Collection of W. T. Wang 2:1155. 2012.　Type:云南:绿春,大黑山,alt. 630,1973 - 10 - 02,陶德定 418(holptype,KUN;isotype,PE)。

草本。茎高约 80 cm,无毛,不分枝。叶具柄;叶片斜椭圆形,长 10 - 13.5 cm,宽 4.4 - 5.5 cm,顶端渐尖或短渐尖,基部狭侧楔形,宽侧宽楔形或圆形,边缘在基部之上有浅牙齿,上面散生少数短硬毛,半离基三出脉,侧脉在叶狭侧 3 - 4 条,在宽侧约 4 条,钟乳体明显,密,长 0.1 - 0.15 mm;叶柄长 5 - 11 mm;托叶膜质,条状披针形,长约 12 mm,无毛。花序雌雄同株。雄头状花序单生叶腋,有长梗;花序梗长 1.8 - 2.2 cm,密被极短的毛;花序托狭椭圆形,长 13 - 18 mm,宽 7 - 9 mm,边缘有不明显苞片;苞片宽三角形,长约 0.8 mm;小苞片狭条形,长约 1.5 mm。雄花蕾直径 1.2 mm,无毛,五基数。雌头状花序单生叶腋;花序梗长约 1 mm,无毛,顶端有 1 枚宽卵形,长 0.8 mm 的苞片,花序托长圆状椭圆形,长约 4 mm,宽约 2.5 mm,无毛,中央微 2 裂;苞片多数,狭三角形或条形,长约 0.6 mm;小苞片密集,半透明,条形,长约 1 mm,有 2 条绿色纵纹,顶部有缘毛。雌花:花被片 2,条形,长 0.3 mm,无毛;子房狭椭圆体形,长 0.4 mm,柱头画笔头状,长约 0.1 mm。花期 9 - 10 月。

特产云南绿春。生于山谷林中,海拔 630m。

206. 思茅楼梯草　图版 116:A - C

Elatostema simaoense W. T. Wang in J. Syst. Evol. 51(2):227,fig. 6:A - C. 2013.　Holotype:云南:思茅,菜阳河自然保护区,alt. 1100m,2009 - 05 - 08,周仕顺 5450(PE)。

多年生草本。茎高约 50 cm,中部粗约 3 mm,无毛,中部之上有长分枝。叶无柄,无毛;叶片薄纸质,

斜狭披针形或斜长椭圆形,长3.5-9 cm,宽0.7-2 cm,顶端长渐尖,基部斜楔形,边缘有锯齿,小牙齿或浅钝齿,半离基三出脉,侧脉约4对,钟乳体密集,明显,杆状,长0.1-0.3 mm,在有些幼叶不存在;托叶狭条形,长3-6 mm,宽约0.3 mm,无毛,绿色。雄头状花序单生叶腋,直径5-7 mm,具长梗;花序梗细,长1-3.4 cm,无毛;花序托宽椭圆形,长约6 mm,宽约3 mm,无毛;苞片约16,狭三角形或条形,长1.6-3.5 mm,宽0.3-1.5 mm,无毛,在较大苞片的背面上部有1条纵肋;小苞片半透明,肉质,条形,长0.5-1 mm,无毛。雄花蕾具梗,球形,直径约1.5 mm,无毛,顶端具4条三角形或斜三角形短突起。雌头状花序未见。花期5月。

特产云南思茅。生于山谷雨林下,海拔1100m。

207. 盘托楼梯草

Elatostema dissectum Wedd. in Arch. Mus. Hist. Nat. Paris 9:314. 1856;et in DC. Prodr. 16(1):182. 1869;Hook. f. Fl. Brit. Ind. 5:568. 1888;Hand. -Mazz. Symb. Sin. 7:145. 1929;王文采于东北林学院植物研究室汇刊7:81. 1980;Grierson & Long, Fl. Bhutan 1(1):120. 1983;王文采于中国植物志23(2):304,图版57:5-6. 1995;李锡文于云南植物志7:306. 1997,p. p. excl. syn. *E. dissectoide* W. T. Wang;Q. Lin et al. in Fl. China 5:159. 2003;王文采于广西植物志2:282,图版349:5. 2005;阮云珍于广东植物志6:76. 2005;税玉民,陈文红,中国喀斯特地区种子植物1:96,图233. 2006;林祁等于西北植物学报29(9):1910. 2009;W. T. Wang in Fu et al. Paper Collection of W. T. Wang 2:1160. 2012,p. p. excl. specim. Y. M. Shui et al. 44278 et. fig. 3:45. Lectotype:India:Khasia,J. D. Hooker & T. Thomson s. n. (P——Lin et al. 2009,non vidi)。

E. paragungshanense W. T. Wang in Acta Bot. Yunnan. Suppl. 5:4. 1992. Type:云南;贡山,独龙江,1991-01-28,独龙江队3628(holotype,PE;isotype,KUN)。

207. var. **dissectum** 图版117

多年生草本。茎高30-40 cm,基部粗3-8 mm,不分枝或下部分枝,无毛;叶无柄或近无柄,无毛;叶片薄纸质,斜长圆形或长圆状披针形,长(4.5-)8-17 cm,宽(1.6-)2.4-5 cm,顶端渐尖或骤尖,基部斜楔形,边缘在基部明显,密集,杆状,长0.3-0.7 mm;叶柄长达0.5 mm;托叶狭条形,长3-5 mm。花序雌雄异株或同株。雄头状花序具长梗,无毛;花序梗长1.5-8 cm;花序托有时小而薄,有时呈明显盘

状,较厚,椭圆形或长方形,长4-10 mm;苞片数枚至10数枚,狭条形或狭披针形,长2-2.5 mm;小苞片多数,白色,狭条形,长约1 mm。雄花无毛:花被片4,船状长圆形,长约1.7 mm,基部合生,背面顶端之下有或无短突起,突起长0.1-0.3 mm;雄蕊4,花药长约0.6 mm;退化雌蕊长不到0.1 mm。雌头状花序无梗或具短梗;花序托狭长方形或近圆形,长4-8 mm,无毛;苞片约20,条状卵形,长约2 mm,无毛,有时有1枚外层苞片,呈扁宽卵形,宽约2.5 mm;小苞片密集,半透明,倒披针状长形,长0.6-1.5mm,无毛或顶端疏被缘毛。雌花:花被片不存在;子房卵球形,长约0.3 mm,柱头画笔头状,长约0.25 mm。瘦果褐色,狭卵球形或椭圆体形,长0.5-1 mm,有8-9条纵肋。花期5-6月。

分布于云南西部、南部和东南部,广西和广东西部;不丹、印度北部和东北部。生于山谷林中或溪边,海拔500-2000m。

标本登录:

云南:贡山,独龙江队4188,4422,李恒等13774,14938(PE),金效华,张行175(PE);腾冲,Gaoligong Shan Biod. Survey 26062(PE);孟连,钱义咏26000(PE);澜沧,王启无76577(PE);思茅,王洪4067(PE);勐海,王启无74378(PE);勐腊,朱维明等18650(PE);绿春,陶德定1093,税玉民等70006,70435(PE);金平,中苏考察队846,1329,金效华,刘水等435(PE);麻栗坡,王启无86161(PE)。**广西:**金秀,覃海宁36,覃德海等s. n. (PE);平南,黄志39076(IBSC);**广东:**信宜,黄志31747(IBSC)。

207b. 硬毛盘托楼梯草(变种)

var. **hispidum** W. T. Wang,var. nov. Holotype:云南(Yunnan):贡山(Gongshan),独龙江(Dulongjiang),alt. 1450m,河岸林下(under forest by river),雄花白色,四基数(staminate fls. white,tetramerous),1991-09-21,独龙江队(Dulongjiang Exped.)4069(PE)。

A var. *dissecto* differt caule superne prope apicem et pedunculis capitulorum staminatorum hispidis,foliis utrinque strigosis.

本变种的茎近顶端和雄头状花序的梗被糙硬毛,叶两面被糙伏毛,而与模式变种不同。在模式变种,茎、叶和雄头状花序的梗均无毛。

特产云南贡山。生于山谷河岸林下,海拔1450 m。

208. 潞西楼梯草 图版115:E-G

Elatostema luxiense W. T. Wang in Bull. Bot. Res. Harbin 2(1):18,pl. 2:7-9. 1982;并于中国植物志23(2):294,pl. 59:7-9. 1995;李锡文于云南植

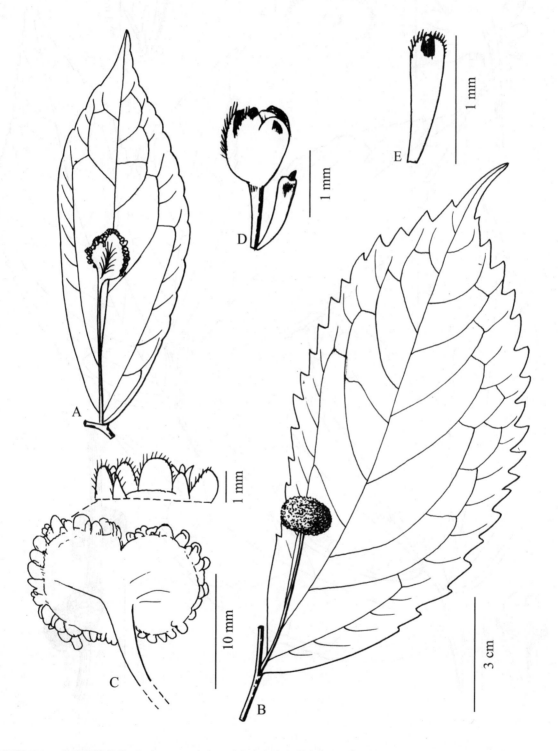

图版 114 A. 那坡楼梯草 *Elatosetma napoense* 叶和腋生雄头状花序。(自王文采,1995)B – E. 拟盘托楼梯草 *E. dissectoides* B. 叶和腋生雄头状花序,C. 雄头状花序(下面观),D. 雄小苞片和雄花蕾,E. 雄小苞片(背面观)。(据 holotype)

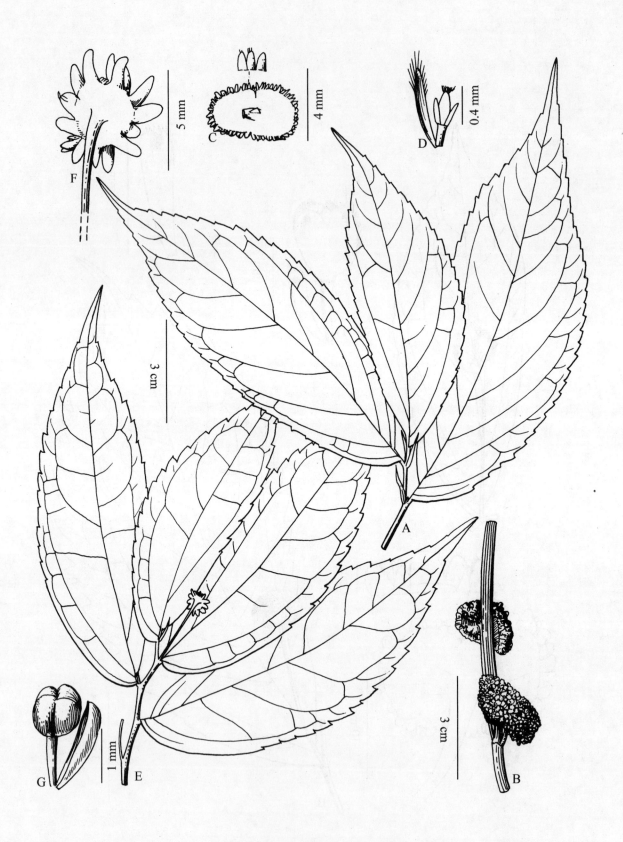

图版 115 A – D. 大黑山楼梯草 *Elatostema laxisericeum* A. 茎顶部,B. 2 雄头状花序,C. 雌头状花序(下面观),D. 雌小苞片和雌花。(据 isotype) E – G. 潞西楼梯草 *E. luxiense* E. 开花茎顶部,F. 雄头状花序(下面观),G. 雄小苞片和雄花蕾。(据 holotype)

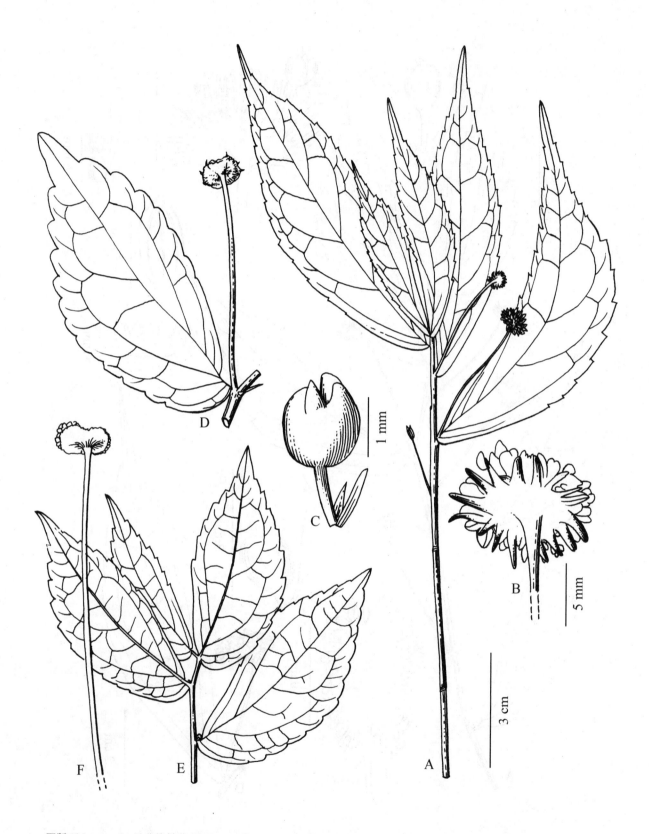

图版 116 A – C. 思茅楼梯草 *Elatostema simaoense* A. 开花茎，B. 雄头状花序（下面观），C. 雄小苞片和雄花蕾。（据 holotype）D. 角托楼梯草 *E. goniocephalum* 叶和腋生雄头状花序。E – F. 白序楼梯草 *E. leucocephalum* E. 茎顶部，F. 雄头状花序。（D – F 自王文采，1995）

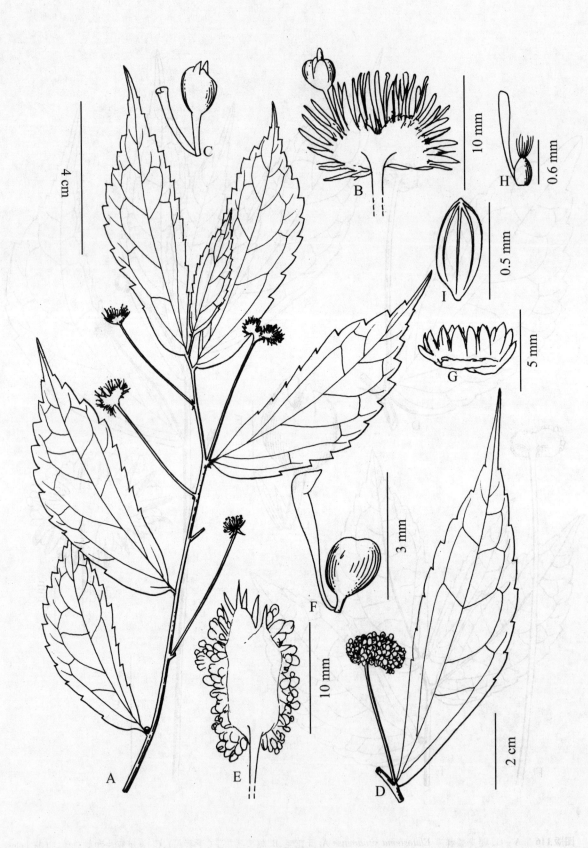

图版 117　盘托楼梯草 *Elatostema dissectum* var. *dissectum* A. 开花雄茎，B. 雄头状花序(侧下面观)，C. 雄小苞片和雄花蕾，(据金效华，张㠭 175)D. 叶和雄头状花序，E. 雄头状花序(下面观)，示此花序具明显盘状花序托，F. 雄小苞片和雄花蕾，G. 雌头状花序(侧面观)，H. 雌小苞片和雌花，I. 瘦果。(据钱义咏 26000)

物志 7：304. 1997；Q. Lin et al. in Fl. China 5：156. 2003；W. T. Wang in Fu et al. Paper Collection of W. T. Wang 2：1155. 2012. Holotype：云南：潞西，alt. 1750m，1933－02－28，蔡希陶 56861（IBSC）。

多年生草本。茎高约 25 cm，无毛，有稍密的钟乳体，不分枝。叶无柄，无毛，草质，斜长圆形，长 9－12.5 cm，宽 2.5－3.8 cm，顶端尾状渐尖（尖头全缘），基部狭侧楔形，宽侧耳形，边缘下部全缘，其上部有小牙齿，半离基三出脉，侧脉 3－4 对，钟乳体稀疏，明显，长 0.2－0.5 mm；托叶钻形，长 5－7 mm。雄头状花序单生，具细梗；花序梗长约 1.5 cm，无毛；花序托不规则圆形，长约 8 mm，无毛；苞片约 15 枚，条形或宽条形，长 1－2.5 mm，顶端圆形，无毛；小苞片披针形，长约 1 mm，无毛。雄花蕾直径约 1 mm，无毛。雌头状花序未见。花期 2 月。

特产云南潞西。生于山谷中，海拔 1750 m。

209.角托楼梯草　图版 116：D

Elatostema goniocephalum W. T. Wang in Bull. Bot. Lab. N.－E. Forest. Inst. 7：78. 1980；并于中国植物志 23（2）：295，图版 64：2. 1995；Q. Lin et al. in Fl. China 5：157. 2003；W. T. Wang in Fu et al. Paper Collection of W. T. Wang 2：1155. 2012. Holotype：四川：叙永，广木，天应大队，alt. 900m，1977－06－07，四川中药所 100（SM）。

多年生草本。茎高约 24cm，自下部至中部有短分枝，上部有稀疏开展的极短硬毛。叶具短柄或无柄；叶片草质或近纸质，斜椭圆形，长 6.5－8cm，宽 3－3.7cm，顶端短渐尖，尖头微钝，基部狭侧钝，宽侧耳形，边缘在基部之上有钝牙齿或小牙齿，上面散生少数短硬毛，下面沿中脉及侧脉疏被短毛，半离基三出脉，侧脉在叶狭侧 1 条，在宽侧 2 条，钟乳体不太明显，较稀疏，长 0.1－0.2mm；叶柄长达 2mm；托叶条状披针形或狭条形，长 5－7.5mm，无毛。雄头状花序单生，有长梗；花序梗长约 4.5cm，无毛；花序托近长方形，长约 10mm，宽约 7mm，边缘有 6 棱角；苞片互相覆压，无毛，有多数小腺点；小苞片多数，船状宽椭圆形或倒卵形，长 2－2.5mm，无毛，有时顶端有短突起。雄花有梗：花蕾直径约 1.8mm，五基数，花被片外面顶端之下有短突起，无毛。雌头状花序未见。花期 6 月。

特产四川南部叙永。生于低山山谷沟边，海拔 900m。

210.白序楼梯草　图版 116：E－F

Elatostema leucocephalum W. T. Wang in Bull. Bot. Lab. N.－E. Forest. Inst. 7：78. 1980；并于中国植物志 23（2）：299，图版 64：3－4. 1995；Q. Lin et al. in Fl. China 5：158. 2003；W. T. Wang in Fu et al. Paper Collection of W. T. Wang 2：1157. 2012. Holotype：四川：兴文，先锋区，1977－08－19，兴文队 77－527（SM）。

小草本。茎高约 25cm，下部生根，不分枝，无毛。叶有短柄；叶片草质，斜椭圆形，长 3.2－6.4cm，宽 1.2－2.8cm，顶端短渐尖，基部在狭侧钝，在宽侧耳形，边缘在狭侧中部之上、在宽侧基部之上有小牙齿，上面有少数短伏毛，下面无毛，半离基三出脉，侧脉在叶狭侧 2 条，在宽侧 3 条，钟乳体不太明显，长 0.1－0.3mm；叶柄长 1－3mm，无毛；托叶钻形或狭披针形，长 2－3mm，无毛。花序雌雄同株。雄头状花序单生茎中部叶腋，有长梗；花序梗白色，长约 6.5cm，无毛；花序托白色，直径约 7mm；苞片正三角形，长约 1.5mm；小苞片多数，狭条形，长约 2mm。雄花有梗：花被片 5，长圆形，长约 1.2mm，基部合生，背面顶端之下有长 0.1mm 的短突起，无毛；雄蕊 5；退化雌蕊长约 0.1mm。雌头状花序单生茎上部叶腋，有短梗；花序梗长约 0.5mm；花序托长方形，长约 3mm，宽 1.5mm；苞片扁三角形，不明显；小苞片椭圆形至条形，长 0.6－0.8mm，顶部有短柔毛。瘦果椭圆球形，长约 0.6mm，有约 5 条细纵肋。花期 8 月。

特产四川南部兴文县。生于山林地下阴湿处。

211.峨眉楼梯草　图版 118：A－E

Elatostema omeiense W. T. Wang in Bull. Bot. Lab. N.－E. Forest. Inst. 7：79. 1980；并于中国植物志 23（2）：299，图版 67：4. 1995；Q. Lin et al. in Fl. China 5：158. 2003；W. T. Wang in Fu et al. Paper Collection of W. T. Wang 2：1157. 2012. Type：四川：峨眉山，洪椿坪，1941－04－02，方文培 16053（holotype，IBSC）；同地，宝沟，1941－04－12，方文培 16140（paratype，IBSC）。

多年生草本。茎平卧，上部或分枝直立，直立部分高 10－25cm，无毛。叶无柄或具极短柄；叶片草质，斜椭圆形，长 4－8cm，宽 1.8－3cm，顶端渐尖或短渐尖（渐尖部分全缘），基部狭侧钝或楔形、宽侧耳形，边缘在基部之上有多数小牙齿或浅钝齿，上面散生少数短糙毛，下面无毛，半离基三出脉，或近三出脉，侧脉在叶狭侧 2－3 条，在宽侧 3－5 条，钟乳体明显或稍明显，密，长 0.1－0.2（－0.3）mm；叶柄长达 2mm，无毛；托叶膜质，披针状条形，长约 10mm，宽约 2mm，无毛，有 1 条中脉。花序雌雄同株或异株。雄头状花序单生茎上部叶腋，具长梗，具多数花；花序梗长 3.2－7.2cm，无毛；花序托长方形或椭圆形，长 8－14mm，无毛；苞片 10 数枚，薄膜质，狭

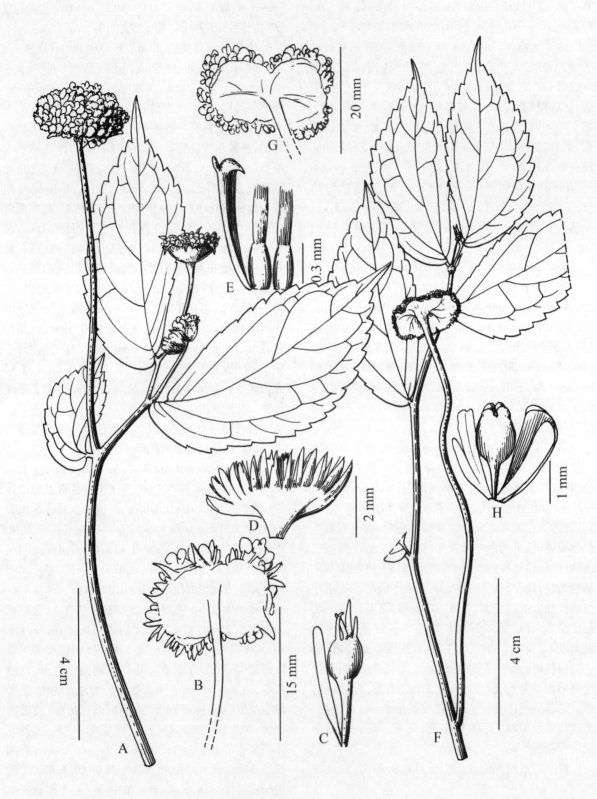

图版 118　A－E. 峨眉楼梯草 *Elatostema omeiense* A. 开花茎上部, B. 雄头状花序(下面观), C. 雄小苞片和雄花蕾, D. 雌头状花序(侧面观), E. 雌小苞片和 2 雌花, 示柱头毛大部合生, 只顶端分生。(据李秉宏 97－327)F－H. 金平楼梯草 *E. jinpingense* F. 开花茎上部, G. 雄头状花序(下面观), H. 雄小苞片和雄花蕾。(据 holotype)

三角形、条形或正三角形,长 1 – 2mm,宽 1 –
2.5mm,无毛;小苞片少数,半透明,条形,长约 2mm,
无毛。雄花有细长梗,无毛;花被片 5,长椭圆形,长
约 2.6mm,基部合生,背面顶端之下有长 0.6 – 1mm
的细角状突起;雄蕊 5;退化雌蕊极小。雌头状花序
单生叶腋,具短粗梗,直径约 4mm;花序托直径约
2.5mm,无毛;苞片约 30 枚,披针状条形,长约 1mm,
宽 0.25mm,无毛;小苞片少数,条状船形,长约
0.8mm,顶端稍钩状弯曲,背面顶端之下有短突起,
无毛。雌花无梗:花被片不存在;子房椭圆体形,长
约 0.3mm;柱头画笔头状,长约 0.4mm,柱头毛大部
合生,只顶端分生。花期 3 – 4 月。

特产四川峨眉山。生于山谷林下或路边阴湿
处,海拔约 1100m。

标本登录:

四川:峨眉山,李策宏 97 – 327(PE)。

212. 金平楼梯草　图版 118:F – H

Elatostema jinpingense W. T. Wang in Bull. Bot.
Lab. N. – E. Forest. Inst. 7:80. 1980;并于中国植物志
23(2):300. 1995;李锡文于云南植物志 7:307.
1997;Q. Lin et al. in Fl. China 5:158. 2003;W. T.
Wang in Fu et al. Paper Collection of W. T. Wang 2:
1157. 2012. Holotype:云南:金平,分水岭,alt.
1800m,1956 – 05 – 21,中苏考察队 3031(PE)。

多年生草本。茎渐升,下部生根,长约 40cm,不
分枝,无毛。叶无柄或近无柄;叶片草质,斜椭圆形
或斜狭椭圆形,长 4.2 – 6cm,宽 2 – 2.5cm,顶端短
渐尖(渐尖部分全缘),基部狭侧楔形、宽侧钝,边缘
自基部之上有小牙齿,上面被短糙伏毛,下面有开展
的短糙毛,半离基三出脉,侧脉在叶狭侧约 2 条,在
宽侧 3 条,钟乳体稍明显,密,长约 0.1mm;托叶狭
披针形,长约 7mm。花序雌雄异株。雄头状花序单
生叶腋,有长梗;花序梗长 9.2 – 12cm,粗约 2mm,无
毛;花序托椭圆形,长 1.4 – 1.8cm,宽 9 – 10mm,无
毛;苞片约 20 枚,不等大,膜质,正三角形、三角形或
扁卵形,长 1 – 2mm,宽 1 – 3mm,顶端被短缘毛;小
苞片约 250 枚,密集,长 1.5 – 3mm,大的长方形或宽
条形,顶端兜状,外面有短突起,有 1 条中脉,小的条
形或狭条形,有短缘毛。雄花有短梗:花被片 4,宽
椭圆形,长约 1.5mm,基部合生,外面顶端之下有宽倒
卵形短突起;雄蕊 4。雌头状花序未见。花期 5 月。

特产云南东南部金平。生于山谷密林下,海拔
1800m。

213. 长梗楼梯草　图版 119:A – C

Elatostema longipes W. T. Wang in Bull. Bot.

Lab. N. – E. Forest. Inst. 7:80,照片 5. 1980;并于中
国植物志 23(2):300,图版 67:1 – 3. 1995;Q. Lin et
al. in Fl. China 5:158. 2003;杨昌煦等,重庆维管植
物检索表 151. 2009;W. T. Wang in Fu et al. Paper
Collection of W. T. Wang 2:1157. 2012. Type:重庆:
南川,金佛山,观音殿,alt. 1280m,1957 – 08 – 26,李
国凤 63752(holotype,PE;isotype,IBSC)。

多年生草本。茎高约 28cm,基部粗约 4mm,不
分枝,无毛。叶具极短柄,无毛;叶片草质,最下部的
两个小,斜椭圆形,长 3.3 – 4cm,其他的较大,斜狭
椭圆形,长 7 – 13cm,宽 2.6 – 4.2cm,顶端渐尖(渐
尖部分全缘),基部狭侧钝、宽侧耳形,边缘下部全
缘,其上有浅牙齿,半离基三出脉或近羽状脉,侧脉
在叶狭侧 2 条,在宽侧 3 条,钟乳体明显,密,长 0.1
– 0.2mm;叶柄长约 1mm;托叶披针形或钻形,长 3
– 4.5mm。花序雌雄异株。雄头状花序单生叶腋,
具长梗;花序梗长 13.6 – 15.4cm,无毛;花序托近长
方形或椭圆形,长 11 – 17mm,宽约 10mm,无毛,中
部浅裂;苞片 2,对生,不明显,近不存在,但顶端却
具明显、长 0.5 – 1.2mm 的角状突起;小苞片多数,
密集,狭条形,长 1.5 – 2.5mm,无毛。雄花有梗:花
梗长约 3mm;花被片 5,狭长圆形,长约 2mm,下部合
生,无毛,背面顶端之下有短突起;雄蕊 5,比花被片
稍长,花药长约 0.8mm;退化雌蕊小,钻形,长约
0.3mm。雌头状花序有短梗;花序梗粗壮,长约
1mm;花序托狭椭圆形,长约 4mm,边缘苞片宽卵形,
长约 0.8mm;小苞片多数,密集,宽椭圆形,长 0.5 –
0.8mm。瘦果卵球形,长约 0.8mm,约有 6 条细纵
肋。花期 8 月。

特产重庆南川金佛山。生于山地阴湿处石上,
海拔 1280m。

1984 年,日本植物学家 T. Yahara 报道了本种在
泰国北部(Chiangmai)的分布(见 J. Fac. Sci. Univ.
Tokyo. Sect. 3,13:498,fig. 6. 1984),从其文中的照片
(fig.6)看,泰国的有关植物与本种甚为相似,但根
据其形态描述中雄花被片和雌小苞片均有角状突起
的情况与本种有关特征不符,倒与下一种拟长梗楼
梯草相似,因此对有关泰国植物值得做进一步的研
究。

214. 拟长梗楼梯草　图版 119:D – J

Elatostema pseudolongipes W. T. Wang & Y. G.
Wei,sp. nov.;W. T. Wang et al. in Fu et al. Paper Col-
lection of W. T. Wang 2:1157,fig. 31:F – L. 2012,
nom. nud. Type:广西(Guangxi):龙州(Longzhou),
2010 – 05 – 20,Y. G. Wei & A. K. Monro AM6183

（holotype，PE；isotype，IBK）.

Species nova haec est arcte affinis E. longipedi W. T. Wang，a quo involucro staminato bracteis 8 2-seriatis praedito，bracteolis staminatis late cuneato - linearibus 3 mm longis apice ciliatis differt.

Perennial herbs. Stems 15 - 23 cm tall，near base 3 mm across，glabrous，simple. Leaves shortly petiolate or subsessile，glabrous；blades thin - papery，obliquely elliptic or long elliptic，3. 5 - 14 cm long，2 - 4 cm broad，apex long acuminate，base obliquely cuneate，margin denticulate；venation semi - triplinerved，with lateral nerves 1 - 2 at leaf narrow side and 2 - 3 at broad side；cystoliths dense or slightly dense，bacilliform，0. 1 - 0. 2（ - 0. 25）mm long；petioles 0. 5 - 6. 5 mm long；stipules subulate，2 - 4 mm long，0. 5 mm broad. Staminate capitula singly axillary；peduncles up to 9 cm long，glabrous；receptacles suborbicular，ca. 16 mm in diam.，glabrous；bracts ca. 8，2 - seriate，glabrous，outer bracts 2，small，ca. 1. 5 mm long，3 mm broad，inner bracts 6，unequal in size，deltoid，ovate or depressed - broad - ovate，ca. 2 mm long，2 - 4. 5 mm broad；bracteoles dense，membranous，semi - hyaline，obtrapeziform，ca. 3 mm long，1 mm broad，apex truncate and ciliate. Staminate flower buds ellipsoidal，ca. 2 mm long，apex shortly corniculate. Pistillate capitula singly axillary，very shortly pedunculate；receptacle subquadrate，ca. 10 mm long and broad，glabrous；bracts numerous，lanceolate-linear，1 - 3 mm long，glabrous；bracteoles dense，semi-hayline，narrowly oblanceolate，ca. 0. 8 mm long，apex ciliate. Pistillate flower pedicellate：tepals wanting；ovary narrowly ellipsoidal，ca. 0. 4 mm long，stigma penicillate，0. 3 mm long.

多年生草本。茎高 15 - 23 cm，基部之上粗 3 mm，无毛，不分枝。叶具短柄或近无柄，无毛；叶片薄纸质，斜长椭圆形或斜椭圆形，长 3. 5 - 14 cm，宽 2 - 4 cm，顶端长渐尖，基部斜楔形，边缘在叶狭侧下部全缘，中部以上有小牙齿，在宽侧基部之上具小牙齿，半离基三出脉，侧脉在叶狭侧 1 - 2 条，在宽侧 2 - 3 条，两面平，钟乳体密或稍密，杆状，长 0. 1 - 0. 2（ - 0. 25）mm；叶柄长 0. 5 - 6. 5 mm；托叶钻形，长 2 - 4 mm，宽 0. 5 mm。花序雌雄同株。雄头状花序单生叶腋，具长梗；花序梗长达 9 cm，无毛；花序托近圆形，直径约 16 mm，无毛；苞片约 8，排成 2 层，无毛，外层 2 枚小，长约 1. 5 mm，宽 3 mm，内层 6 枚位于花序托边缘之内，不等大，正三角形、卵形、或扁宽卵

形，长约 2 mm，宽 2 - 4. 5 mm；小苞片多数，密集，膜质，半透明，倒梯形，长约 3 mm，宽 1 mm，顶端截形，并被短缘毛。雄花蕾椭圆体形，长约 2 mm，顶端有短角状突起。雌头状花序单生叶腋，具极短梗；花序托近方形，长及宽约 10 mm，无毛；苞片多数，披针状条形或狭三角形，长 1 - 3 mm，无毛；小苞片密集，半透明，狭倒披针形，长约 0. 8 mm，顶端被缘毛。雌花具梗；花被片不存在；子方狭椭圆体形，长约 0. 4 mm，柱头画笔头状，长 0. 3 mm。花期 5 月。

特产广西龙州。生于石灰岩山中阴湿处。

215. 楔苞楼梯草

Elatostema cuneiforme W. T. Wang in Acta Phytotax. Sin. 17（1）：107，fig. 2：1 - 4. 1979；于西藏植物志 1：551，图 176：1 - 4. 1983；并于中国植物志 23（2）：293. 1995；Q. Lin et al. in Fl. China 5：156. 2003；W. T. Wang in Fu et al. Paper Collection of W. T. Wang 2：1157. 2012. Holotype：西藏：墨脱，汉密，alt. 2000 m，1974 - 08 - 05，青藏队 4089（PE）。

var. **cuneiforme**   图版 120：A - F

多年生草本。茎高约 1 m，疏被短柔毛或短糙伏毛。叶具短柄或无柄；叶片草质，斜椭圆形，长 12 - 18 cm，宽 4 - 7. 5 cm，顶端骤尖（骤尖头全缘），基部狭侧楔形、宽侧宽楔形，边缘在基部之上有多数牙齿，上面散生少数短毛，下面沿中脉及侧脉疏被短毛，半离基三出脉，侧脉在叶狭侧约 4 条，在宽侧约 5 条，钟乳体稍明显，密，长 0. 2 - 0. 5 mm；叶柄长达 7 mm；托叶膜质，披针形，长约 1. 4 cm，无毛。花序雌雄同株。雄头状花序单生于雌花序之下，具稍长梗，有多数花；花序梗长 2 - 3 cm，粗 1. 2 - 2 mm，有短毛；花序托宽长圆形，长 2 - 3 cm，常二浅裂，有稀疏短毛；苞片约 50，小，宽三角形或扁卵形，长 0. 8 - 1 mm；小苞片多数，密集，膜质，无色，宽条形或条形，长 1. 5 - 2 mm，顶端有短突起，上部边缘有稀疏短缘毛。雄花有细长梗：花被片 4，淡绿白色，船状椭圆形，长约 1. 2 mm，基部合生，其中 2 枚的外面顶端之下有长 0. 5 - 1 mm 的角状突起，顶部有稀疏短柔毛；雄蕊 4，花药白色；退化雌蕊极小。雌头状花序单生叶腋，无梗或有短梗；花序托长方形或扇状斜方形，长 5 - 12 mm，宽 3. 5 - 7 mm，疏被短柔毛；苞片 20 - 40，扁宽卵形，长 0. 5 - 0. 8 mm，顶端有角状突起，或背面中央有龙骨状突起，疏被短柔毛；小苞片密集，半透明，楔状条形或楔形，长 0. 8 - 1. 5 mm，顶端近截形，被短缘毛。雌花具梗；花被片不存在；子房狭椭圆体形，长 0. 3 - 0. 4 mm，柱头近球形，长约 0. 05 mm。瘦果深褐色，近长圆形或狭卵球形，长 0. 6

－0.8mm，具9－11条纵肋。花期7－8月。

特产西藏墨脱和察隅。生于山谷常绿阔叶林中，海拔2000－2600m。

标本登录：

西藏：察隅，倪志诚，汪永泽，次多，次旦0381，李渤生，倪志诚，程树志07116（PE）。

215b.细梗楔苞楼梯草（变种）

var. **gracilipes** W. T. Wang in Acta Phytotax. Sin. 28(3)：319.1990；于中国植物志23(2)：294.1995；Q. Lin et al. in Fl. China 5：156.2003；W. T. Wang in Fu et al. Paper Collection of W. T. Wang 2：1157. 2012. Holotype：西藏：墨脱，汉密，老虎口，alt. 1850m,1983－06－17，李渤生，程树志5113（PE）。

与楔苞楼梯草的区别：雄花序梗较细，粗0.8mm，其小苞片无毛。

特产西藏墨脱。生于热带雨林中，海拔1850m。

216.河口楼梯草　图版120：G－H

Elatostema hekouense W. T. Wang in Acta Bot. Yunnan. 73：296,fig.2：1－2.1985；并于中国植物志23(2)：301,图版66：1－2.1995；李锡文于云南植物志7：306,图版75：3.1997；Q. Lin et al. in Fl. China 5：158.2003；W. T. Wang in Fu et al. Paper Collection of W. T. Wang 2：1157.2012. Holotype：云南：河口，洞坪，1956－06－10，中苏考察队2382（KUN）。

多年生草本，雌雄同株。茎高约70cm，分枝，无毛。叶具短柄或无柄，无毛；叶片草质，长圆状倒卵形或长圆形，长6.5－16.5cm，宽2.2－5cm，顶端渐尖或长渐尖（渐尖头近全缘），基部斜楔形，边缘在基部之上有小钝齿，半离基三出脉，侧脉在叶狭侧3条，宽侧4条，钟乳体密，明显或不明显，长0.1－0.3mm；叶柄长达7mm；托叶狭三角状条形或钻形，长3.5－4.5mm。花序雌雄同株。雄头状花序腋生，无毛，具长梗；花序梗长约7.5cm；花序托圆椭圆形，长约3cm，宽2.5cm；苞片短，顶端截形；小苞片密集，宽条形，长2mm。雄花五基数，花蕾直径2mm。雌头状花序生茎顶部叶腋，具极短柄；花序托近圆形，直径约1.5mm，无毛；苞片约9，正三角形，长约0.5mm，边缘有少数短毛，顶端有长角状突起（长0.5－0.8mm）；小苞片密集，绿色，匙形，长约0.4mm，顶端密被白色睫毛。雌花极小，密集。花期6月。

特产云南河口和麻栗坡。生于山谷密林中；海拔150－763m。

标本登录：

云南：河口，南溪，alt. 763m，吴增源10203，10208（PE）；麻栗坡，天保，曼棍，alt. 162m，吴增源

10220,10223（PE）。

217.曼耗楼梯草　图版121：A－C

Elatostema manhaoense W. T. Wang in Bull. Bot. Res. Harbin 16(3)：247,fig. 1.1996；Q. Lin et al. in Fl. China 5：159.2003；税玉民，陈文红，中国喀斯特地区种子植物1：97，图238.2006；W. T. Wang in Fu et al. Paper Collection of W. T. Wang 2：1157. 2012. Type：云南：个旧，曼耗，坡头，alt. 380m，1995－08－04，陈家瑞等95279（holotype，PE）；同地，沙珠底，alt. 750－800m，1995－08－04，陈家瑞等95140,95228（paratypes，PE）。

多年生草本，雌雄异株或同株。茎高20－35cm，基部木质，常有1分枝，上部密被反曲淡褐色短糙伏毛，下部无毛。叶具短柄；叶片纸质，斜椭圆形，长7－11.5cm，宽0.5－5.8cm，基部长渐尖或近尾状（尖头有少数小齿），基部狭侧楔形，宽侧圆形或近耳形，边缘有浅钝齿，上面无毛，下面脉上被淡褐色短糙伏毛，三出脉，侧脉在叶狭侧2－3条，在宽侧4条，钟乳体密集，杆状，长0.15－0.5mm；叶柄长1.5－5cm；托叶披针形，长5－9mm，宽1.3－3.2mm，无毛，边缘白色。雄头状花序单生叶腋，具长梗；花序梗长2－7cm，无毛；花序托长圆形，长9－16mm，宽5－10mm，无毛，中部稍缢缩；苞片4－6，半圆形或斜低梯形，宽4－6mm，无毛，背面有1－4条纵肋；小苞片多数，膜质，半透明，较大者船状条形，长2.4－4mm，宽0.8－1.2mm，顶端稍兜状，并有短角状突起，背面有疏毛，较小者平，条形，长2.5－3mm，宽0.5mm，顶端疏被短缘毛。雄花：花梗长约3.5mm，无毛；花被片4，椭圆形，长0.8mm，背面上部有疏柔毛，2枚较大者在背面近顶部有短角状突起；雄蕊4。雌头状花序单生叶腋；花序梗长约1.2mm；花序托近方形，长和宽均约2.2mm，无毛；苞片约4，正三角形，长约0.5mm，宽0.8－1mm，顶端有长0.6－0.8mm的粗角状突起；小苞片多数，膜质，半透明，条形或狭倒披针形，长0.5－1mm，宽0.2mm，近顶端密被长缘毛。瘦果褐色，宽椭圆体形，长约0.6mm，宽0.5mm，有7条细纵肋。花、果期7－8月。

特产云南个旧市曼耗。生于山谷热带雨林中；海拔380－800m。

218.显柱楼梯草　图版122：A－D

Elatostema stigmatosum W. T. Wang in Acta Bot. Yunnan. 7(3)：297,fig.3：1－4.1985；并于中国植物志23(2)：297,图版65：1－4.1995；李锡文于云南植物志7：303.1997；Q. Lin et al. in Fl. China 5：

157.2003；W. T. Wang in Fu et al. Paper Collection of W. T. Wang 2：1158.2012. Type：云南：景东，徐家坝，alt.2470m，1981－08－02，云南大学地植物室滇西队13360（holotype，YUNU）；同地，alt.2450m，1981－07－29，云南大学地植物室滇西队12164（paratype，PE）。

多年生草本，雌雄异株。茎高约20cm，粗约4mm，不分枝或下部有一短分枝，上部疏被开展的短柔毛，中部之上约有6叶。叶具短柄或无柄；叶片干时草质，斜长椭圆形或椭圆形，长7－12cm，宽3.5－4.5cm，顶端尾状（尖头全缘），基部狭侧楔形，宽侧圆形，边缘在基部之上具牙齿，上面疏被贴伏短柔毛，下面沿脉被短柔毛，半离基三出脉，侧脉在叶狭侧2条，在宽侧4条，钟乳体稍密，稍明显，长0.1－0.3mm；叶柄长达2.5mm；托叶膜质，条状披针形，长约9mm，宽2.5mm，顶端微钝，白色，中脉绿色，近无毛。花序雌雄异株。雄头状花序具长梗；花序梗长8－12.5cm，上部被开展短柔毛；花序托椭圆形，长约12mm，宽6mm，疏被短柔毛；苞片约9，宽卵形或正三角形，长0.5－1mm，无毛，2－3枚顶端有长0.8－1mm，狭三角形的绿色突起；小苞片半透明，船状宽条形或条形，长1.1－2mm，顶端常兜状，边缘撕裂状。雄花密集，无毛；花被片4，倒卵形，绿色，长约1毫米，基部合生；雄蕊4，白色；退化雌蕊不明显。雌头状花序腋生，具极短柄；花序托椭圆形，长约4mm，宽2.5mm，无毛；苞片约30，小，正三角形，长约0.5mm，边缘有少数短毛，顶端有绿色长角状突起（长1.3－2mm）；小苞片密集，条形或狭倒披针形，长0.6－1mm，边缘上部有稀疏短缘毛，大的在顶端有长角状突起（长约1mm）。雌花小；花被片不存在；子房狭椭圆球形，长约0.3mm，柱头画笔头状，长约0.5mm。花期7－8月。

特产云南景东。生于海拔2450m山地林中。

219. 微毛楼梯草　图版122：E

Elatostema microtrichum W. T. Wang in Acta Bot. Yunnan. 7（3）：299，fig. 3：5.1985；并于中国植物志23（2）：299，图版65：5.1995；李锡文于云南植物志7：304，图版76：1－2.1997；Q. Lin et al. in Fl. China 5：157.2003；W. T. Wang in Fu et al. Paper Collection of W. T. Wang 2：1158.2012. Holotype：云南：腾冲，自治，alt.2150m，1964－06－26，武素功7243（KUN）。

多年生草本。茎高约30cm，基部粗3mm，中部分枝，上部被极短柔毛（毛长约0.1mm）。叶无柄或具极短柄；叶片纸质，斜椭圆形，长5.5－9.6cm，宽2.5－3.8cm，顶端渐尖或尾状渐尖，基部狭侧楔形，宽侧圆形或近耳形，边缘具牙齿，上面有极稀疏的短糙伏毛，下面沿脉有极短的小毛，半离基三出脉，侧

脉每侧约3条，钟乳体密，极明显，长0.2－0.4mm；叶柄长达1mm；托叶披针状条形，长约4.5mm，绿白色，中脉绿色，无毛。雄头状花序腋生，具长梗；花序梗长6－7cm，无毛；花序托宽椭圆形，长4－7mm，宽2.5－6mm，无毛；苞片约12，正三角形或扁正三角形，长0.8－1mm，顶端钝，多数在顶端之下有短而粗的角状突起；小苞片宽条形或条形，长0.8－1.2mm，顶端有时变宽，多少盾形，白色，近无毛或顶端有少数短毛。雄花密集；花被片4，倒卵形或狭倒卵形，长约1.2mm，基部稍合生，2枚较大，在外面顶端之下有短角状突起，无毛或上部边缘有稀疏短毛；雄蕊4；退化雌蕊长约0.1mm。雌头状花序未见。花期6月。

特产云南腾冲。生于山坡常绿阔叶林中，海拔2150m。

220. 拟骤尖楼梯草　图版121：D－E

Elatostema subcuspidatum W. T. Wang in Bull. Bot. Res. Harbin 4（3）：115，fig. 3－4.1984；并于中国植物志23（2）：293，图版54：3－4.1995；Q. Lin et al. in Fl. China 5：156.2003；杨昌煦等，重庆维管植物检索表151.2009；W. T. Wang in Fu et al. Paper Collection of W. T. Wang 2：1158.2012. Type：重庆：南川，金佛山，德隆，小米坪，alt.1600m，1983－08－30，刘正宇4387（holotype，PE）；同地，刘正宇4381，4446（paratypes，PE）。

多年生草本，干后多少变黑。茎高26－55cm，粗4－8mm，不分枝或下部具1分枝，上部被开展短柔毛。叶具短柄或无柄；叶片干时纸质，斜椭圆形，长7.5－15cm，宽4－7.5cm，顶端尾状渐尖或渐尖，基部狭侧楔形或钝，宽侧耳形，边缘在下部1/4全缘，其他部分有牙齿，上面被短糙伏毛，下面沿脉被短糙毛，三出脉，侧脉在叶狭侧1－2条，在宽侧3条，钟乳体密，不明显，长0.15－0.4mm；叶柄长达3mm；托叶披针形，长约10mm，近无毛。花序雌雄异株。雄头状花序腋生；花序梗长9－15mm，有短柔毛；花序托椭圆形，长约9mm，宽5mm，疏被贴伏短柔毛；苞片宽条形，近透明，长约1mm，无毛；小苞片密集，条形或匙状狭条形，长约0.8mm，无毛。雄花密集，四基数；花蕾直径约1mm，无毛。雌头状花序成对腋生，具极短柄；花序托近圆形，直径约4mm，近无毛；苞片约20，小，角状突起大，披针状条形，长1.2－2mm，宽0.3－1mm，被疏柔毛；小苞片密集，船形或长椭圆形，长0.5－1.2mm，大的在顶端有角状突起，边缘有缘毛。雌花密集；花被片不存在；子房椭圆形，长约0.4mm，柱头长约0.3mm。花期8月。

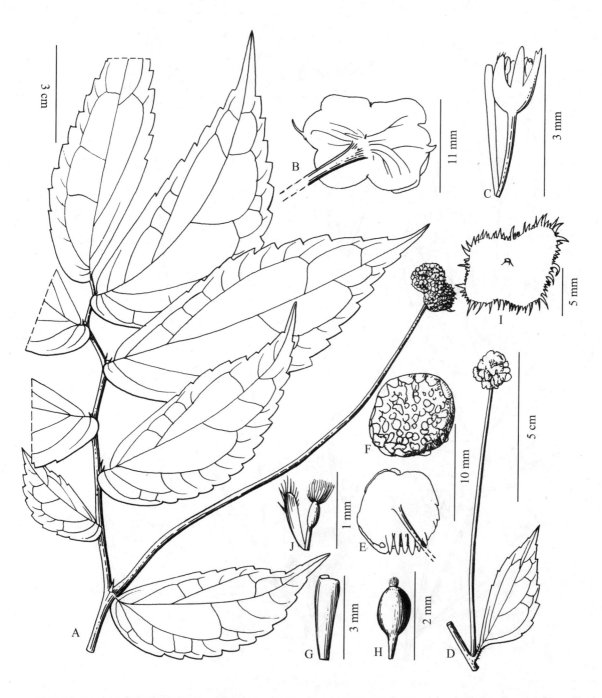

图版 119　A – C. 长梗楼梯草 *Elatostema longipes* A. 开花茎上部，B. 雄头状花序（下面观），C. 雄小苞片和雄花。（据 holotype）D – J. 拟长梗楼梯草 *E. pseudolongipes* D. 叶和腋生雄头状花序，E. 雄头状花序（下面观），F. 同 E（上面观），G. 雄小苞片，H. 雄花蕾，I. 雌头状花序（下面观），J. 雌小苞片和雌花。（据 holotype）

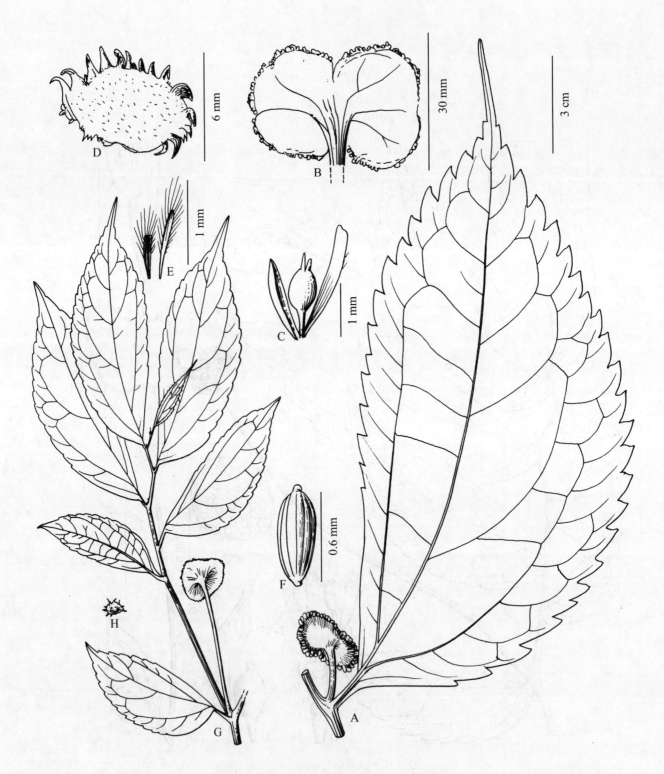

图版 120 A–F. 楔苞楼梯草 *Elatostema cuneiforme* var. *cuneiforme* A. 叶和腋生雄头状花序, B. 雄头状花序(下面观), C. 雄小苞片和雄花蕾, D. 雌头状花序(下面观), E. 雌小苞片, F. 瘦果。(据 holotype) G–H. 河口楼梯草 *E. hekouense* G. 开花茎上部, H. 雌头状花序。(自王文采, 1995)

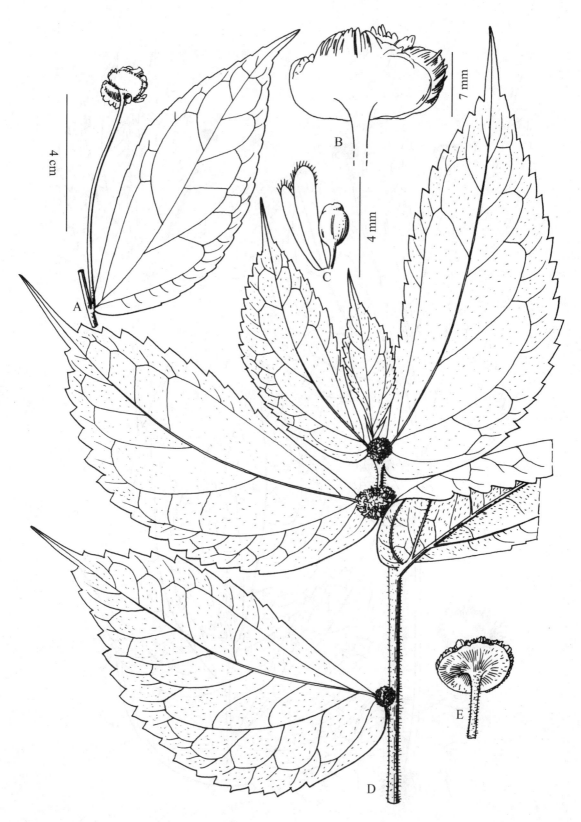

图版 121　A－C. 曼耗楼梯草 *Elatostema manhaoense* A. 叶和腋生雄头状花序，B. 雄头状花序(下面观)，C. 雄小苞片和雄花蕾。(据税玉民 15969)D－E. 拟骤尖楼梯草 *E. subcuspidatum* D. 开花茎上部，E. 雄头状花序。(自王文采，1995)

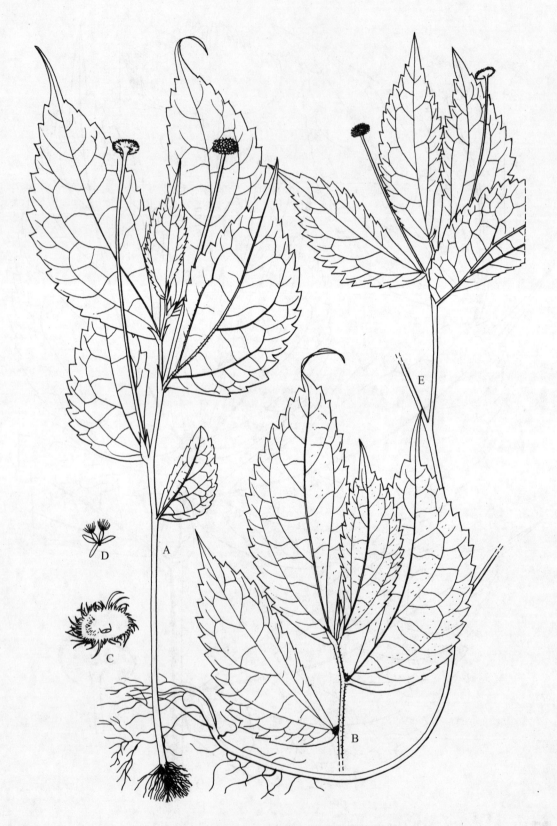

图版 122 A－D. 显株楼梯草 *Elatostema stigmatosum* A. 雄株,B. 雌株上部,C. 雌头状花序(下面观),D. 雌小苞片和 2 雌花。E. 微毛楼梯草 *E. microtrichum* 雄株。(自王文采,1995)

特产重庆南川金佛山。生于海拔 1600m 山地。

221. 辐脉楼梯草 图版 123

Elatostema actinodromum W. T. Wang in J. Syst. Evol. 50(6):575, fig. 3. 2012. Type:云南:金平,河头,分水岭,alt. 2200m,1996 – 10 – 16,武素功等 4310(♂,holotype,PE);金平,自马鞍地至五台山,alt. 2500m,1996 – 09 – 30,武素功等 3694(♀,paratype,PE)。

多年生草本。茎高约 40cm,下部粗 4mm,近顶端密被开展短柔毛(毛长 0.2 – 0.25mm),分枝。叶具短柄或无柄;叶片薄纸质,斜椭圆形或斜长圆形,长 7 – 12cm,宽 2.6 – 5cm,顶端渐尖(尖头全缘),基部狭侧楔形,宽侧圆形或近耳形,边缘具牙齿,上面无毛或疏被糙伏毛,下面脉上被短柔毛,半离基三出脉,侧脉 3 – 4 对,两面平,钟乳体不明显,密或稀疏,杆状,长 0.1 – 0.2(– 0.4)mm;叶柄长达 3mm;托叶膜质,披针形或条状披针形,长 2 – 8mm,宽 0.7 – 2mm,白色,有 1 – 2 条绿脉,无毛,有钟乳体。花序雌雄异株。雄头状花序单生叶腋,有长梗;花序梗长 1.5 – 4cm,被开展短柔毛;花序托长圆状椭圆形,长约 9mm,宽 6mm,被短柔毛,脉数条从花序托中央辐射状展出;苞片约 18 枚,2 枚对生,较大,本身退化,但凿有长 1.2 – 1.5mm 的顶生角状突起,其余苞片较小,正三角形,长 0.3 – 1mm,顶端变厚,近无毛;小苞片倒梯形,长 2mm,宽 1 – 1.5mm,顶端斜截形,常不明显 2 裂。雄花蕾近球形,直径 1.2mm,无毛,顶端有 3 个不等大的三角形突起。雌头状花序单生叶腋;花序梗长 3.5mm,无毛;花序托长圆状椭圆形,长约 5mm,宽 4mm,无毛;苞片约 30,膜质,正三角形,无毛或被短缘毛,顶端具角状突起,排成约 2 层,外层苞片约 16 枚,长 0.6 – 0.8mm,宽 0.7 – 1.2mm,内层苞片约 14 枚,长和宽约 0.6mm;小苞片半透明,楔状条形,长约 1.2mm,顶端被缘毛。瘦果暗紫色,长卵球形,长约 1mm,有 8 条细纵肋。花期 9 – 10 月。

特产云南金平。生于山谷密林中,海拔 2200 – 2500m。

222. 独龙楼梯草 图版 124:A – F

Elatostema dulongense W. T. Wang in Bull. Bot. Res. Harbin 9(2):72, pl. 2:3 – 6. 1989;并于中国植物志 23(2):295. 1995;李锡文于云南植物志 7:300. 1997;Q. Lin et al. in Fl. China 5:157. 2003;W. T. Wang in Fu et al. Paper Collection of W. T. Wang 2:1158. 2012. Holotype:云南:贡山,独龙江,马库,alt. 1350m,1982 – 08 – 09,青藏队 9130(PE)。

草本。茎高约 30cm,近顶部疏被开展短柔毛,不分枝或有 1 条分枝。叶无柄,草质,斜长圆状倒卵形或长圆形,长 6.5 – 11cm,宽 2.3 – 3.9cm,顶端尾状(尾状尖头基部有 1 – 2 齿),基部狭侧楔形,宽侧宽楔形或圆形,边缘在基部之上有牙齿,上面被短糙伏毛,下面在脉上有短柔毛,半离基三出脉,侧脉在叶狭侧 2 条,在宽侧 3 条,钟乳体稍密,长 0.1 – 0.2mm;托叶膜质,条形,长约 4mm,绿白色,中脉绿色,无毛。花序雌雄同株。雄头状花序单生茎上部叶腋,具长梗;花序梗长 1.2 – 2.5cm,无毛或近无毛;花序托椭圆形,长 0.9 – 2.2cm,宽 4 – 9mm,无毛;苞片约 30,膜质,白色,不等大,宽卵形或三角形,长 0.6 – 1mm,宽 0.8 – 2mm,无毛,常在背面顶端之下有短条形绿色隆起;小苞片极多数,密集,半透明,长圆形或条形,长 1.2 – 1.8mm,宽 0.4 – 0.8mm,顶端常兜状或有短角状突起,疏被短缘毛。雄花极多数,密集,四基数;花蕾直径约 0.8mm,顶部绿色。雌头状花序单生于雄花序之下的叶腋,无梗或具极短梗;花序梗长约 1mm,无毛;花序托长圆形,长 3.5 – 5.2mm,宽 2.5 – 3.6mm,无毛;苞片约 30,扁正三角形,不明显,长约 0.4mm,顶端有条形、绿色角状突起(长 0.5 – 0.7mm),疏被短缘毛;外方小苞片卵形,长约 0.3mm,有绿色角状突起,其他的极多,极密,条形,长约 0.3mm,密被短柔毛。雌花无梗;花被片不存在;子房椭圆体形,长约 2.5mm;柱头画笔头状,长约 3.5mm。瘦果褐色,近长圆形,长约 0.5mm,约有 6 条细纵肋。花期 7 – 8 月。

特产云南贡山独龙江流域。生于常绿阔叶林下阴处,海拔 1350m。

223. 田林楼梯草 图版 124:G – I

Elatostema tianlinense W. T. Wang in Guihaia 11(1):2, fig. 1:3 – 5. 1991;Q. Lin et al. in Fl. China 5:157. 2003;W. T. Wang in Fu et al. Paper Collection of W. T. Wang 2:1158. 2012. Type:广西:田林,老山,alt. 1050m,1989 – 04 – 25,昆明植物所红水河队 89 – 468(holotype,PE;isotype,KUN)。

多年生草本。茎高约 45cm,基部之上生根,中部之上被开展短柔毛,不分枝。叶具短柄或近无毛;叶片薄纸质,斜长圆状椭圆形,长 8 – 11.8cm,宽 3.5 – 4.7cm,顶端长渐尖(尖头全缘),基部狭侧楔形,宽侧圆形,边缘有牙齿,上面有极稀疏短糙伏毛,下面在基出脉和侧脉上被短柔毛,半离基三出脉,侧脉每侧 4 条,钟乳体明显,密集,杆状,长 0.2 – 0.45mm;叶柄长达 3.5mm;托叶膜质,白色,三角形或条状披针形,长 7 – 10mm,宽 2 – 2.2mm,腹面绿脉上被短柔毛。雄头状花序单生叶腋,具长梗;花序梗长 10 - 13mm,被开展短柔毛;花序托近长圆形,长约 5.5mm,宽 2.5mm,疏被短柔毛;苞片约 20,膜质,顶端具绿色角状突起,排成 2 层,外层苞片 6 枚,其中 2 枚较大,对生,宽三角形,长约 1.5mm,宽 3.5mm,其他 4 枚较小,三角形,长约 1.5mm,宽 1mm,背面有 1 条绿色纵脉,内层苞片约 14 枚,三角形,长约 1mm,宽 0.5 - 0.8mm,疏被短缘毛;小苞片多数,密集,半透明,白色,长圆形或船状条形,长 0.8 - 2mm,宽 0.5 - 1mm,被短柔毛,常在背面顶端有绿色,长 0.1 - 0.25mm 的角状突起,中脉绿色。雄花蕾多数,有短梗,直径约 0.6mm,顶端有 4 角状突起,疏被短柔毛。雌头状花序未见。花期 4 - 5 月。

特产广西田林。生于山谷溪边阴湿处,海拔 1050m。

224. 毛梗楼梯草　图版 125:A - F

Elatostema pubipes W. T. Wang in Bull. Bot. Lab. N. - E. Forest. Inst. 7:75. 1980;并于中国植物志 23(2):295. 1995;李锡文于云南植物志 7:302. 1997;Q. Lin et al. in Fl. China 5:156. 2003;W. T. Wang in Fu et al. Paper Collection of W. T. Wang 2: 1158. 2012. Holotype:云南:马关,老君山,alt. 2300m,1959 - 05 - 03,武全安 8170(KUN)。

小草本。茎高 10 - 16cm,自基部分枝,上部疏被短柔毛。叶无柄;叶片草质,斜椭圆形,长 3 - 7.3cm,宽 1.4 - 2.9cm,顶端骤尖或短渐尖(尖头全缘或下部有 1 齿),基部狭侧楔形,宽侧近耳形,边缘自基部之上有牙齿,上面有短伏毛,下面沿脉密被短柔毛,基出脉 3 条,侧脉在叶狭侧 2 条,在宽侧 3 条,钟乳体不明显或明显,密,长约 0.2mm;托叶白色,膜质,条状披针形,长约 6mm。花序雌雄同株,单生叶腋。雄头状花序有长梗;花序梗长 10 - 30mm,密被开展短柔毛;花序托近椭圆形,长约 4mm,宽约 2.5mm,在中部二浅裂,有疏柔毛;苞片约 10 个,2 枚较大,8 枚较小,三角形,长约 0.5mm,顶端有长 0.8 - 1.8mm 的角状突起,有短柔毛;小苞片约 10 枚,条形,长约 1mm,顶部有缘毛。雄花蕾有细梗,直径约 0.8mm,四基数,外面被白色长柔毛,有 2 花被片的外面顶端之下有宽而扁的突起。雌头状花序无梗,直径约 3mm;花序托小;苞片小,长在 0.5mm 以下,角状突起长,长达 1.8 - 2mm,有短柔毛;小苞片约 32 枚,密集,条形,长 0.6 - 1mm,有短柔毛。雌花:花被片不存在;子房长约 0.5mm,柱头画笔头状,长 0.1mm。花期 5 月。

特产云南马关老君山。生于山地竹林中,海拔 2300m。

225. 渤生楼梯草　图版 125:G - J

Elatostema procridioides Wedd. in DC. Prodr. 16 (1):180. 1869;Hook Fl. Brit. Ind. 5:510. 1888;Q. Lin et al. in Fl. China 5:159. 2003;W. T. Wang in Fu et al. Paper Collection of W. T. Wang 2:1158. 2012. Syntypes:collected from NE India and Myanmar by W. Griffith(non vidi).

E. beshengii W. T. Wang in Acta Phytotax. Sin. 28 (4):310,fig. 2:1 - 3. 1990;并于中国植物志 23(2):301,图版 68:1 - 3. 1995。Type:西藏:墨脱,背崩,地东,稀让,alt. 850 - 1000m,1983 - 04 - 08,李渤生,程树志 3949(holotype,PE);同地,邦辛,alt. 1300m,1983 - 04 - 08,李渤生,程树志 2540(paratype,PE)。

草本。茎高 30 - 50cm,不分枝,无毛。叶具短柄,无毛;叶片薄纸质,斜长圆形或斜倒卵状长圆形,长 8 - 19cm,宽 3 - 6.8cm,顶端渐尖,基部斜楔形,边缘在中部之上有 5 - 8 小牙齿,三出脉,侧生基出脉向上伸展超过叶片中部,侧脉在叶狭侧 2 - 3 条,在宽侧 3 - 4 条,钟乳体明显,密,长 0.25 - 0.5mm;叶柄长 2 - 6mm;托叶披针状条形,长 1.4 - 2.2cm,宽 2 - 3.5mm,钟乳体稍密,长 0.2 - 0.4mm。花序雌雄异株。雄头状花序单生叶腋,具稍长梗;花序梗长 1.3 - 2.5cm,无毛;花序托长圆形或宽椭圆形,长 1.3 - 1.5cm,宽 5 - 8mm,无毛;苞片约 7,无毛,2 枚较大,对生,扁卵形,背面顶端之下有长角状突起(突起长 4.5 - 8mm),其他 5 枚较小,三角形或卵形,长 2 - 2.5mm,宽 2 - 4mm,顶端的突起短而粗,长约 1mm,绿色;小苞片密集,条形或狭条形,长 2.8 - 3.2mm,宽 0.5 - 1mm,较大的顶端兜状,并有短角状突起,无毛。雄花具梗;花被片 4,椭圆形,长约 1.5mm,有角状突起,边缘上部有稀疏短缘毛;雄蕊 4。雌头状花序单生叶腋,有梗;花序梗长约 4mm,无毛;花序托椭圆形,长 1.2cm,宽 6mm,中部缢缩,无毛;苞片约 10,无毛,2 枚较大,对生,扁卵形,具长角状突起(突起长 3 - 5mm),其他的苞片较小,三角形,长约 1.5mm,顶端有或无角状突起;小苞片极多数,倒披针状条形,长 0.8 - 1.7mm,边缘有短缘毛,较大的小苞片顶端兜形,并具角状突起。雌花多数;花被片不存在;子房狭长圆形,长约 0.35mm,柱头小。瘦果暗紫色,长圆形,长约 0.9mm,约有 6 条细纵肋。花期 1 - 4 月。

分布于西藏东南部(墨脱);印度东北部、缅甸北部。生于山谷常绿阔叶林中,海拔 850 - 1300m。

系 7. 腺托楼梯草系

Ser. Adenophora W. T. Wang in J. Syst. Evol. 51

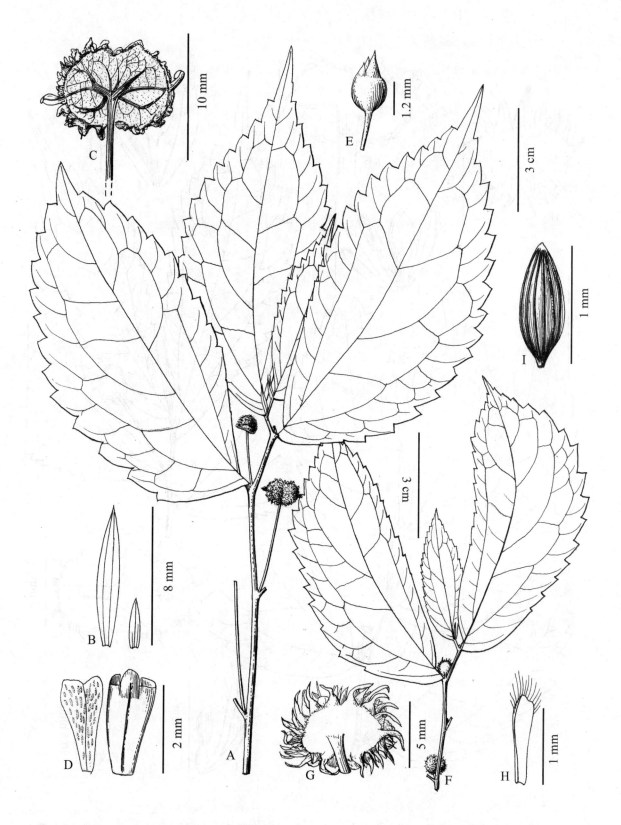

图版 123 辐脉楼梯草 *Elatostema actinodromum* A. 雄茎上部, B. 托叶, C. 雄头状花序(下面观), D. 2 雄小苞片, E. 雄花蕾, (据 holotype) F. 雌茎顶部, G. 雌头状花序, H. 雌小苞片, I. 瘦果。(据 paratype)

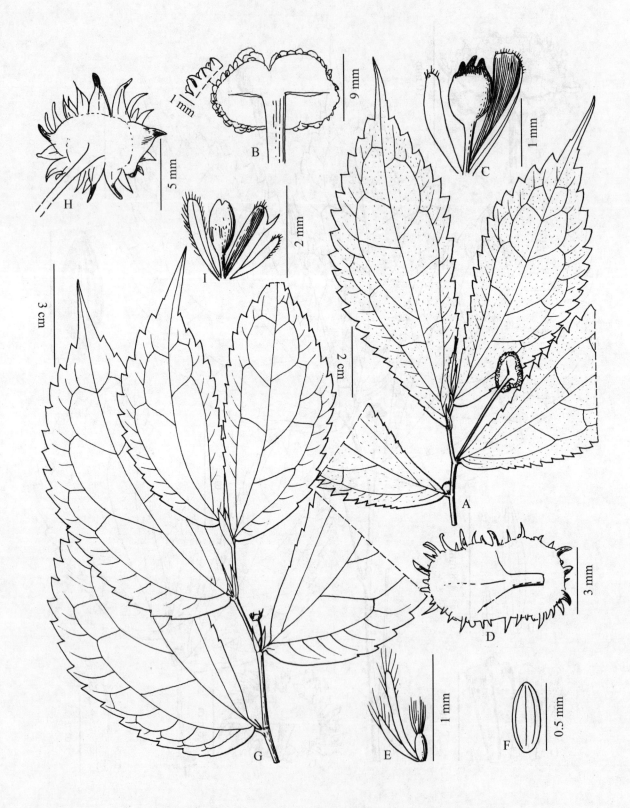

图版 124　A–F. 独龙楼梯草 *Elatostema dulongense* A. 开花茎上部，B. 雄头状花序（下面观），C. 雄小苞片和雄花蕾，D. 雌头状花序（下面观），E. 雌小苞片和雌花，F. 瘦果。（据 holotype）G–I. 田林楼梯草 *E. tianlinense* G. 开花茎上部，H. 雄头状花序（下面观），I. 雄小苞片和雄花蕾。（据 holotype）

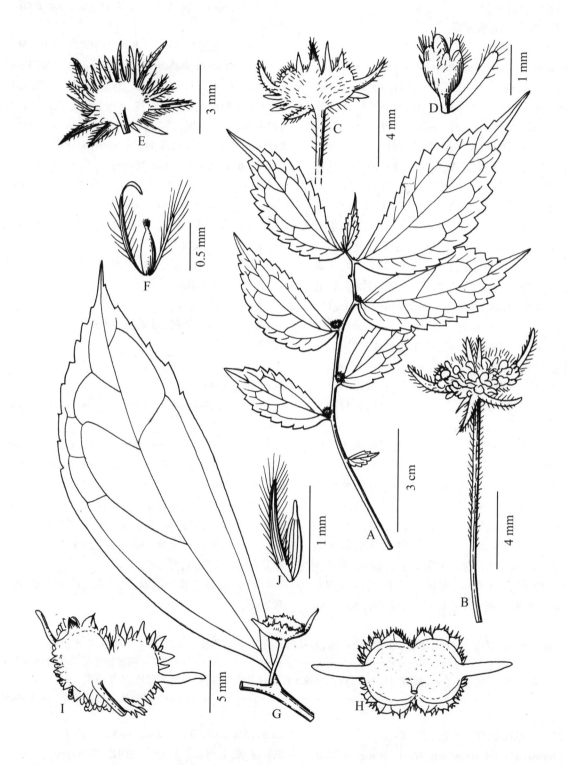

图版 125 A–F. 毛梗楼梯草 *Elatostema pubipes* A. 开花茎, B. 雄头状花序, C. 同 B, 下面观, D. 雄小苞片和雄花蕾, E. 雌头状花序(下面观), F. 雌小苞片和雌花。(据 holotype) G–J. 渤生楼梯草 *E. procrioides* G. 叶和腋生雄头状花序, H. 雄头状花序(下面观), I. 雌头状花序(下面观), J. 雌小苞片和瘦果。(据李渤生, 程树志 03950)

（2）：227.2013.Type：*E. adenophorum* W. T. Wang.

叶具半离基三出脉，有时具羽状脉。雄头状花序具长梗；花序托盘状，有密集腺点；总苞苞片退化，扁宽卵形或横条性，或完全消失。雌头状花序具短梗。瘦果具瘤状突起。

1 种，特产云南东南部。

226. 腺托楼梯草

Elatostema adenophorum W. T. Wang in Guihaia 31（2）：144，fig. 1：A－G.2011.Type：云南：马关，古林箐，alt. 576m，2009－07－04，金效华，刘冰等 704（holotype，PE），703、705（paratype，PE）。

228a. var. **adenophorum** 图版 126：A－G

多年生草本，雌雄异株。茎高 35－100cm，基部之上粗约 3mm，无毛，有 6 条细纵沟，分枝。叶有短柄，无毛；叶片草质，长圆形或倒披针状长圆形，长（1－4.5－）9－21cm，宽（0.5－2－）3－6cm，顶端长渐尖（渐尖头全缘），基部斜楔形或在宽侧宽楔形或近圆形，边缘在基部之上具小牙齿或浅钝齿，具半离基三出脉，侧脉 3－4 对，上面平，下面微隆起，钟乳体密，稍明显，杆状，长 0.1－0.25mm；叶柄长 1－6mm；托叶细钻形或狭条形；长 2－15mm，绿色。雄头状花序单生叶腋，具长梗；花序梗长 4－10cm，无毛；花序托长方形，长 15－27mm，宽 10－17mm，无毛，中部缢缩，有密集小腺点；苞片约 8，扁卵形或横条形，长 1.8－2mm，宽 5.5－10mm，顶端截状圆形或截形，无毛；小苞片多数，密集，膜质，半透明，白色，狭倒卵形或匙形，长 2－3mm，上部被缘毛。雄花蕾具短梗，近球形，直径约 1mm，顶端有 4 角状突起，被少数毛。雌头状花序单生叶腋；花序梗长约 5mm，无毛；花序托不规则长方形，长 6－12mm，宽 3－9mm，无毛；苞片约 60，三角形或正三角形，长 0.3－1mm。宽 0.2－2mm，被缘毛，顶端具角状突起（长 0.5－1.5mm）；小苞片多数，密集，绿色，条状倒披针形，长 0.3－0.6mm，密被长缘毛（毛长 0.3－0.5mm）。瘦果淡褐色，近长圆形，长约 0.8mm，有

密瘤状突起，基部变狭；宿存花被片 3，宽倒卵球形，长约 0.2mm，背面有 1－2 根毛。果期 6－7 月。

特产云南马关。生于山谷雨林中，海拔 576m。

标本登录：

云南：马关，税玉民，陈文红，盛家舒 30071，30499（PE）。

226b. 无苞腺托楼梯草（变种） 图版 126：H－M

var. **gymnocephalum** W. T. Wang in J. Syst. Evol. 51（2）：227，fig. 7：E－H.2013.Type：云南：马关，古林箐，干沟，2002－10－18，税玉民，陈文红，盛家舒 30884（holotype，PE）；同地，木材检查站，alt. 500m，2005－07－23，税玉民等 44278（paratype，PE）。

E. dissectum auct. non Wedd；W. T. Wang in Fu et al. Paper Collection of W. T. Wang 2：1160.2012，p. min. p. quoad specim. Y. M. Shui et al. 44278 et fig. 3：45.

本变种的雄头状花序的总苞苞片强烈退化并消失，而与模式变种不同。

特产云南马关和个旧。生于石灰岩山热带雨林中，海拔 300－850m。

标本登录：

云南：个旧，曼耗，沙珠底，税玉民 15941，15917（PE）。

系 8. 微晶楼梯草系

Ser. **Papillosa** W. T. Wang，ser. nov. Type：*E. papillosum* Wedd.

Series nova haec Ser. *Dissectis* W. T. Wang arcte affinis est，a qua acheniis longitudinaliter costatis et tuberculatis differt.

本系与盘托楼梯草系 Ser. *Dissectis* 甚为接近，区别特征为本系的瘦果具纵肋和瘤状突起。叶具半离基三出脉或离基三出脉。雌头状花序具长梗。雌头状花序具短梗或无梗。

2 种，分布于我国西藏东南部以及不丹和印度东北部。

1. 叶片长达 20cm，宽达 10.5cm，顶端尖头边缘有小齿；雌总苞的约 16 枚苞片排成 2 层；雌小苞片白色，半透明 ……… …………………………… 227. 四被楼梯草 **E. tetratepalum**
1. 叶片长达 13.5cm，宽达 5.5cm，顶端尖头全缘；雌总苞的 5 枚苞片排成 1 层；雌小苞片绿色，不半透明 ……… …………………………… 228. 微晶楼梯草 **E. papillosum**

227. 四被楼梯草 图版 127：A－D

Elatostema tetratepalum W. T. Wang in Bull. Bot. Res. Harbin 2（1）：25.1982；并于中国植物志 23（2）：291，图版 63：1－2.1995；Q. Lin et al. in Fl. China 5：155.2003；W. T. Wang in Fu et al. Paper Collection of W. T. Wang 2：1155.2012. Holotype：西藏：墨脱，希让，alt. 700m，1980－07－24，王金亭，陈伟烈，李渤生 11307（PE）。

多年生草本。茎高52-56cm,不分枝或上部有1分枝,疏被反曲的短糙硬毛,顶部稍密被开展的短糙硬毛。叶近无柄或无柄;叶片草质,斜椭圆形或狭椭圆形,长5.5-20cm,宽3.8-10.5cm,顶端渐尖(尖头边缘有小牙齿),基部狭侧楔形,宽侧宽楔形或近耳形,边缘在基部之上有牙齿,上面无毛,下面沿脉有短伏毛,半离基三出脉,侧脉在叶狭侧约3条,在宽侧4-5条,钟乳体密,明显,长0.2-0.4mm;叶柄长达2.5mm;托叶披针状条形,长5-8mm,宽约1mm,无毛。退化叶小,卵形或宽卵形,长4-5mm,顶端骤尖,有少数小裂片。雄头状花序未见。雌头状花序近无梗;花序托近椭圆形,长约1.5cm,宽约1cm,疏被短毛;外层苞片约4枚,较大,三角形或扁三角形,宽4.5-9mm,内层苞片小,约12,狭三角形或条形,长约4.5mm,宽0.6mm,边缘被短糙毛;小苞片密集,膜质,透明,条状披针形,长3-5mm,宽0.2-0.5mm,边缘有缘毛;雌花具梗,梗长0.5-0.8mm;花被片4,条状披针形或狭条形,长约0.5mm;子房狭长圆形,长约0.6mm。瘦果褐色,卵球形,长0.8-0.9mm,有6条细纵肋和小瘤状突起。花期7月。

特产西藏墨脱。生于山地林下,海拔700m。

228. **微晶楼梯草** 图版127:E-J

Elatostema papillosum Wedd. in Arch. Mus. Hist. Nat. Paris 9:327. 1856;et in DC. Prodr. 1(1):188. 1869;Hook. f. Fl. Brit. Ind. 5:569. 1888;H. Schroter in Repert. Sp. Nov. Regn. Veg. Beih. 83(2):151. 1936;Grierson & Long in Not. R. Bot. Gard. Edinb. 40(1):133. 1982;et Fl. Bhutan 1(1):121. 1983;王文采于中国植物志23(2):290,图版63:3-4. 1995;Q. Lin et al. in Fl. China 5:155. 2003;林祁等于西北植物学报29(9):1911. 2009;W. T. Wang in Fu et al. Paper Collection of W. T. Wang 2:1155. 2012. Lectotype:India:Khasia,alt. 2000-4000ft,J. D. Hooker & T. Thomson s. n(P-Lin et al,2009,non vidi).

多年生草本。茎高25-50cm,不分枝或分枝,被反曲短伏毛,毛在茎顶部稍密。叶具短柄或近无柄;叶片薄纸质,斜狭倒卵形或斜狭椭圆形,长4.5-13.5cm,宽2-5.5cm,顶端骤尖或尾状(尖头披针状条形,长达2.3cm,全缘),基部狭侧楔形,宽侧宽楔形或近耳形,边缘下部1/3处全缘,其上有浅牙齿,上面无毛,下面沿脉被极短的贴伏柔毛,半离基三出脉或离基三出脉,侧脉在叶狭侧约3条,在宽侧约5条,钟乳体稍密,不明显或明显,长0.1-0.3mm;叶柄长达5mm,密被短伏毛;托叶披针状条形,长5-7mm,宽0.5-0.8mm,顶端尖锐,无毛。退化叶心形

或卵形,长3-10mm,每侧各有1齿。花序雌雄同株或异株。雄头状花序具长梗;花序梗长2-5.5cm,无毛;花序托椭圆形,长1.4-2.5cm,宽1-1.4cm;苞片约8,圆卵形,宽5-12mm,无毛;小苞片密集,膜质、透明,匙状宽条形,长5-7mm,宽1-3mm,无毛。雄花具梗,花蕾直径约2mm,四基数,无毛。雌头状花序具短梗;花序梗长约1mm;花序托近圆形,直径3-5mm,无毛;苞片约6,宽三角形,宽3-6mm,边缘有短毛;小苞片约100枚,密集,绿色,披针状条形,或条状倒披针形,长1.2-3mm,宽0.2-0.7mm,被长缘毛。雌花具短梗;花被片4,狭三角形,长约0.2mm;子房长约0.7mm,柱头长约0.5mm。瘦果褐色,椭圆体形,长约1mm,约有5条纵肋和稀疏小瘤状突起。花期6-7月。

分布于西藏东南部(墨脱);不丹、印度东北部。生于山谷常绿阔叶林中或林边,海拔1100-1300m。

标本登录:

西藏:墨脱,陈伟烈10827,生态室高原组1173,李渤生和程树志5225(PE)。

系9. **糙梗楼梯草系**

Ser. **Hirtellipedunculata** W. T. Wang in Fu et al. Paper Collection of W. T. Wang 2:1129. 2012. Type:*E. hirtellipedunculafum* Shih & Yang.

本系近不同是盘托楼梯草系 Ser. *Dissecta*,但本系的不同是瘦果平滑,不具纵肋。叶具半离基三出脉或近羽状脉。雄头状花序有长梗;雌头状花序近无梗;雄、雌苞片均无任何突起。

1种,特产台湾。

229. **糙梗楼梯草** 图版128:A-E

Elatostema hirtellipedunculatum Shih & Yang in Bot. Bull. Acad. Sin 36(3):160,fig. 3,et(4):263,1995;Y. P. Yang et al. in Fl. Taiwan,2nd ed,2:209. 1996;Q. Lin et al in Fl. China 5:134. 2003;W. T. Wang in Fu et al. Paper Collection of W. T. Wang 2:1129. 2012. Holotype:台湾:花莲,Chimay,施炳霖3257(NSYSU,non vidi)。

多年生草本。茎直立或渐升,长达1m,粗8mm,疏被短硬毛,分枝。叶无柄,稀具短柄;叶片纸质,斜斜椭圆形,狭卵形或长圆形,长4-20cm 宽1.5-7cm,顶端长渐尖或渐尖(尖头全缘),基部狭侧楔形,宽侧圆形,边缘上部具钝牙齿或浅钝齿,两面被短硬毛,半离基三出脉或近羽状脉,侧脉4-7对,钟乳体稍密,有时只近叶缘分布,长0.15-0.35mm;叶柄长达2mm;托叶白绿色,钻形,长2-5mm。雄

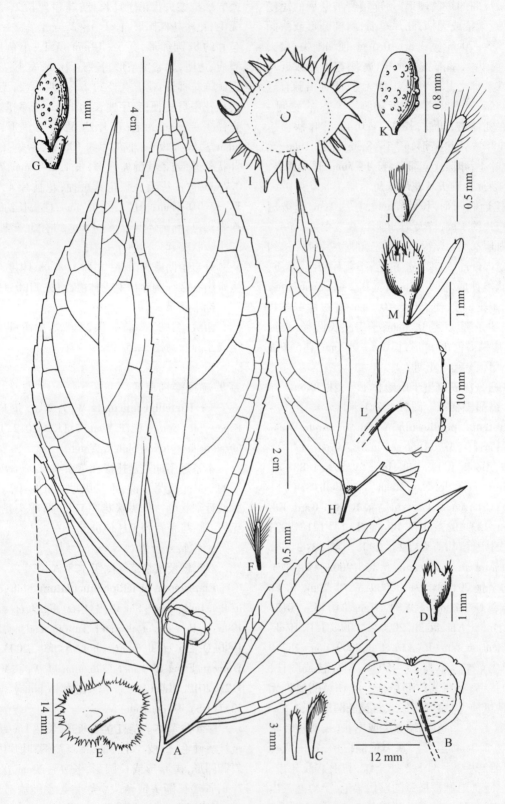

图版 126 腺托楼梯草 *Elatostema adenophorum* A‒G. 模式变种 var. **adenophorum** A. 开花茎顶部, B. 雄头状花序(下面观), C. 雄小苞片, D. 雄花蕾, E. 雌头状花序(下面观), F. 雌小苞片, G. 瘦果。(据 holotype) H‒M. 无苞腺托楼梯草 var. *gymnocephalum* H. 叶和腋生雌头状花序, I. 雌头状花序(下面观), J. 雌小苞片和雌花, K. 瘦果, L. 雄头状花序(下面观), M. 雄小苞片和雄花蕾。(据税玉民等 44278)

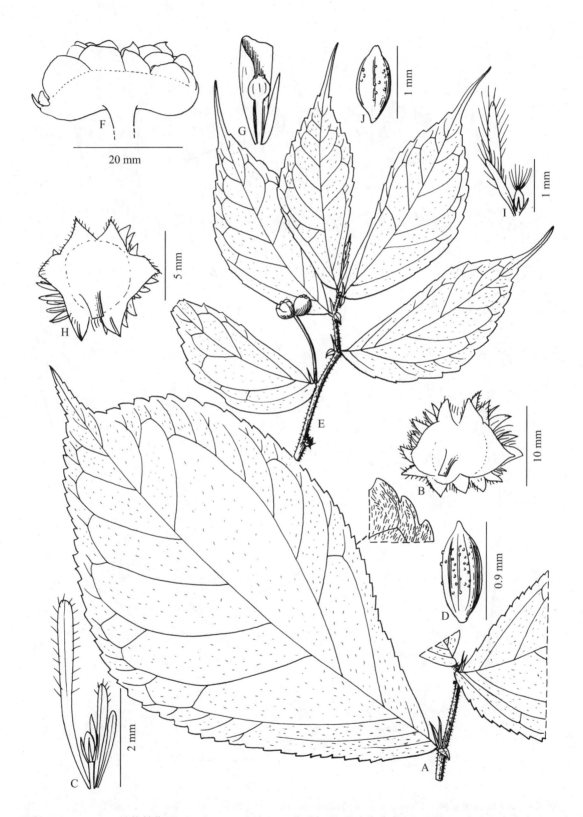

图版 127 A – D. 四被楼梯草 *Elatostema tetratepalum* A. 茎顶部, B. 雌头状花序(下面观), C. 雌小苞片和幼果, D. 瘦果。(据 holotype) E – J. 微晶楼梯草 *E. papillosum* E. 开花茎顶部, F. 雄头状花序(侧面观), G. 雄小苞片和雄花蕾, H. 雌头状花序(下面观), I. 雌小苞片和雌花, J. 瘦果。(据生态室高原组 11173)

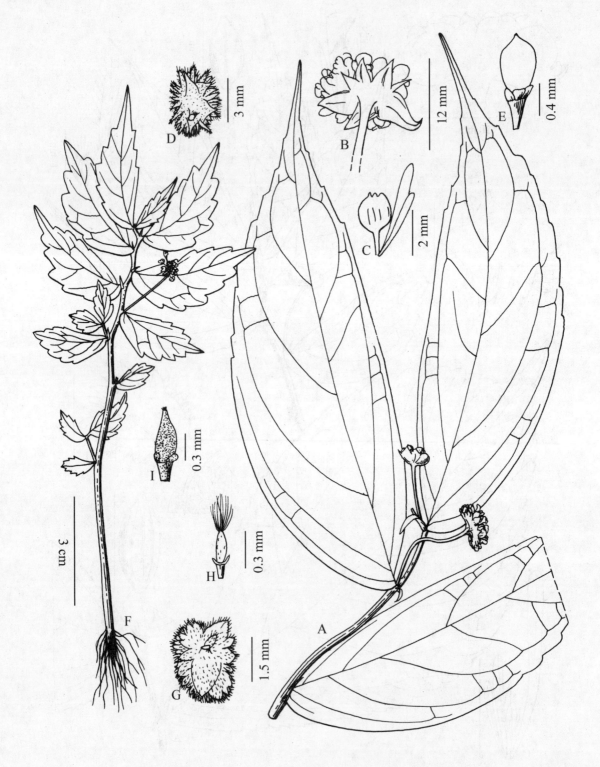

图版 128 A‑E. 糙梗楼梯草 *Elatostema hirtellipedunculatum* A. 开花雄茎顶部，B. 雄头状花序(侧下面观)，C. 雄小苞片和雄花蕾。(据刘大义 125) D. 雌头状花序(下面观)，E. 瘦果和退化雄蕊。(自 Shih & Yang, 1995) F‑I. 白被楼梯草 *E. hypoglaucum* F. 开花雄茎(据 C. C. Liao 1521)，G. 雌头状花序(下面观)，H. 雌花，I. 瘦果和退化雄蕊。(自 Shih & Yang, 1995)

头状花序直径 7 - 8mm; 花序梗长 1 - 5cm, 疏被短硬毛; 花序托椭圆形, 长达 1.8cm; 苞片约 6, 卵形或三角形, 长 3 - 8mm, 近无毛; 小苞片半透明, 无毛, 或船形, 长达 6mm, 有角状突起, 或条形, 长 2.5 - 4mm, 无突起。雄花: 花被片 5, 狭卵形, 长约3.5mm, 顶端有角状突起; 雄蕊 5。雌头状花序近无梗; 花序托近圆形, 直径约 4mm; 苞片约 6, 三角形, 长约 2mm; 小苞片半透明, 条形, 长约 2.5mm。雌花: 花被片极小; 退化雄蕊 5, 小; 子房卵球形, 柱头画笔头状。瘦果卵球形, 长约 1mm, 光滑。

台湾特有种, 见于台北、宜兰、花莲、屏东、台东 (包括兰屿) 等地。生于低至中海拔山区谷中溪边或林中。

标本登录:

台湾: 宜兰, Yi - Chung Chen 57 (HAST); 屏东, Ta - Yi Liu 125 (HAST)。

系 10. 异茎楼梯草系

Ser. **Heteroclada** W. T. Wang & Y. G. Wei, ser. now.; W. T. Wang et al. in Fu et al. Paper Collection of W. T. Wang 2: 1160. 2012, nom. nud. Type: *E. heterocladum* W. T. Wang, A. Monro & Y. G. Wei.

Series nova haec est arcte affinis Ser. *Dissectis* W. T. Wang, a qua caulibus staminatis humilibus, eorum foliis in magnitudine valde reductis minutis cystolithis carentibus differt. Foila caulium pistillatorum et vegetativorum normaliter evoluta, trinervia, cystolithis praedita. Capitula staminata 1 - 3 longius pedunculata, e foliorum summorum axillis singulatim orta.

本系与盘托楼梯草系 Ser. *Dissecta* 极为相近缘, 与后者的区别在于: 本系只生雄头状花序的茎 (雄茎) 低矮, 其上的叶强烈退化, 小, 无钟乳体。只生雌头状花序的茎 (雌茎) 较高, 其叶正常发育, 具三出脉和钟乳体。

1 种, 特产广西西北部。

230. 异茎楼梯草　图版 129

Elatostema heterocladum W. T. Wang. A. K. Monro & Y. G. Wei in Phytotaxa 147 (1): 7, fig. 5 - 6. 2013; W. T. Wang et al. in Fu et al. Paper collection of W. T. Wang 2: 1160, fig. 32. 2012, nom. nud. Type: 广西: 隆林, 大吼豹保护区, 2009 - 03 - 27, 韦毅刚 g086 (holotype, PE; isotype, IBK)。

多年生草本。雄茎高 8 - 14cm, 基部粗 1mm, 无毛, 不分枝或在中部有 1 枝, 近顶端有 3 - 5 叶和 1 - 3 个雄头状花序。雄茎的叶无柄或具短柄, 退化,

小, 纸质, 长圆状条形, 长 5 - 27mm, 宽 1.5 - 5mm, 边缘有小牙齿, 无毛, 无钟乳体, 具 1 条中脉。雌茎高约27cm, 基部粗 2.5mm, 无毛, 不分枝, 约有 5 叶, 在每个叶腋生出 1 个雌头状花序。雌茎的叶具短柄, 无毛; 叶片薄纸质, 斜长圆形或斜椭圆形, 长 5 - 14.4cm, 宽 2 - 4.4cm, 顶端长渐尖或渐尖, 基部斜楔形, 边缘有小牙齿或浅钝齿, 三出脉, 侧脉在叶狭侧 2 - 3 条, 在宽侧 4 条, 两面平, 钟乳体不明显, 稍密或稀疏, 杆状, 长 0.1 - 0.3mm; 叶柄长 0.5 - 1.5mm; 叶托早落, 条形, 长 1.5 - 1.8mm, 宽 0.2 - 1mm。营养茎的叶与雌茎的叶相似。雄头状花序单生叶腋, 直径 8 - 12mm, 具稍长梗; 花序梗长 9 - 25mm, 无毛; 花序托椭圆形, 长 8 - 11mm, 宽 3 - 6mm, 无毛; 苞片约 8, 扁宽卵形, 长 1.8 - 2.2mm, 宽 2.4 - 4mm, 顶端圆截形, 有时啮蚀状, 无毛; 小苞片膜质, 半透明, 白色, 条形, 长 2 - 4.2mm, 无毛。雄花无毛: 花梗长 2mm; 花被片 4, 倒卵状长圆形, 长 3mm, 宽 1mm, 基部合生; 雄蕊 4。雌头状花序单生叶腋, 幼花序直径 2mm; 花序梗长 0.6mm, 无毛; 花序托小, 长方形, 无毛; 苞片约 6, 扁宽卵形, 顶端兜状, 背面顶端之下具短、粗角状突起, 无毛; 小苞片密集, 宽卵形或扁宽卵形, 长约 0.3mm, 具或不具短角状突起, 无毛或疏被短柔毛。雌花尚未发育。花期 4 月。

特产广西隆林。生于石灰岩山中阴湿处。

系 11. 白背楼梯草系

Ser **Hypoglauca** W. T. Wang in Fu et al. Paper Collection of W. T. Wang 2: 1160. 2012. Type: *E. hypoglaucum* Shih & Yang.

本系接近盘托楼梯草系 Ser. *Dissecta*, 与后者的区别在于本系的瘦果具多数小点, 而无纵助。叶具半高离三出脉或近羽状脉。雄头状花序有长梗; 雄苞片和雌苞片均无任何突起。

1 种, 特产台湾。

231. 白背楼梯草　图版 128: F - I

Elatostema hypoglaucum Shih & Yang in Bot. Bull. Acad. Sin 36 (3): 162, fig. 4, (4): 265. 1995; Y. P. Yang et al. in Fl. Taiwan, 2nd ed., 2: 211. 1996; Q. Lin et al. in Fl. China 5: 157. 2003; W. T. Wang in Fu et al. Paper Collection of W. T. Wang 2: 1160. 2012. Type: 台湾: 桃园, Rarashan, 施炳霖 3111 (NSYSU, non vidi)。

多年生草本。茎渐尖或直立, 高 15 - 25 (-35) cm, 粗 1 - 2mm, 疏被短柔毛, 有 4 条纵沟。叶无柄或近无柄; 叶片膜质, 斜狭椭圆形或狭倒卵形, 长 (1.5 -) 2 - 3.5 (-5.5) cm, 宽 (0.5 -) 1 - 1.5 (-

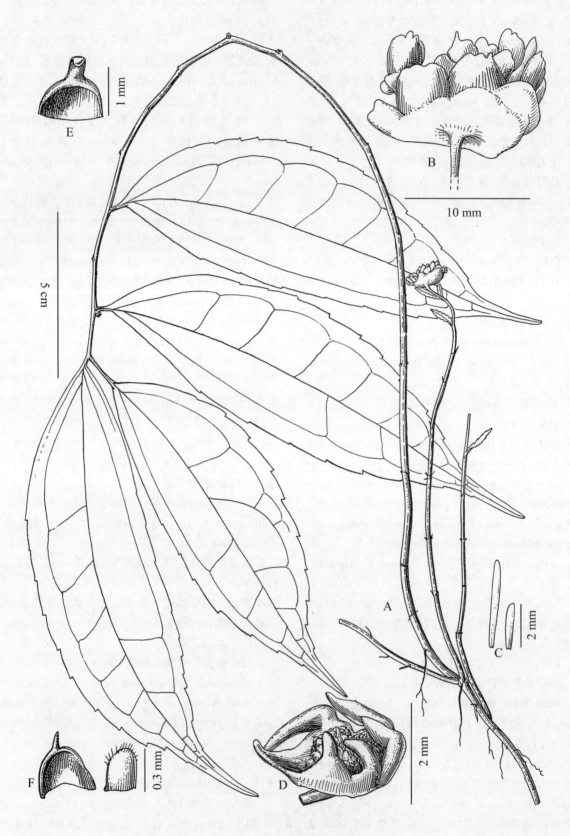

图版 129 异茎楼梯草 *Elatostema heterocladum* A. 植株全形,包括2条雄茎(矮)和1条雌茎(高),B. 雄头状花序(侧下面观),C. 雄小苞片,D. 幼雌头状花序(侧上面观),E. 雌苞片,F. 雌小苞片。(据 holotype)

2)cm,顶端渐尖或急尖,基部斜楔形或宽侧圆形,边缘具牙齿或钝齿,上面疏被短柔毛或无毛,下面被短柔毛,半离基三出脉或近羽状脉,侧脉2-3对,钟乳体稍密;托叶披针形,长2-3mm,宽0.5mm,无毛或下面被短毛,白绿色,有钟乳体。雄头状花序单生叶腋;花序梗长1.7-4cm,疏被短柔毛或无毛;花序托直径约3mm;苞片约7,三角形,长约2.5mm;小苞片长和宽均约1mm。雄花:花被片5,船形,长约1mm,基部合生,背面有短柔毛和角状突起。雌头状花序单生叶腋,无梗或具梗;花序梗长达20mm,无毛;花序托直径约1.5mm,无毛;苞片约15,狭三角形,长约1mm,疏被短柔毛;小苞片船形,背面上部被柔毛。雌花:花被片3,长不到0.1mm;子房卵球形,长0.25mm,柱头画笔头状,长0.3mm。瘦果卵球形或椭圆体形,长0.7mm,宽0.4mm,有多数小点,下部有少数短线纹。

1. 茎无毛或软鳞片;叶无毛,全缘,具三出脉 ······ 232. 樟叶楼梯草 E. petelotii
1. 茎有毛或软鳞片;叶有毛,边缘有齿。
　2. 雄苞片无任何突起 ······ 233. 尖山楼梯草 E. jianshanicum
　2. 雄苞片顶端具角状突起。
　　3. 茎被反曲短柔毛,无软鳞片;叶片长4-8.4cm,宽2.4-2.7cm,具半离基三出脉,钟乳体长达0.8mm ······ 234. 弯毛楼梯草 E. crispulum
　　3. 茎下部密被锈色软鳞片,无毛;叶片长7-17cm,宽2-5cm,具三出脉,钟乳体长达0.5mm ······ 235. 锈茎楼梯草 E. ferrugineum

232. 樟叶楼梯草　图版130:A-C

Elatostema petelotii Gagnep. in Bull. Soc. Bot. France 76:81. 1929;et in Lecomte,Fl. Gén. Indo-Chine 5:913,fig. 105:26,fig. 106:1. 1929;王文采于东北林学院植物研究室汇刊7:81. 1980;并于中国植物志23(2):308.1995;李锡文于云南植物志7:288,图版72:3.1997;Q. Lin et al. in Fl. China 5:160,2003;王文采于广西植物志2:862.2005;et in Fu et al. Paper Collection of W. T. Wang 2:1162. 2012;Zeng Y. Wu et al. in Guihaia 32(5):605,fig. 1:5,fig. 2:F. 2012. Holotype:Vietnam. Tonkin;Nam-kep,Petelot 720(P,non vidi).

多年生草本。茎渐升,高约25cm,下部生根,不分枝,无毛。叶具短柄,无毛;叶片草质,斜椭圆形,长5.8-8.5cm,宽2.7-3.4cm,顶端渐尖,基部斜截形,或在宽侧圆形,边缘全缘,基出脉3条,侧脉在叶狭侧约3条,在宽侧约4条,纤细,不明显,钟乳体稍明显,密,长0.3-0.7mm;叶柄长1-4mm;托叶条形,长约8mm,脱落。花序雌雄同株或异株。雄头状花序有长梗,直径约2mm。雄花4基数,花被片长约1.5mm。雌头状花序有长梗或近无梗,有多数

台湾特有种,见于台北、宜兰、桃园、南投、嘉义等地。生于中海拔山区林中或溪边。

标本登录:

台湾:花莲,alt 1800-2400m,Chi-Cheng Liao 1521(HAST);宜兰,alt.800m,林佳桦835(HAST);屏东,alt.1550m,Kuang-Yuh Wang 983(HAST).

系12. 樟叶楼梯草系

Ser. **Petelotiana** W. T. Wang in Bull. Bot. Lab. N.-E. Forest. Inst. 7:81. 1980;于中国植物志23(2):304. 1995;et in Fu et al. Paper Collection of W. T. Wang 2:1162. 2012. Type:*E. petelotii* Gagnep.

本系与盘花楼梯草系 Ser. *Dissecta* 相近,区别在于本系的雌头状花序常具长或较长花序梗。

我国本系有4种(其中有3特有种),分布于云南和广西。

花;花序梗长0.5-3.8cm,无毛;花序托近圆形,直径5-9mm,周围有约7枚长约2mm的三角形苞片;小苞片多数,密集,倒披针形,匙形或匙状条形,长1.2-2mm,顶端有短缘毛。雌花:花被片不存在;子房椭圆体形,长约0.7mm,柱头画笔头状,长0.5mm。瘦果淡褐色,狭卵球形,长约0.8mm,宽0.2mm,约有6条纵肋,在肋上有稀疏小点。花期6月。

分布于云南东南部,广西西南部;越南北部。生于山谷阴湿处或附生树上,海拔约1000m。

标本登录:

云南:屏边,大围山,中苏考察队3688(PE);河口,彭镜殿等17526(KUN);马关,税玉民等30856(KUN)。

广西:靖西,方鼎、陆小鸿23665(GXMI)。

233. 尖山楼梯草　图版130:D-H

Elatostema jianshanicum W. T. Wang in Bull. Bot. Res. Harbin 23(3):260,fig. 2:1-5. 2003;et in Fu et al. Paper Collection of W. T. Wang 2:1162. 2012. Type:云南:河口,瑶山区,尖山,alt. 2050-2300m,1999-09-01,税玉民等10468(holotype,KUN),10467,

10473,10478,10486(paratypes,KUN).

多年生草本，雌雄异株或同株。茎高 20 - 70cm，基部粗 2.5 - 5mm，下部疏被上部密被短硬毛，或下部无毛，不分枝或上部分枝，近顶端稍之字形弯曲。叶具短柄或无柄；叶片纸质，斜长圆状椭圆形、长椭圆形、狭卵形或倒卵形，长 5 - 16cm，宽 2 - 5.5cm，顶端长渐尖或骤尖（尖头条状三角形，长 0.6 - 2.4cm，全缘），基部狭侧楔形，宽侧近耳形或宽楔形，边缘具牙齿，上面被短糙伏毛，下面被贴伏柔毛，在基出脉和侧脉上毛密集，半离基三出脉，侧脉在叶狭侧 2 条，在宽侧 3 条，钟乳体明显或不明显，密集，杆状，长 0.15 - 0.3mm；叶柄长 1 - 3mm；托叶膜质，白色，披针形或狭披针形，长 5 - 12mm，宽 1 - 2.2mm，有 1(- 2) 条淡绿脉，下面脉上被短柔毛。雄头状花序单生叶腋，有长梗；花序梗长 5.2 - 7.5cm，有开展短柔毛；花序托长方形，长 6 - 12mm，宽 4 - 7mm，被柔毛，中部 2 浅裂；苞片排成 2 层，外层苞片约 16，宽卵形或扁宽卵形，长约 1mm，宽 1 - 2mm，内层苞片约 50，条形，长约 1mm，宽 0.2 - 0.3mm，近无毛或疏被缘毛，顶部变厚；小苞片密，膜质，半透明，白色，上部中央淡褐色，船状长圆形或倒披针形，长约 2mm，无毛或疏被缘毛，顶端啮蚀状。雄花蕾倒卵球形，长约 1.2mm，顶端有 4 短角状突起。雌头状花序单生叶腋，有短或长梗；花序梗细，长 0.3 - 2.5cm，有稍密短柔毛；花序托宽长方形，长 3 - 8mm，宽 2 - 4.5mm，无毛；苞片排成 2 层，外层数枚，薄膜质，扁宽卵形，长约 0.5mm，无毛，内层苞片约 65，三角状条形，长 1 - 1.2mm，宽 0.1 - 0.25mm，疏被柔毛，或约 12 枚排成一层，正三角形，长约 1mm，宽 2mm，顶端有绿色角状突起，被短缘毛；小苞片密集，半透明，狭倒披针形，长 1 - 2mm，顶端有疏缘毛或无毛。瘦果褐色，狭卵球形或狭倒卵球形，长 0.7 - 0.8mm，有 7 - 10 条纵助。花果期 8 - 9 月。

特产云南河口。生于山谷林中，海拔 2050 - 2300m。

234.弯毛楼梯草 图版 131：A - E

Elatostema crispulum W. T. Wang in Acta Bot. Yunnan 7(1):205,fig.2:3 - 4.1985;并于中国植物志 23(2):304,图版 66:3 - 4.1995;李锡文于云南植物志 7:303.1997;Q. Lin et al. in Fl. China 5:159,2003;W. T. Wang in Fu et al. Paper Collection of W. T. Wang 2:1162.2012.Type:云南:盈江,那邦,alt. 350m,1980 - 08 - 04,云南大学地植物室滇西队 10484（holotype, PYU;isotype,PE）。

多年生草本，常雌雄同株。茎渐升，长 26 -

32cm，粗 2 - 4mm，下部有 1 - 2 条长分枝，被短曲毛。叶具短柄或无柄；叶片坚纸质，斜椭圆形，长 4 - 8.4cm，宽 2.4 - 2.7cm，顶端钝或短钝渐尖，基部斜楔形或狭侧楔形，宽侧钝，边缘有浅钝齿，上面无毛，下面沿脉有短曲伏毛，半离基三出脉，侧脉在叶狭侧 2 条，宽侧 3 - 4 条，钟乳体密，极明显，长 0.3 - 0.8mm；叶柄长达 3.5mm；托叶纸质，狭三角形或三角状条形，长 5 - 9mm，宽约 2mm，无毛，钟乳体密，长 0.25 - 0.5mm。花序雌雄同株。雄头状花序具长梗，无毛；花序梗长 5 - 6.8cm，钟乳体长 0.3 - 0.7mm；花序托椭圆形，长约 10mm，宽 5mm；苞片 4 - 6,2 枚较大，正三角形，长 3mm，宽 5mm，顶端的角状突起长约 2.5mm，2 - 4 枚较小，三角形，长及宽均 2mm；小苞片约 28 枚，半透明，船状条形，长 1.2 - 2mm，无毛。雄花密集，无毛；花被片 5，倒卵形，长约 1.2mm，基部稍合生，外面顶端之下有短角状突起；雄蕊 5；退化雌蕊不存在。雌头状花序具梗，宽约 8mm，无毛；花序梗长约 8mm；花序托宽条形，长约 3.5mm，宽 1mm；苞片 4,2 枚较大，正三角形，长及宽均 2mm，顶端的角状突起粗壮，长 1.5mm，另两枚较小，宽卵形，长及宽均约 1mm；小苞片密集，条形或倒披针状条形，长 1.6 - 2mm。雌花密集；花被片不存在；子房狭卵形，长约 0.6mm。瘦果深褐色，近长圆形，长约 1mm，约有 7 条纵助。花期 8 月。

特产云南盈江。生于山谷雨林中，海拔约 350m。

235.锈茎楼梯草 图版 131：F - K

Elatostema ferrugineum W. T. Wang in Bull. Bot. Res. Harbin 9(2):73, pl. 2:1 - 2. 1989;于横断山区维管植物 1:329.1993;并于中国植物志 23(2):206,图版 69:1. 1995;李锡文于云南植物志 7:310. 1997;Q. Lin et al. in Fl. China 5:160. 2003;W. T. Wang in Fu et al. Paper Collection of W. T. Wang 2:1162. 2012. Holotype:云南:贡山,独龙江,钦郎当,alt. 1300 - 1400m,1982 - 08 - 13,青藏队 9313（PE）。

草本。茎高 30 - 45cm，近直立，下部在节上生根，密被锈色小软鳞片，不分枝，中部之上有 5 - 6叶。叶无柄或近无柄，草质，斜长椭圆形，常稍镰刀状弯曲，长 7 - 17cm，宽 2 - 5cm，顶端尾状或尾状渐尖，基部斜楔形，边缘狭侧下部 1/2 或 2/3 全缘，其上有牙齿，或有时近全缘，宽侧下部 1/2 或 1/3 全缘，其上有牙齿，上面在中脉上有短糙伏毛，下面无毛，两面下部散生锈色小软鳞片，三出脉，侧脉在叶狭侧约 3 条，在宽侧约 4 条，钟乳体稍密，长 0.2 - 0.5mm；托叶条状披针形，长 0.8 - 1.4cm，无毛。雄

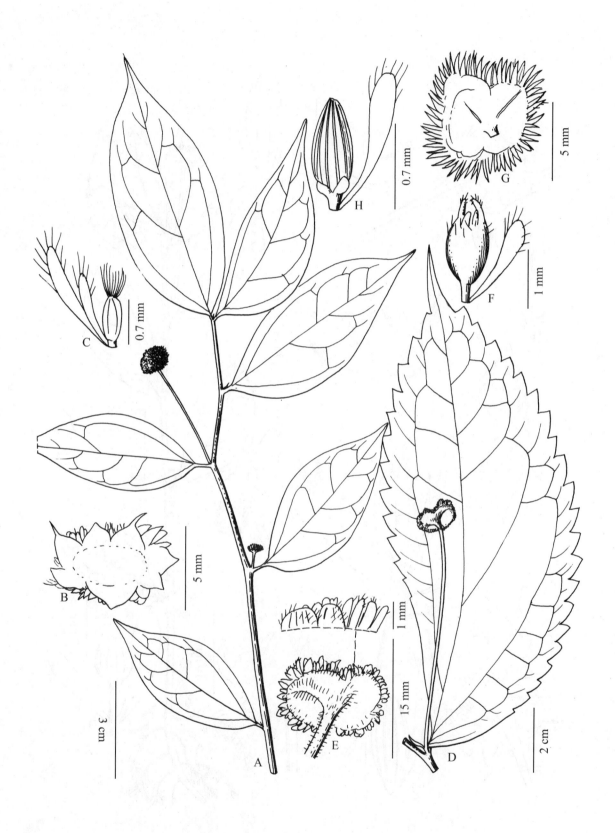

图版 130　A – C. 樟叶楼梯草 *Elatostema petelotii* A. 开花雌茎上部，B. 雌头状花序（下面观），C. 雌小苞片和雌花。（据中苏考察队 3688）D – H. 尖山楼梯草 *E. jianshanicum* D. 叶和腋生雄头状花序，E. 雄头状花序（下面观），F. 雄小苞片和雄花蕾，G. 雌头状花序（下面观），H. 雌小苞片和瘦果。（据税玉民等 10478）

图版 131   A - E. 弯毛楼梯草 *Elatostema crispulum* A. 开花茎, B. 雄头状花序(下面观), C. 雄小苞片和雄花蕾, D. 果序(下面观), E. 雌小苞片和瘦果。(据 isotype) F - K. 锈茎楼梯草 *E. ferrugineum* F. 开花茎顶部, 示一雌头状花序, G. 雄头状花序, H. 雄小苞片和雄花蕾, I. 雌头状花序(下面观), J. 雌小苞片和雌花, K. 瘦果。(据 holotype)

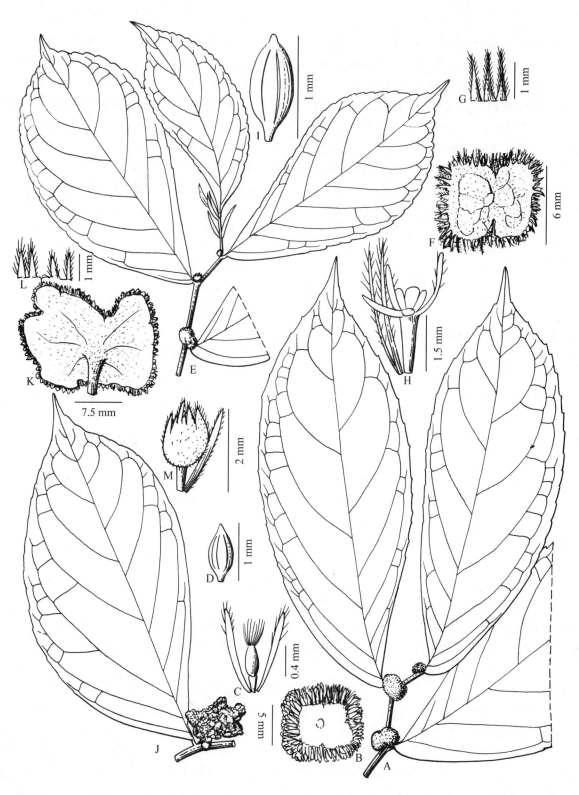

图版 132 A−D. 黄叶楼梯草 *Elatostema xanthophyllum* A. 开花茎顶部,B. 雌头状花序,C. 小苞片和雌花,D. 瘦果。(据 holotype) E−M. 桤叶楼梯草 *E. alnifolium* E. 雌茎顶部,F. 雌头状花序,G. 3 枚雌苞片,H. 2 枚雌小苞片和 1 条花 序托的小枝,示小枝顶端 3 枚雌小苞和瘦果脱落后宿存的 3 枚花被片,I. 瘦果,(据吴增源 10184) J. 雄茎的 1 枚叶 和腋生雄头状花序,K. 雄头状花序,L. 4 枚雄苞片,M. 雄小苞片和雄花蕾。(据吴增源 10194)

头状花序具稍长梗；花序托近长圆形，长约5mm，宽2.5mm，无毛；苞片约6，3枚较大，宽卵形或扁卵形，长约3mm，宽4mm，顶端具角状突起，其他约3枚较小，宽卵形，长和宽均约2mm，顶端圆钝，无突起，无毛；小苞片半透明，倒披针形，长1－2.8mm，宽0.2－1mm，无毛。雄花蕾具梗，近球形，直径约1mm，顶端有3短角状突起，无毛。雌头状花序单生叶腋，具细长梗；花序梗长1.2－1.6cm，无毛；花序托近长圆形，长5－8mm，宽3－4mm，中部稍缢缩，无毛；苞片排成2层，外层苞片约8枚，宽三角形或扁三角形，长约1mm，宽1.8－2.5mm，2枚对生者较大，顶端的角状突起长2－3.5mm，其他的较小，顶端的角状突起长0.8－1mm，内苞片约7枚，比外层苞片稍小或近等大，无毛；小苞片密集，半透明，白色，倒披针状条形，长1－1.5mm，无毛，较大者，顶端变厚，截形，淡黄色。雌花具短梗：花被片不存在；子房长卵球形，长约0.4mm，柱头画笔头状，长约0.5mm。瘦果褐色，长圆形，长约0.75mm，约具7条纵肋。花期7－8月。

特产云南贡山。生于山谷常绿阔叶林下岩石上，海拔1300－1400m。

系13. 桤叶楼梯草系

Ser. **Alnifolia** W. T. Wang & Zeng Y. Wu, ser. nov. Type：*E. alnifolium* W. T. Wang.

Series nova haec Ser. *Nanchuanensibus* W. T. Wang affinis est, a qua capitulorum pistillatoum receptaculis discoideis ramulis multis flore pistillato terminatis et infra florem 3-bracteolatis praeditis differt.

本系与南川楼梯草系 Ser. *Nanchuanensia* 近缘，区别特征为本系的雌头状花序的盘状花序托有多数小枝，小枝顶端生1雌花，在花下具3小苞片；而在南川楼梯草系，雌花序托无小枝，雌花均在花序托表面。叶具羽状脉。雄、雌头状花序具短梗或无梗。瘦果具纵肋。

1种，特产云南东南部。

236. 桤叶楼梯草　图版132：A－D

Elatostema alnifolium W. T. Wang in Bull. Bot. Lab. N. － E. Forest. Inst. 7：86, photo 6. 1980；并于中国植物志23（2）：313, 图版67：11－12. 1995；李锡文于云南植物志7：307. 1997；Q. Lin et al. in Fl. China 5：161. 2003；W. T. Wang in Fu et al. Paper Collection of W. T. Wang 2：1165. 2012；Zeng Y. Wu in Pl. Biod.

Resour. 34（1）：16, fig. 1：H － K, fig. 2：A － C. 2012. Holotype：云南：河口，? 2164（PE）.

多年生草本。茎高约36cm，密被短糙伏毛，不分枝。叶有短柄；叶片薄纸质，斜倒卵形或椭圆形，长8.2－12cm，宽4.4－6.8cm，顶端短渐尖，基部狭侧楔形，宽侧宽楔形，边缘浅波状或全缘，或有1小齿，上面无毛，下面中脉和侧脉上密被短伏毛，叶脉羽状，侧脉每侧4－6条，钟乳体明显，密，长0.4－0.8mm；叶柄长1－2mm；托叶条形，长约10mm。花序雌雄异株。雄头状花序有梗，成对腋生；花序梗粗壮，长3－4mm，密被短糙伏毛；花序托蝴蝶形，宽1.2－2cm，二深裂，裂片又二裂，密被短糙伏毛；苞片约13枚，狭三角形，长约1.8mm，有短缘毛；小苞片约600枚，密集，狭条形，长约2mm，有短缘毛。雄花有细长梗：花被片5，长圆形，长约1.2mm，基部合生，背面疏被短柔毛，顶端之下有不明显短突起。雌头状花序单个或成对腋生，无梗；花序托宽长方形，长约8mm，宽5mm，或圆形，直径4－5mm，无毛；苞片约25枚，狭三角形，长1.2－1.5mm，有短缘毛；小苞片多数，半透明，条形，长1－1.5mm，上部被长缘毛；小枝多数生于小苞片中间，扁平，半透明，宽条形，长0.7mm，无毛，顶端生1雌花，在花下有3枚条形，长0.5－0.8mm的小苞片（顶端被长缘毛）。瘦果白绿色，狭卵球形，长约1mm，宽0.2mm，有6条细纵肋；宿存花被片3，近方形，长约1.5mm，宽2mm，无毛。果期7－8月。

特产云南河口。生于低山雨林中，海拔388m。

标本登录：

云南：河口，南溪，吴增源10184, 10194（KUN, PE）。

系14. 南川楼梯草系

Ser **Nanchuanensia** W. T. Wang in Bull. Bot. Lab. N. － E. Forest. Inst. 7：82. 1980；于中国植物志23（2）：308. 1995；et in Fu et al. Paper Collection of W. T. Wang 2：1163. 2012. Type：*E. nanchuanense* W. T. Wang.

多年生草本。叶具羽状脉（例外：在软毛楼梯草 *E. malacotrichum*，雌茎的叶较小，与雄茎叶具羽状脉不同，而是具半离基三出脉）。雄、雌头状花序均无梗或具短梗；雄头状花序具盘状花序托。瘦果具纵肋。

18种，6变种，均特产我国，分布于广西、云南、贵州、湖南西部、四川、重庆和湖北西南部。

1. 叶宽侧的侧脉 11 – 13 条。

  2. 雄总苞的 4 枚苞片无角状突起 ·················· 242a. 多脉楼梯草 **E. pseudoficoides** var. **pseudoficoides**

  2. 雄总苞的苞片具短角状突起。

    3. 植株干时不变黑色;雄总苞的 6 枚苞片排成 2 层,外层 2 枚对生,较大,背面有 5 条纵助,纵助顶端突出成短突起,

      内层 4 枚较小,背面有 1 条纵助 ·················· 247. 五助楼梯草 **E. quinquecostatum**

    3. 植株干时变黑色;雄苞片背面有 1 条纵助或无纵助。

      4. 茎和叶无毛;叶片的钟乳体长 0.25 – 0.8mm;雄总苞的 6 枚苞片排成 2 层,背面有 1 条纵肋 ··················

      ······································· 246. 丰脉楼梯草 **E. pleiophlebium**

      4. 茎和叶有毛;叶片的钟乳体长约 0.2mm;雄苞片的苞片约 9 枚,排成 1 层,无纵肋 ··················

      ··················· 254a. 南川楼梯草 **E. nanchuanense** var. **nanchuanense**

1. 叶宽侧的侧脉 3 – 8 条。

  5. 同一植株上的一些叶的钟乳体不明显,较稀疏,杆状,长 0.1 – 0.3mm,另外一些叶的钟乳体明显密集,杆状或点状,

    长 0.1 – 0.25mm;一些雄头状花序的 8 枚苞片在背面有 1 – 5 条纵肋,无角状突起,另外一些头状花序的 8 枚苞片在

    背面均有 1 条纵肋,有 4 枚苞片具角状突起 ·················· 251. 异晶楼梯草 **E. heterogrammicum**

  5. 同一植株上的所有叶均具相同密度、形状和大小的钟乳体。

    6. 雌苞片无角状突起。

      7. 叶片无毛。

        8. 叶的钟乳体长达 0.7 – 0.8mm。

          9. 叶片狭椭圆形;雌小苞片绿色 ·················· 237. 变黄楼梯草 **E. xanthophyllum**

          9. 叶片倒披针形;雌小苞片黑绿色 ·················· 239. 辐毛楼梯草 **E. actinotrichum**

        8. 叶的钟乳体长 0.1 – 0.5mm。

          10. 叶柄长 0 – 2mm;雌总苞的苞片 25 枚;雌小苞片狭倒卵形,黄褐色,顶端黑色,不半透明,无毛 ··················

          ································ 238. 黄褐楼梯草 **E. fulvobracteolatum**

          10. 叶柄长 2 – 13mm;雌总苞的苞片 18 枚;雌小苞片倒披针状条形,白色,半透明,被缘毛 ··················

          ·························· 240. 显柄楼梯草 **E. petiolare**

      7. 叶片有毛。

        11. 植株干后变黑色。

          12. 叶片狭椭圆形,下面被短柔毛;雄茎的叶具羽状脉,雌茎的叶具半离基三出脉 ··················

          ·························· 241. 软毛楼梯草 **E. malacotrichum**

          12. 叶片倒披针形,下面被短硬毛或糙伏毛。

            13. 叶片下面被短硬毛,有稀疏、不明显的钟乳体 ·················· 253. 黑叶楼梯草 **E. melanophyllum**

            13. 叶片下面被糙伏毛,有密集、明显的钟乳体 ·················· 254. 南川楼梯草 **E. nanchuanense**

              14. 雌小苞片白色,半透明,有褐色短条纹 ·················· 254.b. 无角南川楼梯草 var. **calciferum**

              14. 雌小苞片黑色,不半透明,无条纹 ·················· 254c. 黑苞南川楼梯草 var. **nigribracteolatum**

        11. 植株干后不变黑色。

          15. 茎上部被短硬毛;雄总苞的 7 – 8 枚苞片均具角状突起。

            16. 叶片倒卵形,侧脉 7 – 9 对;托叶具 1 条纵脉,无钟乳体 ·················· 248. 马关楼梯草 **E. maguanense**

            16. 叶片狭倒卵形,侧脉 6 – 7 对;托叶具 2 条纵脉,有一些钟乳体 ·················· 249. 二脉楼梯草 **E. binerve**

          15. 茎无毛或上部被短柔毛。

            17. 托叶钻形,长 1.5 – 2mm;茎无毛 ·················· 244. 细脉楼梯草 **E. tenuinerve**

            17. 托叶披针形或条形,长达 8 – 13mm。

              18. 叶的侧脉 7 – 8 对;雌苞片顶端不具短尖头;茎被短柔毛 ··················

              ··················· 242b. 毛茎多脉楼梯草 **E. pseudoficoides** var. **pubicaule**

              18. 叶的侧脉 4 – 7 对;雌苞片顶端具短尖头。

                19. 叶具密集钟乳体,被糙伏毛,叶柄长 3 – 8mm;雌花序梗顶端无苞片;雌总苞具 6 枚苞片;雌小苞片

                的缘毛长约 0.2mm ·················· 243. 棱茎楼梯草 **E. angulaticaule**

                20. 茎无毛 ·················· 243a. 模式变种 var. **angulaticaule**

20. 茎顶部被短柔毛 ·· 243b. 毛棱茎楼梯草 var. **lasiocladum**

  19. 叶无钟乳体,无毛;叶柄长 1－3mm;雌花序梗顶端具 1 苞片;雌总苞有 10 枚苞片;多数雌小苞片的缘毛长约 0.2mm,少数雌小苞片的缘毛长 1－1.5mm ·········· 245. 长缘毛楼梯草 **E. longiciliatum**

6. 雌苞片顶端有角状突起。

  21. 植株干后不变黑色;茎无毛;叶片长椭圆形或狭倒卵形。

    22. 托叶长 10－13mm,无毛;雌总苞的 18 枚苞片具黑色边缘,外层 2 枚对生苞片顶端具长 0.5mm 的黑色角状突起,内层 16 枚苞片中多数在顶端具粗短尖头,少数在顶端长 0.4mm 的黑色角状突起 ·· 250. 黑角楼梯草 **E. melanoceras**

    22. 托叶长 3－4mm,被短缘毛;雌总苞的苞片约 70 枚,顶端角状突起长 1.5－2mm,与边缘均不呈黑色········ 252. 隆林楼梯草 **E. pseudobrachyodontum**

  21. 植株干后变黑色;茎上部被短毛;叶片倒披针形或狭长圆形;雄、雌苞片顶端具角状突起 ·········· 254. 南川楼梯草 **E. nanchuanense**

    23. 雌苞片的角状突起长 0.2－0.4mm;雌小苞片黑色,不半透明 ····· 254d. 短角南川楼梯草 var. **brachyceras**

    23. 雌苞片的角状突起长 1mm;雌小苞片白色,半透明,常有褐色短条纹。

      24. 雄小苞片无脉,无角状突起;雌小苞片平,无任何突起或有比本身短的细角状突起 ·········· 254a. 模式变种 var. **nanchuanense**

      24. 雄小苞片有 1 条纵脉,顶端具短角状突起;雌小苞片多呈船形,顶端具比本身稍长或等长的粗角状突起 ·········· 254e. 硬角南川楼梯草 var. **scleroceras**

237. 变黄楼梯草　图版 132：E－M

Elatostema xanthophyllum W. T. Wang in Bull. Bot. Res. Harbin 2(1)：19, pl. 3：1. 1982;并于中国植物志 23(2)：309,图版 70：1. 1995;Q. Lin et al. in Fl. China. 5：160. 2003;王文采于广西植物志 2：862,图版 350：2. 2005;et in Fu et al. Paper Collection of W. T. Wang 2：1165. 2012. Holotype：广西：龙州,武联,板闭,alt. 390－450m,1957－08－01,陈少卿 12360 (IBSC)。

多年生草本。茎高约 40cm,不分枝,无毛,有密集的钟乳体。叶具短柄,无毛;叶片干时变黄色,纸质,斜狭椭圆形,长 7－15.5cm,宽 3.2－6cm,顶端尾状渐尖,基部狭侧楔形,宽侧宽楔形,边缘下部全缘,其上有小钝齿,叶脉羽状,侧脉 5－6 对,钟乳体极密,极明显,长 0.3－0.7mm;叶柄粗壮,长 2－4mm;托叶披针状三角形,长 8－10mm,有密集的钟乳体。雄头状花序未见。雌头状花序单生或成对腋生,无梗或具极短梗;花序托直径 6－8mm;苞片三角形,长 1.2－1.5mm,上部有疏柔毛;小苞片约 900 枚,密集,条形,长 1.2－1.5mm,顶部有时呈兜状,绿色,有疏柔毛。雌花具短梗;花被片不存在;子房卵形,长约 0.4mm,柱头画笔头状,长 0.3mm。瘦果卵球形,长 0.8－1mm,约有 8 条细纵肋。花期 7－8 月。

特产广西龙州。生于山谷林中石上,海拔 390－450m。

标本登录：

广西：龙州,李治基 3037,谭沛祥 57361(IBSC)。

238. 黄褐楼梯草　图版 133：A－C

Elatostema fulvobracteolatum W. T. Wang in J. Syst. Evol. 51(2)：227,fig. 6：D－F. 2013. Holotype：云南：麻栗坡,金厂,火烧梁子,alt. 1600m,2002－05－14,税玉民,方瑞征,陈文红 21228(PE)。

多年生草本,干后稍变黑色。茎高约 45cm,近基部粗约 4mm,无毛,不分枝,下部有 10 条浅纵沟。叶有短柄或无柄,无毛;叶片坚纸质,斜长椭圆形或狭倒卵形,长 3－18cm,宽 1－4.8cm,顶端长渐尖(尖头全缘),基部斜楔形或宽侧钝,边缘中部之上有小牙齿,羽状脉,侧脉约 7 对,钟乳体稍不明显,密集,杆状,长 0.1－0.2mm;叶柄长 0－2mm;托叶钻形,长 5－9mm,宽 0.4－1.2mm,无毛。雄头状花序未见。雌头状花序成对,一个生于叶腋,另一个腋外生,无毛;花序梗粗壮,长约 1mm;花序托近方形,长和宽均 5mm,在中部稍缢缩,无毛;苞片约 25,排成 3 层,外 2 层约 3 枚苞片,宽正三角形,长 0.3mm,宽 1－1.2mm,顶端黑色,内层苞片约 22 枚,三角形,长 0.6－0.8mm,宽 0.1－0.4mm,无毛;小苞片密集,纸质,黄褐色,顶端黑色,倒卵形,长 0.7－1mm,宽 0.3－0.7mm,顶端圆形,无毛。雌花:花梗粗壮,长约 0.3mm,无毛;花被片不存在;子房椭圆体形,长约 0.7mm;柱头小,近球形,直径 0.15mm。花期 5 月。

特产云南麻栗坡。生于石灰岩山林中,海拔 1600m。

在我国楼梯草属 280 种中，雌头状花序的小苞片通常质地极薄，膜质，半透明，形状狭长，呈倒披针形、匙形或条形，顶端被缘毛，少数绿色或黑色，不半透明，无毛，而本种的雌小苞片质地较厚，不半透明，呈黄褐色，倒卵形，根据这些独特形态特征即可将此种与此属其他种相区别。

239. 辐毛楼梯草　图版 133：D – G

Elatostema actinotrichum W. T. Wang in Guihaia 30(1)：10, fig. 5：A – D. 2010；et in Fu et al. Paper Collection of W. T. Wang 2：1165. 2012. Type：广西：那坡，百南，alt. 350m，2004 – 02 – 05，税玉民、陈文红 B2004 – 441(holotype，PE；isotype，IBK)。

多年生草本，平时多少变黑色。茎高 40cm，下部粗 4mm，无毛，不分枝，中部以上有 8 叶。叶无柄或近无柄，无毛，叶片纸质，斜倒披针形，有时稍呈镰状，长 12 – 18cm，宽 2.8 – 5.8cm，顶端渐尖或长渐尖(渐尖头狭三角形，全缘)，基部斜楔形，边缘基部之上有牙齿，羽状脉，侧脉 5 对，钟乳体明显，极密，杆状，长 0.2 – 0.8mm；托叶膜质，条状披针形，长约 16mm，宽 2.5mm。雄头状花序未见。雌头状花序成对腋生，蝴蝶形；花序梗扁平，长约 1.5mm，被短柔毛；花序托蝴蝶形，长约 7mm，宽 5mm，4 浅裂，被贴伏短柔毛；苞片约 28，宽三角形或三角形，长 0.7 – 0.8mm，宽 0.6 – 1.2mm，背面被短柔毛；小苞片极密，黑绿色，膜质，倒卵状条形，倒卵形或圆卵形，长 0.15 – 0.6mm，密被长缘毛，毛长 0.2 – 0.3mm。雌花：花被片不存在；雌蕊长 0.45 – 0.6mm，子房狭卵球形，长 0.15 – 0.2mm，柱头细画笔头状，长 0.1 – 0.3mm。花期 1 – 2 月。

特产广西那坡。生于石灰岩山中阴湿处。

240. 显柄楼梯草　图版 134：A – D

Elatostema petiolare W. T. Wang, sp. nov；W. T. Wang et al. in Fu et al. Paper Collection of W. T. Wang 2：1165, fig. 35. 2012, nom. nud. Type：广西(Guangxi)：乐业(Leye)，天坑(Tiankeng)，2009 – 04 – 01，韦毅刚(Y. G. Wei)101(holotype，PE；isotype，IBK)。

Species nova haec est affinis E. actinotrico W. T. Wang, quod foliis cystolithis majoribus usque ad 0. 8 mm longis praeditis, stipulis majoribus lineari – lanceolatis 16 mm longis 2. 5 mm latis, pedunculis receptaculis et bracteis pistillatis puberulis, bracteolis pistillatis atro – viridibus haud striatis differt.

Perennial herbs. Stems ca. 40 cm tall, glabrous, branched. Leaves shortly petiolate, rarely sessile, glabrous；blades thin papery, obliquely long elliptic or obliquely oblong, 7 – 22.5 cm long, 2.5 – 6 cm broad, apex long acuminate or caudate – acuminate, base obliquely cuneate, margin denticulate；venation pinnate, with lateral nerves 2 – 4 at leaf narrow side and 3 – 7 at broad side；cystoliths slightly dense, bacilliform, 0.15 – 0.3 mm long；petioles 2 – 13 mm long；stipules subulate – linear, ca. 4.5 mm long, 0.5 mm broad. Staminate capitula unknown. Pistillate capitula in pairs axillary, 3 – 5.5 mm in diam. ；peduncle 0.6 – 1 mm long, glabrous；receptacle rectangular, 0.5 – 0.8 mm long, 0.2 – 0.4 mm broad, glabrous；bracts ca. 18, lanceolate – linear or subulate, 0.5 – 0.8 mm long, 0.2 – 0.4 mm broad, glabrous, above base black；bracteoles ca. 10, membranous, semi – hyaline, white, oblanceolate – linear, ca. 1 mm long, near apex sparsely ciliate, above dark – brown – striolate. Achenes brownish, broadly ellipsoidal, ca. 0.6 mm long, longitudinally thin 4 – ribbed.

多年生草本。茎高约 40cm，无毛，分枝。叶具短柄，稀无柄，无毛；叶片薄纸质，斜长椭圆形或斜长圆形，长 7 – 22.5cm，宽 2.5 – 6mm，顶端长渐尖或尾状渐尖，基部斜楔形，边缘具小牙齿，羽状脉，侧脉在叶狭侧 2 – 4 条，在宽侧 3 – 7 条，最下方的侧脉与中脉成锐角向斜上方展出，两面平，钟乳体稍密，杆状，长 0.15 – 0.3mm；叶柄长 2 – 13mm；叶托钻状条形，长约 4.5mm，宽 0.5mm。雄头状花序未见。雌头状花序成对腋生，直径 3 – 5.5mm；花序梗长 0.6 – 1mm，无毛；花序托长方形，长 0.5 – 0.8mm，宽 0.2 – 0.4mm，无毛；苞片约 18，披针状条形或钻形，长 0.5 – 0.8mm，宽 0.2 – 0.4mm，无毛，基部之上呈黑色；小苞片约 10，膜质，半透明，白色，倒披针状条形，长约 1mm，近顶端有稀疏缘毛，上部有黑褐色短条纹。瘦果淡褐色，宽椭圆体形，长约 0.6mm，有 4 条细纵肋。果期 4 月。

特产广西乐业。生于石灰岩山中阴湿处。

241. 软毛楼梯草　图版 134：E – H

Elatostema malacotrichum W. T. Wang & Y. G. Wei in Guihaia 29(6)：712, fig. 1：F-I. 2009；W. T. Wang in Fu et al. Paper Collection of W. T. Wang 2：1165, fig. 34. 2012. Type：广西：龙州，金龙，2006 – 03 – 31，韦毅刚 06031(♀，holotype，PE；isotype. IBK)。

多年生草本，雌雄异株，干时全株多少变黑色。

茎高约40cm,基部粗1mm,肉质,淡绿色,有4条纵棱,近顶端被短柔毛,分枝。雄茎的叶具短柄;叶片纸质,斜狭倒卵形,长11－20cm,宽4－7.5cm,顶端短渐尖,基部斜楔形,边缘具牙齿,上面无毛,下面脉上被短柔毛,羽状脉,侧脉在叶狭侧3条,在宽侧4条,钟乳体密集,杆状,长0.2－0.8mm;叶柄长达2mm;托叶披针状条形,长3－4mm,宽0.5－1mm,无毛。雌茎的叶比雄茎的叶稍小,无柄;叶片纸质,斜狭倒卵形,长6.5－12.5cm,宽2.5－4.5cm,顶端急尖或短渐尖,基部斜楔形或宽侧圆钝,边缘狭侧下部三分之一全缘,上部有小牙齿,在宽侧基部之上有小牙齿,两面密被短柔毛,半离基三出脉,侧脉约4对,下面隆起,钟乳体密集,杆状,长0.2－0.4mm;托叶披针形或狭卵形,长6－10mm,宽2－2.2mm,淡绿色,近无毛。雄头状花序单生叶腋,直径10－12mm;花序梗长约3mm,被短柔毛;花序托长方形,长约10mm,宽8mm,被短柔毛;苞片8,扁圆卵形,长约3mm,宽4－6mm,顶端圆截形,背面被短柔毛;小苞片密集,膜质,半透明,白色,倒披针形,长约3mm,宽0.8－1mm,无毛,有1淡褐色纵脉。雄花蕾具短梗,扁球形,直径1.5mm,顶端有5短突起,被短柔毛。雌头状花序单生叶腋;花序梗粗壮,长1.1mm,被短柔毛;花序托近方形,长和宽均为2.5－3mm,被短柔毛;苞片约10,宽卵形或正三角形,长0.5－0.8mm,宽1mm,顶端被缘毛;小苞片多数,半透明,白色,匙状条形,长0.6－1mm,顶端被缘毛。雌花具短粗梗:花被片不存在;雌蕊长约0.6mm,子房狭卵球形,长0.4mm,柱头画笔头状,长0.2mm。瘦果淡褐色,卵球形,长0.7mm,有8条细纵肋。花期3－4月。

特产广西龙州。生于石灰岩山中阴湿处。

标本登录:

广西:龙州,金龙,板闭,2009－03－16,韦毅刚13(♂,IBK,PE)。

242.多脉楼梯草

Elatostema pseudoficoides W. T. Wang in Bull. Bot. Lab. N.-E. Forest. Inst. 7:85. 1980;于中国植物志23(2):313,图版64:6.1995;于武陵山地区维管植物检索表133.1995;李丙贵于湖南植物志2:296.2000;Q. Lin et al. in Fl. China 5:161.2003,p. p. excl. syn. *E. pseudoficoide* var. *pubicauli* W. T. Wang;杨昌煦等,重庆维管植物检索表151.2009;W. T. Wang in Fu et al. Paper Collection of W. T. Wang 2:1166.

2012. Holotype:四川:峨眉山,九老洞,alt. 1700m,1957－08－18,杨光辉56703(holotype,PE);Paratypes:四川:峨眉山,1939－09－02,姚仲吾5027(PE);同地,长寿寺,1951－08－07,方文培等20534(PE);峨边,瓦屋山,alt. 2500m,1930－08－22,方文培8629(PE);洪溪,alt. 2200m,1959－07－18,经济植物普查队1350(PE);都江堰,1928－07－14,方文培2358(PE)。

242a. var. pseudoficoides 图版135:A－E

多年生草本。茎高40－100cm,不分枝,无毛或疏被柔毛。叶无柄或具极短柄;叶片薄草质,斜长圆形,长10－20cm,宽3.4－6.5cm,顶端骤尖(尖头基部有1－2粗齿),基部狭侧楔形,宽侧圆形或近耳形,边缘自基起之上有密牙齿,上面散生少数短糙毛,下面近无毛或沿脉有极短的柔毛,叶脉羽状,侧脉每侧9－11(－12)条,钟乳体稍明显,密,长0.1－0.2mm;叶柄长达2.5mm,无毛;托叶膜质,狭条形,长4－8mm,无毛。花序雌雄同株。雄头状花序单生叶腋,位雌花序之下,有梗;花序梗粗,长3－4mm;花序托近椭圆形或近圆形,长10－18mm,宽9－15mm,疏被极短的柔毛,不分裂或二浅裂,边缘有少数龙骨状小突起;苞片约4个,大,初期覆盖花序,后渐消失,或约25枚,不等大,扁宽卵形、宽三角形或宽卵形,长1.2－2mm,宽1.5－5mm,无毛;小苞片密集,半透明,宽条形至狭条形,长1－3mm,顶部被短缘毛。雄花有梗:花被片5,白色,狭椭圆形,长约1.4mm,下部合生,背面顶端之下有短突起,疏被短柔毛;雄蕊5;退化雌蕊长不到0.1mm。雌头状花序单生茎顶部叶腋,无梗或具短梗;花序托近长方形,长约4mm,疏被短柔毛;苞片约15,扁宽卵形,长约0.6mm,近无毛;小苞片密集,半透明,狭倒披针形,长0.5－0.8mm,顶端被缘毛。雌花具短梗:花被片不存在;子房椭圆体形,长约0.3mm,柱头画笔头状,长0.25mm。花期7－9月。

分布于云南东北部、四川、重庆、湖北西部、湖南西部。生于山谷林中、林边或溪边,海拔1200－2200m。

标本登录:

云南:大关,蔡希陶51266(PE)。

四川:峨眉山,关克俭,汪劲武、李朝銮1647,1913(PE)。

重庆:巫山,周洪富,粟和毅110111(PE);武隆,

图版 133　A – C. 黄褐楼梯草 *Elatostema fulvobracteolatum* A. 叶和腋生雌头状花序,B. 雌头状花序(下面观),C. 雌小苞片和雌花。(据 holotype)D – G. 辐毛楼梯草 *E. actinotrichum* D. 雌茎上部,E. 雌头状花序(下面观),F. 雌小苞片,G. 雌花。(据 holotype)

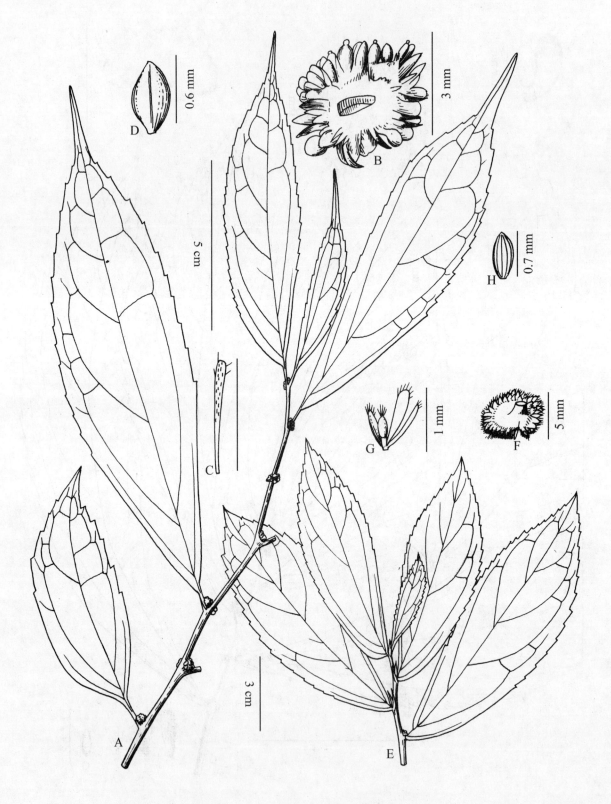

图版 134 A–D. 显柄楼梯草 *Elatostema petiolare* A. 开花茎上部，B. 果序（下面观），C. 雌小苞片，D. 瘦果。（据 holotype）E –H. 软毛楼梯草 *E. malacotrichum* E. 开花雌茎顶部，F. 雌头状花序（下面观），G. 雌小苞片和雌花，H. 瘦果。（自 Wang & Wei, 2009）

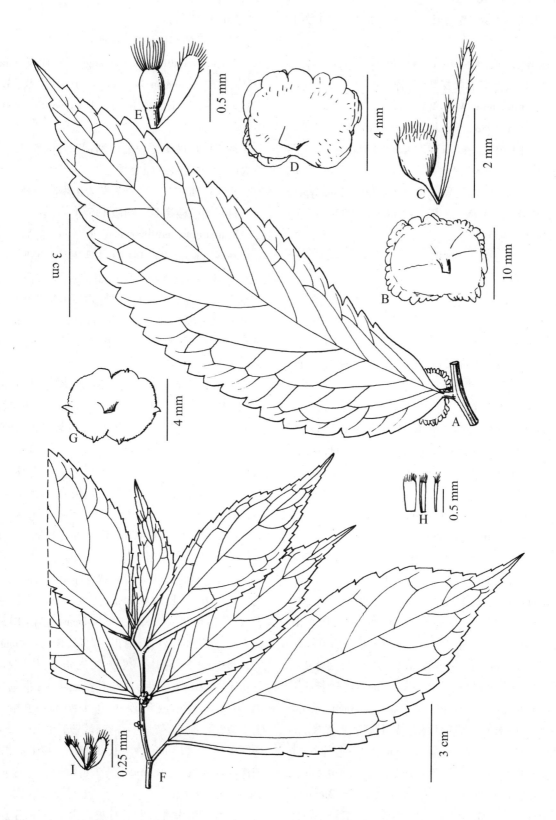

图版 135 A–E. 多脉楼梯草 *Elatostema pseudoficoides* var. *pseudoficoides* A. 叶和腋生雄头状花序,B. 雄头状花序(下面观),C. 雄小苞片和雄花蕾,D. 雌头状花序(下面观),E. 雌小苞片和雌花。(据姚仲吾 5027)F–I. 棱茎楼梯草 *E. angulaticaule* var. *angulaticaule* F. 开花茎顶部,G. 雌头状花序(下面观),H. 雌小苞片,I. 雌小苞片和雌花。(自 Wang & Wei, 2009)

刘正宇 180231,181889(PE)。

湖北:神农架,吴增源和刘杰 2012234,2012241 (PE)。

湖南:凤凰,武陵山队 1241(PE)。

242b. 毛茎多脉楼梯草(变种)

var. **pubicaule** W. T. Wang in Acta Bot. Yunnan. 10(3):348.1988;于横断山区维管植物1:329. 1993;并于中国植物志23(2):213.1995;李锡文于云南植物志7:308.1997;W. T. Wang in Fu et al. Paper Collection of W. T. Wang 2:1166.2012. Holotype:云南:贡山,丙中洛,齐那,alt. 2600m,1982 - 06 - 24,青藏队 7455(PE)。

与多脉楼梯草的区别:叶每侧有 7 - 8 条侧脉。茎上部被短柔毛。

特产云南贡山。生于山谷常绿阔叶林中,海拔 2600m。

标本登录:

云南:贡山,Newahlung,1938 - 07 - 09,俞德浚 19233(PE)。

243. 棱茎楼梯草

Elatostema angulaticaule W. T. Wang & Y. G. Wei in Guihaia 29(6):716,fig. 2:A - D. 2009;W. T. Wang in Fu et al. Paper Collection of W. T. Wang 2:1166.2012. Type:广西:西林,古障,2006 - 06 - 07,韦毅刚 06178(holotype,PE;isotype,IBK)。

243a. var. **angulaticaule** 图版135:F - I

多年生草本。茎高约40cm,下部粗 3.5mm,淡绿色,四棱形,有 4 条浅纵沟,无毛,上部有密集、长 0.1 - 0.3mm 的钟乳体,分枝。叶具短柄;叶片纸质,斜狭倒卵形,长 5 - 15cm,宽 1.5 - 5.5cm,顶端渐尖,基部斜楔形,边缘具牙齿或锯齿,上面疏被糙伏毛,下面脉上被糙伏毛,常变无毛,羽状脉,侧脉 4 - 6 对,钟乳体密,杆状,长 0.1 - 0.3mm;叶柄长 3 - 8mm,无毛;托叶披针形,长 13mm,宽 3mm,无毛。雄头状花序未见。雌头状花序成对腋生,近无梗;花序托椭圆形,长 4.2mm,宽 2.5mm,无毛;苞片 6,排成 2 层,扁宽卵形,外层 2 枚对生,较大,长0.5mm,宽3mm,内层 4 枚较小,长 0.5mm,宽 1.2 - 2mm,无毛,所有苞片顶端有粗短尖头;小苞片极密,半透明,长圆形、条形或狭条形,长约 0.7mm,顶端截形,密被缘毛。雌花具短梗:花被片不存在;雌蕊长约 0.6mm,子房狭椭圆体形,长 0.4mm,柱头画笔头状,

长 0.2mm。花期 6 月。

特产广西西林。

243b. 毛棱茎楼梯草(变种)

var. **lasiocladum** W. T. Wang & Y. G. Wei in 1. c. 717;W. T. Wang in 1. c. 1166. Type:广西:东兰,2008 - 04 - 21,韦毅刚 08023(holotype,PE;isotype,IBK)。

本变种与模式变种的区别:茎较细,粗 2.8mm,暗褐色,近顶部被反曲短柔毛。

特产广西东兰。生于石灰岩山中阴湿处。

244. 细脉楼梯草　图版136:A - D

Elatostema tenuinerve W. T. Wang & Y. G. Wei in Harvard Papers Bot. 14(2):183,fig. 1. 2009;W. T. Wang in Fu et al. Paper Collection of W. T. Wang 2:1166.2012. Type:广西:南丹,六寨,alt. 800m,2009 - 04 - 23,韦毅刚 09142(holotype,PE;isotype,IBK);同地,2005 - 05 - 05,韦毅刚 05113(paratype,IBK,non vidi)。

多年生草本。茎高 32 - 38cm,基部粗 2mm,无毛,不分枝或具 1 分枝,具长 0.1 - 0.3(-0.4)mm 的钟乳体。叶具短柄;叶片纸质,斜倒卵状长圆形、长圆形或椭圆形,长 3 - 12.5cm,宽 1.4 - 3.2cm,顶端长渐尖尖或渐尖,基部狭侧楔形,宽侧近耳形,边缘具浅钝齿,上面无毛,下面被糙伏毛,变无毛,羽状脉,侧脉在叶狭侧 5 - 6 条,在宽侧 5 - 8 条,两面平,钟乳体密集,杆状,长 0.1 - 0.15mm;叶柄长 0.8 - 2.8mm,无毛;托叶钻形,长 1.5 - 2mm,宽 0.2mm,无毛。雄头状花序未见。雌头状花序单生叶腋,无梗;花序托长方形,长约 6.2mm,宽 4.8mm,无毛,4 浅裂,钟乳体点状或短杆状,长 0.1mm;苞片约 13,排成 2 层,外层 4 枚较大,扁正三角形,长约 0.4mm,宽 1 - 1.8mm,内层苞片 9 枚较小,三角形,长 0.4mm,宽 0.4 - 0.6mm,无毛,顶端具粗短尖头;小苞片密集,半透明,匙形或条形,长 0.4 - 1mm,顶端有缘毛。雌花无梗:花被片不存在;雌蕊长 0.4mm,子房椭圆体形,长 0.3mm,柱头长 0.1mm。瘦果淡褐色,狭椭圆球形,长约 0.6mm,具 7 条纵肋。花期 4 - 5 月。

特产广西南丹。生于石灰岩山山洞中阴湿处,海拔 800m。

245. 长缘毛楼梯草　图版136:E - H

Elatostema longiciliatum W. T. Wang,sp. nov.;

W. T. Wang et al. in Fu et al. Paper Collection of W. T. Wang 2：1166，fig. 37：A – D. 2012. nom. nud. Holotype：广西（Guangxi）：田阳（Tianyang），2010 – 03，韦毅刚（Y. G. Wei）20（PE）。

Speceis nova haec est affinis *E. angulaticauli* W. T. Wang & Y. G. Wei，quod caulibus cystolithis densis 0. 1 – 0. 3 mm longis praeditis，petiolis 3 – 8 mm longis，pedunculis pistillatis haud 1 – bracteatis，involucro pistillato ex bracteis 6 constante，bracteolis pistillatis ciliis 0. 2 mm longis praeditis distinguitur.

Small perennial herbs. Stems ca. 20 cm tall，at the middle 2 mm thick，glabrous，lacking cystoliths，simple，ca. 12-leaved. Leaves shortly petiolate or subsessile；blades papery，obliquely long elliptic，rarely elliptic，3. 4 – 11 cm long，2 – 3. 5 cm broad，apex acuminate，base obliquely cuneate，margin above base denticulate；surfaces adaxially sparsely strigose，abaxially on midrib and lateral nerves pilose；venation pinnate，with 6 – 7 pairs of lateral nerves；cystoliths conspicuous，dense，bacilliform，0. 1 – 0. 25 mm long；petioles 1 – 3 mm long，glabrous；stipules membranous，lanceolate，8 – 11 mm long，2 – 2. 5 mm broad，glabrous，green，with greenish – white margin. Staminate capitula unknown. Pistillate capitula singly axillary；peduncle glabrous，at apex 1 – bracteate，either flattened，subquadrate，ca. 2 mm long and broad，above with some cystoliths 0. 2 – 0. 4 mm long，or depressed – terete，ca. 0. 8 mm long，1 mm across，and the apical bract membranous，white，deltoid，1. 8 – 2 mm long，1. 2 – 2 mm broad，glabrous，with dense cystoliths 0. 1 – 0. 25 mm long；receptacle broad – oblong，ca. 3. 5 mm long，2. 2 mm broad，puberulous，2 – lobed；bracts ca. 10，unequal，depressed – triangular，ca. 0. 5 mm long，1 – 2 mm broad，abaxially puberulous，apex thickly mucronate；bracteoles dense，green，membranous，obovate or oblanceolate，0. 25 – 0. 5 mm long，above slightly thickened，most bracteoles with apical cilia 0. 1 – 0. 2 mm long，a few bracteoles with cilia 1-1. 5 mm long. Pistillate flower subsessile；tepals wanting；ovary ellipsoidal，ca. 0. 25 mm long，and stigma penicillate，0. 05 mm long.

多年生小草本。茎高约20cm，中部粗2mm，无毛，不分枝，约生12叶。叶具短柄或近无柄；叶片纸质，斜长椭圆形，稀椭圆形，长 3. 4 – 11cm，宽 2 – 3. 5cm，顶端渐尖，基部斜楔形，边缘在基部之上具小牙齿，上面疏被糙伏毛，下面中脉和侧脉上被疏柔毛，羽状脉，侧脉6 – 7 对，上面平，下面隆起，钟乳体明显，密集，长 0. 1 – 0. 25mm；叶柄长 1 – 3mm，无毛；托叶膜质，披针形，长 8 – 11mm，宽 2 – 2. 5mm，无毛，绿色，边缘绿白色。雄头状花序未见。雌头状花序单生叶腋；花序梗无毛，在顶端有 1 苞片，有时扁平，近方形，长及宽均为2mm，上部有长 0. 2 – 0. 4mm的杆状钟乳体，有时扁圆柱形，长约 0. 8mm，宽1mm，顶端的苞片膜质，白色，正三角形，长 1. 8 – 2mm，宽 1. 2 – 2mm，无毛，有密集、长 0. 1 – 0. 25mm 的杆状钟乳体；花序托宽长圆形，长约 3. 5mm，宽 2. 2mm，被短柔毛，中部 2 浅裂；总苞苞片约10，不等大，扁卵形，长约 0. 5mm，宽 1 – 2mm，背面被短柔毛，顶端具粗短尖头；小苞片密集，绿色，膜质，倒卵形或倒披针形，长 0. 25 – 0. 5mm，上部稍增厚，多数小苞片顶端缘毛长 0. 1 – 0. 2mm，少数小苞片顶端缘毛长 1 – 1. 5mm。雌花近无梗；花被片不存在；雌蕊长约0. 3mm，子房椭圆体形，长 0. 25mm，柱头画笔头状，长0. 05mm。花期2 – 3 月。

特产广西田阳。生于石灰岩山中阴湿处。

246. 丰脉楼梯草　图版137：A – D

Elatostema pleiophlebium W. T. Wang & Zeng Y. Wu in PhytoKeys 7：58，fig. 1：F – I，fig. 2：A – C. 2011. Type：云南：河口，南溪，三叉河，alt. 388 m，2010 – 08 – 01，吴增源 10181（holotype，PE；isotype，KUN），10186（paratype，KUN）。

多年生草本，全部干时稍变黑色。茎高 30 – 50cm，无毛，不分枝。叶有短柄，无毛；叶片纸质，斜长卵形、宽长圆形或椭圆形，长 10 – 20cm，宽 4. 5 – 7. 2cm，顶端渐尖、短渐尖或微钝，基部斜楔形，边缘有小牙齿，具羽状脉，侧脉在狭侧（4 –）7 – 10 条，在宽侧（5 –）7 – 11 条，上面平，下面近平或稍隆起，钟乳体明显，密，杆状，长 0. 25 – 0. 8mm；叶柄长 3 – 17mm；托叶狭披针形或披针形，长 5 – 14mm，宽1. 5 – 3mm，有钟乳体，顶端锐尖。雄头状花序单生叶腋，无毛；花序梗长约 1. 5mm；花序托宽长圆形，长约8mm，宽6mm，苞片6，排成 2 层，卵形，稀狭卵形，背面上部有 1 条纵肋，肋顶端突出成短或稍长突起，外层 2 枚对生，较大，长 4 – 5mm，宽约9mm，突起钻形，长约3mm，内层 4 枚较小，长 4 – 5mm，宽 5 –

7mm,突起钻形或角状,长 1 - 1.5mm;小苞片密集,膜质,半透明,白色,上部带褐色,倒梯形或船形,长 2 - 3.2mm,宽 0.6 - 2mm,上部常稍对折,无毛,顶端有时兜状。雌头状花序未见。花期 7 - 8 月。

特产云南河口。生于山谷林下阴湿处,海拔 388m。

247. 五肋楼梯草　图版 137:E - G

Elatostema quinquecostatum W. T. Wang in Bull. Bot. Res. Harbin 2(1):24, pl. 3:4 - 6. 1982;于中国植物志 23(2):132,图版 70:4 - 6. 1995;于广西植物 30(6):727,图 2:H. 2010;et in Fu et al. Paper Collection of W. T. Wang 2:1169. 2012. Holotype:贵州:册亨,冗渡区,alt. 1000m,1960 - 05 - 12,张志松,张永田 2379(IBSC)。

E. prunifolium auct. non W. T. Wang;Q. Lin et al. in Fl. China 5:135. 2003,p. p. quoad syn *E. quinquecostatum* W. T. Wang;林祁,段林东于云南植物研究 25(6):637. 2003,p. p. quoad syn. *E. quinquecostatum* W. T. Wang et ejus nominis holotypum.

多年生草本。茎高约 30cm,有细纵沟,被短糙伏毛,不分枝。叶干时变黑色,无柄,斜长圆形或倒卵状长圆形,长 8 - 14cm,宽 2.5 - 3.5cm,顶端尾状(尾状尖头边缘有齿),基部狭侧楔形,宽侧圆形,边缘有多数牙齿,上面有疏硬毛,下面沿脉被糙伏毛,羽状脉,侧脉 10 - 13 对,钟乳体密,明显,长 0.1 - 0.2mm。花序雌雄同株。雄头状花序单生叶腋,有短梗;花序梗长约 3mm,无毛;花序托椭圆形,长约 7mm,宽约 4.5mm,中部二浅裂,无毛;苞片 6,无毛,外层 2 枚大,宽卵形,长约 5mm,宽 7mm,背面有 5 条纵肋,顶端之下有短角状突起,内层 4 枚较小,宽约 4.5 毫米,背面有 1 条纵肋;小苞片密集,膜质,船状长圆形,长 2.5 - 4mm,无毛。雄花蕾直径约 1mm。雌头状花序单生茎上部叶腋,近无梗;花序托长圆形,长约 4.5mm,宽约 2mm,有稀疏短伏毛;苞片 6,外层 2 枚较大,扁卵形,长约 1mm,有 1 条纵肋,顶端有短角状突起,被疏柔毛;小苞片密集,匙形或宽条形,顶端有疏毛。花期 5 月。

特产贵州册亨。生于山谷密林中,海拔 1000m。

248. 马关楼梯草　图版 138:A - F

Elatostema maguanense W. T. Wang in Bull. Bot. Res. Harbin 26(1):21,fig. 4:5 - 10. 2006;et in

Fu et al. Paper Collection of W. T. Wang 2:1169. 2012;税玉民,陈文红,中国喀斯特地区种子植物1:97,图 237. 2006。Holotype:云南:马关,古林箐,木材检查站,alt. 500m,2005 - 07 - 23,税玉民等 44299(KUN)。

多年生草本。雌雄同株或异株。茎高 32 - 38cm,上部密被贴伏短硬毛,不分枝,约有 10 叶。叶具短柄;叶片纸质,斜倒卵形,长 9 - 12.5cm,宽 3 - 5.2cm,顶端渐尖,基部斜楔形,边缘有多数小牙齿,上面有极疏短糙伏毛,下面脉上密被短糙伏毛,羽状脉,侧脉 7 - 9 对,下面稍隆起,钟乳体明显,密集,杆状,长 0.15 - 0.3mm;叶柄长 3 - 10mm;托叶淡绿色,斜披针形,长 10 - 14mm,宽约 3mm,无毛,有 1(-2)脉,沿脉有密集、长 0.1 - 0.2mm 的钟乳体。雄头状花序单生于雌花序之下的叶腋,有短梗和多数花,干时变黑色;花序梗粗壮,长 2mm,被短柔毛;花序托宽长方形,长 8mm,宽 7mm,被短柔毛;苞片约 8,扁正三角形或扁三角形,长 2.5mm,宽 3 - 5mm,被短柔毛,顶端有粗角状突起(突起长 2 - 3.2mm);小苞片多数,膜质,半透明,较大者倒卵状船形,较小者平,条形,长 3 - 4mm,宽 0.3 - 1.8mm,无毛,顶端有时变厚,呈褐色。雄花无毛:花梗长 4mm;花被片 5,狭椭圆形。长 2mm,基部合生,顶端具角状突起(突起长 1mm);雄蕊 5,花药长 0.6mm。雌头状花序单生叶腋,扁球形,直径约 7mm,无梗,具多数花,干时变黑色;花序托直径约 4.5mm;苞片约 5,条形,长约 4mm,宽 1mm,被稀疏短缘毛;小苞片多数,密,膜质,半透明,狭条形或条状披针形,长 1.8 - 2mm,被短缘毛。雌花尚未发育。花期 7 - 8 月。

特产云南马关。生于石灰岩山林中,海拔 500 - 900m。

249. 二脉楼梯草　图版 138:G - I

Elatostema binerve W. T. Wang in Bull. Bot. Res. Harbin 26(1):23,fig. 4:1 - 4. 2006;et in Fu et al. Paper Collection of W. T. Wang 2:1169. 2012;税玉民,陈文红,中国喀斯特地区种子植物1:94,图 229. 2006。Holotype:云南:马关,古林箐,木材检查站,alt. 500 m,2005 - 07 - 23,税玉民等 44294(KUN)。

多年生草本。茎高约 55cm,上部被贴伏短硬毛,下部无毛,不分枝或有 1 分枝。叶具短柄;叶片

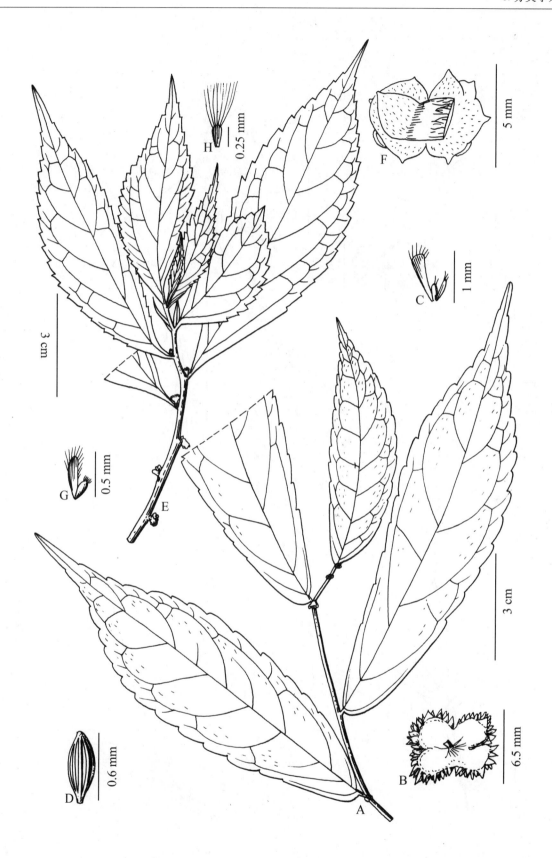

图版 136 A - D. 细脉楼梯草 *Elatostema tenuinerve* A. 开花茎顶部, B. 雌头状花序(下面观), C. 雌小苞片和雌花, D. 瘦果。(自 Wang & Wei, 2009) E - H. 长缘毛楼梯草 *E. longiciliatum* E. 开花茎上部, F. 雌头状花序(下面观, 示扁花序梗顶端具一正三角形苞片), G. 雌小苞片和雌花, H. 具长缘毛的雌小苞片。(据 holotype)

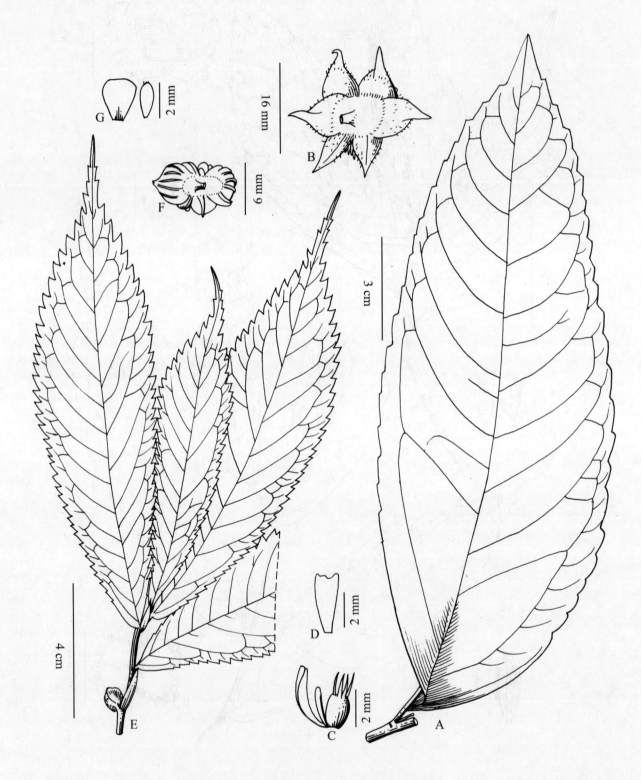

图版 137　A－D. 丰脉楼梯草 **Elatostema pleiophlebium** A. 叶, B. 雄头状花序(下面观), C. 雄小苞片和雄花蕾, D. 雄小苞片。(据 holotype) E－G. 五肋楼梯草 **E. quinguecostatum** E. 开花茎顶部, F. 雄头状花序(下面观), G. 雄小苞片。(据 holotype)

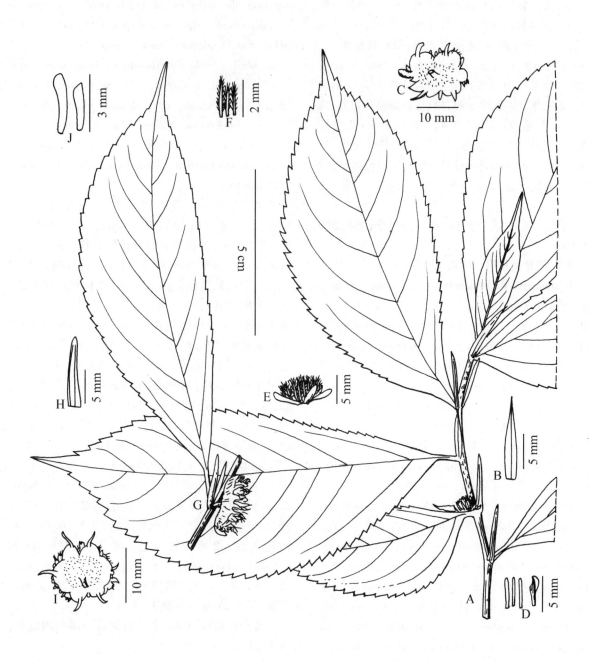

图版 138 A－F. 马关楼梯草 *Elatostema maguanense* A. 开花茎顶部, B. 托叶, C. 雄头状花序(下面观), D. 雄小苞片, E. 雌头状花序, F. 雌小苞片。G－J. 二脉楼梯草 *E. binerve* G. 叶和雄头状花序, H. 托叶, I. 雄头状花序(下面观), J. 雄小苞片。(自 Wang, 2006)

纸质,斜狭倒卵形或斜宽倒披针形,长 7.5 - 14cm,宽 2.5 - 4.2cm,顶端渐尖,基部斜楔形,边缘狭侧下部全缘,上部有小牙齿,宽侧基部之上有多数小牙齿,上面无毛,下面脉上有短糙伏毛,羽状脉,侧脉 6 - 7 对,下面稍隆起,钟乳体明显,密集,杆状,长 0.2 - 0.5mm;叶柄长 3 - 5mm;托叶淡绿色,狭披针形或条状披针形,长 10 - 12mm,宽 1 - 3mm,无毛,有 2 脉,有少数长 0.1mm 的钟乳体。雄头状花序单生叶腋,有多数花,有短梗;花序梗长 1 - 2mm,被短柔毛;花序托近圆形,直径约 7mm,被贴伏短柔毛;苞片约 7,宽卵形,长约 2.5mm,宽 3 - 4mm,背面被短柔毛,顶端有粗角状突起(突起长约 2mm);小苞片多数,密集,膜质,半透明,白色,斜倒卵状条形,长 3 - 4mm,无毛,顶端有时兜状。雄花无毛;花梗长 1.5mm;花被片 5,椭圆形,长 1.6mm,基部合生,顶端有角状突起(长 0.5mm);雄蕊 5,花药长圆形,长 0.8mm;退化雌蕊长 0.3mm。雌头状花序未见。花期 7 月。

特产云南马关。生于石灰岩山林中,海拔 500 - 900m。

250. 黑角楼梯草　图版 139:F - H

Elatostema melanoceras W. T. Wang, sp. nov. Type:广西:天峨,(Tiane),穿洞(Chuandong),alt. 400 m,石灰山溪边(by stream in a limestone hill),2009 - 03 - 04,韦毅刚(Y. G. Wei)6480(holotype,PE);巴马(Bama),加方(Jiafang),2009 - 04 - 04,韦毅刚 2009 - 117(paratype,PE)。

Species nova haec est fortasse affinis E. pseudobrachyodonto W. T. Wang, quod foliis subtus glabris, stipulis minoribus 3 - 4 mm longis ciliolatis, capituli pistillati bracteis pluribus ca. 70, earum cornibus longioribus 1.5 - 2 mm longis haud nigris recedit.

Perennial herbs. Stems 25 - 40 cm tall, near base 2 - 4 mm thick, glabrous, simple or below with 2 branches. Leaves shortly petiolate or sessile; blades papery, obliquely long elliptic or narrowly obovate - oblong, 5 - 16 cm long, 2 - 6.5 cm broad, apex acuminate (acumens 1 - 2 - denticulate at each side), base obliquely cuneate, margin dentate; surfaces adaxially strigose, abaxially on nerves sparsely puberulous, glabrescent; venation penninerved, with 4 - 6 pairs of lateral nerves; cystoliths conspicuous, dense, bacilliform, 0.1 - 0.3 mm long; stipules membranous, lanceolate or narrow - lanceolate, 10 - 13 mm long, 1.5 - 2.5 mm broad, glabrous, greenish - white, midribs green. Staminate capitula un-

known. Pistillate capitula singly axillary; peduncle robust, 1 mm long, glabrous; receptacle oblong, ca. 5 mm long, 4 mm broad, at middle 2 - lobed, glabrous; bracts ca. 18, abaxially sparsely puberulous, margin black, 2 outer bracts opposite, larger, appressedly and broadly ovate, ca. 0.5 mm long, 3 - 3.5 mm broad, at apex 1 - corniculate, with horn - like projections black, ca. 0.5 mm long, the other ca. 16 bracts smaller, unequal in size, depressed - ovate or ovate, ca. 0.4 mm long, 0.3 - 1.5 mm broad, apex black - apiculate and in 1 - 2 bracts black - corniculate; bracteoles dense, semi - hyaline, spathulate or narrow - obovate, 0.5 - 0.7 mm long, brown - striate, apex densely ciliate. Pistillate flower: pedicel robust, 0.2 mm long, glabrous; tepals 2, linear, 0.2 mm long, glabrous; pistil ca. 0.5 mm long, ovary narrow - ovoid, 0.25 mm long, stigma penicillate, 0.25 mm long.

多年生草本。茎高 25 - 40cm,近基部粗 2 - 4mm,无毛,不分枝或下部具 2 分枝。叶具短柄或无柄;叶片纸质,斜长椭圆形或狭倒卵状长圆形,长 5 - 16cm,宽 2 - 6.5cm,顶端渐尖(尖头每侧有 1 - 2 小齿),基部斜楔形,边缘具牙齿,上面被糙伏毛,下面脉上疏被短毛,变无毛,羽状脉,侧脉 4 - 6 对,钟乳体明显,密,杆状,长 0.1 - 0.3mm;托叶膜质,披针形或狭披针形,长 10 - 13mm,宽 1.5 - 2.5mm,无毛,绿白色,中脉绿色。雄头状花序未见。雌头状花序单生叶腋;花序梗粗壮,长 1mm,无毛;花序托长圆形,长约 5mm,宽 4mm,无毛,在中部 2 浅裂;苞片约 18,背面疏被短柔毛,边缘黑色,外层 2 枚对生,较大,扁宽卵形,长约 0.5mm,宽 3 - 3.5mm,顶端具 1 黑色角状突起(突起长 0.5mm),其他苞片较小,不等大,扁卵形或卵形,长约 0.4mm,宽 0.3 - 1.5mm,顶端通常具黑色粗尖头,稀具黑色角状突起;小苞片密集,半透明,匙形或狭倒卵形,长 0.5 - 0.7mm,有褐色条纹,顶端密被缘毛。雌花:花梗粗壮,长 0.2mm,无毛;花被片 2,条形,长 0.2mm,无毛;雌蕊长约 0.5mm,子房狭卵球形,长 0.25mm,柱头画笔头状,长 0.25mm。花期 3 - 4 月。

特产广西西北部。生于石灰岩山溪边阴湿处,海拔 400m。

251. 异晶楼梯草　图版 139:A - E

Elatostema heterogrammicum W. T. Wang in Pl. Divers. Resour. 34(2):142,fig. 4. 2012. Holotype:云南:漾濞,平坡,马尾水,alt. 2000 m,2009 - 07 - 14,金效华,刘永等 1258(PE)。

多年生草本。茎高约 35cm,基部粗 3mm,无毛,不分枝,约有 10 叶。叶具短柄或无柄;叶片纸质,斜椭圆形或斜狭倒卵形,长 6 - 17cm,宽 2 - 7cm,顶端尾状渐尖或渐尖(尖头每侧有 2 - 3 小齿),基部斜楔形或宽侧圆形,边缘具牙齿,上面疏被短糙伏毛,下面无毛,羽状脉,侧脉 4 - 7 对,上面平,下面隆起,钟乳体在一些叶不明显,稀疏,杆状,长 0.1 - 0.3mm,在另一些叶则明显,极密,杆状或点状,长 0.1 - 0.15mm;叶柄长达 5mm,无毛,托叶淡绿色,膜质,条状披针形,长约 7mm,宽 2mm,无毛。雄头状花序单生叶腋,直径 7 - 11mm;花序梗长 3 - 10mm,无毛;花序托近圆形,直径 4 - 7mm,无毛,中部 2 浅裂;苞片约 8,不等大,较大的 2 枚横长圆形,长约 3mm,宽 5mm,背面有 1 小鸡冠状突起或 1 - 2 条短肋,其他 6 枚较小,近方形,长约 3mm,宽 1 - 3.5mm,背面有 3 - 5 条纵肋,无毛,顶端边缘呈黑色,在另一些雄花序的花序托的裂片弯缺的 4 枚苞片背面有 1 条纵肋,肋顶端突出成长 2mm 的绿色角状突起;小苞片多数,极密,膜质,半透明,白色,外方的小苞片大,宽倒卵形,长约 3mm,宽 1.2mm,顶端啮蚀状,内方的小苞片较小,条形,长约 2mm,宽 0.3mm,顶端啮蚀状,近无毛。雄花蕾宽倒卵球形,长约 1.8mm,无毛,顶端骤尖。雌头状花序未见。花期 7 月。

特产云南漾濞。生于山谷林下,海拔 2000m。

252. 隆林楼梯草 图版 140:A - E

Elatostema pseudobrachyodontum W. T. Wang in Bull. Bot. Res. Harbin 2(1):21,pl. 2:5 - 6. 1982;并于中国植物志 23(2):309,图版 59:5 - 6. 1995;Q. Lin et al. in Fl. China 5:160. 2003;王文采于广西植物志 2:864,图版 350:5. 2005;et in Fu et al. Paper Collection of W. T. Wang 2:1169. 2012. Holotype:广西:隆林,1977 - 08 - 05,韦腾辉 3 - 34180(GXMI)。

多年生草本。茎高约 40cm,分枝,无毛。叶具短柄或无柄;叶片草质,斜长椭圆形或长圆形,长5.4 - 7cm,宽 1.7 - 7cm,顶端尾状渐尖(尖头全缘),基部斜楔形,边缘具牙齿,上面初被贴伏的极短柔毛,后变无毛,下面无毛,叶脉近羽状,侧脉在叶狭侧 4 - 5 条,在宽侧 5 - 7 条,钟乳体密,稍明显,长 0.1 - 0.3mm;叶柄长达 5mm,无毛;托叶披针状条形,长 3 - 4mm,边缘有极短的毛。花序雌雄同株。雄头状花序单生叶腋,具短或稍长梗,近圆形,直径 1.3 - 2.2cm;花序梗长 3 - 18mm,无毛;花序托直径 9 - 20mm,无毛;苞片 4 - 6,横条形或扁宽卵形,长 2 - 3mm,宽达 10 - 20mm,无毛;小苞片密集,膜质,半透

明,匙形或条形,长 3 - 4mm,顶端被短缘毛。雄花具细梗,花蕾直径约 1.8mm,顶部疏被柔毛。雌头状花序单生叶腋,无梗或具短梗;花序托近长方形,长约 8mm,宽 4mm,无毛;苞片 70 - 100,狭条形或钻形,长 0.4 - 1.5mm,宽 0.1 - 0.25mm,无毛;小苞片密集,绿色,楔状条形,长 0.4 - 0.8mm,顶端有缘毛。雌花无梗;花被片不存在;子房椭圆体形,长约 0.25mm,柱头画笔头状,与子房等长。瘦果宽椭圆体形,长约 0.6mm,约有 4 条细纵肋。花期 8 月。

特产广西隆林。生于石灰岩山阴湿处。

标本登录:

广西:隆林,温放 1080(PE)。

253. 黑叶楼梯草 图版 140:F - I

Elatostema melanophyllum W. T. Wang in Bull. Bot. Res. Harbin 26(1):23,fig. 2:6 - 9. 2006;et in Fu et al. Paper Collection of W. T. Wang 2:1169. 2012;税玉民,陈文红,中国喀斯特地区种子植物 1:98,图 240. 2006. Type:云南:马关,古林箐,马革,alt. 200m,2004 - 01 - 16,税玉民,陈文红 41060(holotype,KUN);同地,2004 - 12 - 19,税玉民等 43713(paratype,KUN);河口,新街,Yaomaiji,alt. 1400m,2000 - 04 - 13,税玉民等 12887(paratype,KUN)。

多年生草本,干时全体变黑色。茎高 20 - 50cm,不分枝或有少数分枝,被短硬毛。叶无柄或具极短柄;叶片薄纸质,斜倒披针形或斜长圆形,最下部叶狭倒卵形,长(4 -)7 - 16.5(- 18)cm,宽(1.5 -)2 - 3.5cm,顶端长渐尖或尾状渐尖,基部斜楔形,边缘有多数小牙齿,被短缘毛,上面有极疏短糙伏毛,下面脉上有开展短硬毛,羽状脉,侧脉(5 -)6 - 7 对,钟乳体不明显,不密,杆状,长 0.1 - 0.25mm;叶柄长 0.5 - 2mm 或不存在;托叶狭三角形或条状披针形,长 5.5 - 12mm,宽 1 - 2.2mm,顶端钻状尾形,近无毛,有 1 不明显脉。雄头状花序单生叶腋;花序梗粗壮,长 2mm;花序托长方形,长约 5mm,宽 4mm,被短柔毛;苞片约 8,扁圆卵形,长约 2.2mm,宽 3 - 4mm,无毛,顶端多具角状突起(突起长 0.5 - 1.5mm);小苞片多数,膜质,半透明,白色,条形,长 0.8 - 1.2mm,无毛。雄花蕾长约 1mm,无毛,顶端有 5 角状突起。雌头状花序单生叶腋,直径约 3mm,无梗,有多数花;花序托小,不等 2 裂;苞片约 5,狭卵形,长 0.5mm,无毛;小苞片多数,密集,膜质,半透明,船状,长 0.8 - 1mm,无毛,顶端常兜状。雌花:花被片不存在;雌蕊长约 0.5mm,子房椭圆体形,长 0.4mm,柱头近球形,直径 0.1mm。花期 1 - 4 月。

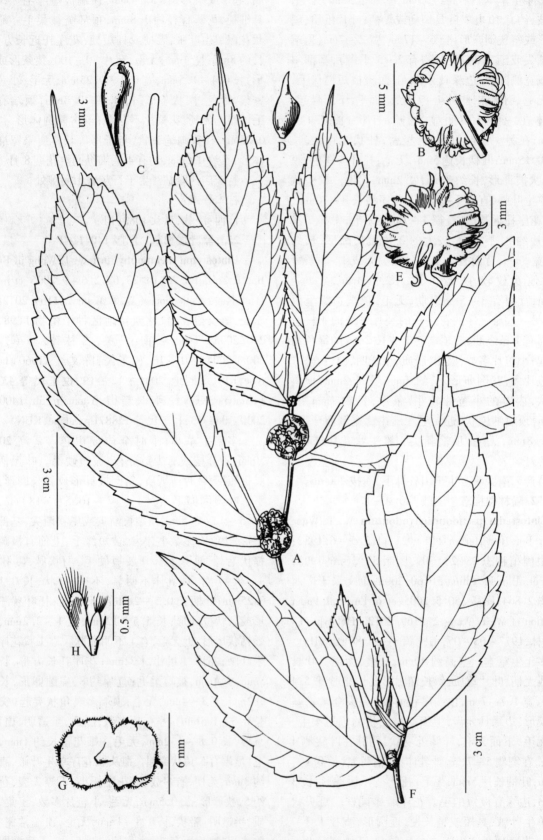

图版 139 A – E. 异晶楼梯草 *Elatostema heterogrammicum* A. 开花茎上部，B. 雄头状花序（下面观），C. 雄小苞片，D. 雄花蕾，（据 holotype）E. 另一雄头状花序。（下面观，据 isotype）F – H. 黑角楼梯草 *E. melanoceras* F. 开花茎顶部，G. 雌头状花序（下面观），H. 雌小苞片和雌花。（据 holotype）

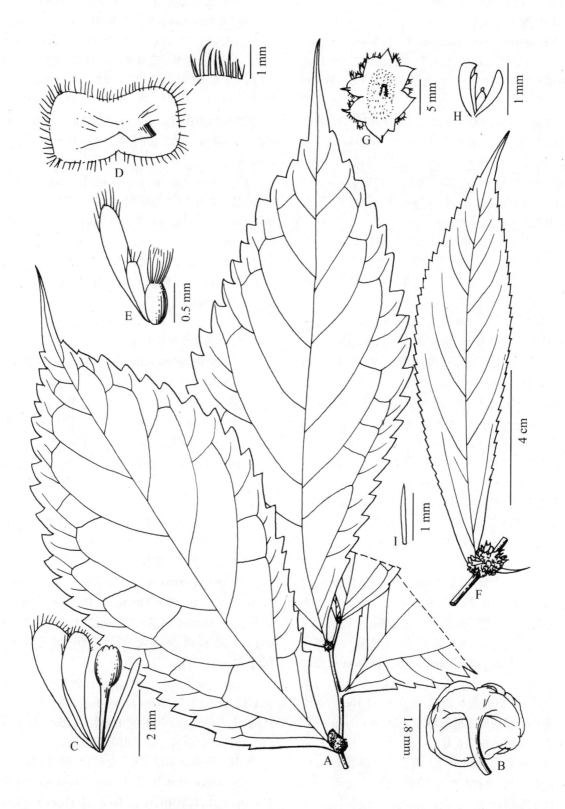

图版 140 A–E. 隆林楼梯草 *Elatostema pseudobrachyodontum* A. 开花茎顶部, B. 雄头状花序(下面观), C. 雄小苞片和雄花蕾, D. 雌头状花序(下面观), E. 雌小苞片和雌花。(据温放 1080) F–I. 黑叶楼梯草 *E. melanophyllum* F. 叶和腋生雄头状花序, G. 雄头状花序(下面观), H. 雌小苞片和雌花, I. 另一雌小苞片。(自 Wang, 2006)

特产云南东南部(马关,河口)。生于山谷雨林中或林边,海拔 200 – 1850m。

254. 南川楼梯草

Elatostema nanchuanense W. T. Wang in Bull. Bot. Lab. N. – E. Forest. Inst. 7:84, pl. 3:7. 1980;并于中国植物志 23(2):312,图版 67:78. 1995;Q. Lin et al. in Fl. China 5:161. 2003;杨昌煦等,重庆维管植物检索表 151. 2009;王文采于广西植物 30(6):725,fig. 7:E. 2010;et in Fu et al. Paper Collection of W. T. Wang 2:1169. 2012. Type:重庆:南川,金佛山,alt. 1200m,1935 – 06 – 06,曲桂龄 1178(holotype,PE);湖北:巴东,南坪,alt. 600m,1939 – 06 – 12,王作宾 10918(paratype,PE)。

254a. var. nanchuanense 图版 141:A – D

多年生草本,干时多少变黑色。茎高 33 – 40cm,不分枝,疏被柔毛。叶具短柄或无柄;叶片草质,上部叶斜长圆形或斜狭长圆形,长 8 – 12.2cm,宽 1.8 – 2.8cm,下部叶较小,长 1.5 – 5cm,顶端渐尖至尾状,基部斜楔形,边缘密生牙齿或小牙齿,上面散生少数糙毛,下面沿中脉及侧脉被短伏毛,叶脉羽状,侧脉约 10 – 12 对,钟乳体明显,密,长约 0.2mm;叶柄长达 1.5mm;托叶膜质,披针形,长 6 – 10mm。花序雌雄同株或异株,成对腋生。雄头状花序具极短梗;花序梗长约 1.5mm;花序托椭圆形,长 7 – 11mm,中部稍二浅裂,边缘有扁圆卵形苞片,后者顶部有长 0.6 – 1.5mm 的突起;小苞片膜质,淡褐色,半透明,倒卵状长圆形或长圆状船形,长 2.5 – 3mm,呈船形时背面顶端之下有短突起,上部有长为 0.2mm 的钟乳体,被短伏毛。雄花具梗;花被片 5,狭椭圆形,长约 1.5mm,基部合生,有 2 个在背面顶部之下有角状突起(长约 0.4mm),无毛;雄蕊 5;退化雌蕊小,长约 0.2mm。雌头状花序具短梗或无梗,有多数花;花序梗长达 1mm;花序托近椭圆形或圆形,直径 2 – 5mm;苞片约 15 枚,正三角形或宽卵形,长 1 – 1.5mm,宽约 1mm,顶端有长 1mm 的角状突起,有缘毛;小苞片多数,密集,白色,半透明,有褐色小点,披针形或匙状条形,长 0.6 – 1.4mm,有缘毛。瘦果狭卵球形或椭圆球形,长 0.6 – 0.7mm,约有 8 条细纵肋。花期 6 月。

分布于贵州,湖南西北,湖北西南和重庆南部。生于山谷阴处,海拔 600 – 1200m。

标本登录:

贵州:黄平,李克光 1637(PE)。

湖南:永顺,邵青,段东林 83(PE)。

重庆:金佛山,金佛山队 86 – 0940,86 – 1414 (PE)。

254b. 无角南川楼梯草(变种) 图版 141:E

var. **calciferum**(W. T. Wang)W. T. Wang in Guihaia 30(6):725,fig. 7:B. 2010;et in Fu et al. Paper Collection of W. T. Wang 2:1172. 2012. ——*E. calciferum* W. T. Wang in W. T. Wang et al. Keys Vasc. Pl. Wuling Mount. 133,577. 1995;李丙贵于湖南植物志 2:296. 2000;Q. Lin et al. in Fl. China 5:148. 2003. Holotype:湖南:永顺,猛洞河,1988 – 06 – 20,北京队 1699(PE)。

E. nanchuanense auct. non W. T. Wang:段林东,林祁,邵青于植物分类学报 44(4):474. 2006,p. p. quoad syn. *E. calciferum* W. T. Wang et ejus nominis holotypum。

与南川楼梯草的区别:雌总苞苞片无角状突起。茎高约 27cm,被短糙伏毛,上部被糙硬毛。叶片倒卵状长圆形或倒披针形,长 6 – 8.2cm。

特产湖南永顺。生于山谷林缘,海拔 170m。

254c. 黑苞南川楼梯草(变种) 图版 141:F

var. **nigribracteolatum** W. T. Wang in Guihaia 30(1):12,fig. 3:D – G et(6):725,fig. 7:C. 2010;et in Fu et al. Paper Collection of W. T. Wang 2:1172. 2012. Holotype:云南:麻栗坡,八里河,alt. 900m. 2005 – 05 – 07,税玉民等 B2005 – 006(PE)。

与南川楼梯草的区别:雌总苞苞片无角状突起,雌小苞片呈黑色,不半透明。叶片长椭圆状长圆形,长达 10cm。

特产云南麻栗坡。生于山谷阴湿处,海拔 900m。

254d. 短角南川楼梯草(变种) 图版 141:G

var. **barchyceras** W. T. Wang in Guihaia 30(1):12,fig. 5:E – H et(6):726,fig. 7:D. 2010;et in Fu et al. Paper Collection of W. T. Wang 2:1172. 2012. Holotype:广西:靖西,通灵大峡谷,2005 – 05 – 22,税玉民等 B2005 – 411(PE)。

与南川楼梯草的区别:雌总苞苞片顶端的角状突起较短,长 0.2 – 0.4mm,雌小苞片呈黑色,不半透明,无褐色小点。叶片宽倒披针形,长约 10cm。

特产广西靖西。生于山谷阴湿处。

254e. 硬角南川楼梯草(变种) 图版 141:H

var. **scleroceras** W. T. Wang in Guihaia 30(6):726,fig. 7:A,F. 2010;et in Fu et al. Paper Collection of W. T. Wang 2:1172. 2012. Type:贵州:荔波,甲良乡,桥头村,白璧洞,alt. 823 m,2005 – 04 – 25,邵青,段林东 38(holotype,PE);广西:南丹,恩朴,2007 –

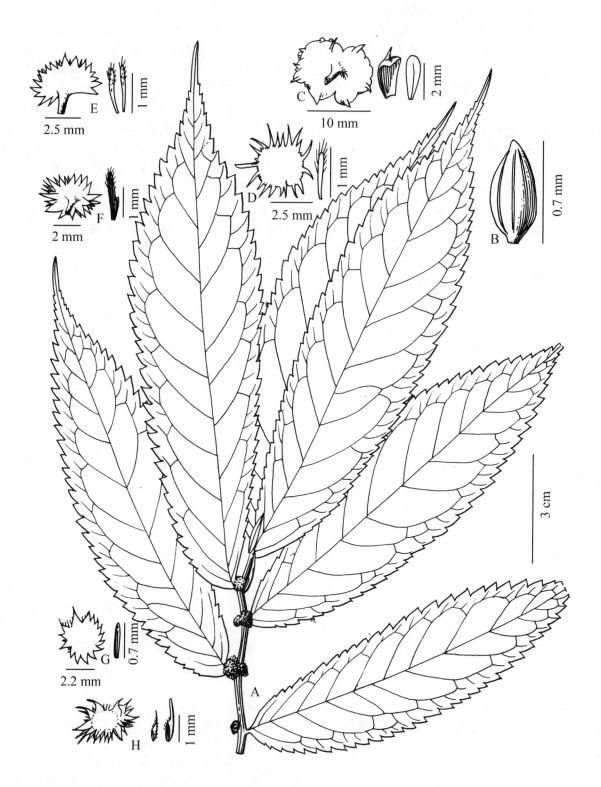

图版 141 南川楼梯草 *Elatostema nanchuanense* A－D. 模式变种 var. *nanchuanense* A. 雄茎上部, B. 瘦果,（据金佛山队 0940）C. 雄头状花序和雄小苞片, D. 雌头状花序和雌小苞片。（据曲桂龄 1178）E. 无角南川楼梯草 var. *calciferum* 雌头状花序和雌小苞片。（据北京队 1699）F. 黑苞南川楼梯草 var. *nigribracteolatum* 雌头状花序和雌小苞片。（据税玉民等 B2005－006）G. 短角南川楼梯草 var. *brachyceras* 雌头状花序和雌小苞片。（据税玉民等 B2005－411）H. 硬角南川楼梯草 var. *scleroceras* 雌头状花序和雌小苞片。（据邵青,段林东 38）

06 - 03，韦毅刚 7609（paratype，PE）。

与南川楼梯草的区别：雄小苞片有 1 条脉；雌小苞片船形，顶端有粗而长的角状突起，突起与小苞片等长或稍长。叶片狭长圆形或狭椭圆形，长约 6mm。

特产贵州东南和广西北部。生于石灰岩山石上或山洞阴湿处，海拔约 800m。

系 15. 近革叶楼梯草系

Ser. **Subcoriacea** W. T. Wang, ser. nov. Type：*E. subcoriaceum* Shih & Yang.

Series nova haec Ser. *Nanchuanensibus* W. T. Wang affinis est, a qua acheniis longitudinaliter costatis et multipuncticulatis differt.

本系与南川楼梯草系 Ser. *Nanchuanensia* 近缘，区别特征为本系的瘦果具纵肋和多数小点；在南川楼梯草系，瘦果只具纵肋，无小点。叶具羽状脉。雄头状花序具稍长梗；雌头状花序无梗。

1 种，特产台湾。

255. 近革叶楼梯草

Elatostema subcoriaceum Shih & Yang in Bot. Bull. Acad. Sin. 36（4）：272，fig. 8. 1995；Y. P. Yang et al. in Fl. Taiwan, 2nd ed., 2：217, pl. 109. 1996；Q. Lin et al. Fl. China 5：146. 2003；W. T. Wang in Fu et al. Paper Collection of W. T. Wang 2：1166. 2012. Holotype：台湾：台东，兰屿，施炳霖 3188（NSYSU, non vidi）。

多年生草本。茎丛生，直立或渐升，近圆柱形，高达 70cm，粗 7mm，无毛，通常分枝。叶具短柄或无柄，无毛；叶片纸质，斜狭椭圆形或椭圆形，长 6 - 21（-24）cm，宽 3 - 7（-8）cm，顶端渐尖或长渐尖，基部狭侧楔形，宽侧圆形，边缘下部全缘，上部有小牙齿或钝齿，羽状脉，侧脉在叶狭侧 3 - 6 条，在宽侧 4 - 8（-9）条，钟乳体密集，长达 0.5mm；叶柄长达 10mm；托叶披针形，三角形或狭椭圆形，长达 14mm，宽 3mm。雄、雌花序同株。雄头状花序单生叶腋，

近方形，长达 18mm，宽 16mm；花序梗长达 10mm；花序托近长方形，长约 5mm，无毛；苞片 6，2 层，顶端具短尖头，外层 2 枚对生，较大，近方形，内层 4 枚较小，宽卵形；小苞片船形，长达 3.6mm，宽 1.8mm，上部被短缘毛，背面脉上有短柔毛。雄花：花被片 5，椭圆形，稍不等大，长 1.7 - 2mm，宽 0.7 - 0.9mm，无毛，背面顶端之下有短突起；雄蕊 5。雌头状花序似雄头状花序，近方形，长达 12mm，宽 6mm，无梗或近无梗；花序托被短柔毛，外层 2 苞片较大，内层 4 苞片较小，均在顶端有短尖头；小苞片半透明，披针形，长约 1.8mm，宽 0.3mm，上部被长缘毛。雌花：花被片 5，狭条形，长在 0.2mm 以下；退化雄蕊 5，小；子房长圆形，长约 0.4mm，柱头画笔头状，比子房长 1.5 - 5 倍，毛由一列多细胞组成。瘦果宽长圆形，长约 0.9mm，宽 0.43mm，有多数褐色小点和 6 条细纵肋（自果顶端伸展到果中部）。花期 7—10 月。

台湾特有种，见于兰屿岛和花莲县。生于低海拔山谷中。

系 16. 薄叶楼梯草系

Ser. **Tenuifolia** W. T. Wang, ser. nov. Type：*E. tenuifolium* W. T. Wang.

Series nova haec est affinis Ser. *Nanchuanensibus* W. T. Wang, a qua acheniis longitudinaliter costatis et tuberculatis differt. Folia penninervia. Capitula staminata pistillataque breviter pedunculata vel sessilia；bracteae pistillatae projecturis ullis carentes raro apice corniculatae.

本系与南川楼梯草系 Ser. *Nanchuanensia* 在亲缘关系上相近，区别特征在于本系的瘦果具纵肋和瘤状突起。叶具羽状脉。雄、雌头状花序具短梗或无梗；雌苞片无任何突起，稀在顶端具角状突起。

5 种，均为我国特有种，分布于云南南部和东南部、广西西部、贵州南部和湖南西南部。

1. 茎无毛；雌苞片无任何突起。
　2. 叶无毛；雌总苞的苞片 20 - 40 枚。
　　3. 叶的侧脉 5 对，无钟乳体；雌花序托不分裂；雌总苞的苞片约 20 枚；瘦果淡黄色 ⋯⋯⋯⋯ 256. 毅刚楼梯草 **E. weii**
　　3. 叶的侧脉 5 - 7 对，有密集钟乳体；雌花序托 4 裂；雌总苞的苞片 20 - 40 枚；瘦果淡褐色 ⋯⋯⋯⋯⋯⋯⋯⋯⋯⋯⋯⋯⋯⋯⋯⋯⋯⋯⋯⋯ 257. 拟长圆楼梯草 **E. pseudooblongifolium**
　　　4. 托叶绿色，狭披针形或钻形，长 3 - 9mm，宽约 0.2mm，脉不明显 ⋯⋯ 257a. 模式变种 var. **pseudooblongifolium**
　　　4. 托叶白色，半透明，宽条形，长 5 - 6mm，宽 1 - 1.5mm，有 1 - 2 条纵脉 ⋯⋯ 257b. 金厂楼梯草 var. **jinchangense**
　2. 叶上面被短糙伏毛，下面无毛；雌总苞的苞片约 110 枚 ⋯⋯⋯⋯⋯⋯ 260. 滇南楼梯草 **E. austroyunnanense**
1. 茎和叶均有毛。
　5. 茎上部疏被短柔毛；叶片薄，膜质；雌花序托近方形，2 浅裂，无毛，无辐射脉；雌总苞的苞片约 25 枚，无任何突起；雌小苞片无毛；瘦果淡褐色；雄总苞不存在 ⋯⋯⋯⋯⋯⋯⋯⋯ 258. 薄叶楼梯草 **E. tenuifolium**

5. 茎上部被短硬毛；叶片纸质；雌花序托近蝴蝶形，4 浅裂，被短毛，有数条脉自中心辐射状展出；雌总苞的苞片约 20 枚，顶端有角状突起；雌小苞片密被缘毛；瘦果白黄色 ·················· **259. 罗氏楼梯草 E. luoi**

256. 毅刚楼梯草　图版 142：A – D

Elatostema weii W. T. Wang, sp. nov. Type：广西 (Guangxi)：龙州(Longzhou), 2010 – 05 – 20, 韦毅刚 (Y. G. Wei) AM6779(holotype, PE；isotype, IBK)。

Species nova haec est affinis *E. pseudooblongifolio* W. T. Wang, quod foliis basi latere latiore cuneatis vel rotundatis et nervis lateralibus 5 – 7 – jugis et cystolithis densis praeditis, stipulis minoribus viridibus anguste lanceolatis vel subulatis 3 – 9 mm longis 0. 2 mm latis, involucro pistillato ex bracteis pluribus 20 – 40 constante differt.

Perennial herbs. Stems ca. 35 cm tall, below ca. 2 mm thick, glabrous, simple, below longitudinally shallowly 4 – sulcate. Leaves shortly petiolate, glabrous；blades papery, obliquely oblong or obovate – oblong, 10 – 14 cm long, 2. 5 – 4 cm broad, apex acuminate(acumens entire), base cuneate at narrow side, auriculate at broad side, margin obtusely dentate；venation pinnate, with 5 pairs of lateral nerves；cystoliths wanting；petioles 1 – 5 mm long；stipules greenish – white, membranous, linear, ca. 12 mm long, 2 mm broad. Staminate capitula unknown. Pistillate capitula singly axillary, ca. 4 mm in diam. ；peduncle ca. 1 mm long, glabrous；receptacle elliptic, ca. 2. 5 mm long, 1. 5 mm broad, glabrous；bracts ca. 20, membranous, greenish, lanceolate – linear, ca. 1 mm long, 0. 15 – 0. 2 mm broad, ciliolate；bracteoles dense, semi – hyaline, carnose, linear, 0. 6 – 1 mm long, 0. 1 – 0. 2 mm broad, sparsely ciliolate. Pistillate flower：pedicel ca. 0. 2 mm long, glabrous；tepals 3, broad – ovate, ca. 0. 1 mm long, glabrous；ovary ellipsoidal, ca. 0. 45 mm long；stigma subglobose, ca. 0. 1 mm in diam. Achenes yellowish, ovoid, ca. 0. 6 mm long, 0. 4 mm broad, longitudinally 6 – ribbed and between ribs tuberculate.

多年生草本。茎高约 35cm, 下部粗约 2mm, 无毛, 不分枝, 下部有 4 条浅纵沟。叶具短柄或无柄, 无毛；叶片纸质, 斜长圆形或倒卵状长圆形, 长 10 – 14cm, 宽 2. 5 – 4cm, 顶端渐尖(尖头全缘), 基部狭侧楔形, 宽侧耳形, 边缘具钝牙齿, 羽状脉, 侧脉 5 对, 钟乳体不存在；叶柄长 1 – 5mm；托叶绿白色, 膜质, 条形, 长约 12mm, 宽 2mm。雄头状花序未见。雌头状花序单生叶腋, 直径约 4mm；花序梗长约

1mm, 无毛；花序托椭圆形, 长约 2. 5mm, 宽 1. 5mm, 无毛；苞片约 20, 膜质, 淡绿色, 披针状条形, 长约 1mm, 宽 0. 15 – 2mm, 被短缘毛；小苞片密集, 半透明, 肉质, 条形, 长 0. 6 – 1mm, 宽 0. 1 – 0. 2mm, 疏被短缘毛。雌花：花梗长约 0. 2mm, 无毛；花被片 3, 宽卵形, 长约 0. 1mm, 无毛；子房椭圆球形, 长约 0. 45mm；柱头近球形, 直径约 0. 1mm。瘦果淡黄色, 卵球形, 长约 0. 6mm, 宽约 0. 4mm, 具 6 条纵肋, 并在纵肋之间具瘤状突起。花、果期 5 月。

特产广西龙州。生于石灰岩山阴湿处。

257. 拟长圆楼梯草

Elatostema pseudooblongifolium W. T. Wang in J. Syst. Evol. 50(5)：fig. 4. 2012. Type：广西：宁明, 龙瑞, alt. 180 m, 2003 – 09 – 14, 税玉民、陈文红 B2003 – 031(♂, holotype, PE)；龙州, 金龙, 高山, 2005 – 05 – 11, 税玉民、陈文红、张美德 B2005 – 202(♀, paratype, PE)。

E. daqingshanicum W. T. Wang et al. in Fu et al. Paper Collection of W. T. Wang 2：1072, fig. 4. 2012, nom. nud.

本种的特产马关的变种 var. *penicillatum* 见附录 "新分类群增补"。

257a. var. **pseudooblongifolium**　图版 143

多年生草本。茎高 30 – 42cm, 基部粗 3mm, 无毛, 不分枝。叶具短柄或无柄, 无毛；叶片纸质, 斜长圆形、狭倒卵形或椭圆形, 长 5 – 20cm, 宽 2 – 6cm, 顶端长渐尖或近尾状(尖头边缘有小齿), 基部斜楔形或宽侧圆形, 边缘有牙齿, 羽状脉, 侧脉 5 – 7 对, 钟乳体明显, 密集, 杆状, 长 0. 2 – 0. 5(– 0. 8)mm；叶柄长 1 – 5mm；托叶绿色, 狭披针形或钻形, 长 3 – 9mm, 宽 0. 2 – 1mm。花序雌雄异株。雄头状花序单生叶腋；花序梗长 4mm, 无毛；花序托近长方形, 长约 8mm, 宽 5mm, 无毛；苞片 1, 半月形, 长约 1mm, 宽 2. 5mm, 无毛；小苞片多数, 密集, 膜质, 半透明, 狭倒卵形或条形, 长 1 – 2mm, 宽 0. 3 – 0. 8mm, 无毛。雄花蕾具短梗, 近球形, 直径约 1mm, 无毛, 顶端有 4 角状突起。雌头状花序成对腋生, 近无梗；花序托近长方形, 长 2. 5 – 4mm, 宽 1. 5 – 3mm, 4 深裂, 无毛；苞片 20 – 40, 白色, 狭三角形或宽条形, 长 0. 5 – 0. 8mm, 宽 0. 2 – 0. 35mm, 有少数短缘毛；小苞片密集, 白色, 狭倒披针形或条形, 长 0. 7 – 1mm, 上部有少数短缘毛。雌花：花梗长约 0. 4mm, 无毛；花被片

3,不等大,条形,长0.3-0.7mm;子房椭圆体形,长0.6mm,柱头小,扁球形,直径约0.05mm。瘦果淡褐色,狭卵球形,长约0.7mm,宽0.4mm,有6条细纵肋,在肋间有少数小瘤状突起。花期9-10月。

特产广西西南部。生于石灰岩山区林中或岩洞中阴湿处,海拔约180m。

标本登录:

广西:龙州,韦毅刚06401,06693(PE);靖西,韦毅刚65,AM6436(PE)。

257b. 金厂楼梯草(变种)

var. **jinchangense** W. T. Wang, var. nov. Holotype:云南(Yunnan):麻栗坡(Malipo),金厂(Jinchang),火烧梁子(Huoshaoliangzi),alt. 1600 m,under lax forest in limestone hill,2002-05-14,税玉民,方瑞征,陈文红(Y. M. Shui,R. Z. Fang & W. H. Chen)21276(PE)。

A var. *pseudooblongifolio* differt stipulis majoribus albis semi-hyalinis late linearibus 5-6 mm longis 1-1.5 mm latis apice acutiusculis vel obtusis 1-2-viridulo-nervibus.

本变种与模式变种的区别在于本变种的托叶较大,白色,半透明,宽条形,长5-6mm,宽1-1.5mm,顶端微尖或钝,有1-2条浅绿色脉。

特产云南麻栗坡。生于石灰岩山疏林下,海拔1600m。

258. 薄叶楼梯草 图版144

Elatostema tenuifolium W. T. Wang in Bull. Bot. Res. Harbin 2(1):22,pl. 3:2-3. 1982,p. p. excl. paratypo X. R. Liang 66621 et excl. descr. capituli pistillati et achenii;并于中国植物志23(2):311,图版70:2-3. 1995,p. p. excl. descr. capituli et achenii;李锡文于云南植物志7:308. 1997;Q. Lin et al. in Fl. China 5:161. 2003;W. T. Wang in Fu et al. Paper Collection of W. T. Wang 2:1169. 2012. Holotype:贵州:都匀,贞丰,1936-09-13,邓世伟90874(♂,IBSC)。

多年生草本。茎高30-60cm,上部疏被短柔毛,常有1条分枝。叶无柄或具极短柄,膜质,斜长圆形,长8-18cm,宽2.5-4.8cm,顶端渐尖,基部斜楔形或在宽侧宽楔形,边缘下部全缘,其上有牙齿,上面近无毛,下面疏被短伏毛,叶脉羽状,侧脉5-6对,钟乳体密,明显,长0.3-0.5mm;托叶条形,长约4mm,无毛。花序雌雄同株或异株。雄头状花序单生叶腋,有短或稍长梗;花序梗长3-11mm,无毛;花序托不规则四边形,长14-17mm,宽10-12mm,无毛;总苞不存在;小苞片密集,膜质,白色,无毛……

匙状条形或条形,长2-3mm,上部有稀疏短柔毛。雄花五基数:花蕾直径约2mm,花被片外面上部疏被短柔毛,3枚顶部有角状突起,另2枚无突起。雌头状花序单生叶腋,近方形,长、宽约7mm,有短梗;花序梗长约2mm,无毛;花序托近方形,长、宽约4.5mm,无毛,在中央微2裂;苞片约25,膜质,白色,三角形,稀近方形或横长方形,长约1mm,宽0.6-0.8(-2)mm,近无毛;小苞片密集,半透明,楔状条形,长0.6-1.5mm,宽0.2-0.5mm,无毛,顶端截形,稍变厚。瘦果淡褐色,长椭圆体形,长约1mm,约有6条纵肋,在纵肋之间有稀疏瘤状突起。花期9月。

特产云南东南部、贵州南部。生于山地林中或溪边,海拔600-1100m。

标本登录:

云南:砚山,Bar-garh,alt. 1100m,1939-11-06,王启无84833(♀,PE)。

259. 罗氏楼梯草 图版142:E-H

Elatostema luoi W. T. Wang in Pl. Divers. Resour. 34(2):140,fig. 1. 2012. Holotype:湖南:新宁,崀山,船板山,alt. 600m,2011-10-12,罗仲春2033(PE)。

多年生草本。茎高约35cm,基部粗3mm,上部被短硬毛,不分枝或下部有1-2短分枝,有大约14叶。叶具短柄:叶片薄纸质,斜长椭圆形,长6.5-17cm,宽2.6-4.6cm,顶端骤尖(尖头长1-2.8cm,宽2-6mm,全缘),基部斜楔形,边缘具锐牙齿,两面被极疏短糙伏毛,羽状脉,侧脉在叶狭侧3-5条,在宽侧4-6条,不明显,钟乳体不明显,稍密,短杆状,长0.1-0.2mm;叶柄长1.5-7mm,无毛;托叶狭披针状条形,长约2mm,宽0.2mm,无毛。雄头状花序未见。雌头状花序单生叶腋,具短梗;花序梗,长约2mm,无毛;花序托近长方形,长约8mm,宽5mm,稍密被透明长约0.1mm的短毛,自中央有数脉辐射状展出,4浅裂,裂片顶端圆形;苞片约22,扁正三角形,长0.5-0.8mm,宽0.5-1.2mm,白色或中央绿色,顶端有角状突起,突起绿色,长0.8-1.2mm,有短毛,背面常有2-3条纵肋;小苞片多数,密集,膜质,半透明,白色,倒披针转条形,长0.5-1mm,顶端密被缘毛。雌花近无梗:花被片不存在;雌蕊长约0.45mm,子房长卵球形,长0.35mm,柱头画笔头状,长0.1mm。瘦果白黄色,狭卵球形,长约0.8mm,有6条不明显细纵肋,并有瘤状突起。花期9-10月。

特产湖南新宁。生于低山山谷林下石上,海拔600m。

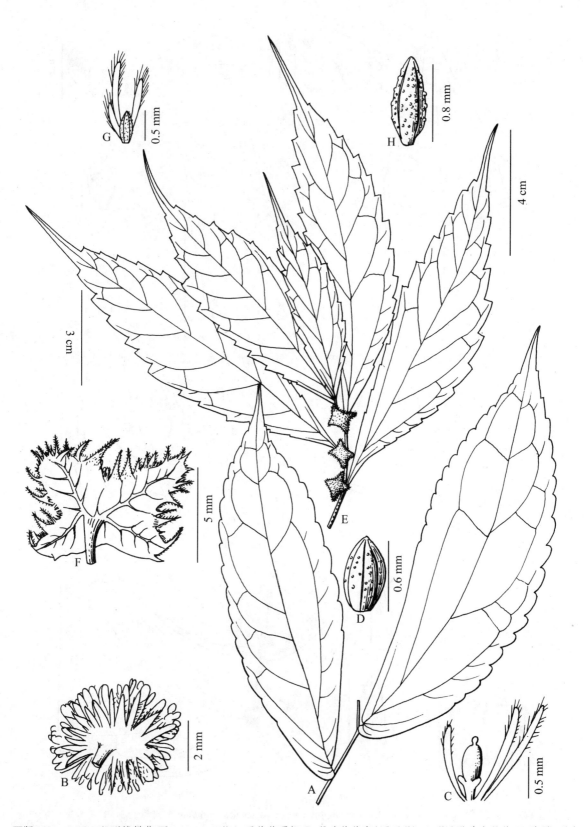

图版 142　A – D. 毅刚楼梯草 *Elatostema weii* A. 开花茎顶部, B. 雌头状花序(下面观), C. 雌小苞片和雌花, D. 瘦果。(自 holotype) E – H. 罗氏楼梯草 *E. luoi* E. 开花茎顶部, F. 果序(下面观), G. 雌小苞片和幼果, H. 瘦果。(自 holotype)

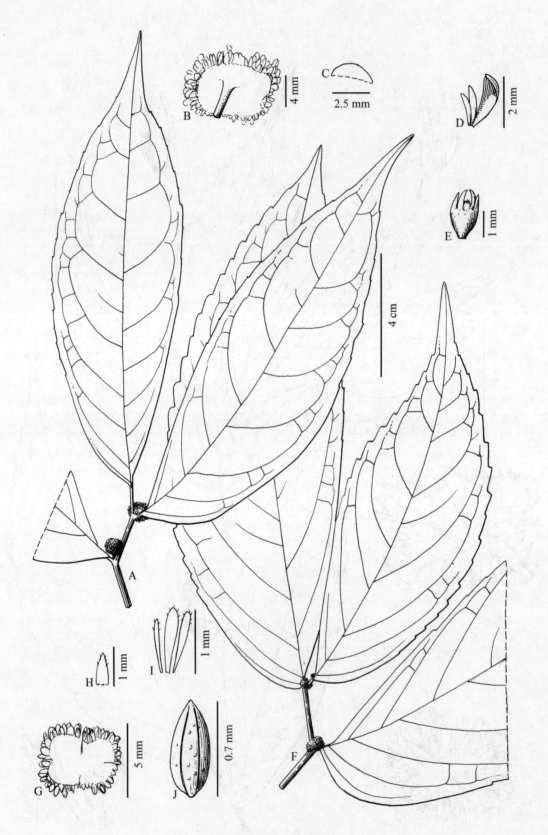

图版 143 拟长圆楼梯草 *Elatostema pseudooblongifolium* var. *pseudooblongifolium* A. 雄茎顶部，B. 雄头状花序（下面观），
C. 雄苞片，D. 雄小苞片，E. 雄花蕾，（据 holotype）F. 雌茎顶部，G. 果序（下面观），H. 雌苞片，I. 雌小苞片，J. 瘦果。
（据 paratype）

图版 144 薄叶楼梯草 *Elatostema tenuifolium* A. 雄茎顶部，B. 雄头状花序（下面观），C. 雄小苞片，D. 雄花蕾，（据 holotype）
E. 雌茎上部，F. 果序，G. 雌小苞片，H. 瘦果，I. 果梗和退化雄蕊。（据王启无 84833）

260. 滇南楼梯草 图版 145: A - D

Elatotema austroyunnanense W. T. Wang. sp. nov. Holotype: 云南 (Yunnan): 勐腊 (Mengla), 勐仑 (Menglun), 热带植物园 (Troical Botanical Garden), alt. 580m, 苗圃 (nursery), 高 30 cm (pl. 30 cm tall), 2003 - 01 - 09, 周仕顺 (S. S. Zhou) 615 (PE)。

Species nova haec est affinis E. leiocephalo W. T. Wang, quod caulibus superne sparse puberulis, foliis tenuioribus membranaceis, cystolithis majoribus 0. 3 - 0. 5 mm longis, capitulis pistillatis minoribus ca. 7 mm longis, involucro pistillato ex bracteis ca. 25 subglabris constante, acheniis flavidis differt.

Perennisl herbs. Stems ca. 30 cm tall, glabrous, longitudinally and shallowly 5-sulcate. Leaves short petiolate or subsessile; blades papery, obliquely elliptic or obliquety narrow-obovate, 10 - 17.5 cm long, 4 - 7 cm broad, apex acuminate (acnmens entire), base obliquely cuneate or at broad side subrounded, margin denticulate; surfaces adaxially strigillose, abaxially glabrous; venation pinnate, with lateral neres 6 - 7 at leaf narrow side and 8 at broad side; cystoliths dense, bacilliform, 0.1 - 0.2 mm long; petioles 1 - 6 cm long, glabrous; stipules membranous, linear-lanceolate, ca. 11 mm long, 2 mm broad, glabrous, apex long acuminate. Staminate capitula unknown. Infructescences singly axillary, rectangular, 8 - 15 mm long, subsessile; receptacle subrectangular, ca. 14 mm long, 8 mm broad, glabrous; bracts ca. 110, narrow-triangular or linear, 0.8 - 1 mm long, 0.2 - 0.4 mm broad, ciliolate; bracteoles numerous, dense, semi-hyaline, lanceolate-linear or linear, ca. 1 mm long, 0.1 - 0.2 mm broad, subglabrous. Achenes yellowish, ovoid, ca. 0.8 mm long, 0.6 mm broad, longitudinally 6-costate and tuberculate.

多年生草本。茎高约 30 cm, 无毛, 约有 5 条浅纵沟。叶具短柄或近无柄; 叶片纸质, 斜椭圆形或斜狭倒卵形, 长 10 - 17.5 cm, 宽 4 - 7 cm, 顶端渐尖 (尖头全缘), 基部斜楔形或宽侧近圆形, 边缘有小牙齿, 上面被短糙伏毛, 下面无毛, 羽状脉, 侧脉在叶狭侧 6 - 7 条, 在宽侧 8 条, 钟乳体密集, 杆状, 长 0.1 - 0.2 mm; 叶柄长 1 - 6 mm, 无毛; 托叶膜质, 条状披针形, 长约 11 mm, 宽 2 mm, 无毛, 顶端长渐尖。雄头状花序未见。果序单生叶腋, 长方形, 长 8 - 15 mm, 近无梗; 花序托近长方形, 长约 14 mm, 宽 8 mm, 无毛; 苞片约 110 枚, 狭三角形或条形, 长 0.8 - 1 mm, 宽 0.2 - 0.4 mm, 被短缘毛; 小苞片多数, 密集, 半透明, 披针状条形或条形, 长约 1 mm, 宽 0.1 - 0.2 mm,

近无毛。瘦果淡黄色, 卵球形, 长约 0.8 mm, 宽 0.6 mm, 具 6 条纵肋和瘤状突起。果期 12 - 1 月。

特产云南勐腊的勐仑镇。生于灌丛阴湿处, 海拔 580m。

系 17. 对序楼梯草系

Ser. **Binata** W. T. Wang & Y. G. Wei in Fu et al. Paper Collection of W. T. Wang 2: 1148. 2012. Type: E. binatum W. T. Wang & Y. G. Wei.

本系与南川楼梯草系 Ser. Nanchuanensia 近缘, 与后者的区别在于本系雄茎的叶比营养茎的叶稍小, 形状也稍有不同; 此外, 在雄头状花序也发生退化现象, 雄总苞片完全消失。叶具羽状脉。雄小苞片和雄花被片均无任何突起。

1 种, 特产广西凤山。

261. 对序楼梯草 图版 145: E - H

Elatostema binatum W. T. Wang & Y. G. Wei in Guihaia 27 (6): 813, fig 2: A - D. 2007; W. T. Wang in Fu et al. Paper Collection of W. T. Wang 2: 1148. 2012. Type: 广西: 凤山, 林峒, 2007 - 04 - 23, 韦毅刚 0779 (holotype, PE; isotype, IBK)。

多年生草本。营养茎高 16 - 45 cm, 无毛, 下部约有 3 条分枝。营养茎的叶具短柄, 无毛; 叶片纸质, 斜狭倒卵形或倒卵状长圆形, 长达 8 cm, 宽达 2.8 cm, 顶端短渐尖, 基部斜楔形, 边缘有小钝齿, 羽状脉, 侧脉在叶狭侧 3 条, 在宽侧 4 条, 钟乳体密集, 长 0.1 - 0.2 (- 0.3) mm; 叶柄长 1 - 2 mm; 托叶条形或钻形, 长 3 - 6 mm, 宽 0.3 - 0.7 mm, 中脉绿色。雄茎高 25 - 37 cm, 无毛, 不分枝。雄茎的叶比营养茎的叶稍小, 狭椭圆形或狭倒卵形状长圆形, 长 3 - 6 cm, 宽 1 - 2 cm, 顶端渐尖或短渐尖。雄头状花序成对生于雄茎的叶腋, 其中一个生于叶腋, 另一个腋外生, 具短梗; 花序梗长 1.5 - 2.5 mm, 无毛; 花序托近方形或近椭圆形, 长 6 - 6.5 mm, 4 浅裂或不分裂, 无毛; 总苞片不存在; 小苞片多数, 密集, 半透明, 条形, 长 1.5 - 2 mm, 宽 0.2 - 0.4 mm, 无毛。雄花无毛: 花梗长约 1.8 mm; 花被片 4, 椭圆形, 长约 0.6 mm, 宽 0.3 mm; 雄蕊 4, 花药椭圆体形, 长 0.5 mm。雌头状花序未见。花期 4 - 5 月。

特产广西凤山。生于石灰岩山区岩洞阴湿处。

标本登录:

广西: 凤山, 韦毅刚 08006. 6663 (IBK, PE)。

系 18. 靖西楼梯草系

Ser **Jingxiensia** W. T. Wang & Y. G. Wei, ser. nov.; W. T. Wang et al. in Fu et al. Paper Collection of

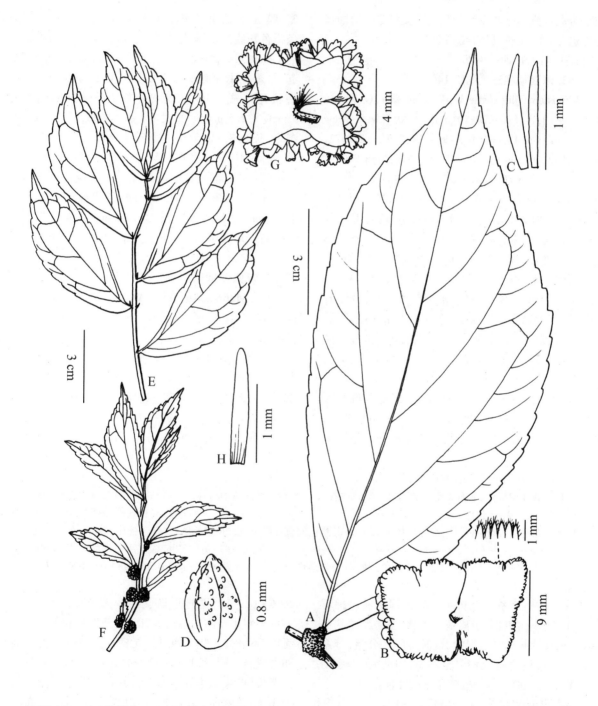

图版 145 滇南楼梯草 *Elatostema austroyunnanense* A. 叶和腋生果序，B. 果序（下面观），C. 雌小苞片，D. 瘦果。（据 holo-type）E－H. 对序楼梯草 *E. binatum* E. 营养茎上部，F. 雄茎上部，G. 雄头状花序（下面观），H. 雄小苞片。（自 Wang & Wei, 2007）

W. T. Wang 2:1172. 2012. nom. nud.　Type: *E. jingxiense* W. T. Wang & Y. G. Wei.

Series nova haec est affinis Ser. *Nanchuanensibus* W. T. Wang, a qua caulis staminati foliis multo reductis in magnitudine cystolithis carentibus et nonnulis etiam evanescentibus differt.

本系与南川楼梯草系 Ser. *Nanchuanensia* 近缘，与后者的区别在于本系生于只具雄头状花序的雄茎的叶退化，小，无钟乳体，或完全消失。

1 种，特产广西西南部。

262. 靖西楼梯草　图版 146

Elatostema jingxiense W. T. Wang & Y. G. Wei in Bangladesh J. Pl. Taxon. 20(1):3, fig. 2. 2013; W. T. Wang et al. in Fu et al. Paper Collection of W. T. Wang 2:1172, fig. 36. 2012, nom. nud.　Type:广西:靖西，地州，2009-03-22，韦毅刚 067(holotype, PE; isotype, IBK)。

多年生草本。雄茎高 15-50 cm，基部粗 2-3 mm，密被短柔毛(毛长 0.1 mm)，不分枝，近顶部有密集的 3-4 退化叶，在叶的下部 3 个节上生有 3 对雄头状花序，而 3 个节上的叶则完全消失。雄茎的叶无柄或具短柄；叶片纸质，斜卵形，长 1-4 cm，宽 0.4-1.6 cm，顶端渐尖，基部斜宽楔形，边缘有小牙齿，上面疏被长糙伏毛，下面脉上密被短柔毛，羽状脉，侧脉 4-6 对，钟乳体不存在；托叶披针状条形，长 3-4 mm，无毛。雌茎高 45-55 cm，基部粗 5 mm，密被短柔毛(毛长 0.1 mm)，中部有 1 枝，约有 10 叶。雌茎的叶具短柄；叶片纸质，斜长椭圆形或椭圆形，长 5-16 cm，宽 5.5-6.5 cm，顶端渐尖，基部斜楔形或宽侧圆形，边缘在叶狭侧下部全缘，上部有浅钝齿，在叶宽侧下部 1/3 部分全缘，其他部分具浅钝齿，上面被糙伏毛，下部脉上密被短柔毛，羽状脉，侧脉 5-6 对，上面平，下面稍隆起，钟乳体不明显，稍密，杆状，长 0.1-0.25 mm；叶柄长 4-20 mm。雄头状花序具梗；花序梗长约 6 mm，被短柔毛；花序托近圆形，直径约 10 mm，被短柔毛；苞片约 15，膜质，三角形，长约 1 mm，无毛；小苞片多数，密，膜质，半透明，条形长 0.8-2 mm，无毛，有 1-3 条褐色长线纹。雄花具短梗：花被片 5，宽卵形，长约 1 mm，无毛，背面顶端之下具长 0.4 mm 的角状突起；雄蕊 5；退化雌蕊宽条形，长约 0.2 mm，无毛。雌头状花序成对腋生，无梗；花序托椭圆形，长约 3 mm，宽 2.5 mm，被短柔毛；苞片约 25，狭三角形或条形，长 0.3-0.5 mm，被缘毛，稀无毛；小苞片多数，密集，膜质，半透明，船形或条状披针形，长 0.5-0.8 mm，上部被长缘毛或无毛。雌花具短梗：花被片不存；雌蕊长约 0.65 mm，子房椭圆体形，长 0.25 mm，柱头画笔头状，长 0.4 mm。花期 3 月。

特产广西靖西。生于石灰岩山山洞中阴湿处。

系 19. 麻栗坡楼梯草系

Ser. **Malipoensia** W. T. Wang & Zeng. Y. Wu in Guihaia 32(4):433. 2012.　Type: *E. malipoense* W. T. Wang & Zeng Y. Wu.

本系与南川楼梯草体系 Ser. *Nanchuanensia* W. T. Wang 相近缘，区别特征为本系的瘦果具瘤状突起，不具纵肋。叶具羽状脉。雌头状花序具盘状花序托；苞片无任何突起或有角状突起。

2 种，特产云南东南部。

1. 茎无毛；雌苞片无任何突起；雌花有 3 枚花被片。
  2. 叶上面疏被糙伏毛，下面无毛，无钟乳体；雌花序托长 2.5 mm；雌总苞的苞片约 12 枚，顶端急尖；雌花被片钻状条形，比子房长 4-6 倍 ·················· 263. 长被楼梯草 **E. longitepalum**
  2. 叶两面无毛，有密集钟乳体；雌花序托长 10 mm；雌总苞的苞片约 30 枚，顶端长尾状；雌花被片近方形，比子房短··· ·················· 196. 绿水河楼梯草 **E. lushuiheense**
1. 茎上部近节处被短柔毛；雌总苞的苞片约 75 枚，顶端具角状突起；雌花无花被片 ··· 264. 麻栗坡楼梯草 **E. malipoense**

深绿楼梯草系 Ser. *Atroviridia* 的绿水河楼梯草 *E. lushuiheense* 的叶具半离基三出脉，瘦果具瘤状突起，但是其叶脉有时近羽状，这时，再查"分组、分系检索表"时，就会将此种引至本系，因此，在本系的分种检索表中收入深绿楼梯草系的此种。

263. 长被楼梯草　图版 147:F-I

Elatostema longitepalum W. T. Wang in Guihaia 32(4):433, fig. 4:F-I. 2012.　Holotype:云南:绿春，水文站，alt. 1600-1700m，河滩，植物高 0.3m，2006-03-12，税玉民、陈文红等 70367(PE)。

多年生草本。茎高约 20 cm，近基部粗约 2 mm，无毛，不分枝。叶无柄或近无柄；叶片纸质，斜狭倒卵形或斜长圆形，长 6-11 cm，宽 1.8-4 cm，顶端长渐尖(渐尖头边缘基部每侧各有 1 小齿)，基部狭侧楔形，宽侧耳形或近耳形，边缘具小牙齿，上面疏被糙伏毛或无毛，下面无毛，羽状脉，侧脉在叶狭侧 5 条，在宽侧 6-8 条，钟乳体不存在；托叶钻形，长约 2 mm，无毛。雄头状花序未见。雌头状花序单生

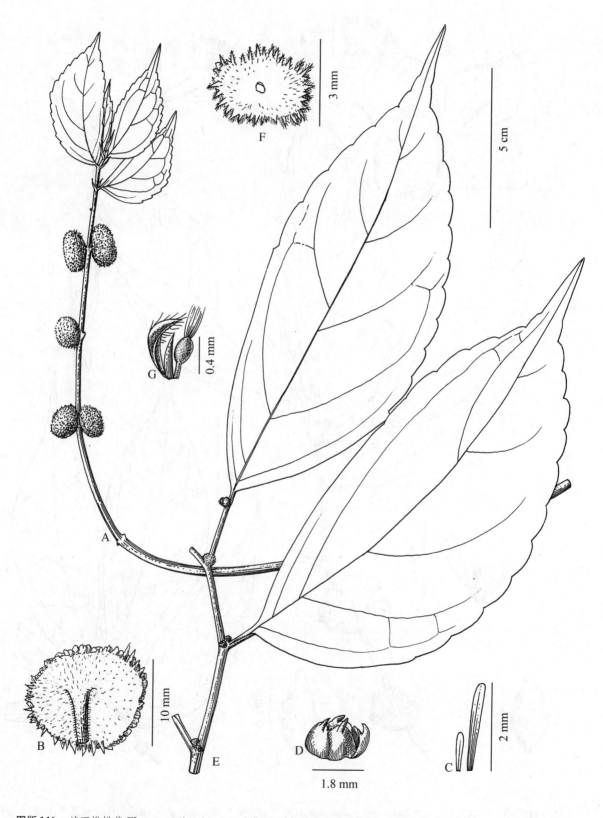

图版 146 靖西楼梯草 *Elatostema jingxiense* A. 雄茎, B. 雄头状花序(下面观), C. 雄小苞片, D. 雄花, E. 雌茎顶部, F. 雌头状花序(下面观), G. 雌小苞片和雌花。(据韦毅刚 g067)

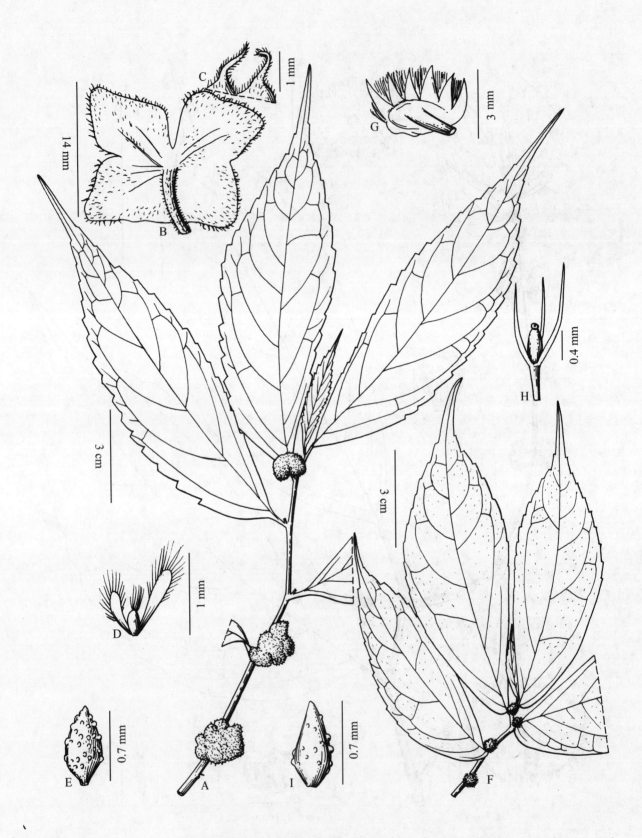

图版 147 A–E. 麻栗坡楼梯草 *Elatostema malipoense* A. 开花茎上部, B. 雌头状花序 (下面观), C. 2 雌苞片, D. 雌小苞片和雌花, E. 瘦果。(据 holotype) F–I. 长被楼梯草 *E. longitepalum* F. 开花茎顶部, G. 雌头状花序, H. 雌花, I. 瘦果。(据 holotype)

叶腋,直茎约 4 mm,有极多密集的花;花序梗长约
2.2 mm,无毛;花序托椭圆形,长约 2.5 mm,宽 1.5 mm,
无毛;苞片 12,与花序托均在干燥后变为黑色,狭三角
形,长 1 - 1.2 mm,宽约 0.5 mm,无毛;小苞片半透明,狭
条形,长约 1.5 mm,无毛。雌花:花梗长约 0.4 mm,无
毛;花被片 2 - 3,半透明,钻状条形,长 1.5 - 2.4 mm,宽
0.15 - 0.2 mm,无毛;子房狭椭圆体形,长约 0.4 mm;柱
头扁球形,直径约 0.15 mm。瘦果暗褐色,狭卵球形,长
约 0.7 mm,具瘤状突起。花期 2 - 3 月。

特产云南绿春。生于山谷河滩阴湿处,海拔
1600 - 1700m。

楼梯草属植物的雌花被片发生退化,比子房短
或完全消失,而本种的雌花被片长过子房数倍,这在
此属中极为罕见。

264. 麻栗坡楼梯草　图版 147:A - E

Elatostema malipoense W. T. Wang & Zeng Y.
Wu in Phytokys 7:60,fig,1:A - E,fig.2:D - G. 2011.

Type:云南:麻栗坡,下金厂,alt. 1613m,2010 - 08
-15,吴增源 10347(holotype,PE;isotype,KUN)。

多年生草本。茎高 30 - 50 cm,上部在节附近
疏被短柔毛,不分枝,约有 7 叶。叶有短柄,无毛;叶
片薄纸质,斜长圆形或狭倒卵形,长 11 - 15 cm,宽 3
-3.5 cm,顶端骤长(尖头披针状条形,长 1.7 -
2 cm,全缘),基部斜楔形,边缘具小牙齿,具羽状
脉,侧脉 5 - 7 对,钟乳体极密,杆状,长 0.1 -
0.2 mm;叶柄长 1 - 6 mm;托叶钻形或狭三角形,长
1 - 2 mm。雄头状花序未见。雌头状花序单生叶
腋;花序梗长约 8 mm,被短柔毛;花序托近方形或宽
长方形,长和宽均 10 - 15 mm,4 浅裂或 4 - 6 不规则
浅裂,被短柔毛;苞片约 75,正三角形或扁正三角
形,长 0.5 - 0.6 mm,宽 0.5 - 0.7 mm,背面被短柔
毛,顶端具角状突起,突起长 0.7 - 1 mm,被短柔毛;
小苞片密,膜质,半透明,白色,狭倒卵形或倒披针
形,长 0.5 - 1 mm,边缘中部以上被长缘毛。雌花近
无梗:花被片不存在;雌蕊长约 0.8mm,子房绿色,
卵球形,长约 0.35 mm,柱头画笔头状,长 0.45 mm。
瘦果绿白色,卵球形,长 0.6 - 0.7 mm,宽 0.4 mm,
有密集瘤状突起。花期 7 - 8 月。

特产云南麻栗坡。生于山谷林下,海拔约 1600m。

系 20. 尖被楼梯草系

Ser. Acutitepala W. T. Wang in Fu et al. Paper
Collection of W. T. Wang 2:1172.2012.　Type:*E.
acutitepalum* W. T. Wang,

本系与南川楼梯草系 Ser. *Nanchuanensia* 很相

近,与后者的区别在于本系瘦果具多数纵列短线纹。
1 种,特产云南西北部。

265. 尖被楼梯草　图版 148:F - G

Elatostema acutitepalum W. T. Wang in Bull.
Bot. Res. Harbin 9(2):74,pl. 2:7 - 8. 1989;于横断
山区维管植物 1:329.1993;并于中国植物志 23(2):
308,图版 69:2 - 3.1995;李锡文于云南植物志 7:
310.1997;Q. Lin et al. in Fl. China 5:160.2003;W.
T. Wang in Fu et al. Paper Collection of W. T. Wang 2:
1172.2012.　Holotype:云南:贡山,独龙至马库,alt.
1300m,1982 - 08 - 09,青藏队 9158(PE)。

草本。茎高约 50 cm,无毛。叶具短柄;叶片草
质,斜长圆形或斜倒卵状长圆形,长 8 - 16 cm,宽 3
-6 cm,顶端尾状,基部狭侧宽楔形或楔形,宽侧圆
形或近耳形,边缘有密的浅牙齿,上面被极稀疏的糙
伏毛或无毛,下面在脉上被贴伏短柔毛,羽状脉,侧
脉每侧 6 - 8 条,钟乳体多数不明显,稍密,长 0.1 -
0.25 mm;叶柄长 3 - 5mm,无毛;托叶狭条形,长 5 -
12mm,宽 1 - 1.2 mm,无毛。雌头状花序单个腋生,
具极短梗;花序梗长约 1 mm,无毛;花序托圆形,直
径 6 - 8 mm,无毛;苞片 6 - 8,三角形,长 2 -
2.5 mm,顶端渐尖,边缘有稀疏短柔毛;小苞片极多
数,密集,船状条形,长约 2 mm,宽 0.5 mm,边缘有
睫毛,角状突起长 1 - 1.5 mm。雌花具粗梗:花被片
4,狭三角形,长约 0.4 mm,顶端锐尖,无毛;子房卵
形,比花被片长,长 0.6 mm。瘦果椭圆球形,长约
0.9 mm,无纵肋,有褐色短线纹;宿存花被片 4,条状
披针形,长约 0.6 mm。花期 8 月。

特产云南贡山独龙江流域。生于山坡常绿阔叶
林下阴处,海拔 1300m。

系 21. 裂托楼梯草系

Ser. Schizodisca W. T. Wang & Y. G. Wei,ser.
nov. ;W. T. Wang et al. in Fu et al. Paper collection of
W. T. Wang 2:1173.2012,nom. nud.　Type:*E.
schizodiscum* W. T. Wang & Y. G. Wei.

Series nova haec est affinis Ser. *Nanchuanensibus*
W. T. Wang,a qua capituli pistillati receptaculo 2-parti-
to, floribus pistillatis numerosis ad apices loborum re-
ceptaculi confertis differt.

本系与南川楼梯草系 Ser. *Nanchuanensia* 近缘,
与后者的区别在于本系的雌花序托 2 裂,雌花密集
生于花序托边缘上(南川楼梯草系以及我国楼梯草
属其他种,雌花多生于花序托表面上)。叶具羽状
脉。雌头状花序无梗;雌苞片无任何突起。瘦果具

细纵肋。

1 种,特产贵州西南部。

266. 裂托楼梯草　图版 149: E - K

Elatostema schizodiscum W. T. Wang & Y. G. Wei in Bangladesh. J. Pl. Taxon. 20(1): 5, fig. 3. 2013; W. T. Wang et al. in Fu et al. Paper Collection of W. T. Wang 2: 1173, fig. 37: E-K. 2012, nom. nud.　Type: 贵州, 安龙, 笃山镇, 2010 - 03 - 29, 温放 1036(holotype, PE; isotype, IBK)。

多年生草本。茎高约 35 cm, 基部之上粗 4 mm, 中部之下有 4 条浅纵沟, 无毛, 分枝, 有密集、长 0.1 - 0.4 mm 的杆状钟乳体。叶具短柄或近无柄; 叶片纸质, 斜椭圆形或狭卵形, 长 6 - 15 cm, 宽 3 - 5.8 cm, 顶端长渐尖或渐尖, 基部斜宽楔形或斜圆形, 边缘有小钝齿, 上面有极疏糙伏毛, 下面无毛, 羽状脉, 侧脉 6 - 8 对, 上面平, 下面隆起, 钟乳体密集, 杆状或点状, 长 0.05 - 0.1 mm; 叶柄长 0.5 - 3 mm, 无毛; 托叶狭条形或钻形, 长 2.8 - 6 mm, 宽 0.4 - 1 mm, 无毛。雄头状花序未见。雌头状花序成对腋生, 直径约 5 mm, 无梗; 花序托白色, 无毛, 2 裂, 裂片长圆形

或近方形, 长约 2 mm, 不分裂或 3 裂, 顶端生密集的雌花; 苞片 3, 白色, 宽三角形, 长约 1 mm, 无毛, 或不存在; 小苞片白色, 狭卵形, 长 0.7 mm, 无毛。雌花白色; 花梗长 0.7 mm, 无毛; 花被片 2, 狭条形, 长 0.3 mm, 无毛; 雌蕊长 0.3 mm, 子房椭圆体形, 长 0.22 mm, 柱头近球形, 直径 0.8 mm。瘦果淡褐色, 狭卵球形, 长约 0.7 mm, 宽 0.3 mm, 有 4 条细纵肋; 退化雄蕊 3, 白色, 狭卵形, 长 0.3 mm, 无毛。花、果期 3 - 4 月。

特产贵州安龙。生于石灰岩山山洞中阴湿处。

系 22. 疏毛楼梯草系

Ser. **Albopilosa** W. T. Wang in Bull. Bot. Lab. N. - E. Forest. Inst. 7: 87. 1980; 于中国植物志 23(2): 314. 1995; et in Fu et al. Paper Collection of W. T. Wang 2: 1173. 2012.　Type: *E. albopilosum* W. T. Wang.

本系与南川楼梯草系 Ser. *Nanchuanensia* 相近, 区别特征为本系的雄头状花序具长梗。叶具羽状脉。雌头状花序无梗或具短梗。瘦果具纵肋。

6 种, 均为我国特有种, 分布于云南、广西西部、贵州西南、四川南部和甘肃南部。

1. 茎有毛。
　2. 植株干后不变黑色; 茎上部被短柔毛; 叶宽侧具 6 - 8 条侧脉; 雄、雌苞片无角状突起。
　　3. 茎高 35 - 79 cm; 雄花序梗长 8 - 15(-23) cm, 被短柔毛; 雄苞片无纵肋, 有时不存在; 雄花五基数 ……………………………………………………………………………………… 267. 疏毛楼梯草 **E. albopilosum**
　　3. 茎高约 26 cm; 雄花序梗长 8 mm, 无毛; 雄苞片背面有 5 或 1 条纵肋; 雄花四基数 …………… …………………………………………………………………………… 268. 粗肋楼梯草 **E. crassicostatum**
　2. 植株干时变黑色; 茎顶部被开层糙硬毛; 叶宽侧具 6 - 10 条侧脉; 雄苞片无角状无角状突起, 雌苞片无或有角状突起 ……………………………………………………… 269. 黑序楼梯草 **E. melanocephalum**
1. 茎无毛。
　4. 叶无毛; 托叶长 8 - 25 mm; 雄总苞的苞片约 15 枚, 均在顶端具短角状突起………… 271. 福贡楼梯草 **E. fugongense**
　4. 叶有毛; 托叶长 2 - 5(-10) mm; 雄总苞的苞片约 6 枚, 无任何突起或有短突起。
　　5. 叶下面被短柔毛; 托叶长 2 - 2.8 mm; 雄花序梗长 1.4 - 1.8 cm; 雄苞片无任何突起, 雌苞片顶端有短突起 …… ……………………………………………………………………… 270. 文县楼梯草 **E. wenxianense**
　　5. 叶下面无毛; 托叶长 3 - 5 mm; 雄花序梗长 9 - 10 cm; 雄苞片顶端有短突起 ………… 272. 近羽脉楼梯草 **E. subpenninerve**

267. 疏毛楼梯草　图版 150: A - F

Elatostema albopilosum W. T. Wang in Bull. Bot. Lab. N. -E. Forest. Inst. 7: 88. 1980; 并于中国植物志 23(2): 315, 图版 64: 5. 1995; 李锡文于云南植物志 7: 309. 1997; Q. Lin et al. in Fl. China 5: 162. 2003; 王文采于广西植物志 2: 864. 2005; et in Fu et al. Paper Collection of W. T. Wang 2: 1173. 2012. Type: 云南: 绿春, 分水岭, alt. 1900m, 1973 - 9 - 19, 陶德定 177(holotype, KUN)。广西: 凌云, 王洪, 1977

- 09 - 08, 黄德运 6018(paratype, GXMI)。四川: 筠连, 巩固, 付家沟, alt. 1200m, 1977 - 07 - 09, 四川中药所 500(paratype, IMC)。

多年生草本。茎高 35 - 70 cm, 下部有短分枝, 上部沿纵棱有稀疏白柔毛。叶具短柄或无柄; 叶片草质, 斜倒披针状长圆形, 长 12 - 17 cm, 宽 3 - 5 cm, 顶端骤尖或尾状(骤尖头全缘), 基部狭侧楔形, 宽侧近耳形, 边缘在基部之上有牙齿, 上面散生少数短糙毛, 下面沿中脉及侧脉疏被短毛, 叶脉羽状, 侧脉在

图版 148　A－E. 绿水河楼梯草 *Elatostema lushuiheense* var *lushuiheense* A. 茎顶部,B. 果序(下面观),C. 雌苞片,D. 雌小苞片和幼果,E. 瘦果。(据 holotype)F－G. 尖被楼梯草 *E. acutitepalum* F. 茎顶部,G. 雌小苞片和瘦果。(自王文采,1995)

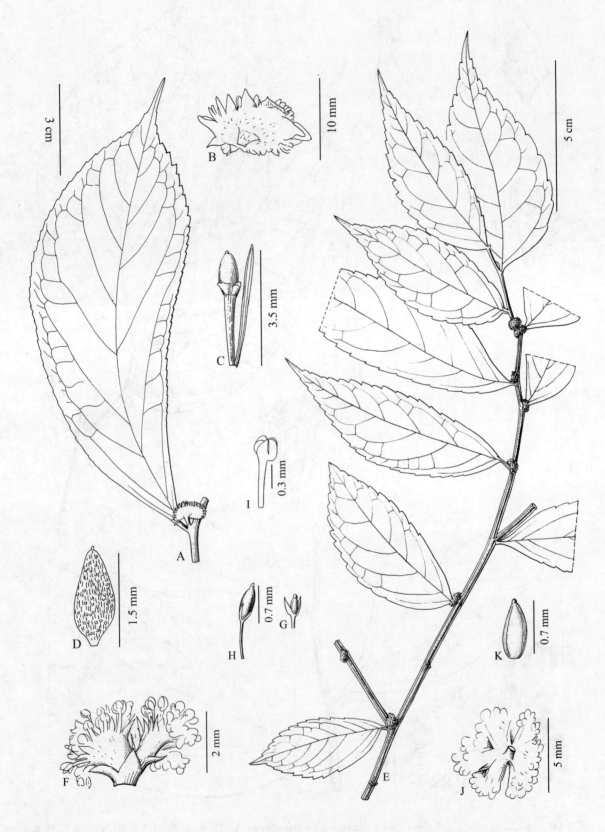

图版149 A–D. 黑果楼梯草 *Elatostema melanocarpum* A. 叶和腋生雌头状花序,B. 雌头状花序,C. 雌小苞片和雌花,D. 瘦果。(据 holotype) E–K. 裂托楼梯草 *E. schizodiscum* E. 雌茎上部,F. 雌头状花序(侧面观),G. 雌花,H. 瘦果,I. 果梗和退化雄蕊,J. 另一雌头状花序,K. 瘦果。(据韦毅刚,温放 1036)

狭侧约 6 条,在宽侧约 7 条,钟乳体稍明显,密,长 0.2 - 0.4 mm;叶柄长达 1.5(-2.5) mm;托叶白色,膜质,条形或长圆形,长 4 - 7 mm,宽 1.5 - 2.8 mm。花序雌雄同株。雄头状花序生茎中部叶腋,有长梗;花序梗长 8 - 15(-33) cm,有极短的毛;花序托宽椭圆形或近圆形,长 1.6 - 2.2 cm,无毛或沿脉被短伏毛,边缘无苞片或有长约 3 毫米的宽三角形苞片;小苞片多数,密集,狭条形,长 2.5 - 3 毫米,无毛或有短缘毛。雄花:花被片 5,椭圆形,长约 1 mm,外面顶端之下有短角状突起;雄蕊 5;退化雌蕊不存在。雌头状序腋生,无梗或具短梗,近长圆形,长 1.8 - 5 mm;花序托长 1 - 4 mm,无毛;苞片排成 2 层,外层约 3 枚,正三角形,长约 1.5 mm,宽 2 mm,内层苞片 20 - 40,三角形或狭三角形,长约 1.5 mm,疏被短缘毛,背面有时具 1 条绿色脉;小苞片密集,半透明,狭倒披针形或条形,长 0.8 - 1.5 mm,顶端被缘毛。雌花:花被片不存在;子房狭椭圆体形,长约 0.3 mm,柱头画笔头状,长约 0.25 mm,柱头毛有时下部合生。幼果长椭圆体形,长约 0.8 mm,有 5 条细纵肋。花期 7 - 9 月。

分布于云南、广西西北、贵州西南和四川南部。生于山谷林下,海拔 1200 - 2000m。

标本登录:

云南:凤仪,秦仁昌 25165(PE);蒙自至个旧,刘慎谔 19046(PE);屏边,蔡希陶 60931,62516,62590,王启无 81970(PE)。

广西:凌云,玉洪,刘心祈 28518(IBSC);南丹,芒场,黄志 41093(IBSC)。

贵州:安龙,温放 1081(PE)。

268. 粗肋楼梯草　图版 150:G - J

Elatostema crassicostatum W. T. Wang, sp. nov; W. T. Wang et al. in Fu et al. Paper Collection of W. T. Wang 2:1174,fig. 31:A-E. 2012,nom. nud.　Type:云南(Yunnan):砚山(Yanshan),2010 - 05 - 15,Y. G. Wei & A. K. Monro 6739(holotype,PE;isotype,IBK).

Species nova haec est fortasse affinis E. albopiloso W. T. Wang,a quo caulibus leviter humilioribus,pedunculis staminatis multo brevioribus glabris,bracteis staminatis dorso longitudinaliter 5- vel 1-costatis,floribus staminatis 4-meris differt.

Perennial herbs. Stems ca. 26 cm tall,near base 2 mm across,retrorsely puberulous,simple,ca. 10-foliate. Leaves shortly petiolate,rarely sessile;blades thin-papery,obliquely long elliptic or narrow-obovate,5.5 - 13 cm long,2.5 - 5 cm broad,apex acuminate,base ob-liquely cuneate,margin dentate or denticulate;surfaces adaxially strigose,abaxially villous;venation penninerved,with lateral nerves 5 - 6 at leaf narrow side and 6 - 8 at broad side;cystoliths dense,bacilliform,0.15 - 0.25 mm long;petioles 0 - 2 mm long,pilose;stipules membranous,narrow-lanceolate,7 - 8 mm long,2 mm broad,glabrous,green-white,with green midribs. Staminate capitula singly axillary;peduncles ca. 8 mm long,glabrous;receptacles subrectangular,ca. 10 mm long,6 mm broad,glabrous;bracts 6,unequal in size,2-seriate,glabrous,outer bracts 2,larger,depressed-broad-ovate,ca. 4 mm long,7 mm broad,abaxially longitudinally 5-black-ribbed,inner bracts 4,smaller,broad-ovate,2 - 4 mm long,3 - 6 mm broad,abaxially longitudinally 5- or 1-ribbed;bracteoles dense,membranous,semi-hyaline,white,subquadrate,slightly conduplicate,ca. 3 mm long,2.8 mm broad,glabrous,or narrow-lanceolate,3 mm long,0.5 mm broad,apex ciliolate. Staminate flower buds ellipsoidal,ca. 1 mm long,glabrous,apex shortly 4-corniculate. Pistillate capitula unknown.

多年生草本。茎高约 26 cm,基部之上粗 2 mm,被反曲柔毛(毛长 0.5 - 1 mm),不分枝,有 10 叶。叶有短柄,稀无柄;叶片薄纸质,斜长椭圆形或狭倒卵形,长 5.5 - 13 cm,宽 2.5 - 5 cm,顶端渐尖,基部斜楔形,边缘具牙齿或小牙齿,上面被糙伏毛,下面脉上被开展长柔毛,羽状脉,侧脉在叶狭侧 5 - 6 条,在宽侧 6 - 8 条,上面平,下面稍隆起,钟乳体密集,杆状,长 0.15 - 0.25 mm;叶柄长 1 - 2 mm,疏被短柔毛;托叶膜质,狭披针形,长 7 - 8 mm,宽 2 mm,无毛,绿白色,有 1 条绿色中脉。雄头状花序单生叶腋;花序梗长约 8 mm,无毛;花序托近长方形,长约 10 mm,宽 6 mm,无毛;苞片 6,不等大,排成 2 层,无毛,外层 2 枚较大,扁宽卵形,长约 4 mm,宽 7 mm,背面有 5 条黑色纵肋,内层 4 枚较小,宽卵形,长 2 - 4 mm,宽 3 - 6 mm,背面有 5 条细纵肋或有 1 条粗纵肋;小苞片密集,膜质,半透明,白色,或近方形,稍对折,长约 3 mm,宽 2.8 mm,无毛,或狭倒披针形,长 3 mm,宽 0.5 mm,顶端被短缘毛。雄花蕾椭圆体形,长约 1 mm,无毛,顶端具 4 短角状突起。雌头状花序未见。花期 5 月。

特产云南砚山。生于石灰岩山中阴湿处。

269. 黑序楼梯草　图版 151

Elatostema melanocephalum W. T. Wang,sp. nov. Type:贵州(Guizhou):安龙(Anlong),2010 -08,温放(F. Wen)1083(holotype,PE;isotype,IBK).

Species nova haec est affinis *E. albopiloso* W. T. Wang, quod plantis totis siccitate haud nigrescentibus, saltem foliis tamen pulchre viridibus, foliorum nervis lateralibus in folii latere latiore paucioribus ca. 7, stipulis minoribus 4 – 7 mm longis, bracteolis staminatis ciliolatis enervibus, receptaculis pistillatis minoribus 1 – 4 mm longis glabris, involucro pistillato ex bracteis ca. 5 haud corniculatis constante, bracteolis pistillatis semi-hyalinis albis haud nigris facile recedit.

Perennial herbs, turning black when drying. Stems ca. 60 cm tall, longitudinally shallowly 6-sulcate, near apex spreading hirtellous. Leaves sessile, rarely shortly petiolate; blades papery, obliquely ovate-oblong, elliptic or obovate, 12 – 22 cm long, 5.5 – 8.5 cm broad, apex acuminate or long acuminate, base cuneate at narrow side and auriculate at broad side, margin densely dentate; surfaces adaxially strigose, abaxially on nerves densely puberulous ; venation pinnate, with lateral nerves 4 – 6 at leaf narrow side and 6 – 10 at broad side; cystoliths inconspicuous, dense, punctiform or bacilliform, 0.05 – 0.3 mm long; stipules narrowly lanceolate, 7 – 15 mm long, 2 – 2.5 mm broad, glabrous. Staminate capitula singly axillary, 2 – 4 cm in diam.; peduncle 7 – 8.5 cm long, subglabrous or puberulous; receptacle suborbicular or depressed-orbicular, ca. 3 cm in diam., or 3.5 – 4 cm long, 2.5 – 3 cm broad, puberulous; bracts few, inconspicuous, depressed-triangular; bracteoles dense, membranous, semi-hyaline, obtrapezoid-oblong or obliquely spatulate, 2.5 – 4 mm long, 0.5 – 2 mm broad, glabrous, 1 – 2-black-nerved. Staminate flower buds subglobose, 1 mm in diam., glabrous. Pistillate capitula singly axillary; peduncle thin, ca. 7 mm long, glabrous; receptacle subquadrate, ca. 8 mm long, 7 mm broad, densely puberulous; bracts ca. 26, abaxially puberulous, 6 larger, depressed-ovate, ca. 1 mm long, 1.5 – 2 mm broad, at apex corniculate (with horn-like projections 0.6 mm long), the other bracts smaller, triangular, ca. 1 mm long, 0.5 mm broad, at apex shortly corniculate or lacking any projections; bracteoles numerous, dense, black, not semi – hyaline, narrowly obovate, ca. 0.15 mm long, apex ciliolate. Pistillate flowers not developed as yet.

多年生草本，干时变黑色。茎高约 60 cm，具 6 条浅纵沟，近顶端被开展糙硬毛，分枝。叶无柄，稀具短柄；叶片纸质或薄纸质，斜倒卵状长圆形、椭圆形或倒卵形，长 12 – 22 cm，宽 5.5 – 8.5 cm，顶端渐尖或长渐尖，基部狭侧楔形，宽侧耳形，边缘有密牙齿，上面被糙伏毛，下面脉上密被短柔毛，羽状脉，侧脉在狭侧 4 – 6 条，在宽侧 6 – 10 条，上面平，下面稍隆起，钟乳体不明显，密集，点状或杆状，长 0.05 – 3 mm；托叶狭披针形，长 7 – 15 mm，宽 2 – 2.5 mm，无毛。雄头状花序单生叶腋，直径 2 – 4 cm，具长梗；花序梗长 7 – 8.5 cm，近无毛，或被短毛，花序托近圆形或扁圆形，直径约 3 cm，或长 3.5 – 4 cm，宽 2.5 – 3 cm，被短柔毛；苞片少数，不明显，扁三角形；小苞片密，膜质，半透明，倒梯状长圆形或斜匙形，长 2.5 – 4 mm，宽 0.5 – 2 mm，无毛，有 1 – 2 长黑色脉。雄花蕾近球形，直径 1 mm，无毛。雌头状花序位于雄花序之下，也单生叶腋；花序梗细，长约 7 mm，无毛；花序托近方形，长约 8 mm，宽 7 mm，密被短柔毛；苞片约 26，背面被短柔毛，6 枚较大，扁卵形，长约 1 mm，宽 1.5 – 2 mm，顶端具长约 0.6 mm 的角状突起，其他 20 枚较小，三角形，长约 1 mm，宽 0.5 mm，无突起或顶端具长 0.1 – 0.3 mm 的短角状突起；小苞片多数，密集，黑色，不半透明，狭倒卵形，长约 0.15 mm，顶端被短缘毛。雌花尚未发育。花期 8 – 9 月。

特产贵州安龙。生于石灰岩山阴湿处。

270. 文县楼梯草

Elatostema wenxianense W. T. Wang & Z. X. Peng in Bull. Bot. Res, Harbin 2(1):27. 1982；并于中国植物志 23(2):314. 1995；Q. Lin et al. in Fl. China 5:161. 2003；彭泽祥等于甘肃植物志 2:241，图版51:6 – 10. 2005；W. T. Wang in Fu et al. Paper Collection of W. T. Wang 2:1174. 2012. Holotype：甘肃：文县，范坝，银厂沟，1964 – 06 – 01，彭泽祥 4111(LZU)。

多年生草本。茎高约 55 cm，中部以上分枝，无毛。叶具短柄或近无柄；叶片薄纸质，斜长圆形，长 4.5 – 11.5 cm，宽 1.1 – 3.5 cm；顶端短或长渐尖，基部狭侧楔形，宽侧圆形，边缘有牙齿，上面疏被短糙伏毛，下面被贴伏短柔毛，叶脉羽状，侧脉在狭侧 5 – 6 条，在宽侧约 4 条，钟乳体稍密，明显或不明显，长 0.15 – 0.3 mm；叶柄长 0.5 – 3 mm，无毛；托叶披针状钻形，长 2 – 2.8 mm，宽约 0.4 mm，无毛。花序雌雄同株。雄头状花序生于雌花序之下的叶腋，具细梗；花序梗长 1.4 – 1.8 cm，无毛；花序托近圆形，直径 0.9 – 1.2 cm；苞片约 6，扁卵形，无毛；小苞片密集，透明，船状条形，长 2.2 – 3.5 mm，无毛。雄花四基数，无毛，具梗，花梗长约 1.2 mm；花蕾直径约 12 mm。

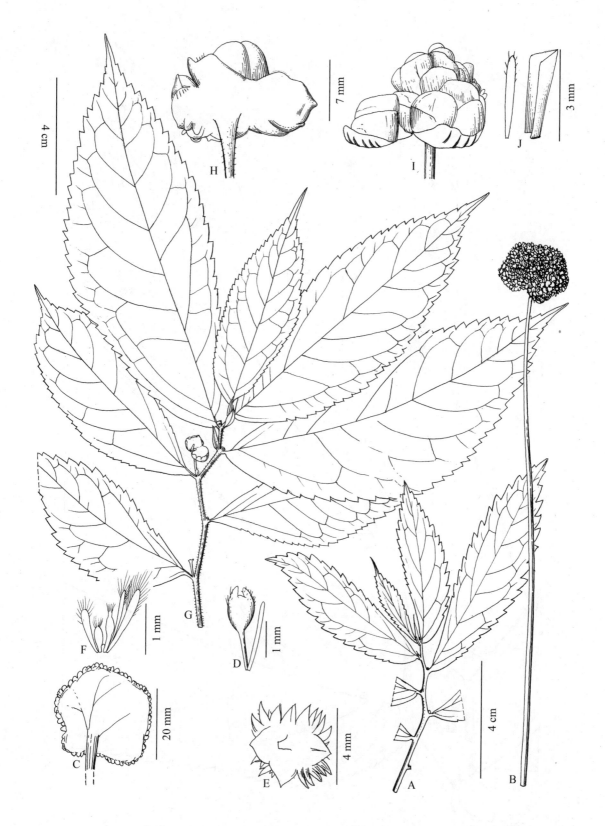

图版 150   A – F. 疏毛楼梯草 *Elatostema albopilosum* A. 枝条，B. 雄头状花序全貌，C. 同 B，花序本身，下面观，D. 雄小苞片和雄花蕾，(据温放 1081) E. 雌头状花序，F. 雌小苞片和 2 雌花。(据 holotype) G – J. 粗肋楼梯草 *E. crassicostatum* G. 雄茎上部，H. 雄头状花序(下面观)，I. 同 H，侧上面观，J. 雄小苞片。(据 holotype)

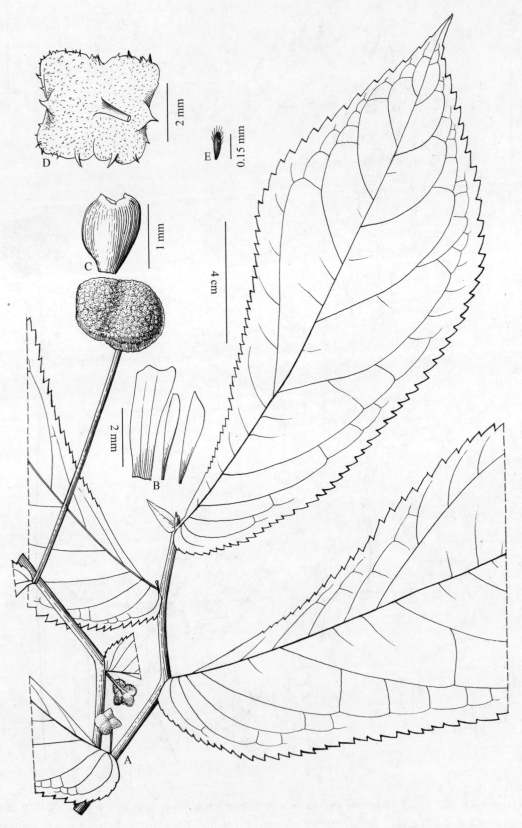

图版 151 黑序楼梯草 *Elatostema melanocephalum* A. 开花茎上部,其中较大的、具长花序梗的花序是雄头状花序,2 较小的
花序是雌头状花序,B. 雄小苞片,C. 雄花蕾,D. 雌头状花序(下面观),E. 雌小苞片。(据 holotype)

雌头状花序生于茎顶部及枝条叶腋,无梗;花序托椭圆形,长约 3 mm,宽约 2 mm,无毛;苞片约 5,近半圆形,顶端有短角状突起,无毛;小苞片密集,船形,长 0.3 - 0.7 mm,顶端褐色,外面被短柔毛。雌花近无梗;花被片不存在;子房椭圆形,长约 0.25 mm,柱头极小。瘦果椭圆球形,长约 0.7 mm,约有 5 条细纵肋。花期 6 - 7 月。

特产甘肃文县。生于山地谷中。

271. 福贡楼梯草 图版 152:A - E

Elatostema fugongense W. T. Wang in Pl. Divers. Resour. 34(2):144,fig. 2:A-E. 2012. Holotype:云南:福贡,鹿马登,碧洛雪山西坡,alt,2200m,1982 - 05 - 28,青藏队 6958(PE)。

多年生草本。茎高约 1m,上部粗约 3 mm,无毛。叶具短柄,无毛;叶片纸质,斜长圆形,长 10 - 19.5 cm,宽 3 - 6.5 cm,顶端渐尖或骤尖(尖头长 5 - 10 mm,全缘),基部斜楔形,边缘具小牙齿,羽状脉,侧脉约 6 对,两面平,钟乳体明显或不明显,密,杆状,长 0.1 - 0.4 mm;叶柄长 3 - 4.5 mm;托叶膜质,披针状长圆形,长 1.8 - 2.5 cm,宽 4 - 6 mm,淡褐色,沿纤细中脉带绿色。雄头状花序单生叶腋;花序梗扁平,条形,长约 12 mm,宽约 2 mm,无毛;花序托长椭圆形,长约 14 mm,宽 6 mm,无毛;苞片 2 层,正三角形,无毛,外层苞片约 5 枚,长 1.5 - 2.2 mm,宽 3 - 5 mm,背面 1 条纵肋,肋顶端突出成长 0.6 - 2 mm 的短而粗的角状突起,内层苞片约 10 枚,较小,长 1.5 - 1.8 mm,宽约 2 mm,顶端有长 0.6 - 1.2 mm 的短而粗的角状突起;小苞片密集,长约 2 mm,半透明,或为船形,宽 1 mm,近顶端有极短缘毛,或平,条形,宽 0.3 mm,无毛。雄花:花梗长 2.2 mm,无毛;花被片 4,宽长圆形,长约 2 mm,宽 1 mm,基部合生,顶端圆形,被极短缘毛;雄蕊 4;退化雌蕊长 0.25 mm,顶端分叉。雌头状花序未见。花期 5 - 6 月。

特产云南福贡碧洛雪山。生于山谷沟边,海拔 2200m。

272. 近羽脉楼梯草 图版 152:F

Elatostema subpenninerve W. T. Wang in Bull. Bot. Lab. N. -E. Forest. Inst. 7:87. 1980;并于中国植物志 23(2):314,图版 64:1. 1995;Q. Lin et al. in Fl China 5:162. 2003;W. T. Wang in Fu et al. Paper Collection of W. T. Wang 2:1174. 2012. Holotype:四川:宜宾,七里,正华乡,alt. 1000m,1977 - 07 - 06,宜宾药检所 525(IMC)。

多年生草本。茎高 42 cm,下部有 1 条短分枝,无毛。叶无柄或近无柄;叶片近纸质,斜长圆形,长7 - 11 cm,宽 2.2 - 4 cm,顶端渐尖或短渐尖(渐尖头全缘),基部狭侧钝,宽侧耳形,边缘在基部之上有牙齿,上面散生少数短毛,下面无毛,叶脉近羽头,侧脉每侧约 5 条,钟乳体不明显或稍明显,稍稀疏,长 0.2 - 0.3 mm;托叶钻形,长 3 - 5 mm,宽 0.8 - 1 mm,无毛。雄头状花序单生茎中部叶腋,有长梗;花序梗长 9 - 10 cm,无毛;花序托椭圆形,长约 2 cm,宽约 1 cm,无毛,边缘有稀疏苞片;苞片三角形或长圆形,长 3 - 4 mm,有短突起;小苞片狭条形,长约 2.5 mm。雄花有梗;花被片 5,宽椭圆形,长约1.6 mm,基部合生,外面顶端之下有长 0.1 - 0.3 mm 的短角状突起,无毛;雄蕊 5;退化雌蕊极小。雌头状花序未见。花期 7 月。

特产四川南部宜宾。生于山地沟边,海拔 1000m。

系 23. 对生楼梯草系

Ser. **Opposita** W. T. Wang, ser. nov. Type:*E. oppositum* Q. Lin & Y. M. Shui.

Series nova haec est affinis Ser. *Albopilosis* W. T. Wang,a qua caulis staminati foliis magnitudine reductis differt.

本系与疏毛楼梯草系 Ser. *Albopilosa* 近缘,与后者的区别在于本系的雄茎的叶退化,变小。

1 种,特产云南东南部。

273. 对生楼梯草 图版 153

Elatostema oppositum Q. Lin & Y. M. Shui in Novon 21(2):212,fig. 1. 2011. Holotype:云南:麻栗坡,中寨林坊至小平安村途中,alt. 1700m,2002 - 03 - 23,税玉民,陈文红等 20287(PE);Paratypes:麻栗坡,C. I. Peng et al. 17479(HAST, KUN),H. N. Qin et al. 3068,3100(IBSC, KUN, PE),Y. M. Shui et al. 20042,20096,20137,20298,20299,20301,21283(KUN),21228(PE).

多年生草本,干后整个植株稍变黑色;雄、雌头状花序通常生于不同的茎上,有时生于同一茎上,此时雄花序生于雄花序下部,雌花序生于上部。雄茎高 30 - 45cm,近基部粗 2 - 5mm,无毛,不分枝或有 1 分枝。雄茎的叶较小,具短柄或无柄,无毛;叶片纸质,斜长椭圆形或狭披针形,有时稍镰状弯曲,长 3 - 6.5cm,宽 1.2 - 2cm,顶端尾状渐尖,基部斜楔形,边缘上部具小牙齿,近羽状脉或羽状脉,侧脉 5 - 6 对,钟乳体不明显,粗杆状或点状,长 0.05 - 0.2mm;叶柄长 0 - 2mm;托叶钻形或条状披针形,长 5 - 10mm。雌茎高约 40cm,近基部粗约 5mm,无毛,通常不分枝,约有 10 叶。雌茎的叶较大,具短柄或

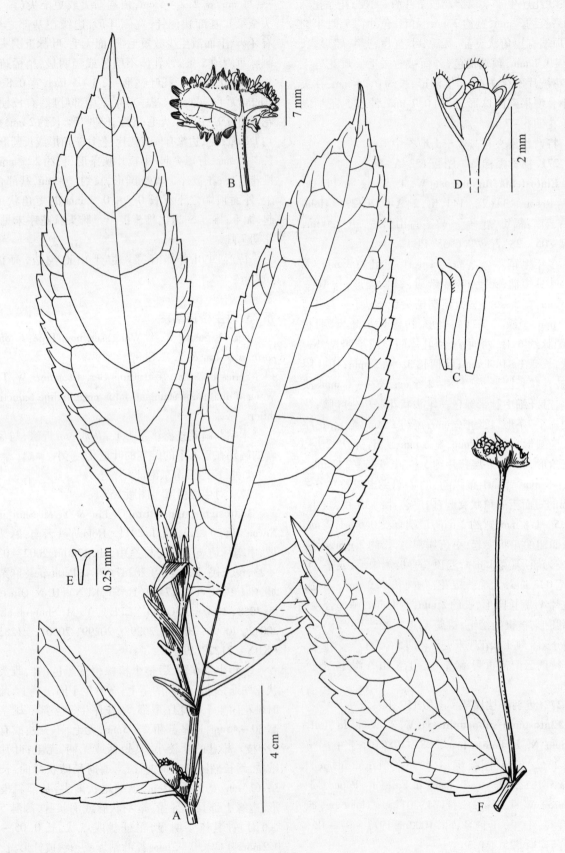

图版 152 A－E. 福贡楼梯草 *Elatostema fugongense* A. 雄茎上部,B. 雄头状花序(侧下面观),C. 雄小苞片,D. 雄花,E. 退化雄蕊。(据 holotype)F. 近羽脉楼梯草 *E. subpenninerve* 叶和腋生雄头状花序。(自王文采,1995)

图版 153 对生楼梯草 *Elatostema oppositum* A. 开花雄茎, B. 雄花, C. 结果雌茎一部分, D. 瘦果。(自 Lin & Duan, 2011)

无柄,无毛;叶片纸质,斜长椭圆形,狭倒卵形或椭圆形,长3－17.5cm,宽1.5－6.3cm,顶端长渐尖,基部狭侧楔形,宽侧宽楔形或圆形,羽状脉,侧脉5－6对,钟乳体不明显,稍密,细杆状或细纺锤形,长0.15－0.3mm;叶柄长0－2mm;托叶钻形,长约5mm。雄头状花序成对,1个生于叶腋,另1个腋外生,具细长梗;花序梗长0.5－3.5cm,无毛;花序托近圆形,直径2.5－5mm,无毛;苞片约6,扁宽卵形或半圆形,长约1mm,宽2－3mm,背面有1条纵肋,肋顶端突出成1小尖头或1角状突起(长0.4mm),顶端有少数短缘毛;小苞片膜质,半透明,倒卵状船形,长约2mm,背面顶端之下有短突起,或扁平,狭三角形,长约1.5mm,无毛。雄花:花被片5,椭圆形,长约2mm,无毛,基部合生,背面顶端之下有短突起;雄蕊5;退化雌蕊小。雌头状花序成对腋生,直径4－5mm,无梗;花序托近圆形,直径约3mm,无毛,在中央2浅裂;苞片约8,肉质,三角形或宽三角形,长0.7－1mm,宽1－1.6mm,无毛,顶端具长0.5－0.7mm的粗角状突起;小苞片密集,膜质,上部暗褐色,较大者倒卵状船形,长约1.2mm,宽1mm,顶端具短突起,较小者扁平,狭倒披针形,长约1mm,无毛。瘦果卵球形,长约0.9mm,约有6条细纵肋。花期3－5月。

特产云南麻栗坡。生于石灰岩山林中石上,海拔1700－1940m。

系24. 紫花楼梯草系

Ser. **Sinopurpurea** W. T. Wang in Fu et al. Paper Collection of W. T. Wang 2:1174. 2012. Type: *E. sinopurpureum* W. T. Wang.

本系的叶脉羽状,雄头状花序具长花序梗和盘状花序托,而与疏毛楼梯草系 Ser *Albopilosa* 极为相近,区别特征在于本系的瘦果具细纵肋和瘤状突起。

1种,特产贵州东南部。

274. 紫花楼梯草 图版154

Elatostema sinopurpureum W. T. Wang in Fu et al. Paper Collection of W. T. Wang 2:1174, fig. 3:40. 2012. ——*E. purpureum* Q. Lin & L. D. Duan in Bot. J. Linn. Soc. 158:676, figs. 4 & 5. 2008, non C. B. Robinson, 1911. Holotype:贵州:荔波,甲良乡,三层洞,alt. 760 m, 2003－07－15, 段林东,林祁 2002126 (PE)。Paratypes:地点同上,段林东,林祁 2002127, 2002164,2002165,2002166,2002167,2002168,林祁,段林东 1018(PE)。

多年生草本。茎高15－35cm,无毛,分枝。叶

具短柄或无柄;叶片纸质,斜长圆形,倒卵状长圆形或椭圆形,长(1.5－)3.5－7.5(－10)cm,宽(0.5－)1.5－2.5cm,顶端骤尖,基部狭侧楔形,宽侧圆形或近耳形,边缘具小牙齿,上面疏被短糙伏毛,下面脉上被短柔毛,羽状脉,侧脉4－6对,钟乳体明显,稍密集,杆状,长0.15－0.3mm;叶柄长达2.5cm;托叶膜质,白色,披针形,长5－6mm,宽0.8－1.5mm,无毛,有钟乳体。花序雌雄同株或异株。雄头状花序单生叶腋;花序梗紫红色,长7－21.5cm,无毛;花序托椭圆形或近圆形,长1.2－3cm,宽1－3cm,无毛;苞片6,排成2层,白色,膜质,外层2枚对生,较大,半圆形,长约1mm,宽8－16mm,内层4枚较小,圆卵形,无毛,或数目较多,扁宽卵形或横条形,边缘啮蚀状;小苞片密集,膜质,半透明,长圆形或条形,长0.8－2mm,宽0.15－0.8mm,无毛。雄花:花被片5,紫红色,长约1mm,下部合生,背面顶部被短柔毛;雄蕊5;退化雌蕊极小。雌头状花序单个或成对腋生,无梗或具短梗;花序托近长圆形,长2－7mm,宽1－5mm,无毛;苞片排成2层,外层苞片约7枚,宽三角形、三角形或狭卵形,长约1mm,宽0.7－1mm,内层苞片约20枚,狭卵形或狭三角形,比外层苞片稍小或近等大,疏被短缘毛;小苞片密集,膜质,半透明,条形或长方形,长0.7－1.5mm,宽0.15－0.9mm,顶端疏被短缘毛。瘦果褐色,狭椭圆体形,长约0.7mm,有密集的小瘤状突起,或还有4－5条纵肋。花期夏季。

特产贵州荔波。生于石灰岩山岩石间或山坑溪边阴湿处,海拔750－800m。

系25. 拟疏毛楼梯草系

Ser. **Albopilosoida** Q. Lin & L. D. Duan in Bot. J. Linn. Soc. 158:676. 2008, sphalm. *Albopilosoides*; W. T. Wang in Fu et al. Paper Collection of W. T. Wang 2:1174. 2012. Type:*E. albopilosoides* Q. Lin & L. D. Duan.

本系的叶脉羽状,雄头状花序具长花序梗和盘状花序,瘦果具纵肋和瘤状突起,而与紫花楼梯草系 Ser. *Sinopurpurea* 相近缘,区别特征在于本系的雌头状花序具长花序梗。

1种,特产贵州东南部。

275. 拟疏毛楼梯草 图版155

Elatostema albopilosoides Q. Lin & L. D. Duan in Bot. J. Lin. Soc. 158:674, figs. 1 & 2. 2008; W. T. Wang in Fu et al. Paper Collection of W. T. Wang 2:1174. 2012. Type:贵州:荔波,甲良乡,三层洞,alt. 780m,2003－07－15, 段林东,林祁 2002124 (holotype,PE), 2002125 (paratype,PE);同地,2003－10

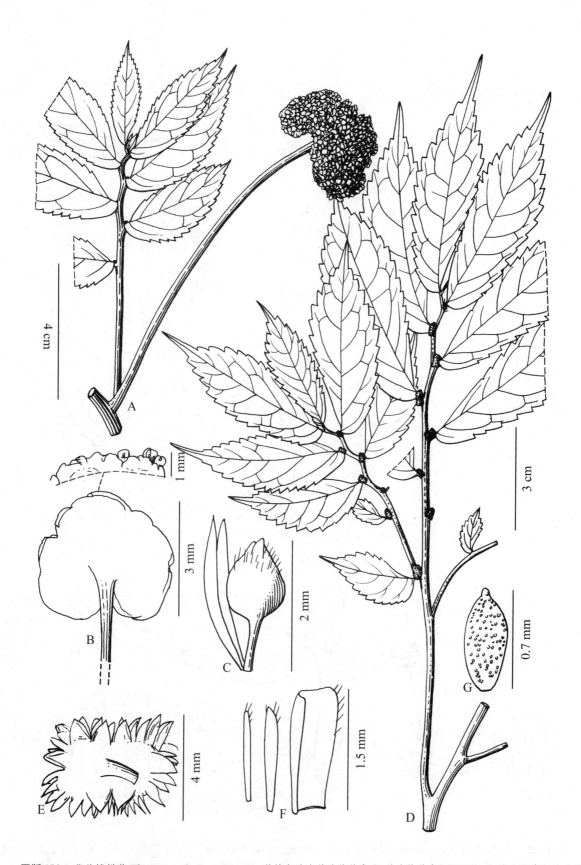

图版 154 紫花楼梯草 *Elatostema sinopurpureum* A.茎枝和腋生雄头状花序,B.雄头状花序(下面观),C.雄小苞片和雄花蕾,(据段林东,林祁 2002165)D.开花雌茎一部分,E.果序(下面观),F.雌小苞片,G.瘦果。(据林祁,段林东 1018)

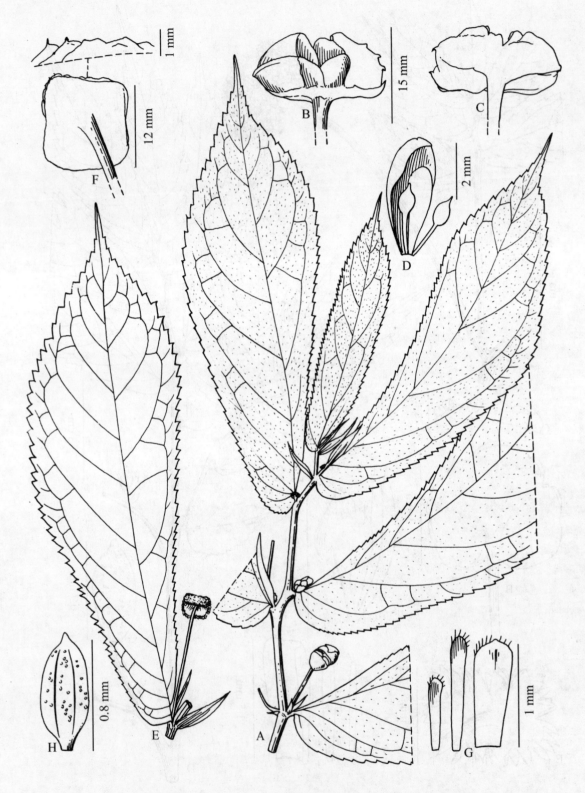

图版 155 拟疏毛楼梯草 *Elaotstema albopilosoides* A. 开花雄茎顶部，B. 雄头状花序（侧上面观），C. 同 B，下面观，D. 雄小苞片和 2 雄花蕾，（据段林东，林祁 2002125）E. 叶和腋生雌头状花序，F. 果序（下面观），G. 雌小苞片，H. 瘦果。（据林祁，段林东 1015）

－26,林祁,段林东1015(paratype,PE)。

多年生草本,干燥后整个植株变黑色。茎高50－120cm,被短柔毛,具纵棱,分枝。叶具短柄或无柄;叶片纸质,斜倒披针状长圆形或狭倒卵形,长(5－)12－17cm,宽(1.5－)3.5－6cm,顶端渐尖(尖头边缘有小齿),基部狭侧楔形,宽侧耳形,边缘具小牙齿,上面被糙伏毛,下面脉上被短毛(毛长0.05－0.15mm),羽状脉,侧脉7－9对,钟乳体不明显,密集,杆状,长0.1－0.2mm;叶柄长达5mm;托叶狭披针形或披针形,长13－16mm,宽2－4mm,被贴伏短毛,有钟乳体。雄头状花序单生叶腋;花序梗长4－9.5cm,无毛;花序托宽椭圆形,长1.8－2.8cm,宽1.5－2mm,无毛;苞片淡黑色,6,排成2层,外层2枚对生,较大,宽卵形,长10－15mm,内层4枚较小,圆卵形,长8－12mm,无毛;小苞片膜质,半透明,倒卵形、倒披针形或船形,长1.5－4mm,宽1－3mm,无毛。雄花:花被片5,红色,基部合生;雄蕊5;退化雌蕊小。雌头状花序单生叶腋;花序梗长1－6cm,无毛;花序托宽长圆形或近方形,长0.7－2.7cm,宽0.7－2.4cm,无毛;苞片2－3层,外层苞片或2枚,对生,扁宽卵形,不明显,顶端具角状突起,或数目较多,横条形,长约0.7mm,边缘不规则浅波状,无突起,内层苞片扁宽卵形或近横条形,长约0.6mm,宽2.5－3mm,无毛,顶端有时具短尖头;小苞片密集,膜质,半透明,狭倒披针形、条形或倒卵状长圆形,长0.8－1.2mm,顶端疏被短缘毛或无毛,顶部常带褐色。瘦果褐色,狭卵球形,长0.7－0.8mm,有5－7

条细纵肋和小瘤状突起。花期夏季。

特产贵州荔波。生于石灰岩山岩石间或巨坑溪边阴湿处,海拔750－800m。

组4.梨序楼梯草组

Sect. **Androsyce** Wedd. in DC. Prodr. 16(1):171.1869;Hook. f. Fl. Brit. Ind. 5:563.1888;王文采于东北林学院植物研究室汇刊7:89.1980;并于中国植物志23(2):315.1995;李锡文于云南植物志7:309.1997;Q. Lin et al. in J. Syst. Evol. 49(2):163.2011;W. T. Wang in Fu et al. Paper Collection of W. T. Wang 2:1174.2012. Type:*E. ficoides* Wedd.

雄花序为隐头花序,具坛状或碗状花序托和不明显总苞。雌花序为头状花序,具盘状花序托和明显总苞。叶具羽状脉。瘦果具纵肋。

3种,分布于我国西南部和华南;越南北部,喜马拉雅东部。

系1.梨序楼梯草系

Ser. **Ficoida** W. T. Wang in Fu et al. Paper Collection of W. T. Wang 2:1175.2012. Type:*E. ficoides* Wedd.

叶正常发育,互生。雄隐头花序互生,具坛状花序托。雌花序托不分裂。瘦果褐色。

2种,分布与上述组的分布相同。

1.叶片薄纸质,干时仍呈绿色,边缘具牙齿,狭侧的侧脉5－7条,下部的1条比其他侧脉长的多;托叶长7－10mm;雄花序梗长5－9.8cm;雌头状花序的花序托圆形,直径1.5mm;雌苞片无任何突起 ·············· 276.梨序楼梯草 E. ficoides
  2.茎和叶片下面均无毛 ·············· 276a. 模式变种 var. **ficoides**
  2.茎和叶片下面均被短柔毛 ·············· 276b. 毛茎梨序楼梯草 var. **puberulum**
1.叶片坚纸质,干时变为淡灰褐色,边缘下部全缘,上部具浅钝齿,狭侧的侧脉近等长;托叶长1.5－5mm;雄花序梗长2.5－6cm;雌头状花序的花序托长方形,长3－10mm;雌苞片顶端有角状突起 ··· 277.短齿楼梯草 E. **brachyodontum**

276.梨序楼梯草

Elatostema ficoides Wedd. in Arch. Mus. Hist. Nat. Paris 9:306,t. 10. 1856;et in DC. Proad. 16(1):171.1869; Hook. f. Fl. Brit. Ind. 5:563. 1888;Hand. － Mazz. Symb. Sin. 7:147. 1929;Gagnep. in Lecomte, Fl. Gén. Indo － Chine 5:918. 1930;王文采于东北林学院植物研究室汇刊7:89. 1980;Grierson & Long, Fl. Bhutan 1(1):120. 1983;王文采于西藏植物志1:552.1983;张秀实等于贵州植物志4:62,图版22:1. 1989;王文采于中国植物志23(2):316:1995;并于

武陵山地区维管植物检索表132:1995;李锡文于云南植物志7:309,图版76:7. 1997;Q. Lin et al. in Fl. China 5:162.2003;王文采于广西植物志2:864,图版351:2.2005;税玉民、陈文红,中国喀斯特地区种子植物1:96,图239.2006;杨昌煦等,重庆维管植物检索表151.2009;Q. Lin et al. in J. Syst. Evol. 49(2):163.2011;W. T. Wang in Fu et al. Paper Collection of W. T. Wang 2:1175.2012.——*Procris ficoidea* Wall. Cat. n. 4635. 1828,nom. nud. Lectotype:Sikkim,J. D. Hooker & T. Thomson s. n(K－Lin et al.,2011,non vidi).

277a. var. ficoides　图版 156

多年生草本。茎高 45 - 100cm,不分枝或分枝,
无毛。叶具短柄或无柄;叶片薄纸质,斜倒披针状长
圆形、斜长圆形或狭椭圆形,长 10 - 23cm,宽 3.5 -
8cm,顶端骤尖(尖头全缘),基部狭侧楔形,宽侧圆
形或耳形,边缘在基部之上有密牙齿,上面散生少数
短糙毛,下面无毛,叶脉羽状,侧脉在叶狭侧 5 - 7 条
(在中部之下的一条最长,与中脉成锐角向斜上方
展出达叶片上部),在宽侧 6 - 9 条,钟乳体明显或
不明显,通常密集,杆状,长 0.1 - 0.2(- 0.3) mm;
叶柄长 2 - 4mm,无毛;托叶膜质,条形或披针状条
形,长 7 - 10mm,无毛。花序雌雄同株或异株。雄
隐头花序单生或与雌头状花序同生叶腋,有长梗;花
序梗长 5 - 9.8cm,无毛;花序托初期梨形或似无花
果,后开展呈蝴蝶形,宽 2 - 2.8cm,2 深裂,裂片又 2
浅裂,无毛;苞片散生于花序托裂片顶端边缘,薄膜
质,半透明,条形或狭三角形,长 1 - 1.8mm,宽 0.2
- 0.6mm,无毛;小苞片多数,条形或狭条形,长约
1.8mm,疏被缘毛。雄花有短梗,无毛:花被片 4 -
5,长圆形,长约 1.2mm,下部合生,背面顶端之下有
短突起;雄蕊 4 - 5;退化雌蕊长约 0.2mm。雌头状
花序常成对生茎上部叶腋,无梗,直径约 2mm;花序
托直径约 1.5mm;苞片约 16 枚,正三角形、狭卵形或
三角形,长 0.5 - 1mm,无毛或被疏缘毛;小苞片密
集,狭条形或匙状条形,长 0.4 - 0.5mm,上部密被
缘毛。雌花:花被片不存在;子房椭圆体形,长约
0.3mm,柱头小。瘦果褐色,狭卵球形,长约 0.6mm,
约有 6 条细纵肋。花期 8 - 9 月。

分布于西藏南部、云南、四川西部、重庆南部、贵
州、湖南南部、广西、海南;尼泊尔、不丹、印度北部、
越南北部。生于山谷林中、灌丛中或沟边阴湿处或
石上,海拔 560 - 2100m。

标本登录:

西藏:聂拉木,樟木,青藏队 605(PE)。

云南:腾冲,Gaoligong Shan Biod. Survey 30163
(CAS,PE);勐宋,云南二队 036(PE);景洪,王启无
78206(PE);麻栗坡,税玉民等 43005(PE);会泽,刘
正宇 19778(PE)。

四川:峨眉山,熊济华等 31948(PE);雷波,赵清
盛 117412,122912(PE)。

重庆:金佛山,刘正宇 13380(PE)。

贵州:施秉,武陵山队 1776(PE);沿河,黔北队
2218(PE);道真,刘正宇 20533(PE)。

湖南:新宁,紫云山队 1148,段林东、林祁

2002141(PE)。

广西:西林,韦毅刚 2006 - 2(PE);田林,韦毅刚
06151(PE);融水,陈少卿 15932,19535(IBSC,PE);
南丹,黄志 41095(PE)。

海南:昌感,梁向日 63187(PE);东方,陈少卿
11420(IBSC);白沙,海南东队 710(PE)。

276b. 毛茎梨序楼梯草(变种)

var. **puberulum** W. T. Wang in W. T. Wang et al.
Keys Vasc. Pl. Wuling Mount. 132,578. 1995;李丙贵于
湖南植物志 2:296. 2000;Q. Lin et al. in Fl. China 5:
162.2003;W. T. Wang in Fu et al. Paper Collection of
W. T. Wang 2:1175. 2012. Holotype:湖南:桑植,天平
山,alt.800 m,1988 - 08 - 27,武陵山队 4125(PE)。

与梨序楼梯草的区别:茎和叶背面被短柔毛。

特产湖南桑植。生于山谷林下,海拔 800m。

277. 短齿楼梯草　图版 157

Elatostema brachyodontum(Hand.-Mazz.)W.
T. Wang in Bull. Bot. Lab. N.-E. Forest. Inst. 7:90.
1980;张秀实等于贵州植物志 4:64. 1989;王文采于
植物研究 12(3):209. 1992;于中国植物志 23(2):
316,图版 71:3 - 5.1995,并于武陵山地区维管植物
检索表 133.1995;李丙贵于湖南植物志 2:294,图 2
- 217.2000;Q. Lin et al. in Fl. China 5:162.2003;王
文采于广西植物志 2:864. 2005;杨昌煦等,重庆维
管植物检索表 151.2009;Q. Lin et al. in J. Syst. Evol.
49(2):163.2011;W. T. Wang in Fu et al. Paper Cllo-
ection of W. T. Wang 2:1174. 2012. —E. ficoides
Wedd. var. brachyodontum Hand.-Mazz. Symb. Sin. 7:
147.1929;湖北植物志 1:176. 1976. Lectotype:湖
北:Nanto,1900 - 06,E. H. Wilson,Veitch Exped. 1252
(K - Lin et al.,2011,non vidi);Syntypes:湖北:宜
昌,A. Henry 4163(K,non vidi);兴山,钱崇澍 5343
(IBSC,PE);贵州:Gaopo - Pinfa. Cavaleris 1245(E,
non vidi);Nganping,Martin 1747(E,non vidi).

多年生草本。茎高 60 - 100cm,上部有短分枝,
无毛。叶具短柄或无柄;叶片草质或薄纸质,斜长圆
形,有时稍镰状弯曲,长 7 - 17cm,宽 2.4 - 5.2cm,
顶端突渐尖(渐尖部分全缘),基部狭侧楔形或钝,
宽侧楔形或宽楔形,边缘下部全缘,其上通常有浅而
钝的牙齿,无毛,间或上面散生少数短毛,叶脉羽状,
侧脉每侧 5 - 7 条,钟乳体明显,密,长 0.1 - 0.2(-
0.4) mm;叶柄长 1.5 - 4mm,无毛;托叶钻形,长 1.5
- 2.5mm,无毛,早落。花序雌雄同株或异株,单生
叶腋。雄隐头花序具梗;花序梗长 2.5 - 6mm,无

毛;花序托初近球形或似无花果的隐头花序,直径约 1.2cm,后花序托开展并二深裂,近蝴蝶形,宽约 3cm;苞片数枚,或条形,长 3 – 4mm,宽 0,3 – 1mm,或钻形,长 1 – 1.2mm,近透明,无毛;小苞片狭披针形或狭条形,长 3 – 4mm,宽 0.2mm,无毛或上部有疏缘毛。雄花有梗:花被片 5,狭椭圆形,长约 2mm,下部合生,无毛,外面顶端之下有短角状突起;雄蕊 4;退化雌蕊极小。雌头状花序具极短梗,有多数花;花序托长方形或近方形,长 3 – 10mm;苞片约 10 枚,宽卵形,顶端有长 1 – 2mm 的角状突起;小苞片多数,密集,倒梯形,长约 1 – 1.4mm,宽 0.4 – 1.2mm,顶端有短缘毛;雌花无梗或有梗;花被片不存在;子房狭卵形,与小苞片近等长。瘦果狭卵球形,长 0.8 – 1mm,约有 6 条不明显纵肋。花期 6 – 9 月。

分布于云南东北部、贵州、重庆、湖北西部、湖南西部、广西西北部;越南北部。生于山谷林中或沟边石上,海拔 300 – 2050m。

标本登录:

云南:巧家,alt. 2050m,刘正宇 19777(PE)。

贵州:兴仁,alt. 1100m,党成忠 412(PE);清镇,邓世纬 788(IBSC);施秉,武陵山队 3500(PE);道真,刘正宇 17767(PE);Pingchow,蒋英 6864(PE)。

重庆:城口,戴天伦 102766,103118(PE);奉节,周洪富,粟和毅 109292(PE);金佛山,方文培 5813,金佛山队 1925,刘正宇 1338,2115,17767(PE)。

湖北:巴东,周鹤昌 708,王作宾 11259(PE);建始,戴伦膺,钱重海 565,575(PE);咸丰,李洪钧 9376(PE);宣恩,李洪钧 3214,3333(PE)。

湖南:石门,壶瓶山队 0482,0981,1047(PE);桑植,天平山,北京队 4112(PE);永顺,alt. 300m,北京队 1260(PE);凤凰,武陵山队 1243(PE);新宁,alt. 550m,罗林波 161(PE)。

广西:乐业,潘保强 5939(GXMI)。

N Vietnam:Tonkin:Phuong – Lam,1888 – 05,M. Balansa 2535(P);Chobo,1926 – 04,Melle El. Colani 2965(P).

系 2. 红果楼梯草系

Ser. **Atropurpurea** W. T. Wang in Fu et al. Paper Collection of W. T. Wang 2:1176. 2012. Type:*E. atropurpureum* Gagnep.

雄茎顶部数叶聚生,发生退化,小,无钟乳体,其下支持雄隐头花序的叶的叶片消失,托叶尚存在。雄隐头花序在聚生叶之下的约 5 个节上成对着生,

具短梗;花序托碗形。雌头状花序的花序托 6 裂。瘦果紫红色。

1 种,分布于云南东南部和越南北部。

278. 红果楼梯草 图版 158

Elatostema atropurpureum Gagnep. in Lecomte,Fl. Gén. Indo – China 5:919. 1930;王文采于东北林学院植物研究室汇刊 7:84. 1980;并于中国植物志 23(2):311. 1995;李锡文于云南植物志 7:307,pl. 76:3 – 4. 1997;Q. Lin et al. in Fl. Chine 5:161. 2003;Q. Lin et al. in J. Syst. Evol. 49(2):163. 2011;W. T. Wang in Fu et al. Paper Collection of W. T. Wang 2:1176. 2012. Holotype:Vietnam. Tonkin:Chapa,alt. 1500m,1928 – 01,Pételot 5100(P,non vidi).

多年生草本。雄茎高约 28cm,无毛,不分枝,上部 5 节上有对生的雄隐头花序,顶部生叶。生于雄茎节上的叶的叶片消失,托叶尚存在,条形,长数 mm,无毛,无钟乳体,生于雄茎顶部的叶约 6 枚,长卵形,长 1 – 2.5cm,宽 2 – 6mm,边缘有少数小锯齿,无毛,无钟乳体,其托叶白色,条形,长 5 – 9mm,宽 1mm,无毛,中脉褐色。雌茎高约 70cm,无毛。雌茎的叶具短柄,无毛;叶片纸质,斜长椭圆形或长圆形,长 17 – 19cm,宽 4.6 – 5.7cm,顶端尾状渐尖(尖头全缘),基部斜楔形,边缘下部全缘,其上有浅钝牙齿,羽状脉,侧脉 6 – 7 对,钟乳体明显,稍密,长约 2.5mm;叶柄长 5 – 8mm;托叶三角形,长约 2mm。雄隐头花序成对生雄茎上部 5 个节上,雄花将开放时稍开展,4 浅裂,呈蝴蝶状;总苞苞片 10 数枚,不等大,膜质,半透明,宽三角形,宽梯形或三角形,长 1 – 1.5mm,宽 0.6 – 3mm,无毛;小苞片膜质,半透明,近长圆形或倒梯形,长约 1.8mm,宽 0.8 – 1mm,无毛。雄花蕾具梗,近球形,直径 1mm,顶端有 5 枚短隆起。雌头状花序单个或成对生于雌茎叶腋,近圆形,直径 4 – 9mm,无梗;花序托约 6 深裂,裂片又 2 – 3 浅裂,无毛;苞片多数,三角形或宽三角形,顶端有时具短角状突起,无毛;小苞片约 250 枚,钻形,长 1 – 1.2mm,顶端常有角状突起,无毛或近无毛。瘦果紫红色,椭圆体形,长 0.7 – 0.8mm,有 8 条细纵肋。花期 2 – 4 月。

分布于云南东南部;越南北部。生于石灰岩山常绿阔叶林中或山洞中阴湿处,海拔 1380 – 1485m。

标本登录:

云南:西畴,王守正 440(♀,KUN);麻栗坡,税玉民,陈文红 B2004 – 001,滇东南考察队 GBOWS 298(♂,PE)。

Vietnam:Chapa,Sino – Vietnam Exped. 336(IBSC,PE).

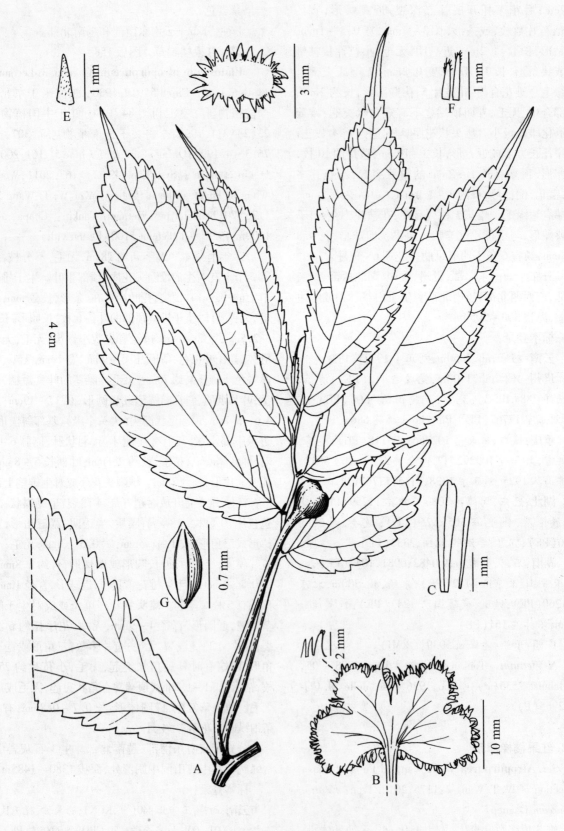

图版 156　梨序楼梯草 *Elatostema ficoides* A.茎枝和雄隐头花序(背面观),B.开裂的雄隐头花序(背面观),C.雄小苞片,
(据熊济华等 31948)D.雌头状花序(下面观),E.雌总苞苞片,F.雌小苞片,(据税玉民等 43005)G.瘦果。

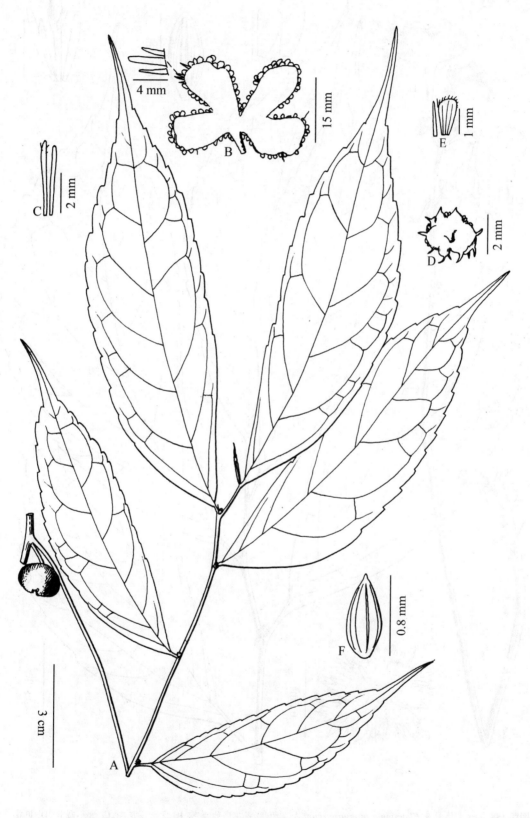

图版 157 短齿楼梯草 *Elatostema brachyodontum* A. 茎枝和雄隐头花序,(据壶瓶山队 1048)B. 开裂展开的雄隐头花序(背面观),C. 雄小苞片,(据周洪富,粟和毅 109292)D. 雌头状花序(下面观),E. 雌小苞片,F. 瘦果。(据方文培 5813)

图版 158 红果楼梯草 *Elatostema atropurpureum* A. 具雄隐头花序的雄茎, B. 雄隐头花序, C. 雄小苞片, D. 雄花蕾, E. 雌茎
上部,(据税玉民,陈文红 B2004-001) F. 雌头状花序, G. 雌小苞片和幼果, H. 瘦果。(据王守正 440)

存 疑

Elatostema piluliferum Lévl. in Repert. Sp. Nov. Regni Veg. 11：296. 1912；et Fl. Kouy – Tcheou 425. 1915；Hand. – Mazz. Symb. Sin. 7：145. 1929, pro syn. sub *E. sessile* J. R. & G. Forster var. *hispidulo* Hook. f.；W. T. Wang in Bull. Bot. Lab. N. – E. Forest. Inst. 7：90. 1980；Lauener in Not. R. Bot. Gard. Edinb. 40(3)：489. 1983. Holotype：Guizhou, without precise locality, 1903 – 03 – 17, Cavalerie 905(E, non vidi).

法国学者 A. A. H. Levéilleé 于 1912 年根据 Cavalerie 采自贵州的 905 号标本发表本种。之后于 1929 年, 奥地利中国植物区系专家 H. Handel – Mazzetti 将本种归并到分布于印度的一变种 *E. sessile* J. R. & G. Forster var. *hispidulum* Hook. f. 1980 年, 在我的中国楼梯草属第一次修订中, 由于本种原始描述简短和未见到模式标本, 我只能将本种作为存疑种处理。这以后于 1983 年, 英国爱丁堡植物园毛茛科专家 L. A. Lauener 在他整理 Levéillé 一生发表的植物拉丁学名的文章(均见上引文献)中指出收藏于该园标本馆(E)的本种名的 holotype 已经遗失。由于在原始文献的模式标本野外记录中未说明在贵州省的具体地点, 这就对原产地模式标本(topotype)的采集以及此植物系统位置等问题的解决造成困难。

附录1. 新分类群增补和近年发表的一新种

本书全稿于2013年3月中旬送出版社之后不久又发现以下云南楼梯草属3新种和2新变种。蒙吴增源和刘杰博士惠赠珍贵标本,谨表示深切感谢。

279. 肋翅楼梯草 图版159: E-J

Elatostema costatoalatum W. T. Wang & Zeng Y. Wu, sp. nov. Type: 云南(Yunnan): 镇沅(Zhenyuan), 恩乐至水塘(from Enle to Shuitang), alt. 1552m, 箐沟边(by stream in valley), 花白色(fls. white), 2012-04-20, 刘成, 王苏化, 朱迪恩(C. Lin, S. H. Wang & D. E. Zhu) 12CS4413(holotype, PE; isotype, KUN).

(Sect. *Elatostema* ser. *Cuspidata* W. T. Wang)

Habitu species nova haec est similis *E. balansae* Gagnep., quod petiolis brevioribus usque ad 2 mm longis, stipulis minoribus usque ad 10 mm longis, bracteis staminatis dorso 1-3-costatis haud alatis, bracteolis pistillatis anguste oblanceolatis haud corniculatis, flore pistillato tepalis tribus praedito recedit.

Perennial herbs. Stems ca. 24 cm tall, near base ca. 7 mm across, glabrous, below with dense bacilliform cystoliths 0.1-0.2 mm long. Leaves shortly petiolate; blades papery, obliquely oblong-obovate or obliquely long elliptic, (3-)6-16 cm long, (1.5-)3.6-5.8 cm broad, apex acuminate, shortly acuminate or acute, base obliquely cuneate, margin from below to apex denticulate; surfaces adaxially strigose, abaxially glabrous; venation semi-triplinerved, with 3-4 pairs of lateral nerves; cystoliths dense, bacilliform, 0.1-0.2 mm long; petioles 5-8 mm long, glabrous; stipules papery, lanceolate, 14-17 mm long, ca. 3.2 mm broad, glabrous. Staminate capitula singly axillary, 2-2.2 cm in diam.; peduncles ca. 2 mm long, glabrous; receptacles subquadrate, ca. 10 mm long, 12 mm broad, glabrous, 2-lobed; bracts ca. 8, glabrous, 6 depressed-broad-ovate, ca. 2 mm long, 3-5 mm broad, abaxially above narrowly 1-winged, with wings cultriform, 2-3 mm long, 0.5 mm broad, the 2 other bracts inconspicuous; bracteoles membranous, semi-hyaline, broad-obtrapeziform or linear, 1.5-4 mm long, 0.2-4 mm broad, glabrous. Staminate flower buds ellipsoidal or subglobose, 1 mm long, glabrous. Pistillate capitula singly axillary, ca. 6 mm long, 4 mm broad, sessile; receptacles rectangular, sparsely puberulous; bracts ca. 12, 2-seriate, inconspicuous, at apex with horn-like projections longer than themselves, 2 outer ones opposite, with horn-like projections 1.1 mm long, 10 inner ones similar to outer ones, but smaller, with horn-like projections 0.8-1.1 mm long; bracteoles membranous, broad-trapeziform or linear, ca. 0.5 mm long, 0.2-0.5 mm broad, ciliolate, apex with horn-like or cucullate-horn-like projection 0.4-0.6 mm long. Pistillate flower: tepals wanting; ovary ellipsoid or subglobose, ca. 0.3 mm long; stigma penicillate, 0.1 mm long.

多年生草本。茎高约24cm,近基部粗约7mm,无毛,下部有密集的小钟乳体。叶具短柄;叶片纸质,斜长圆状倒卵形或斜长椭圆形,长(3-)6-16cm,宽(1.5-)3.6-5.8cm,顶端渐尖或急尖,基部斜楔形,边缘自下部至顶端具小牙齿,上面被糙伏毛,下面无毛,半离基三出脉,侧脉3-4对;钟乳体密集,杆状,长0.1-0.2mm;叶柄长5-8mm,无毛;托叶纸质,披针形,长14-17mm,宽约3.2mm,无毛。雄头状花序单生叶腋,直径2-2.2cm;花序梗长约2mm,无毛;花序托近方形,长约10mm,宽12mm,无毛,2浅裂;苞片约8,无毛,6枚扁宽卵形,长约2mm,宽3-5mm,背面上部具1条刀片状,长2-3mm,宽0.5mm的狭翅,其他2枚苞片不明显;小苞片密集,膜质,半透明,宽倒梯形或条形,长1.5-4mm,宽0.2-4mm,无毛。雄花蕾椭圆体形或近球形,长约1mm,无毛。雌头状花序单生叶腋,长约6mm,宽4mm,无梗;花序托长方形,疏被短柔毛;苞片约12,排成2层,其等本身不明显,却在顶端具较长的角状突起,外层苞片2枚,具长1.1mm的角状突起,内层苞片约10枚,比内层苞片稍小,具长0.8-1.1mm的角状突起;小苞片宽梯形或条形,长约0.5mm,宽0.2-0.5mm,被短缘毛,顶端具长0.4-0.6mm的角状突起或兜状角状突起。雌花:花被片不存在;子房椭圆体形或近球形,长约0.3mm;柱头画笔头状,长0.1mm。

特产云南镇沅。生于山谷沟边阴湿处,海拔

1552m。

本种在体态方面与华南楼梯草 E. balansae Gagnep. 相似，与后者的区别在于本种的叶柄较长，长达 8mm，托叶较大，长达 17mm，雄苞片背面上部有刀片状狭翅，雌小苞片常宽梯形，顶端具长角状突起，雌花无花被片。在华南楼梯草，叶柄较短，长达 2mm，托叶较小，长达 10mm，雄苞片背面有 1 - 3 条纵肋，无翅，雌小苞片狭倒披针形，无角状突起，雌花有 3 枚花被片。

280. 镇沅楼梯草　图版 160

Elatostema zhenyuanense W. T. Wang & Zeng Y. Wu, sp. nov. Type:云南(Yunnan):镇沅(Zhenyuan),千家寨(Qianjiazhai),茶树王(Chashuwang), alt. 2508m,常绿阔叶林中(under evergreen broad - leaved forest),花白色(fls. white),2012 - 06 - 16,刘成,袁羿,李彩斌,李昌洪(C. Liu, Y. Yuan, C. B. Li & C. H. Li)12CS4458(holotype, PE;isotype, KUN).

(Sect. *Elatostema* ser. *Dissecta* W. T. Wang)

Species nova haec est affinis *E. actinodromo* W. T. Wang, quod caulibus superne dense puberulis, folio basali nullo, foliis caulinis subtus ad nervos puberulis, pedunculis staminatis puberulis, involucro staminato bracteis 18 et ex eis 2 majoribus apice longe corniculatis et ceteris projecturis ullis carentibus praedito distinguitur.

Perennial herbs. Rhizome ca. 5.5 cm long, near apex ca. 3 mm across, from apex and below apex putting forth a staminate stem and a vegetative stem respectively. Staminate stem ca. 20 cm tall, near base 2 mm across, glabrous, simple, ca. 7 - foliate. Basal leaf long petiolate, glabrous; blade thin - papery, obliquely elliptic, ca. 5.4 cm long, 2 cm broad, apex acuminate, base obliquely cuneate, margin dentate; venation semi - triplinerved, with lateral nerves 2 - 3 at leaf narrow side, 4 at broad side; cystoliths dense, bacilliform, 0.1 - 0.2 mm long; petiole ca. 5 cm long. Cauline leaves similar to basal leaf, shortly petiolate or sessile; blades obliquely elliptic or oblong, 3.5 - 9.5 cm long, 1.5 - 3 cm broad, apex acunminate or cuspidate; surfaces adaxially sparsely strigose, abaxially glabrous; petioles 0 - 3 mm long, glabrous; stipules membranous, linear, 9 - 10 mm long, 1.5 mm broad, glabrous, white, with green midribs. Staminate capitula singly axillary, long pedunculate; peduncles slender, ca. 5 cm long, glabrous; recep-

tacles subquadrate, 10 mm long ang broad, glabrous, 4 - lobulate, with ca. 5 inconspicuous nerves radiately spreading from peduncle apex; bracts ca. 8, glabrous, inconspicuous themselves, but at apex with short and thick conspicuous projections 0.5 - 0.8 mm long; bracteoles membranous, semi - hyaline, glabrous, obtrapeziform, ca. 1 mm long, without any projections or linear - navicular, ca. 1 mm long, abaxially below apex with a short and thick projection. Staminate flower buds broadly obovoid, ca. 0.5 mm long, glabrous, apex 3 - corniculate. Vegetative stem dwarfish, ca. 5 cm tall, above with 4 leaves 0.9 - 1.8 cm long.

多年生草本。根状茎长约 5.5cm，近顶端粗约 3mm，自顶端和顶端稍下处分别生出 1 条雄茎和 1 条营养茎。雄茎高约 20cm，近基部粗 2mm，无毛，不分枝，约有 7 叶。基生叶具长柄，无毛；叶片薄纸质，斜椭圆形，长约 5.4cm，宽 2cm，顶端渐尖，基部斜楔形，边缘具牙齿，半离基三出脉，侧脉在叶狭侧 2 - 3 条，在宽侧 4 条，钟乳体密集，杆状，长 0.1 - 0.2mm；叶柄长约 5cm。茎生叶与基生叶相似，具短柄或无柄；叶片斜椭圆形或长圆形，长 3.5 - 9.5cm，宽 1.5 - 3cm，顶端渐尖或骤尖，上面被疏糙伏毛，下面无毛；叶柄长 0 - 3mm，无毛；托叶膜质，条形，长 9 - 10mm，宽 1.5mm，无毛，白色，中脉绿色。雄头状花序单生叶腋，具长梗；花序梗纤细，长约 5cm，无毛；花序托近方形，长和宽均 10mm，无毛，4 微裂，自花序梗顶端有约 5 条不明显的脉辐射状展出；苞片约 8，无毛，本身不明显，却在顶端具有明显、短而粗、长 0.5 - 0.8mm 的突起；小苞片膜质，半透明，无毛，倒梯形，长约 1mm，无任何突起，或条状船形，长约 1mm，在背面顶端之下具 1 短而粗的突起。雄花蕾宽倒卵球形，长约 0.5mm，无毛，顶端有 3 条角状突起。营养茎低矮，长约 5cm，有 4 枚长 0.9 - 1.8cm 的叶。

特产云南镇沅。生于山谷常绿阔叶林下阴湿处，海拔 2508m。

本种与辐脉楼梯草 E. actinodromum W. T. Wang 相近缘，与后者的区别在于本种的茎、叶两面或下面和花序梗均无毛，茎基部有 1 基生叶，雄总苞有 8 枚本身不明显的苞片，所有苞片均在顶端具长 0.5 - 0.8mm、短而粗的突起。在辐脉楼梯草，茎上部、叶下面和花序梗均被短柔毛，基生叶不存在，雄总苞有 18 枚苞片，其中 2 枚较大苞片在顶端具长角状突起，其他苞片无任何突起。

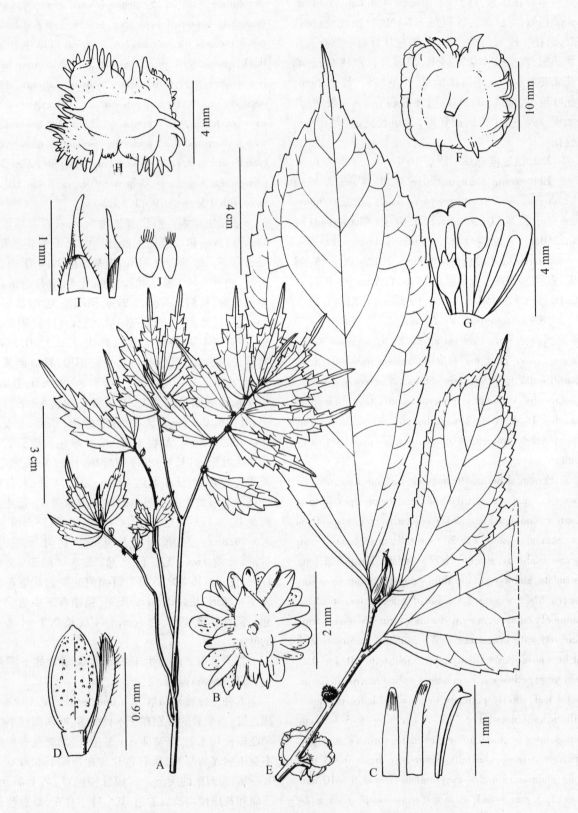

图版 159 A－D. 细尾楼梯草 *Elatostema tenuicaudatum* var. *tenuicaudatum* A. 雌茎上部，B. 雌头状花序，C. 雌苞片，D. 雌小苞片和瘦果。(据刘成等 12cs4453) E－J. 肋翅楼梯草 *E. costatoalatum* E. 开花茎上部，F. 雄头状花序(下面观)，G. 雄小苞片和 2 雄花蕾，H. 雌头状花序(下面观)，I. 2 雌小苞片，J. 2 雌花。(据 holotype)

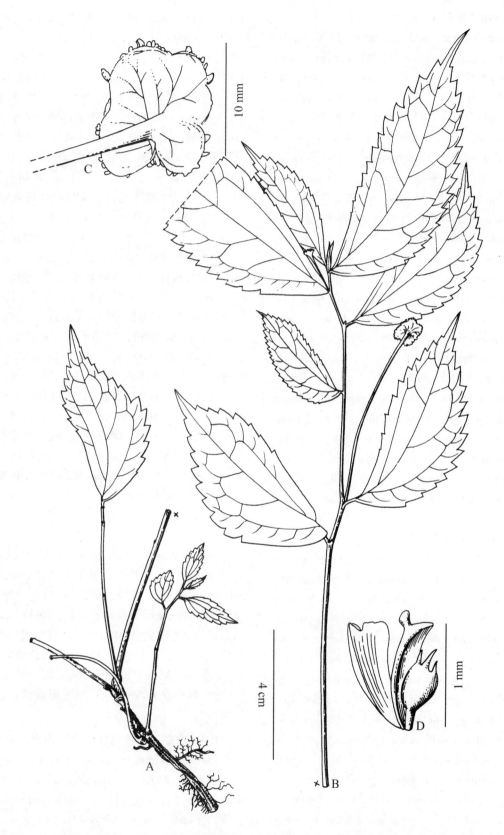

图版 160 镇沅楼梯草 *Elatostema zhenyuanense* A. 根状茎、基生叶、雄茎下部和营养茎，B. 雄茎下部以上部分，C. 雄头状花序（下面观），D. 雄小苞片和雄花蕾。（据 holotype）

本种的特征之一是具有长叶柄的基生叶,这种现象在我国楼梯草属中尚属首次出现。

281. 条角楼梯草 图版 161: A – E

Elatostema linearicorniculatum W. T. Wang, sp. nov. Holotype: 云南(Yunnan): 屏边(Pingbian), Shuiweicheng, alt. 2000 m, 路边林下(in forest by road), 1999 – 08 – 30, 税玉民等(Y. M. Shui ea al.)10378(♀ , PE)。

(Sect. *Elatostema* ser. *Cuspiddta* W. T. Wang)

Species nova haec est affinis E. cyrtandrifolioidi W. T. Wang, quod foliis majoribus longe ellipticis usque ad 15 cm longis apice longe acuminatis, eorum nervis secundariis pluribus 4 – 5 – jugis, bracteis pistillatis externis apice porjecturas subulatas vel caudatas gerentibus, eis internis paucioribus 8 – 11 subquadratis vel transversaliter rectangularibus projecturis ullis carentibus facile distinguitur.

Perennial herb. Stem ca. 45 cm tall, near base prostrate and rooting, glabrous, simple. Leaves shortly petiolate; blades papery, obliquely elliptic, 6 – 10 cm long, 2 – 4 cm broad, apex acuminate, base obliquely cuneate, margin at leaf narrow side above the middle, and at broad side above the base denticulate; surfaces adaxially sparsely strigillose, abaxially glabrous; venation semi-triplinerved, with secondary nerves 2 at leaf narrow side and 2 – 3 at broad side; cystoliths inconspicuous, dense, bacilliform or narrowly fusiform, 0. 1 – 0. 3 mm long; petioles 0. 5 – 4 mm long, glabrous; stipules membranous, white, linear – lanceolate or lanceolate, 4. 5 – 5. 5 mm long, 0. 9 – 1. 5 mm broad, longitudinally 1 – 2 – green – nerved, glabrous. Staminate capitula unknown. Pistillate capitula singly axillary; peduncles ca. 0. 8 mm long, glabrous; receptacles subquadrate, ca. 4 mm long and broad, glabrous; bracts ca. 31, 2 – seriate, white, membranous, outer bracts 6, unequal in size, broad – triangular or appressed – broad – triangular, 0. 5 – 1 mm long, 1 – 5 mm broad, very sparsely ciliolate or subglabrous, each at apex with a green, lanceolate – linear projection 1. 2 – 2 mm long, inner bracts ca 25, smaller, broad – triangular or broad – ovate, ca. 0. 6 mm long, 0. 5 – 0. 8 mm broad, each at apex with a green linear projection ca. 1 mm long; bracteoles dense, membranous, white, semi – hyaline or above green, narrow – oblanceolate, spathulate or narrow – linear, 1. 5 – 2. 2 mm long, apex cillate. Pistillate flower long pedicellate: tepals wanting; pistil ca. 0. 5

mm long, ovary narrow – ellipsoidal, ca. 0. 4 mm long, stigma appressed – globse, ca. 0. 05 mm in diam. A-chenes brown, ellipsoidal, ca. 0. 8 mm long, 0. 4 mm broad, longitudinally 8 – ribbed.

多年生草本。茎高约45cm,近基部铺地并生根,无毛,不分枝。叶具短柄;叶片纸质,斜椭圆形,长6 – 10cm,宽2 – 4cm,顶端渐尖,基部斜楔形,边缘在叶狭侧中部以上、在宽侧基部之上具小牙齿,上面疏被短糙伏毛,下面无毛,半离基三出脉,侧脉在叶狭侧2条,在宽侧2 – 3条,钟乳体不明显,密集,杆状或狭纺锤形,长0. 1 – 0. 3mm;叶柄长0. 5 – 4mm,无毛;托叶膜质,白色,条状披针形或披针形,长4. 5 – 5. 5mm,宽0. 9 – 1. 5mm,有1 – 2条绿色纵脉,无毛。雄头状花序未见。雌头状花序单生叶腋;花序梗长约0. 8mm,无毛;花序托近方形,长及宽约4mm,无毛;苞片约31,排成2列,白色,膜质,外方苞片6,不等大,宽三角形或扁宽三角形,长0. 5 – 1mm,宽1 – 5mm,有极少短缘毛或近无毛,在顶端具一长1. 2 – 2mm 的披针状条形绿色角状突起,内层苞片约25 枚,较小,宽三角形或宽卵形,长约0. 6mm,宽0. 5 – 0. 8mm,顶端具一长约1mm 的条形绿色角状突起;小苞片密集,膜质,白色,半透明,或上部绿色,狭倒披针形,匙形或狭条形,长1. 5 – 2. 2mm,顶部有缘毛。雌花具长梗:花被片不存在;雌蕊长约0. 5mm,子房狭椭圆体形,长约0. 4mm,柱头扁球形,直径约0. 05mm。瘦果褐色,椭圆体形,长约0. 8mm,宽0. 4mm,具8 条纵肋。花、果期8 月。

特产云南屏边。生于山谷路边林下,海拔2000m。

本种与拟锐齿楼梯草 E. cyrtandrifolioides W. T. Wang 相近缘,与后者的区别在于本种的叶片较小,椭圆形,顶端渐尖,有较少侧脉,雌总苞的外层苞片顶端具披针状条形突起,内层苞片25 枚,宽三角形或宽卵形,顶端具条形角状突起。在拟锐齿楼梯草,叶片较大,长椭圆形,长达15cm,顶端长渐尖,具4 – 5对侧脉,雌总苞的外层苞片顶端具钻形或尾状突起,内层苞片较少,8 – 11 枚,近方形或横长方形,无任何突起。

136b. 宽苞屏边楼梯草(变种)图版 161: F – I

Elatostema pingbianense W. T. Wang var. **triangulare** W. T. Wang, var. nov.. Holotype: 云南(Yunnan): 金平(Jinping), Hetou, water divide, alt. 2300 m, 林下(under forest), 1996 – 10 – 15, S. K. Wu, L. H. Lin, Y. M. Shui, Y. P. Yang, J. Murata & S. Akiyama3948(♀ , PE)。

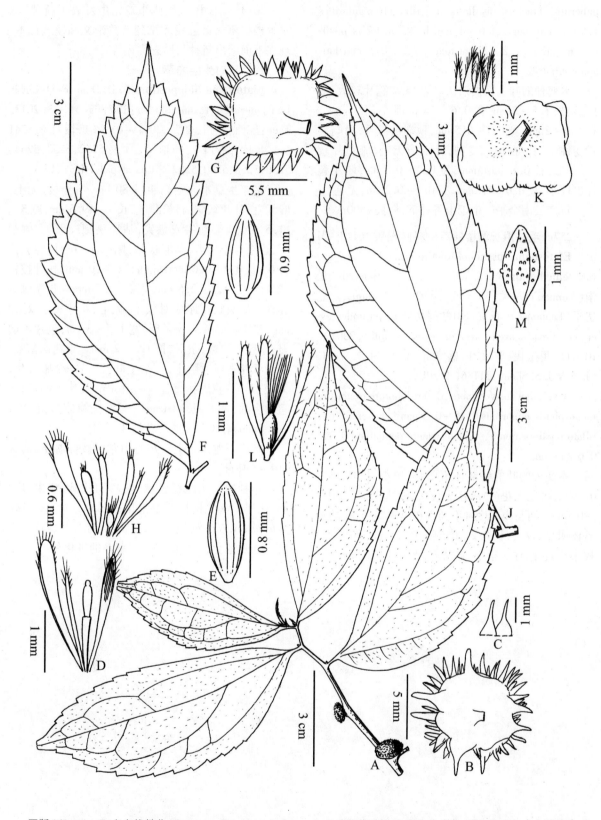

图版 161　A–E. 条角楼梯草 *Elatostema linearicorniculatum* A. 开花雌茎顶部,B. 雌头状花序,下面观,C. 2 内方雌苞片,D. 3 枚雌小苞片和雌花,E. 瘦果。(据 holotype)F–I. 宽苞屏边楼梯草 *E. pingbianense* var. *triangulare* F. 叶,G. 雌头状花序,下面观,H. 5 枚雌小苞片和 2 雌花,I. 瘦果。(据 holotype)J–M. 毛柱拟长圆楼梯草 *E. pseudooblongifolium* var. *penicillatum* J. 叶,K. 雌头状花序,下面观,L. 3 枚雌小苞片和雌花,M. 瘦果。(据 holotype)

A var. *pingbianensi* differt foliis supra appresso - puberulis, bracteis pistillatis majoribus triangularibus 1.5 – 2 mm longis 0.6 – 1 mm latis, bracteolis pistillatis majoribus 1.2 – 2 mm longis 0.1 – 0.5 mm latis apice ciliatis.

本变种的叶上面被贴伏短柔毛,雌苞片较大,三角形,长 1.5 – 2mm,宽 0.6 – 1mm,雌小苞片较大,长 1.2 – 2mm,宽 0.1 – 0.5mm,顶端被缘毛,而与模式变种不同。在模式变种,叶上面无毛,雌苞片较小,条形,长 0.8 – 1.5mm,宽 0.2 – 0.3mm,雌小苞片也较小,长 0.6 – 1.2mm,宽 0.1 – 0.2mm,无毛。

特产云南金平。生于山谷林下,海拔 2300m。

257c. 毛柱拟长圆楼梯草(变种)图版 161:J – M

Elatostema pseudooblongifolium W. T. Wang var. **penicillatum** W. T. Wang, var. nov. Holotype:云南(Yunnan):马关(Maguan),古林箐(Gulinqing),老房子(Laofangzi),石灰岩山常绿阔叶林下(under evergreen broad-leaved forest in limestone hill),2001 – 10 – 11,税玉民、陈文红、盛家舒(Y. M. Shui,W. H. Chen & J. S. Sheng)31186(♀ ,PE).

A var. *pseudooblongifolio* differt foliorum cystolithis inconspicuis minoribus 0.15 – 0.3 mm longis, flore pistillato tepalis carente, stigmate majore penicillato 0.4 – 0.6 mm longo.

本变种的叶的钟乳体不明显,较小,长 0.15 – 0.3mm,雌花无花被片,柱头较大,画笔头状,长 0.4 – 0.6mm,而与模式变种不同。在模式变种,叶的钟乳体明显,较大,长 0.2 – 0.5(– 0.8)mm,雌花具 3 枚小花被片,柱头很小,扁球形,直径约 0.05mm。

特产云南马关。生于石灰岩山常绿阔叶林下。

2013 年,段林东和林祁二先生发表了新种"双对生楼梯草",最近我才见到有关论文和模式标本,现在下面给出新种的形态描述等。

282. 双对生楼梯草

Elatostema biopposalatum L. D. Duan & Q. Lin in Bangladesh Pl. Taxon. 20(2):179,figs. 1 – 3. 2013. Type:广西:龙州,金龙,2011 – 01 – 01,段林东 5241(♂ ,holotype,PE);同地,段林东 5212,5253,5254,5256,5258,5260,5262 等(paratypes,HUSY,PE).

多年生草本。茎高 40 – 80 cm,不分枝,无毛。叶无毛;叶片纸质,斜长圆形,长 7 – 19.5 cm,宽 3 – 11.5 cm,顶端渐尖或急尖,基部狭侧楔形,宽侧圆形,边缘有小牙齿,具羽状脉,侧脉 5 – 6 对,钟乳体杆状,长 0.2 – 0.6 mm;叶柄长 2 – 10 mm;托叶披针状条形,长 1.2 – 2.5 cm,宽 2 – 4.5 mm。花序雌雄异株。雄头状花序成对腋生,无毛;花序梗长 2 – 3 mm;花序托蝴蝶形或肾形,宽 1.5 – 3 cm;苞片不明显;小苞片多数,条形,长 1.5 – 2 mm。雄花四基数。雌头状花序成对腋生,一个生叶腋,另一个腋外生,无梗,无毛;花序托直径 5 – 10 mm;苞片不明显;小苞片多数,钻形,长约 1mm。瘦果椭圆体形,长 0.7 – 0.8mm,有 4 条纵肋。花期 4 – 5 月。

产广西龙州。生石灰岩山常绿阔叶林下,海拔 410 – 550 m。

本种的雄花序托盘状,叶具羽状脉,瘦果具纵肋,应属于骤尖楼梯草组南川楼梯草系(Sect. *Elatostema* ser. *Nanchuanensia*)。其雄、雌头状花序的总苞均强烈退化,当是南川楼梯草系的进化种。

附录 2. 楼梯草属植物名录

傅德志

Elatostema J. R. & G. Forst. Char. Gen. Pl. Aust. 53. 29 Nov 1775 (nom. cons.).

E. **abangense** Amshoff in Blumea 6: 364 (1950. Java.

E. **acrophilum** C. B. Robinson in Philipp. Journ. Sci. Bot. 5: 523. (1911). Ins. Philipp.

E. **actinodromum** W. T. Wang in Journ. Syst. Evol. 50 (6): 575, fig. 3. 2012. China(Yunnan).

E. **actinotrichum** W. T. Wang in Guihaia 30(1): 10, fig. 5: A – D. 2010. China(Guangxi).

E. **acuminatissimum** Merrill in Philipp. Journ. Sci. 14: 375. 1919. Ins. Philipp.

E. **acuminatum** Brongn. in Duperr. Bot. Voy. Coq. 211. 1834. Ind. or.; Malaya.

E. **acuminatum** Brongn. var. striolatum W. T. Wang in Acta Bot. Yunnan. Suppl. 5: 1. 1992. China(Yunnan).

E. **acuteserratum** B. L. Shih & Y. P. Yang in Bot. Bull. Acad. Sin. 36(4): 260. 1995. China(Taiwan).

E. **acutitepalum** W. T. Wang in Bull. Bot. Res. Harbin. 9(2): 74. pl. 2: 7 – 8. 1989. China(Yunnan).

E. **adenophorum** W. T. Wang in Guihaia 31(2): 144. 2011. China(Yunnan).

E. **adenophorum** W. T. Wang var. gymnocephalum W. T. Wang in Journ. Syst. Evol. 51(2): 227. 2013. China(Yunnan).

E. **affine** Wedd. in Ann. Sc. Nat. ser. 4. 1: 188. 1854 = E. sessile.

E. **afrikanum** H. Schroter in Repert. Sp. Nov. 47: 217. 1939. Madag.

E. **agusanense** Elmer in Leaf. Philipp. Bot. 8. 2845. 1915. Ins. Philipp.

E. **albistipulum** W. T. Wang in Guihaia 32(4): 429, fig. 2: A – C. 2012. China(Yunnan).

E. **albopilosoides** Q. Lin & L. D. Duan in Bot. Journ. Linn. Soc. 158: 674, fig. 1&2. 2008. China (Guizhou).

E. **albopilosum** W. T. Wang in Bull. Bot. Lab. N. – E. Forest. Inst. 7: 88. 1980. China(Yunnan, Guangxi).

E. **albovillosum** W. T. Wang in Guihaia 30(1): 5. fig. 3: A – C. 2010. China(Guangxi).

E. **aliferum** W. T. Wang in Bull. Bot. Lab. N. – E. Forest. Inst. 7: 57, pl. 2: 7. 1980. China(Yunnan).

E. **alnifolium** W. T. Wang in Bull. Bot. Lab. N. – E. Forest. Inst. 7: 86. pl. 6. 1980. China(Yunnan).

E. **ambiguum** Hallier f. in Ann. Jard. Buitenz. 13. 316. 1896. = Pellionia ambiguia.

E. **androstachyum** W. T. Wang, A. K. Monro & Y. G. Wei in Phytotaxa 147(1): 5. 2013. China(Guangxi).

E. **anfractum** A. C. Smith in Bull. Bishop Mus. Honolulu no. 141: 58. 1936. Ins. Viti.

E. **angulare** H. Winkler in Bot. Jahrb. 57: 549 1922. N. Guin.

E. **angulaticaule** W. T. Wang & Y. G. Wei in Guihaia 29 (6): 716, fig. 2: A – D. 2009. China(Guangxi).

E. **angulaticaule** W. T. Wang & Y. G. Wei var. lasiocladum W. T. Wang & Y. G. Wei in Guihaia 29(6): 717. 2009. China(Guangxi).

E. **angulosum** W. T. Wang in Bull. Bot. Lab. N. – E. Forest. Inst. 7: 27. 1980. China(Sichuan).

E. **angustatum** C. B. Robinson in Philipp. Journ. Sci. Bot. 5: 533. 1911. Ins. Philipp.

E. **angustibracteum** W. T. Wang in Guihaia 32(4): 429, fig. 2: D – G. 2012. China(Yunnan).

E. **angusticuneatum** Engl. in Bot. Jahrb. 33: 126. 1905. N. Guin.

E. **angusticuneatum** Engl. var. dusenii Engl. Veg. Erde 9 (III 1): 60. 1915.

E. **angustifolium** Reinecke in Bot. Jahrb. 25: 621. 1898. Ins. Samoa.

E. **angustitepalum** W. T. Wang in Acta Phytotax. Sin. 28(4): 315. pl. 3: 6 – 7. 1990. China(Xizang).

E. **annulatum** H. Winkler in Bot. Jahrb. 57: 528. 1922. N. Guin.

E. **antonii** Elmer in Leaf. Philipp. Bot. 8: 2847. 1915. Ins. Philip.

E. **apicicrassum** W. T. Wang in Guihaia 30(6): 718.

2010. China(Yunnan).

E. **apoense** Elmer in Leaf. Philipp. Bot. 3: 885. 1910. Ins. Philipp.

E. **appendiculatum** Merrill in Philipp. Journ. Sc. 14: 379. 1919. Ins. Philipp.

E. **approximatum** Wedd. in DC. Prod. 16(1): 190. 1869. = E. cuneatum.

E. **archboldianum** A. C. Smith in Sargentia 1. 17. 1942. Ins. Viti.

E. **arcuans** Dunn in Kew Bull. 1920: 209. 1920. E. Himal.

E. **arcuatipes** W. T. Wang & Y. G. Wei in W. T. Wang, Elatostema in China 140. 2014. China(Guizhou).

E. **articulatum** H. Winkler in Bot. Jahrb. 57: 525. 1922. N. Guin.

E. **asterocephalum** W. T. Wang in Bull. Bot. Lab. N. – E. Forest. Inst. 7: 40. 1980. China(Guangxi).

E. **atropurpureum** Gagnep. in Lecomte Fl. Gen. Indo – Chine 5: 919. 1929. N Vietnam.

E. **atrostriatum** W. T. Wang & Y. G. Wei in Bangladesh J. Pl. Taxon. 21(1):1. 2013. China(Guangxi).

E. **atroviride** W. T. Wang in Bull. Bot. Lab. N. – E. Forest. Inst. 7: 83. 1980. China(Guangxi).

E. **atroviride** W. T. Wang var. lobulatum W. T. Wang in Bull. Bot. Res. Harbin 2(1): 20. 1982.

E. **atroviride** W. T. Wang var. laxituberculatum W. T. Wang, Elatostema in China 233. 2013. China (Guangxi).

E. **attenuatoides** W. T. Wang in Bull. Bot. Res. Harbin 26(1): 17, fig. 1:5 – 9. 2006. China(Yunnan).

E. **attenuatum** W. T. Wang in Bull. Bot. Lab. N. – E. Forest. Inst. 7: 44. pl. 3, 1980. China(Yunnan).

E. **auriculatifolium** R. S. Beaman & Cellin. in Blumea 49: 136. 2004. Borneo

E. **auriculatum** W. T. Wang in Bull. Bot. Lab. N. – E. Forest. Inst. 7: 74. 1980. China(Yunnan).

E. **auriculatum** W. T. Wang var. strigosum W. T. Wang in Fl. Xizang. 1: 552. 1983. China(Xizang).

E. **australe** Hallier f. in Ann. Jard. Buitenz. 13: 316. 1896. = Pellionia australe.

E. **austroyunnanense** W. T. Wang, Elatostema in China 294. 2014. China(Yunnan).

E. **backeri** H. Schroter in Repert. Sp. Nov. Beih. 83 (1): 27. 1935. China(Yunnan);Java.

E. **backeri** H. Schroter var. villosulum W. T. Wang in

Acta Phytotax. Sin. 28(4): 312. 1990.

E. **baiseense** W. T. Wang in Acta Phytotax. Sin. 31(2): 175, pl. 1: 3 – 4. 1993. China(Guangxi).

E. **balansae** Gagnep. in Bull. Soc. Bot. France 76: 80. 1929. N Vietnam.

E. **balansae** Gagnep. var. hispidum W. T. Wang in Bull. Bot. Res. Harbin 26: 21. 2006. China(Yunnan)

E. **bamaense** W. T. Wang & Y. G. Wei in Ann. Bot. Fennici 48: 93, fig. 1: A – D. 2011. China(Guangxi).

E. **banahaense** C. B. Robinson in Philipp. Journ. Sci. Bot. 5: 526. 1911. Ins. Philipp.

E. **barbarufa** H. Winkler in Bot. Jahrb. 57. 546. 1922. N. Guin.

E. **barbatum** H. Schroter in Repert. Sp. Nov. Beih. 83 (1): 28. 1935(2): 140. 1936. Borneo.

E. **baruringense** Elmer in Leaf. Philipp. Bot. 3: 890. 1910. Ins. Philipp.

E. **basiandrum** Reinecke in Bot. Jahrb. 25. 622. 1898. Ins. Samoa.

E. **baviense** Gagnep. in Bull. Soc. Bot. France 76: 80. 1929. N Vietnam.

E. **beccarii** H. Schroter in Repert. Sp. Nov. Beih. 83 (1): 18. 1935(2): 125. 1936. N. Guin.

E. **beibengense** W. T. Wang in Acta Phytotax. Sin. 28 (4): 308. pl. 1: 3. 1990. China(Xizang).

E. **belense** Perry in Journ. Arn. Arb. 32: 374. 1951. N. Guin.

E. **benguetense** C. B. Robinson in Philipp. Journ. Sci. Bot. 5: 539. 1911. Ins. Philipp.

E. **beshengii** W. T. Wang in Acta Phytotax. Sin. 28(4): 319. pl. 2: 1 – 3. 1990. = E. procridioides.

E. **biakense** H. Winkler in Nova Guinea 14: 124. 1924. N. Guin.

E. **bicuspidatum Hallier f.** in Bull. Herb. Boiss. 6: 352. 1898. = E. griffithianum.

E. **bidiense** H. Schroter in Repert. Sp. Nov. Beih. 83 (1): 28. 1935; (2): 142. 1936. Borneo.

E. **biformibracteolatum** W. T. Wang, Elatostema in China 145. 2014. China(Guangxi).

E. **biglomeratum** W. T. Wang in Bull. Bot. Res. Harbin 9(2): 67. pl. 1:1 – 2. 1989. China(Yunnan).

E. **bijiangense** W. T. Wang in Bull. Bot. Res. Harbin 2 (1): 9, pl. 2: 1. 1982. China(Yunnan).

E. **bijiangense** W. T. Wang var. weixiense W. T. Wang in Pl. Divers. Resour. 34(2): 137, fig. 1: E – H.

2012. China(Yunnan)

E. binatum W. T. Wang & *Y. G. Wei* in Guihaia 27(6):
813. fig. 2: A – D. 2007. China(Guangxi).

E. binerve W. T. Wang in Bull. Bot. Res. Harbin 26
(1): 23, fig. 4: 1 – 4. 2006. China(Yunnan).

E. blechnoides Ridley in Trans. Linn. Soc. Bot. 9. 154.
1916. N. Guin.

E. bodinieri Leveille in Repert. Sp. Nov. 11: 551.
1913. = E. cuspidatum.

E. boehmerioides W. T. Wang in Acta Phytotax. Sin. 28
(4): 311, pl. 1: 4 – 5. 1990. China(Xizang).

E. boholense Quisumb. & Merrill in Philipp. Journ. Sci.
37: 142. 1928. Ins. Philipp.

E. bojongense H. Schroter in Repert. Sp. Nov. Beih. 83
(1): 28. 1935; (2): 98. 1936. Celebes.

E. bontocense Merrill in Philipp. Journ. Sci. 20: 71.
1922. Ins. Philipp.

E. borneense H. Schroter in Repert. Sp. Nov. Beih. 83
(1): 28. 1935; 83(2): 133. 1936. Borneo.

E. brachyodontum (Hand. – Mazz.) W. T. Wang in
Bull. Bot. Lab. N. – E. Forest. Inst. 7: 90. 1980.

E. brachyurum Hallier f. in Hallier. f. in Repert. Sp.
Nov. 2: 63. 1906. Celebes.

E. bracteosum W. T. Wang in Bull. Bot. Lab. N. – E.
Forest. Inst. 7: 59. 1980. China(Guizhou).

E. breviacuminatum W. T. Wang in Bull. Bot. Lab. N.
– E. Forest. Inst. 7: 71. 1980. China(Yunnan).

E. brevicaudatum (W. T. Wang) W. T. Wang, Elatoste-
ma in China 202. 2014. China(Guangxi)

E. brevifolium (Benth.) Hallier f. in Ann. Jard. Bu-
itens. 13: 316. 1896. = Pellionia brevifolium.

E. brevipedunculatum W. T. Wang in Bull. Bot. Lab.
N. – E. Forest. Inst. 7: 22. pl. 1: 1. 1980. China
(Yunnan).

E. brongniartianum Wedd. in Ann. Sc. Nat. ser. 4. 1:
190. 1854. = E. sessile.

E. brunneinerve W. T. Wang in Bull. Bot. Res. Harbin
3(3): 64. fig. 5 – 6. 1983. China(Guangxi).

E. brunneinerve W. T. Wang var. papillosum W. T.
Wang in Bull. Bot. Res. Harbin 26(1): 18. fig. 2:
1 – 5. 2006. China(Yunnan).

E. brunneobracteolatum W. T. Wang, Elatostema in
China 187. 2014. China(Yunnan).

E. brunneolum Elmer in Leafl. Philipp. Bot. 9: 3219.
1934. Ins. Philipp.

E. brunneostriolatum W. T. Wang, Elatostema in China
229. 2014. China(Yunnan).

E. brunonianum *Quisumb.* in Philipp. Journ. Sci. 41?:
318. 1930. Ins. Philipp.

E. buderi H. Schroter in Repert. Sp. Nov. Beih. 83
(1)?: 6. 1935; (2)?: 103. 1936. Ins. Philipp.

E. bulbiferum Kurz in Journ. As. Soc. Beng. 42(2):
104. 1878. Burma.

E. bulbothrix Stapf in Trans. Linn. Soc. ser. 2, 4?:
230. 1894. Borneo.

E. bullatum R. S. Beaman & Cellin. in Blumea 49: 136.
2004. Borneo.

E. bulusanense Elmer in Leafl. Philipp. Bot. 9: 3227.
1934. Ins. Philipp.

E. burmanicum Hallier f. in Ann. Jard. Buitens. 13:
316. 1896. = Pellionia burmanicum.

E. busseanum H. Winkler in Bot. Jahrb. 41: 277.
1908. Afr. Trop.

E. calcareum Merrill in Philipp. Journ. Sci. Bot. 9: 77.
1914. Ins. Marian.

E. calciferum W. T. Wang in Keys Vasc. Pl. Wuling
Mts. 577. 1995. China(Hunan).

E. calophyllum Rechinger in Repert. Sp. Nov. 9. 181.
1912. Ins. Solomon.

E. camiguinense Elmer in Leaf. Philipp. Bot. 8: 2849.
1915. Ins. Philipp.

E. capizense Merrill in Philipp. Journ. Sci. 20: 372.
1922. Ins. Philipp.

E. carinoi C. B. Robinson in Philipp. Journ. Sci. Bot.
5: 532. 1911. Ins. Philipp.

E. catalonanum H. Schroter in Repert. Sp. Nov. Beih.
83(1): 28. 1935; (2): 133. 1936.

E. catanduanense Merrill in Philipp. Journ. Sci. Bot.
8: 271. 1918. Ins. Philipp.

E. cataractum L. D. Duan & Q. Lin in Ann. Bot. Fen-
nici 47: 229, fig. 1. 2010. China(Guizhou).

E. caudatoacuminatum W. T. Wang in Journ. Syst.
Evol. 51(2): 226. 2013. China(Yunnan).

E. caudatum Hallier f. in Ann. Jard. Buitens. 13: 307.
1896. Malay.

E. caudiculatum W. T. Wang in Guihaia 32(4): 433,
fig. 4: A – E. 2012. China(Yunnan). = E. lush-
uiheense.

E. cauliflorum H. Winkler in Bot. Jahrb. 57: 556.
1922. N. Guin.

E. cavaleriei Hand. -Mazz. Symb. Sin. 7: 143. 1929.

E. caveanum A. J. C. Grierson & D. G. Long in Not. Roy. Bot. Gard. Edinb. 40(1): 130. 1982.

E. celaticaule Ridley in Trans. Linn. Soc. Bot. 9: 155. 1916. N. Guin.

E. celingense W. T. Wang , *Y. G. Wei* & A. K. Monro in Phytotaxa. 29: 4. 2011. China(Guangxi).

E. cheirophyllum C. B. Robinson in Philipp. Journ. Sci. Bot. 5: 518. 1911. Ins. Philipp.

E. chiwuanum W. T. Wang in Journ. Syst. Evol. 51(2): 227. 2013. China(Yunnan).

E. cikaiense W. T. Wang in Pl. Divers. Resour. 33(2): 8, fig. 5. 2011. China(Yunnan).

E. ciliatum C. B. Clarke ex Hook. f. in Fl. Brit. Ind. 5: 574. 1888. Ind. or.

E. clarkei Hook. f. Fl. Brit. Ind. 5: 569. 1888. Bengal.

E. clemensii H. Schroter in Repert. Sp. Nov. Beih. 83 (1): 28. 1935; 83(2): 129. 1936. Borneo.

E. colaniae Gagnep. in Bull. Soc. Bot. France 76:81. 1929. N. Vietnam.

E. comptonioides A. C. Smith in Sargentia 1: 17. 1942. Ins. Viti.

E. conduplicatum W. T. Wang in Guihaia 30(1): 3 - 5, fig. 2: D - H. 2010. China(Guangxi).

E. contiguum C. B. Robinson in Philipp. Journ. Sci. Bot. 5: 536. 1911. Ins. Philipp.

E. coriaceifolium W. T. Wang in Acta Phytotax. Sin. 31 (2): 170. pl. 1: 1 - 2. 1993. China (Guizhou, Guangxi).

E. coriaceifolium W. T. Wang var. acuminatissimum W. T. Wang, Elatostema in China 98. 2014. China(Yunnan).

E. corniculatum (**W. T. Wang**) **H. W. Li in Fl. Yunnan.** 7: 263. 1997.

E. cornutum Wedd. in Arch. Muz. Hist. Nat. Paris, 9: 316. 1855 - 56. Reg. Himal.

E. costatoalatum W. T. Wang & Zeng Y. Wu in W. T. Wang, Elatostema in China 318. 2013. China(Yunnan).

E. crassicostatum W. T. Wang, Elatostema in China 302. 2014. China(Yunnan).

E. crassifolium Blume ex H. Schroter in Repert. Sp. Nov. 45?: 260. 1938. in obs. pro syn. : Procris pedunculata.

E. crassimucronatum W. T. Wang, Elatostema in China 76. 2014. China(Guangxi).

E. crassiusculum W. T. Wang in Bull. Bot. Lab. N. - E. Forest. Inst. 7: 43. 1980. China(Yunnan).

E. crenatum W. T. Wang in Bull. Bot. Lab. N. - E. Forest. Inst. 7:58, 1980. China(Yunnan).

E. crispulum W. T. Wang in Acta Bot. Yunnan. 7(3): 295, pl. 2: 3 -4. 1985. China(Yunnan).

E. cucullatonaviculare W. T. Wang in Pl. Divers. Resour. 34 (2): 138, fig. 2: F - K. 2012. China (Yunnan).

E. cultratum W. T. Wang in Guihaia 30(1): 7, fig. 3: D - H. 2010. China(Guizhou).

E. cuneatum Wight. Ic. Pl. Ind. Or. 6: 35, t. 2091, f. 3. 1853. Ind. or. ; Malaya.

E. cuneiforme W. T. Wang in Acta Phytotax. Sin. 17 (1): 107. f. 2: 1 -4. 1979. China(Xizang).

E. cuneiforme W. T. Wang var. gracilipes W. T. Wang in Acta Phytotax. Sin. 28(4): 319. 1990. China(Xizang).

E. cupreoviride Rechinger. in Repert. Sp. Nov. 6: 49. 1908. Samoa.

E. cupulare H. Winkler in Bot. Jahrb. 9: 535. 1922. N. Guin.

E. curtisii (Ridley) H. Schroter in Repert. Sp. Nov. Beih. 83(1): 18. 1935; (2): 35: 1936. = Pellionia curtisii.

E. curvitepalum Perry in Journ. Arn. Arb. 32: 386. 1951. N. Guin.

E. cuspidatum Wight, Ic. Pl. ind. Or. 6: 11, t. 1983. 1853. Reg. Himal. ; SW China.

E. cuspidatum Wight var. dolichoceras W. T. Wang in Acta Bot. Yunnan. 10(3): 346. 1988. China(Yunnan).

E. cuspidatum Wight var. ecorniculatum W. T. Wang, Elatostema in China 219. 2014. China(Yunnan).

E. cuspidiferum Miq. Pl. Jungh. 22. 1851. = E. integrifolium.

E. cyrtandra H. Winkler in Bot. Jahrb. 57: 523. 1922. H. Guin.

E. cyrtandrifolioides W. T. Wang, Elatostema in China......2013. China(Yunnan).

E. cyrtandrifolium (Zoll. & Mor.) Miq. Pl. Jungh. 21. 1851. Malaya.

E. cyrtandrifolium Miq. var. brevicaudatum (W. T. Wang) W. T. Wang in Fl. Reipubl. Pop. Sin. 23

(2)：267. 1995.

E. cyrtandrifolium Miq. var. daweishanicum W. T. Wang in Bull. Bot. Res. Harbin 23 (3)：258. fig. 1：3 – 8. 2003. China(Yunnan).

E. cyrtandrifolium Miq. var. hirsutum W. T. Wang & Zeng Y. Wu in Nord. Journ. Bot. 29(2)：229, fig. 1：K – N, 3. 2011. China(Yunnan).

E. cyrtophyllum H. Hallier ex H. Schroter in Repert. Sp. Nov. Beih. 83(1)：28. 1935?; 83(2)：131. 1936. Borneo.

E. dactylocephalum W. T. Wang in Pl. Divers. Resour. 33(2)：4, fig. 3. 2011. China(Yunnan).

E. dallasense R. S. Beaman & Cellin. in Blumea 49：137. 2004. Borneo.

E. daqingshanicum W. T. Wang et al. in Fu et al. Paper Collection of W. T. Wang 2：1072. 2012, nom. nud.

E. daveauanum (N. E. Br.) Hallier f. in Ann. Jard. Bot. Buitenz. 13：316. 1896. = Pellionia repens.

E. daxinense W. T. Wang & Zeng Y. Wu in Ann. Bot. Fennici. 50：77. 2013. China(Guangxi).

E. daxinense W. T. Wang & Zeng Y. Wu var. septem-costatum W. T. Wang & Zeng Y. Wu in Ann. Bot. Fennici. 50：77. 2013. China(Yunnan).

E. decipiens Wedd. in DC. Prod. 16(1)：176. 1869. Reg. Himal.

E. decurrens H. Winkler in Bot. Jahrb. 57：.565. 1922. N. Guin.

E. delicatulum Wedd. in Ann. Sc. Nat. ser. 4, 1：190. 1854. = E. obtusum.

E. delicatum Elmer in Leafl. Philipp. Bot. 2：467. 1908. Ins. Philipp.

E. densiflorum Franch. & Sav. Enum. Pl. Jap. 1. 439. 1873. Japan.

E. densistriolatum W. T. Wang & Zeng Y. Wu in Nord. Journ. Bot. 29：227, fig.1：A – J, 2. 2011. China (Yunnan).

E. densum H. Winkler in Bot. Jahrb. 57：536. 1922. N. Guin.

E. didymocephalum W. T. Wang in Acta Phytotax. Sin. 28(4)：316, pl.3：5. 1990. China(Xizang).

E. dielsii H. Schroter in Repert. Sp. Nov. 47：218. 1939. Borneo.

E. discolor C. B. Robinson in Philipp. Journ. Sci. Bot. 6：301. 1911. Ins. Philipp.

E. dissectoides W. T. Wang in Acta Bot. Yunnan. Suppl.

5：1. 1992. China(Yunnan).

E. dissectum Wedd. in Arch. Mus. Hist. Nat. Paris, 9：314. 1855 – 56. Reg. Himal. ; SW China.

E. dissectum Wedd. var. hispidum W. T. Wang, Ela-tostema in China 244.2014. China(Yunnan).

E. divaricatum (Gaudichaud) F. R. Fosberg in Smithson. Contrib. Bot. 45：6. 1980. ; Pellionia divarica-ta.

E. diversifolium Wedd. in DC. Prod. 16(1)：189. 1869. = E. monandrum.

E. diversilimbum Merrill in Philipp. Journ. Sci. 14：378. 1919. Ins. Philipp.

E. doormanianum H. Winkler in Nota Guinea 14：123. 1924. N. Guin.

E. drepanophyllum H. Schroter in Repert. Sp. Nov. Beih. 83(1)：5. 1935. Borneo.

E. dulongense W. T. Wang in Bull. Bot. Res. Harbin 9 (2)：72. pl.2：3 – 5. 1989. China(Yunnan).

E. duyunense W. T. Wang & Y. G. Wei in Guihaia 28：1. 2008. China(Guizhou).

E. ebracteatum W. T. Wang in Acta Phytotax. Sin. 28 (4)：316. pl.3：3 – 4. 1990. China(Xizang).

E. edanoii Merrill in Philipp. Journ. Sci. 20：374. 1922. Ins. Philipp.

E. edule C. B. Robinson in Philipp. Journ. Sci. Bot. 5：531. 1911. Ins. Philipp. ; China(Taiwan).

E. edule C. B. Robinson var. ecostatum W. T. Wang, Ela-tostema in China 192.2014. China(Hainan).

E. elegans H. Winkler in Bot. Jahrb. 57：526. 1922. N. Guin.

E. ellipticum Wedd. in DC. Prod. 16(1)?：186. 1869. Reg. Himal.

E. Elmeri Merrill. Enum. Philipp. Fl. Pl. 2：81. 1923.

E. eludens Perry in Journ. Arn. Arb. 32：387. 1951. N. Guin.

E. engleri Reinecke in Bot. Jahrb. 25. 623. 1898. Ins. Samoa.

E. epallocaulum A. C. Smith in Journ. Arn. Arb. 31：152. 1950. Ins. Viti.

E. erectum H. Schroter in Repert. Sp. Nov. Beih. 83 (1)：7. 1935; (2)：146. 1936. Borneo.

E. eriocephalum W. T. Wang in Acta Phytotax. Sin. 28 (4)：317. pl.3：1 – 2. 1990. China(Xizang).

E. euphlebium Merrill in Philipp. Journ. Sc. 20：175. 1922. Ins. Philipp.

E. eurhynchum Miq. Fl. Ind. Bat. 1(2). 244. 1859. Java.

E. eximium A. C. Smith in Sargentia 1: 21. 1942. Ins. Viti.

E. fagifolium Gaudich. in Freyc. Voy. Bot. 493. 1830. Ins. Mascar.

E. falcatum Hallier f. in Ann. Jard. Buitenz. 13:305. 1896. Borneo.

E. falcifolium H. Schroter in Repert. Sp. Nov. Beih. 83 (1): 28. 1935; (2): 102. 1936. Ins. Philipp.

E. feddeanum H. Schroter in Repert. Sp. Nov Beih. 83 (2): 34. 1936. Ins. Solomon.

E. fengshanense W. T. Wang & *Y. G. Wei* in Guihaia 29 (6): 714. fig. 2: E – G. 2009. China(Guangxi).

E. fengshanense W. T. Wang var. brachyceras W. T. Wang, Elatostema in China 100. 2014. China(Guangxi).

E. fenkolense Hosokawa in Trans. Nat. Hist. Soc. Formosa 25:243. 1935. Ins. Carolin. (Kusai).

E. ferrugineum W. T. Wang in Bull. Bot. Res. Harbin 9 (2): 73, pl. 2: 1 – 2. 1989. China(Yunnan).

E. ficoides Wedd. in Arch. Mus. Hist. Nat. Paris. 9: 306. 1855 – 56. Reg. Himal. ; SW China.

E. ficoides Wedd. var. *brachyodontum* Hand. – Mazz. Symb. Sin. 7: 147. 1939. China(Hubei, Guizhou).

E. ficoides Wedd. var. puberulum W. T. Wang in Keys Vasc. Pl. Wuling Mount. 578. 1995. China (Hunan).

E. filicaule C. B. Robinson in Philipp. Journ. Sc. Bot. 5: 516. 1910. Ins. Philipp.

E. filicinum Baker ex Focke in Abh. Naturw. Ver. Bremen 13:164. 1895, in obs.

E. filicinum Ridley in Trans. Linn. Soc. Bot. 9?: 154. 1916. N. Guin.

E. filicoides Seem. ex Wedd. in DC. Prodr. 16(1): 188. 1869. Ins. Fiji.

E. filicoides Seem. ex Wedd. var. vitiense (*A. Gray ex Wedd.*) *H. Schroter* in Repert. Spec. Nov. Beih. 83 (2): 60. 1936.

E. filipes W. T. Wang in Bull. Bot. Lab. N. – E. Forest. Inst. 7: 49. pl. 1: 9. 1980. China(Guangxi).

E. filipes W. T. Wang var. floribundum W. T. Wang in Bull. Bot. Res. Harbin 2 (1): 7. 1982. China (Guangxi).

E. finisterrae Warb. in Bot. Jahrb. 16: 19. 1893.

Oceania.

E. flavovirens R. S. Beaman & Cellin. in Blumea 49: 139. 2004. Borneo.

E. flexuosum W. T. Wang in Guihaia 32(4): 431, fig. 3: F – I. 2012. China(Yunnan).

E. flumineo – rupestre Hosok. in Trans. Nat. Hist. Soc. Formosa 31: 286. 1941. Ins. Carolin.

E. fragile H. Winkler in Bot. Jahrb. 57: 546. 1922. N. Guin.

E. frutescens Hassk. in Cat. Hort. Bog. Alt. 79. 1844. = Procris frutescens.

E. frutescens Hassk. var. parvifolia A. Gilli in Ann. Naturhist. Mus. Wien 83: 470. 1979. publ. 1980. = Procris frutescens N. Guin.

E. fruticosum L. S. Gibbs in Journ. Linn. Soc. Bot. 39: 171. 1909. Ins. Viti.

E. fruticulosum K. Schum. in K. Schum. & Lauterb. Nachtr. Fl. Deutsch. Südsee 254. 1905. N. Guin.

E. fugongense W. T. Wang in Pl. Divers. Resour. 34 (2): 144, fig. 2: A – E. 2012. China(Yunnan).

E. fulvobracteolatum W. T. Wang in Journ. Syst. Evol. 50(2): 227. 2013. China(Yunnan).

E. funingense W. T. Wang in Guihaia 30(1): 8. fig. 4: A – C. 2010. China(Yunnan).

E. funkii Reinecke. in Bot. Jahrb. 25: 623. 1898. Ins. Samoa.

E. furcatibracteum W. T. Wang, Elatostema in China 68. 2014. China(Xizang).

E. furcatiramosum W. T. Wang, Elatostema in China 229. 2014. China(Yunnan).

E. gabonense H. Schroter in Repert. Sp. Nov. 47:217. 1939. Gabon.

E. Gagnepainianum H. Schroter in Repert. Sp. Nov Beih. 83(1). 9, 18. 1935. ; (2): 91. 1936. = Pellionia procridioides.

E. garrettii T. Yahara in Journ. Fac. Sci. Univ. Tokyo, Bot. 13(4): 496. 1984. Thailand.

E. gibbosum Kurz in Journ. As. Soc. Beng. 42(2):104. 1873. Ind. or.

E. gibbsiae R. S. Beaman in Blumea 49: 144. 2004.

E. gillespiei A. C. Smith in Sargentia 1:20. 1942. Ins. Viti.

E. gitingense Elmer in Leafl. Philipp. Bot. 8: 2852. 1915. Ins. Philipp.

E. glaberrimum H. Schroter in Repert. Sp. Nov Beih.

83(1): 6. 1935; (2): 73. 1936. Borneo.

E. glabratum Elmer in Leafl. Philipp. Bot. 9. 3228. 1934. Ins. Philipp.

E. glabribracteum W. T. Wang in Guihaia 32(4): 428, fig. 1: E – H. 2012. China(Yunnan).

E. glaucescens Wedd. in Arch. Mus. Hist. Nat. Paris, 9?:325. 1855 – 56. Ins. Philipp.

E. glochidioides W. T. Wang in Acta Phytotax. Sin. 31 (2): 172. pl. 2: 5 – 7. 1993. China(Guizhou).

E. glomeratum C. B. Robinson in Philipp. Journ. Sci. Bot. 6?:302. 1911. Ins. Philipp.

E. goniocephalum W. T. Wang in Bull. Bot. Lab. N. – E. Forest. Inst. 7: 77. pl. 3: 2. 1980. China(Sichuan).

E. goudotianum Wedd. in Arch. Mus. Hist. Nat. Paris, 9: 319. 1855 – 56.

E. goudotianum Wedd. var. afrikanum (H. Schroter) Leandri in Fl. Madag. 56: 64. 1965. Madag.

E. goudotianum Wedd. var. papangae (Leandri) Leandri in Ann. Inst. Bot.-Géol. Colon. Marseille 6(7 –8)?: 53. 1965.

E. gracile Hassk. Cat. Hort. Bog. Alt. 79. 1844.

E. gracilifolium Merrill in Philipp. Journ. Sc. Bot. 13: 8. 1918. Ins. Philipp.

E. gracilipes (C. B. Robinson) H. Schroter in Repert. Sp. Nov Beih. 83(1): 3, 18. 1935; (2): 114. 1936.: Elatostemoides gracilipes.

E. graeffei Reinecke in Bot. Jahrb. 25:62. 1898. Ins. Samoa.

E. grammicum Perry in Journ. Arn. Arb. 32: 385. 1951. N. Guin.

E. grande (Wedd.) P. S. Green in Kew Bull. 45(2): 254. 1990.

E. grandidentatum W. T. Wang in Acta Phytotax. Sin. 17(1): 107, pl. 2:11 – 12. 1979. China(Xizang).

E. grandifolium Reinecke in Bot. Jahrb. 25: 620. 1898. Ins. Samoa.

E. greenwoodii A. C. Smith in Journ. Arn. Arb. 27:319. 1946. Ins. Viti.

E. griffithianum Hallier f. in Ann. Jand. Buitens. 13: 316. 1896. = Pelliona griffithiana. Ind. or.

E. griffithii Hook. f. Fl. Brit. Ind. 5:569. 1888. Assam.

E. grueningii H. Winkler in Bot. Jahrb. 57: 563. 1922. N. Guin.

E. gueilinense W. T. Wang in Bull. Bot. Lab. N. – E. Forest. Inst. 7: 50, pl. 2: 1 – 2. 1980. China (Guangxi).

E. gungshanense W. T. Wang in Acta Bot. Yunnan. 10 (3): 344. pl. 1: 4 – 6. 1988. China(Yunnan).

E. gurulauense L. S. Gibbs in Journ. Linn. Soc Bot. 42: 139. 1914. Borneo.

E. gyrocephalum W. T. Wang & *Y. G. Wei* in Guihaia 27 (6): 812. fig. 1: A – D. 2007. China(Guangxi).

E. gyrocephalum W. T. Wang & *Y. G. Wei* var. pubicaule W. T. Wang & *Y. G. Wei* in Guihaia 29(2): 144. 2009. China(Guangxi).

E. hainanense W. T. Wang in Bull. Bot. Lab. N. – E. Forest. Inst. 7: 48. fig. 1: 8. 1980. China(Hainan).

E. halconense C. B. Robinson in Philipp. Journ. Sci. Bot 5: 540. 1911. Ins. Philipp.

E. hallieri H. Winkler in Bot. Jahrb. 57: 556. 1922. N. Guin.

E. halophyllum Merrill. in Philipp. Journ. Sci. Bot. 11?:5. 1916. Ins. Philipp.

E. hanseatum H. Schroter in Repert. Sp. Nov. Beih. 83 (1): 28. 1935; (2): 138. 1936. Borneo.

E. hastatum Elmer in Leafl. Philipp. Bot. 2?: 466. 1908. Ins. Philipp.

E. hechiense W. T. Wang & *Y. G. Wei* in Guihaia 27(6): 815, fig. 2: E – H. 2007. China(Guangxi).

E. hekouense W. T. Wang in Acta Bot. Yunnan. 7(3): 296. pl. 2: 1 – 2. 1985. China(Yunnan).

E. helferianum Hallier f. in Ann. Jand. Buitens. 8: 316. 1896. = Pellionia helferiana.

E. henriquesii Engl. in Bot. Jahrb. 33: 125. 1902. Afr. trop.

E. henryanum Hand.-Mazz. Symb. Sin. 7: 144. 1929.

E. henryanum Hand.-Mazz. var. oligodontum Hand.-Mazz. in Symb. Sin. 7: 144. 1929. = Pellionia paucidentata.

E. herbaceifolium Hayata, Ic. Pl. Formos. 6: 57. 1916. China(Taiwan). = E. cyrtandrifolium.

E. herbaceifolium Hayata var. brevicaudatum W. T. Wang in Bull. Bot. Res. Harbin 2(1): 13. 1982. China(Guangxi).

E. heterocladum W. T. Wang, A. K. Monro & *Y. G. Wei* in Phytotaxa147(1):7. 2013 China(Guangxi).

E. heterogrammicum W. T. Wang in Pl. Divers. Resour. 34 (2): 142, fig. 4. 2012. China(Yunnan).

E. heterolobum Hallier f. in Ann. Jand. Buitens. 13: 316. 1896. = Pellionia heteroloba.

E. heterophyllum C. B. Robinson in Philipp. Journ. Sc. Bot 5: 517. 1911.

E. hexadontum Baker in Journ. Linn. Soc. 22:524. 1887. Madag.

E. heyneanum Hallier f. in Ann. Jard. Buitens. 13: 316. 1896. = Pellionia heyneana. Ind. or.

E. hezhouense W. T. Wang, *Y. G. Wei* & *A. K. Monro* in Phytotaxa. 29: 4. 2011. China(Guangxi).

E. himantophyllum H. Schroter in Repert. Sp. Nov Beih. 83(1):28. 1935; (2): 69. 1936. Borneo.

E. hirsutum Miq. Fl. Ind. Bat. i. II. 243. 1859. Java.

E. hirtellipedunculatum Shih & Yang in Bot. Bull. Acad. Sin. 36 (3): 160. f. 3. 1995. China(Taiwan).

E. hirtellum (W. T. Wang) W. T. Wang in Acta Phytotax. Sin. 28(4): 307. 1990.

E. hirticaule W. T. Wang in Bull. Bot. Lab. N. – E. Forest. Inst. 7: 54, fig. 2: 6. 1980. = Pellionia retrohispida

E. hirtum (Ridley) H. Schroter in Repert. Sp. Nov Beih. 83(3): 7. 1935; (2): 62. 1936. : Pellionia longipetiolata var. hirta.

E. hoelscherianum H. Winkler in Bot. Jahrb. 57: 559. 1922. N. Guin.

E. hoffmannianum H. Winkler in Bot. Jahrb. 57: 552. 1922. N. Guin.

E. hookerianum Wedd. in Arch. Mus. Hist. Nat. Paris, 9: 309. 1855 – 56. Reg. Himal. ; SW China.

E. hookerianum Wedd. var. peduncularis Hook. f. Fl. Brit. India 5: 567. 1888.

E. huanglianshanicum W. T. Wang in Guihaia 31(2): 143. 2011. China(Yunnan).

E. huanjiangense W. T. Wang & *Y. G. Wei* in Guihaia 27 (6): 815. fig. 3. 2007. China(Guangxi).

E. humblotii Baill. in Bull. Soc. Linn. Par. 1: 483. 1885. Madag.

E. humile A. C. Smith in Sargentia 1: 22. 1942. Ins. Viti.

E. humile Perry in Journ. Arn. Arb. 32: 374. 1951. N. Guin.

E. hunanense W. T. Wang in Bull. Bot. Lab. N. – E. Forest. Inst. 7: 54. 1980. = Pellionia retrohispida.

E. hygrophilifolium W. T. Wang in Journ. Syst. Evol. 51(2): 225. 2013. China(Yunnan).

E. hymenophyllum H. Winkler in Bot. Jahrb. 57:543. 1922. N. Guin.

E. hypoglaucum B. L. Shih & Yuen P. Yang in Bot. Bull. Acad. Sin. n. s. 36: 162. 1995. China(Taiwan).

E. ichangense H. Schroter in Repert. Sp. Nov. 47: 220. 1939. China(Hubei, Sichuan).

E. imbricans Dunn in Kew Bull. 1920: 209. 1920. E Himal.

E. inaequifolium Elmer in Leafl. Philipp. Bot. 3: 887. 1910. Ins. Philipp.

E. inaequilobum Ridley in Journ. As. Soc. Straits 86: 307. 1922. PenIns. Mal.

E. inamoenum H. Winkler in Bot. Jahrb. 57: 557. 1922. N. Guin.

E. incisoserratum H. Schroter in Repert. Sp. Nov Beih. 83(1): 6. 1935; (2): 90. 1936. = Pellionia incisoserrata

E. incisum Wedd. in Arch. Mus. Hist. Nat. Paris, 9: 821. 1855 – 56. Madag.

E. inconstans Perry in Journ. Arn. Arb. 32: 384. 1951. N. Guin.

E. insigne Hallier f. in Ann. Jard. Buitens. 13: 304. 1896. Malaga.

E. insulare A. C. Smith in Sargentia 1: 19. 1942. Ins. Viti.

E. integrifolium Wedd in DC. Prod. 16(1):179. 1869. Reg. Himal.

E. integrifolium Wedd. var. tomentosum (Hook. f.) W. T. Wang in Acta Bot. Yunnan. 10(3): 343. 1988.

E. involucratum Franch. & Sav. Enum. Pl. Jap. 1: 439. 1875. Japan.

E. iridense Quisumb. in Philipp. Journ. Sci. 41:320. 1930. Ins. Philipp.

E. jabiense H. Winkler in Bot. Jahrb. 57:561. 1922. N. Guin.

E. jaherii H. Schroter in Repert. Sp. Nov Beih. 83(1): 28. 1935; (2): 135. 1936. Borneo.

E. janowskyi H. Winkler in Bot. Jahrb. 57: 559. 1922. N. Guin.

E. japonicum Wedd. in Ann. Sc. Nat. ser. 4(1): 189. 1854.

E. **japonicum** Wedd. var. majus (Maxim.) H. Nakai &
H. Ohashi in Journ. Jap. Bot. 71(2): 81. 1996. =
E. involucratum

E. **japonicum** Wedd. var. involucratum (Franch. &
Sav.) Makino, Somoku – Dzusetsu ed. 3,4: 1282.
1996.

E. **javanicum Hallier f.** in Ann. Jard. Buitens. 13:
316. 1896. = Pellionia javanica.

E. **jianshanicum** W. T. Wang in Bull. Bot. Res. Harbin
23(3): 260, fig.2:1 –5. 2003. China(Yunnan).

E. **jinpingense** W. T. Wang in Bull. Bot. Lab. N. – E.
Forest. Inst. 7: 80. 1980. China(Yunnan).

E. **jingxiense** W. T. Wang & *Y. G. Wei* in Banglad. Journ.
Pl. Taxon.21(1):3.2013.2013. China(Guangxi).

E. **junghuhnianum** Miq. Pl. Jungh. 18. 1851. Sumatra.

E. **kabayense** (Gibbs) H. Schroter in Repert. Sp. Nov
Beih. 83(2): 149. 1936. = Pellionia kabayensis.

E. **kalingaense** Merrill in Philipp. Journ. Sci. 20: 376.
1922. Ins. Philipp.

E. **kesselii** H. Schroter in Repert. Sp. Nov Beih. 83(1):
28. 1935; (2): 137. 1936. Borneo.

E. **kietanum** Rechinger in Fedde Repert Sp. Nov. 11:
182. 1912. Ins. Solomon.

E. **kinabaluense** L. S. Gibbs in Journ. Linn. Soc. Bot.
42: 141. 1914. Borneo.

E. **kiwuense** Engl. in Pflanzenw. Afr. 3: 1. (Engl. &
Drude. Veg. der Erde, ix.) 60. 1915. in obs. Tan-
ganyika Terr.

E. **kraemeri** Reinecke in Bot. Jahrb. 25: 621. 1898.
Ins. Samoa.

E. **krauseanum** H. Schroter in Repert. Sp. Nov Beih. 83
(1): 28. 1935; (2): 145. 1936. Celebes.

E. **kuchingense** H. Schroter in Repert. Sp. Nov Beih. 83
(1): 28. 1935; (2): 144. 1936. Borneo.

E. **kupeiense** Perry in Journ. Arn. Arb. 32: 376. 1951.
Ins. Solomon.

E. **kusaiense** Kanehira in Trans. Nat. Hist. Soc. Formo-
sa 25: 1. 1935. Ins. Carolin. (Kusai).

E. **laciniatum** Elmer in Leafl. Philipp. Bot. 1: 287.
1908. Ins. Philipp.

E. **laetevirens** Makino in Journ. Jap. Bot. 2: 18. 1921,
nomen. Japan.

E. **laetum** Wedd. in Ann. Sc. Nat. ser. 4,1: 190.
1854. = E. monandrum.

E. **laevicaule** *W. T. Wang*, *A. K. Monro* & *Y. G. Wei* in

Phytoyaxa 147(1):2.2013. China(Guangxi).

E. **laevigatum** Hassk. Cat. Bog. Alt. 79.1844. = Proc-
ris laevigatum.

E. **laevissimum** W. T. Wang in Bull. Bot. Lab. N. – E.
Forest. Inst. 7: 29. 1980. China(Yunnan, Guan-
gxi)

E. **laevissimum** W. T. Wang var. *puberulum* W. T. Wang
in Bull. Bot. Lab. N. – E. Forest. Inst. 7: 31.
1980.

E. **lagunense** C. B. Robinson in Philipp. Journ. Sci. Bot.
5:527. 1911. Ins. Philipp.

E. **lamii** H. Winkler, Nova Guinea 14: 125. 1924. N.
Guin.

E. **lanaense** C. B. Robinson in Philipp. Journ. Sci. Bot.
5:528. 1911. Ins. Philipp.

E. **lanceolatum** H. Winkler in Bot. Jahrb. 57:558. 1922.
N. Guin.

E. **lancifolium** Wedd. in Ann. Sc. Nat. ser. 4, 1:190.
1854. Java.

E. **lasiocephalum** W. T. Wang in Bull. Bot. Res. Harbin
2(1): 7. pl.1: 6 –7. 1982. China(Guangxi).

E. **lasioneurum** H. Hallier ex H. Schroter in Repert. Sp.
Nov Beih. 83(1): 28. 1935; (2): 139. 1936. Borneo.

E. **latifolium** (**Blume**) Blume ex H. Schroter in Repert.
Sp. Nov Beih. 83(1):18. 1935; (2): 17. 1936. =
Pellionia latifolia.

E. **latifolium** (**Blume**) Blume ex H. Schroter var. acaule
(Ridl.) H. Schroter. in Repert. Sp. Nov. Beih. 83
(2): 20. 1936.

E. **latifolium** (**Blume**) Blume ex H. Schroter var. eulati-
folium H. Schroter in 1. c.

E. **latifolium** (**Blume**) Blume ex H. Schroter var.
acaulis (Blume) Blume ex H. Schroter in 1. c.

E. **latistipulum** W. T. Wang & Zeng Y. Wu in Nord.
Journ. Bot. 29: 230, fig. 4, 5. 2011. China (Xi-
zang).

E. **lauterbachii** H. Winkler in Bot. Jahrb. 57:525. 1922.
N. Guin.

E. **laxicymosum** W. T. Wang in Acta Phytotax. Sin. 17
(1): 106, pl.2: 5 –10. 1979. China(Xizang).

E. **laxiflorum** H. Hallier ex H. Schroter in Repert. Sp. Nov
Beih. 83(1):28. 1935; (2): 143. 1936. Borneo.

E. **laxisericeum** W. T. Wang in Bull. Bot. Lab. N. – E.
Forest. Inst. 7: 76. 1980. China(Yunnan).

E. **laxum** Elmer in Leafl. Philipp. Bot. 2: 465. 1908.

Ins. Philip.

E. ledermanni H. Winkler in Bot. Jahrb. 57: 531. 1922. N. Guin.

E. leiocephalum W. T. Wang in Bull. Bot. Res. Harbin 2(1): 14. pl. 2: 2 – 4. 1982. China(Guizhou).

E. lepidotulum Miq. Fl. Ind. Bat. Suppl. 413. 1861. Sumatra.

E. leucocarpum W. T. Wang et al. in Fu et al. Paper Collection of W. T. Wang 2: 1075. 2012, nom. = E. oblongifolium.

E. leucocephalum W. T. Wang in Bull. Bot. Lab. N. – E. Forest. Inst. 7: 78. pl. 3: 3 – 4. 1980. China (Sichuan).

E. liboense W. T. Wang in Acta Phytotax. Sin. 31(2): 174. pl. 2: 1 – 4. 1993. China(Guizhou).

E. lignescens Hallier f. in Repert. Sp. Nov. 2?: 61. 1906. Celebes.

E. lignosum Merrill in Philipp. Journ. Sci. 20?: 377. 1922. Ins. Philipp.

E. lihengianum W. T. Wang in Acta Bot. Yunnan Suppl. 5: 2. 1992. China(Yunnan).

E. lilyanum Rechinger in Repert. Sp. Nov. 6: 50. 1908. Samoa.

E. lineare Stapf in Trans. Linn. Soc. ser. 2, 4: 228. 1894. Borneo.

E. lineolatum Wight, Ic. Pl. Ind. Or. 6: pl. 1984. 1853. Ind. or.

E. lineolatum Wight var. majus Wedd. in Arch. Mus. Hist. Nat. Paris 9: 312. 1856.

E. lineolatum Wight var. major Thwaites, Enum. Pl. Zeyl. 259. 1864.

E. lineolatum Wight var. integrifolium Hook. f. Fl. Brit. India 5: 565. 1888.

E. lingelsheimii H. Winkler in Bot. Jahrb. 57: 537. 1922. N. Guin.

E. lingua H. Schroter in Repert. Sp. Nov Beih. 83(1): 28. 1935; (2): 112. 1936. Ins. Philipp.

E. lithoneurum Stapf in Trans. Linn. Soc. ser. 2, 4: 230. 1894. Borneo.

E. litseifolium W. T. Wang in Acta Phytotax. Sin. 28 (4): 313. pl. 2: 6 – 7. 1990. China(Xizang).

E. lonchophyllum H. Schroter in Repert. Sp. Nov. Beih. 83(1): 28. 1935; (2): 147. 1936. Borneo.

E. longeacuminatum (De Wild.) Hauman in Fl. Spermatophyt. Parc Nat. Albert 1: 83. 1948. = E. orentale var. longeacuminatum.

E. longecornutum H. Schröter in Repert. Sp. Nov. Beih. 83(2): 153. 1936. China(Sichuan).

E. longibracteatum W. T. Wang in Bull. Bot. Res. Harbin 2(1): 6, pl. 1: 4 – 5. 1982. China(Yunnan).

E. longibracteatum W. T. Wang var. glabricaule W. T. Wang in Bull. Bot. Res. Harbin 3(3): 64. 1983. N. Vietnam.

E. longicaudatum A. J. C. Grierson & D. G. Long in Not. Roy. Bot. Gard. Edinb. 40(1): 131. 1982. Bhutan.

E. longiciliatum W. T. Wang, Elatostema in China 278. 2013. China(Guangxi).

E. longicollum H. Winkler in Bot. Jahrb. 57?: 545. 1922. N. Guin.

E. longicuspe W. T. Wang & *Y. G. Wei* in Nord. J. Bot 30?: 2, Fig. 2. 2013. China(Guizhou).

E. longifolium Wedd. in Ann. Sc. Nat. ser. 4, 1: 189. 1854. Ins. Philipp.

E. longipedunculatum Elmer in Leafl. Philipp. Bot. 3: 886. 1910. Ins. Philipp.

E. longipes W. T. Wang in Bull. Bot. Lab. N. – E. Forest. Inst. 7: 80. pl. 5. 1982. China(Sichuan).

E. longipetiolatum W. T. Wang in Bull. Bot. Res. Harbin 2(1): 17. 1982. = E. pachyceras.

E. longirostre Ridley in Kew Bull. 1926: 83. 1926. Sumatra & Ins. Mentawi.

E. longistipulum Hand – Mazz. in Anz. Akad. Wiss. Wien Math. – Nat. Kl. 57: 242. 1920. E Vietnam.

E. longitepalum W. T. Wang in Guihaia 32(4): 433, fig. 4: F – I. 2012. China(Yunnan).

E. lowi Stapf in Trans. Linn. Soc. Bot. , ser. 2, 4: 229. 1894. Borneo.

E. luchunense W. T. Wang in Acta Phytotax. Sin. 35 (5): 459, fig. 1: 3 – 8. 1997. China(Yunnan).

E. lucidum Forat. ex Guill. in Ann. Sci. Nat. ser. 2, 7: 184. 1837. = Procris cephalida.

E. lui W. T. Wang, *Y. G. Wei* & A. K. Monro in Phytotaxa. 29: 10. 2011. China(Guangxi).

E. lungzhouense W. T. Wang in Bull. Bot. Lab. N. – E. Forest. Inst. 7: 68. 1980. China(Guangxi).

E. luoi W. T. Wang in Pl. Divers. Resour. 34 (2): 140, fig. 1. 2012. China(Hunan).

E. lushuiheense W. T. Wang in Guihaia 32 (4): 431, fig. 3: A – E. 2012. China(Yunnan).

E. lushuiheense W. T. Wang var. flexuosum (W. T. Wang) W. T. Wang, Elatostema in Chinia 230. 2014.

E. lushuiheense W. T. Wang var. latibracteum W. T. Wang, Elatostema in China 233. 2014. China(Yunnan).

E. lutescens C. B. Robinson in Philipp. Journ. Sci. Bot. 6: 304. 1911. Ins. Philipp.

E. luxiense W. T. Wang in Bull. Bot. Res. Harbin 2 (1): 18, pl. 2: 7 – 9. 1982. China(Yunnan).

E. luzonense C. B. Robinson in Philipp. Journ. Sci. Bot. 5: 512. 1911. Ins. Philipp.

E. mabienense W. T. Wang in Bull. Bot. Lab. N. – E. Forest. Inst. 7: 63. pl. 2: 11. 1980. China (Sichuan).

E. mabienense W. T. Wang var. sexbracteatum W. T. Wang in Bull. Bot. Res. Harbin 9 (2): 69, pl. 1: 5. 1989. China(Yunnan).

E. macgregorii Merrill in Philipp. Journ. Sci. 14:373. 1919. Ins. Philipp.

E. machaerophyllum Hallier f. in Bull. Herb. Boiss. 6: 335. 1898. Sumatra.

E. macintyrei Dunn in Kew Bull. 1920: 210. 1920. E Himal.

E. macrophllyum Brongn. Bot. Voy. Coq. 207, t. 45. 1834. Ins. Amboin.

E. macropus H. Winkler in Bot. Jahrb. 57:532. 1922. N. Guin.

E. maculatum Gaudich. Freyc. Voy. Bot. 493. 1830. Java.

E. madagascariense Wedd. in Ann. Sc. Nat. ser. 4,1: 189. 1854. Madag.

E. madagascariense Wedd. var. incisum (Wedd.) Leandri in Fl. Madag. 56: 56. 1965.

E. mafuluense Perry in Journ. Arn. Arb. 32:385. 1951.

E. maguanense W. T. Wang in Bull. Bot. Res. Harbin 26(1): 21. fig. 4: 5 – 10. 2006. China(Yunnan).

E. mairei Leveille Cat. Pl. Yunnan 275. 1917; in syn.

E. malacotrichum W. T. Wang & Y. G. Wei in Guihaia 29 (6): 712. 2009. China(Guangxi).

E. malipoense W. T. Wang & Zeng Y. Wu in PhytoKeys 7: 60. 2011. China(Yunnan).

E. manhaoense W. T. Wang in Bull. Bot. Res. Harbin 16(3): 247. fig. 1. 1996. China(Yunnan).

E. manillense Wedd. in Ann. Sci. Nat. ser. 4,1: 189. 1854. = E. rostratum.

E. mannii Wedd. in DC. Prod. 16(1): 178. 1869. Afr. trop.

E. maquilingense Elmer in Leafl. Philipp. Bot. 9: 3229. 1934. Ins. Philipp.

E. maraiparaiense R. S. Beaman & Cellin. in Blumea 49: 140. 2004. Borneo.

E. mariannae C. B. Clarke in Journ. Linn. Soc. 20: 124. 1876. = E. ficoides.

E. mashanense W. T. Wang & Y. G. Wei in Guihaia 29 (2): 144, fig. 1: E – G. 2009. China(Guangxi).

E. medogense W. T. Wang in Bull. Bot. Res. Harbin 2 (1): 10. 1982. China(Xizang).

E. medogense W. T. Wang var. oblongum W. T. Wang in Bull. Bot. Res. Harbin 2(1): 11. 1982. China(Xizang).

E. megacephalum W. T. Wang in Bull. Bot. Lab. N. – E. Forest. Inst. 7: 73. 1980. China(Yunnan).

E. megaphyllum H. Schroter in Repert. Sp. Nov Beih. 83(1): 6. 1935; (2): 141. 1936. Borneo.

E. melanocarpum W. T. Wang in Journ. Syst. Evol. 51 (2): 226. 2013. China(Yunnan).

E. melanocephalum W. T. Wang, Elatostema in China 303. 2014. China(Guizhou).

E. melanoceras W. T. Wang, Elatostema in China 283. 2013. China(Guangxi).

E. melanophyllum W. T. Wang in Bull. Bot. Res. Harbin 26(1): 23. fig. 2: 6 – 9. 2006. China(Yunnan).

E. melanostictum H. Hallier ex H. Schroter in Repert. Sp. Nov Beih. 83(2): 69. 1936, in syn.

E. membranaceum Hassk. Cat. Hort. Bog. Alt. 79. 1844. = E. acuminatum.

E. membranifolium Kurz in Journ. As. Soc. Beng. 42 (2):104. 1873. = E. acuminatum.

E. menghaiense W. T. Wang in Journ. Syst. Evol. 51 (2): 226. 2013. China(Yunnan).

E. menglunense W. T. Wang & G. D. Tao in Bull. Bot. Res. Harbin 16(1): 1. 1996. China(Yunnan).

E. merrillii C. B. Robinson in Philipp. Journ. Sci. Bot. 6:305. 1911. Ins. Philipp.

E. mesargyreum Hallier f. in Ann. Jard. Buitenz. 13: 305. 1896. Borneo.

E. microcarpum W. T. Wang & Y. G. Wei in Guihaia 27 (6): 811. fig. 1: E – H. 2007. China(Guangxi).

E. microcephalanthum Hayata, Ic. Pl. Formos. 6:59.

1916. China(Taiwan).

E. microdontum W. T. Wang in Bull. Bot. Lab. N. –
　　E. Forest. Inst. 7:24. 1980. China(Yunnan).

E. microphyllum Elmer in Leafl. Philipp. Bot. 1:286.
　　1908. Ins. Philipp.

E. microprocris H. Hallier ex H. Schroter in Repert. Sp.
　　Nov Beih. 83(1):28. 1935;(2):66. 1936. Bor-
　　neo.

E. microtrichum W. T. Wang in Acta Bot. Yunnan. 7
　　(3):299. pl. 3:5. 1985. China(Yunnan).

E. mindanaense (C. B. Robinson) H. Schroter in Repert.
　　Sp. Nov Beih. 83(1):18. 1935;(2):40. 1936.:
　　Pellionia midanaensis

E. minus H. Hallier ex H. Schroter in Repert. Sp. Nov
　　Beih. 83(1):28. 1935;(2):133. 1936. Borneo.

E. minutiflorum H. Winkler in Nova Guinea 14:126.
　　1924. N. Guin.

E. minutifurfuraceum W. T. Wang in Acta Bot. Yun-
　　nan. 7(3):293. pl. 1:1–2. 1985. China(Yun-
　　nan).

E. minutum Hayata in Journ. Coll. Sci. Univ. Tokyo
　　25(9):198. 1908. = E. parvum. China(Taiwan).

E. miquelianum Wedd. in Ann. Sci. Nat. ser. 4,1:
　　188. 1854. = E. integrifolium.

E. molle Wedd. in Arch. Mus. Hist. Nat. Paris, 9:298.
　　1855–56. Reg. Himal.; Malay.

E. mollifolium W. T. Wang in Bull. Bot. Res Harbin 2
　　(1):15. 1982. China(Yunnan).

E. monandrum (Hamilt. ex D. Don) H. Hara in Fl. E.
　　Himal. 3rd. Rep.; 21. 1975.

E. monandrum (Hamilt. ex D. Don) H. Hara var. rigid-
　　iusculum (Thwaites ex Hook. f.) Murti in Kew
　　Bull. 52(1):195. 1997.

E. monandrum (Hamilt. ex D. Don) H. Hara var. cras-
　　sum (Hook. f.) Murti in Kew Bull. 52(1):194.
　　1997.

E. monandrum (Hamilt. ex D. Don) H. Hara var. cilia-
　　tum (Hook. f.) Murti in Kew Bull. 52(1):193.
　　1997.

E. monandrum (Hamilt. ex D. Don) H. Hara var. ser-
　　pens (Hook. f.) Murti in Kew Bull. 52(1):195.
　　1997.

E. monandrum (Hamilt. ex D. Don) H. Hara var. pedu-
　　nculosum (Hook. f.) Murti in Kew Bull. 52(1):
　　194. 1997.

E. monandrum (Hamilt. ex D. Don) H. Hara var. sub-
　　incisum (Hook. f.) Murti in Kew Bull. 52(1):195.
　　1997

E. monandrum (Hamilt. ex D. Don) H. Hara var. pin-
　　natifidum (Hook. f.) Murti in Kew Bull. 52(1):
　　194. 1997.

E. monandrum (Hamilt. ex D. Don) H. Hara var. zey-
　　lanicum (Hook. f.) Murti in Kew Bull. 52(1):
　　195. 1997.

E. monandrum (Hamilt. ex D. Don) H. Hara f. subinci-
　　sum (Hook. f.) H. Hara in Fl. E. Himal. 3rd.
　　Rep.: 21. 1975.

E. monandrum (Hamilt. ex D. Don) H. Hara f. pedun-
　　culosum (Hook. f.) H. Hara in Fl. E. Himal. 3rd.
　　Rep.: 21. 1975.

E. monandrum (Hamilt. ex D. Don) H. Hara f. pinnat-
　　ifidum (Hook. f.) H. Hara in Fl. E. Himal. 3rd.
　　Rep.: 21. 1975.

E. monandrum (Hamilt. ex D. Don) H. Hara f. ciliatum
　　(Hook. f.) H. Hara in Fl. E. Himal. 3rd. Rep.:
　　21. 1975.

E. mongiensis Lauterbach in Repert. Sp. Nov. 13:239.
　　1914. N. Guin.

E. montanum Endl. in Prod. Fl. Ins. Norf 39. 1833. =
　　Procris montana.

E. monticolum Hook. f. in Journ. Linn. Soc. 7:216.
　　1864. Afr. trop.

E. morobense Perry in Journ. Arn. Arb. 32:379. 1951.
　　N. Guin.

E. multicanaliculatum B. L. Shih & Yuen P. Yang in
　　Bot. Bull. Acad. Sin. 36(4):268. 1995. China
　　(Taiwan).

E. multicaule W. T. Wang, *Y. G. Wei* & A. K. Monro in
　　Phytotaxa. 29:14. 2011. China(Yunnan, Guan-
　　gxi).

E. multinervium (Merrill) H. Schroter in Repert. Sp.
　　Nov Beih. 83(1):18. 1935;(2):75. 1936.

E. muscicola W. T. Wang in Bull. Bot. Lab. N. – E.
　　Forest. Inst. 7:38. 1980. = E. monandrum var.
　　ciliatum.

E. myrtillus Hand. – Mazz. Symb. Sin. 7:146. 1929.
　　China(Guizhou).

E. nanchuanense W. T. Wang in Bull. Bot. Lab. N. –
　　E. Forest. Inst. 7:84. 1980. China(Sichuan, Hu-
　　bei).

E. nanchuanense W. T. Wang var. brachyceras W. T. Wang in Guihaia 30(1): 12. fig. 5: E – H. 2010. Chuna(Guangxi).

E. nanchuanense W. T. Wang var. calciferum (W. T. Wang) W. T. Wang in Guihaia 36(6): 725. 2010.

E. nanchuanense W. T. Wang var. scleroceras W. T. Wang in Guihaia 30 (6): 726. 2010: China (Guizhou, Guangxi).

E. napoense W. T. Wang in Guihaia 2(3): 121. pl. 1: 8 – 9. 1982. China(Guangxi).

E. nasutum Hook. f. Fl. Brit. Ind. 5:571. 1888. Reg. Himal. ; SW China.

E. nasutum Hook. f. var. puberulum (W. T. Wang) W. T. Wang in Bull. Bot. Res. Harbin. 12(3): 207. 1992.

E. nasutum Hook. f. var. discophorum W. T. Wang in Bull. Bot. Res. Harbin 26(1): 19, fig. 3. 2006. China(Yunnan).

E. nasutum Hook. f. var. ecorniculatum W. T. Wang in Guihaia 30(6): 718. 2010. China(Xizang); Bhutan.

E. nasutum Hook. f. var. yui (W. T. Wang) W. T. Wang in Guihaia 30(6): 717. 2010.

E. nasutum Hook. f. var. hainanense (W. T. Wang) W. T. Wang in Guihaia 30(6): 716. 2010.

E. nemorosum Seem. Fl. Vit. 240. 1868. Ins. Fiji.

E. neriifolium W. T. Wang & Zeng Y. Wu in Pl. Divers. Resour. 34 (2): 152, fig. 1 – 2. 2012. China(Yunnan).

E. nianbaense W. T. Wang, *Y. G. Wei* & A. K. Monro in Phytotaxa. 29: 17. 2011. China(Guangxi).

E. nigrescens Miq. in Zoll. Syst. Verz. Ind. Archip. 101. 1855. Java.

E. nigribracteatum W. T. Wang & *Y. G. Wei* in Guihaia 29(2): 144, fig. 1: A – D. 2009. China(Guangxi).

E. nipponicum Makino in Journ. Jap. Bot. 2:19. 1921. Japan.

E. novae – britanniae Lauterb. in K. Schum. & Lauterb. Nachtr. Fl. Deutsch. Südsee 253. 1905. Ins. Bismark.

E. novarae Kurz in Journ. As. Soc. Beng. 45(2): 149. 1876. Ins. Nicobar.

E. novo – guineense Warb. in Bot. Jahrb. 13: 290. 1891. . N. Guin.

E. oblanceolatum C. B. Robinson in Philipp. Journ. Sci.

Bot. 5:524. 1911. Ins. Philipp.

E. obliquifolium Reinecke in Bot. Jahrb. 25:622. 1898. Ins. Samoa.

E. oblongifolium Fu ex W. T. Wang *Y. G. Wei* & L. F. Fu. in Bull. Bot. Lab. N. – E. Forest. Inst. 7: 26. 1980.

E. oblongifolium Fu ex W. T. Wang var. magnistipulum W. T. Wang, Elatostema in China 162. 2014. China (Yunnan).

E. obovatum Wedd. in Ann. Sci. Nat. ser. 4,1:190. 1854. Ins. Philipp.

E. obscurinerve W. T. Wang in Bull. Bot. Lab. N. – E. Forest. Inst. 7: 63. pl. 2: 12. 1980. China(Guangxi).

E. obscurinerve W. T. Wang var. pubifolium W. T. Wang, Elatostema in China 162. 2014. China (Guizhou).

E. obtusidentatum W. T. Wang in Bull. Bot. Lab. N. – E. Forest. Inst. 7: 28. 1980. China(Guangxi).

E. obtusiusculum C. B. Robinson in Philipp. Journ. Sci. Bot. 5:537. 1911. Ins. Philipp.

E. obtusum Wedd. in Ann. Sci. Nat. ser. 4,1:190. 1854. Reg. Himal. ; SW China.

E. obtusum Wedd. var. trilobulatum (Hayata) W. T. Wang in Bull. Bot. Lab. N. – E. Forest. Inst. 7: 66. 1980.

E. obtusum Wedd. var. glabrescens W. T. Wang in Bull. Bot. Lab. N. – E. Forest. Inst. 7: 65. 1980. = E. obtusum var. trilobulatum

E. odontopterum W. T. Wang in Journ. Syst. Evol. 51 (2): 225. 2013. China(Yunnan).

E. oligodon Quisumb. in Repert. Sp. Nov. 36: 284. 1934. Ins. Philipp.

E. oligophlebium W. T. Wang, *Y. G. Wei* & L. F. Fu in Ann. Bot. Fennici 49: 399, Fig. 2. 2012. China (Guangxi).

E. omeiense W. T. Wang in Bull. Bot. Lab. N. – E. Forest. Inst. 7: 79, pl. 3: 5. 1980. China (Sichuan).

E. oppositifolium Dalz. in Kew Journ. 3:179. 1981. = Lecanthus wightii

E. oppositum Q. Lin & Y. M. Shui in Novon 21(2): 212, Fig. 1. 2011. China(Yunnan).

E. oreocnidioides W. T. Wang in Bull. Bot. Res. Harbin 2(1): 5. pl. 1: 3. 1982. China(Yunnan).

E. orientale Engl. Pflanzenw. Ost – Afr. C（1895）164
（Elatostemma）. Afr. trop. or.

E. orientale Engl. var. longiacuminatum De Wild. Pl.
Bequaert. 5：383. 1932.

E. ornithorrhynchum W. T. Wang, Elatostema in China
102. 2014. China（Guangxi）.

E. oshimense（Hatusima）Yamazaki in Journ. Jap. Bot.
47（6）：180. 1972. = Pellionia oshimensis

E. ovatum Wight. Ic. t. 1985. = Lecanthus pedunculars

E. oxyodontum W. T. Wang in Guihaia 30（6）：724.
2010. China（Yunnan）.

E. pachyceras W. T. Wang in Bull. Bot. Lab. N. – E.
Forest. Inst. 7：70. 1980. China（Yunnan）.

E. pachyceras W. T. Wang var. *majus* W. T. Wang in
Bull. Bot. Res. Harbin 2（1）：15. 1982. = E.
pachyceras.

E. pachypodum Diels in Journ. Arn. Arb. 10：75. 1929.
N. Guin.

E. pacificum Elmer in Leafl. Philipp. Bot. 9：3230.
1934. Ins. Philipp.

E. paivaeanum Wedd. in DC. Prod. 16（1）：178. 1869.
Afr. trop.

E. paivaeanum Wedd. var. conrauanum Engl. In Bot.
Jahrb. 33：126. 1902.

E. palawanense C. B. Robinson in Philipp. Journ. Sci.
Bot. 5：526. 526. 1911. Ins. Philipp.

E. pallidinerve W. T. Wang, Elatostema in China 148.
2014. China（Yunnan）.

E. paludosum Miq. Pl. Jungh. 19. 1851. = E. macrophyllum

E. palustre A. C. Smith in Sargentia 1：20. 1942. Ins. Viti.

E. panayense Merrill in Philipp. Journ. Sci. 14：372.
1919. Ins. Philipp.

E. papangae Leandri in Ann. Mus. Col. Marseille ser.
6, vii – viii. 53. 1950. Madag.

E. papilionaceum W. T. Wang in Bull. Bot. Lab. N. –
E. Forest. Inst. 7：69. 1980. = E. atroviride.

E. papillosum Wedd. in Arch. Mus. Hist. Nat. Paris,
9：327. 1855 – 56. Reg. Himal.

E. paracuminatum W. T. Wang in Acta Bot. Yunnan
Suppl. 5：3. 1992. China（Yunnan）.

E. paragungshanense in W. T. Wang in Acta Bot. Yunnan Suppl. 5：4. 1992. = E. dissectum.

E. paramelanum H. Winkler in Bot. Jahrb. 57：556.
1922. N. Guin.

E. parasiticum（Blume）Blume ex H. Schroter in Repert. Sp. Nov Beih. 83（1）?：7. 1935；（2）：64.
1936.

E. parvifolium Brongn. Bot. Voy. Coq. 210. 1834. =
E. urvilleanum.

E. parvioides W. T. Wang in Guihaia 32（4）：427, fig.
1?：A – D. 2012. China（Yunnan）.

E. parvulum Engl. in Bot. Jahrb. 33：127. 1902. Afr.
trop.

E. parvum Blume ex Miq. in Zoll. Syst. Verz. Ind. Archip. 102. 1855. Reg. Himal.；Malaya.

E. parvum Blume ex Miq. var. brevicuspis W. T. Wang
in Acta Phytotax. Sin. 28（4）：312. 1990. China
（Yunnan）.

E. paucicystatum H. Schroter in Repert. Sp. Nov Beih.
83（1）：18. 1935；（2）：72. 1936. Borneo.

E. paucidentatum H. Schroter in Repert. Sp. Nov Beih.
83（1）：26. 1935；（2）：80. 1936. = Pellionia paucidentata.

E. paucifolium W. T. Wang in Pl. Divers. Resour. 33
（2）：3, fig. 2. 2011. China（Yunnan）.

E. pauperatum H. Winkler in Bot. Jahrb. 57：551.
1922. N. Guin.

E. paxii Reinecke in Bot. Jahrb. 25：622. 1898. Ins. Samoa.

E. pedicellatum L. S. Gibbs in Journ. Linn. Soc. Bot.
42：140. 1914. Borneo.

E. pedunculatum J. R. Forster & G. Forster Gen. Pl. ed.
1：53. 1775. = Procis Cephalida.

E. pedunculosum Miq. Pl. Jungh. 21. 1851. = E. macrophyllum.

E. pellioniana Gaudich. in Freyc. Voy. Bot. 494, in
syn. = Pellionia elatostemoides.

E. pellionianum Gaudich. Voy. Uranie 494. 1830.

E. pellionianum Gaudich. var. effusuma H. J. P. Winkl.
in Repert. Sp. Nov. 18：549. 1922.

E. pellionianum Gaudich. var. pedunculatum H. J. P.
Winkl. in Repert. Sp. Nov. 18：549. 1922.

E. pellioniifolium W. T. Wang in Bull. Bot. Res. Harbin
2（1）：12 – 13. 1982. = Pellionia scabra.

E. pellionioides W. T. Wang, Elatostema in China 74.
2014. China（Yunnan）.

E. peltatum Hemsl. in Kew Bull. 1901. 143. 1901. Ins.

Fiji.

E. peltifolium H. Winkler in Bot. Jahrb. 57: 553. 1922. = Pellionia peltata.

E. penibukanense L. S. Gibbs in Journ. Linn. Soc. Bot. 42: 144. 1914. Borneo.

E. penninerve H. Schroter in Repert. Sp. Nov Beih. 83 (1): 4, 22. 1935; (2): 43. 1936. Borneo.

E. pentaneurum H. Hallier, Meded. Herb. Leid. no. 26, 2. 1915. Celebes.

E. peperomioides H. Winkler in Bot. Jahrb. 57: 538. 1922. N. Guin.

E. pergameneum W. T. Wang in Bull. Bot. Lab. N. – E. Forest. Inst. 7: 67. 1980. China(Guangxi).

E. perlongifolium Elmer in Leafl. Phillipp. Bot. 9: 3232. 1934. Ins. Philipp.

E. perpusillum Perry in Journ. Arn. Arb. 32: 381. 1951. N. Guin.

E. petelotii Gagnep. in Bull. Soc. Bot. France 76: 81. 1929. N Vietnam.

E. petiolare W. T. Wang, Elatostema in China 273. 2014. China(Guangxi).

E. petiolatum H. Hallier ex H. Schroter in Repert. Sp. Nov Beih. 83 (1): 7. 1935?; (2): 60. 1936. Borneo.

E. phanerophlebium W. T. Wang & *Y. G. Wei* in Guihaia 29(6): 712. fig. 1: A – E. 2009. China(Guangxi).

E. philippinense Elmer in Leafl. Philipp. Bot. 3?: 888. 1910. Ins. Philipp.

E. pianmaense W. T. Wang in Pl. Divers. Resour. 33 (2): 6, fig. 4. 2011. China(Yunnan).

E. pictum Hallier f. in Ann. Jard. Buitenz. 13: 300. 1896. Malaya.

E. pictum Elmer in Leafl. Philipp. Bot. 8: 2850. 1915. Ins. Philipp.

E. piliferum H. Winkler in Bot. Jahrb. 57: 535. 1922. N. Guin.

E. pilosum Merrill in Philipp. Journ. Sci. 14: 376. 1919. Ins. Philipp.

E. piluliferum Leveille in Repert. Sp. Nov. 11: 296. 1912. China(Guizhou).

E. pingbianense W. T. Wang, Elatostema in China 195. 2014. China(Yunnan).

E. pinnatinervium Elmer in Leafl. Philipp. Bot. 1: 286. 1908. Ins. Philipp.

E. pinnativenium R. S. Beaman & Cellin. in Blumea 49:

141. 2004. Borneo.

E. planinerve W. T. Wang & *Y. G. Wei* in Nord. J. Bot. 30:1, Fig. 1. 2013. China(Guizhou).

E. platycarpum Perry in Journ. Arn. Arb. 32: 369. 1951. N. Guin.

E. platyceras W. T. Wang in Acta Bot. Yunnan. 10(3): 346, pl. 1: 1 – 3. 1988. China(Yunnan).

E. platyphylloides B. L. Shih & Y. P. Yang in Bot. Bull. Acad. Sin. 36(3): 158. 1995. China(Taiwan).

E. platyphyllum Wedd. in Arch. Mus. Hist. Nat. Paris, 9:301. 1855 – 56. Reg. Himal. ; SW China.

E. platyphyllum Wedd. **var.** polycephalum H. Hara in E. Himal. 3rd. Rep. : 22. 1975. Bhutan, Nepal, India.

E. platyphyllum Wedd. var. balansae (Gagnep.) Yahara in Journ. Fac. Sci. Univ. Tokyo Bot. 13(4): 494. 1984. = E. balansae.

E. pleiophlebium W. T. Wang & Zeng Y. Wu in PhytoKeys 7: 58. 2011. *China(Yunnan)*.

E. plumbeum C. B. Robinson in Philipp. Journ. Sci. Bot. 5: 535. 1911. Ind. Philipp.

E. podophyllum Wedd. in Ann. Sc. Nat. *ser.* 4,1: 189. 1854. Ins. Philipp.

E. polioneurum *Hallier f. in* Repert. Sp. Nov. 2: 62. 1906. *Celebes.*

E. polycephalum Wedd. in Ann. Sci. Nat. ser. 4,1: 189. 1854. = E. punctatum.

E. polypodioides *Ridley in* Trans. Linn. Soc. Bot. 9: 154. 1916. N. Guin.

E. polystachyoides W. T. Wang in Bull. Bot. Lab. N. – E. Forest. Inst. 7: 23. pl. 1. 1980. China(Yunnan).

E. ponapense H. Winkler ex H. Schroter in Repert. Sp. Nov. 45: 271. 1938, in syn.

E. poteriifolium Ridley in Trans. Linn. Soc. Bot. 9: 155. 1916. N. Guin.

E. preussii Engl. in Bot. Jahrb. 33: 126. 1902. Afr. trop.

E. procridioides Wedd. in DC. Prodr. 16(1): 180. 1869. Reg. Himal. ; Burma.

E. prunifolium W. T. Wang in Bull. Bot. Lab. N. – E. Forest. Inst. 7: 27. 1980. China(Sichuan).

E. pseudobrachyodontum W. T. Wang in Bull. Bot. Res. Harbin 2(1): 21. pl. 2: 5 – 6. 1982. China (Guangxi).

E. pseudocuspidatum W. T. Wang in Acta Bot. Yunnan. 10(3): 345, pl. 2: 1 – 2. 1988. China(Yunnan).

E. pseudodissectum W. T. Wang in Bull. Bot. Lab. N. – E. Forest. Inst. 7: 55. 1980. China(Yunnan, Guangxi).

E. pseudoficoides W. T. Wang in Bull. Bot. Lab. N. – E. Forest. Inst. 7: 85. pl. 3: 6. 1980. China(Sichuan).

E. pseudoficoides W. T. Wang var. pubicaule W. T. Wang in Acta Bot. Yunnan. 10(3): 348. 1988. China(Yunnan).

E. pseudohuanjiangense W. T. Wang et al. in Fu et al. Paper Collection of W. T. Wang 2: 1092. 2012, nom. nud.

E. pseudolongipes W. T. Wang & Y. G. Wei in W. T. Wang, Elatostema in China 91. 2014. China(Guangxi).

E. pseudonanchuanense W. T. Wang, Elatostema in China 91. 2014. China(Guangxi).

E. pseudonasutum W. T. Wang in Guihaia 30(6): 723. 2010. China(Yunnan).

E. pseudooblongifolium W. T. Wang in Journ. Syst. Evol. 50: 575, fig. 4. 2012. China(Guangxi).

E. pseudooblongifolium W. T. Wang var. jinchangense W. T. Wang, Elatostema in China 326. 2014. China(Yunnan).

E. pseudoplatyphyllum W. T. Wang in Pl. Divers. Resour. 33(2): 10, fig. 6. 2011. China(Yunnan).

E. pterocarpum W. T. Wang et al. in Fu et al. Paper collection of W. T. Wang 2: 1163. 2012, nom. nud.

E. puberulum Hallier f. Meded. S Lands Plantent. 19: 595, nomen. Celebes.

E. pubescens Pers. Syn. 2: 557. 1807. = E. sessile.

E. pubipes W. T. Wang in Bull. Bot. Lab. N. – E. Forest. Inst. 7: 75. 1980. China(Yunnan).

E. pulchellum C. B. Robinson in Philipp. Journ. Sci. Bot. 5: 522. 1911. Ins. Philipp.

E. pulchrum Hallier f. in Ann. Jard. Buitens. 8: 316. 1896. = Pellionia pulchra.

E. pulgarense Elmer in Leafl. Philipp. Bot. 5: 1846. 1913. Ins. Philipp.

E. pulleanum H. Winkler in Bot. Jahrb. 57: 527. 1922. N. Guin.

E. punctatum Wedd. in Ann. Sci. Nat. ser. 4, 1: 189. 1854. Reg. Himal.

E. purpurascens R. S. Beaman & Cellin. in Blumea 49: 142. 2004. Borneo.

E. purpureolineolatum W. T. Wang in Journ. Syst. Evol. 51(2): 228. 2013. China(Yunnan).

E. purpureum C. B. Robinson in Philipp. Journ. Sci. Bot. 6: 206. 1911. Ins. Philipp.

E. purpureum Q. Lin & L. D. Duan in Bot. Journ. Linn. Soc. 158: 676, fig. 4 – 5. 2008. = E. sinopurpureum. China(Guizhou).

E. pusillum C. B. Clarke ex Hook. f. Fl. Brit. Ind. 5: 568. 1888. Reg. Himal.

E. pycnodontum W. T. Wang in Bull. Bot. Lab. N. – E. Forest. Inst. 7: 36, pl. 1: 7. 1980. China(Sichuan).

E. pycnodontum W. T. Wang var. pubicaule W. T. Wang et al. in Fu et al. Paper Collection of W. T. Wang 2: 1089. 2012, nom. nud.

E. quadribracteatum W. T. Wang, Elatostema in China 168. 2014. China(Guangxi).

E. quinquecostatum W. T. Wang in Bull. Bot. Res. Harbin 2(1): 24. pl. 3: 4 – 6. 1982. China(Guizhou).

E. quiquetepalum W. T. Wang in Journ. Syst. Evol. 51(2): 225. 2013. China(Yunnan).

E. raapii H. Schroter in Repert. Sp. Nov Beih. 83(1): 3. 1935; (2): 65. 1936. Arch. Mal.

E. radicans Reinecke in Bot. Jahrb. 25: 624. 1898. Ins. Samoa.

E. ramosissimum Reinecke in Bot. Jahrb. 25: 624. 1898. Ins. Samoa.

E. ramosum W. T. Wang in Bull. Bot. Lab. N. – E. Forest. Inst. 7: 33. pl. 2. 1980. China(Guizhou).

E. ramosum W. T. Wang var. villosum W. T. Wang in Bull. Bot. Lab. N. – E. Forest. Inst. 7: 34. 1980. China(Guangxi).

E. ranongense T. Yahara in Journ. Fac. Sci. Univ. Tokyo Bot. 13(4): 492. 1984. Thailand.

E. rectangulare H. Winkler in Bot. Jahrb. 57: 566. 1922. N. Guin.

E. recticaudatum W. T. Wang in Acta Phytotax. Sin. 28(4): 309, pl. 1: 1 – 2. 1990. China(Xizang).

E. reiterianum H. Winkler in Bot. Jahrb. 57: 542. 1922. N. Guin.

E. repandidenticulatum W. T. Wang et al. in Fu et al. Paper Collection of W. T. Wang 2: 1092. 2012, nom. nud.

E. reptans Hook. f. Fl. Brit. Ind. 5: 567. 1888. Ind. or.

E. reticulatovenosum H. Hallier in Meded. Herb. Leid. no. 26, 1. 1915. Celebes.

E. reticulatum Wedd. in Ann. Sci. Nat. ser. 4,1: 188. 1854. Austral.

E. reticulatum Wedd. var. minus Domin in Bibl. Bot. 89(4). 1928. = Bibl. Bot. Heft 89. (Jul. 1921). 20 (APNI).

E. reticulatum Wedd. var. sessile Benth. Fl. Austral. 6: 184. 1921.

E. reticulatum Wedd. var. grande (Wedd.) Benth. Fl. Austral. 6: 1873. (APNI). 1921.

E. reticulatum Wedd. var. glabrum Domin in Bibl. Bot. 89(4) 1928 = Bibl. Bot. Heft 89 (Jul. 1921) 20 (APNI.)

E. retinervium Perry in Journ. Arn. Arb. 32: 371. 1951. N. Guin.

E. retrohirtum Dunn in Kew Bull. Add. ser. 10: 249. 1912. China(Guangdong).

E. retrostrigulosoides W. T. Wang, Elatostema in China 212. 2014. China(Yunnan).

E. retrorstrigulosum W. T. Wang, *Y. G. Wei* & A. K. Monro in Phytotaxa 29: 20. 2011. China(Guangxi).

E. rhombiforme W. T. Wang in Bull. Bot. Lab. N. – E. Forest. Inst. 7: 50. 1980. China(Yunnan).

E. ridleyanum H. Schroter in Repert. Sp. Nov Beih. 83 (1): 28. 1935; (2): 148. 1936. Borneo.

E. rigidum Wedd. in Arch. Mus. Hist. Nat. Paris, 9?: 320. 1855 – 56. Ins. Philipp.

E. rigidum Wedd. var. laxum (Elmer) H. Schroet. in Repert. Sp. Nov. Beih. 83 (2): 111. 1936. Ins. Philipp.

E. rivulare B. L. Shih & Y. P. Yang in Bot. Bull. Acad. Sin. 36(4): 270. 1995. China(Taiwan).

E. robinsonii Merrill in Philipp. Journ. Sci. 14: 376. 1919. Ins. Philipp.

E. robustipes W. T. Wang, F. Wen & Y. G. Wei in Ann. Bot. Fennici 49: 188, fig. 1. 2012. China (Guangxi).

E. robustum Hallier f. in Ann. Jard. Bot. Buitenz. 13: 302. 1896. Malaya.

E. ronganense W. T. Wang & Y. G. Wei in W. T. Wang, Elatostema in China 115. 2014. China(Guangxi).

E. rostratum (Blume) Hassk. Car. Hort. Bog. Alt. 79. 1844. Arch. Mal.

E. rostratum (Blume) Hassk. var. manillense (Wedd.) Wedd. in DC. Prodr. 16(1): 179. 1869.

E. rubro – stipulatum L. S. Gibbs in Journ. Linn. Soc. Bot. 42: 142. 1914. Borneo

E. rudicaule H. Winkler in Bot. Jahrb. 57: 540. 1922. N. Guin.

E. rugosum A. Cunn. in Ann. Nat. Hist. 1: 215, t. 9: 5 – 8. 1838. N. Zel.

E. rupestre Wedd. in Arch. Mus. Hist. Nat. Paris, 9?: 304. 1855 – 56. Reg. Himal. ; Java.

E. rupicola Elmer in Leafl. Phillipp. Bot. 9: 3233. 1934. Ins. Philipp.

E. salomonense Perry in Journ. Arn. Arb. 32: 373. 1951. Ins. Solomon.

E. salvinioides W. T. Wang in Bull. Bot. Lab. N. – E. Forest. Inst. 7: 45. photo 4. 1980. China (Yunnan).

E. salvinioides W. T. Wang var. angustius W. T. Wang in Bull. Bot. Lab. N. – E. Forest. Inst. 7: 46. 1980.

E. salvinioides W. T. Wang var. robustum W. T. Wang in Bull. Bot. Res. Harbin 9 (2): 69. 1989. China (Yunnan).

E. samarense Merrill in Philipp. Journ. Sci. 20: 378. 1922. Ins. Philipp.

E. samarense (Merrill) H. Schröter in Repert. Sp. Nov. 83(1): 28. 1935; (2): 108. 1936. = Elatostematoides samarense.

E. samoense Reinecke in Bot. Jahrb. 25: 625. 1898. Ins. Samoa.

E. scabriusculum Setchell in Dep. Marine Biol. Carnegie Inst. Wash. 20: 98. 1924. Samoa.

E. scandens Hallier f. in Bull. Herb. Boissier 6: 353. 1898. Java.

E. scapigerum C. B. Robinson in Philipp. Journ. Sci. Bot. 5: 542. 1911. Ins. Philipp.

E. scaposum Q. Lin & L. D. Duan in Nord. Journ. Bot. 29: 420, fig. 1 – 2. 2011. China(Guizhou).

E. schizocephalum W. T. Wang in Bull. Bot. Lab. N. – E. Forest. Inst. 7: 82. 1980. = E. oblongifolium

E. schizodiscum W. T. Wang & *Y. G. Wei* in Banglad. Journ. Pl. Taxon. 21 (1): 5. 2013. 2013. China (Guangxi).

E. schroeteri Perry in Journ. Arn. Arb. 32: 375. 1951.

= E. serratifolium H. Schröter.

E. scriptum C. B. Robinson in Philipp. Journ. Sci. Bot. 5 : 529. 1911. Ins. Philipp.

E. seemannianum A. C. Smith in Bull. Bishop Mus. Honolulu no. 141 : 58. 1936. Ins. Viti.

E. septemcostatum W. T. Wang & Zeng Y. Wu in W. T. Wang, Elatostema in China 187. 2014. China (Yunnan).

E. septemflorum W. T. Wang in Bull. Bot. Res. Harbin 26(1) : 16, fig. 1 : 1 – 4. 2006. China (Yunnan).

E. serpentinicola R. S. Beaman & Cellin. in Blumea 49 : 143. 2004. Borneo.

E. serra H. Winkler in Bot. Jahrb. 57 : 527. 1922. N. Guin.

E. serratifolium Elmer in Leafl. Phillipp. Bot. 9 : 3234. 1934. Ins. Philipp.

E. serratifolium H. Schröter in Repert. Sp. Nov. 47 : 221. 1939. N. Guin.

E. serratum Forst. ex Wedd. in DC. Prod. 16 (1)? : 172. 1869. = E. sessile.

E. sesquifolium Hassk. in Cat. Hort. Bog. Alt. 79. 1844. = E. integrifolium.

E. sesquifolium Hassk. var. integrifolium (D. Don) Wedd. in Arch. Mus. Hist. Nat. Paris 9 : 308. 1856.

E. sesquifolium Hassk. var. tomentosum Hook. f. Fl. Brit. India 5 : 565. 1888.

E. sessile J. R. & G. Forster, Gen. Pl. ed. 1 : 53. 1775. As. et Afr. trop.

E. sessile J. R. & G. Forster var. ulmifolium (Miq.) Wedd. in DC. Prodr. 16 (1) : 173. 1869.

E. sessile J. R. & G. Forster var. angustifolium Wedd. in DC. Prodr. 16 (1) : 173. 1869.

E. sessile J. R. & G. Forster var. punctatum (Buch. – Ham. ex D. Don) Wedd. in DC. Prodr. 16 (1) : 173. 1869.

E. sessile J. R. & G. Forster var. polycephalum Wedd. in Monogr. Fam. Urtic. 295. 1856.

E. sessile J. R. & G. Forster var. tomentosum (Wedd.) Wedd. in DC. Prodr. 16 (1) : 173. 1869.

E. sessile J. R. & G. Forster var. minus Wedd. in DC. Prodr. 16(1) : 173. 1869.

E. sessile J. R. & G. Forster var. brongniartianum (Wedd.) Wedd. in DC. Prodr. 16(1) : 173. 1869.

E. sessile J. R. & G. Forster var. cuspidatum (Wight)

Wedd. in DC. Prodr. 16(1) : 173. 1869.

E. sessile J. R. & G. Forster var. cyrtandrifolium (Miq.) Wedd. in DC. Prodr. 16(1) : 173. 1869.

E. sessile J. R. & G. Forster var. pubescens Hook. f. Fl. Brit. India 5 : 564. 1888.

E. sessile J. R. Forster & G. Forster var. grande Wedd. in DC. Prodr. 16(1) : 173. 1869.

E. setulosum W. T. Wang in Guihaia 2(3) : 120. pl. 1 : 7. 1982. China (Guangxi).

E. sexcostatum W. T. Wang, C. X. He & L. F. Fu in Phytotaxa...... 2013. China (Guangxi).

E. shanglinense W. T. Wang in Guihaia 2(3) : 118. pl. 1 : 5 – 6. 1982. China (Guangxi).

E. shuii W. T. Wang in Bull. Bot. Res. Harbin 23(3) : 259, fig. 2 : 6 – 8. 2003. China (Yunnan).

E. shuzhii W. T. Wang in Acta Phytotax. Sin. 28 (4) : 313, pl. 2 : 4 – 5. 1990. = E. medogense var. oblongum.

E. sikkimense C. B. Clarke in Journ. Linn. Soc. 15 : 124. 1876. Reg. Himal.

E. simaoense W. T. Wang in Journ. Syst. Evol. 51(2) : 227. 2013. China (Yunnan).

E. simplicissimum Q. Lin in Bot. J. Linn. Soc. 158 : 63. 2008, nom. nov.

E. simulans C. B. Robinson in Philipp. Journ. Sci. Bot. 5 : 519. 1911. Ins. Philipp.

E. sinense H. Schroter in Repert. Sp. Nov. Beih. 83 (1) : 29, 37. 1935. China (Hunan).

E. sinense H. Schroter var. longecornutum (H. Schroter) W. T. Wang in Bull. Bot. Lab. N. – E. Forest. Inst. 7 : 37. 1980.

E. sinense H. Schroter var. xinningense (W. T. Wang) L. D. Duan & Q. Lin in Acta Phytotax. Sin. 41 : 495. 2003.

E. sinense H. Schroter var. trilobatum W. T. Wang in Bull. Bot. Res. Harbin 9(2) : 69. 1989.

E. sinopurpureum W. T. Wang in Fu et al. Paper Collection of W. T. Wang 2 : 1174. 2012, nom. nov.

E. sinuatum (Blume) Hassk. in Cat. Hort. Bog. Alt. 79. 1844. Arch. Mala. ; N. Guin.

E. sinuatum (Blume) Hassk. var. pedunculatum (H. J. P. Winkl.) H. Schroet. in Repert. Sp. Nov. Beih. 83 (2) : 32. 1936.

E. sinuatum (Blume) Hassk. var. acuminatissimum (Valeton) H. Schroet. in Repert. Sp. Nov. Beih.

83 (2): 33. 1936.

E. smilacinum H. Hallier ex H. Schroter in Repert. Sp. Nov Beih. 83 (1): 6. 1935; (2): 151. 1936. Boreno.

E. sorsogonense Elmer in Leafl. Philipp. Bot. 9: 3235. 1934. Ins. Philipp.

E. spectabile Miq. Pl. Jungh. 19. 1851. = E. macrophyllum.

E. spinulosum Elmer in Leafl. Philipp. Bot. 2?: 468. 1908. Ins. Philipp.

E. stellatum Hook. f. Fl. Brit. Ind. 5: 572. 1888. Reg. Himal.

E. stenocarpum (Wedd.) Hallier f. in Ann. Jard. Bot. Buitenz. 13: 316. 1896. = Pellionia stenocarpum.

E. stenophyllum Merrill in Philipp. Journ. Sci. Bot. 9: 76. 1914. Ins. Marian.

E. stenurum H. Hallier in Meded. Herb. Leid. no. 26, 2. 1915. N. Guin.

E. stewardii Merrill in Philipp. Journ. Sci. 27: 161. 1925. China(Jiangxi).

E. stigmatosum W. T. Wang in Acta Bot. Yunnan. 7 (3): 297. pl. 3: 1 - 4. 1985. China(Yunnan).

E. stipitatum Wedd. in Ann. Sci. Nat. ser. 4, 1: 190. 1854. Austral.

E. stipulosum Hand. – Mazz. Symb. Sin. 7: 149. 1929. = E. nasutum. China(Sichuan).

E. stipulosum Hand. – Mazz. var. puberulum W. T. Wang in Bull. Bot. Lab. N. – E. Forest. Inst. 7: 48. 1980. China(Jiangxi, Guangdong).

E. stoloniforme Kanehira in Trans. Nat. Hist. Soc. Formosa 25:2. 1925.

E. stracheyanum Wedd. in Ann. Sci. Nat. ser. 4, 1: 188. 1854. = E. parvum.

E. strictum Reinecke in Bot. Jahrb. 25: 625. 1898. Ins. Samoa.

E. strigillosum B. L. Shih & Y. P. Yang in Bot. Bull. Acad. Sin. 36(4): 272. 1995. China(Taiwan).

E. strigosum Hassk. Cat. Hort. Bog. Alt. 79. 1844. Java.

E. strigulosum W. T. Wang in Bull. Bot. Lab. N. – E. Forest. Inst. 7: 52. pl. 2: 4 - 5. 1980. China(Sichuan).

E. strigulosum W. T. Wang var. semitriplinerve W. T. Wang in Bull. Bot. Lab. N. – E. Forest. Inst. 7: 53. 1980. China(Guizhou).

E. subcoriaceum B. L. Shih & Y. P. Yang in Bot. Bull. Acad. Sin. 36(4): 272. 1995. China(Taiwan).

E. subcuspidatum W. T. Wang in Bull. Bot. Res. Hartin 4(3): 115. 1984. China(Sichuan)

E. subfalcatum W. T. Wang in Bull. Bot. Lab. N. – E. Forest. Inst. 7: 41. 1980. China(Guangxi). = E. hookerianum.

E. subfavosum Leandri in Fl. Madag. Fam. 56: 58. 1965. Madag.

E. subincanum Wedd. in Arch. Mus. Hist. Nat. Paris, 9: 295. 1856.

E. subincisum Wedd. in Arch. Mus. Hist. Nat. Paris, 9: 314. 1855 - 56. Reg. Himal.

E. subintegrum H. Winkler in Bot. Jahrb. 57: 533. 1922. N. Guin.

E. sublaxum (*Elmer*) H. Schroter in Repert. Sp. Nov Beih. 83(1): 28. 1935; (2): 105. 1936. = Elatostematoides sublaxum.

E. sublignosum C. B. Robinson in Philipp. Journ. Sci. Bot. 5: 541. 1911. Ins. Philipp.

E. sublineare W. T. Wang in Bull. Bot. Lab. N. – E. Forest. Inst. 7: 61. pl. 2: 10. 1980. China(Guangxi, Guizhou, Hunan).

E. submembranaceum W. T. Wang et al. in Fu et al. Paper Collection of W. T. Wang 2: 1106. 2012, nom. nov.

E. suborbiculare Merrill in Philipp. Journ. Sci. 14: 377. 1919. Ins. Philipp.

E. subpenninerve W. T. Wang in Bull. Bot. Lab. N. – E. Forest. Inst. 7: 87. 1980. China(Sichuan).

E. subscabrum H. Schroter in Repert. Sp. Nov Beih. 83 (1): 20. 1935; (2): 85. 1936. PenIns. Mal.

E. subtrichotomum W. T. Wang in Bull. Bot. Lab. N. – E. Forest. Inst. 7: 25. 1980. China(Guangdong, Hunan).

E. subtrichotomum W. T. Wang var. hirtellum W. T. Wang in Bull. Bot. Res. Harbin 2(1): 4. 1982. China(Guangxi).

E. subtrichotomum W. T. Wang var. corniculatum W. T. Wang in Bull. Bot. Lab. N. – E. Forest. Inst. 7: 26. 1980. China(Yunnan).

E. subvillosum H. Schroter in Repert. Sp. Nov. 47: 222. 1939. N. Guin.

E. succosum Miq. Pl. Jungh. 23. 1851. = Procris Cephalida.

E. sukungianum W. T. Wang in Acta Phytotax. Sin. 35 (5): 457. fig. 1: 1 - 2. 1997. China(Yunnan).

E. surculosum Wight, Ic. Pl. Ind. Or. 6: pl. 2091, fig. 4. 1853. = E. monandrum.

E. surculosum Wight var. ciliatum Hook. f. Fl. Brit. India 5: 573. 1888.

E. surculosum Wight var. crassum Hook. f. Fl. Brit. India 5: 573. 1888.

E. surculosum Wight var. elegans Hook. f. Fl. Brit. India 5: 573. 1888. = E. monandrum.

E. surculosum Wight var. pinnatifidum Hook. f. Fl. Brit. India 5: 573. 1888.

E. surculosum Wight var. serpens Hook. f. Fl. Brit. India 5: 573. 1888.

E. surculosum Wight var. pedunculosum Hook. f. Fl. Brit. India 5: 573. 1888.

E. surculosum Wight var. rigidiusculum Thwaites ex Hook. f. Fl. Brit. India 5: 573. 1888.

E. surculosum Wight var. subincisum Hook. f. Fl. Brit. India 5: 573. 1888.

E. surculosum Wight var. zeylanicum Hook. f. Fl. Brit. India 5: 573. 1888.

E. surigaoense Elmer in Leafl. Philipp. Bot. 8: 2854. 1915. Ins. Philipp.

E. suzukii Yamazaki in Journ. Jap. Bot. 47(61: 180. 1972, nom. nov. = Pellionia cuneata T. Suzuki.

E. sylvanum Ridley in Kew Bull. 1925: 90. 1925. Sumatra.

E. taquetii Leveille in Repert. Sp. Nov. 12: 183. 1913. Corea.

E. tenellum A. C. Smith in Sargentia 1: 22. 1942. Ins. Viti.

E. tenompokense Gibbs in Journ. Linn. Soc. Bot. 42: 143. 1914.

E. tenuibracteatum W. T. Wang in Journ. Syst. Evol. 50 (6): 574, fig. 2: A - D. 2012. China(Yunnan).

E. tenuicaudatoides W. T. Wang in Acta Phytotax. Sin. 28(4): 311. pl. 1: 6. 1990. China(Xizang).

E. tenuicaudatoides W. T. Wang var. orientale W. T. Wang in Acta Bot. Yunnan Suppl. 5: 5. 1992. China(Yunnan).

E. tenuicaudatum W. T. Wang in Bull. Bot. Lab. N. - E. Forest. Inst. 7: 31, pl. 1: 5 - 6. 1980. China (Yunnan, Guizhou).

E. tenuicaudatum W. T. Wang var. lasiocladum W. T.

Wang in Bull. Bot. Res. Harbin. 9(2): 67. 1989. China(Yunnan).

E. tenuicaule H. Winkler in Bot. Jahrb. 57: 540. 1922. N. Guin.

E. tenuicornutum W. T. Wang in Bull. Bot. Lab. N. - E. Forest. Inst. 7: 60. pl. 2: 8 - 9. 1980. China (Sichuan).

E. tenuifolium W. T. Wang in Bull. Bot. Res. Harbin. 2 (1): 22. pl. 3: 2 - 3. 1982. China(Guizhou).

E. tenuinerve W. T. Wang & Y. G. Wei in Harvard Pap. Bot. 14(2): 183. 2009. China(Guangxi).

E. tenuireceptaculum W. T. Wang in Guihaia 11(1): 1. fig. 1, 2. 1991. China(Guangxi).

E. tenuistipulatum H. Schroter in Repert. Sp. Nov. 47: 219. 1939.

E. tenumpokense L. S. Gibbs in Journ. Linn. Soc. Bot. 42: 143. 1914. Borneo.

E. tetracephalum W. T. Wang et al. in Fu et al. Paper Collection of W. T. Wang 2: 1100. 2012, nom. nud. = E. huanjiangense.

E. tetratepalum W. T. Wang in Bull. Bot. Res. Harbin 2 (1): 25. 1982. China(Xizang).

E. thalictroides Stapf. in Trans. Linn. Soc. ser. 2, 4: 229. 1894. Borneo.

E. thibaudiaefolium Wedd. in Ann. Sci. Nat. ser. 4,1: 188. 1854. = E. rostratum.

E. thomense Henriques in Bolet. Soc. Brot. 10: 163. 1892. Ins. S. Thom.

E. tianeense W. T. Wang & Y. G. Wei in Guihaia 29(2): 146. fig. 2. 2009. China(Guanxi).

E. tianlinense W. T. Wang in Guihaia 11(1): 2. 1991. China(Guangxi)

E. tomentosum Wedd. in Ann. Sc. Nat. ser. 4,1: 189. 1854. = E. sessile.

E. torresiana Gaudich. in Freyc. Voy. Bot. 493. 1830. = Procris cephalida.

E. treutleri Hook. f. Fl. Brit. Ind. 5: 571. 1888. Reg. Himal.

E. tricaule W. T. Wang in Pl. Divers. Resour. 33(2): 1, fig. 1. 2011. China(Yunnan).

E. trichanthum Lauterb. in K. Schum. & Lauterb. Nachtr. Fl. Deutsch. Südsee 255. 1905. N. Guin.

E. trichocarpum Hand. - Mazz. Symb. Sin. Pt. 7: 148. 1929. China(Hubei).

E. trichomanes H. Winkler in Bot. Jahrb. 57: 543.

1922. N. Guin.

E. trichophlebium Merrill ex H. Schroter in Repert. Sp. Nov Beih. 83(2) 108. 1936), in syn. = E. samarense (Merrill) H. Schröter.

E. trichotomun W. T. Wang in Bull. Bot. Res. Harbin 23 (3): 257, fig. 1:1 – 2. 2003. China(Yunnan).

E. tricostatum W. T. Wang in Journ. Syst. Evol. 50(6): 574, fig. 2: E – J. 2012. China(Yunnan).

E. tricuspe H. Winkler in Bot. Jahrb. 57: 545. 1922. N. Guin.

E. tridens Perry in Journ. Arn. Arb. 32: 382. 1951. N. Guin.

E. trilobulatum (Hayata) Yamazaki in Jour. Jap. Bot. 47 (6): 180. 1972. = E. obtusum var. triobulatum.

E. trinerve Hochst. in Flora 28: 88. 1845. = Procis Cephalida.

E. tritepalum W. T. Wang, Elatostema in China ⋯⋯ 2013. China(Yunnan).

E. truncicolum H. Winkler in Repert. Sp. Nov. 18: 238. 1922. N. Guin.

E. tumidulum Koidz. Pl. Nova. Amami – Ohsim. 11. 1928. = E. lineolatum var. majus. Ins. Liukiu.

E. tutuilense W. A. Whistler in Phytologia 38(5): 410. 1978, nom. = E. radicans Reinecke.

E. ulmifolium Miq. Pl. Jungh. 21. 1851. = E. sessile.

E. umbellatum Blume in Mus. Bot. Lugd. Bat. 2, t. 19. 1856. = E. japonicum.

E. umbellatum Blume var. majus Maxim. in Bull. Acad. Imp. Sci. St. – Pétersb. 3. 22: 247. 1876. = E. involucratum.

E. umbellatum Blume var. involucratum (Franch. & Sav.) Makino, Somoku – Dzusetsu ed. 3,4: 1282. t. 15. 1912.

E. umbrinum Elmer in Leafl. Philipp. Bot. 8: 2855. 1915. Ins. Philipp.

E. umbrosum A. Gray. ex Wedd. in DC. Prod. 16(1): 177. 1869. = E. nemorosum.

E. undulatum H. Winkler in Bot. Jahrb. 57: 551. 1922. N. Guin.

E. urdanetense Elmer in Leafl. Philipp. Bot. 8: 2857. 1915. Ins. Philipp.

E. urvilleanum Brongn. Bot. Voy. Coq. 210, t. 46. fig. A. 1834. Ins. Molucc.

E. utakwaense H. Schroter in Repert. Sp. Nov Beih. 83 (1): 26. 1935; (2): 53. 1936. N. Guin.

E. variabile C. B. Robinson in Philipp. Journ. Sci. Bot. 5: 514. 1911. Ins. Philipp.

E. variegatum C. B. Robinson in Philipp. Journ. Sci. Bot. 5: 538. 1911. Ins. Philipp.

E. variolaminosum H. Schroter in Repert. Sp. Nov Beih. 83(1): 3, 6. 1935; (2): 67. 1936. Borneo.

E. velutinicaule H. Winkler in Bot. Jahrb. 57: 542. 1922. N. Guin.

E. velutinum K. Schum. in K. Schum. & Lauterb. Nachtr. Fl. Deutsch. Südsee 253. 1905. N. Guin.

E. vicinum Perry in Journ. Arn. Arb. 32: 372. 1951. N. Guin.

E. villosum B. L. Shih & Y. P. Yang in Bot. Bull. Acad. Sin. 36(4): 277. 1995. China(Taiwan).

E. viridescens Elmer in Leafl. Philipp. Bot. 1: 285. 1908. Ins. Philipp.

E. viridibracteolatum W. T. Wang, Elatostema in China 181. 2014. China(Guangxi).

E. viridicaule W. T. Wang in Bull. Bot. Res. Harbin 3 (3): 62, fig. 7. 1983. China(Yunnan).

E. viridinerve W. T. Wang, Elatostema in China 211. 2014. China(Yunnan).

E. viridissimum Rechinger in Repert. Sp. Nov. Beih. 6?: 49. 1908. Samoa.

E. viridissimum L. S. Gibbs in Journ. Linn. Soc. Bot. 42: 141. 1914. Borneo.

E. visciforme Hallier f. in Repert. Sp. Nov. Beih. 2?: 61. 1906. Celebes.

E. vitiense (A. Gray ex Wedd.) A. C. Smith in Sargentia 1: 16. 1942. = Pellionia vitiensis.

E. vittatum Hallier f. in Ann. Jard. Bot. Buitenz. 13: 306. 1896.

E. volubile (Elmer) H. Schroter in Repert. Sp. Nov Beih. 83(1): 18. 1935; (2): 74. 1936. = Pellionia volubilis.

E. walkerae Hook. f. Fl. Brit. Ind. 5: 566. 1888. Zeyl.

E. wangii Q. Lin & L. D. Duan in Fl. China 5: 154. 2003. China(Yunnan).

E. warburgii H. Winkler in Bot. Jahrb. 57: 552. 1922. = Pellionia nigrescens.

E. webbianum Wedd. in Ann. Sci. Nat. ser. 4, 1: 190. 1854. = E. cuneatum.

E. weii W. T. Wang, Elatostema in China 289. 2014. China(Guangxi).

E. weinlandii K. Schum. in K. Schum. & Lauterb.

Nachtr. Fl. Deutsch. Südsee 254. 1905. N. Guin.

E. **weinlandii** K. Schum. var. dispar H. J. P. Winkl. in Repert. Sp. Nov. Beih. 18: 554. 1936.

E. **weinlandii** K. Schum. var. vestitum H. J. P. Winkl. in Repert. Sp. Nov. Beih. 18: 554. 1936.

E. **weinlandii** K. Schum. var. yulense (Hallier f.) H. J. P. Winkl. in Repert. Sp. Nov. Beih. 18: 555. 1936.

E. **weinlandii** K. Schum. var. inamoenum (H. J. P. Winkl.) H. Schroet. in Repert. Sp. Nov. Beih. 83 (2): 118. 1936.

E. **weinlandii** K. Schum. var. kochii (Valeton) H. Schroet. in Repert. Sp. Nov. Beih. 83 (2): 119. 1936.

E. **welwitschii** Engl. in Bot. Jahrb. 33: 124. 1902. Afr. trop.

E. **welwitschii** Engl. var. cameroonense Rendle in Journ. Bot. 55: 201. 1917.

E. **wenxienense** W. T. Wang & Z. X. Peng in Bull. Bot. Res. Harbin 2(1): 27. 1982. China(Gansu).

E. **wenzelii** H. Schroter in Repert. Sp. Nov Beih. 83 (1): 28. 1935; (2): 104. 1936. Ins. Philipp.

E. **whartonense** Perry in Journ. Arn. Arb. 32: 381. 1951. N. Guin.

E. **whitfordii** Merrill in Philipp. Journ. Sci. 1. Suppl. 48. 1906. Ins. Philipp.

E. **wightianum** Wedd. in Ann. Sci. Nat. ser. 4,1: 188. 1854. = Procis laevigatum.

E. **wightii** Hook. f. Fl. Brit. Ind. 5: 570. 1888. Ind. or.

E. **winkleri – huberti** H. Schroter in Repert. Sp. Nov Beih. 83(1):7. 1935; (2): 42. 1936. Borneo.

E. **wugangense** W. T. Wang in Journ. Syst. Evol. 50 (6): 574, fig. 1. 2012. China(Hunan).

E. **xanthophyllum** W. T. Wang in Bull. Bot. Res. Harbin. 2(1): 19. pl. 3: 1. 1982. China(Guangxi).

E. **xanthotrichum** W. T. Wang & *Y. G. Wei* in Ann. Bot. Fennici 48: 94. 2011. China(Guangxi).

E. **xichouense** W. T. Wang in Bull. Bot. Lab. N. – E. Forest. Inst. 7: 39. 1980. China(Yunnan).

E. **xinningense** W. T. Wang in Guihaia 5(4): 323. fig. 1. 1985. = E. sinense var. xinningense.

E. **yachaense** W. T. Wang, *Y. G. Wei* & A. K. Monro in Phytotaxa 29: 23. 2011. China(Guangxi).

E. **yakushimense** Hatusima in Journ. Jap. Bot. 34: 308. 1959. Japan.

E. **yangbiense** W. T. Wang in Acta Bot. Yunnan. 7(3): 294. pl. 1: 1 – 2. 1985. China(Yunnan).

E. **yaoshanense** W. T. Wang in Bull. Bot. Lab. N. – E. Forest. Inst. 7: 51. pl. 2: 3. 1980. China(Guangxi).

E. **yenii** St. John in Pac. Sci. 25(3): 319. 1971. Futuna Is.

E. **yonakuniense** Hatusima in Hokuriku Journ. Bot. 12: 34. 1963. Ins. Liukiu.

E. **yongtianianum** W. T. Wang in Journ. Syst. Evol. 51 (2): 226. 2013. China(Guizhou).

E. **yosiei** Hara in Journ. Jap. Bot. 14: 515. 1938. = Pellionia yosiei

E. **youyangense** W. T. Wang in Bull. Bot. Res. Harbin 4 (3): 113. 1984. China(Sichuan).

E. **yui** W. T. Wang in Bull. Bot. Res. Harbin 9(2): 70. pl. 1: 3 – 4. 1989. = E. nasutum var. yui.

E. **yulense** H. Hallier in Meded. Herb. Leid. no. 26, 3. 1915. N. Guin.

E. **yungshunense** W. T. Wang in Guihaia 5(4): 325, fig. 2. 1985. = E. nasutum var. discophorum.

E. **zamboangense** **Merrill** in Philipp. Journ. Sci. 14: 374. 1919. Ins. Philipp.

E. **zhenyuanense** W. T. Wang & Zeng Y. Wu in W. T. Wang, Elatostema in China 318. 2013. China(Yunnan).

E. **zimmermannii** Engl. Pflanzenw. Afr. 3:1. (Engl. & Drude, Veg. der Erde, 9.) 60. 1915, in obs. Tangnyika Terr.

E. **zollingerianum** Wedd. in Ann. Sci. Nat. ser. 4,1: 188. 1854. = E. integrifolium.

E. **zollingerianum** Miq. in Zoll. Syst. Verz. Ind. Archip. 1 – 2:101, 105. 1854. = E. rupestre.

Elatostematoides C. B. Robinson in Philipp. Journ. Sci. Bot. 5: 497. 1911.

Elatostematoides caudatum Elmer in Leafl. Philipp. Bot. 9: 3236. 1934. = Elatostema caudatum.

Elatostematoides falcatum C. B. Robinson in Philipp. Journ. Sci. Bot. 5: 505. 1911. = Elatostema falcatum.

Elatostematoides gracilipes C. B. Robinson in Philipp. Journ. Sci. Bot. 5: 503. 1911. = Elatostema gracilipes.

Elatostematoides insigne C. B. Robinson in Philipp. Journ. Sci. Bot. 5: 504. 1911. = Elatostema insigne.

Elatostematoides laxum C. B. Robinson in Philipp. Journ. Sci. Bot. 5: 502. 1911. = Elatostema laxum.

Elatostematoides machaerophyllum C. B. Robinson in Philipp. Journ. Sci. Bot. 5: 505. 1911. = Elatostema machaerophyllum.

Elatostematoides manillense C. B. Robinson in Philipp. Journ. Sci. Bot. 5: 501. 1911. = Elatostema manillense.

Elatostematoides mesargyreum C. B. Robinson in Philipp. Journ. Sci. Bot. 5: 504. 1911. = Elatostema mesargyreum.

Elatostematoides mindanaense C. B. Robinson in Philipp. Journ. Sci. Bot. 5: 502. 1911. = Elatostema mindanaense.

Elatostematoides pictum C. B. Robinson in Philipp. Journ. Sci. Bot. 5: 504. 1911. = Elatostema pictum.

Elatostematoides polioneurum Merrill in Philipp. Journ. Sci. Bot. 11: 267. 1916. = Elatostema polioneurum.

Elatostematoides rigidum C. B. Robinson in Philipp. Journ. Sci. Bot. 5: 503. 1911. = Elatostema rigidum.

Elatostematoides robustum C. B. Robinson in Philipp. Journ. Sci. Bot. 5: 504. 1911. = Elatostema robustum.

Elatostematoides samarense Merrill in Philipp. Journ. Sci. 14: 380. 1919. = Elatostema samarense.

Elatostematoides sublaxum Elmer in Leaflets Plilipp. Bot. 8: 2858. 1915. = Elatostema sublaxum.

Elatostematoides thibaudiaefolium (*Wedd.*) C. B. Robinson in Philipp. Journ. Sci. Bot. 5: 504. 1911. = Elatostema thibaudiifolium.

Elatostematoides vittatum C. B. Robinson in Philipp. Journ. Sci. Bot. 5: 504. 1911. = Elatostema vittatum.

Elatostemma Endl. Prod. Fl. Ins. Norf. 39. 1833.

Elatostemma repens Hallier f. in Ann. Jard. Buitens. 13: 316. 1896. = Elatostema repens.

Elatostemma robustum Hallier f. in Ann. Jard. Buitens. 13: 302. 1896. = Elatostema robustum.

Elatostemma samoense Reinecke in Bot. Jahrb. 25: 625. 1898. = Elatostema robustum.

Elatostemma scabrum Hallier f. in Ann. Jard. Buitenz. 13: 316. 1896.

Elatostemma scandens Hallier f. in Bull. Herb. Boiss. 6: 353. 1898. = Elatostema scandens.

Elatostemma stenocarpum Hallier f. in Ann. Jard. Buitenz. 13: 316. 1896. = Elatostema stenocarpum.

Elatostemma strictum Reinecke in Bot. Jahrb. 25: 625. 1898. = Elatostema strictum.

Elatostemma vittatum Hallier f. in Ann. Jard. Buitenz. 13: 303. 1896. = Elatostema vittatum.

附录3. 非楼梯草属植物

在 2012 年 3 月我发表的《中国荨麻科楼梯草属新分类》一文（见下引文献）中，包含一不合格发表的种名 Elatostema pterocarpum W. T. Wang。感谢韦毅刚先生，他告知此名的属名有误，此植物实应隶属假楼梯草属。经查阅有关文献和标本后，我才了解此植物乃是假楼梯草 Lecanthus peduncularis（Wall. ex Royle）Wedd. 的一新变种，现在发表于下：

翅果假楼梯草（变种） 图 12

Lecanthus peduncularis（Wall. ex Royle）Wedd. var. *pterocarpa* W. T. Wang, var. nov. Holotype：贵州（Guizhou）：安龙（Anlong），梨树镇（Lishuzhen），alt. 1200m，石灰岩石山洞（in cave of limestone hill），2008 – 10 – 06，温放（F. Wen）0801（PE）。

Elatostema pterocarpum W. T. Wang in Fu et al. Paper Collection of W. T. Wang 2：1163，fig. 33. 2012，nom. nud.

A var. *pedunculari* differt acheniis laevibus plerumque supra medium longitudinaliter angusteque alatis, aliis membranaceis semihyalinis albis linearibus.

Distr. geogr. In Provincia Guizhou austro – occidentali habitat.

本变种与模式变种的区别在于本变种的瘦果表面光滑，通常在中部以上有狭纵翅，翅膜质，半透明，白色，条形。在模式变种，瘦果无翅，表面散生疣点，近顶部背腹侧有一条略隆起的纵脊。（陈家瑞于中国植物志 23：（2）：157 – 158，图版 35：1 – 3. 1995）

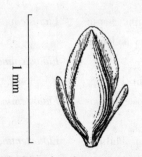

1 mm

图 12 翅果假楼梯草 *Lecanthus peduncularis* var. *pterocarpa* 的 2 小苞片和瘦果。

中名索引

（按笔画顺序排列）

拉丁学名索引

(按字母顺序排列,正体字为正名,斜体字为异名)